JN280114

新編
畜産用語辞典

社団法人
日本畜産学会編

東 京
株式会社
養賢堂発行

編集委員および執筆者 (五十音順)

編集委員
石橋　晃・柏崎　守・加藤征史郎・亀岡暄一・楠原征治・栗原幸一・津田恒之・野附　巖・原田靖生・広田秀憲・村松　晉・森地敏樹・吉本　正・渡邉誠喜

執筆者
阿部　亮・伊藤敏敏・岩元久雄・上原孝吉・大石孝雄・大森昭一朗・尾台昌治・落合一彦・唐澤　豊・後藤正和・小林信一・佐藤英明・四方康行・高橋興威・田中智夫・田谷一善・束村博子・角田幸雄・道宗直昭・内藤邦彦・中村　良・羽賀清典・長谷川三喜・秦　寛・半澤　惠・福田勝洋・古川　力・古谷　修・千場信司・宮腰　裕・村松達夫

発刊に際して

　社団法人 日本畜産学会は畜産用語辞典と畜産（学）用語辞典を上梓してきましたが，畜産に関連する分野の広がりと研究の発展に伴い，新しい用語辞典の必要性が高くなりました．そこで1998年編集委員会を発足させ，改訂に当たることになりました．畜産は産業と深い関係のある分野であり，畜産の現場ではわが国独特の用語が使われ，また他の分野とも深い関連があります．そこで畜産の第一線にいる技術者や畜産に関係する人達や専門分野を異にする人達にも役立つことを願って，畜産学用語辞典ではなく，学をとり畜産用語辞典一本に絞るという方針のもとに編集を進めました．旧版を12分野に分け，旧版用語を分類し，各分野毎に取捨選択することにしました．一つの分野だけでしか使わない語はむしろ少なく，選択語は重複し，その整理は遅れの大きな一因となりましたが，旧版の3,000語に対し，約4,300語と大幅な増加になりました．この広がりは畜産分野の広がりを如実に示しているものと思われます．

　編集に当たっては現代かな使い，常用漢字を用いるように心掛けましたが，当用漢字にない語も多く，専門用語は各学会の自主性に任されており，表記法も分野によって異なるものがあるため，より一般的な用語法を多用せざるを得ませんでした．

　改訂版の発刊に当たり，ご尽力いただいた編集委員，執筆者およびご協力いただいた皆様に心から感謝致します．また発刊を心よくお引き受けいただいた株式会社養賢堂社長 及川　清氏，ならびに担当していただいた矢野勝也氏に感謝いたします．

2001年5月

　　　　　　　　　　　　　社団法人 日本畜産学会 畜産用語辞典
　　　　　　　　　　　　　　　編集委員会委員長　　石橋　晃

序

　このたび「新編畜産用語辞典」が発刊される運びとなりました．初版は1977年に発刊され，1985年に改訂・増補版が発刊されましたので，16年ぶりの改訂となります．

　学問の進展あるいは産業形態の変遷などにともない，使用される用語あるいはそれぞれのもつ意味も変化していきます．今回発刊された畜産用語辞典の内容は，現在使用されている主要な用語を選択したもので，時機を得たものであります．

　日本畜産学会では，編集委員会を設置し，増補改訂を行うこととしました．しかし，最近の科学技術の進歩は著しく，また畜産の現場では環境および動物福祉にも配慮した生産が求められており，初版のときとは大きく情勢が変化しています．したがって，単なる改訂では済まず，用語の取捨選択に力を入れ，用語を多数増補し，説明にも統一性をもたせるよう努力が図られました．そのため，発刊にこぎつけるまでに時間を要しましたが，21世紀の初頭をかざり「新編畜産用語辞典」として，ここに刊行できましたことは，関係者一同の喜びであります．

　また，この新編も時期を見て改訂する必要が出てまいりますが，その間，この新編がお役に立つと信じております．

　新編の発刊に当たり，ご尽力いただいた編集委員ならびに執筆者の皆様に心より謝意を表します．また，発刊をこころよくお引き受けくださった株式会社養賢堂社長　及川　清氏に感謝いたします．

　2001年3月

　　　　　　　　　　　　　　　　　　　　社団法人　日本畜産学会
　　　　　　　　　　　　　　　　　　　　会　　長　矢野　秀雄

凡　例

1. 本書は畜産学だけでなく，広く畜産に関する用語について最近における最先端の学術用語を含めて収録し，解説した．
2. 見出し語は仮名，漢字，英語の順とし，外来語は片仮名，日本語は平仮名とした．
3. 動植物名はカタカナとし，合成語の場合は常用漢字とした．
4. 英名用語は人名，地名などを除いて，小文字で表記した．索引には見出し以外に文中の英名も掲載した．
5. 用語は
   漢字は原則として常用漢字を用いたが，常用漢字以外の漢字も使用した．仮名遣いは「現代仮名遣い・送りがなの付け方」に準じた．
6. 専門用語は各学会にまかされているのが現状であるが，本書には色々な学会の用語が含まれているので，常用語で表記した．
   　例；コンピュータ→コンピューター，クローバ→クローバー
7. 専門分野で表記法の異なるものは，各分野の慣用法を併用した．
   　繊維↔腺維

＊初版に添付した正誤表は本文中にて訂正した．また追加16項目は469頁以降に補遺として収録した．

[あ]

アールエフエルピー　RFLP　→制限酵素断片長多型

アールオーまく　RO膜　reverse osmosis membrane　→逆浸透膜

アールジーひ　R/G比　ruminating time/grazing time ratio　食草時間に対する反芻時間の比．草質判定の指標の一つとして用いられ，この値が高いほど草生が不良とされている．

アイガモ　合鴨　Aigamo　1) 古くからナキアヒルの別名として用いられており，江戸時代にマガモを飼い馴らしたものと考えられ，羽色はマガモと同じで成体重が雄1.9 kg, 雌1.5 kgくらい．2) アヒルとマガモの交雑種で，アヒルより小さいことが利点となり，水田の除草用などに活用され，合鴨農法と呼ばれている．

あいがんようしゅ　愛玩用種　pet breed　ニワトリの品種の産業用以外の愛玩や観賞用に飼育されている品種．愛玩鶏は羽装の美しいもの．長鳴性のものや小型のものが大半で，日本鶏には尾長鶏，小国，蓑曳，東天紅，チャボなど，多くの愛玩用品種があり，外国鶏ではシーブライト・バンタムなどが有名．

あいき　あい気　eructated gas　食道を通って口腔や鼻孔より排出された胃内の空気やガスのことをいう．おくび．反芻動物の場合，反芻胃内では飼料の醗酵および重炭酸塩を含む唾液の流入の結果，CO_2やメタンを主成分とするガスが大量に発生する．このガスが，あい気となって排出される．反芻胃内で生ずるガスの量や成分は，飼料の種類や量，また，飼料給与後の時間によって異なる．

あいきはいしゅつ　あい気排出　eructation, belching　反芻動物で，反芻胃内に生じたガスを口腔や鼻孔から排出すること．通常は反芻胃内容物が噴門部を覆っているので，胃内のガスが食道内に流入することはないが，あい気反射がおこると，ガスは食道内に流入し，排出される．噴門部がなんらかの理由で，泡などで覆われたり，また，血行障害そのほかの理由で，あい気反射によるガスの排出が行われなくなると，鼓脹症となる．

あいきはんしゃ　あい気反射　eructation reflex　第一胃背側後嚢と噴門括約筋部に存在する伸展受容器は，第一胃内ガスによる胃壁の伸長を，迷走神経を経て，延髄に存在するあい気反射中枢に伝える．中枢の興奮は，ガスを第一胃から食道内に流入させる．この際，鼻咽頭括約筋は閉鎖しているが，声門は開いているので，大部分のガスは気管内に流入する．一部は呼気とともに排出されるが，他の部分は肺の流血中に吸収される．

アイジー・エイ　IgA　immunoglobulin A　唾液，気管支分泌液，初乳，乳汁や消化管，生殖器などが分泌する漿粘性分泌液中に存在する主要な免疫グロブリンである．多くの場合，多量体，とくに2量体構造をとる．分泌型IgAは多量体形成にかかわるJ鎖に加え，分泌成分(SC)を有する．H鎖のクラスはα．

アイジー・エム　IgM　immunoglobulin M　一次免疫応答の主要な免疫グロブリンである．5量体構造をとり，H鎖(μ鎖)，L鎖に加え，この5量体構造形成に関わるJ鎖を有する．

アイジー・ジー　IgG　immunoglobulin G　血清中，乳汁中および卵黄中の主要な免疫グロブリンで，二次免疫応答の主要な抗体である．構造的にはH鎖(γ鎖)2本，L鎖2本の4本鎖からなる単量体蛋白質である．卵黄中のものをIgYともいう．

アイスクリーム　ice cream　牛乳または乳製品を主原料として，これに糖類，安定剤，乳化剤，香料などを加えて，空気を混入させながら凍結した食品．わが国の乳等省令では乳脂肪分8％以上，乳固形分15％以上を含むものと規定されている．1 g当たりの細菌数は10万以下，大腸菌群陰性でなければならない．類似のものにアイスミルクとラクトアイ

スがある.

アイスクリームフリーザー ice cream freezer アイスクリームミックスを凍結させてアイスクリームとする装置. バッチ式と連続式とがある.

アイスクリームミックス ice cream mix 牛乳または乳製品を主原料とし, これに糖類, 安定剤, 乳化剤, 香料などを加えて混和し, 水を加えて均質化, 殺菌して, フリーザーに入れればアイスクリームになるように仕上げたもの.

アイスミルク ice milk アイスクリーム類の一種で, わが国の乳等省令では, 乳脂肪分3%以上, 乳固形分10%以上含むもので, 1g当たりの細菌数5万以下, 大腸菌群陰性と規定されている.

アイソザイム isozyme 同一種内で, 本質的に同一の触媒反応をする(同一基質特異性をもっている)酵素が2種以上あり, 蛋白質の1次構造が異なっている場合アイソザイムと呼ぶ. 一般に電気泳動法などによりこの違いを検出する. 検出率は40~50%. その遺伝はメンデリズムにより支配されており, 電気泳動法などにより表現型に多型(polymorphism)が検出される. イソ酵素とも呼ばれ, イギリスでは isoenzyme という.

アイソタイプ isotype イソタイプともいう. 免疫グロブリンの定常部にあり, 種に特異的な抗原決定基となる. 免疫グロブリン分子はH鎖のアイソタイプ(クラス:γ, α, μ, δ, ε)により分類されている. 一方, L鎖のアイソタイプ(クラス:κ, λ)は免疫グロブリン分子の分類に影響しない.

あいたいとりひき　相対取引 negotiated transaction 家畜・畜産物その他商品の取引にあたって売買価格・数量を決める方法の一つ. 売り手と買い手が直接折衝して相互に折り合うところに決める方法である. 売買価格の決め方としては, この外にセリ取引や入札などがある. 家畜や, 畜産物の中でも食肉などはこれまでセリ取引が一般的であったが, 近年部分肉などを中心に相対取引が導入されてきている. →セリ取引

アイディアル・プロテイン ideal protein イギリスのARCが提唱した概念で, ブタの発育, 妊娠および授乳の各ステージにおける理想的な必須アミノ酸の割合を, リジンとの相対値で示したもので, そのようなアミノ酸組成をもった蛋白質をアイディアル・プロテインと呼称している.

あいぶ　愛撫 gentle handling, caressing ヒトと家畜のきずなの形成を目的として, 誕生直後から哺乳期あるいは離乳時など, 幼齢家畜に対してヒトが積極的に触れる行為. これにより, ウシ, ヒツジ, ブタなどにおいてその後のヒトに対する逃避反応が低下し, 扱いやすくなる. しかし, 乳牛では誕生時の愛撫は短期的な効果しか見られないことが報告されており, 愛撫期間と反応の持続性との関係については明確にされていない.

アイロンしあげ　アイロン仕上げ ironing 着色, 塗装した皮革の塗装面にアイロンをかける仕上げ法. 表面が平滑になるとともに, 塗膜中の顔料, バインダー, 革繊維の接着が良好になり, つや出しの効果が同時に得られる. ガラス張り甲革の仕上げによく利用される.

アウトサイドラウンド outside round →そともも

あおがりさくもつ　青刈作物 soiling crop もともと子実(穀実)作物の中から茎葉タイプに改良, あるいは転用されて, 生育期間中に刈取り利用される飼料作物. 青刈作物にはトウモロコシ, ソルゴー, ライ麦, エン麦, ミレット類, ダイズ, ベッチ類などがあり, 生草, 乾草, サイレージとして家畜に給与される. ソルゴーは, 出穂前期までに青刈りすることで, 再生草を含めて年2~3回の刈取りが可能となる.

あおがりしりょう　青刈飼料 green fodder 刈取った青刈作物や牧草を乾草やサイレージに調製しないで, ただちに家畜に給与する生草飼料. 乾草調製による圃場内の茎葉損失, サ

イレージ調製による養分損失, 放牧における排泄, 蹄傷などの不食地形成もないので, 単位面積当りの乾物（養分）利用量が大きい. 多労であることや生育にともなう品質の変化が著しいので, 畜舎周辺の圃場や小規模経営において慣行的に利用されている.

あおかわ　青革　blue leather　クロムなめしを終え, まだ仕上げ処理を施していないクロムなめし革は, クロムなめし特有の淡青色を呈しているので, これを青革という. クロムなめしを終え, 湿潤状態のまま製革原料として取引きされる青革をウェット・ブルーと呼んでいる.　→ウェット・ブルー

あおくびアヒル　青首アヒル　Japanese Mallard duck　わが国で飼育されているマガモ型の羽色のアヒルの総称. 成体重が雄 3.7 kg, 雌 3.3 kg 程度とかなり大型であるが, 産卵数は年 60 個程度. 祖先は中国から入ったと考えられるが, 時期は不明. 関東大型アヒルと呼ばれたものもこの一系統.

あおげ　青毛　black　→毛色

あかクローバー　アカクローバー　red clover, *Trifolium pratense* L. アカツメクサ. ヨーロッパ南東部から小アジアを原産とする, 冷涼湿潤な気候に適する寒地型の短年生マメ科牧草. 耐寒性は強いが, 夏季の高温と乾燥に弱く, 酸性土壌では pH 矯正が必要である. 開花期前後に 1~2 回刈取りでき 2 年目収量は多い. イネ科牧草との混播は草地の栄養生産性や土壌改良に効果がある. 開花前の若い草では鼓脹症の危険もある.

あかげわしゅ　褐毛和種　Japanese Brown cattle　熊本, 高知をそれぞれ主産地とする褐毛の改良和牛であるが, 改良経過, 特徴, 生殖隔離, 登録の違いから下記の 2 品種に区別される. 熊本県を中心に飼育されている熊本系褐毛和種（Japanese Brown-Kumamoto）は, 明治末期に在来牛にホルスタイン, エアシャー, デボンが, さらに大正末期にブラウンスイスが交雑されたが, 明治末期から昭和初期にシンメンタールを交配して役用に作出され, 後に肉用種に改良. 体格は黒毛和種よりやや大型で, 体重は雄 950 kg, 雌 600 kg 程度. 一方, 高知県を中心に飼育されている高知系褐毛和種（Japanese Brown-Kouchi）は, 在来牛に韓牛（朝鮮牛）を交雑して改良された肉用種で, 角, 蹄, 眼瞼, 鼻鏡, 舌, 尾房, 肛門が黒. 体格は黒毛和種と同程度で体重は雄 950 kg, 雌 600 kg 程度.

あかしろはんホルスタイン　赤白斑ホルスタイン　Red and White Holstein　黒白斑ホルスタインと同一起源であるが, 近年多数発生するため品種として独立させた. イギリス以外の国では, 黒白斑の登録に繰り入れ, 名号の後に Red をつける. 有角. 体重・体高は, それぞれ雌 670 kg, 140 cm, 雄 1,100 kg, 160 cm 程度. 乳量 6,500 kg 程度. 乳脂率 3.9%.

あかだし　あか＜垢＞出し　scudding　石灰漬けした皮には細毛, 毛根, 上皮層の分解物, 脂肪などが残っているので, あか出し用のナイフまたはあか出し機（scudding machine）を用いて, これらの残留物を皮から圧出させる作業.

あかつめくさ　→アカクローバー

アカバネびょう　アカバネ病　Akabane disease　アカバネウイルスの感染により異常産を特徴とするウシの伝染病（届出伝染病）. 吸血昆虫（ヌカカなど）を介して伝播し, 妊娠牛は無症状で経過するが, 胎子感染により流死産, 体形異常, 大小脳欠損, 内水頭症などの産子を娩出する. 予防にはワクチン接種が有効である.

あきばら　空胎　non-pregnant condition　妊娠していない成雌畜の状態をさす慣用語. 特にウシでよく用いられる.　→空胎（くうたい）

あくしゅうぶっしつ　悪臭物質　offensive odor substance　→特定悪臭物質

あくしゅうぼうしほう　悪臭防止法　Offensive Odor Control Law　昭和 46 年, 法律第 91 号. 工場その他の事業場における事業活動にともなって発生する悪臭について必要

な規制を行う法律. 悪臭の規制は, 都道府県知事が規制地域を指定し, 特定悪臭物質ごとに総理府令で定める範囲内で規制基準を設定する. 平成7年4月に一部改正され, 臭気指数規制および国民の日常生活にともなう悪臭の防止などについての関係者の責務が新たに規定された.

アクチン actin 筋原線維を構成する主要な蛋白質の一つ. トロポミオシン, トロポニンとともに筋原線維の細いフィラメントを形成している. ミオシンと親和性が高く, ミオシンによる食肉製品の結着性および保水性を増強する役割を有している.

あご 顎 jaw →付図1, 付図2, 付図4, 付図5

あさにゅう 朝乳 morning milk 朝の搾乳で得られる牛乳. 搾乳が1日2回で, 時間が不等間隔である場合, 夕乳より乳量は多く, 脂肪率が低い.

あしげ 芦毛 grey →毛色

アシドーシス acidosis 血液のpHが酸塩基平衡の破綻により酸性側に傾いた状態. 呼吸不全による炭酸の過剰に起因する場合を呼吸性アシドーシス, また腎障害, 下痢などにより重炭酸の欠乏に起因する場合を代謝性アシドーシスと呼ぶ. →アルカローシス

アシドフィルスミルク acidophilus milk 殺菌した牛乳に, 別に培養しておいたラクトバチルス・アシドフィルス (*Lactobacillus acidophilus*) グループ乳酸菌を接種し, 培養して発酵させて作る. 飲用後, 腸内で乳酸菌が増殖し, 好ましい効果を発揮してくれることを期待したもの. 乳酸菌の生菌体を集菌して牛乳に加え, 発酵させないものをスウィートアシドフィルスミルク (sweet acidophilus milk) と呼ぶ.

あじとり 味取り conditioning 乾燥した皮を機械的にもんで柔らかくするために, 皮に適当な水分を与える作業. 味入れともいう. 40~60℃の湯に短時間漬けた後, 1~2日気密に囲っておくか, 水分35%位の鋸屑＜おがくず＞に埋める方法がとられる.

あしゆび 趾 toe, digit ニワトリの脚の指のことで, 第1指は後向きに伸び, 体の前内側から外側へ第2, 第3, 第4指が出ている. →付図6, 付図22

あしょうさんさいきん 亜硝酸細菌 nitrite bacteria 硝化作用を行う細菌のうち, アンモニアを亜硝酸にまで好気的に酸化する細菌の総称. アンモニア酸化菌ともいう. 代表的なものとしては, *Nitrosomonas*, *Nitrosospira*, *Nitrosococcus* 属などの細菌が知られている. →硝化作用

あしょうさんたいちっそ 亜硝酸態窒素 nitrite nitrogen NO_2-Nと表記する. 亜硝酸塩をその窒素量であらわしたもの. 亜硝酸性窒素ともいう. 硝化作用の過程でアンモニアから硝酸に酸化される際の中間生成物としてあらわれる. アンモニア酸化反応よりも亜硝酸酸化反応の方が反応速度が大きいため, 通常, 堆肥化や汚水処理の過程あるいは畑土壌中で亜硝酸態窒素が蓄積することは少ない. →硝化作用

あせ 汗 sweat 皮膚に分布する汗腺から分泌される水溶液でNaおよびKイオン, 尿素, 乳酸などを含む. その蒸発は体熱放散に役立つ. 発汗は体温の上昇に反応して起こるほか, 交感神経の制御下にあり, 興奮, 緊張によってもおこる. 体表面全体から発汗するのはヒトとウマに限られる. ウシは汗腺が比較的よく発達しており鼻鏡からも発汗する. イヌとブタでは発汗は不十分で体温調節にはあまり役立たない.

アセトンたい アセトン体 acetone body →ケトン体, ケトーシス

あそびのさいしょく 遊びの採食 eating for leisure, food tampering ウシやヒツジにおいて, 通常の摂食行動パターンとは異なる少量の摂取や, ニワトリにおける実際の摂取をともなわない飼料ついばみ行動. 飼育下においては短時間で必要量を摂取できるため, 食欲と行動的欲求とのずれから生じる暇つぶ

し的な行動と考えられる.

　あたま　頭 head　→付図1, 付図4, 付図6

　あっし　圧死 crushing death, overlaying loss　寒冷環境において家畜が護身行動として身体を寄せあうだけでなく，身体を重ね合う結果，下にいる個体が圧力によって死に至ることや，ブタなどにおいて，母親の伏臥および横臥時に子どもが母親によって押し潰され，死んでしまうこと.

　あっしゅくきちょう　圧縮記帳 advanced depreciation　国，都道府県，市町村などから補助金を交付されて調達した建物，施設，機械などについて，取得価格からその資産を取得するために受けた補助金を差し引き，自己資金による部分を資産価格として記帳すること．圧縮記帳により減価償却費が減額されるので，その分，利益は多くなるが，一方で利益となるべき補助金が計上されないので税金面で有利になる．

　あっぺんしょり　圧片処理 flaking　飼料を蒸煮処理し，ロールを通して圧片にする加工法をいう．穀類を対象とすることが多い．穀類を圧片処理することによってデンプンが糊化し消化性が向上するといわれている．圧片トウモロコシ，圧片オオムギの流通量が多い．穀類の場合には免税輸入穀類の変性加工処理の手段ともなっている．

　あつものがわ　厚物革 heavy leather　底革，機械ベルト，馬具用の厚い革．植物タンニンでなめされ，重量で取引される．

　あておす　あて雄 teaser　試情による発情検査に用いる雄畜．試情雄ともいう．交配用の雄ではないので，血統，遺伝的素質，造精機能などを考慮する必要はなく，乗駕欲の旺盛な雄であればよい．普通，思いがけない受胎を避けるため，精管結紮などの不妊手術を施した雄を用いる．

　アデノウイルス adenovirus　ウイルスの科名．ヒトのアデノイド組織培養から初めて分離されたことから，この名が由来した．二本鎖DNAを核酸にもち，一部を改変したアデノウイルスベクターは遺伝子治療の有力な方法と考えられている．

　アデノずいはんウイルス　アデノ随伴ウイルス adeno-associated virus　アデノ関連ウイルスともいう．単独では自己増殖能をもたず，増殖にはアデノウイルスの共存が必要である．

　あとざん　後産 afterbirth　分娩の際に胎子は臍帯と胎膜の一部とともに娩出される．胎子の娩出後に排出される残りの胎膜や胎子胎盤の部分を後産という．後産排出に要する時間は，ウシ以外の家畜やイヌでは胎子娩出後15〜30分，長くても1時間以内であるが，ウシでは数時間，遅い場合には10数時間もかかることがある．→後産停滞

　あとざんていたい　後産停滞 retention of placenta　後産の排出が遅れることをいう．後産が停滞すると，子宮内膜炎などをおこし，繁殖障害の原因になるので，人為的に早めに排出させることが必要である．大動物では，産道内に手を入れ，手指を用いて後産を引き出すことができる．一般に胎子娩出後3〜4日目ころが除去しやすい時期であるが，それが困難なときは無理をせず，自然排出を待つ．→後産，胎盤停滞

　あとしぶんたい　後四分体 hind quarter　→四分体, 付図23

　あとしぼり　後搾り striping　機械搾乳においてティートカップ離脱時または離脱後に乳房，乳頭内の乳を搾りきること．離脱時にミルカーのミルククローを片手で引き下げながら，他方の手で乳房を揉み下ろすことをマシンストリピング（機械による後搾り），離脱後に手でもみ搾りすることをハンドストリッピング（手による後搾り）という．両後搾りとも必要なウシ以外は行うべきでないといわれている．

　あとひざ　後膝 stifle　→付図1, 付図2, 付図4

　アドレナリン adrenaline　エピネフリ

ンともいう．おもに副腎髄質で合成され，寒冷時や興奮時に分泌が増大し，血糖および遊離脂肪酸上昇作用をもつ活性アミン．また，アドレナリン作働性神経で合成・分泌され神経伝達物質として作用する． →カテコールアミン

アドレナリンさどうせいしんけいせんい　アドレナリン作動性神経線維　adrenergic nerve fiber(s)　自律神経のうちノルアドレナリンを分泌する交感神経線維．　→コリン作動性神経線維

あとわき　後わき（脇）　flank　→膁（ひばら），付図4

アナプラズマびょう　アナプラズマ病　anaplasmosis　アナプラズマ（*Anaplasma*）属の住血微生物の赤血球感染による反芻動物の伝染病．沖縄に分布するアナプラズマ・マージナーレ（*A. marginale*）はウシに対する感受性が高く，感染牛は発熱，貧血，流産，突然死などを呈する（法定伝染病）．アナプラズマ・セントラーレ（*A. centrale*）は本州に分布するが，ウシに対する感受性は低い．いずれもマダニにより伝播する．

アニマルモデル　animal model　BLUP法やREML法により個体の育種価や集団の分散成分を計算するためのモデルの一つで，個体モデルとも呼ばれる．アニマルモデルは利用できる血縁情報と記録をすべて用いて，すべての個体の育種価を推定する．そのため，選抜や非無作為交配の影響を取り除くことができ，サイアモデルやMGSモデルに比べて適応範囲が広い．　→育種価，BLUP法，REML法

アニリンしあげ　アニリン仕上げ　aniline finish　顔料や不透明な仕上げ剤を塗装せずに，染料だけで着色し，透明な仕上げ剤を用いて仕上げた革．優雅なつやを帯び，革特有の銀面模様があらわれ，高級品のイメージを与えるので，好まれている．

アバディーンアンガス　Aberdeen Angus　スコットランドのアバディーン，アンガス両地方で在来種を改良して作出した肉用牛．無角で，毛色は黒色．体重・体高は，それぞれ雌550 kg，120 cm，雄800 kg，130 cm程度．早熟，早肥で肉質も良好，頭部は小さく，四肢が細く短い典型的な肉用種．枝肉歩留り62～64%．わが国の無角和種の成立に関与した．北海道，東北に導入されている．

あばら　→肋（ろく）

アパルーサ　Appaloosa　アメリカ原産の乗用馬．16世紀にアメリカに持ち込まれたアンダルシアンの子孫で，野生化したものをオレゴン州北東部のパルース河流域に住むインディアンが繁殖改良した．脚が丈夫で骨量に富み，放牧中の牛追い用に適しているほか，競走用，馬術競技用，パレード用に利用されている．体高142～152 cm，被毛の斑紋が特色．

アビジン　avidin　卵白中に含まれ，ビオチンと特異的に結合する糖蛋白質．アビジン一分子に4個のビオチンが結合する．加熱により変性してビオチン結合能は失われる．動物に生卵白を多量に投与すると，ビオチン欠乏症をおこすが，通常の食事では卵白中のアビジン含量が少ないので，ビオチン欠乏症は問題にはならない．なお，アビジン結合の特異性は高く，免疫検定法や組織化学の分野で微量の蛋白質の検出試薬としてに利用されている．

あぶらかす　油粕　oil meal　油実類から圧搾法または抽出法で採油した残渣の一般名である．わが国で飼料用として用いられている油粕類には大豆粕，ヤシ粕，綿実粕，ナタネ粕，サフラワー粕を始めとしてアマニ粕，ゴマ粕，ヒマワリ粕，ラッカセイ粕，カポック粕などがある．蛋白質の含量が一般的に高く，植物性蛋白質飼料原料の中で重要な地位を占める．

あぶらなめし　油なめし　oil tanning　最も歴史の古いなめし法の一つで，動物性油脂を用いて皮をなめす方法．一般にはセーム革なめしのことをいう．皮を石灰漬けして，脱毛し，さらに多くの場合，銀面層を除いて，脱

灰，ベーチングした後，不飽和脂肪酸の多い魚油を皮に浸みこませ，乾燥，堆積を繰り返してなめす．油が空気酸化して生成するアルデヒド類などによって皮がなめされる．
→セーム革

アフリカとんコレラ　アフリカ豚コレラ African swine fever　アフリカ豚コレラウイルスの感染によるブタの急性熱性伝染病（法定伝染病）で，高熱，皮膚のチアノーゼ，リンパ節と内臓の出血を主徴とし，死亡率はほぼ100％に達する．アフリカ大陸ではイボイノシシとダニの間で不顕性の感染環が成立している．海外伝染病の一つで，わが国での発生はない．

アブレストパーラー abreast parlor　ミルキングパーラーの種類の一つで，ストールの配列が横並びとなっているパーラー．ウシ2頭ごとの間に人が入って搾乳するスペースが設けられている．ウシが入るストールの床をヒトの作業スペースの床よりも25~40 cm高く設置することが多い．搾り終わったウシが後ずさりするタイプと前へ通り抜けるタイプの2種類がある．つなぎ飼い牛舎を改造して容易にまた低コストで作ることができるので，簡易型のパーラーとして，あるいは，本格的なピット式パーラーへ移行する前の暫定的パーラーとして利用される．

アヘメラルしゅうき　アヘメラル周期 ahemeral rhythm　生体の生命現象には，地球の昼夜変化に適応する過程で進化したと考えられる24時間前後の周期（サーカディアンリズム）が認められる．しかし産卵鶏の放卵間隔などのように，25~27時間周期を示す生理現象も認められ，このような非24時間周期をいう．

アポトーシス apoptosis　生理的な細胞死．細胞自滅，プログラムされた細胞死ともいう．細胞のアクシデンタルな死（壊死：ネクローシス）に対応する概念で，核DNAの断片化，アポトーシス小体の形成などにより形態的にも区別される．形態形成の際の細胞死，自己反応性リンパ球の除去など多細胞生物に必須の生命現象である．　→細胞死

あまにかす　アマニ粕 linseed meal　アマの種実から油を絞った残渣である．乾物中に粗蛋白質40％を含む．おもに乳牛，肉用牛の飼料として供せられるが，ウシにおける可消化養分総量含量は乾物中71％と比較的高い値を示す．ムチンという粘着物資を含むことも特徴の一つである．

アミノさんインバランス　アミノ酸インバランス amino acid imbalance　ある必須アミノ酸の欠乏飼料に，他のアミノ酸または蛋白質を上積み添加するとアミノ酸の欠乏度合が強化され，添加前よりも動物の状態が悪化するような現象をいう．

アミノさんしりょうてんかぶつ　アミノ酸飼料添加物 amino acid feed additives　飼料のアミノ酸不足を補うために添加するアミノ酸単体もしくは混合物で，DL-メチオニン，塩酸L-リジン，L-トリプトファン，L-トレオニンなどが飼料添加物として指定されている．

アミノさん・デー，エルいせいたいのえいようか　アミノ酸・D-，L-異性体の栄養価 nutritive value of D- and L-amino acid isomers　アミノ酸にはD型とL型の二つの異性体が存在するが，天然のアミノ酸はすべてL型で動物によく利用され，栄養価値は高い．一方，D型のアミノ酸には栄養的な価値の低いものが多く，D-リジンおよびD-トレオニンはほとんど利用されない．化学的に合成されるアミノ酸はDとLが混合したDL型，いわゆるラセミ体である．

アミノまったん　アミノ末端（ペプチド，蛋白質の）　amino-terminal　N末端ともいう．蛋白質の基本構造を成すポリペプチドの両端のうちの遊離アミノ基をもつ側を指す．

あみばり　網張り toggling　→トグル張り

アミラーゼ amylase　デンプンやグリコーゲンなどを加水分解する反応を触媒する

酵素の総称である．動物では唾液や膵液などの消化液に含まれ，糖質の消化に重要な役割を果たしている．

あらかす　荒粕　→ぎょふん

あらに　荒煮　forewarming　練乳の製造にあたり原料乳の濃縮前に行われる加熱処理工程．荒煮の主目的は殺菌であるが，無糖練乳では，滅菌時の熱安定性を高め組織を良好にし，加糖練乳では製品の増粘を遅らせる効果がある．

あらびきソーセージ　荒挽きソーセージ　coarse-cut sausage　原料肉を荒目の肉挽き機で挽いただけか，短時間カッティングして製造するソーセージの総称．したがって，挽き肉中で脂肪が乳化（エマルジョン化）していない．フレッシュソーセージ，ドライソーセージ，セミドライソーセージなど．

アラブ　Arab　アラビア半島で2000年以上も前から育種改良されてきた古い純血の軽種馬．均整のとれた優美な体型で，体高は150 cm程度．軽快，持久力があり，頑健，粗放管理耐性，運動性に優れた乗用馬で，世界各地のウマの品種改良に貢献した．毛色は，鹿毛，栗毛，芦毛が多く，青毛は少ない．

アルカリしょり　アルカリ処理　alkali treatment　水酸化ナトリウムあるいはアンモニアで高繊維質素材を処理し，リグニンを溶脱させて繊維の消化性を高める方法である．稲わら，麦わらなどの農場残渣を対象とすることが多い．アンモニア処理をすることによって，これらのわら類のTDN含量は無処理に比較して6~8%程度増加する．→アンモニア処理

アルカリわら　alkali-treated straw　水酸化ナトリウム，消石灰，アンモニアなどアルカリ溶液で処理したわら．前二者の処理は，通常，噴霧や浸漬による短時間処理で行われ，細胞壁の膨軟化，あるいはリグニン，セルロース，ヘミセルロース間の結合の解裂によって，反芻動物によるわらの消化率が改善される．→アンモニア処理

アルカローシス　alkalosis　血液のpHが酸塩基平衡の破綻によりアルカリ側に傾いた状態．過呼吸による炭酸の欠乏によるものを呼吸性アルカローシス，激しい嘔吐，幽門閉塞，重度の腸閉塞などによる重炭酸の過剰によるものを代謝性アルカローシスとよぶ．→アシドーシス

アルコールかす　アルコール粕　alcohol by-products feed　エチルアルコールを製造する際に生ずる粕をいう．原料として穀類や芋類を使用する場合は，その粕の栄養価は各種のアルコール飲料を製造する際に生ずる粕類と大差はない．しかしわが国の場合は主として糖蜜を原料としており，その粕はカリウム含量が高く，栄養価も低い．わが国で一般的に流通し，飼料として用いられているものにはウィスキー粕，ビール粕，酒粕，ブドウ酒粕，焼酎粕などがある．

アルコールしけん　アルコール試験　alcohol test　原料乳の乳質検査法の一つで，70%（容量）のアルコールと等量混合して凝固の有無をみる．酸度の高い牛乳，初乳，末期乳，乳房炎乳などは陽性を示す．これらを一括してアルコール不安定乳といい，酸度が低くても陽性を示す異常乳（低酸度二等乳）もある．

アルコールはっこうにゅう　アルコール発酵乳　alcoholic fermented milk　アルコールを含む発酵乳で，乳酸菌と乳糖発酵性の酵母とを混合培養して作られる．ケフィア（kefir）とクミス（koumiss）が有名．

アルサイククローバー　alsike clover, Swedish clover, *Trifolium hybridum* L.　スウェーデンの栽培地に由来して名付けられた，アカクローバーに似た寒地型の一年生マメ科牧草．倒伏しやすく低収量なので，単播よりもイネ科牧草との混播が一般的である．寒地型マメ科牧草のなかでは最も耐酸性，耐湿性が強く，アルファルファやアカクローバーの生育不良な湿潤で強酸性土壌で，マメ科草本を確保する目的で混播される．アカクロー

バーと同じ程度の飼料価値を有する．

アルパイン Alpine　スイスとフランスのアルプス地方に広く飼われている在来ヤギの総称で，毛色は白，褐色，灰色，黒など多様である．体質強健で山岳地帯の放牧に適しており，イギリスではこれを改良してブリティッシュ・アルパインを作出した．アルプス地方では乳用山羊として利用している．

アルビノ albino　皮膚，被毛，眼などに色素が形成されない遺伝性異常．マウスやウサギなどでは，チロシンからメラニン色素の合成に必要な酵素を欠く単純劣性遺伝子のホモ個体がアルビノになる．

アルファ-ヘリックスこうぞう α-ヘリックス構造 α-helix　蛋白質やポリペプチドのとる二次構造の一つ．アミノ酸残基3.6個で1回転するらせん．α-ヘリックスは右巻きのものと左巻きのものとが存在しうるが，天然の球状蛋白質に見い出されているものはすべて右巻きである．

アルファ-ラクトアルブミン α-lactalbumin　牛乳のホエー蛋白質の一種．乳腺内で乳糖が合成される際に，合成酵素のβ-ガラクトシルトランスフェラーゼの働きを助け，グルコース濃度の低い状況下で乳糖の合成を促進させる働きをする．

アルファルファ alfalfa（米），lucerne（英），*Medicago sativa* L.　ムラサキウマゴヤシ．地中海沿岸からペルシャ地方が原産のマメ科メディカゴ属多年生牧草．ヨーロッパ北西部，北アメリカなどの寒地から亜熱帯・熱帯高地まで広く栽培されている．耐寒性や耐旱性に優れ，排水の良い微酸性～中性土壌で生育良好である．1番刈り後に2~3回刈取りができ，収量性，栄養性，嗜好性ともに優れている．乾草，サイレージとして利用される．若い草による鼓脹症の発症や乾草調製での葉部損失などに注意を要する．

アルファルファミール alfalfa meal　アルファルファ（英ではルーサン）の乾草を粉砕したもの．人工乾燥によって調製したものは，デハイドレイティド・アルファルファミール（dehydrated alfalfa meal）（略称，デハイ）で，調製にともなう養分の損失が少なく，濃い緑色をしている．天日乾燥によって調製されたものはサンキュアド・アルファルファミール（sun-cured alfalfa meal）（略称，サンキュア）で，養分含量は前者より劣る．

アレルギー allergy　抗原として作用する物質が体内に入り抗体が産生され，生体の反応が抗原物質に対して過敏症状を示す状態．障害作用にはアナフィラキシー型（気管支喘息，じんま疹，食物アレルギー，枯草熱など），細胞障害型（薬物アレルギーなど），アルチュス型（血清病，農夫肺症など），遅延型（接触性皮膚炎，アレルギー性脳炎など）がある．原因となる抗原物質をアレルゲン（allergen）という．

アレルゲン allergen　→アレルギー

アレロパシー alleropathy　ある植物から生産される化学物質が，周辺のほかの植物の発芽や生育に悪影響を及ぼす現象．植物群落では光や養分の種間競合だけでなく，化学抑制物質によっても種構成や遷移がおこる．揮発性物質，水溶性物質などさまざまでそれぞれ大気や降水を介して作用することが知られているが，化学構造の同定されていないものも多い．

アロウカナ Araucanas　南米チリの原住民アロウカナ族が飼っていたとされているニワトリで，1914年ころに発見され，その部族の名が品種名として付けられた．体型は中型で，成体重は雄2.4 kg，雌1.9 kg程度，産卵性はよくない．羽毛は赤笹のものが多い．最大の特徴は，卵殻色が青色であることで，これは三枚冠と強く連鎖している単一の優性遺伝子により支配されている．この形質の実用鶏への導入が試みられている．

アロタイプ allotype　免疫グロブリン分子定常部，主要組織適合抗原分子，血清蛋白質などにおいて，同種内でみられる遺伝的対立形質をいう．同種免疫抗体，電気泳動での移

(易)動度の差異などとして検出する.

あわ　粟　Italian millet, foxtail millet, *Setaria italica* Beauv.　イネ科一年生の雑穀作物. 草丈は1.5 m前後で, 子実は球形または卵形で穀類のなかでは最も小さい. わが国でも, 海外においても, アワは広く栽培されておらず, 飼料用として多くは使用されていない. 古くはニワトリの飼料として, 特に雛用の飼料として使用されたこともある.

あわだちせい　泡立ち性　foaming property, whippability　泡立ち性は, 種々の食品原料を製菓, 製パン材料に用いる場合に重要である. 種々の起泡剤が知られているが, 蛋白質の泡立ち性は一般に大きい. 石けんのような低分子物質の泡に比べると, 蛋白質溶液から得られる泡の特徴は, その安定性がきわめて高いことにある. このことは, 表面張力の作用によって不溶化した変性蛋白質分子が, 安定な固体状の膜を形成して気泡を包み, 泡を形成するためと考えられている.

あんう　鞍羽　saddle feathers　ニワトリの背の鞍部に生えている羽毛のこと.
→付図6

アングロアラブ　Anglo-Arab　サラブレッドとアラブの交雑, 両品種への戻し交配, アングロアラブ相互の交配によって生産されている. フランス南西部原産の乗用馬で, アラブの血量を25％以上保有している. 体高155～160 cmで軽快性, 強健性に優れた乗用馬で馬術競技, 狩猟に適し, わが国でも乗用馬の改良に貢献した. 毛色は, 鹿毛, 栗毛が多い.

アングロヌビアン　Anglo Nubian　アフリカのヌビア, エジプト, アビシニア地方原産のヌビアンにイギリスの在来種を交配して, 1910年にイギリスで作出されたヤギの品種で, ヌビアンの体型を残している乳肉兼用種. 毛色は白, 褐, 黒色, 斑紋のあるものなど多様. 無角で, 粗放管理に耐え, 双子の率も高く, 乳量も多く約1,000 kg (365日). 熱帯地方のヤギの改良に導入され, 活用されてきた.

アングロノルマン　Anglo-Norman　フランスノルマンディー地方原産の乗用, 輓用馬. 大型在来馬ノルマンにサラブレット, トロッター, アラブを交配して作出したウマで乗用型と輓用型に固定した. 前者は1976年セル・フランセ (Selle Francais) として分離し, 乗用, 馬術競技用に利用している. 体高160 cm, 毛色は栗色または鹿毛.

アンゴラ　Angora　1) 小アジアのアナトリアのアンゴラ地方が原産の毛用ヤギ. 体高約55 cmの小型のヤギで, 寒暑の較差の大きい乾燥地に適応している. 全身白色で絹糸状の光沢のある被毛に被われ, その毛はモヘア (mohair) として珍重され, 特殊な織物に供される. 現在, インド, パキスタン, 中央アジア, 南アフリカ, アメリカ, オーストラリアなどに導入され, 純粋繁殖されている. 2) フランスで古くから飼育されている毛用ウサギ. 10 cm以上の長毛で全身が被われており, イギリス系統 (体重約2.5 kg, 毛の太さ100番手) とフランス系統 (約3.5 kg, 80番手) が区別され, 毛長が10 cm程度になると年3～5回剪 (せん) 毛する. 収毛量は, 320～480 g. わが国でも多数飼育されている.

あんぜんフレーム　安全フレーム　safety frame　乗用トラクターが転倒した時に, 運転者を保護するのに必要な空間を確保するためのフレーム. 2柱式と4柱式がある. 安全鑑定や型式検査が行われており, これを受検合格したトラクターでなければ国の助成事業の対象とされない. 大型の乗用トラクターでは作業時の騒音や塵埃, 暑熱などに対して居住性を高めた安全キャブ (safety cab) が採用される場合が多い.

あんそうおん　暗騒音　background noise　目的とする音以外に存在不必要な, 障害になる音 (騒音) の総計. ＝背景騒音

アンダルシアン　Andalusian　1) スペインのアンダルシア地方の原産で, 地中海沿岸種中最も古いニワトリの品種の一つである. 羽色が青色であるのが特徴で, これは希釈遺伝子 (B1) によって遺伝する. 成体重は雄3.2

~3.6 kg, 雌 2.3~2.7 kg, 単冠で白耳朶を持ち, 産卵数は 130 個くらい. 卵殻色は白色, 就巣性はなく, 実用より観賞用である. 2) スペインアンダルシア地方原産のウマ. 毛色は大部分が芦毛, 体高 150~160 cm. 強い脚と柔軟な関節をもつ乗用馬.

アンチコドン anticodon 遺伝暗号のコドンと相補的な関係にある 3 塩基の配列. 転移 RNA 分子のほぼ中央に位置し, 遺伝情報の翻訳の過程で mRNA 上のコドンと対応することによって, コドンとアミノ酸の間の特異的な対応づけが行われる.

アンチホルモン antihormone ホルモンの標的器官において, ホルモンの作用発現を抑制する物質の総称. 一般に, ホルモンと化学構造が類似しており, ホルモンのレセプター上で拮抗するアンタゴニストを示す場合と, 投与したホルモンに対する抗体作用を示す場合がある. 前者では, アンチアンドロジェンのフルタミド (fultamide), アンチエストロジェンのクロミフェン (clomiphene), アンチ副腎皮質刺激ホルモン放出ホルモン (CRH) の α-ヘリック CRH など数多くのアンタゴニストが知られている. 後者では, 人絨毛性性腺刺激ホルモン (hCG) 抗体などが知られている. →抗ホルモン

あんていきじゅんかかく 安定基準価格 畜産物価格安定法に基づき, 毎年設定される対象食肉 (豚, 牛肉) の卸売価格の安定価格帯における下限価格. 対象となる卸売価格は, 豚肉では枝肉規格「中」, 牛肉では去勢肥育和牛および乳用おす肥育牛の「B-2, 3」価格. 価格の決定方式は需給実勢方式と呼ばれ, 牛肉では過去 7 年間の, 豚肉では過去 5 年間の農家販売価格を基準に, 生産費の動向を加味して求める中間値の, 豚肉では 86%, 牛肉では 87% 水準の価格.

あんていじょういかかく 安定上位価格 畜産物価格安定法に基づき, 毎年設定される対象食肉 (豚, 牛肉) の卸売価格の安定価格帯における上限価格. 対象となる卸売価格は, 豚肉では枝肉規格「中」, 牛肉では去勢肥育和牛および乳用おす肥育牛の「B-2, 3」価格. 価格の決定方式は需給実勢方式と呼ばれ, 牛肉では過去 7 年間の, 豚肉では過去 5 年間の農家販売価格を基準に, 生産費の動向を加味して求める中間値の, 豚肉では 114%, 牛肉では 113% 水準の価格.

アンテナ・ショップ antenna-shop 生産者や生産者団体が消費者の需要動向, 消費傾向をとらえたり, 生産物の宣伝のために設ける食料品店やレストランなど. 近年, 農業協同組合や市町村, あるいは農業法人経営などで設置する動きがあらわれている.

アンドロジェン 雄性ホルモン androgen 雄性ホルモン様作用を示すステロイドホルモンの総称. testosterone, dehydroepiandrosterone, androstendione, androstenediol, dihydrotestosterone などが代表的である. 主として, 精巣から分泌されるが副腎皮質, 卵巣, 胎盤からも分泌される. 雄の副生殖腺の発育, 精子形成, 雄性行動の発現など雄の二次性徴を促進する. 視床下部・下垂体への負のフィードバック作用を有する. 蛋白同化作用を有し, エリスロポイエチン分泌促進による赤血球増殖作用などがある.

あんぶ 鞍部 saddle ニワトリの背から尾のつけ根の部分をいう. →付図 6

アンモニアかせい アンモニア化成 ammonification 有機態窒素が微生物などにより分解されてアンモニアに変換される反応. 細菌や糸状菌など従属栄養生物が産生する加水分解酵素により, 有機物中のアミノ基等からアンモニアが生成される. 家畜糞尿を放置したり, 堆肥化や活性汚泥法などの好気的処理の過程, また, 糞尿や堆肥を土壌に施用した際におこる.

アンモニアきさん アンモニア揮散 volatilization of ammonia アンモニアがガスとして大気中に放出される現象. 貯留・放置された糞尿, スラリーの曝気処理, 家畜糞の堆肥化過程, また糞尿や堆肥を土壌に施用した

際におこる．ヨーロッパでは，家畜糞尿からのアンモニア揮散が酸性雨のおもな原因とみなされており，糞尿貯留槽を密閉したり農地には土中施用するなど，アンモニア揮散を防止する対策を進めている．

アンモニアしょり　アンモニア処理　ammonia treatment, ammoniation　スタックサイロ，チューブサイロ，バックサイロ，ラップサイロなどに密閉した低質な繊維質飼料を乾物重あたり2～3％のアンモニアガスで数週間処理する方法で，反芻家畜による消化率や利用性が改善される．わら類の消化率の改善効果ではほかのアルカリ処理よりも小さいが，嗜好性はよく摂取量の増加が認められるとともに，添加されたアンモニアはルーメン微生物の有益な窒素源となる．現在，専門業者による請負いシステムが各国で実施され，技術普及が容易になってきた．ただし，牧草に対する処理は禁じられている．　→アルカリ処理

アンモニアせいちっそ　アンモニア性窒素　ammonia nitrogen　→アンモニア態窒素

アンモニアたいちっそ　アンモニア態窒素　ammonia nitrogen　NH_4-Nと表記する．アンモニウム塩をその窒素量であらわしたもの．アンモニア性窒素ともいう．アンモニアは含窒素化合物が分解する際に生成（→アンモニア化成）されるが，水と共存するような状態ではアンモニウムイオン（NH_4^+）の形態で存在する．糞尿中の無機態窒素はほとんどアンモニア態窒素であるが，好気的条件下で酸化されて硝酸態窒素に変化する．

あんらくこうどう　安楽行動　comfort behavior　→身繕い行動　body care behavior

アンローディングボックス　unloading box　ダンプトレーラーなどの運搬車に積載された飼料作物を塔形サイロに詰込むとき，その材料を荷受し，吹上げ用のブローワ（blower）に定量供給する荷受け用機械．運搬車は荷降ろし後，ただちに圃場に戻れるので収穫作業の能率を高めることができる．

[い]

い　胃　stomach　食道と小腸の間の器官で，入り口を噴門，出口を幽門と呼ぶ．動物種により内腔が一つの単胃，二つ以上の複胃とがある．胃壁は外層から，漿膜，筋層，粘膜で構成され，内腔面の粘膜上皮により，無腺部，噴門部，胃底，幽門部に分かれる．無腺部は重層扁平上皮で，噴門部，胃底，幽門部は腺上皮．特に胃底は固有胃腺で，主細胞，旁細胞，副細胞と内分泌細胞が分布する．単胃動物ではペプシンおよび塩酸を含む消化液を分泌し，食物の分解を促進する作用をもつ．反芻動物では植物繊維の分解を担う微生物槽としての前胃（第一，二，三胃）と通常の胃の機能を有する第四胃をもつ．鳥類では腺胃と筋胃を有する．　→付図12

いあんこうどう　慰安行動　comfort behavior　安楽行動 comfort behavior と同義．→身繕い行動　body care behavior

イーシー　EC　electric conductivity　→電気伝導度

いきちけいしつ　閾値形質　threshold character　病原菌に対して発症する，しないという形質，あるいは発症の程度を，陽性，擬陽性，陰性とする形質など不連続な表現型として捕えられる形質．閾値形質の背景には連続的な性質があり，一定の限度を超した時にその形質が発現すると考えられている．悉無形質（しつむけいしつ）は閾値形質の一つ．→悉無形質

いきふくにんしん　異期複妊娠　superfetation　時期的に異なった複数の胎子を妊娠している状態．すなわち，妊娠中に排卵し，雄と交配して再度受胎し，胎齢の異なった複数の胎子を妊娠している状態．実験的には，作出が可能であるが自然状態では，きわめてまれである．妊娠中に複黄体が形成されるウマでは，おこる可能性がある．　→複妊娠

いくしゅか　育種価　breeding value　親から子へ確実に伝えることのできる遺伝的能力で，個体の育種価は集団からの偏差としてあらされる．量的形質の遺伝子型値は，相加的遺伝子型値，優性偏差，上位性偏差により構成されるが，育種価とは相加的遺伝子型値のこと．集団の血統と測定値がある場合，アニマルモデルによるBLUP法で個体の育種価を推定できる．　→BLUP法

いくしゅけいかく　育種計画　breeding plan　家畜の遺伝的能力を改良する時に，最小の経費で最大の効果を得るための方法論を検討し，具体的な育種システムを樹立すること．育種戦略（breeding strategy）ともいう．

いくすう　育雛　brooding　家禽の雛を育てること．母鶏育雛と人工育雛がある．母鶏育雛には就巣性の強い雌（チャボなど）に10～20羽の雛をあずける．人工育雛にはバタリー式と平飼い式の2とおりがあり，初生雛（6週齢まで）の間は電熱あるいはプロパンガスで加温した32～34℃の下で飼育する必要がある．20週齢までの雛の間にマレック病，ニューキャッスル病，鶏痘などのワクチン接種を行う．

いくせい　育成　raising, rearing　子畜を成畜まで育てること．幼畜期すなわち，ウシ，ブタでは哺乳期，ニワトリでは幼雛期には，栄養価の高い飼料の給与と特別の飼養管理が必要となるが，その後の飼養管理は比較的容易である．

いくせいさえき　育成差益　育成畜の庭先販売価額から素畜費と飼料費を差引いた差額．一般には，算出の便宜上，自給飼料費を計上せずに，育成差益＝育成畜庭先販売価額－（育成素畜費＋濃厚飼料費＋購入粗飼料費）として計算される場合が多い．素畜費と飼料費とで育成コストの90%近くを占めることから，収益水準把握の目安として使われる．

いくせいしゃ　育成舎　ブタ：growing piggery；ウシ：rearing barn, young stock barn　離乳後から成畜になるまでの期間に用いられる畜舎．

いくせいしりょう　育成飼料　raising ration　広義には，育成期に使用される飼料はすべて育成飼料というが，幼畜期の飼料には，ウシ，ブタでは哺乳期飼料（代用乳，人工乳），ニワトリでは幼雛飼料などと呼ばれ区別されている．単に育成飼料という場合は，幼畜期以降に使用される飼料を指すことが多い．

いくせいりつ　育成率　rate of raising　同腹または群の産子数中，育成を完了した動物数の百分率．ただし，育成途中の必要な時期をとらえて算出する場合もある．

いけいこうはい　異系交配　outbreeding　類縁関係の異なる系統間の交雑，あるいは，血縁のない個体同士の交配のことで，近親交配の逆の効果をもつ．外交配，遠縁交配ともいう．異系交配によって繁殖され維持されている集団および動物をアウトブレット（outbred）と呼ぶ．クローズドコロニーは，異系交配によって繁殖させ維持していることが多い．

いけいせい　異形成　dysplasia　細胞や組織の秩序を乱した異常な発生・発達．胎生期や新生期の発育過程あるいは常に置き変えられている成体組織でおこることがあり，特に成体組織では慢性的な刺激や炎症に起因する．

いけいせつごう　異型接合　heterozygosis　一つ以上の遺伝子座について異なる対立遺伝子を持つ配偶子の合体で，ヘテロ接合ともいう．この接合によりできた個体を異型接合体あるいはヘテロ接合体（heterozygote）という．一方，同じ対立遺伝子よりなる個体はホモ接合体（homozygote）という．　→同型接合

いこうこうたい　移行抗体　transferring antibody　母子免疫により母体から胎子あるいは新生子［雛を含む］に移行した抗体．→母子免疫

いざんおうたい　遺残黄体　→永久黄体

いし　異嗜　allotriophagy, pica　食餌として飼料以外の不自然なもの（土，石，金属

片，肉食動物における草など）を摂取したりなめたりする異食行動．寄生虫病，慢性消化器病，栄養障害などの罹患動物にみられることが多い．

いじこうどう　維持行動　maintenance behavior　家畜が自分自身の生命・生活を守るために発現させる行動．個体行動として摂取行動（摂食行動，飲水行動），休息行動，排泄行動，護身行動，身繕い行動，探査行動，個体遊戯行動が含まれ，社会行動として社会空間行動，敵対行動，親和行動，社会的探査行動，社会的遊戯行動が含まれる．　→個体維持行動

イージーさいぼう　EG細胞　embryonal germ cell　胚性幹細胞（ES細胞）と始原生殖細胞（primordial germ cell, PG細胞）の中間的な特徴を示すPG細胞由来の細胞株．由来から生殖系列細胞への分化が期待されるが，その分化の程度は現在のところES細胞とほぼ同じといわれている．　→胚性幹細胞

いじしりょう　維持飼料　maintenance ration　家畜が静止の状態で健康を維持し，その体重を一定に保っている状態を維持と呼んでいる．この状態ではエネルギーの出納がゼロである．この平衡を保つための飼料を維持飼料という．体組織よりエネルギーの消失のない状態に保つために必要なエネルギーの最小量が含まれる．

いしゅいしょく　異種移植　xenotransplantation, xenografting　ある動物種から別の動物種への臓器を移植することで，チンパンジーやヒヒなどからヒトのように近い種族間での近縁（concordant）異種移植とブタからヒトのような遠縁（discordant）異種移植の二つに分類される．遠縁異種移植では超急性拒絶反応の抑制が最大の課題とされている．

いしゅくせいびえん　萎縮性鼻炎　atrophic rhinitis, AR　毒素産生性の気管支敗血症菌（*Bordetella bronchiseptica*）やパスツレラ・ムルトシダ（*Pasteurella multocida*）の感染によるブタの慢性鼻炎（届出伝染病）．鼻曲り病と俗称される常在性疾病で，鼻甲介骨の萎縮性病変を特徴とする．発育遅延や飼料効率低下の原因となる．

いしゅこうたい　異種抗体　heteroantibody　抗体を産生する種とは種属の異なる生物（動物）に由来する抗原の刺激によって産生される特異的な抗体．同一種で遺伝構造の異なる個体間で認識される抗原は同種抗原，産生される抗体は同種抗体と呼び，組織適合抗原，血液型抗原，免疫グロブリンのアロタイプなどがある．

いしゅめんえき　異種免疫　heteroimmunization　ある一つの種に由来する抗原を，他の種に属する動物に免疫すること．この場合に産生される抗体は，種特異的抗体のほかに臓器特異的抗体および型特異的抗体などが産生される．　→同種免疫

いじょうこうどう　異常行動　abnormal behavior, anomalous behavior　終日，つなぎ飼いやストール飼育など，刺激の少ない単純な飼育環境においてみられる長期にわたる葛藤・欲求不満状態や，損傷・疾病による運動中枢や運動器官の変異などによって発現する，様式上，頻度上，あるいは強度上で正常から逸脱した行動をいう．常同行動，変則行動，異常反応，異常生殖行動などが含まれる．

いじょうにゅう　異常乳　abnormal milk　正常乳とは非常に異なる性質を示す牛乳の総称で，一般には原料乳として不適当なものをいう．初乳，末期乳，アルコール不安定乳，乳成分含量が著しく低い牛乳，細菌数が著しく高い牛乳，異常風味乳，異物で汚染された牛乳，乳房炎乳などがその例である．アルコール不安定乳の中には，新鮮乳で酸度が一般に0.14％でありながらアルコール試験で陽性を示す異常乳（低酸度二等乳）もある．

いじょうはつじょう　異常発情　abnormal estrus（heat）　妊娠していない成熟した哺乳類の卵巣では，動物種に固有の一定の周期で卵胞の発育，排卵，黄体の形成，退行を反復する．これにともなって，動物種に特有な発

情徴候が出現するが，これを正常発情という．これに対して，卵巣の周期的な活動に異常が生じた場合にあらわれる発情を，異常発情という．微弱発情，持続性発情，無発情などがある．

いじょうらん　異常卵　abnormal egg　卵管や卵胞の生理的異常により放卵された卵で，形態的にも異状な卵をいう．最も普通にみられるのは，卵黄を2個もつ2黄卵であるが，このほかに卵黄3個以上の複黄卵，卵黄のない無黄卵，卵殻形成が抑制された無殻卵，正常卵の中にもう1個の卵殻膜に包まれた小卵が存在する二重卵殻膜卵，卵殻がきわめて薄い軟卵などがある．広義には食用不適卵を含める場合がある．哺乳動物の異常卵子を指すこともある．　→食用不適卵

いじょうらんし　異常卵子　abnormal ovum　卵子形成過程あるいは受精時に，形態的に異常になった卵子の総称．

いしょくいでんし　移植遺伝子　transplantation gene　→組織適合遺伝子

いしょくぞうき　移植臓器　transplanted organ　ある動物個体から分離し，別の個体に植え，新しい環境において生着させるための臓器．移植臓器を提供する個体を供与者（donor），受ける個体を受容者（recipient）と呼ぶ．

いしょくへんたいしゅくしゅはんのう　移植片対宿主反応　graft-versus-host reaction, GVHR　移植片の中に含まれるリンパ球が宿主に対しておこす免疫応答のこと．

いせん　胃腺　gastric gland　胃の腺部の粘膜に開口し，胃液を分泌する管状腺．噴門腺，固有胃腺，幽門腺に分けられる．固有胃腺は胃腺の主体で，胃底腺または胃腺ともいう．固有胃腺は，酵素原顆粒をもち，消化酵素（ペプシン）を分泌する主細胞，ペプシンの至適pHを保つ塩酸を分泌する壁細胞（傍細胞），粘液を分泌する頸粘液細胞（副細胞）に加えて，消化管ホルモンを分泌する数種の内分泌細胞もみられる．鳥類では腺胃に胃腺がある．

イタリアン　Italians　イタリーリギュリア地方原産のセイヨウミツバチの品種．活動性に富み，穏和で飼育しやすく，分封性が少ない．明治時代に日本に入り，各地で広く飼養されている．

イタリアンライグラス　Italian ryegrass, *Lolium multiflorum* Lam.　ネズミムギ．ヨーロッパ地中海地方を原産とする，寒地型イネ科ホソムギ属（ライグラス類）の一年生または短年生牧草．草丈は1~1.5m前後で，耐寒性や耐暑性はそれほど高くないが，寒地型牧草や暖地型牧草主体の基幹体系を補完したり，あるいは水田裏作や輪作用の草種として各種の作付け体系に組み入れやすい．肥料反応性も良好で青刈，乾草，サイレージとして利用され，飼料価値や嗜好性も優れている．

いちこうか　位置効果（導入遺伝子の）　site effect, position effect　外来遺伝子が細胞の染色体上に組み込まれる際，その遺伝子発現強度は組み込まれた遺伝子数（copy number）よりも染色体上の組み込まれた位置に依存していることが多い．このような現象を導入遺伝子の位置効果と呼ぶ．組み込まれた外来遺伝子の近傍の染色体の立体構造によるものと考えられている．

いちじげんたんじゅんめんえきかくさんほう　一次元単純免疫拡散法　single immunodiffusion in one dimension method　ウーダン寒天拡散法ともいう．小試験管内で抗血清を含むゲル層の上に抗原溶液を重層し，ゲル内で沈降反応をおこさせる方法．

いちじげんにじゅうめんえきかくさんほう　一次元二重免疫拡散法　double immunodiffusion in one dimension method　小試験管内で抗血清を含むゲル層の上に抗原も抗血清も含まないゲルを重層し，さらにその上に抗原溶液をのせて，中間のゲル層内で沈降反応をおこさせる方法．

いちじしょり　一次処理　primary treatment　前処理ともいい，微生物などによる本格的な処理を行う以前の汚水処理工程．一

般に沈澱分離，浮上分離，篩（ふるい）やスクリーンによる SS 除去などの物理的な処理が中心となる．その工程だけでは，汚水処理が完了しない比較的簡易な汚水処理の総称．

いちじめんえき　一次免疫　primary immunization　免疫動物への最初の抗原投与のこと．これにより一次免疫応答がおこり，投与抗原に対する免疫記憶が成立するが免疫効果は一般に低い．また，ワクチンの初回予防接種のこと．　→二次免疫

いちだいざっしゅ　一代雑種　first cross hybrid, F_1　異なる品種，系統の両親の交配から生産された個体．一代雑種は強健性や繁殖形質などに雑種強勢効果が強く現れる．両親の特性を補完的に受け継ぐ．養豚では，ランドレースと大ヨークシャーの一代雑種が母豚として利用されている．　→雑種強勢

いちにちあたりぞうたいりょう　一日当たり増体量　→日増体量

いちねんそう　1年草　annual grass　草類では維持年限によって多年草，短年草および1年草にわける．1年草は，播種から株の枯死までの生活史が1年以内の草をいい，寒地型の草を越年草と呼ぶことがある．エンバク，イタリアンライグラスなどがこれに属する．暖地型の1年草にはローズグラス，スーダングラスなどがある．

いちばんがり　一番刈り　first cutting　2～数回の刈取りをする飼料作物や牧草の，春季における最初の刈取り．例えば，寒地型のイネ科牧草では出穂による個体重量の急激な増加が見込まれ，二番刈や三番刈りよりも施肥反応もよいので，一番刈りだけで年間牧草生産量の約70％を収穫できる．ただし，天候不順（梅雨期）による収穫遅延もあるので，草種構成や施肥方法によって作業分散を図り，栄養収量や再生草に悪影響しないように注意を要する．

いちばんそう　一番草　first crop, first harvest　一番刈りした草．放牧地でも春の一番草は伸長しているので，乾草やサイレージとして貯蔵利用されることが多い．茎部割合は高く繊維質であるが，嗜好性は良好である．生育段階の進行にともなう栄養価の低下は他の番草よりも著しく，寒地型イネ科牧草の一番草における最大栄養収量は穂ばらみ～出穂期で得られる．

いちひいぞんせいはつげん　位置非依存性（遺伝子）発現　position independent expression　位置効果の影響を受けない外来遺伝子の発現．多くの場合，組み込まれた外来遺伝子の発現には位置効果がみられるが導入遺伝子の構造などに工夫を凝らすと，位置効果をまぬがれ，組み込み遺伝子数に依存した発現が観察される．

いちらんせいそうし　一卵性双子　monozygotic twins, identical twins　1個の受精卵から生じた双子．ウシでは，双子の10％以内が一卵性とされている．着床後2個の胚に分離し，独立に発生することから，核内遺伝子ならびにミトコンドリアDNA組成は，ともに全く同一である．初期胚を人為的に分離または切断した後，移植して作出できる．最近では，核移植により作出できるが，この場合はミトコンドリアDNA組成は一般に異なる．
→二卵性双子

いっかせいいでんしはつげん　一過性遺伝子発現　transient gene expression　遺伝子により決定される形質が表現型としてあらわれてくることであるが，その持続期間が短くやがて消失するようなタイプをさす．対語は恒久性（安定的）遺伝子発現である．遺伝子発現という語句は，狭義にはmRNA生成にとどまる場合と，より広義に蛋白質生成やその結果としての表現形質変化の場合まで使われる．

いっかんけいえい　一貫経営　肉用牛経営や養豚経営で見られる経営形態の一つである．繁殖と肥育を結びつけ子畜生産から肉畜生産までを一貫して行う形態．養豚はこの形態が一般的であるのに対して，肉用牛生産ではむしろ例外的．肉用牛生産では繁殖と肥育

の立地条件が違うことが影響しているものと考えられる．

いっせいたいしゅつしきパーラー　一斉退出式パーラー　rapid-exit parlor　ミルキングパーラーにおける退出方法の一つで，搾乳終了後，片側に並んでいたウシがゲートの開放とともに一斉に退出する方式のパーラー．搾乳時間の短縮に役立つが，一頭当たりの搾乳室面積は大きい．

いっていひ　一定費　fixed costs　変動費に対応する費用で固定費ともいう．一定の生産設備を前提として生産量の増減に無関係に定額的に発生する費用．畜舎や機械の減価償却費，支払い利息，地代，人件費などが含まれる．通常，勘定科目を吟味し変動費と一定費に区分する．

いっぱんかんりひ　一般管理費　administrative expenses　生産・販売2部門に対し，全般管理・財務管理のための部門で発生する費用．事務・管理用設備の減価償却費，交際費，交通・通信費，事務費，販売・管理部門の人件費などが含まれる．通常，販売費と一緒に販売費・一般管理費として示される．

いっぱんぶんせき　一般分析　proximate analysis　飼料を水分，粗蛋白質，粗脂肪，可溶無窒素物，粗繊維，粗灰分に分画する分析方法をいう．

いでんし　遺伝子　gene　遺伝形質を決定する因子．その本体はDNA（一部のウイルスではRNA）である．ゲノム，あるいは染色体上の特定の座位に位置し，個体の遺伝形質を規定する単位．DNA上の一連のヌクレオチド配列の特異性によって個々の遺伝子が規定される．核酸分子上のある長さを持った特定の区画をさし，翻訳の際の開始点と終止点にはさまれた部分をいう．高等生物では，DNA上に分割されて存在する塩基配列の集合体で，一つの遺伝子が一つの機能的蛋白質を支配している．遺伝子は，複製されて，増殖し，子孫に伝達される．

いでんしがた　遺伝子型　genotype　表現型と対立する用語で，ある生物の保有する遺伝子構成を示す．対立遺伝子に優劣がある場合には，ホモとヘテロは表現型で区別できない．→表現型

いでんしこうがく　遺伝子工学　genetic (gene) engineering　組換えDNA実験技術，すなわち細胞から遺伝子を抽出，切断，連結もしくは改変し再び別の細胞に導入・発現させる技術を中心とした遺伝子にかかわる技術全般を指す．遺伝子操作ともいわれる．クローン化した遺伝子DNAを受精卵や細胞へ導入して，トランスジェニック動物が作られる．

いでんしじゅう　遺伝子銃（法）　gene gun　細胞への遺伝子導入の一手法．タングステンや金の微小粒子表面に目的とするDNAを吸着させ，微小粒子を火薬の爆発，電気衝撃あるいは高圧ガスの圧力等で加速し標的細胞内に送り込む技術．

いでんしちず　遺伝子地図　gene map　遺伝子がDNA塩基配列上のどの位置にあるかを示した地図で，次の2種類が区別されている．遺伝子の位置をある基準点からの塩基対単位（kb）や染色体上の位置で示した地図を物理地図（physical map）という．一方，染色体の組換え頻度（cM）を基準とした地図を連鎖地図（linkage map）という．1 cMは1 Mbにほぼ相当するが，染色体上でほかの領域に比較して組換え頻度の異なる領域があれば，その対応が変化し，両地図間に差異を生じる．

いでんしちりょう　遺伝子治療　gene therapy　遺伝子の障害，ウイルス，代謝異常あるいはガンなどの疾患をDNAの導入によって行う治療．通常は体細胞を標的とし，さまざまなDNA導入法が考案されている．導入法の多くはウイルスベクターによるが，脂質膜に封入するような非ウイルス性の導入法も開発されつつある．

いでんしどうにゅう　遺伝子導入（動物細胞・組織への）　gene transfer　動物の細胞，組織，受精卵などに外来性の遺伝子を入れることで，その導入法には大別してウイルス法

と非ウイルス法に大別される．ウイルス法で頻繁に用いられるベクターはレトロウイルスベクター，アデノウイルスベクター，アデノ随伴ウイルスベクター，センダイウイルスベクターなどである．他方，非ウイルス性導入法には化学的方法としてリン酸カルシウム法，レセプター媒介法，DEAEデキストラン法，リポソーム法などがあり，物理的方法としてマイクロインジェクション法，プリッキング法，エレクトロポレーション法，レーザーポレーション法などがある．

いでんしどうにゅうどうぶつ　遺伝子導入動物 transgenic animal　→トランスジェニック動物

いでんしひょうてきほう　遺伝子標的法 gene targeting　ES（胚性幹）細胞へ相同組換えによって標的とする遺伝子を薬剤耐性遺伝子など別の遺伝子と置き換える方法．このような細胞は遺伝子ノックアウトES細胞といい，そのES細胞から作製したマウスを遺伝子ノックアウトマウスと呼ぶ．ES細胞は現在のところマウス以外での作出は難しいが原理的には他の動物種でも遺伝子ノックアウト動物の作出は可能である．

いでんしひんど　遺伝子頻度 gene frequency　ある集団における特定の遺伝子座の対立遺伝子の頻度．すべての対立遺伝子の頻度を合計すると1になる．ある遺伝子座の対立遺伝子をA, a とする時，遺伝子型AA, Aa, aa の頻度がP, H, Q であったとき，A と a の遺伝子頻度はそれぞれ P+1/2H, Q+1/2H により求められる．

いでんしほこう　遺伝子歩行 gene walking　特定の遺伝子のクローニングなどの目的で染色体上の任意の地点から少しずつ塩基配列を決定しながら，目的とする遺伝子にたどりつこうとする方法．

いでんしりょうほしょう　遺伝子量補償 gene dosage compensation　性染色体連鎖遺伝子により支配されている形質が，性染色体を2本もつ性と1本の性とでまったく同様，あるいは区別できない程度に発現し，遺伝子量効果が表面にでない現象．哺乳類では，雌が2本のX染色体の中1本が異質染色質となり不活性化して，雌雄とも1本のX染色体が活性を示している．不活性化したX染色体は，異常凝縮（heteropycnosis）して，間期の細胞核に接する小体（性クロマチン）を形成するので，それを指標として性チェックができる．この現象は，雌におけるX染色体不活性化現象を説明したLyon（1961）に因んで，これをライオン仮説（Lyon hypothesis），不活性化をライオナイゼーション（Lyonization）ともいう．→性クロマチン

いでんそうかん　遺伝相関 genetic correlation　二つの形質の育種価間の関係の強さをあらわし，−1〜+1の間にある．一方の形質の変化にともない他方の形質が同じ方向へ変化すれば正の相関，反対の方向へ変化すれば負の相関があるという．

いでんてきかいりょうりょう　遺伝的改良量 genetic gain　選抜によってもたらされる集団平均の変化の量で，育種の効率の指標となる．世代当りの遺伝的改良量は（選抜強度）×（遺伝標準偏差）×（選抜の正確度）により予測され，年当りの遺伝的改良量はこれを平均世代間隔で除して求める．
→選抜反応

いでんぶんさん　遺伝分散 genetic variance　量的形質において，遺伝子型値のばらつきからもたらされる分散をいう．遺伝分散は相加的遺伝分散，優性分散，上位性分散に分けられる．

いでんベース　遺伝ベース genetic base　育種価を推定する時に基準年を設けてゼロ点とするところ．毎年ゼロ点を移動する移動ベースと，ある一定の年数はゼロ点を固定する固定ベースがあるが，移動ベースでは評価年が異なる推定育種価を直接比較することはできない．

いでんりつ　遺伝率 heritability　表型分散に対する遺伝分散の割合．一般に h^2 であ

らわし，0~1の範囲にあり，その大きさは選抜による改良の可能性の指標となる．遺伝分散の中でも相加的遺伝分散を対象としたものを狭義の遺伝率といい，単に遺伝率という時はこれを指す．狭義の遺伝率は育種価の表現型値に対する回帰によっても求められる．全遺伝分散を対象とした時は広義の遺伝率という．遺伝率の値は一般に集団によって異なる．

いなわら　稲わら　rice straw　米を脱穀した後のイネの茎葉部分．わが国の基幹作物である水稲栽培から得られる重要な粗飼料資源の一つ．元来，オオムギやコムギなど麦稈の消化率よりも優れており，またアンモニア処理した稲わらの栄養価は中品質の乾草に相当する．現在，年間稲わら生産量（1,400万t）の20％前後が飼料として利用されているが，ハーベスターの普及と相まってロールベールで集わらに期待が寄せられている．

イヌムギ　rescuegrass　→スムーズブロームグラス

イバラキびょう　イバラキ病　Ibaraki disease　イバラキウイルスの感染によるウシの伝染病（届出伝染病）．結膜充血，浮腫，流涎，鼻口粘膜のチアノーゼなどの初期症状後，喉頭麻痺による嚥下障害をおこす．吸血昆虫を介して伝播し，わが国では北緯38度（福島，新潟）以南で8~12月に発生する．予防はワクチン接種が有効である．

イミテーションミルク　imitation milk　風味，外観，舌触り，栄養価などが牛乳に似ている牛乳類似飲料．乳脂肪を植物性脂肪にかえた置換牛乳と，植物性の脂肪と蛋白質から製造した合成牛乳の2種類がある．

イムノアッセイ　immunoassay　免疫定量法，免疫測定法，免疫検定法ともいう．抗原抗体反応を利用して生物試料中の特定の物質を分離せずに高感度で定量する方法の総称．抗原抗体複合体を非標識で沈降物，濁度，レーザー光線の散乱（レーザーネフェロメトリー）などを測定する方法と，抗体を放射性同位元素，酵素，蛍光物質，発光物質などで標識する方法とがある．

イヤータッグ　ear tag　家畜の個体を識別するために耳に取り付ける耳標．プラスチックやゴム製の札に，家畜の番号，記号などを刻印あるいは専用ペンで記入し，個体識別や札の色を変えて家畜の群分けなどに用いる．

いりあいけん　入会権　commonage　放牧・採草地あるいは山林などに関する利用権であり，共有の性質をもつ場合と所有権とは切り離された利用権だけの場合とがある．旧来からの慣行に基づいて形成されたものであり，民法にも「共有の性質を有する入会権」（第263条）と「共有の性質を有しない入会権」（第294条）として規定されている．　→入会地

いりあいち　入会地　common　特定の人たちが共同で利用する権利を認められている草地・原野・山林など．利用は放牧・採草，薪炭あるいは椎茸栽培用の原木，屋根葺き用のカヤの採取など，さまざまである．部落有，財産区有，市町村有などの場合があり，いずれも旧来から慣行として利用が認められてきたものである．　→入会権

いんかく　陰核　clitoris　→付図14, 付図15

インクロス　incross　近交系間雑種ともいい，同一品種の近交系間交雑によって生産されたF_1.

インクロスブレッド　incrossbred　異品種近交系間雑種のこと．異なる品種の近交系間交雑で生産されたF_1.

いんけい　陰茎　penis　哺乳動物では，骨盤腔の出口で尿道球の部分からはじまる円筒状の器官で，雄の外生殖器であり，尿道を内蔵する排尿器であると同時に，交尾器ともなる．外形的には陰茎根，陰茎体，陰茎頭の三つに区分される．主要な構成要素は，尿道，それを包む尿道海綿体，その背位にある陰茎海綿体，陰茎先端の亀頭海綿体である．海綿体は

陰茎勃起時に主役をつとめる．反芻動物とブタでは，陰茎後引筋により陰茎体の部分が後方に引きつけられ，S字状に湾曲して体内に収納されているが，勃起時にはこれが完全に伸長する． →陰茎S状曲 付図16

いんけいエスじょうきょく　陰茎S状曲　sigmoid flexure of penis　反芻動物の陰茎体は陰嚢の後方で，ブタでは陰嚢の前方で，ともに陰茎後引筋により後方に引きつけられ，S字状に湾曲する．この湾曲をいう．性的刺激を受けると，陰茎後引筋が弛緩し，海綿体の硬化ともあいまってS状曲が直線状に伸び，陰茎が包皮口から突出する． →陰茎

いんけいかいめんたい　陰茎海綿体　cavernous body of penis　→陰茎

いんこう　陰睾　cryptorchidism　→潜伏精巣

インサイチュ　in situ　「本来存在する場所」を意味する形容詞句，副詞句．例えば，あるmRNAの存在を調べる場合，組織切片を作製し，その切片上の「本来存在する場所」でmRNAに相補的なプローブを用いて細胞からmRNAを抽出せずに検出する方法を in situ hybridization 法という．また分子，細胞，組織，器官などを摘出せずに「本来存在する場所」で機能を解析する方法を in situ analysis と呼ぶ．

インサイチュハイブリダイゼーション　in situ hybridization　染色体上でのDNA-DNAまたはDNA-RNAハイブリダイゼーションによって，染色体上での遺伝子の位置や量を分子雑種を形成したDNAまたはRNAをオートラジオグラフィーまたは蛍光物質によって同定する方法．

インサイドラウンド　inside round　→うちもも

いんさよう　飲作用　pinocytosis　細胞が，細胞膜を変形させて細胞外の液状物質を包み込み細胞内に小胞体として取り込むこと．取り込み物質が細菌などの大型の物質の場合を食作用というが，本質的な差異，明確な区別はない． →食作用

いんしん　陰唇　pudendal lip　→付図14, 付図15

いんすいき　飲水器　watering equipment　家畜に水を供給するときに用いる器具．ウシ，ブタおよびニワトリでは容器内の弁を家畜が口や鼻で押したり嘴でつっつくことによって水を供給する方法と，家畜が水槽内の水を飲水することによって水槽内に設置したフロートが下がり水を一定水位まで供給する方法がある．養鶏ではケージの配列沿いにU字型の給水樋を取り付け，常時少量の流水をする方法がある．

いんすいこうどう　飲水行動　drinking behavior　渇きという動機づけによって家畜が水を摂取するために発現させる行動を指すが，摂食行動と同様に，水を求めて探し，あるいは給水場に向かって移動するところから，実際に吸水し飲み込み，口の回りをなめたりして，次の行動に移るまでの一連の行動をいう．

いんすいじょう　飲水場　watering point, waterer　放牧地やパドックに設置する家畜が水を飲む施設．家畜が集まりやすい場所に設置する．水槽内に家畜の糞尿が入らない構造とし，家畜の種類，頭数に応じて大きさを決める．水槽には常に清浄な水を供給できるようにし，汚れた水を替えられるように水抜き栓を付ける．水槽のまわりは泥濘化しやすいので砂利，石炭ガラを敷くなどの対策をとる．

インスタントふんにゅう　インスタント粉乳　instant milk powder　水に分散したときままこができず，すぐに溶解する粉乳．粉乳を10~20％の水分量になるよう湿らせたのち，水分4％位に再乾燥させることによって，水に分散しやすい多孔性の粉乳粒子とする．おもに脱脂粉乳で実用化されているが，最近では全脂粉乳をインスタント化する方法も開発されつつある．

インスリン　insulin　膵臓のランゲルハンス島のB（β）細胞で合成・分泌される，ジ

スルフィド架橋により連結した2本のアミノ酸連鎖からなるペプチドホルモン．51個のアミノ酸からなり，動物種によってその構成は多少異なる．血中グルコースの取り込みを増加させて，筋肉，肝臓および脂肪組織におけるグリコーゲンおよび脂肪合成を促進することにより，血糖値を低下させる．またアミノ酸の細胞内取り込みと蛋白質合成を促進する．インスリンの不足あるいはインスリン受容体の欠損・異常は糖尿病，糖・脂質代謝異常をおこし，過剰は低血糖とそれにともなう昏睡，痙攣（けいれん）を生ずる．その分泌は血糖値の上昇，迷走神経の興奮などにより増加し，交感神経の興奮により抑制される．

インスリンようせいちょういんし　インスリン様成長因子　insulin-like growth factor(s), IGF　血清中に存在するインスリン様の作用をもつポリペプチドの総称で，IGF-I（ヒト，ウシ，ブタでアミノ酸残基70個，分子量7,649）とIGF-II（アミノ酸残基67個，分子量7,471）の2種が同定されている．成長ホルモン（GH）により肝臓およびそのほかの組織での合成が刺激される．血清中IGFの大部分はIGF結合蛋白質との結合型である．IGFは軟骨細胞，線維芽細胞などの増殖や骨芽細胞，卵巣顆粒膜細胞などの分化を促進する．　→ソマトメジン

インターフェロン　interferon, IFN　分子量2万前後の蛋白質で，α，β，γの3タイプがある．このうち，αは非T細胞，βは線維芽細胞へのウイルス感染により産生され，抗ウイルス作用，抗腫瘍作用を有する．一方，γはT細胞などへのウイルスや核酸，マイトジェンで誘発され，α，βとは性質，作用が異なる．

インターロイキン　interleukin, IL　本来，リンパ球が産生しリンパ球の生理活性に作用する液性因子群をさすために設けられた国際的な統一名称であり，同定された順に番号で記載される．しかし現在では，リンパ球以外の細胞でも産生され，各種免疫系細胞，造血細胞，神経系細胞，肝細胞，内分泌系などにも作用することが判明した．

インディアン・ランナー　Indian runner　西マレーシア，インドネシアのスマトラ島あたりが原産の卵用アヒルで，1840年頃西マレーシアからイギリスに入り改良された．羽色は朽葉色，白色があり，成体重は雄1.6~2.2 kg，雌1.4~2 kgで，多産に改良されたものでは年250~300個に達する．この多産性が注目され，カーキー・キャンベルの作出に用いられた．

いんとう　咽頭　pharynx　口腔と食道との間の膨大部であり，鼻腔と喉頭の間に介在する．哺乳動物では口腔との境に，軟口蓋という筋を含む粘膜ひだがある．咽頭にみられる耳管咽頭口は耳管を介して中耳に通ずる．

インドぎゅう　インド牛　Indian cattle　→セブ牛

インドすいぎゅう　インド水牛　Indian buffalo　→河川水牛，水牛

イントロン　intron, intervening sequence　介在配列ともいう．真核生物の遺伝子には最終的に蛋白質またはRNAとして発現するヌクレオチド配列が，発現しないヌクレオチド配列の挿入によって分断されているものが多い．分断化されている遺伝子の発現しない配列部分をイントロンと呼ぶ．これに対して発現する配列部分はエクソンと呼ばれる．

いんのう　陰嚢　scrotum　精巣，精巣上体，精索の一部を収納する皮膚の袋である．一般に皮膚は薄く，被毛は少なく，汗腺がよく発達し，またブタ以外の家畜では皮下脂肪も少ない．このような熱放散効率のよい構造や，皮膚直下の平滑筋繊維を含む弾性繊維性の肉様膜と精巣挙筋の伸び縮みによって造精機能の維持に適した精巣温度が保たれる．→造精機能，付図16

いんのうヘルニア　陰嚢ヘルニア　→鼡経ヘルニア

インビトロ　*in vitro*　「試験管内の」と訳

される．灌流された器官，組織切片，細胞あるいは消化液など，生体の一部を取り出して生体外で生体内と似た条件を作りだし，培養などの条件下に種々の実験を行う手法あるいは条件を意味する．

インヒビン inhibin　性腺から分泌される糖蛋白質ホルモンで，下垂体前葉に直接作用して卵胞刺激ホルモンの分泌を抑制する．活性型は，分子量32,000で α 鎖と β A あるいは β B 鎖がS-S結合した二量体であり，前者をインヒビンA，後者をインヒビンBと呼ぶ．多くの哺乳類では，卵巣の顆粒層細胞，精巣のセルトリ細胞とライディヒ細胞が重要な分泌源であるが，霊長類では黄体と胎盤からも分泌される．鳥類以外の種でも存在するが，生理作用は不明である．

インビボ in vivo　「生体内の」と訳される．動物個体そのもの，植物体そのもの，あるいは微生物相（集団）そのものを用いる実験あるいはそれらの条件を意味する．インビトロの対語である．

インフルエンザ influenza　インフルエンザウイルスの感染によるヒト，ブタ，ウマなどの流行性呼吸器病の総称．特にA型インフルエンザウイルスは強い病原性を示す株が含まれ，馬インフルエンザ（届出伝染病）と家禽ペスト（法定伝染病）は重篤な全身感染をおこす．予防には不活化ワクチンを接種する．

[う]

ウイルスびょう　ウイルス病 viral disease　ウイルスの感染によりひきおこされる動植物の病気の総称．家畜は口蹄疫，豚コレラ，家禽ペストなどの悪性伝染病のほか，さまざまなウイルス病にかかり，死亡，淘汰，発育遅延などにより生産性低下をもたらす．

ウイルソンのじょうそく　ウイルソンの常則 Wilson's rule　恒温動物では，一般に，暑い地方に生活する個体は被毛が短く扁平で皮膚が厚く，寒冷な地方に生活する個体は長い直毛と下毛に富む被毛をもち皮膚が薄い傾向を示すこと．

ウインキング winking　雌のウマが発情時に外陰部をリズミカルに開閉する特徴的な行動．ライトニングとも呼ばれ，少量の排尿や粘液の漏出をともなうこともある．
→ ライトニング

ウィンナソーセージ Vienna sausage　基本的には牛肉と豚肉を原料とするドメスチックソーセージの一種で，羊腸またはこれと同じ太さのケーシングに詰め，燻煙し加熱したもの．

ウェーバー・フェヒナーのほうそく　ウェーバー・フェヒナーの法則 Weber-Fechner's law　臭気物質濃度（I）は臭気強度（C）の対数に比例する法則で，$I = k \cdot \log C + a$ の式で表される（kとaは物質によって定まる定数）．したがって，臭気強度を1段階低下させるためには，臭気物質濃度が1/10にならなければならない．

ウエスタンハイブリダイゼーション Western hybridization　蛋白質をゲル電気泳動によって分画した後，ナイロンフィルターに移し，このフィルター上で目的とする蛋白質を検出する方法．核酸のハイブリダイゼーション法であるサザン法やノーザン法にちなんでこの名が命名された．

ウエッジワイヤースクリーン wedge wire screen　重力を利用したろ過式の固液分離機の一種．傾斜のついたスクリーンの上部から尿汚水を流し，スクリーンを通らない固形物は下へ落下し，スクリーンでろ過された液分は液貯留槽に溜まる．スクリーンの網目間隔によって汚水中の固形物の粒径による分離がなされるが，この方式ではおもに粒径の比較的大きい固形物の分離を行う．

ウェットフィーダー wet feeder　ブタの自動給餌機の飼槽の中に給水器を取り付けた給餌装置．ブタ自身が配合飼料と水を混ぜて粥状にして採食するため，嗜好性がよく，飼料粉の飛散が少なくてよい．

ウエットフィーディング wet feeding　飼料に水を加えて練り合わせたり，水分の多い飼料と混合した飼料を給与する給餌法．特に養豚では，粉餌と水を同一の給餌器内に供給するようにしたこの方法が普及している．

ウェット・ブルー wet blue stock　準備作業を終えた裸皮にクロムなめしまでの処理を施し，湿潤状態のまま製革原料として取引される革．原皮輸出国ではなるべく付加価値を高めて輸出することを望んでおり，この形での取引がしだいに増加の傾向にある．輸入国としては，廃水処理の軽減になる．→あおかわ

ウェルシュ Welsh　イギリスのウェールズ地方の在来種のブタに大ヨークシャー，ラージ・ブラック，バークシャー，タムワースなどの品種を交配して改良した白色のブタの品種．近年ランドレースを入れて改良が加えられ，体型・能力が一段と向上した．体型はランドレースに酷似しており，成体重は雄300kg，雌250 kgくらいで，1腹産子数は11~12頭で発育も早い．イギリスでは大ヨークシャー，ランドレースに次いで登録頭数が多い．

ウォータカップ water cup　自動給水器の一種．家畜が必要とするだけの水が鉢型の容器の中へ給水管から自動的にでるようになっている．家畜によって大きさや構造が異なる．水を出す機構にはフロート式，押しべら式，プッシュ式，咬圧式などがある．

ウォームバーン warm barn　冬期間の舎内温度が5℃以上あるいは家畜にとって適温域に調節されている畜舎．十分な断熱を施し，換気扇により必要換気量を強制的に換気するため，断熱強制換気畜舎と呼ぶこともできる．寒冷地に建設されたつなぎ飼い式牛舎，豚舎，鶏舎はこのタイプが多い．

うかいせいさん　迂回生産 round-about production　経済学では，目的の生産物を生産する際に機械などの生産手段を生産してから，生産することを指す．農業では一般に生産物を直接販売せずに，それを原料として使い，より価値の高い生産物を生産することを迂回生産と呼ぶ．例えば，栽培した飼料をそのまま販売せずに，家畜に給与して，畜産物として販売する場合などがこれにあたる．

うけいれけんさ　受入検査 platform inspection　原料乳の工場入荷時に行われる検査．一般に行われる検査項目は，色調，風味，温度，比重，アルコール試験，酸度，脂肪率，無脂乳固形分，細菌数，体細胞数，抗生物質，セジメント試験など．

うこうこつ　烏口骨 coracoid bone　鳥類の前肢骨に位置し，肩甲骨，鎖骨とともに前肢帯を構成する．前肢帯の中でも強大な棒状骨で，肩甲骨，鎖骨と連結して癒合鎖骨を形成し，翼の支柱となっている．また，鳥類特有の広い胸骨とともに強大な胸肉に対して付着面を提供する．→付図22

うこっけい　烏骨鶏 Silky fowl　中国産のニワトリで，江戸時代に導入，改良され，昭和17年に天然記念物に指定された．形態的な特徴として，絹糸状羽，紫黒色の皮膚，五趾，脚羽，毛冠，鬚髯（しゅぜん，ひげ），球状のくるみ冠，碧藍色の耳朶などを持つ．小型で，成体重は雄650 g，雌600 g．欧米でも，愛玩用として絹糸状羽（silky）が好まれるが，アジアでは，観賞用のほかに肉と卵の薬効が利用されている．

うしかんさんほうぼくにっすう　牛換算放牧日数　→カウデー

うしけっせいアルブミン　ウシ血清アルブミン bovine serum albumin　→BSA

うしでんせんせいびきかんえん　牛伝染性鼻気管炎 infectious bovine rhinotracheitis, IBR　ウシヘルペスウイルス1の感染によるウシの急性熱性伝染病（届出伝染病）．高熱（40~41℃），呼吸速迫，咳嗽，泡沫性流涎，水様性鼻汁の排泄などのほか，妊娠牛では流産がみられる．

うしのひまんしょうこうぐん　ウシの肥満症候群 fat cow syndrome　分娩前後に過肥状態になっている泌乳牛にみられる症候

群．特に乾乳末期に肥満の乳牛は，分娩前後にケトーシス，脂肪肝症，産後起立不能症などの代謝障害，胎盤停滞，難産などの繁殖障害になりやすい．肥満時の過大な脂肪沈着による四肢や子宮の筋力低下，免疫力の低下，腹腔容積の縮小，肝機能の低下などが原因とされる．

ウシバエようちゅうしょう　ウシバエ幼虫症　warbles　グラブ（grubs）とも通称され，ウシバエ幼虫の寄生によるウシの寄生虫病（届出伝染病）．ウシの被毛に産みつけられたウシバエの卵が孵化後，幼虫は皮下に侵入して体内を移行し，背部皮下に達して嚢を形成する．虫嚢から幼虫が脱出した後は皮膚に穴があき，いわゆるグラブ革として価値が半減し，食肉としても寄生部位は廃棄される．

うしりゅうこうねつ　牛流行熱　bovine ephemeral fever　ウシ流行熱ウイルスの感染によるウシの急性熱性伝染病（届出伝染病）．一過性の高熱，流涙と流涎，呼吸器症状，四肢の関節痛による歩行困難などのほか，妊娠牛では流死産の原因となる．流行時期は8～11月であり，吸血昆虫による伝播が疑われている．予防はワクチン接種による．

うすものがわ　薄物革　light leather　甲革，衣料革などの厚度の薄い軽量な革．

ウズラ　鶉　Japanese quail　野生ウズラは，分布が広く，長距離の渡りをする．日本では主に本州中部以北の草原で繁殖し，冬季は関東から九州にかけての平地に移動する．このニホンウズラを家禽化したのが家禽ウズラで，その歴史は600年前に遡る．現在の家禽ウズラは，卵用を目的に改良され，愛知県を中心に飼われている．小型で世代交代も早いので，実験動物としても利用されている．

うそう　羽装　pulmage　鳥類の体表を覆っている羽毛全体の様相．遺伝的なもので，種や品種の特徴となる．

うたいばね　謡羽　sickles　雄鳥の尾羽の中央にある長く伸びて湾曲している一対の羽．→付図6

うちもも　top side　牛半丸枝肉を分割したときの，もも肉の内側にある部分肉名．アメリカでインサイドラウンド（inside round）と称する部分がおおむねこれに当たる．→付図23

うで　shoulder clod　→付図23

うなじ　項　poll　→付図2

うばほにゅう　乳母哺乳　foster nursing　生母以外の乳を飲ませて子を育てること．生母が死亡したり，哺乳能力が不充分である場合，あるいは産子数が多く母親の哺乳能力を超える場合などに行う．一般に，乳母の分娩後日数が乳子の日齢と近いほど，また，分娩後の経過日数が短いほど成功率は高い．特に，ウマでは，新生子黄疸の素因をもつ子馬は，母馬の初乳を飲ませず乳母哺乳させることにより発症を回避できる．

うまがけ　馬掛け　horsing up　皮革をうま〔革や皮を水切りしたり運搬したりする木製の移動台〕に掛けて積み上げること．

うまこうえき　馬媾疫　→トリパノゾーマ病

うまじゅうもうせいせいせんしげきホルモン　馬絨毛性性腺刺激ホルモン　equine chorionic gonadotrop(h)in, eCG　妊娠馬の子宮内膜盃から分泌される性腺刺激ホルモン．別名，妊馬血清性性腺刺激ホルモン（PMSG）．妊娠40日頃から妊馬血中に出現し，60～120日頃までに最高値を示し，180日頃には消失する．分子量約53,000の糖蛋白質で，α鎖とβ鎖からなり，β鎖はウマの下垂体性黄体形成ホルモンとアミノ酸配列が同一である．ウマ以外の動物では，卵胞刺激ホルモン様作用が強いことから，雌で卵胞発育促進の目的で広く使用されている．

うまでんせんせいしきゅうえん　馬伝染性子宮炎　contagious equine metritis, CEM　ティロレラ・エクイゲニタリス（*Taylorella equigenitalis*）の感染による雌馬の生殖器病（届出伝染病）．保菌馬との交尾のほか，汚染物を介して伝播する．頸管炎や腟炎をともなう子宮内膜炎を発症し，発情間隔が短縮し不妊

の原因となる．わが国では 1980 年以降発生するようになった．

うまでんせんせいひんけつ　馬伝染性貧血　equine infectious anemia　ウマ伝染性貧血ウイルスの感染によるウマ固有の慢性伝染病（法定伝染病）．潜伏期間として 2~4 週間を要し，回帰熱（40~41℃の発熱が繰り返される）と貧血があらわれる．発熱時の血液や分泌液には多量のウイルスが含まれ，接触伝播のほかアブやサシバエによる伝播もある．防疫は血清検査により陽性馬を摘発し殺処分する．

うまパラチフス　馬パラチフス　equine paratyphoid　サルモネラ（*Salmonella*）属のウマ流産菌（*S. abortusuequi*）の感染による伝染病（届出伝染病）．妊娠馬では流産，子馬では臍（さい）帯炎や下痢をおこして予後不良となる．

うもう　羽毛　feather　鳥類特有の角質器で，皮膚の表皮層から発達したもので，正羽，綿羽，毛羽に区別される．正羽は硬く大きい羽で，体表の一定部位に限局して生え（正羽域），正羽の生えない無羽域には軟かいふさふさしたワタゲで密生した綿羽と毛のような微細な毛羽がみられる．

うらうち　裏打ち　fleshing　　→フレッシング

うらかわ　裏革　lining leather　　靴の裏張りに使う革．ヒツジ，ヤギ，ウシ，ブタなどの銀つき革あるいは床革＜とこがわ＞が用いられる．

うらけずり　裏削り　shaving　　→シェービング

うらすき　裏すき　splitting　石灰漬け，脱毛を終えた裸皮を希望の厚さに水平に分割する作業，なめし後にこの作業を行うこともある．これはバンドナイフを備えた裏すき機が使用される．これによって生じた皮の肉面側の分割層を床皮という．

うらはつじょう　裏発情　　→妊娠発情

うりあげげんか　売上原価　cost of goods sold　売上高に対応する商品の仕入れ原価または製造原価で，畜産物の販売高に対応する原価．売上原価＝期首生産物棚卸高＋当期生産原価−期末生産物棚卸高−副産物収入．肥育畜のように完成生産物で生産物の在庫のない場合には，売上原価＝期首棚卸資産評価額＋当期生産費用−期末棚卸資産評価額−副産物収入としてとらえられる．

うりあげそうりえき　売上総利益　gross profit on sales　総売上高から売上原価を差し引いたもの．生産活動によって得られた利益を示し，実務上「粗利益」あるいは「アラ利益」と呼ばれる．売上総利益から販売費・一般管理費を差し引くと営業利益になり，利益を売上総利益から税引き後当期利益まで段階別に計算して出てくる最初のものである．

うりかけきん　売掛金　accounts receivable　商品を掛け売りした場合の取引相手に対する売掛債権．例えば，畜産物を販売した場合，現金決済を行わず支払いを延期されたりして生じる未収債権の額を表す．生産物以外の受取利息や機械処分代金などの未収分は未収金といい，売掛金と区別される．

ウルグアイ・ラウンドのうぎょうごうい　ウルグアイ・ラウンド農業合意　1986 年 9 月から 1993 年 12 月にかけて行われてきたガット加盟国による多角的貿易交渉の農業に関する合意内容．要点は，次のとおり．1) 農産物は原則として関税化する．2) 関税を漸次引き下げる．3) 生産増加に結びつくような補助金を削減する．4) 輸出補助金を削減する．5) 2000 年を期限とし，以降は改めて交渉する．

うんてんしほん　運転資本　working capital　流動資産から流動負債を控除した残額．広義には，流動資産の形において運用されている流動資産額それ自体を指す場合もある．畜産では棚卸資産〔肥育畜，育成畜，原材料など〕が多額になるので，運転資本に関する資金繰りが重要になる．　→流動資本

うんどうしゅうばん　運動終板　motor endplate　運動性ニューロンの神経終末部と骨格筋の接合部の扁平円板状構造．神経筋

接合，神経筋シナプスとも呼ばれる．終末部にはアセチルコリンを含むシナプス小胞とミトコンドリアが集まり，シナプス間隙をはさんで筋細胞膜上にはコリン作動性受容体が存在する．活動電位が神経終末に到達するとアセチルコリンが放出され，コリン作動性受容体に結合する結果，筋細胞に活動電位が発生し筋収縮を引きおこす．

[え]

エアシャー Ayrshire　スコットランドエアシャー地方原産の乳用牛．毛色は赤白～褐白斑で，鼻鏡・蹄は肉色～黒色，有角でたて琴状の角．体重・体高は，それぞれ雌 550 kg, 130 cm, 雄 900 kg, 145 cm 程度の中型種．乳量は 5,500 kg, 乳脂率 3.9%．耐寒性，耐粗飼料性に優れ，肉付きもよく肥育性もある．枝肉歩留り 58%．

エアレーション aeration　→曝気

エアレーションタンク aeration tank　→曝気槽

エイ・アイ・ブイえき A.I.V.液　A.I.V. solution　サイレージ調製に使用する酸添加物で，考案者であるフィンランドの生化学者 A. I. Virtanen 氏の頭文字をとって名付けられた．うすい塩酸と硫酸の混合液を添加してpH 3.5~4.0 に調整し，植物材料の呼吸による養分損失や腐敗菌の活動を抑えて貯蔵する方法である．この方法の開発はサイレージ調製における技術革新をもたらし，1920 年代のヨーロッパにおいて越冬飼育する家畜頭数を飛躍的に増加させた．現在では，ギ酸などへ置き換えられた．

エイアールシーしようひょうじゅん ARC飼養標準　ARC feeding standard　英国の ARC (Agriculture Research Council, 農業研究会議) が各家畜ごとに示した養分要求量で，養分要求量の算定の理論面で優れている．わが国では，日本飼養標準，NRC飼養標準とともによく使われている．

エイ・エス・ピー ASP, autumn saved pasture, autumn saving of pasture　晩夏から秋季にかけて牧草の生育を助長するための施肥管理を行い，冬季からの放牧利用に立毛のまま貯え準備された草地，ならびにその利用方法．草が枯れると水分が低下し，DCP, TDNとも低下するが，乾物中では見掛上 DCP, TDN 含量は高くなる．牧畜力が優れている．暖地では，ペレニアルライグラスやトールフェスクなど，晩秋まで伸長する草種導入がいちだんと効果を発揮する．ニュージーランドでは早春分娩前のヒツジに給与するのが本来の ASP 法である．日本では秋の放牧期間延長法として普及している．

えいきゅうおうたい 永久黄体　retained corpus luteum, persistent corpus luteum　妊娠していない動物で，卵巣にプロジェステロン分泌能を有する黄体が存在し，長期間発情・排卵が認められないものを黄体遺残といい，存在する黄体を永久黄体あるいは遺残黄体という．乳牛に多発する．子宮疾患と関係が深い．すなわち，子宮内膜症などの子宮疾患により，子宮内膜からの黄体退行因子であるプロスタグランジンの分泌が抑制され，黄体退行が遅延される結果として発症する場合が多い．治療には，子宮疾患の治療とプロスタグランジン投与が行なわれる．

えいきゅうし 永久歯　permanent teeth　哺乳類など 1 回換歯のある二代性歯では，乳歯の脱落後に生じる歯で，その後生え代わることはない．切歯，犬歯，前臼歯は乳歯に代わって萌出するが，後臼歯は一代性歯で新たに生じる．

えいぎょうりえき 営業利益　operating profit　売上高から売上原価を差し引いた売上総利益から，さらに販売費・一般管理費を差し引いた額．本業としての畜産経営の生産・販売活動によって得られた利益を示している．

エイジーひ A/G比　albumin-globulin ratio　血清中のアルブミンとグロブリンとの濃度比をいう．動物の健康状態を鋭敏に反

映する指標である．肝臓の蛋白質代謝障害や栄養失調ではアルブミンが減少してA/G比は下がり，また，感染症では免疫グロブリンが増加してA/G比は下がる．

エイチ-ワイこうげん　H-Y抗原　H-Y antigen, histocompatibility-Y antigen　雄特異的抗原あるいはY連鎖組織適合抗原ともいう．哺乳類の雄のY染色体上の遺伝子にコードされる抗原である．かつては性腺の雄への分化を促すと考えられた蛋白質である．皮膚，リンパ球，精子などに発現し，その発現はアンドロジェンなどの性ホルモンに支配されるとも考えられている．

エイテイピー　ATP　adenosine triphosphate　アデノシン三リン酸．生体が利用する主な高エネルギー物質で，加水分解してアデノシン二リン酸（ADP）となる際に7.3 kcal/molのエネルギーを放出する．生体が行う化学合成，運動，分泌，吸収，能動輸送などのエネルギー要求反応に利用され，ADPに変換される．細胞内ATP/ADP比の低下はグルコースや脂肪代謝によるATP産生をもたらす．すなわちATPはエネルギー伝達体として働く．

えいねんぼくそうち　永年牧草地　permanent pasture　多年草の草種では出芽の時に比べ，経年的に密度が減少し，一定の株数になった後に安定する．ほふく型の草種では茎数の急速減少はないが，利用を誤ると地表近くにルートマットを形成して草地の寿命が短くなる．

エイビアリー　aviary　元来は動物園にあるような大型の鳥類飼育施設を指すが，畜産では，ニワトリ（おもに産卵鶏）の屋内群飼施設の一形態をいう．多段式ワイヤーフロアシステムとも呼ばれ，内部に3～4段の階層を設け，そこに給餌器および給水器を設置し，また，止まり木や巣箱などを設置して，社会行動を適切に発現させ，かつ，空間を有効利用する飼育方法．

えいようか　栄養価　nutritive value　給与飼料の動物に対する栄養上の効果を数値であらわしたもので，一般的に動物の増体量，窒素蓄積量，飼料の可消化量，エネルギーの利用量など種々の尺度が測定基準に用いられる．通常，飼料の栄養価は，動物が利用できる蛋白質量（例えば可消化蛋白質）とエネルギー量（例えば可消化養分総量，代謝エネルギーなど）で示す．

えいようけい　栄養茎　vegetative tiller　イネ科草では出穂する茎（有効茎）をだしながら依然として栄養生長を続ける茎があり，これを栄養茎（無効茎）という．牧草は有効茎歩合の低いものが多く，これによって刈り取りのあとの再生を可能とする．

えいようしっちょう　栄養失調　malnutrition　主としてエネルギーや蛋白質の摂取量の不足などの低栄養によりおこる体重の減少，成長の遅滞，機能不全，病気に対する抵抗性の低下などの病的状態．その結果，家畜では，産卵，成長，繁殖および泌乳などの生産活動に著しい停滞がおこる．

えいようしょうがい　栄養障害　nutritional disorder　栄養素の過不足，すなわち飼料の量的，質的不均衡に起因する蛋白質，アミノ酸，エネルギー，脂肪，ビタミン，ミネラルなどの過不足，あるいは消化管の異常発酵によっておこる臨床的症状として現れる障害を総称して栄養障害と呼んでいる．

えいようしょようりょう　栄養所要量　→栄養素要求量

えいようそ　栄養素　nutrient　健康な生命活動の維持のために動物が食物として摂取しなければならない化合物．化学的な性質や栄養上の機能の点から，炭水化物，蛋白質，脂質，ミネラルおよびビタミンのように分類し，これらを五大栄養素と呼んでいる．

えいようそようきゅうりょう　栄養素要求量　nutrient requirement　維持，成長，肥育，産乳，産卵，妊娠に要する栄養素（蛋白質，炭水化物，脂肪，ミネラル，ビタミン）の最小量が栄養素要求量として示される．家畜の

種々の状態に対する正味の要求量が先ず求められ，次にそれらを栄養素の利用効率で除した値として，あるいは飼養試験成績から栄養素要求量が求められる．

えいようひ　栄養比　nutritive ratio, NR　飼料成分のうち，エネルギー源となる非蛋白栄養素と蛋白質との比率．栄養率ともいう．給与飼料のエネルギー含量と蛋白質含量との釣り合いを重視することから生まれた栄養単位の一つで，栄養比が4以下であれば「狭い」，8以上なら「広い」，中間を「中庸」と呼ぶ．放牧草など，易分解性蛋白質含量の多い飼料では栄養比が狭いと微生物による蛋白質合成が十分行われなくなる．

えいんどうみゃく　会陰動脈　perineal artery　会陰動脈は内腸骨動脈から分岐した背側と腹側の2枝が認められ，会陰部の外生殖器に血液を供給している．おもな外生殖器は雌で陰唇，雄で陰嚢である．

エージング　aging　食品を比較的低温に保持し，好ましい物理的または化学的変化をおこさせるための処理．乳製品ではホイッピングクリーム，アイスクリームミックスなどはエージングが必要な製品である．バター用の原料クリームも，殺菌後5～10℃で通常8時間以上エージングし，乳脂肪を固化させる．

えきかどうみゃく　腋窩動脈　axillary artery　腋窩動脈は肩関節の下にあり，鎖骨下動脈からつづく前肢の動脈本幹で，肩甲部，上腕部，前腕部から指端に至るまでのあらゆる部位に動脈を派生する．

えきじょうきゅうひ　液状きゅう(厩)肥　liquid manure　家畜の糞と尿に水が混じり，液状あるいはスラリー状になったものをいう．貯留槽に溜めただけの未処理のもののほかに，曝気して好気的処理したものや嫌気処理（メタン発酵）したものも含まれる．

えきじょうたいひ　液状堆肥　liquid compost　液状きゅう肥のうち，曝気して好気的処理したものをいう．曝気により十分好気的な条件が与えられれば，液状であっても堆肥化と同様に温度が上昇して腐熟が進行する．→液状きゅう肥

えきじょうにゅう　液状乳　liquid milk　直接飲用に供する乳で，牛乳，加工乳などをいう．ただし，国際酪農連盟などでは，粉乳に対する用語として，液状の乳を液状乳と呼び，この場合は生乳も含まれる．

えきじょうらん　液状卵　liquid egg　→液卵

エキスパンドしょり　エキスパンド処理　expanding　飼料に熱と水分と圧力を加えてスクリュープレス型の軸で搬送，練り合わせを繰り返しながら先端部の整形ダイで圧縮して押し出す飼料の加工方法である．通常，ペレット状に成形される．

エキソヌクレアーゼ　exonuclease　核酸分解酵素の中で，その作用様式として分子鎖の末端からリン酸ジエステル結合を順次水解してモノヌクレオチドを生ずるもので，エンドヌクレアーゼと対比される．

えきたいこうしんりょう　液体香辛料　liquid spice　天然香辛料を有機溶剤で抽出し，抽出液をろ過したろ液から溶剤を蒸留して除いたものをオレオレジン（oleoresin）といい，天然香辛料の精油部分のみを水蒸気蒸留や抽出によって製造したものをスパイスオイル（spice oil）という．ともに香味成分と辛味成分を併有し植物組織が除去され，細菌学的に清潔である．液体香辛料に乳化剤を加えて製造した乳化香辛料，液体香辛料を適当な被覆，被膜物質に包蔵させたもの，噴霧乾燥して製造した粉末状のロックドスパイス（locked spice powder）も用いられている．

えきちく　役畜　draft animals　畜力を農耕，運搬などの労役に利用する家畜．近年，農業機械の普及により，ウシ，スイギュウ，ウマ，ロバなどの農耕，運搬への利用が世界的に減少しているが，限られた地域では，現在も上記の他に，ヤク，アジアゾウ，ラクダ，リャーマ，イヌなどを役畜として利用している．

えきひ　液肥　liquid manure　肥料用語

では肥料塩類を水に溶かし溶液状態で市販されている液体肥料 (liquid fertilizer) をいうが、畜産用語では液状きゅう肥のことをいう.
→液状きゅう肥

えきらん　液卵 liquid egg　卵殻を取り除いた液状卵の総称. 製菓, 製パン工場などで多量の鶏卵を使用する場合に利用される. 全卵, 卵白, 卵黄それぞれの単品のほかに, 用途に応じて全卵, 卵白, 卵黄の配合割合を変えたブレンド品, 糖, 食塩, 油脂, 調味料などを加えたものがある. 未殺菌品と殺菌品がある. 起泡力が求められる製菓用には, 未殺菌品が使用されることが多いが, 食中毒の原因となるサルモネラの対策としては, 殺菌品の使用が望ましい.

エクストルーダしょり　エクストルーダ処理 extruding　飼料に熱と水分と圧力を加えてデンプンを糊化し, 大気中に放出することによって膨化させ, 多孔質飼料を作る方法である. デンプンの消化性の向上, 有害微生物の殺菌, 嗜好性の改善効果があるといわれている.

エクソン exon　構造配列ともいう. 真核生物の遺伝子には最終的に蛋白質またはRNAとして発現するヌクレオチド配列が, 発現しないヌクレオチド配列の挿入によって分断されているものが多い. そのような分断化されている遺伝子の発現する配列部分のこと.

エスエス SS suspended solids　浮遊物質または懸濁物質. 水の濁りを示す重要な指標の一つで, 水中に浮遊または懸濁している不溶性物質を孔径1μmのガラス繊維ろ紙でろ過し, ろ紙上に残った物質の量をmg/lであらわす. BOD, CODと深い関連性をもち, また, 汚泥生成量にも関係する.

エスエヌエフ　無脂乳固形分 SNF (solid not fat)　乳の全固形分から乳脂肪分を差し引いた固形分. SNFの構成成分は乳糖, 蛋白質, 灰分, 有機酸, ビタミン類, 酵素およびホルモンなどであり, 測定は全固形分の測定値から乳脂肪分の測定値を減じて求める. 生乳の受け入れ検査などで普及している赤外分光式の多成分測定器を用いる場合は, 乳糖（%）と蛋白質（%）の合計値に上記の灰分以下の成分の推定値を加えてSNF（%）としている. 推定値は地域などにより差異があるが, 普通1.0%が多く用いられている.

エストロジェン estrogen　雌に発情を誘起させる作用をもつ物質の総称. 化学構造上C18のエストランを基本構造とするステロイド性のものと非ステロイド性のものに分類される. 前者では, エストロン（estrone）, エストラジオール（estradiol）およびエストリオール（estriol）があり, 雌ではおもに卵胞, 黄体, 胎盤で生成され, 副生殖腺や乳腺の発育を促進する. 雄では, 精巣から分泌される. 後者では, いくつかの合成エストロジェン, 植物性エストロジェン, カビ性エストロジェンなどが知られている.

エスピーエフどうぶつ　SPF動物 specific pathogen free animal　特に指定された微生物, 寄生虫のいない動物と定義されるが, 指定された病原微生物や寄生虫のいない健康な動物を指す. なお指定外の微生物や寄生虫への感染の有無は不明である. 畜産ではSPF豚が有名で, 外科手術で特定の病原体フリーの状態で摘出した胎子をバリアー施設で人工ほ育し, さらにSPF豚専用農場で増殖して作出される.

エスブイ SV sludge volume　活性汚泥沈殿率. 活性汚泥の沈降性や濃度などを示す指標. 曝気槽内混合液または返送汚泥などを1lのメスシリンダーに入れ, 30分間静置した後の沈殿した汚泥容量を%であらわしたもの.

エスブイアイ SVI sludge volume index　活性汚泥容量指標. 活性汚泥の沈降性を示す指標で, 1gの活性汚泥が占める容積をmlであらわす. SVI=（SV×10,000）/MLSSの式で算出される. 通常の曝気槽のSVIは100~150であり, SVIがさらに大きくなると,

活性汚泥が沈降しにくい膨化状態（バルキング）であることを示す．

エスワンヌクレアーゼマッピング　S1 nuclease mapping　ヌクレアーゼ S1 は1本鎖 DNA および RNA に特異的に作用するため，この性質を利用して転写産物と遺伝子の位置関係を生化学的に同定する方法．この方法を用いて転写産物の開始部位である 5' 末端，ポリA付加部位である 3' 末端，イントロン，エクソンの位置，大きさなどをヌクレオチド単位で決定できる．

エゾノギシギシ　broad leaved dock, *Rumex obtusifolius*　タデ科の多年生草本．多量の種子を作り繁殖して牧草を排除する，有害な雑草である．MCPB が有効というが根絶は困難．ヤギは好んで食べる．→ギシギシ

えだかじり　枝かじり　→ブラウジング

えだにく　枝肉　dressed carcass　肉用家畜を屠畜，放血して剥皮または脱毛し，内臓を摘出，頭部と四肢の肢端および尾などを除いたもの．骨盤結合を縦断し，脊椎骨の中央線に沿って左右の半体に切断したものを半丸枝肉として取引単位とする．

えだにくかくづけ　枝肉格付　carcass grading　所定の枝肉規格に照らして，品質・等級を判定すること．

えだにくけんさ　枝肉検査　carcass inspection　消費者に供給する食肉の安全性を確保するために，屠畜場で，屠畜場法に基づいて行う屠畜検査の一部で，肉眼的に枝肉が食用として適するか否かを検査すること．生体検査と，屠畜解体時に行う剖検所見を主体にした死後検査結果に基づいて，検査に合格した枝肉は一定の検印（牛肉は楕円形，豚肉は円形，馬肉は長方形）が押印されて初めて屠畜場外に搬出することが許される．

えだにくとりひききかく　枝肉取引規格　carcass transaction standards　枝肉の公正円滑な取引の推進を目的として設定されている等級基準．牛枝肉，豚枝肉では半丸重量および外観，肉質を目安に，歩留と肉種にわけて前者をA, B, Cの三段階，後者を1等級から5等級に区分している．

エダムチーズ　Edam cheese　オランダ原産のチーズで，オランダ北部のエダムの町にちなんで名付けられた．同種のものは世界各地で生産される．扁平なボール形または砲丸形で，径約 15 cm，重さ 2 kg 程度が普通で，通常は赤色ワックスか赤色セロファンで包まれているので赤玉チーズとも呼ばれ親しまれている．

えっかせい　越夏性　summer survival　7〜8月の暑さで茎葉の生育が衰えて密度が減少するか，しないかの程度を示すのがこの用語である．寒地型牧草を暖地で栽培すると夏に高温障害で密度が減少し，病虫害が発生して夏枯れをおこすことがある．

エックスオーがた　XO型　→性決定，性異常

エックスギャルせんしょく　X-gal 染色　X-gal staining　X-gal (5-chloro-4-bromo-3-indolyl-β-D-galactoside) を基質として用い，切断によって生ずるインジゴの青色で β-ガラクトシダーゼ活性の有無を判定する染色法．大腸菌の lacZ 遺伝子発現検出に頻繁に利用されるが，動物細胞の内因性 β-ガラクトシダーゼ活性とは反応 pH を調節することで区別できる．

エックスせんしょくたい　X染色体　X-chromosome　雄ヘテロ配偶子型の性決定に関する性染色体で，同型接合体 XX が雌，異型接合体 XY または，XO（Y染色体を欠く種類）が雄となる．哺乳類，ショウジョウバエ，バッタなどはこの型．→性染色体, Y染色体

エッグノッグ　egg-nog　欧米で広く飲まれている卵酒の一種．ブランデーとホワイトラムをベースに，砂糖，牛乳，卵を混ぜ合わせて中型タンブラーに注ぎ，ナツメグを振り入れて飲むもの．かつてはクリスマスに欠かせない飲み物として愛飲されたが，現在では四季を通じて飲まれる．類似の飲み物にオランダで広く飲まれるアドボカート（advokaat）

と呼ばれるものがある.

えつけしりょう　餌付け飼料　creep feed, creep ration　幼動物に出生後（孵化後）初めて与える飼料．目的とする飼料の採食に慣らすための飼料．人工乳などもこの目的のために使用される．餌付け飼料を与えてウシなどを育成する場合を別飼い（creep feeding）という．

エッチティーエスティーさっきん　HTST 殺菌　HTST pasteurization　→高温短時間殺菌

えっとうせい　越冬性　winter survival　草類が冬を越して翌春にまで生存できる程度を示す指標である．冬の低温，凍上，多雪下の暗黒多湿，病害など多くの要因が関与する．暖地型牧草の越冬性は低温抵抗性が関与する．寒地型牧草では雪腐れ病などの病害に侵される．

エナメルがわ　エナメル革　enamelled leather　礼装用の靴，ハンドバックその他の装身具の製造に用いられる塗装表面が鏡のように平滑で光沢のある革．山羊皮，羊皮，牛皮などを原料とし，独特の塗装仕上げを施したクロムなめし革で，本来塗装材料としてボイルした亜麻仁油を用い，塗布，乾燥を繰り返して光沢のある強じんな皮膜を形成させたものである．現在ではウレタン樹脂塗料が多い．

エヌアールシーしようひょうじゅん　NRC 飼養標準　NRC feeding standard　アメリカ National Research Council（国家研究会議）が，1945年以来，乳牛，肉牛，ブタ，家禽，実験動物などについて，養分要求量を示し，改訂発表している．世界でもっとも権威ある飼養標準の一つとされている．

エピゾーム　episome　染色体につけ加えられているものの意．細胞質内で自律的に増殖するプラスミドのうち宿主染色体の一部であるかのように受動的に複製される状態をとりうるものを指す．

エフーボディ　F－ボデイ　F-body,　fluorescent body　雄性の細胞核をアクリジン系蛍光色素キナクリン・マスタードで染色して蛍光顕微鏡で観察すると，核内に強い蛍光を発する小体（蛍光小体）が見られる．これを F-body という．ヒトではキナクリン染色で Y 染色体の長腕の末端部が強い蛍光を発するので F-body は Y 染色体にあると考えられる．家畜精子にも F-body が同定されているが，出現率は低く，その本体は明らかでない．

エフワンひいく　F_1 肥育　F_1 fattening　乳牛の成雌牛に肉専用種の雄を交配して交雑種牛を生産し肥育する形態をいう．わが国ではホルスタイン雌牛に黒毛和種を交配する方式が主流である．利点としては初産牛の分娩が軽く分娩ストレス負担が少なくて済むこと，枝肉格付けが上位に位置づけられることなどがいわれている．

エムエフまく　MF 膜　microfiltration membrane　→精密ろ過膜

エムエルエスエス　MLSS　mixed liquor suspended solid　活性汚泥浮遊物質．活性汚泥法において，曝気槽内混合液の活性汚泥量（微生物量）を示す指標．曝気槽内混合液の浮遊物質濃度を mg/l であらわす．活性汚泥処理施設の運転上，3,000~6,000 mg/l を標準としている．

エムエルブイエスエス　MLVSS　mixed liquor volatile suspended solid　活性汚泥有機性浮遊物質．MLSS の強熱減量（VS）を mg/l であらわす．MLSS の有機物量をあらわすことから，活性汚泥の微生物量を MLSS よりも正確に示す指標として用いられる．

エムジーエスモデル　MGS モデル　MGS model　BLUP法による育種価推定モデルの一つで，母方祖父モデル（maternal grandsire model）ともいわれる．サイアモデルで問題となる雌畜の無作為交配からのずれを取り除くため，父と母方祖父を変量効果として考慮したモデル．

エームスしけん　エームス試験　→生物

学的検定

エムデン　Embden　ガチョウの品種で，ドイツ北部の白色種が18世紀にドイツのエムデン港などからイギリスに運ばれ，イギリスの白色種と交配され，大型（成体重：雄13 kg，雌9 kg程度）の本種が作出．よく草を食べ，放牧に耐え，産卵は初年度約10個，成鳥で1繁殖期30~40個．雄は交雑に適す．その肉はクリスマスや祭りなどに高級肉として利用．

エメンタールチーズ　Emmenthal cheese　スイスのエンメ（Emme）の tal（渓谷）がその名の発祥の地であるが，今日ではこのチーズがスイスの代表チーズであるので一般にはスイスチーズと呼ばれている．大きな円盤形の硬質チーズで，熟成の間にプロピオン酸菌が働いてカードの中に孔（眼）を生じ，くるみ様の甘味な風味を有するのが特徴である．

エリートブル　elite bull　乳牛の種雄牛の育種価評価の公表において，上位にランクされた種雄牛．同様に上位にランクされた種雌牛はエリートカウ（elite cow）という．

エルエイチサージ　LHサージ　luteinizing hormone (LH) surge　排卵前におこる黄体形成ホルモン（LH）の大量放出．放出された大量のLHを受けて成熟卵胞は排卵される．卵胞から分泌されるエストロジェンの濃度が高まると視床下部から黄体形成ホルモン放出ホルモン（LHRH）の一過性大量放出がおこり，次いで下垂体前葉からLHサージがおこる．交尾排卵動物では，交尾刺激によりLHサージが誘起される．LHサージの持続時間は，通常10時間程度であり，ピーク値は，基底値の10~30倍まで上昇するが，ウマでは約1週間持続し，ピーク値は4~5倍程度と低い．

エルエルぎゅうにゅう　LL牛乳　long life milk　→ロングライフミルク

エレクトロポレーション（法）　electroporation　電気穿孔法ともいい，細胞に電圧をかけると負に荷電している細胞膜の荷電状態に乱れが生じ，ナノメートルサイズの小孔ができ，膜透過性が上昇する．この性質を利用し薬物，抗体やDNAを細菌や動植物細胞へ導入するのに用いられる．

えんいにょうさいかん　遠位尿細管　distal uriniferous tubule　腎ネフロンのネフロンループの細管に続く部分で，太くなって皮質に向かって直行する部分（直部）と，ネフロンの始まりの糸球体付近で迂曲したのち集合管に入る部分（曲部）からなる．ネフロン遠位部ともいう．水分と塩類の再吸収が行われるが，近位尿細管やネフロンループでの一定した再吸収とは異なり，アルドステロンやバゾプレッシンに反応してNa$^+$と水分の再吸収をうながし，ホメオスタシスの維持に重要な働きをする．

えんえんこうはい　遠縁交配　disassortative mating　動物分類学的に品種より遠いものの間の交配をさし，異品種間交配，異種間交配，異属間交配がある．

えんかぶつ−にゅうとうか　塩化物−乳糖価　chloride-lactose number　乳房炎乳は常乳に比べて乳糖含量が低く，塩素含量が高い．（塩素%/乳糖%）×100を塩化物−乳糖価と称し，この値が3以上であると乳房炎乳の疑いがあるとする．ケストラー数（Koestler number）ともいう．

えんかんぴ　塩乾皮　dry salted hide (skin)　塩生法で処理した皮（塩生皮）をさらに乾燥した原皮をいう．乾燥は重量を減じ輸送費を下げるため行われる．熱帯地方の牛皮，羊皮に多い．

えんき　塩基（核酸の）　base　核酸やヌクレオチドのピリミジン核あるいはプリン核をもった部分は，通常塩基性であることから，糖部分およびリン酸部分と区別して塩基と呼ぶ．プリン塩基とピリミジン塩基に大別され，前者にはアデニン，グアニンが，後者にはシトシン，チミン，ウラシルがある．これら塩基の大部分は核酸およびヌクレオチドの状態で存在する．

えんきつい　塩基対　base pair　核酸の塩基はアデニンとチミン（RNAではウラシ

ル），グアニンとシトシンの間で水素結合により特異的な対合を形成している．これを塩基対と呼び，DNAの複製，DNAからRNAへの情報転写，tRNAによる遺伝暗号の解読などはいずれもこのような塩基の対合によって正確に行われる．

えんきど　塩基度　basicity なめしに用いられる3価の金属塩，特にクロム塩の塩基性を示す尺度．金属の原子価に対する結合水酸基の割合を当量パーセントで表す．例えば平均組成が $Cr(OH)SO_4$ に相当するものの塩基度は $1/3 \times 100\%$，すなわち33%である．塩基度を増すと，クロム錯塩の大きさが増大し，膠質化し，陽電荷が増加し，皮との反応性が強くなる．

エンザイムイムノアッセイ　酵素免疫測定法　enzyme immunoassay イムノアッセイのうち酵素で標識する方法．抗原を標識し，抗体の結合による酵素活性の低下を利用する方法，標識抗原と非標識抗原との競合を利用する方法，固相に固定した抗原と標識抗体とを反応させる方法，固相に結合した抗体と抗原とを反応させた後，この抗原に標識抗体を結合させる方法などがある．近年ラジオイムノアッセイに代わり汎用されている．

エンシレージ　ensilage →サイレージ

えんしん　延伸　setting out →伸ばし

えんしんじょきん　遠心除菌　bactofugation 遠心力によって微生物を除去する方法．牛乳における除菌の最適条件は65~75℃，9,000~10,000$\times g$ の遠心力で得られる．耐熱性胞子が問題となるチーズ用原料乳の前処理として特に効果的といわれている．

えんずい　延髄　medula oblongata 脳の最後部に位置し，前方で橋に接し，後方で脊髄に移行する．第4脳室の底をなし，背側は大部分小脳に被われる．この部位から第IX，X，XI，XII脳神経が出る．基本構造は脊髄に似るが，背側壁は薄く，上方から菱形窩をみる．腹側からは台形体，錐体をみる．動物種によりオリーブの隆起がある．呼吸中枢，血管運動中枢として生命の維持に重要な役割を果たしている．

えんすいちゅうしゃほう　塩水注射法　pickle injection method 塩せき時間を短縮するのがおもな目的で，塩せき剤を水に溶かしたピックルを原料肉中に注入した後，塩水に漬ける方法．動脈内注射法と筋肉内注射法とがあり，これには直径4mm程度のパイプの周囲に多くの小孔をあけた針をもった塩水注射器（ブラインインジェクター）が古くから使われていたが，近時，数百本の注射針を備え，均一かつ一定量の塩せき液を連続的に筋肉内注入する仕組みの大型のピックルインジェクター（連続塩水注射機）が使われている．

えんせいひ　塩生皮　wet salted hide (skin) 皮革用原料とするために，剥皮した生皮を塩化ナトリウムで処理して，湿潤状態で保存に耐えるようにした原皮．塩なまかわ，あるいは塩ぞうひ＜塩蔵皮＞ともいう．その処理法には散塩法とブラインキュアがある．

えんせき　塩せき　curing 食肉の保存性を高め，風味や色調を向上させるため，原料肉を食塩，発色剤，調味料，香辛料その他の添加物よりなる塩せき剤とともに低温（2~4℃）で一定期間漬け込むこと．乾塩せき法，湿塩せきおよび塩水注射法が広く行われている．塩せきによって鮮紅色のよい肉色になるが，塩せき肉が発色不良で十分な鮮紅色を呈しない場合を塩せき不足（アンダーキュアリング）といい，緑変をおこすこともある．また，適切な塩せき期間を超えて塩せきを行うと，かえって塩せき肉の保水力，結着力，風味などが劣化する．これを塩せき過多（オーバーキュアリング）という．

エンゼルケーキしけん　エンゼルケーキ試験　angel cake test エンゼルケーキは卵白を主原料として作ったスポンジケーキの一種で，外観は白くて軽く，ふわふわした舌ざわりを示す．エンゼルケーキの品質は，使用した卵白の品質の影響を大きく受けるので，エンゼルケーキの品質を比較することにより，使

用した卵白の品質を調べる試験法の一種として広く利用されている.

えんそしょり　塩素処理　chlorination
羊毛またはその製品を塩素水に短時間浸して，表面のりん片を破壊することによって縮充性を減退させる防縮処理．塩化スルフリルを用いることもある．この処理は防縮効果のほかに，光沢や染料の吸着性を向上させる効果もあるが，その程度を誤ると毛を損傷し，強度や弾力性が低下するので注意が必要である．

えんたち　縁裁ち　trimming　→トリミング

エンドヌクレアーゼ　endonuclease
核酸分解酵素の中で，分子鎖の内部のリン酸ジエステル結合を水解してオリゴヌクレオチドを生ずるもので，エキソヌクレアーゼに対比される．基質特異性からDNAのみを分解するもの，RNAのみを分解するもの，および両方を分解するものに分類される．

エンドファイト　endophyte　植物体内に共生している真菌や細菌のことをいう．エンドファイトに感染しているイネ科牧草は病害虫に対して抵抗性をもつが，エンドファイトの中には家畜に対して有害な作用をもたらす物質を生産することがある．わが国では輸入乾草に含まれていたコリネトキシンでの事故例がある．

エンドレスがたはっこうそう　エンドレス型発酵槽　fermentation tank of round type
円形あるいは楕円型をした回行型の発酵槽．発酵槽の上部に攪拌機が一方向に発酵槽を回転するように移動しながら家畜糞などの材料を攪拌・移動・粉砕する方式の発酵装置となっている．発酵槽の深さは，攪拌方式により50~200 cm程度であるが，浅型は面積が広く乾燥発酵をねらいとし，深型は発酵を主としている．

えんばく　燕麦　oats, *Avena sativa* L.
イネ科アベナ属の一年生（春播型）または越年生（秋播型）の飼料作物．オオムギやコムギよりも栽培化された年代は新しく，それらの雑草として拡がった．冷涼でやや多湿な気候でよく生育し，土地を選ばず生長が速いのできわめて作りやすい．わが国の暖地では多回刈りでき，おもにサイレージとして利用され，栄養価，嗜好性に優れた良質な飼料である．

えんぱん　塩斑　salt stain　革にしたときに認められる表面のしみ．塩じみともいわれる．皮に白色，黄色ないし褐色の斑点が生じ，その部分の繊維構造が傷んでいるもの．塩蔵に使用した塩化ナトリウム中の不純物に由来するカルシウム，マグネシウム，鉄などが皮中のリン酸と結合して不溶性リン酸塩を生ずることが原因とされている．

エンハンサー　enhancer　真核細胞のRNAポリメラーゼによる転写効率を高める特異的な塩基配列．同一遺伝子上にあり，遺伝子の上流および下流に位置しても，遺伝子から数千塩基対以上離れていても，また異種のプロモーターに連結しても転写効率を高める機能を有する．

[お]

お　尾　tail　→付図1，付図2，付図4，付図5

おいこみば　追込場　→家畜集合施設

おいまき　追い播き　→追播（ついは）

おうか　黄化　yellowing　羊毛，絹などの蛋白質性繊維を材料とした製品を長く日光に当てたり，熱湯，アルカリ溶液で処理したあと日光に当てたり，長く大気中にさらすと，その白色が黄色に変わる性質がある．この現象を黄化または黄変という．黄化がさらに進めば褐色を呈するようになる．この現象は構成アミノ酸のうち，チロシン，トリプトファンのような芳香族アミノ酸残基の側鎖が紫外線の作用で光化学的変化をおこし，着色物質が生成することによる．軽微のものは亜硫酸水素ナトリウムと硫酸の混合液または過酸化水素

で処理することによって除かれるが，ひどくなると除去困難となる．

おうが　横臥　lateral lying　家畜が四肢を伸ばして腹側部を地面や床に付けた状態をいい，休息時の姿勢の一つ．これに対し，四肢を折り曲げて伏せた状態を伏臥（sternam lying）というが，家畜種によってはいずれかの姿勢があまり発現しないものもあり，両姿勢を含めて横臥という場合もある．いずれの姿勢も一般に立位姿勢よりも休息のレベルが高い．

おうかくまく　横隔膜　diaphragm
1) 胸腔と腹腔の境界に位置し，2) 胸腔の方に半球状に突出した呼吸筋で，3) 輪郭が底を上にしたハート型で，中心部に腱中心があり，周辺部に筋部が存在する．筋部は腰椎部，肋骨部，胸骨部に分かれるが，特に腰椎部では筋柱が発達し，腰椎腹面で左右の脚間を大動脈が通過する（大動脈裂孔）．ほぼ正中位を食道裂孔と大静脈孔も貫くが，呼吸運動を妨げることはない．

おうししょう　黄脂症　→黄豚

おうじゅくき　黄熟期　yellow ripe stage　種皮が黄化し，子実の内容物はやや固くなり，爪で種子が容易に圧出できる程度に熟した時期．イネ科子実作物の成熟度合を示す．乳熟，糊熟，黄熟，完熟，過熟と進行する生育段階の一つ．トウモロコシでは，水分含有率70%前後，乾物重当りの雌穂割合も40%以上となった黄熟期にホールクロップサイレージ用として収穫適期に当たる．

おうしょくらんおう　黄色卵黄　yellow yolk　卵黄の大部分を占める成分であり，卵黄の中心部に存在する約1%程度の白色卵黄を除いた残りの部分を指す．黄色卵黄は，淡色部分と濃色部分が交互に層状になって重なっているが，その淡色部分も白色卵黄とは明瞭に区別できる．黄色卵黄と白色卵黄は，単にその色調が異なるばかりでなく，一般組成も非常に異なっている．

おうたい　黄体　corpus luteum　成熟卵胞の排卵の後に，卵胞膜内膜に由来する血管新生がおこり，顆粒層細胞と卵胞膜内膜細胞が黄体を形成する．一方，卵胞が排卵に至らず閉鎖する過程で黄体化する場合もある（黄体化卵胞）．形成された黄体は，通常プロジェステロンを分泌し，子宮に着床性変化をもたらすが，受胎しない場合は，プロジェステロン分泌を中止し退行する．霊長類の黄体は，エストロジェンやインヒビンも分泌する．

おうたいかいかき　黄体開花期　functional luteal stage　完全性周期を示す動物の黄体期の一時期で，黄体細胞が形態的にも機能的にも最も活発な時期をいい，黄体最盛期ともいう．この時期の黄体を開花黄体という．動物が受胎した場合には，開花黄体は，妊娠黄体に移行して，プロジェステロン分泌を続けるが，不受胎の場合には，やがてプロジェステロン分泌を停止し退行する．このような黄体を仮黄体または，発情黄体（発情周期黄体）ともいう．これに対して，妊娠黄体を真黄体という．

おうたいき　黄体期　luteal phase　完全性周期を示す動物では，排卵を境にして卵胞期と黄体期に大別する．排卵後形成された黄体がプロジェステロンを分泌し，やがて退行してプロジェステロン分泌を停止するまでを黄体期と呼ぶ．黄体期は，さらに黄体初期，黄体開花期および黄体退行期に区別する．黄体期には，子宮に着床性増殖をおこすが，受胎しない場合には，プロジェステロン分泌を停止し，卵胞期へ移行する．黄体期は通常2週間程度である．

おうたいけいせいホルモン　黄体形成ホルモン　luteinizing hormone（LH）　下垂体前葉のゴナドトローフから分泌される性腺刺激ホルモンである．雌では，もう一つの性腺刺激ホルモンである卵胞刺激ホルモン（FSH）と協同で卵巣に作用して卵胞の発育を促し，排卵・黄体形成を誘起する．雄では，精巣間質を刺激する作用があり，間質細胞刺激ホルモンとも呼ばれ，テストステロン分泌を促進する．

分子量約29,000の糖蛋白質であり，α鎖とβ鎖から成る．α鎖は，FSHや甲状腺ホルモンと同一である．

おうたいけいせいホルモンほうしゅつホルモン　黄体形成ホルモン放出ホルモン　luteinizing hormone releasing hormone (LHRH)　視床下部のLHRHニューロンから神経分泌され，下垂体前葉のゴナドトローフに作用して，黄体形成ホルモン（LH）と卵胞刺激ホルモン（FSH）の分泌を促進する．10個のアミノ酸残基から成り，当初LHの分泌のみを促進すると考えられていたが，その後FSH分泌も促進する事実が明らかにされ，性腺刺激ホルモン放出ホルモン（GnRH）とも呼ばれる．LHRHは，パルス状に分泌され，ステロイドホルモンやオピオイドなどにより分泌が調節される．

おうたいさいせいき　黄体最盛期　→黄体開花期

おうたいしげきホルモン　黄体刺激ホルモン　luteotrop (h) ic hormone, luteotrop (h) in　黄体に作用して黄体からのホルモン分泌を促進するホルモン．下垂体性と胎盤性のものがある．下垂体性としては，ほとんどの哺乳類に共通なホルモンとして黄体形成ホルモン（LH）がある．ラット，マウス，ハムスターでは，プロラクチンが知られている．胎盤性としては，胎盤性ラクトジェン，人絨毛性性腺刺激ホルモン（hCG）および馬絨毛性性腺刺激ホルモン（eCG）がある．

おうたいたいこう　黄体退行　luteolysis　排卵により形成された黄体組織がやがて機能的・形態的に退行することをいう．黄体退行を誘起する物質を黄体退行因子という．ほとんどの動物では，黄体退行に子宮の存在が必要であり，黄体期に子宮を摘出すると黄体退行は遅れる．黄体退行期には，初めに急激なプロジェステロンの分泌低下がおこる機能的黄体退行に次いで，黄体細胞が形態的に萎縮する形態的黄体退行がおこる．

おうたいたいこういんし　黄体退行因子　luteolytic factor　黄体の機能的および形態的退行を誘起する物質．子宮から分泌されるプロスタグランジン$F_{2\alpha}$（$PGF_{2\alpha}$）が黄体退行因子と考えられている．子宮内膜で産生された$PGF_{2\alpha}$は，卵巣へ移行し，黄体退行を誘起する．また，黄体細胞から分泌されるオキシトシンが子宮からの$PGF_{2\alpha}$の分泌を促進し，自らの退行を促すことが知られている．げっ歯類では，古くなった黄体にプロラクチンが作用し，黄体細胞にアポトーシスを誘起する．

おうたいたいこうき　黄体退行期　→黄体退行

おうたいホルモン　黄体ホルモン　luteal hormone　黄体から分泌されるホルモン．プロジェステロンが代表的なものであり，雌の副生殖腺に作用し，受精卵の着床や妊娠へ向けての変化をもたらす．視床下部・下垂体へ作用して，LHRH，LH，FSHの分泌を抑制的に調整する．黄体は，この他にも数種類のホルモンを分泌するがその種類は動物種によって異なる．霊長類では，エストロジェンやインヒビン，反芻動物では，オキシトシンを分泌することが知られている．リラキシンも黄体から分泌される．

おうだん　黄疸　jaundice, icterus　皮膚，粘膜にビリルビンが沈着し黄色を呈する病気．動物の場合可視粘膜，特に眼結膜に現れる．ビリルビンは胆汁色素の主成分で，ヘモグロビン分解産物の一部分であり，赤血球のターンオーバーの過程で作られる．黄疸の原因としては胆汁の排泄障害をおこす疾患（胆管の閉塞，狭窄，胆管炎）による胆汁の血中漏出，肝臓障害によるビリルビン排泄機能の低下，また溶血性疾患によるヘモグロビンの蓄積などがある．

おうとうエレメント　応答エレメント（転写制御の）　response element　細胞への特定の化学的あるいは物理的刺激が直接あるは間接的に作用するDNA上の特異な配列．ステロイドレセプターが結合するステロイド応答エレメントなどがよく知られている．

おうはんプリマスロック　横斑プリマスロック　Barred Plymouth Rock　アメリカマサチューセッツ州の海岸にあるプリマスロックあたりで成立した卵肉兼用のニワトリの品種である．灰色ドミニークの雄と黒色コーチンまたは黒色ジャバの雌を交配して作出した．羽色が黒白横斑のものが最も古い内種で，その他に違った羽色のいくつかの内種が存在する．単冠で，耳朶は赤く，皮膚は黄色．成体重は雄3.9～4.8 kg，雌2.7～3.4 kg．産卵数は年150～200個，卵殻は赤褐色で，就巣性はほとんどない．

おうもんきん　横紋筋　striated muscle　大部分が骨格筋として存在し，身体を支え，運動をつかさどる．意志によって随意的に収縮させることができるので随意筋ともいう．横紋筋線維は長い円柱状の多核細胞で，長さ1～5 cm，太さ10～100 mm，数百から数千の筋原線維を含む．筋原線維は収縮の単位であり，アクチンフィラメント束の間にミオシンフィラメントが存在し，これが規則的に繰り返されているため横紋がみえる．横紋筋は骨格筋以外にも口腔，咽頭，喉頭など一部の内臓にも分布する．心筋も構造上は横紋筋であるが不随意筋である．

オーエスキーびょう　オーエスキー病　Aujeszky's disease　ブタヘルペスウイルス1（オーエスキー病ウイルス）の感染によるブタの伝染病（届出伝染病）．子豚は沈うつ，振せん，痙攣（けいれん），旋回運動などの神経症状を呈し，ほかの病原体との混合感染を誘発することが多い．成豚では無症状で経過（不顕性感染）する場合が多いが，妊娠豚では早死産がみられる．ワクチン接種は発病防止に有効である．

オーアールピー　ORP　→酸化還元電位

おおさかアヒル　大阪アヒル　Osaka duck　日本の在来種（青首アヒル）にペキン種を交雑し，白色羽装としたものが大阪で作出され，命名された．成体重は雄2.3～2.6Kg，雌2～2.3kg，年産卵数は180～200個．その後，採肉・産卵性向上を目的に，アメリカ系ペキン種と交雑し改良大阪種を作出．このアヒルは羽毛色などがペキン種と類似しており，体重と卵重が大きく，肉質は油脂分が少ないのが特徴．

オーストラリアン・メリノー　Australian Merino　オーストラリアで作出された代表的な毛用のヒツジの品種．18世紀末から19世紀中ごろにかけて，南アフリカ，イギリスのメリノーを始め，他国のメリノーを導入し改良作出された．本種には70の系統があるといわれ，それらは細番手型，中番手型，太番手型の三つのタイプに分けられる．雄はらせん型の角をもち，体重は雄70～80 kg，雌45～60 kg．産子率は低いが，毛質・毛量は毛用種の中では最高クラス．

オーストラロープ　Australorp　イギリス原産のオーピントンをオーストラリアに導入して改良したニワトリの品種で，黒色のものが1903年オーストラリアに入り，それが卵肉兼用型に固定された．体型は丸く，成体重は雄4.6 kg，雌3.6 kg程度．単冠で，耳朶・肉垂は赤色，皮膚は白色，卵殻は赤褐色で，産卵数は年140個程度．現在，卵用に用いられているほか，雌を白色レグホーンの雄と交雑した一代雑種が利用されている．

オーチャードグラス　orchardgrass, cocksfoot, *Dactylis glomerata* L.　カモガヤ．ヨーロッパ，アルジェリアなどを原産とする寒地型のイネ科多年生牧草．草丈は1～1.3 mで，再生力は旺盛で施肥反応は高く，嗜好性，栄養価も優れている．耐暑性はチモシーなどに劣るが，寒地型牧草のなかでは高温や乾燥に強く夏枯れが少ない．放牧，採草，兼用型などの利用形態に応じた品種は豊富で，世界中の温帯地域で広く栽培されている．放牧草地ではケンタッキーブルーグラスやクローバー類と混播される．

オート　oats　→燕麦（えんばく）

オートロックスタンチョン　automatic locked stanchion　給餌の際にウシがスタンチョンに頭を入れて首を下げると自動的に閉

鎖する構造のスタンチョン．ウシの開放はレバー操作によって全牛を一度に開放できるため，開閉の手間が省ける省力的な係留装置である．

オーバーラン overrun　アイスクリームは凍結工程でアイスクリームミックスに空気が混入されるので，出来上がったアイスクリームの容積は，もとの容積に比べて増加している．この空気混入による容積増加率をオーバーランという．容積が2倍になればオーバーランは100％となる．アイスクリームのオーバーランは70~100％である．

オオヒゲシバ　　→ローズグラス

オーピントン Orpington　このニワトリの品種を作出した William Coon の農場があった村の名が付けられており，地中海沿岸種の黒色ミノルカと黒色プリマスロック，黒色コーチンなどが交配され作出された品種．黒色，白色，バフ色のものが作られており，黒色のものが最も有名である．体型は丸く，成体重は雄4.5 kg，雌3.6 kg程度．単冠で，耳朶は赤く，皮膚と脛色は白く，産卵数は約140個，卵殻は赤褐色．

オープンリッジ open ridge　自然換気のために切妻屋根畜舎の棟部に設けられた連続開口部．多雨地帯では開口部に覆い（リッジキャップ）を設けたり，舎内のオープンリッジ直下に雨樋を設けることもある．開口部幅は，畜舎の間口3 mにつき5 cmの割合が目安である．

オオムギ　大麦 barley　飼料用穀類として世界的に広く用いられているが，わが国ではおもに肉用牛の肥育飼料として用いられている．肉用牛あるいは肥育豚にオオムギを給与すると白く，しまりのよい脂肪が生産され肉質がよくなる．

オールインワンサイレージ all in one silage　サイレージの調製の際に牧草・飼料作物に加えて食品製造粕類，穀類，油粕類を添加・配合したものをいう．混合飼料調製所で乾草や穀類にビール粕や豆腐粕などの高水分材料を加え，乳酸発酵させた形のものもある．

オールスパイス allspice　フトモモ科に属する Pimenta offcinalis L. の未熟果を日乾したもので，ピメント（pimento）ともいわれる．その香味が桂皮，ニクズク，コショウ，クローブなどを混合したものに近く，外観が黒コショウに似ているので百味コショウともいわれる．

オールマッシュ all mash　配合飼料の原料がすべて細かく粉砕されているもの．粒子が細かいので組成，成分の偏りがなく不断給餌に適している．飼料が散乱し，損失しやすい欠点がある．特に家禽用飼料に用いられる．

オガクズだっしゅうそうち　オガクズ脱臭装置 deodorant apparatus by sawdust　オガクズの臭気成分の吸着能力を利用し脱臭材料として用いた脱臭装置．オガクズの臭気成分の吸着能力は，活性炭やゼオライトに比べ低く，吸着成分によって飽和しやすいため新しい材料との交換頻度が高くなる．オガクズ湿材（水分64％）の NH_3 吸着量は 550 mg/100 g 乾物程度である．

おかざきフラグメント　岡崎フラグメント（DNAの） Okazaki fragment　2本鎖DNAが半保存的に複製される時，複製点の近くで親のDNA鎖と相補的に新しく合成される短いDNA断片で，発見者（岡崎令治）の名前をとって命名された．

おかじり　尾かじり tail biting　転嫁行動の一つで，ブタが他個体の尾をかじる行動をいう．環境探査行動が転嫁したものと考えられるが，子豚が行う場合は吸乳の要求としておこるといわれている．尾食いも同義．これが常同化するとカンニバリズムに至る．
→カンニバリズム，常同行動

オキシトシン oxytocin　下垂体後葉ホルモンの一つ．視床下部の室傍核と視索上核の神経細胞で生成される9個のアミノ酸残基からなるペプチドホルモンで，下垂体後葉に神経分泌顆粒として貯蔵され，吸乳・搾乳刺激

あるいは子宮頸管に対する刺激により循環血中へ放出される．乳腺の筋上皮細胞や子宮平滑筋の収縮を刺激し，乳汁排出や分娩を促進する．　→下垂体後葉ホルモン，乳汁排出

おぐい　尾食い　→尾かじり

おすこうか　雄効果　male effect　季節繁殖動物において，繁殖期前の雌の群に雄を導入すると，雌の生殖内分泌系が刺激され，発情・排卵がおこる．これは雄のプライマーフェロモンの効果によるもので，一般に雄効果と呼ばれる．

オゾンだっしゅう　オゾン脱臭　deodorization by ozone　オゾンの酸化力を利用して臭気物質を酸化する方式の脱臭法．オゾンによるアンモニアの分解は，80％程度といわれ，低濃度臭気に対しては脱臭効果があるが，高濃度臭気に対しては効果は少ない．また，オゾン濃度が高いと人体に有害であり，オゾンの取扱については十分な注意が必要である．

おだくふかりょう　汚濁負荷量　pollution load, pollutant load　汚水量と汚濁物質濃度を乗じて求めた汚濁物質量．処理施設で処理すべき汚濁物質量（BODやSSなど）を把握するための基本的な数値で，例えば1日当たりの汚濁負荷量は次式によって算出される．汚濁負荷量（kg/日）＝汚水量（m³/日）×汚濁物質濃度（mg/l）÷1,000．また，家畜1頭当たりの汚濁負荷量を汚濁負荷量原単位と呼ぶ．

おでい　汚泥　sludge　汚水の処理工程で，汚水から機械的に分離，あるいは沈殿分離される泥状の固形物の総称．例えば，畜舎汚水を最初沈殿槽に入れたとき底にたまる固形物（生汚泥など）や，汚水の浄化を行う微生物を含む泥状固形物（活性汚泥，消化汚泥など）を総称して汚泥という．

おでいようりょうしひょう　汚泥容量指標　sludge volume index　→SVI

おとがいくぼ　curve groove　→付図2

おながどり　尾長鶏　Japanese long-tailed fowl, Onagadori　日本鶏の中で古くから世界的に有名．原産地は，現在の高知県南国市篠原といわれ，約200年前に小国系統のニワトリに発生した一種の突然変異に始まるとされている．無換羽で年々伸び続けていく尾羽を有するのが特徴で，1922年に国の天然記念物に指定され，1952年には特別天然記念物に指定された．現在，全国で散在的に愛好家によって飼われている．別名ヨコハマとも呼ばれる．

オニウシノケグサ　→トールフェスク

オピオイドペプチド　opioid peptide(s)　モルヒネ様ペプチドの総称で，内因性にはエンドルフィン，エンケファリン，ダイノルフィンの3種に大別される．中枢神経系ではオピオイド受容体に結合し，抑制性の神経伝達物質として作用する．エンドルフィン類は副腎皮質刺激ホルモン（ACTH）と共通の前駆体であるプロオピオメラノコルチンより生ずる．β-エンドルフィンは性腺刺激ホルモン分泌に対し抑制作用をもつ．

おびじょうたいばん　帯状胎盤　zonary placenta　→たいじょうたいばん

おびじょうほうぼく　帯状放牧　strip grazing system　集約的輪換放牧方式の一つで，ホーヘンハイム方式をさらに集約的にしたもの．あらかじめ1日または半日分の採食させる草地面積を求めておき，これを前進させる草地側と放牧跡地側の2本の電牧線で仕切り，毎日移動させながら採食させる

おびみち　帯径　girth　→付図2

オプソニン　opsonin　細菌などの被食食粒子の表面に結合して，食細胞による食作用を促進する血清因子．免疫グロブリン，補体成分にその作用がある．

オフフレーバー　off flavour　食品などのフレーバーに変化が生じ，品質低下がおこること．脂肪の酸化分解などによって生成するカルボニル化合物などがおもな原因である．

**オペラントじょうけんづけ　オペラント条

件づけ operant conditioning　試行錯誤による学習で，動物自身が自発的におこした行動が報酬を獲得したり罰を回避したりするための道具としての機能を果たすことから，道具的条件付けとも呼ばれる．ウシがウォーターカップのレバーを鼻で押して飲水する行動は，これによって成立している．　→試行錯誤学習

オボトランスフェリン ovotransferrin　卵白中の蛋白質で，コンアルブミンとも呼ばれ，卵白蛋白質の12~13%を占める．卵白蛋白質の中では最も加熱処理に対して不安定であり，通常の加熱殺菌によって容易に変性する．卵白の泡立ち性への寄与が大きいため，加熱殺菌による卵白の泡立ち性の低下の原因とされている．また，金属特に鉄と特異的に結合する能力は高く，卵白が示す抗微生物作用の中でも特に重要である．

オボムコイド ovomucoid　卵白中の蛋白質で，トリプシンインヒビターとして古くから知られている．しかし，その後この阻害作用はウシやブタの膵臓から得られたトリプシンには強く示されるが，ヒトのトリプシンに対してはまったく示されないことがみいだされている．また，オボムコイドはきわめて安定な構造を有し，抗体との反応性は100℃，60分の加熱処理でも失われない．このため，卵アレルギーの主要原因物質の一つであると考えられている．

オボムチン ovomucin　卵白中に存在する巨大な糖蛋白質．α-オボムチンとβ-オボムチンとよばれる分子量や組成を異にする2種類のサブユニットが会合したものと考えられている．会合の違いによりさまざまな状態を示すが，粘度の高い溶存性オボムチンやゲル状の不溶性オボムチンは，濃厚卵白のゲル状構造を維持し，卵白の泡の安定性に大きく寄与すると考えられている．なお，いずれの形態のオボムチンもウイルスによる赤血球凝集反応を阻止する作用をもつ．

おまくら　尾まくら　ウシで坐骨端および尾根部に脂肪が多くつきすぎたもの．

おやこかんべつ　親子鑑別 parentage test　家畜において雄親が不明の場合（人工授精時に種雄牛名が不詳であったり，誤って一回の授精時に2頭以上の精液を注入したりした場合など），血統登録上，親子関係を明らかにすることが必要である．親子関係は血液型，蛋白質多型，DNA多型などを利用して，それらの遺伝様式から決定される．ウシ，ウマ，イヌなどでは，血統登録，個体識別に必要．

オリゴとう　オリゴ糖 oligosaccharide　単糖が2~10個結合したもので少糖ともいう．オリゴ糖のなかにはヒトの消化管で消化吸収されにくく，下部消化管においてビフィズス菌の栄養源となり，生育を促進するものがあり注目されている．このような目的で市販されているオリゴ糖は，ショ糖や乳糖から酵素的転移反応で作られたものや，大豆から抽出されたものなどである．

オレオストック oleo stock　ウシまたはヒツジの脂肪組織をレンダリング（約77℃）で融出させた脂肪．これはさらに約32℃で融出する液体のオレオオイル（oleo oil）と残りの固体のオレオステアリン（oleo stearine）に分けられる．

オレオレジン oleoresin　→液体香辛料

おろ　悪露 lochia　分娩後の産褥時にみられる腟から排出される液で，子宮内膜の分泌液，血液，胎盤組織の変性分解物などからなる．ウシでは分娩後の最初の2~3日間は約1,400~1,600 mlと多いが，8日目頃には約500 mlに減り，約2週間で排出は終わる．ウマ，ウシ，ヤギでは通常，悪露の量は少なく2~3日で消失する．悪露が排出されず，子宮に滞留すると種々の細菌感染をおこし，子宮内膜炎を発症するようになる．

おろしうりにん　卸売人 wholesaler　卸売市場内において出荷者から販売の委託を受けまたは買い付けて，卸売業務を行うものをいう．　→荷受会社

おろしうりようカット　卸売り用カット　wholesale cut　ウシ，ブタ，ヒツジなどの屠体を卸売り用に切断すること，またはその食肉の部分．ウシの場合は国によってある程度異なる．ブタではあまり差がない．　→付図23, 24

オンゴール　Ongole　インド南部マドラス地方原産の乳役兼用ゼブ牛．ネロール（Nellore）ともいう．毛色は白色で，雄は頸，肩，膝，尾房に灰色のぼかしが入る．有角で，体重・体高は雌450 kg, 133 cm，雄580 kg, 145 cm程度．乳量は約1,400 kg，乳脂率5.1％．

おんしつこうかガス　温室効果ガス　greenhouse effect gas, greenhouse gas　赤外放射線を吸収して地表付近の温度を高める効果を有するガス．二酸化炭素，水蒸気，オゾン，メタン，亜酸化窒素などがあるが，畜産から発生する主要な温室効果ガスとしては，メタンと亜酸化窒素が知られている．温室効果ガスは，現在の地球の気候を維持するためには必要不可欠なものであるが，地球温暖化の加速を抑制するため，これらのガスの抑制対策が求められている．　→地球温暖化

おんとたいじゅう　温屠体重　weight of warm carcass　屠畜解体後，人為的に冷却しないそのままの状態の枝肉を温屠体と称し，その重量のこと．

おんりょうしすう　温量指数　warmth index　月平均気温が5℃以上の月について5℃以上の部分を合計したもので，植物が生育できる暖かさの指数．各地域の牧草栽培体系を寒地型周年型（温量指数<75），寒地型主体型（75~90），寒地型＋暖地型（90~100），暖地型＋寒地型（110~130），暖地型主体（>130）などに区分して，適草種の選定と組み合わせを考えるのに有効な指標である．

[か]

カーキー・キャンベル　Khaki Cambell　インディアン・ランナーにルーアンとイギリスのマガモを交配し，1901年にイギリスのMrs. Campbellが作出した品種で，卵用のアヒル品種として世界で最も有名．羽色は雌がカーキー色，雄は頸が青銅色で他の部分はカーキー色．きわめて多産で年300個以上の卵を産み，卵重は60~65 g．初産は4~5カ月と早熟で，成体重は雄2.2~2.5 kg，雌2~2.2 kg．

ガーディング　guarding　ウシ，ヒツジ，ヤギなどに見られる行動で，雄は雌の発情を確認すると，雌の周囲を回り，しきりに臭いを嗅ぎ，また生殖器を舐めたりする．そしてその雌に近づく他の雄を攻撃して排除し，雌に寄り添う行動．このとき雄が雌と平行に立つ行動が見られるが，これを並列ならび（parallel positioning）という．

カード　curd　脱脂乳または全乳に，酸あるいはレンネットを作用させた時に生成する凝固物．主成分は牛乳の主要蛋白質であるカゼインで，全乳からのカードには脂肪も含まれる．

カードちょうりょく　カード張力　curd tension　牛乳に酸あるいはレンネットを加えた時に生ずるカードの固さ．カードに対する特殊なナイフの切断抵抗をg単位で示す．

カードナイフ　curd knife　チーズ製造においてカードの切断に用いられる器具．金属性の枠にピアノ線またはステンレス鋼製の刃を多数一定間隔に取り付けたもの．

カーフスキン　calf skin　生後約3カ月以内の子牛の皮．ホルスタインなどの乳用種の雄の子牛は早く淘汰されるが，その皮質は柔軟で特に銀面が緻密で美しい．塩生皮で15ポンド以下のもの．高級品のハンドバック，靴などの革の原料となる．

カーフストール　calf stall　生後2~3カ月齢までの子牛を収容するための仕切柵．鎖またはロープなどで係留する．糞尿を牛体からはやく分離させるために，床にすのこを用い，高床式にしたものもある．

カーフハッチ　calf hutch　生まれたばかりの子牛を1頭ずつ隔離飼養するための屋外

に設置された小屋．暖かさよりも空気の新鮮さを優先させた哺育施設で，約2ヵ月間収容する．1970年代後半にアメリカより導入され，急速に普及した．それ以前は，哺育牛の呼吸器系疾患の発生率が高かったが，カーフハッチに収容するようになってから著しく減少した． →スーパーカーフハッチ

カーフペン calf pen　生後2～3ヵ月齢までの子牛を収容するためのペン（牛房）で，単飼が一般的であるが，2～3頭の群飼とすることもある．

ガーンジー Guernsey　海峡諸島英領ガーンジー島原産の乳用牛の品種名．フランス在来牛ノルマンとブルトンを基礎に作出された．毛色は黄褐色に白斑があり，鼻鏡は肌色，角・蹄はこはく色．体型はジャージーに似るが，一回り大型で骨太．環境適応性に優れる．体重・体高は，それぞれ雌450 kg, 127 cm, 雄850 kg, 140cm程度，乳量3,600～4,000 kg．乳脂率4.9%で脂肪球は大きく，黄色が強い．

がいいんぶ　外陰部 vulva　陰門ともいう．雌の外部生殖器で，肛門近くにあり，陰唇や陰核などからなる．二つの陰唇は背・腹側陰唇交連でつながる．発情期には，外陰部粘膜下の静脈叢が充血し，外陰部そのものも充血，腫大するので，外陰部を観察することにより，発情の到来を判断できる．外陰部が狭いものを陰門狭窄といい，ウシ，ウマではこれが原因で難産がおこる．　→付図14, 付図15, 付図17

がいいんぶじょうみゃく　外陰部静脈 external pudendal vein　外陰部静脈は陰部腹壁静脈（反芻類やイヌでは大腿静脈から分枝し，ウマやブタでは大腿深静脈から分枝）の一枝で後腹壁静脈，腹皮下静脈，陰茎背静脈に分かれる．腹皮下静脈は乳牛では乳腺静脈と呼ばれ，泌乳中には怒張する．陰茎背静脈は雄では，陰茎，亀頭海綿体，包皮，陰嚢に分布し，雌では陰核背静脈として陰門，陰核，乳房に分布する．　→乳静脈

がいいんぶどうみゃく　外陰部動脈 external pudendal artery　外腸骨動脈から分岐した陰部腹壁動脈の一枝で，陰嚢，陰唇，陰茎などにも分布するが，乳牛で前および後乳腺動脈になる．前乳腺動脈は前位乳区に枝を出すとともに，後位乳区にも別枝を分けている．後乳腺動脈は後位乳区に分布する．乳牛では1 *l* の牛乳を生産するのに，500 *l* の血液循環が必要とされ，乳腺動脈は著しく発達する．
→乳腺動脈

かいかき　開花期 flowering (blooming) stage　飼料畑や牧草地における植物群落の開花状態を示す．群落においては，有効茎総数（花を着けるとみられる茎）のうち，10%の茎が開花した状態を開花始め，50%の状態を開花期，90%の状態を開花揃いと呼ぶ．夏季に栽培されるイネ科牧草や飼料作物は出穂後一両日に開花するので出穂期を開花期とみなすが，マメ科牧草は着蕾から開花まで日数を要する．トウモロコシでは絹糸抽出期が開花期に当たる．

かいかけきん　買掛金 accounts payable　商品や原材料を掛買いした場合の仕入先に対する買掛債務．例えば飼料をある農協または飼料商店から購入し，支払いを延期し仕入先に債務が生じた場合，その金額を買掛金という．商品や原材料以外の未払いについては未払金といい，買掛金と区別される．

かいかぞろい　開花揃い full flowering (blooming)　飼料畑や牧草地の植物群落における開花茎数90%の状態．

かいかはじめ　開花始め early flowering (blooming)　飼料畑や牧草地の植物群落における開花茎数10%の状態．

がいじ　外耳 external ear　耳介と外耳道から成り，最奥部で鼓膜に達する聴覚器官の一つである．耳介は皮膚と軟骨で構成され，耳介筋によって種々の方向に動かされ，集音に役立つ．外耳道は，最初は軟骨で基礎が作られる軟骨性外耳道であるが，やがて側頭骨によって囲まれた骨性外耳道になる．その皮

膚には耳毛が生え，耳道腺からの分泌物は耳垢となる．

がいしきゅうこう　外子宮口　external uterine orifice　子宮と膣を結ぶ子宮頸の内腔を子宮頸管というが，子宮頸管が膣腔に開口するところを外子宮口（子宮体腔に通じるところを内子宮口）という．ブタでは子宮頸管が境界なしに膣腔に移行するので外子宮口の位置ははっきりしない．ウシで人工授精を行うとき，外子宮口から精液を注入する．分娩時には外子宮口の開きぐあいで，いつ出産するか予測できる．　→子宮，子宮頸，付図14，付図15，付図17

かいしコドン　開始コドン　initiation codon　mRNA上の塩基配列は3個ずつの読み枠で区切られ，生成される蛋白質のアミノ酸配列を決めているが，塩基配列が遺伝情報として正しく翻訳されるためには常にある特定の位置から翻訳が開始される必要がある．この開始点となるコドンを開始コドンと呼び，AUG（メチオニンのコドン）の配列が対応する．

がいじつリズム　概日リズム　→サーカディアンリズム

がいすいようらんぱく　外水様卵白　outer thin albumen　殻付卵の中で，濃厚卵白と卵殻膜の間に存在する水様卵白のこと．卵黄と濃厚卵白の間に存在する内水様卵白とともに水様卵白を構成している．　→付図19，付図20

かいせん　疥癬　scabies　かいせん虫（ヒゼンダニ）類の寄生によりおこる伝染性皮膚病．ブタ，ヒツジ，ウシなどに寄生しやすく，目の周囲，耳孔内，尾根部，四肢の内側などに寄生し，皮膚に紅斑，丘疹，水疱などが出現し，激しい掻痒感をともなう．

かいたい　解体　dressing of carcass　肉用家畜を屠殺，放血した後，剥皮，頭部，肢端部および尾を切断し，内臓を取り除いて枝肉としてから，半丸枝肉にするまでの作業．また枝肉を分割し除骨して，部分肉を作ることをいう場合もある．

かいちゅうしょう　回虫症　ascariasis　回虫（Ascaridida）による寄生虫病．成虫は動物の腸管内に遊離して寄生するが，多数の寄生や腸壁穿入により消化障害をおこす．また幼虫は体内移行の際に肺や肝臓に障害を与え，ブタでは肝に白斑をつくる．虫卵検査で診断し，寄生動物には駆虫薬を投薬する．

かいちょう　回腸　ileum　小腸の末端部で，十二指腸，空腸に続く部分．回腸口により盲腸と結腸の境界部に連絡して終わる．家畜では，空腸との境界は不明瞭で，空回腸とまとめて呼ぶこともあり，空回腸の大部分は空腸で回腸は末端の一部とされる．腸間膜に懸垂され，粘膜固有層に特有の集合リンパ組織であるパイエル板をみる．　→付図11，付図12，付図13

かいちょうアミノさんしょうかりつ　回腸アミノ酸消化率　ileal amino acid digestibility　フィステル装着動物を用いて，回腸末端で測定したアミノ酸消化率をいう．ブタの場合はこの値で飼料のアミノ酸の有効性を評価するのが一般的である．

がいちょうこつどうみゃく　外腸骨動脈　external iliac artery　腹大動脈からおこる大きな枝で，大腿部内側で大腿管を通過し，大腿動脈に移行して，後肢の指先まで達する唯一の動脈である．また，大腿動脈に移行する前に周辺部の筋肉に枝を分けるとともに，雄で精巣，精巣上体，陰嚢，陰茎，包皮，雌で子宮，乳房，乳腺などにも血液を送っている．

かいてんえんばんほう　回転円盤法　rotating biological contactor（RBC）　→生物膜法

かいてんふるい　回転ふるい　rotary screen, trommel sieve　下方に傾斜した円筒形のスクリーンを回転させ，上部から円筒形スクリーン内に汚水を投入し，ろ液はスクリーンを通過してスクリーンの外に排出され，固形物はスクリーン下方の内部から排出される．スクリーンの網目を大きくした装置

は堆肥や乾燥糞の篩別に使われている.

かいとう 解凍 thawing, defrosting
1) 凍結精液を雌畜に注入する際に融解することをいう．ストロー内に凍結保存された牛精液は授精直前に30~40℃の温水中で融解する．融解の速度は融解後の精子の生存性に著しく影響する．5~20℃の水中で融解すると，35~40℃融解に比べて，融解直後およびその後の精子生存性が明らかに劣る．逆に70~90℃の高温で融解すると，高い生存性が得られるが，融解時間に注意しないと逆効果になる．ブタでは錠剤化精液が一般的で，50℃に温めた融解液中に錠剤を投入して融解する．
→融解
2) 食肉の解凍は，凍結によって生成した氷結晶を溶かして水に戻し，凍結前の生肉の状態に戻すこと．解凍の際に品温が上昇するので，微生物や酵素の作用を受けやすい状態になっており，ドリップの発生も少なくないので，これらの点に留意する必要がある．解凍には静水解凍，流水解凍，散水解凍，熱風解凍，電子（マイクロウェーブ）解凍，超音波解凍などの方法がある．

かいとう 解糖 glycolysis　エムデン－マイヤーホフ経路（解糖系）により1分子のグルコースやフラクトースが2分子のピルビン酸または乳酸に分解され，その際2分子のATPが生成される代謝機構をいう．ほとんどの生物に存在し，呼吸とならぶ主要なエネルギー獲得機構で，好気，嫌気を問わず反応するが，一般に嫌気条件下のほうが反応速度が速い．

がいとう 外套 pallium　終脳の外層を形成する部分で，大きく発達して間脳，中脳を被う．大脳縦裂により左右の半球に分けられ，表層の灰白質である大脳皮質と内部の白質である大脳随質からなる．

がいにょうどうこう 外尿道口 external urethral orifice　→尿道，付図14，付図15，付図17

かいば 海馬（アンモン角） hyppocampus 大脳の一部で終脳にあり，側脳室の床をなして広がる長い隆起．嗅脳系の特殊構造とされるが，記憶にも関わるともいわれる．

がいはいよう 外胚葉 ectoderm　受精卵の発生が進み，胚盤胞が形成されるようになると，内細胞塊から胚盤胞腔を囲むように内胚葉が出現する．以前から存在していた外側の細胞層は外胚葉と呼ぶ．胚外外胚葉は栄養膜となり，胚内外胚葉からは神経系，表皮，爪，被毛，外部感覚器（目，耳）などが発生する．

かいはついん 解発因 releaser　それぞれの種特有の生得行動は，まず個体の体内条件が行動発現に適合した状態になり，次にその行動発現に適合した外的刺激（鍵刺激）とが合致して発現する．その外的刺激を解発因と呼ぶ．近代エソロジストのひとり，Lorentzが名付けた．→鍵刺激，生得行動（しょうとくこうどう），生得的解発機構

がいひ 外皮 common integument　家畜体の全表面を覆う皮膚とそれに所属する角質器（毛，爪，角）および皮膚腺，乳腺の総称．皮膚は重層扁平上皮性の表皮と線維性結合組織である真皮からなり，真皮の下層に皮下組織が続く．皮膚腺には汗腺，脂腺の他に変形腺として耳道腺，鼻唇腺，角腺，肛門腺などが認められる．皮革は真皮を加工したものであり，表皮側が銀面となる．

かいぶんこうぞう 回文構造（DNAの） palindrome　相補的DNA鎖が互いに5'末端から3'末端方向への塩基配列が同じ構造のこと．一般的に制限酵素の認識配列はこのような構造をとる．

かいぶんしょり 回分処理 batch treatment system　バッチ処理．原料を一度に投入し，一定時間処理した後，処理系から排出する処理．連続処理に対する語．例えば回分式活性汚泥法は，汚水の投入と処理水の排出を連続的に行わず，曝気を停止し活性汚泥を沈殿させて上澄液を排出させた後，汚水を一度に投入して再び曝気を続ける．曝気を停止し

た曝気槽を沈殿槽として利用するので，沈殿槽建設の費用がなく，さらに汚泥返送などの沈殿槽管理が不要なため維持管理が容易である．

がいぶんぴ（つ）　外分泌 exocrine, external secretion　細胞がその生産物質を導管によって体の内外表面へ排出する分泌形式の一つ．例えば唾液，胆汁，膵液などの消化液の消化管への分泌や汗や皮脂の体表への分泌など．内分泌の対語．

かいほうがたちくしゃ　開放型畜舎 open type livestock building　換気・通風を良好に保つため，壁面に広い開口部が設けられた畜舎．すべての壁面が開放されている場合もみられる．建設コストの低減にもなる．

かいめんかっせいざい　界面活性剤 surface active agent, surfactant　表面活性剤ともいう．液体に溶けると，溶液の界面張力を著しく減少させるような物質．分子内に親水性の部分と疎水性の部分をあわせもち，水と油の2相界面に吸着されて界面張力を著しく低下させる働きがある．乳化剤，分散剤，起泡剤など多方面に利用される．

かいめんこつ（かいめんしつ）　海綿骨（海綿質） spongy bone　骨端の内部を占め，骨梁と呼ばれる薄い骨質の板で組み立てられた組織で，海綿状に配列し，その間隙には骨髄がある．その配列は骨に加わる力線に一致して機械的な負荷に耐えうるようになっている．

かいゆうへき　回ゆう癖 circling　おもにウマに見られる常同行動の一つで，飼育施設内をおおむね同じ方向にぐるぐる回り続ける行動をいう．

がいらんかくまく　外卵殻膜 outer shell membrane　卵殻に付着している卵殻膜は，内卵殻膜と外卵殻膜と呼ばれる内外2層の膜から成る．卵殻の大部分ではお互いに付着して存在するが，鈍端部では分かれて気室を作っている．→付図19，付図20

かいりょうそうち　改良草地 improved grassland　在来の植生をそのまま利用している野草地に対して，外来の牧草などを導入した草地をいう．工法は，材木の伐採・搬出，火入れ，耕起，砕土，施肥・播種，鎮圧などの順に行なう．地域によって基幹とする草種の組合わせが異なる．

かいりょうぼくや　改良牧野　→改良草地

かいりょうもくひょう　改良目標 breeding objective, breeding goal　育種目標ともいい，育種計画において到達すべき目標であり，最も望ましい家畜の姿を示す．その姿は育種家により異なるが，一般に，遺伝的欠陥が少なく，強健・温和で，繁殖性がよく，成長が速く，生産効率が高く，ばらつきが小さいことが目標である．

カウキーパー cow keeper　ウシの治療，搾乳などの際に，後脚を上げたり蹴るなどの危険な行動をとる場合に，飛節の上部，アキレス腱あるいは肘径部，腱部を締めつけて，これを防止する器具．

カウデー cow day, CD　ウシの牧養日数．1 haの草地で家畜が何頭・何日飼養できるかをあらわす．成牛（500 kg）を家畜単位の1とし，1～2年の育成牛を0.7，1年未満の子牛を0.12として換算．体重500 kgの成牛を1日放牧すると1カウデーとなる．

カウトレーナー cow trainer　ウシの排糞，排尿位置を規制するための訓練装置．ウシは糞尿を排泄するときに後肢を少し前に出し背中を持ち上げるように曲げる習性があって，排泄された糞尿が牛床に落ち易く，これが乳房や牛体の汚れの原因となる．そこで背中の前上方位置にハンガー状の鉄線を吊り，これに瞬間電圧7,000～8,000 V，電流30 mA程度の電気を断続的に通電しておく．排泄時に背を高く曲げ，鉄線に触れると牛体に通電して電気ショックを受けるため，後退して糞尿溝に排泄するように習慣づけて牛床の汚れを防止する．しかし，最近は家畜福祉の立場からあまり用いられなくなっている．

カウブラジャー　乳房カバー　cow brassiere　乳牛の乳房・乳頭が損傷しないように保護する覆い. 乳房が垂れて, 立ち上がる際に乳頭が後肢で踏みつけられやすいウシなどにつける. 乳房全体を布, ゴム, ビニール製の網状の覆いでかぶせ, 帯状の紐を胸, 背, 尻にかけて吊り上げる.

カウマット　（牛床マット）　cow mat　牛床の上に敷くマット. 最近は稲わら, おがくず等の敷料の入手が困難になったため, マットのみの場合もみられる. マットの材質はゴム製のものが多く. 断熱性に富み, 滑りにくく, 適度の柔らかさと弾力性を有し, 耐久性がよいことが要求される.

ガウル　Gaur　インド原産の半野生牛で, インド, ミャンマーの密林に生息する. 若齢で捕獲し, 馴化して役用にする. 毛色は, 雄黒～濃褐色, 雌赤色で前額は淡色～灰色. 有角で, 側上後方に伸びる. 雄では肩峰, 垂皮が大きい. 体型は, 前躯が重く深く, 体積があり, 四肢も長めで斜尻. 平均体重・体高は, それぞれ雌450 kg, 150 cm, 雄900 kg, 170 cm程度.

カウンタースロープぎゅうしゃ　カウンタースロープ牛舎　counter-slope barn　休息部, および採食・移動用通路部によって構成される牛舎において, 休息部の床に, 通路に向かって8％の下り勾配がつけられている牛舎. ウシは勾配の高い方向に頭を向ける習性があるため, 糞尿は自然に通路側へ集まり, 糞尿の搬出作業を容易にしている. 育成牛や肥育牛の収容施設として用いられる. 傾斜床式牛舎とも呼ばれる.

かえんバター　加塩バター　salted butter　食塩を加えて製造したバター. 食塩含量は約2％で, 保存性が向上し, 風味がよくなる.

かお　顔　face　→付図4, 付図5

かがくきょせい　化学去勢　chemical castration　性ホルモンや化学物質の長期連続投与によって, 生殖腺の退行を引きおこし, 外科的に去勢したのと同じ状態にすること.

かがくこつ　下顎骨　mandible　頭蓋の顔面骨に分類され, L型の形で左右一対からなるが, 先端部が下顎間軟骨結合で結ばれている. 切歯と臼歯をそなえる下顎体と下顎体の後背位を占める下顎枝に区分され, 草食家畜では高くそびえるが, ブタでは低く, 横幅が広い.　→付図21, 付図22

かがくそうせい　化学走性　chemotaxis　→走化性

かかくだんりょくせい　価格弾力性　price elasticity of demand　ある商品の価格変化によって, 当該商品の需要が何％変動するのかの割合をいう.（需要の増加あるいは減少分／需要量）÷（価格の上昇または下落分／価格）で算出され, その値が1より高い時は弾力性が大, 1の時は中立的, 1より低い時は非弾力的という. 価格弾性値は贅沢品ほど高く, 生活必需品ほど低くなる傾向をもつ.

かがくてきさんそようきゅうりょう　化学的酸素要求量　→COD

かがくてきしょり　化学的処理　chemical treatment　糞尿処理において, 薬剤により固形物を凝集・沈殿させ, あるいは分離液を中和するなどの処理をいう.

かがくてきちょうせつ　化学的調節　chemical regulation　体温を最適の範囲に保つため, 体内の物質代謝にともなって生ずる産熱を加減することで行われる体温調節機能＝化学的体温調節

かかくのじゅんかんへんどう　価格の循環変動　circular fluctuation of price　景気循環とは別に一定の周期性をもって価格の騰落が現れることをいう. 畜産物では, 肉用子畜, 肥育畜, 枝肉, 鶏卵価格等に典型的にあらわれ, 肉用牛では日本の場合6～7年, 養豚では3年程度の周期で変動することが知られている. 価格変動の循環性は価格の動きに対応する需給の自立調整に起因するものであり, その周期はそれぞれの家畜に特有の繁殖・肥育期間に基づく生産期間によって規定される.

かぎしげき　鍵刺激　key stimulus　動物の生得行動を解発する特異的な刺激を鍵刺激

（信号刺激）という．　→解発因，生得行動（しょうとくこうどう），生得的解発機構

かぎづめ　鈎爪　claw　鳥類後肢の各趾列で先端の趾骨を完全に包囲し，先端が尖った円錐形の角質鞘をいう．

かきふにんしょう　夏季不妊症　summer sterility　夏の高温多湿の季節に一時的に造精機能が減退して，精液性状が著しく悪化する現象をいう．わが国では7～9月に多く発生する．造精機能は，普通，晩秋あるいは初冬までには回復するが，個体によってはそのまま不妊となることもある．　→造精機能

がきゅうか　芽球化　blast formation　→幼若化

かぎゅうかん　蝸牛管　cochlear duct　蝸牛は内耳で骨迷路の前部にある．蝸牛ラセン管の断面には上方の前庭階，中央の蝸牛管，下方の鼓室階の3つの腔所が認められる．内耳神経の一枝，蝸牛神経が蝸牛管内に認められるラセン器に分布し，聴覚に関与する．ラセン器は鼓室階との壁にあり，3層のラセン膜からなり，蝸牛管に面する上層が聴覚に関係する感覚上皮となる．

かきん　家禽　poultry　家畜化された鳥類．仲間にはニワトリ，ウズラ，シチメンチョウ，バリケン，アヒル，ハトがあり，近年ホロホロチョウは北アフリカで，ウズラは日本で家畜化された．広義には家畜であるが，家畜・家禽と呼ぶことが多い．

かきんコレラ　家禽コレラ　fowl cholera　家禽コレラ菌 (*Pasteurella multocida*) の特定血清型菌の感染による急性出血性伝染病（法定伝染病）．ニワトリ，シチメンチョウおよびアヒルが罹患し，死亡率は高い．汚染した飼料や飲水によって感染し，感染後数時間から2～3日の経過で皮下や内臓に出血がみられて敗血症死する．海外病の一つで，わが国での発生はない．

かきんしょりふくさんぶつふん　家禽処理副産物粉　poultry by-product meal　家禽処理工場で発生する家禽の不可食部（頭，脚，内蔵など）を加熱処理し，乾燥，粉末にしたもの．大きく分けてフェザーミールと家禽処理副産物粉とにわけられる．後者はチキンミールと一般的に呼ばれる．

かきんペスト　家禽ペスト　fowl pest　A型トリインフルエンザウイルスの感染による急性伝染病（法定伝染病）．3～4日の潜伏期を経て発病し，肉冠の出血・壊死，食欲廃絶，神経症状などを示し，死亡率は高い．海外病の一つで，わが国での発生はない．

かく　核　nucleus　細胞内で二重構造の核膜に囲まれた構造で遺伝情報としてDNAをもつ．核は細胞分裂時には消失し，皮膚の角化細胞，哺乳類の赤血球などにもない．核質は染色質，核小体，核液からなり，染色質には淡染する真正染色質と濃染する異調染色質がある．RNAの集合体としての核小体（仁）は1～2個認められる．核はすべての遺伝情報をもつが，発生分化とともに特定の遺伝子だけが発現し，他は抑制される．

かくいしょく　核移植　nuclear transfer, nuclear transplantation　核を別の細胞に挿入する技術．発生過程における核と細胞質の相互作用や核の全能性を調べる目的で行われてきた．染色体を除去した卵細胞質へ核を直接注入する方法と，少量の細胞質を含む核を細胞質に融合させる方法とがある．家畜では，初期胚の割球を融合する方法で胎子や成体の体細胞の移植からクローン個体が作出される．

かくか　角化　keratinization, cornification　表皮はケラチンと呼ばれる硬蛋白を生成し，細胞質内に蓄積して，最表層部に角質層を形成する．このような角質層の形成過程を角化と称する．角質層では細胞は生活力を失って，角質鱗として絶えず表面から剥がれるが，最深部の胚芽層で細胞分裂を繰り返し，有棘層，顆粒層，淡明層を経て新しい細胞が絶えず供給されている．

かくがた　核型　karyotype　生物は種ごとに固有の染色体構成を保持しており，その

総数と形状による構成を核型という．細胞分裂中期像を分析し，各相同染色体対に配列していくことを核型分析（karyotype analysis）という．核型の記載は，染色体数と性染色体をつけて示し，ウシでは雄，60，XY，雌，60，XXとなる．

かくさん　核酸　nucleic acid　プリン塩基およびピリミジン塩基，糖，リン酸から成る高分子物質で，細胞核に多く存在する酸性物質というところから核酸と命名された．塩基，五炭糖，リン酸から成るヌクレオチドがリン酸ジエステル結合で重合し，長い鎖状の分子を形成している．糖部分がリボースかデオキシリボースかによってRNAとDNAに大別される．DNAは遺伝情報の伝達，RNAはDNAに書きこまれた情報に基づく蛋白質の生合成に関与する．

かくしつき　角質器　cornified organ　毛，爪，蹄，角，付蝉（ふぜん），羽毛など皮膚の表皮の角質層が発達して特殊な形態をとった硬い器官の総称．

がくしゅう　学習　learning　経験によって動物の行動が適応的に変化する過程．家畜は獲得した行動様式を比較的長期にわたって保持し続ける能力をもつ．なお，経験の中でも，薬物や脳の損傷，疲労および成長にともなう行動変化などは学習とはいわない．

かくしょうたい　核小体（または仁）**nucleolus**　核分裂の前・中期から後期を除くほとんどすべての細胞核内に存在し，蛋白質とRNAからなる小球体．

かくだいさいせいさん　拡大再生産　expanded reproduction　利潤の一部を追加資本として再投下していくことによって，生産を拡大すること．資本制生産の下では，利潤の追求を本性とする資本の性格から，常に拡大再生産を追求する．　→単純再生産

かくたかくびょうウイルス　核多角病ウイルス　nuclear polyhedrosis virus　昆虫に感染し，その脂肪体や血球の細胞核内で増殖するウイルスで，感染後期の核内には多角形をした蛋白質の結晶（多角体）が形成され，細胞の蛋白質成分の20~30%をも占めるといわれている．宿主昆虫が感染末期に死亡して，皮膚が破れて多角体が体外に放出され，それが餌の表面に付着すると別の宿主昆虫への感染源となる．

かくたんぱくしつ　核蛋白質　nucleoprotein　核酸と蛋白質とが結合した複合蛋白質の総称．核酸の種類に従ってDNAに結合したデオキシリボ核蛋白質と，RNAに結合したリボ核蛋白質とに分類される．前者の代表はヌクレオプロタミンとヌクレオヒストン，後者の代表はリボソームである．

かくづけ　格付け　grading　屠体の肉質，食用性を検査して等級を定めること．

かくとくめんえき　獲得免疫　acquired immunity　生後，外来抗原の刺激により生体の免疫系が後天的に得る，その抗原に対する特異的な免疫状態のこと．基本的には能動免疫を指すが，受動免疫を含める場合もある．ただし抗原に非特異的な抵抗性は含めない．→受動免疫，能動免疫

かくないていぶんしRNA　核内低分子RNA　small nuclear RNA, snRNA　真核生物において，主として細胞核中に存在する低分子（300ヌクレオチド以下）のリボ核酸を指す．一部のものはmRNAのスプライシングや3'末端のプロセシングに関与することが示されている．

かくのしょきか　核の初期化　nuclear reprogramming　分化した細胞核内にある発現可能な遺伝子を，受精卵と同じ状態に戻すこと．核移植した未受精卵細胞質内で生じるが，核の細胞周期の同調などの前処置が必要な場合がある．最近，成体の体細胞核を初期化し核移植により，個体が作出されている．

かくまく　核膜　nuclear membrane　真核生物の核と細胞質との界面にある2重構造膜．膜には物質の移動に関係した多くの核孔があり，核膜の外膜と内膜はこの部分で連結している．ある場合には外膜は小胞体の一部

と連続している．高等真核生物の有糸分裂前期に核膜は小胞や小胞体と区別できないようないくつかの断片になるが，分裂終期には娘染色体群表面に再構成され，娘核の核膜となる．

かくまく　角膜　cornea　眼球前面にみられる時計皿状の透明な膜で，角膜縁で強膜溝を介して強膜に移行し，眼球の強靭な保護膜を形成する．角膜はその保護膜の約1/5の面積を占めている．眼球を前面から観察すると，角膜は周囲を眼球結膜で囲まれている．

かく（まく）こう　核（膜）孔　nuclear pore　真核生物核膜に多数ある直径70~150 nmの円形の特殊な構造をもつ孔．初期の生物学者がpore（孔）と名付けたが，常時孔があいているわけでなく，選択的に物質の透過を行っている．

かぐようかく　家具用革　upholstery leather　家具や乗物のクッションカバーなどに使用される革．強度や耐摩耗性が要求され，また継ぎ目の多いことが嫌われることもあって，大判のウシまたはウマの皮を原料とし，タンニンなめしまたはクロムなめしした銀付き革または床革が用いられる．一般にはイス張り革をさす．

かくりぼう　隔離房　isolation pen　伝染性などの病気にかかった家畜を健康な群から離して飼うため，あるいは，導入直後の家畜の健康状態をチェックするための施設．

かげ　鹿毛　bay　→毛色

かけいせんばつ　家系選抜　family selection　きょうだいなど家系の記録に基づき選抜する方法である．遺伝率が低い形質の選抜に用いられる．一方，個体の情報も含め，家系の記録を組み合わせた指数式は家系指数（family index）と呼ばれ，個体選抜の情報として用いられており，遺伝率の低い形質の改良に有効である．

かけいないせんばつ　家系内選抜　within family selection　それぞれの家系の中で最も優れている個体を選ぶ方法である．ブタの離乳時体重などのように，一腹のきょうだいが類似した影響を受けている形質の選抜に有効である．

かけつアミノさん　可欠アミノ酸　dispensable amino acids　→非必須アミノ酸

かけっとう　過血糖　hyperglycemia　高血糖ともいい，血糖値（血中ブドウ糖量）が正常の範囲より高い状態．過血糖は健康動物でも糖質摂取時のほか，苦痛，恐怖などの交感神経興奮時に一過性にみられるが，糖尿病ではインシュリン不足により組織での糖利用が低下するため，著しい過血糖と糖尿がおこる．→糖尿

かこうがたちくさん　加工型畜産　畜産物生産の主たる原材料である飼料を外部から調達する土地基盤をもたない畜産．流通飼料依存度が高く，飼料原料を輸入に依存しているわが国の畜産を指していう場合が多い．欧米の畜産は，養鶏は別としても養豚を含めて土地に基盤を置いており，飼料の大部分は経営内で生産している．それとは対照的な畜産．

かこうげんりょうにゅうせいさんしゃほきゅうきんとうざんていそちほう　加工原料乳生産者補給金等暫定措置法　不足払い法と通称される．1965年に制定されたが，2000年の大幅改訂によって国が毎年決定してきた保証価格（生産者価格），基準取引価格（乳業メーカーの支払い価格）および安定指標価格（指定乳製品の国内出回り価格）が廃止され，価格は市場実勢に委ねられることになった．ただし，生産者補給金は価格低落時の影響を緩和するために設置される生産者積立金制度に参加する生産者を対象に交付が継続され，補給金単価は生産費の動向等をもとに毎年決定される方式に変更された．また，指定生乳生産者団体は，各都道府県ごとから沖縄を除く9ブロックに広域化されることになった．

かこうようタイプ　加工用タイプ　bacon type　ブタの品種は，肉の用途から加工用タイプ（bacon type），精肉用タイプ（meat type), 脂肪用タイプ (lard type) に分類される. 加工用タイプは, 肉製品製造用に育種改良されたブタで, 低脂肪で, 胴伸び, 体躯の発達がよく, 肉量に富み, 飼料効率, 繁殖能力に優れている. 大ヨークシャー, ランドレース, タムワースなどがこのタイプである. →精肉用タイプ, 脂肪用タイプ

かこうらん 加工卵 egg products 殻付卵を割卵して卵殻を除き, 卵内容物のみを取り出して二次加工品製造の原料に当てられるものをいう. 生液卵, 凍結卵, 乾燥卵に分けられる. それぞれに全卵, 卵白, 卵黄製品があり, 種々の加工食品の原料として広く使われている. なお, 味付卵や燻製卵のように, 割卵せずに加工したものを, 殻付加工卵と呼ぶ場合もある.

かこつ 化骨 →骨化

がさいぼう 芽細胞 blast cell 芽球, 幼若細胞ともいう. 一般に未熟な分化段階の細胞を指すが, 免疫分野では幼若化したリンパ球も芽細胞と呼ぶ. 大型で RNA が多く DNA の合成も盛んであり, 細胞質が好塩基性を示す.

かさがたいくすうき 傘型育雛器 hover type brooder 傘型に開いた金属性天蓋を初生雛の上に吊るし, 天蓋の中心部の発熱体から発する熱を天蓋の下にいるヒナに当てて保温する育雛器. 温源にはプロパンガス, 赤外線電熱などを利用し, 天蓋の直径 120 cm 程度の育雛器で 500~1,000 羽収容する. 幼雛時は育雛器の周囲 50~60 cm のところにチックガードを置き, ヒナが熱源近くにいるようにし, 成長につれて囲いを広げる.

かし 加脂 oiling, fat liquoring, stuffing なめし終えた革に油脂類を浸透させて, 革繊維の分離をよくし, 適度の柔軟性を保持するようにする仕上げ作業. 加脂には油脂類を水性乳化液としてドラム中で革に吸収させる乳化加脂 (fat liquoring), 液状油を革に直接塗布する引き油, 液状油を直接ドラムに添加, 回転して革に吸収させるスタッフィング (stuffing), 固体脂肪を加熱溶融して革に浸み込ませる天ぷら加脂などの方法がある. クロムなめし革の場合には主として乳化加脂が行われ, 単に加脂というときにはこれを指す. 後の 3 者は主としてタンニンなめし革に対して行われる. 乳化加脂にはタラ油, 牛脚油などの油脂に界面活性剤を混合, 乳化して用いるか, それらの油脂類の硫酸化油, 亜硫酸化油, リン酸化油など自己乳化性加脂剤を用いる. スタッフィングには生油, 固体脂肪, 鉱物油などが用いられる.

カシミヤ Cashmere ヤギの品種. 中央アジアのカシミール地方で, アンゴラとチベットの在来ヤギとの交配によって作出されたと考えられている. チベット, 天山, 蒙古, キルギスなどの標高 3,000 m を越える高地で飼われているほか, イランやインドにも分布している. 体高 65~80 cm の大型のヤギで, 毛色は白, 褐色, 黒と多様である. 長毛の下に生えている柔らかい毛は, 絹状の光沢をもちカシミヤと呼ばれ, 高価なショールや織物に加工される.

カシミヤウール Cashmere wool カシミヤ種ヤギの綿毛で, 粗大な長毛 (粗毛) の下部に密生している. 白色または淡褐色を呈し, きわめて細く, 長さ 4~9 cm ぐらい, 手触りは滑らかで柔らかく, スケールもクリンプもあって, 保温性に富む. その織物はカシミヤ織の名のもとに高級オーバー地, シャツ, えり巻きなどに向けられる.

かじゅう 加重 weighting 無機または有機の物質を用いて糸や織物の重量を増すこと. 仕上げ工程の一つ. 増量ともいう. 絹に対しては, 塩化第二スズやタンニン酸が, 木綿に対しては硫酸塩やタルクなどが利用される. 絹の場合, タンニン酸の熱溶液に浸漬すると絹の重量の 25% も吸収され, 水洗しても脱落しない. 羊毛の場合はタンニン酸と親和性を有しない.

かしょうかエネルギー 可消化エネルギー digestible energy, DE 飼料のエネルギーで

消化吸収される部分で，飼料として摂取されたエネルギーから糞に排泄されるエネルギーを減じたもの．

かしょうかじゅんたんぱくしつ　可消化純蛋白質 digestible true protein, DTP　消化吸収される純蛋白質　→可消化粗蛋白質

かしょうかそたんぱくしつ　可消化粗蛋白質 digestible crude protein, DCP　飼料中の粗蛋白質のうち，消化吸収される蛋白質．家畜の飼養標準で，蛋白質の要求量を示すための重要な単位である．

かしょうかようぶん　可消化養分 digestible nutrients　飼料中の養分（栄養素）のうち消化吸収される部分を示す．

かしょうかようぶんそうりょう　可消化養分総量 total digestible nutrients, TDN　飼料のエネルギー価を示す単位の一つである．飼料の一般成分（蛋白質，粗脂肪，粗繊維，可溶無窒素物）の消化率をまず消化試験によって求める．次に消化率を成分含量に乗じて可消化成分含量をそれぞれの成分について求める．次式によって計算する．TDN=可消化蛋白質＋（可消化粗脂肪×2.25）＋可消化粗繊維＋可消化可溶無窒素物．脂肪と蛋白質については一定のエネルギー補正を行っている．飼料の栄養価をあらわす単位として日本では最も広く用いられている．

かじょうかん　花状冠 buttercup comb　→重複冠．付図7

かしわ　元来は名古屋地方の地鶏に肉用種のコーチンなどをかけ合わせた三河種や名古屋種の兼用種の羽毛が茶褐色で，これを「かしわ」と称した．このニワトリの肉が美味なことから，これをかしわとよび珍重した．これが転じて，一般に鶏肉のことをいうようになった．

かしんか　過進化 hypertely　ある方向への環境の変化に対して適応の範囲を越えて過度に適応すること．この結果，逆方向への環境適応性を失わせることがある．過適応ともいう．

かすいたい　下垂体 hypophysis, pituitary gland　第三脳室底に位置する内分泌器官．発生学的に起源の異なる2種類の腺組織から成り，前葉（腺性下垂体主部），中葉（腺性下垂体中間部），後葉（神経性下垂体）に分類される．前葉と中葉は腺組織の構造を持ち，後葉は毛細血管内皮細胞周囲に軸索末端をもつ神経分泌軸索と神経膠細胞が主体の神経組織である．下垂体各部の大きさや位置関係は，動物種により異なる．前葉は6種類，中葉は1種類，後葉は2種類のホルモンを分泌する．

かすいたいこうようホルモン　下垂体後葉ホルモン posterior pituitary hormone, neurohypophyseal hormone　下垂体後葉に分布するニューロンで産生され，後葉から放出されるホルモン．オキシトシンとバソプレッシン（抗利尿ホルモン）が代表的である．アミノ酸残基9個から成るペプチドで，視床下部の室傍核と視索上核の大型細胞から分泌される．オキシトシンは，吸乳刺激，子宮頸管刺激，ストレスなどで分泌が刺激され射乳反射や子宮運動を促進する．バソプレッシンは，血漿浸透圧増加や細胞外液量の減少などで分泌され，血圧上昇，尿量減少作用がある．

かすいたいせいせいせんしげきホルモン　下垂体性性腺刺激ホルモン pituitary gonadotrop(h)in　下垂体前葉のゴナドトローフから分泌され，性腺の機能を調節するホルモン．黄体形成ホルモン（LH）と卵胞刺激ホルモン（FSH）がある．ラット，マウス，ハムスターでは，プロラクチンも黄体刺激作用があるので加える場合もある．視床下部から分泌される性腺刺激ホルモン放出ホルモンと性腺から分泌されるステロイドホルモンやインヒビンにより分泌が調節される．雌では，卵胞発育・排卵・黄体機能，雄では造精機能を促進する．　→性腺刺激ホルモン

かすいたいぜんようホルモン　下垂体前葉ホルモン anterior pituitary hormone　下垂体前葉から分泌されるホルモン．成長ホルモ

ン, プロラクチン, 甲状腺刺激ホルモン, 卵胞刺激ホルモン, 黄体形成ホルモン, 副腎皮質刺激ホルモンの6種類がある. これらのホルモンは, 視床下部からの放出ホルモンや抑制ホルモンと末梢の効果器官から分泌されるホルモンによる長環フィードバック機構および下垂体前葉ホルモン自身が視床下部へ作用する短環フィードバック機能により分泌が調節されている.

かすいたいちゅうようホルモン　下垂体中葉ホルモン　hormone of the pars intermedia　下垂体中葉から分泌されるホルモンでメラニン細胞刺激ホルモン（melanocyte stimulating hormone, MSH）が知られている. Proopiomelanocortin から産生される MSH は, α-MSH と β-MSH の2種類があり, α-MSH は13個のアミノ酸残基から成り, 各種動物で同じ配列を示す. β-MSH は動物種により異なるが18個のアミノ酸残基から成る（ヒトでは22個）. 下等脊椎動物では, 皮膚細胞のメラニン色素顆粒を拡散させ皮膚の色を変える. ヒトでは, 皮膚へのメラニン沈着増加以外に動機づけと短期学習に促進効果がある.

かすいたいもんみゃく　下垂体門脈　hypophyseal portal vein　下垂体前葉機能をつかさどる血管系. 下垂体前葉には, 神経分布がきわめて少なく, 特殊な血管系である下垂体門脈系がある. この血管系は, 灰白結節正中隆起の毛細血管網（第一次血管叢）に始まり, 数本の下垂体柄を通る太い血管に集まって前葉に入り, 前葉の洞様毛細血管網（第2次血管叢）にそそぐ. 視床下部からの各種ホルモンは, 第一次血管叢に放出され, 門脈を通って前葉に運ばれ, 前葉からのホルモン分泌を制御している.

ガスきゅうちゃくざい　ガス吸着剤　gas absorbent　臭気物質を吸着する能力の高い材料で, 活性炭, くん炭, ゼオライト, おがくず, もみがらなどが材料として用いられる.

かすげ　糟毛　roan　毛色で, 有色（原毛色）と白色の毛が混合している状況をいう. ショートホーンに多い濃赤色に白色の混じっている毛色はその一例で, 単色や斑に対して単純優性. ウマの糟毛遺伝子は劣性致死である.

かすらくのう　粕酪農　乳牛の給与飼料を, おもにとうふ粕やビール粕などの工場副産物に依存する酪農経営. 一般に, 都市近郊に立地する経営が多い. 産業廃棄物の有効利用の側面から, 再評価されだしている.

かせい　化生　metaplasia　いったん分化した組織が障害や刺激により, 形態的または機能的にほかの組織の性状に変化すること. 例えば慢性ビタミン欠乏の際, 気管支や膀胱の粘膜の円柱上皮が重層偏平上皮に変化する.

かせいじょう　化製場　rendering plant　へい（斃）獣処理場などに関する法律に基づいて, 獣畜の皮, 骨, 臓器などを原料として, 皮革, 油脂, にかわ, 肥料, 飼料その他のものを製造するための施設. 開設は, 都道府県知事の許可を必要とする.

カゼイノグリコペプチド　caseinoglycopeptide　κ-カゼインはC末端部分に糖鎖を結合した糖蛋白質である. チーズ製造の際に用いられる凝乳酵素によってこのκ-カゼインの105残基と106残基の間が切断されると牛乳は凝固をはじめる. 切断された106番目以降のC末端部に糖鎖が結合しているためにこの名があり, 親水性が強い部分である. この部分はホエー中に移行する.

かせいはんいんよう　仮性半陰陽　pseudohermaphrodite　哺乳類にみられる間性の一種で, 外部生殖器の外見と生殖腺の性が一致しないものをいう. 偽半陰陽ともいう. 腟などの外部生殖器をもつが精巣をもつものを雄性仮性半陰陽といい, 逆に陰茎などの外部生殖器をもつにもかかわらず卵巣をもつものを雌性仮性半陰陽という.　→半陰陽

かせいひそ　仮性皮疽　pseudoglanders　ヒストプラズマ・ファルシミノーズム（Histo-

plasma farciminosum), サッカロミセス (*Saccharomyces*) などの真菌の創傷感染によるウマの疾病 (届出伝染病). 伝染力が強く, 皮膚の球腫や索状結節, 化膿性潰瘍などのほか, 皮下リンパ管壁の肥厚やリンパ節の腫大がみられる.

カゼイン casein 乳の主要蛋白質で, リン蛋白質の一種. 牛乳には約 2.3 % 含まれ, 牛乳に酸を加えて pH 4.6 とすると白色沈殿として得られる. 単一な蛋白質でなく, 主成分は α_{s1}-, β- および κ- カゼインである.

カゼインすう カゼイン数 casein number 牛乳の全窒素に対するカゼイン態窒素の百分率. 乳房炎により牛乳のカゼインが減少しグロブリンが増加するので, この数値が 78.0 以下であれば乳房炎の疑いがある.

カゼインホスホペプチド casein phosphopeptide カゼインを消化酵素で分解すると, リン酸基を多く含んだペプチド部の断片が生成する. 代表的なものに β- カゼインのアミノ酸残基 1 番から 25 番までがあり, この中にはリン酸基が 4 個含まれる. 腸内でカルシウムの溶解性を高め, カルシウムの吸収促進に寄与していると考えられている.

カゼインミセル casein micelle 牛乳中でカゼインはカルシウムやリン酸と結合して, カゼインカルシウム・リン酸複合体の状態となり, これが集合して直径が 30~300 nm の球状コロイド粒子として, 牛乳 1 ml 中に 10^{15} 個といった膨大な数で存在している. この球状の粒子をカゼインミセルと呼ぶ.

かせんすいぎゅう 河川水牛 river buffalo 5000 年前にインドでアジアスイギュウを家畜化し, 各地で多数の品種に分化した乳用水牛である. インドから中近東諸国, イタリア, ユーゴ, ブルガリア, ハンガリー, エジプトにかけて広く飼養されている. 体重・体高は, それぞれ雌 550 kg, 135 cm, 雄 600 kg, 145 cm 前後で, 乳量は 1,400~2,000 kg, 乳脂率 7~8%. 毛色は, 黒ないし灰黒色で角は強く巻いている. 主な品種は, ムラー (Murrah), ニリ・ラビ (Nilli-Ravi), スルティ (Surti) など. 役用にも利用される. 地中海型の乳はイタリア特産モッツァレラチーズの原料.

かぞくけいえい 家族経営 family farm 家族を単位とし家族労働力を主体に行われている農業経営. 世界的に見ても最も一般的な農業経営形態である. 原型は生業として営まれていた農業にあるが, 商品生産を目的とした企業的な農業になっても, 資本制経営が一般化しない限り存続するものと思われる.

かそくこんこつ 下足根骨 hypotarsus →付図 22

かた 肩 shoulder →付図 1, 付図 2, 付図 4, 付図 6

かたい 下腿 thigh ニワトリの脚の中足と大腿骨の間の下腿骨 (脛骨) をとりまく部分で, 羽毛に覆われている. →付図 6

かたいこっかく 下腿骨格 skeleton of leg 脛骨と腓骨からなり, 大腿骨と足根骨との間に位置し, 後肢骨を構成する. 脛骨は強大で, 前内側を占め, 腓骨は発達が悪く, 後外側にみられる.

かたおし 型押し embossing 革の銀面または塗装仕上げした面に, 模様を彫り込んだプレートまたはローラーで押圧して革の表面にその模様を浮き上がらせること.

カタおんどけい カタ温度計 Kata thermometer 体に感じる寒暖の程度を数量的に示す体感温度を計測する温度計の一種. 球部が非常に大きく 38 ℃ と 35 ℃ の 2 ヵ所に標線が入れてある. 測定はまず球部を湯で暖めて測定部位におき, 球部が 38 ℃ から 35 ℃ まで冷却する時間を計り, 冷却に要する時間から体感温度を求める. これには乾球と湿球があり, 前者は微風速計としても用いられる. 後者は湿度の影響を取り入れた体感温度を計ることができる.

かたきん 家畜の雄では, 左右の精巣は陰囊内に下降しているが, 一方のみが下降し

ており他方が腹腔内にとどまっているものをいう．単睾の俗称．

かたばら brisket 牛半丸枝肉，豚半丸枝肉を分割したときのまえ，あるいはかたから，かたロース，ネックおよびうでを分離した残りの部位． →付図 23, 24

カタラーゼしけん カタラーゼ試験 catalase test 牛乳による過酸化水素の分解を測定して牛乳のカタラーゼ活性を求める試験．乳房炎乳では白血球が増加し，カタラーゼ活性が高くなるので，これにより乳房炎乳を判別することができる．

カタール catarrh 粘膜表層における滲出性炎症で，粘液分泌が亢進し多量の粘液が粘膜表面に流れでる状態．病変部位によって鼻カタル，気管支カタル，腸カタルなどと呼び，薬物刺激，感染などによりおこる．

かたロース Boston butt 豚部分肉の肩を，さらに分割したときの部位の名称．アメリカ式カットではボストンバットがこれに相当する．牛部分肉ではまえの部分を細分して，うで，ネックおよびかたばらを分離した残りの部分をかたロースと称し，アメリカでのチャックロールがこれらに相当する．
→付図 23, 24

カチオン-アニオンバランス cation-anion balance 乳牛の周産期におけるミネラルバランスの指標としておもに用いられている．飼料中に含まれる陽イオンと陰イオンの当量の差で，計算に用いられるミネラルは陽イオンではナトリウム，カリウム，場合によってはカルシウムが，陰イオンでは塩素とイオウが用いられる．乳熱の予防にはこの値がマイナスかあるいは小さい方がよいとされている．

かちく 家畜 domestic animals, livestock 野生動物を用途に応じて馴化，飼養，さらに改良して，人間の管理下で繁殖させ，人間活動のために生産，供給し，利用している一群の動物．用途に応じて①産業家畜（畜産物生産，畜力利用のための農用動物，livestock, farm animals），②社会家畜（社会機能の維持に必要な伴侶動物，展示動物，愛玩動物など），③研究家畜（人間の健康，福祉のために必要な実験動物）に区別されている．

かちくかいりょうじぎょうだん 家畜改良事業団 Livestock Improvement Association of Japan 優良種畜の効率的な作出利用を図りながら家畜の改良を促進し，畜産の振興に寄与することを目的に，昭和40年に設立された団体である．ホルスタインと黒毛和種について計画交配による候補種雄畜の作出および後代検定による優良種雄畜の選抜を行い，精液や受精卵などを配布している．また，家畜の血液型や遺伝子型の判定およびその技術開発を行っている．

かちくかいりょうぞうしょくほう 家畜改良増殖法 Domestic Animal Improvement Law 家畜の改良増殖を計画的に行うための措置並びにこれに関連して必要な種畜の確保および家畜の登録に関する制度，家畜人工授精および家畜受精卵移植に関する規制などについて定めた法律．昭和25年制定，平成12年最終改正．

かちくかいりょうぞうしょくもくひょう 家畜改良増殖目標 target concerning improvement and increased production of livestock 家畜改良増殖法に基づき，家畜の畜種ごとに目標年次における生産の目標数値や技術的指針を示したもの．同様に，ニワトリの改良増殖目標もある．ともに，畜産振興審議会の意見を聴きながら農林水産大臣が定める．

かちくこさく 家畜小作 share tenancy in livestock keeping 地主，家畜商などがウシ，ブタ，ウマなどの家畜を農家に貸付け，貸付け料を受け取る仕組みのこと．貸付け料は，生まれた子畜の売価を折半する方式（子分け）や貸し付けた家畜を一定期間が経過すると適宜交換する厩先など多様．東北など一部では戦後になっても見られたが，おもに戦前において行われた家畜の貸付け形態．

かちくしじょう　家畜市場　livestock market　家畜を売買するために設けられた施設．上場される家畜の集められる地域・範囲，そこでの売買目的などによって産地市場，集散地市場，消費地市場に分けられる．近年，交通手段の発達や畜産物の生産構造の変化などもあって産地市場と消費地市場に整理されてきており，消費地市場は生体取引から枝肉・部分肉その他の荷姿による取引に変わってきている．

かちくしゅうごうしせつ　家畜集合施設　stock yard, corral　放牧地などで，家畜の繁殖管理，治療，群からの選別などのために家畜を集める施設．追い込み場，追い込み柵，分離柵，保定枠，体重計，積み込み枠などからなる．

かちくしょう　家畜商　livestock dealer　家畜の売買もしくは交換，斡旋などを行う業者．家畜取引法の定めに基づいて免許証を取得した者でなければ営業できない．ただし，農協職員などは免許証をもたなくても家畜の売買・交換，斡旋ができることになっている．

かちくたんい　家畜単位　animal unit, livestock unit　種類の違った家畜間の経済的数量を比較したり，総家畜数を算出したりする場合の換算単位．大家畜を1として換算することから，大家畜単位ともいわれる．国によって換算基準が異なるが，わが国の場合は，次の比率を基準としている．ウシ1=ウマ1=ブタ5=ヒツジ10=ヤギ10=ウサギ50=家禽100

かちくでんせんびょうよぼうほう　家畜伝染病予防法　Domestic Animal Infectious Disease Control Law　畜産振興を目的として家畜の伝染性疾病（寄生虫病を含む）の発生予防と蔓延防止に関することを定めた法律．平成9年法律の一部改正が行われ，家畜伝染病（いわゆる法定伝染病）と届出伝染病をあわせて監視伝染病として位置づけ，発生動向の監視体制が強化された．　→法定伝染病，届出伝染病

かちくのふくし　家畜の福祉　animal welfare　家畜飼育における不必要な苦痛の回避および，よい生活の保証を求める思想．「よい生活」の指標として，苦痛の排除に加え，生物学的適応度（自己の維持および生殖の最適化）の推進が提唱されている．イギリスでは家畜の福祉に対する基本的要求として「家畜の健康，ならびに可能な限り家畜の行動的要求を満たしうる管理システムと管理者の高い技術水準」を掲げている．

かちくはいせつぶつのかんりのてきせいかおよびりようのそくしんにかんするほうりつ　家畜排せつ物の管理の適正化及び利用の促進に関する法律　Law concerning the Appropriate Treatment and Promotion of Utilization of Livestock Manure　平成11年．法律第112号．家畜排せつ物の野積みや素掘り貯留などを解消し，適正な管理と堆肥などの有効利用を促進するための法律．家畜排せつ物による環境汚染を防止するために，処理施設の構造や管理の方法に関する基準が定められている．一方，家畜排せつ物の適正な処理・利用については，金融上の支援措置がある．

かちくふんにょうしょりりよう　家畜糞尿処理利用　animal waste management　畜舎における糞尿の分離・除去から処理・利用に至るまでのすべての過程を包含する用語．かつては埋立処理，汚水処理，焼却などの処理が中心となって糞尿処理と呼ばれていたが，現在ではリサイクルを基本として考えるようになり，糞尿の取扱いの概念を拡大した処理利用をいう．

かちくほけん　家畜保険　livestock insurance　家畜の病傷・死廃事故を補償するものであり，わが国では農業災害補償制度に基づいて行われている．いわゆる家畜共済制度．繁殖用家畜のほか育成・肥育牛も対象になっている．

かちくほけんえいせいしょ　家畜保健衛生所　Livestock Hygiene Service Center　家畜保健衛生所法に基づいて都道府県ごとに設

置されている機関．地域における家畜衛生の向上と畜産の振興を図るため，家畜疾病の調査研究，伝染病の予防や蔓延防止など家畜衛生全般についての普及指導を行う．

かちくよたく　家畜預託　rental system of livestock　農協などが家畜（繁殖肉牛，肥育素牛，肥育素豚など）を農家に貸付け，出荷後に精算する方式．農協は，飼料などの資材供給と素畜導入や家畜の出荷などで経済事業の拡大が図られ，農家側は素畜代などの資金負担軽減メリットがある．しかし，家畜所有権の帰属が不明確であることも多く，家畜死亡時の損害をめぐって裁判となったケースもあり，融資事業と農家に飼育委託料を支払う一種のインテグレーション方式に分化する傾向が見られる．

かちょういき　可聴閾　auditory threshold　動物が聞き取ることができる音の範囲．ある周波数（高さ）の音について，動物が50％の確率でなんとか知覚できる音圧レベル（強さ）を最小可聴値といい，それをいろいろな周波数について結んだ曲線を可聴曲線または聴力曲線という．

かっきゅう　割球　blastomere　卵割によって生じる未分化な細胞のことをいう．哺乳類における最初の分化は胚盤胞期で生じることから，2細胞期から桑実期胚のそれぞれの細胞を指す．胚盤胞期までは均等に卵割し，通常の細胞分裂の場合とは異なって卵割後細胞は増大しないことから，個々の割球は次第に小さくなる．

かっしょくレグホーン　褐色レグホーン　Brown Leghorn　レグホーンはイタリアで成立した地中海原産の卵用鶏品種であるが，褐色レグホーンはその一内種で実用品種である．赤色野鶏と同じ羽色遺伝子をもっており，単冠で，耳朶が白く，皮膚および脛が黄色で，卵殻が白く，速羽性で，就巣性がない．体重は現在の白色レグホーンよりやや重く，産卵数は年180～200個．

かっせいおでい　活性汚泥　activated sludge　汚水を浄化する機能をもち，沈降性の優れたゼラチン状フロックからなる微生物集合体．細菌，原生動物，後生動物など多種類の好気性微生物が数多く含まれている．

かっせいおでいちんでんりつ　活性汚泥沈殿率　→ SV

かっせいおでいふゆうぶっしつ　活性汚泥浮遊物質　→ MLSS

かっせいおでいほう　活性汚泥法　activated sludge process　活性汚泥を利用した汚水の浄化処理法．曝気槽内で汚水と活性汚泥を混合し，好気的に汚水を浄化する．曝気後の混合液は沈殿槽で沈殿分離し，浄化した上澄液と汚泥とに分ける．活性汚泥法には，投入方法の相違によって回分処理と連続処理に分けられ，BOD負荷，MLSS，曝気方法などの操作因子の相違によって，標準活性汚泥法，酸化溝法，長時間曝気法など種々の変法がある．

かっせいおでいゆうきせいふゆうぶっしつ　活性汚泥有機性浮遊物質　→ MLVSS

かっせいたんきゅうちゃくほう　活性炭吸着法　activated carbon adsorption method　活性炭は普通20～40Åの多孔質で，その表面積は900～1,300 m^2/gもあり，脱色，吸湿，脱臭能力が高い．この性質を利用して臭気物質を活性炭に吸着させて脱臭する方法である．臭気成分により吸着能力が飽和したときは新しい活性炭と交換しなければならない．

カッターブロワ　cutter blower　フォーレージブロワの一種．モーアなどで刈取られ，切断長が不揃いのまま収穫された粗飼料を細断しながら塔形サイロに吹上げる機械．シリンダ型のカッターとブロワを組み合わせた構造になっている．切断長を短くすることで詰込み密度が高まり，均一なサイレージ調製が可能になる．

カッターポンプ　pump with cutter　ポンプ内のドライブヘッドの先端に取り付けたカッターで糞尿内のわらなどを微細に細断し圧送するポンプ．濃度の濃い糞尿の圧送には

不向きで，糞尿槽の中を撹拌しながら使用しないと吸入口が詰まるなどの難点がある．

かっとうこうどう　葛藤行動　conflict behavior　二つ以上の動機が同時に存在する場合を葛藤という．欲求不満状態でも，そのような状況から逃れようとする動機が出現し，一種の葛藤状態ともいえる．このような葛藤や欲求不満時には，通常の行動としては，その場から立ち去るといった回避反応や仲間に八つ当たりするといった攻撃行動が出現するが，加えて特殊的な行動もみられ，あわせて葛藤行動と称される．

かっぺんサイレージ　褐変サイレージ　brown-colored silage, heat-damaged silage　材料の詰め込み遅延や密封状態が不十分なために，サイレージの品温が長い期間高く維持されて褐変化したサイレージ．好気的分解による発熱が，蛋白質・アミノ酸と糖類のメイラード反応を促進して褐色物質を生成するため，栄養価や嗜好性を著しく損ねる．低水分サイレージの場合には，くん炭化や発火に至ることもある．サイレージの品温上昇は植物体の呼吸作用によってもおこるが，通常は嫌気状態となって終息する．

かつぼうこうどう　渇望行動　appetitive behavior　空腹になると餌を求めて探すなど，家畜の行動の中には人間の意識的行動に近い行動が認められる．この行動を渇望行動と呼び，目的指向的行動ともいう．　→動機づけ

かつめんしょうほうたい　滑面小胞体　smooth endoplasmic reticulum　→小胞体

かつらんき　割卵機　egg breaking machine　液卵などを生産するために卵殻を割って卵白と卵黄を取り出すための機械．割卵は小規模には手割りも行われるが，工業的には割卵機によるのが一般的である．割卵機の能力は年々改良され，国産では毎分600個という高速のものもあらわれている．割卵された卵は全卵製用以外は，直ちに卵黄と卵白に分けられる．この分離機は割卵機に併設されており，割卵後の一連の操作として行われる．

カテージチーズ　cottage cheese　脱脂乳を乳酸菌で発酵させて，凝固したカードを集めて作られる軟質の熟成させないチーズ．クリームをチーズカードに混合することが多く，4%以上の脂肪を含む場合はクリーム添加カテージチーズという．新鮮な風味を有するが，保存性は劣る．

カテコールアミン　catecholamine(s)　カテコール核をもつ三種の生体アミン，すなわちドーパミン，ノルアドレナリン（ノルエピネフリン），アドレナリン（エピネフリン）の総称．チロシンはチロシン水酸化酵素の作用によりL-DOPAとなり，さらに三種の特異的酵素の作用により，順次ドーパミン，ノルアドレナリン，アドレナリンへと変換される．副腎髄質細胞で生産・分泌されるアドレナリンは，おもにホルモンとして血糖値の上昇などを刺激し，交感神経系や脳内で生産・分泌されるノルアドレナリン，アドレナリンは，それぞれ末梢器官や視床下部をはじめとする脳内の広範な部位で神経伝達物質として作用する．

かとうれんにゅう　加糖練乳　sweetened condensed milk　牛乳に16%内外のショ糖を加え，約1/2.5の容積に濃縮した製品．高濃度のしょ糖（製品中42～45%）の防腐作用により保存性がよい．製菓原料，家庭用となる．

カナディアンベーコン　Canadian bacon　→ロースベーコン

かにんしん　過妊娠　superfecundation　父親の異なった日齢の等しい複数の胎子を妊娠している状態．同期複妊娠ともいう．多胎動物の自然繁殖で多くみられる現象である．単胎動物では，2個以上の排卵があり，複数の雄と交尾あるいは異なった雄の精子を人工授精した場合におきる現象である．　→同期複妊娠

かねつしゅう　加熱臭　cooked flavor　牛乳，クリームなどの加熱によりおこる異常風味．乳清蛋白質，特にβ-ラクトグロブリン

から生ずるスルフヒドリル基や揮発性硫化物の発生に起因する．

かねつしょくにくせいひん　加熱食肉製品　cooked meat products　食肉製品は食品衛生法で定められた製造基準によって「製品の中心部が63℃で30分間，またはこれと同等以上の効力を有する方法で加熱殺菌すること」と加熱殺菌法が規定されている．この加熱基準によって製造された製品をいう．

かはいらん　過排卵　superovulation　動物種によって定まっている正常な数以上の卵子が排卵されること．過剰排卵ともいう．妊馬血清性性腺刺激ホルモンや卵胞刺激ホルモンを投与して多数の卵胞を発育させ，胎盤性性腺刺激ホルモンを投与して過排卵を誘起後（ウシでは用いない場合が多い），人工授精をして初期胚を回収し，受精卵（胚）移植に用いることができる．以前は，多排卵と呼ばれていた．

かはんそう　下繁草　bottom grass　野草地では丈の高いススキのような上繁草とミヤコグサのように丈の低い下繁草とが混生している例が多い．前者を利用すれば採草地となり，後者は放牧利用に適する．

かびんしょう　過敏症　hypersensitivity　特定の刺激に対して異常に強い生体反応をおこす状態．生活環境の中で自然に抗原感作されておこるアレルギー性疾患（気管支喘息，じんま疹など）は典型例である．また日光の照射により発症する原発性光過敏症やウシのポルフィリンのように，免疫反応とは無関係な特異体質によるものもある．

かふく　下腹　belly　→付図4, 付図5

かへいかりつ　貨幣化率　生産物のうちどれだけを販売しているかを明らかにする指標となる比率．販売総額を生産物総額で除して算出する．農業の商品生産化を示す指標として使われる．同じ意味をもつものとして商品化率がある．商品化率は販売数量を生産数量で除して算出するため，産品ごとの商品化の指標となる．　→商品化率

かほうぼく　過放牧　overgrazing　草地の再生力より放牧圧が強すぎて継続した草生産ができなくなり，結果として家畜に好ましくない植物が増える一方，裸地や牛道がめだち草地が悪化していく状態．

カポックかす　カポック粕　kapok meal　カポック樹の種実より，その外側についた繊維を除いて採油した残渣をいう．カポック粕は乳牛，肉牛の飼料としておもに用いられるが嗜好性はあまりよくない．ブタに給与すると体脂肪が硬くなるといわれている．また，産卵鶏への多量給与は異常卵を生成するといわれるが，これらはカポック粕に含まれるシクロプロペン脂肪酸のためとされている．

カマンベールチーズ　Camembert cheese　フランス原産の軟質の白かびチーズ．*Penicillium camemberti*が熟成に関与する．円盤状で，直径11 cm，高さ約3.5 cm，重量100 g．表面は白かびに覆われ，内部は軟らかい．特有の風味を有し，美味なチーズの一つ．

かもがや　カモガヤ　→オーチャードグラス

ガヤール　Gayal　インドアッサム地方の半野生牛．ガウル雄をセブ雌に交配して生まれた雑種も含まれる．毛色は黒色，白色，黒白の斑毛で有角，大きな肩峰をもつ．耐暑性があり役用として飼育されている．

かようむちっそぶつ　可溶無窒素物　nitrogen free extracts　飼料の一般分析において炭水化物の分画を示す表示項目である．その内容には糖類，ペクチン，デンプン，ヘミセルロース，リグニンおよびセルロースの一部が含まれる．非構造性炭水化物と構造性炭水化物の混合分画であり，また全炭水化物区分を示すものではないところから近年ではあまり利用されていない．

カラードギニアグラス　colored guineagrass, *Panicum coloratum* L.　熱帯アフリカを原産とするイネ科多年生の暖地型牧草．パニックグラス類の一つで，草丈1.5 m以上，茎は直立し多数の分げつを叢生する．重粘土以

外は土壌を選ばないが, 排水良好な肥沃地に適し多雨を好み, 耐乾性もある. わが国の西南暖地では, 一年生の夏作物として年4~5回刈取り, 嗜好性も良好で生草, 乾草, サイレージに利用される. Makarikari grass や Kabulabula grass は同じ *Panicum* 属の変種である.

カラーファン color fan 卵黄の色調を視覚で測るための色調標準. 薄い色から濃い色まで各段階の色板が組になっている. ロシュ (Roche) 社作成のロシュカラーファンがよく使われる.

カラクール Karakul 旧ソ連中央アジア, イラン西部, アフガニスタン地方で飼育されているヒツジの品種. 毛色は灰色, 粗毛である. 体重は雄80~90 kg, 雌70~80 kgで, 雄は有角, 雌は無角が多い. 粗放的に飼われており, 強健で環境適応性が高く, 繁殖能力も高い. 毛皮はアストラカン (astrakhan) として珍重されている.

カラザ chalazae 卵黄膜両端から卵の長軸方向にのびる2本のひも状の物質. 卵の鋭端部に向かうものは2本のひもが, 鈍端部に向かうものは1本のひもがねじれた状態になっている. 卵が回転しても常に卵黄の胚盤を上方にむけ, 卵黄を中央に維持する役目をもつ. 液卵では, ろ過によりそのほとんどが除去される. →付図19, 付図20

がらすなんこつ 硝子軟骨 hyaline cartilage 関節軟骨, 骨端軟骨, 肋軟骨, 鼻軟骨, 気管軟骨など普通にみられる軟骨で, 均質無構造の半透明な軟骨. 基質の多くはⅡ型コラーゲンからなる繊細な膠原線維とプロテオグリカンである.

ガラスばりかんそう ガラス張り乾燥 paste drying ガラス板やほうろう鉄板にデンプン糊を塗り, これに染色, 加脂, 水絞りを終えた湿潤状態の革の銀面側を板面において伸ばしながら張り付けて乾燥させる方法. おもに塗装仕上げ甲革製造の場合に行われ, 銀面に傷が多い革はガラス張り乾燥の後, 銀面をバッフィングし, 合成樹脂塗料を塗装して仕上げる.

からつきらん 殻付卵 shell egg 割卵していない卵のこと. 割卵して, 卵内容物のみを取り出した液卵に対して用いられる.

からのり から乗り false mount 射精を伴わない交尾行為のこと. 精液採取時に, 良好な性状の精液を採取するため, 雄牛が偽雌台に乗駕しても一時的に射精を遅らせる操作を行うことがあるが, この操作を「から乗り」させるという.

がらぼし がら干し hang drying 染色, 加脂, 伸 (のば) し作業の終わった革を, 張らずに吊り下げて, 天日または温度, 湿度, 風量の調節できる乾燥室で乾燥すること.

かりあとほうぼく 刈跡放牧 aftermath grazing 牧草地の利用方式の一つ. 春季は牧草の生育速度が速く収量も多いので, 草地の一部を1番草として刈り取って貯蔵用とし, その跡の再生草に放牧する方式. ヨーロッパ諸国で普通に行われる.

かりおや 仮親 foster mother ほかの母親が生んだ子を哺育する雌. 分娩直後に親が死亡したり, 哺育しなかったりする場合に, 分娩時期が近い雌に哺育させる場合がある. 受精卵 (胚) を移植する受胚動物を仮親と呼ぶこともある.

かりとりかいすう 刈取り回数 cutting frequency 生育期間中に牧草や青刈作物が刈取り収穫される回数で, 年間の飼料収量を左右する. 寒地型のイネ科牧草は通常4~5回刈取られるが, 刈取りごとの収量や刈取り間隔は地域, 草種, 季節生産性 (春季の節間伸長による収量増大, 夏枯れによる生育停滞, 秋季における分げつ・生育の回復), 施肥管理などによって異なる. 寒冷地では, 牧草類が翌春用の貯蔵養分を蓄積する期間を考慮して最終刈取り時期を決める.

かりとりかんかく 刈取り間隔 cutting interval 刈取られた直後から次回の刈取りまでの期間は, 飼料草の生産 (再生) 速度によって決まり, 草種, 地域, 季節, 施肥管理法な

どで異なる．地上部の同化器官が刈取られると，地下部（株，根，地下茎，ほ伏茎）に貯蔵された炭水化物が利用されて新葉が形成され光合成が開始されるので，初期再生力は地下部の充実と密接に関係している．

かりとりてきき　刈取り適期　optimum stage of cutting　牧草や飼料作物を刈取るのに最も適した時期．収穫する時期は，それらの栄養価，乾物収量，刈取り後の再生力，調製方法，用途（繁殖・育成牛用，搾乳牛用）などを判断して決められる．寒地型のイネ科牧草の一番刈りでは穂ばらみ～出穂期が，トウモロコシやソルガムでは黄熟期と乳熟～糊熟期がそれぞれ刈取り適期とされている．再生草では生育に伴う栄養価の低下はゆるやかで，刈取り適期の幅は広い．

カリフォルニアにゅうぼうえんしけん　カリフォルニア乳房炎試験　California mastitis test, CMT　ウシ生乳中のpHの上昇と白血球の増加を定性的に検査する乳房炎の簡易診断法．被検乳と診断薬を混合し，凝集の有無や色調の変化の観察により判定できるので，農家自ら行う乳質検査に適しており，乳房炎の早期発見に有効である．

かりゅうきゅう　顆粒球　granulocyte
→顆粒白血球

かりゅうはっけっきゅう　顆粒白血球　granular leucocyte　細胞質にペルオキシダーゼ陽性顆粒が観察される白血球細胞群である．核が分節状を呈するため，多核白血球とも呼ばれる．好中球（鳥類では偽好酸球），好酸球および好塩基球に分類される．すべて活発な遊走性をもち，血管外にも観察される．これらは特殊顆粒の染色態度に基づき識別できる．

かりょくかんそうしせつ　火力乾燥施設　heated air drier　重油などの燃料で空気を数百度に加熱し，家畜糞などの材料を暖めながら高温の空気を接触させて，材料からの水分を除去し乾燥する施設．家畜糞を火力乾燥する際には強烈な不快臭が発生するため，臭気ガスを再度650℃から800℃で燃焼脱臭する方式が採られている．再燃焼脱臭装置をもつ火力乾燥機では重油1 l で約6 l の水分を蒸発できる．

カルシトニン　calcitonin　甲状腺の傍ろ胞細胞（C細胞）で合成・分泌されるアミノ酸残基31個からなるペプチドホルモン．破骨細胞活性の抑制，尿へのカルシウム排泄の増加により，血中カルシウム濃度を低下させる．その分泌は血中カルシウム濃度の上昇により刺激される．

カルチパッカー　culti-packer　ハローで膨軟化した土壌表面を圧縮する表土鎮圧機の一種．鎮圧は重量のあるローラーをトラクターで牽引して行うが，ローラー表面の形状の違いにより多くの種類がある．本機種はV字形をした外周をもつ鋳鉄製の円盤を軸上に多数並べて配置したもので，転圧後の表土には規則正しい凹凸ができる．土壌破砕力が強く水分保持に効果がある．

カルチベーター　cultivator　列状に栽培した作物の畝間を浅く耕起する中耕除草用作業機の一種．畝間土壌表面を膨軟にして，土壌の通気性をよくし，水分調節機能の維持を図るとともに畝間雑草を除去して，作物の成長を促進させる目的をもつ．4条～6条分の中耕爪を取付けた支桿をトラクタの3点支持装置に装着して作業を行う．爪の代わりに畝間幅の小型ロータリーを数条分取付けたロータリーカルチベーター（rotary cultivator）も利用される．

カルトン　carton　板紙を折って形成した紙容器．多くの場合，プラスチックコーティングなどの処理が行われている．古くからバターやプロセスチーズの包装に使われているが，最近は牛乳，ヨーグルトなども主としてカルトン包装のものが流通している．

カルボキシまったん　カルボキシ末端（ペプチド，蛋白質の）　carboxyl-terminal　ポリペプチドのカルボキシル基が遊離の末端のことでC末端とも呼ばれる．対応するものに

アミノ基が遊離のアミノ末端がある．カルボキシペプチダーゼをポリペプチドに作用させるとカルボキシ末端から順次遊離アミノ酸として切り離せるので，このような分析によりカルボキシ末端付近のアミノ酸配列順序を知ることができる．

カロチン carotene　ビタミンAと類似した構造をもち，体内でビタミンAに転換される．ベータカロチンは生体内で2分子のビタミンAを生成する．カロチンはトウモロコシ，アルファルファ，生草などに多く含まれている．乳牛ではβ-カロチンが繁殖成績との関連が注目されている．

かわらげ　河原毛 fallow　→毛色
かん　管　→くだ
かん　寛 thurl　→付図1
かん　冠 comb　→とさか，付図6，付図7
かんい　管囲 cannon circumference　体尺測定部位の一つで，ウシ，ウマでは中手（前管）中央部の太さ，ブタでは左前肢の中手部で最も細い部位の周囲長を計測する．この部位は中手骨，指の伸筋および屈筋腱などを皮膚が覆い，筋肉，皮下脂肪組織の発達しない部位であるので，管囲を用いて各個体間で骨の太さを比較できる．　→付図8，付図9，付図10

かんいかんきょうちょうせつちくしゃ　簡易環境調節畜舎 modified environment barn　ウォームバーンとコールドバーンの中間的環境をもつ畜舎．冬期間であっても舎内温度が氷点下（0℃以下）にはならないように，一定の断熱を施している．換気は自然換気方式であるが，換気口の開閉により換気量の調節を行う．センサーを用いて換気口の開放度を自動調節する場合もある．

かんいそうちかいりょう　簡易草地改良 grassland improvement by oversowing　野草地の改良に当たって耕起などに重機の導入を省き，ディスクハローなどで地表の数cmを軽く掻起する程度で播種床とし，施肥播種する工法をいう．傾斜地の改良などに適し，経費は安価ですむが，できた牧草地の生産性はあまり高くない．

かんいそうちぞうせい　簡易草地造成
→不耕起造成

がんいでんし　癌遺伝子 oncogene　狭義には細胞の癌化に直接関与している蛋白質を作る遺伝子の呼称で，正常細胞に存在する遺伝子に由来し，動物の生命維持に必須なものと考えられている．広義にはアデノウイルスのE1A，E1Bなど細胞由来の遺伝子ではないが，細胞の癌化に作用する遺伝子を含めることもある．

かんう　換羽 molting　多くの場合，夏の終わりから秋にかけてニワトリにみられる新生羽の発育と古い羽の脱落からなる現象で，羽毛の根元にある乳頭状突起と呼ばれる羽毛羽生原基が活動開始して新しい羽を作り，古い羽毛を下から押し出して脱落させる．産卵鶏の場合には休産するのが普通である．

かんえんせきほう　乾塩せき法 dry curing　原料肉に食塩，硝酸塩，亜硝酸ナトリウム，砂糖，リン酸塩，アスコルビン酸塩などの塩せき剤の混合物を粉末状ですり込んだり，混ぜ込んだりして堆積し塩せきすること．

かんがい　寒害 cold injury　冬の寒さのために植物の組織の細胞間や細胞内に凍結がおこり，その生活の機能を失うことをいう．

かんがい　潅漑 irrigation　夏季の高温，乾燥で牧草類の生産が低下する場合に潅水すると効果がある．地下潅漑とスプリンクラーによる潅漑があるが，日本ではほとんど普及していない．冬季に地温の低下を防ぐために潅漑する研究も紹介されたが，普及しなかった．

かんき　換気 ventilation　畜舎内部の空気を屋外の新鮮な空気と置き換えること．換気方式は，自然換気と強制（機械）換気とに分けられ，前者は風と畜舎内外の温度差を原動力として行われ，後者は換気扇により行われる．

がんきこつ　含気骨　pneumatic bone
気嚢の一部が骨の内部に入り込んだ鳥類特有の含気性のある骨で，上腕骨，胸骨，肋骨にみられる．

かんぎゅう　韓牛　Korean cattle　古くから朝鮮半島で飼養されてきた在来の役用牛．毛色は黄褐色で，体型は前勝ちで，四肢が長く体積は十分でない．温順で役能力に優れる．産肉性は低いが肉質は優れている．体重，体高は，それぞれ雌 380～420 kg, 110～127 cm，雄 550～600 kg, 130～138 cm. 枝肉歩留りは53％程度である．

がんきゅう　眼球　eyeball　視覚器の主たる器官で，光の明暗，色彩を感じる受容器である．光は角膜を通過し，水晶体で焦点を調節され，網膜上に像を結ぶ．網膜には桿状体と錐状体視細胞の2種があり，前者は光の明暗に鋭敏で，後者は明るい光の色彩を判別できる．家畜では錐状体細胞の数がきわめて少なく，色盲に近いが，ニワトリでは数多く分布している．

かんきょうそうかん　環境相関　environmental correlation　同一個体の2形質について，ある形質に及ぼす環境効果と別の形質に及ぼす環境効果の間の相関の強さで，−1〜+1 の値をとる．なお，共通環境効果 common environmental effect は，家系内の個体間で共通に受ける環境の効果を意味し，環境相関とは異なる．

かんきょうていこうせい　環境抵抗性　environmental resistance　環境変化によく適応する能力は，環境変化によく耐える性質でもあり，その意味で環境適応性のことをいう．一般にジャージーの耐暑性などのように種や品種水準で用いることが多い．

かんきょうホルモン　環境ホルモン　endocrine disrupting chemicals, endocrine disruptors, environmental hormones　公式には「内分泌撹乱化学物質」．動物の正常なホルモンの作用に影響する合成化学物質と自然界に存在する化学物質の総称．自然界に存在する物質，医薬品，環境汚染物質の3種に分類される．第1グループでは植物エストロジェン，第2グループではジエチルスチルベストロールなどの女性用経口避妊薬，第3グループにはダイオキシン，トリブチルスズなど約70種類の化学物質がある．現在社会問題化している物質は，性ホルモン作用に影響するものである．

かんきりんどう　換気輪道　ventilating trunk　換気のために畜舎内に流入した空気の移動経路．真の換気量は，給排気口の構造や位置，舎内の障害物の状況，さらに流入気温や風速により影響を受けるので，舎内の温湿度や気流の分布にむらが生じないように換気するためには，換気輪道に留意する必要がある．

カンクレイ　Kankrei　インド西部ボンベイ地方原産の乳役兼用ゼブウシ．肩峰大きく，垂れ耳，琴型の角を有し，毛色は銀灰色か黒ぼかし，褐色に黒ぼかし，黒褐色などが見られる．体重，体高は，それぞれ雌 340～450 kg, 120～137 cm，雄 450～680 kg, 124～145 cm. 乳量は 1,600 kg, 乳脂率 4.6％程度．

かんげざい　緩下剤　laxatives　瀉下（しゃか）作用が緩やかな瀉下薬をいい，常習的な便秘症に対して用いられることが多い．ダイオウ，フェノールフタレインなどの刺激性瀉下剤が該当する．

かんけつしょうめいほう　間欠照明法　intermittent lighting　ニワトリにおける産卵の促進，飼料効率の向上を目的とした光線管理法の一つで，照明の時間帯を連続せずに短い明暗周期を断続的に繰り返す方法である．照明の総時間が短くても連続点灯と同じ効果が得られることから，電気代の節約にもなり省資源的効果の面からも研究され，いくつかの方式がある．断続照明法ともいう．

かんげんぎゅうにゅう　還元牛乳　recombined milk, reconstituted milk　脱脂粉乳を溶解し，これに乳脂肪（バター，クリーム）を加え均質化した recombined milk と，全

脂粉乳を水に溶解した reconstituted milk の 2 種類がある．わが国では両者を還元牛乳と総称している．

かんこつ　寛骨　hip bone　　後肢骨を構成する後肢帯の骨で，腸骨，恥骨および坐骨からなる両側性の骨格．腸骨，恥骨および坐骨は寛骨臼で会合し，大腿骨と関節（股関節）する．両側のこれらの骨は腹位正中線で恥骨結合を含む骨盤結合で結ばれる．　→付図 21, 付図 22

かんさいぼう　幹細胞　stem cell　　分裂による自己複製能と同時に分化能をもつ前駆細胞のこと．体細胞に対する生殖細胞，ならびに血球の前駆細胞である造血幹細胞，骨，筋線維，脂肪細胞の前駆細胞である間葉性幹細胞など動物組織の各構成細胞に対する前駆細胞を指す．

かんさびびょう　冠さび（銹）病　crown rust　　カビの寄生によりおもにイネ科牧草のライグラス類やフェスク類に夏枯れをおこす作物病．一般に 5〜7 月と 10〜11 月に多発し，葉に赤黄色の小斑点が無数にでき，橙色の粉末（夏胞子）を出す．

かんしつさいぼう　間質細胞　interstitial cell, Leydig cell　　精巣の間質に存在する内分泌細胞．発見者の名を冠してライディヒ細胞とも呼ばれる．一般に 3β-hydroxysteroid dehydrogenase を有しており，テストステロンを分泌して雄の副生殖腺，外部生殖器の発育促進，造精機能促進等の二次性徴の発現を促進する．ウマでは特に発達が良く大量のエストロジェンとインヒビンを分泌する．間質細胞は，黄体形成ホルモン（LH）のリセプターを有しており，LH の刺激によってホルモンの分泌が増加する．

かんしつさいぼうしげきホルモン　間質細胞刺激ホルモン　interstitial cell stimulating hormone (ICSH)　　→黄体形成ホルモン

かんじゅくき　完熟期　full ripe stage　おもにイネ科作物の子実の成熟程度をあらわし，子実が種子または穀物として収穫し得るまで完全に熟した時期または生育段階を指す．

かんしょ　カンショ（甘藷）　sweet potato, *Ipomea batatas* Lam.　　ヒルガオ科の多年性植物で，茎はつる状で地をはい，根は塊状でデンプンに富むイモの一種である．茎部も飼料として利用されるが，根塊部はすべての家畜に対して嗜好性がよく，大量でなければ飼料として給与できる．ただし，硬くなって黒色の斑（はん）点ができたものは黒斑病菌に侵されており，家畜に対し致命的な毒性があるので給与してはならない．また黒斑病に似た根腐病いもも毒性があるので注意が必要である．その他，軟化の著しく進んだ軟腐病いもも弱毒性がある．

かんじょうどうみゃく　冠状動脈　coronary artery　　心臓の栄養血管であり，左心室を出た直後の大動脈から派生し，冠状溝を走る．右冠状動脈は洞下室間枝を，左冠状動脈は旁円錐室間枝を出して，心尖にまで血液を送る．左冠状動脈は回旋枝により冠状溝の後方を右側に走り，右冠状動脈と吻合する．その際，中間溝にも下行枝を送っている．

かんせい　間性　intersex　　個体の性に関する形質が，完全な雄型，あるいは雌型を示さず，いろいろな程度で両方の特性をもつ性異常個体．ヤギやブタでは，雌型の核型を示す雌性間性が多い．ウシの異性双子の雌は，雄型，雌型両方の核型を示す細胞が混在する間性で，繁殖力を欠くフリーマーチン症である．
→性異常，フリーマーチン症

かんぜいか　関税化　tariffication　　数量割当制や外貨割当制のような非関税障壁による貿易制限を無くし，内外価格差によって生ずる問題に対してはすべて関税で対処すること．ウルグアイ・ラウンド交渉の中で提案され，最終合意に盛り込まれた．　→ウルグアイ・ラウンド農業合意

かんぜいそうとうりょう　関税相当量　tariff equivalent　　1993 年に合意したガットウルグアイラウンドにおいて，コメなどの一

部の特例措置を除き，すべての非関税障壁措置を関税に置き換えることが決められた．それにともなって，国内卸売価格と輸入価格との差を関税相当量として設定することが認められた．乳製品では1986~88年の卸売価格と国際酪農取りきめによる最低輸出価格の差を関税相当量としている．

かんせいバター　甘性バター　sweet cream butter →非発酵バター

かんせいはんのう　慣性反応　reaction momentum 刺激に対する応答としての行動のしかたの一つで，刺激によってひとたび興奮した神経回路の興奮が，おさまるまでに時間的なずれが生ずることにより，刺激がなくなった後も反応が認められること．後発射（after-discharge）ともいい，シナプスの興奮のおくれが関係していると考えられる．

かんせつ　関節　articulation, joint 骨の連結を意味し，骨相互の不動性結合と可動性結合がある．不動性結合は頭蓋の縫合のように相互の骨がほとんど可動しないで骨間を連結する．可動性結合は肘関節や膝関節のように関節腔を隔てて骨と骨が連結しているため，可動性の関節を形成しており，相互にある骨端の関節軟骨が関節腔に面している．可動性の関節の周囲は結合組織の膜からなる関節包によって包まれている．

かんせつかねつほう　間接加熱法　indirect heating method 牛乳の殺菌に用いる熱交換機の方式の一つ．牛乳と熱媒体が，薄い伝熱板を通して間接的に接触して熱交換しながら殺菌される方式．

かんせつけんてい　間接検定　indirect performance test 家畜の能力検定を行うにあたり，候補畜自体ではなく，その血縁個体の能力を検定して，候補畜の能力を評価する方法．後代検定ときょうだい検定がある．
→後代検定，きょうだい検定

かんせつせんばつ　間接選抜　indirect selection 2形質間に遺伝相関があるとき，一方の形質を選抜すれば他方の形質も変化することを相関反応（correlated response）というが，これを利用して，他方の形質を改良すること．その形質の測定が困難な時や経費がかかる時に用いられる．例えば，短期産卵率に対する選抜による長期産卵率の改良など．

かんせん　汗腺　sweat gland 皮膚腺の一種で，大汗腺（アポクリン腺）と小汗腺（エクリン腺）が認められる．大汗腺は離出分泌型で，真皮深層部から皮下組織にかけて存在し，その導管は必ず毛包の頸部に開口している．小汗腺は漏出分泌型で，真皮層に存在し，汗腺管で毛包と関係なく，皮膚表面の汗孔に開く．家畜では大汗腺が体表全体に分布し，特にウマではよく発達している．

かんそう　乾草　hay 干し草ともいう．刈取った草類を自然（天日）乾燥または人工乾燥して水分含量を15％以下にして保存性を与えたもの．輸送，貯蔵に便利なように圧縮成型した梱包乾草，ヘイキューブは流通飼料として多量に扱われている．家畜による栄養摂取量は，乾物含量が高いのでサイレージや生草よりもよい．調製の仕方によって，原料草とかなり養分差を生じることがある．

かんぞう　肝臓　liver 消化器系の中の最大の腺．胆汁を分泌する他，腸管で吸収され門脈を介して流入する栄養物を分解，貯蔵，解毒などする．機能血管（門脈）と栄養血管（肝動脈）とが分布する．実質は肝小葉と呼ばれる小区画からなり，肝細胞が小葉周辺から中央へ索状の配列をし，血液は静脈洞を辺縁から小葉中央の中心静脈へと流れ，胆汁は辺縁の小葉間結合組織（グリッソン鞘）に向かって流れる．各種蛋白質を合成し，血液中に送り出す．→付図11, 付図12, 付図13

かんそうか　乾草価　hay value 飼料栄養価を表示するために考案された最も古い方式で，20世紀初頭に発表された．ウシに対する牧乾草の価値を基準として，経験的にこれと等価の他飼料の量を示す方式で，現在は歴史的意義があるのみである．

かんそうきかく　乾草規格　hay grade

乾草の品質を示すために設けられた規格．アメリカなどでは，主要な乾草の品質規格が公定化され，公認の乾草品質規格検査官による評価によって適正な乾草流通に効果をあげている．品質規格は乾草の緑度，葉部割合，雑草混入などの簡易査定によるもので，アルファルファ乾草の上級ランクのものは葉部40％以上，緑度60％以上，雑草混入5％以下とされている．

かんそうしゅうのうこ　乾草収納庫　hay barn　乾草を収納・貯蔵するための専用の建物．

かんそうしりょう　乾燥飼料　dry feed　風乾状態の飼料．練餌（ねりえ）の対比として用いられる．

かんそうぜんらん　乾燥全卵　dried whole egg　乾燥全卵の製造は，殻付卵を割卵して得られる液全卵を殺菌して噴霧乾燥して行われるが，乾燥卵製造後は，溶解度の低下，乳化性や起泡性の低下などがおきるし，脂質の酸敗や変色もおきやすいので，乾燥卵は密閉して直射日光のあたらない低温の場所に保存しなければならない．→全卵粉

かんそうちょうせい　乾草調製　hay making　草類の貯蔵法の一つで，刈取った生草をすばやく乾燥させ水分含量を約15％以下にしたものを調製すること．日射と風で乾燥させる自然（天日）乾燥法と，火力・送風により乾燥させる人工乾燥法がある．自然乾燥法でも天候に恵まれると実質2日間ぐらいで調製できる．ヘイコンディショナーによる圧砕，ヘイテッダーによる反転，サイドレーキによる集草などは乾燥速度をあげるのに有効である．

かんそうつよさ　乾燥強さ　dry strength　いわゆる標準状態すなわち温度20 ± 2℃，相対湿度65 ± 2％において測定した毛の引張り強さ．毛の強さは測定時の温度や湿度により影響を受けやすいので，一定の基準を設定する必要がある．

かんそうにく　乾燥肉　dried meat　風乾または凍結乾燥で脱水した食肉．

かんそうらんおう　乾燥卵黄　dried egg yolk　通常脱糖処理は行わず，液卵黄を殺菌後噴霧乾燥し，粉末化する．保存中の劣化防止のためにショ糖やデキストリンを添加して乾燥した製品もある．

かんそうらんぱく　乾燥卵白　dried egg white　通常脱糖処理を施した液卵白を噴霧乾燥によって乾燥し，45～65℃の部屋で7～10日間放置して殺菌し，製品としたもの．液卵白をそのまま乾燥すると，卵白に含まれていたグルコースが蛋白質と反応して褐色化や不溶化がおきるため，通常乾燥前に液卵白の脱糖処理が行われる．脱糖処理には細菌，酵母，酵素による方法があるが，酵素法によるものが最も風味がよい．

カンタン　かん（鹹）たん　shiendan　アヒルの卵または鶏卵を塩，泥，草木灰などで練り合わせた中に漬けて密封し，約1ヵ月熟成させたもの．皮たん（ピータン）に似ているが，製造時におけるアルカリ濃度が低いため卵白はほとんど変化せず，卵黄は赤黄色に変化する．殻を水洗し，ゆでて食べる．

かんちがたぼくそう　寒地型牧草　temperate grass, cool-season grass　温帯地域を原産とする牧草類で，チモシー，オーチャードグラス，ペレニアルライグラス，ケンタッキーブルーグラス，アルファルファ，アカクローバ，シロクローバなど，わが国で栽培されている大部分の牧草が属している．5℃以上で生育を開始し，生育に最適な気温が15～25℃と低く，わが国西南暖地の夏季には生育停滞をおこす．光合成のCO_2還元経路がCalvinサイクルであるC_3植物に属する．

かんちょうかん　肝腸管　hepatoenteric duct　肝臓で作られた胆汁を直接十二指腸に送り出す管．通常，胆汁は胆囊に一時的に貯留され，総胆管により排出されるが，胆囊を欠くウマ，ラット，ハトなどでは，胆汁は肝臓から肝腸管により十二指腸に送られる．ニワトリのように肝腸管と総胆管が共存するもの

もある． →総胆管，付図13

かんつい　環椎　atlas　第一頸椎のこと．頭蓋の運動に関連して特殊な形を示し，その形が輪状であることから環椎といわれる．Atlasとはギリシャ神話の宇宙を支える神（アトラス神）のことで，頭蓋を支えるという意味をもつ．

かんてつ　肝てつ（蛭）　liver fluke　肝てつ（*Fasciola*）属の吸虫類であり，肝てつ科に属する木葉状の寄生虫．肝てつ（*F. hepatica*）と巨大肝てつ（*F. gigantica*）がある．

かんてつしょう　肝てつ（蛭）症　fascioliasis　肝てつが肝臓または胆管に寄生しておこる急性ないし慢性の寄生虫病．ウシやヒツジが中間宿主のヒメモノアラガイの体内で発育した被囊メタセルカリアを経口摂取して感染する．黄疸や削痩が認められ，慢性胆管炎や肝硬変をしばしば誘発する．治療には駆虫薬を投与する．

かんてんゲルでんきえいどう　寒天ゲル電気泳動　agarose gel electrophoresis　寒天は1,3-グリコシド結合をしたD-ガラクトピラノースの一部にL-ガラクトピラノース-硫酸エステルが結合した多糖誘導体で，その粉末を水に溶かして熱を加え再び冷やすとゲルが得られる．このようなゲルを支持体とした電気泳動では分子篩効果によって蛋白質，核酸などは分子量の違いによって分離されるので，分子量の推定手段などとして多用される．

カントリーハイド　country hide　地方の屠殺場から出る原皮．剥皮技術と原皮の仕立てが悪く，また品質と数量が揃いにくいのでパッカーものより劣る．低級な塩蔵皮を指す場合がある．

カンニバリズム　cannibalism　高密度で飼育されるニワトリやブタにおいて多くみられる行動で，同種の個体に対し激しい攻撃を加え，重傷または死に至らせる，あるいはその個体を食うこと． →尾かじり

かんにゅう　乾乳　dry up, dry off　乳生産を続けていた乳牛の搾乳を止めてしまうこと．

かんにゅうぎゅう　乾乳牛　dry cow, dry up cow　乳生産を継続していた乳牛が搾乳を止めて乳生産をしなくなった経産牛．搾乳を止めることを乾乳といい，普通，分娩・泌乳開始後ほぼ10ヵ月で行う．通常この時期には妊娠後期のものが多い．

かんのうしけん　官能試験　sensory evaluation　嗅覚，味覚，その他ヒトの感覚器官に対する刺激の量や質を，パネルと呼ばれるヒト（通常複数）の感覚に基づいて評価すること．官能検査ともいう．

かんのうよう　肝膿瘍　hepatic abscess　壊死桿菌（*Fusobacterium necrophorum*）やその他の化膿菌が門脈路，胆道あるいは肝動脈を介して感染し，肝臓に大小の膿瘍を形成する疾患．肥育中のウシやブタに好発し，削痩し衰弱する．

かんはば　寛幅　thurl width　ウシの体尺測定部位の一つで，左右寛結節間の距離． →付図8

かんぴ　乾皮　dried hide (skin)　生皮を乾燥して保存に耐えるようにした原皮．毛生面を内側にして板，木わくなどに張りつけ，直射日光を避けて乾燥する．乾皮には乾燥のみ行った素乾皮のほかに，塩化ナトリウム処理を施してから乾燥した塩乾皮や，防腐剤を施してから乾燥した薬乾皮がある．

かんぶつ　乾物　dry matter, DM　飼料その他のなかに含まれる水分以外の成分を指し，固形物（solid）ともいう．一定温度で加熱乾燥し，得られた恒量を乾物重とみなして材料の乾物含量％が得られる．結合水などのために厳密な意味での乾物またはその重量を得ることは難しいが，通常はこの扱い方で特に支障はない．材料中の成分量を乾物当りの含有率で示す方式はしばしばとられる．

かんぶつしゅうりょう　乾物収量　dry matter yield　飼料畑や草地における一次生産量（力）を示すもので，一定期間における単位面積あたり飼料収穫量を乾物重であらわし

た値.光合成による総生産量から呼吸による消費量,地下部と脱落部の重量を差し引いたもの.圃場からの栄養分収量はTDN収量などとしてあらわされる.

かんぶひど 冠部被度 crown coverage
植生の生態調査にあたって草高,被度,密度,頻度などを計測することがあるが,冠部被度は葉のひろがりを立毛のまま測定した値であり,これに対して刈り取って株の被度を測定することがあり,これを基底被度(basal cover)という.

かんべつひな 鑑別雛 sexed chick
雌(雄)を分別してある雛.無鑑別雛より市場価値が高い. →初生雛雌雄鑑別

ガンマーグロブリン gamma(γ) globulin
中性pHにおける電気泳動で,陽極に向かって最も遅い移(易)動度を示す血清グロブリン分画.その大部分が抗体活性を有する免疫グロブリンから成る.また移(易)動度によりγ_1-グロブリンとγ_2-グロブリンに細分されることもある.

がんめんこつ 顔面骨 facial bone
家畜の頭蓋で,消化器や気道のはじめの部分を囲む骨によって構成される.鼻骨,涙骨,上顎骨,腹鼻甲介骨,切歯骨,吻鼻骨,口蓋骨,頬骨,下顎骨および舌骨が含まれる. →付図22

がんめんむもう 顔面無毛 open faced
ヒツジでみられる顔面の被毛を欠くか少ないもの.異常で眼の周囲は無毛.

がんやくとうやくき 丸薬投薬器 balling gun
ウシ,ブタなどの家畜に錠剤を投薬する時に使用する器具.ウシの場合,直径2cm,長さ70cmほどのステンレス製のフレキシブル管を,食道まで挿入し,他端から錠剤を管の中へ投入する.

かんよう 寒羊 Han sheep
中国華北の農業地帯(河北省,河南省,山東省)で蒙古羊を改良して作出したヒツジで,尾の形で大尾寒羊と小尾寒羊に分けられる.毛色は白色で,大尾寒羊は無角,小尾寒羊は有角である.大尾寒羊の尾は長く50~70cmにもなり,脂肪が蓄積する.性成熟は早く,多産で,産子率は大尾寒羊で229%,小尾寒羊で163%.毛,皮,肉の兼用種として利用されている.

かんりほうぼく 管理放牧 controlled stocking
不耕起造成法の一工程としての放牧.野草など前植生が再生し,播種した牧草の初期生育と競合し始めるころ,早めに家畜を入れて野草を採食させ放牧化を促進するための放牧をいう.

がんりゅうアミノさん 含硫アミノ酸 sulfur amino acids
分子中に硫黄を含むアミノ酸で,メチオニン,シスチンおよびシステインの総称である.

かんりゅうばいよう 灌流培養 perfusion culture
外部から常に新しい培養液を供給し,古い培養液を流出させながら細胞あるいは組織を培養すること.培養液がいつも同じものであるバッチ培養と対比される.

かんれいしいくほう 寒冷飼育法 rearing in cold environment
ロシアその他,多くの国に取り入れられているウシの管理技術である.子牛は寒さに強いので熱環境としても化学的環境としても,変動の少ない寒冷で新鮮な空気環境のもとで飼育する方が,舎飼いで汚染された空気環境のもとで飼育するより,健康に発育するという.これを取り入れた「カーフハッチ」による飼育法がある. →スーパーカーフハッチ

[き]

キアニナ Chianina
イタリアのキアニナ地方原産の役・肉兼用牛.古い在来牛にグレイ・ステップを交配して作出した赤肉タイプの世界最大のウシ.枝肉歩留りは56%.体重・体高は,それぞれ雌850kg,150cm,雄1,250kg,170cm程度.長脚で骨太,大型で増体速度が大きい.毛色は白色,皮膚はうすく,短毛.有角.各国で肉用牛の交雑に利用.

ギー ghee インドで古くから水牛乳を

用いて原始的な方法で作られているバターオイル．高温でも保存性のよい食用油で，調理用，製菓用として利用される．

きおくさいぼう　記憶細胞　memory cell　抗原刺激を受けるとB細胞およびT細胞の一部は抗原刺激を記憶する記憶細胞になり，次回以降の抗原の進入に備える．記憶細胞は，抗原刺激を受けたことのないリンパ球に比べ短期間で活性化され強い免疫機能を発揮する．→二次免疫

きかいさくにゅう　機械搾乳　machine milking　搾乳機（ミルカー）で乳を搾ること．乳牛の乳頭の中の乳の取り出し方は，ティートカップの中に乳頭を挿入し，この中を40~50 kPa程度の陰圧にして，乳頭内より外の圧力を低くし，乳頭管孔を開口させて乳を体外へ吸い出す．なお吸引は連続的ではなく，パルセーターの働きにより吸引期と休止期（マッサージ期）を交互に繰り返す間歇的な吸引を用いる．

きかいてきいでんふどう　機会的遺伝浮動　random genetic drift　有限集団では，遺伝子頻度は配偶子の機会的抽出によって変動するが，この変動を機会的浮動という．集団が小さいほどその影響は大きく，対立遺伝子の固定や消失の確率が高くなる．

きかいひよう　機会費用　opportunity cost　複数の用途のある財について，ある一つの用途が選択された場合，犠牲になった他の用途によって得られる利益を，選択された用途の財の機会費用と呼ぶ．例えば，販売可能なオオムギを飼料として家畜に給与した場合，オオムギの販売価格が飼料として利用した場合のオオムギの機会費用になる．

きかざっそう　帰化雑草　naturalized weed　元来国内に自生していない植物が，急増する輸入飼料などの農業用資材に混入した種子によって繁殖帰化したもの．これまでに，農耕地に急増しているものや毒性の危険性のあるものとして37科200種近くが確認されており，次第にその被害が深刻になりつつある．

きかん　気管　trachea　咽頭に続く空気の通路で，頸部を走行して胸腔に入り，左右の気管枝に分かれて肺に入る．気管は多数の輪状の軟骨が連続的に靱帯で結ばれたものが，基礎になっているので，可動的であり，圧迫されても腔が閉じることはない．

きぎょうけいえい　企業経営　enterprise　企業形態の一つであり，資本主義経済にもっとも適合した形態．資本と労働が分離しており，雇用労働に依存しもっぱら資本収益（利潤）の追求を目的としている．農業では家族経営が主体であり，近年大規模経営があらわれ有限会社その他法人格を持った経営も出てきているが，企業的ではあっても企業経営といえる経営はなお例外的である．

きぎょうりじゅん　企業利潤　profit of enterprise　経営成果を見る指標の一つ．経営者が受け取る利益から，投下した土地の代償としての地代，投下した資本の代償としての資本利子を控除した残余としての利潤部分．農業経営を例にして式であらわすと次のようになる．企業利潤＝粗収益−（物財費＋労働費＋資本利子＋地代）＝農業所得−（家族労働費＋自己資本利子＋自作地地代）

きけい　奇形　mulformation, deformity　→先天異常

きけいせいし　奇形精子　abnormal spermatozoon　形態的に異常の認められる精子のこと．

きこう　気孔　shell pore　卵殻に無数に分布している小孔のこと．胚の発生のための呼吸と水分の調節に役立つ．卵殻表面での気孔の分布は一様でなく，卵の鈍端部に最も多く，鋭端部に最も少ない．気孔は外側にロート状に開き，クチクラによって塞がれている．しかし，卵を水洗したり，手でこするだけでクチクラは容易に剥がれるので，気孔の外部への口はほとんど常に開かれていることになる．

きこう　き甲　withers　→付図1，付図2，付図5

きこうじゅんか　気候順化　acclimatization　自然の気候や地理などの複合した環境条件に対し,持続的に生理・生態あるいは形態的な変化をともなって,新しい環境に適応し,その条件下で正常な生活を営むことができる状態にまで至ること.

ギシギシ　dock, *Rumex japonicus* Houtt.　肥料分や湿りけの多い裸地に発生しやすいタデ科の多年草草木.ゴボウ状の根をもち,その根片からでも新株を発育させる.多量の種子を産し牧草地の主要な雑草の一つ.草地更新の際,埋土種子から多量に発芽することが多い.ポリカーボネイト系やスルホニルウレア系の除草剤が有効である.出芽前の植物体はウシも比較的よく食する.ややウシの放牧圧を強くし,ウシによる採食頻度を高めると抑圧される.エゾノギシギシ(*R. obtusifolius*)は強害雑草である.

ぎしだい　擬雌台　dummy　精液採取の際に使用する台で,ウシ,ブタ,ヤギ,ウサギなどで広く用いられている.雄畜をこの台に誘導して乗駕させ,人工腟法や手圧法(ブタ)により精液を採取する.乗駕時に雄畜に障害を与えないように台の表面にマットや同種家畜の毛皮を張る.乗駕欲の弱い雄や不慣れな若齢の雄には,台の表面に発情雌の尿や粘液を塗ると効果的である.　→擬牝台,人工腟法,手圧法

きしつ　基質　1) ground substance, matrix, 2) substrate　1)組織内の細胞間を満たす細胞の生産物で細胞間物質ともいう.コンドロイチン硫酸などを主成分とするプロテオグリカンである.組織の固さなどは基質の物理化学的性状に左右される.結合組織の基質はゲル状で柔らかい.軟骨基質はやや硬く,固形状で支持力が強い.骨基質にはCa塩が沈着し堅固である.2)生化学的には酵素によって作用を受ける化合物または分子をいう.

きしつ　気室　air chamber　鳥類の卵の卵殻と卵殻膜との間にできた空気室.放卵後の卵の温度低下と卵の内部体積が減少することにより,気孔を通じて外部から空気が入り込むためにできる.通常気室は気孔の多い鈍端部にできる.鮮度の悪い卵は,内容物の水分が蒸発のために減少するので,気室の大きさは大きくなる.　→付図19,付図20

きしゃくしょうげき　希釈衝撃　dilution shock　精液を急激に高倍率希釈したときに生じる精子活力,代謝能,受精能などの不可逆的な低下をいう.精液処理の際の注意事項として低温衝撃とともに重視される.高倍率希釈であっても少しずつ徐々に行えば衝撃を緩和することができる.希釈液成分の卵黄が希釈衝撃を防ぐ効果をもつことも知られている.　→低温衝撃

きしょうようそ　気象要素　meteorological elements　気温,気湿,気圧,風,日射,降雨・雪等の気象の状態を示す要素.家畜を取り巻く環境要因の一つであり,家畜の生理・生産機能に関係が深い熱環境の構成要因である.

きせつこつ　基節骨　proximal phalanx　→指(趾)骨・蹄骨,付図21

きせつせいさんせい　季節生産性　seasonal production　季節による牧草の生育速度の違い.長日植物である寒地型牧草は春の気温が上昇および長日条件下で旺盛な生育をし,出穂,開花に至る.この時期の生育は最も旺盛でスプリングフラッシュといわれるが,夏になり,栄養成長が主となるとともに,高温によって生育速度は停滞する.秋には気温が低下し生育はやや回復する.わが国は夏冬の寒暖の差が大きいので季節生産性が特に大きい.

きせつはんしょく　季節繁殖　seasonal breeding　子畜の育成や飼養管理などを合理的に進めるという畜産経営上の理由で,子畜の生産を季節的に調整する場合がある.この繁殖方式をいう.肉用牛の繁殖によく用いられている.

きせつはんしょくどうぶつ　季節繁殖動物

seasonal breeder　1年の特定の時期ないし季節にのみ繁殖活動を行う動物のこと．この季節性に関与する環境因子は光周期である．ウマやロバは日長時間が長くなる春から夏にかけての時期に繁殖季節を迎えるので，長日繁殖動物という．一方，ヒツジ，ヤギ，シカなどは，秋から冬に繁殖季節を迎えるので，短日繁殖動物をいう．ウシやブタは明瞭な繁殖季節をもたないので，季節繁殖動物に対して周年繁殖動物として区別される．　→繁殖季節

ぎそしゃく　偽咀嚼　sham chewing　転嫁行動や真空行動の常同化したもので，ウシやブタなどが食塊を口に入れていないのにもかかわらず咀嚼するように口を動かす行動．終日つなぎ飼いやストール飼育など，刺激の少ない単調な飼育環境において多くみられる．

きそしりょう　基礎飼料　basal ration, basal diet　栄養価や安全性の評価，あるいは消化試験または飼養試験に使用する基本となる飼料のことで，これに試験物質を添加して試験する．通常は栄養的に不足のないバランスがとれたものであるが，試験目的によっては欠陥のあるものを基礎飼料とすることもある．

きそちく　基礎畜　foundation stock　基礎集団（base population）ともいい，育種をするに当って集められた家畜群により生産された集団をいう．改良の大筋は基礎畜により決まってしまうので，改良目標に含まれる形質について望ましい遺伝子を持つ個体を多く含ませることが重要である．

きたい　奇（鬼）胎　mole, hydatidiform mole　受胎産物の変性により生じた子宮内の塊．絨毛膜上皮の一部が異常に増殖して胞状に腫大し，間質は大小の嚢胞を形成する．その結果，嚢胞が連なってブドウの房状を呈するようになる．胞状奇胎ともいう．

きたいこうだいさ　期待後代差　expected progeny difference, EPD　BLUP法サイアモデルおよびMGSモデルにおいて，種雄牛の評価値は当該種畜を使用したときに，後代がどれだけ改良されるかを予測した値として計算される．これが期待後代差である．期待後代差を2倍した値が，当該種畜の育種価である．

きたいせんばつさ　期待選抜差　expected selection differential　選抜結果をもとに選抜反応を予測する時に，選抜個体の繁殖率の違いが予測値に影響を与える．子の数により重み付けした選抜差を有効選抜差といい，子の数を考慮しない選抜差を期待選抜差という．

キッド　kid　子ヤギの皮をなめした甲革．銀面が美しく柔軟で高級靴用革，手袋革などに用いられる．ヤギ皮，小ヒツジ皮をなめした手袋革を示す用語にもなっている．

キップスキン　kip skin　カーフスキンと成牛皮の間の牛皮で，塩生皮で15~25ポンドのものを指す．

きてい　基底　→付図3

きているい　奇蹄類　Perissodactyla　脊椎動物哺乳類の中で，蹄の数が奇数の有蹄類．ウマ，ロバ，サイ，バクなど．

きとう　亀頭　glans penis　→陰茎，付図16

ギニアグラス　guineagrass, *Panicum maximum* Jacq. var. *maximum*　ギニアキビ．熱帯アフリカを原産とする暖地型のイネ科多年生牧草．草丈は1.5 m~3.0 mまでに達する系統があり，重粘土や低湿地を好まず，耐乾性があって排水良好な肥沃地に適する．わが国の西南暖地では播種または栄養茎を植付けて，一年生の夏作物として年4~5回刈取り利用される．南米やオーストラリアでも広く栽培され，サイレージや乾草に利用される．

ぎにんしん　偽妊娠　pseudopregnancy　交尾排卵動物では，交尾が不妊に終わった場合や交尾に似た機械的刺激によって排卵が誘起された場合に，その後，形成された黄体が機能を維持し，子宮や乳腺が発育して，妊娠時と

同様の変化を示す．この状態を偽妊娠という．偽妊娠の期間は，フェレット，ミンクでは妊娠期間とほとんど変わらないが，ウサギ，ネコ，ラット，マウスでは妊娠期間よりも短い．
→交尾排卵

きのう　気嚢　air sac　鳥類の肺の気管が肺外に伸びてで，嚢状に膨れたもので，頸気嚢，鎖骨間気嚢，前胸気嚢，後胸気嚢および腹気嚢などが認められるが，腹気嚢が最大で，特に右側で大きく発達する．ニワトリの肺は呼吸の際に伸縮に乏しく，これらの気嚢が呼吸気の移動に関与する．

きのうてきかんきょう　機能的環境　functional environment　家畜をとりまく環境のうち，家畜の生活になんらかの形で直接影響を与えている要因から構成される環境をいう．これに対し，間接的に作用する可能性を有するにすぎない要因からなる環境を潜在的環境（potential environment）という．

きはくらんぱく　希薄卵白　thin white, thin albumen　→水溶（性）卵白

きはつせいしぼうさん　揮発性脂肪酸　volatile fatty acid, VFA　低級脂肪酸，小鎖脂肪酸ともいい，酢酸，プロピオン酸，酪酸などの低分子脂肪酸のこと．草食動物の反芻胃，盲腸，大腸などに生息する微生物によるセルロース，ヘミセルロースなどの植物繊維の分解・発酵により産生され，栄養源として宿主に利用される．粗飼料では酢酸が，濃厚飼料ではプロピオン酸の生成量が多い．

きぶた　黄豚　swine with yellow fat　体脂肪が黄色で異臭を放つブタ．さなぎ粕や魚屑などの多給で生じやすい．

ぎひんだい　擬牝台　dummy　精液採取の際に雄畜を乗駕させる台．　→擬雌台

きべつきゅうじ　期別給餌　→フェーズフィーディング

きぼのけいざいせい　規模の経済性　scale merit　経営要素といわれる土地・労働・資本のいずれかあるいはその全部の投下量を増やすことによって経営の規模拡大が行われるが，そのことによってもたらされる経営効果．一般的には①機械・施設利用の効率化や費用の低減，②分業協業等による労働能率の向上，③大量購入大量販売による費用の節減や有利販売，④流通・金融上の信用の増大等として現れる．

きみつサイロ　気密サイロ　air-tight silo　サイロの開封後もサイロ内を気密に保つ構造を有するサイロ．サイレージの取出しを下層部から行うスチール製の塔形サイロは，取出し利用中でもサイロ上部から追い詰めが可能である．またこの間どの時点でもサイロ内を一定圧力に保つ気密保時機能を備えていることから，このサイロを特に気密サイロと呼ぶことが多い．

きめ　texture　筋線維が集まって第一次筋束，さらに第二次筋束を作って骨格筋を形成するが，この第一次筋束の断面の粗密をいう．第一次筋束が細かいものは「きめ」が細かいといい，筋線維が太く，数が多くなると，第一次筋束は太くなり食肉も硬くなるので，食肉の軟らかさ（テンダネス）と密接に関係する．

キメラ　chimera　二種類以上の異なった遺伝子型をもつ細胞から構成されている個体のこと．2個以上の受精卵を集合させたり，受精卵へ細胞を注入する方法によって人工的にキメラが作られる．骨髄造血幹細胞を放射線照射などにより破壊した宿主にドナーの骨髄幹細胞を移植した骨髄キメラ，胸腺移植で作成する胸腺キメラ，胚の神経管移植により作成する脊髄キメラ，二種の胚を結合して作成する胚集合キメラ，多胎性動物あるいはウシの2卵性双子において脈絡膜での血管の吻合によって生じる血液型キメラ，染色体（核型）キメラなどがある．人為的作出は，同種動物間ではマウス，ラット，ウサギ，ブタ，ウシにおいて，異種動物間ではヒツジとヤギ，ニワトリとウズラにおいて成功している．二種類の細胞が混じりあっているだけであるので，雑種と異なってその形質が次世代へ伝わ

ることはない.

キメラたんぱくしつ　キメラ蛋白質
chimera protein　キメラとはギリシャ神話にでてくる仮想上の怪物のことで，異種蛋白質同士またはその一部同士をなんらかの手法で融合させたハイブリッド蛋白質のこと.

きもう　起毛　raising　織物や編物の表面を針布またはアザミの実で掻いて，その繊維の端末を掻き出して毛羽立てる仕上げ法．これによって柔らかい触感と保温性が付与される．綿ネル，毛布，普通の紡毛織物などは通常針布起毛を行うが，上等の紡毛織物にはアザミ起毛を行う．

キモシン　chymosin　チーズを製造する際に使用するレンネットは，子牛の第4胃の抽出物の総称であり，この中に含まれる凝乳酵素の本体がキモシンである．キモシンはκ-カゼインを特異的に分解することにより，牛乳を凝固させるアスパルテイックプロテアーゼ．以前はレンニンと呼ばれていた．
→凝乳酵素

ぎゃくこうざつ　逆交雑　reciprocal crossing　一代雑種生産において，父と母の組合せが相互に逆になった組合せのこと．例えば，A♂×B♀とB♂×A♀.

ぎゃくしんとう　逆浸透　reverse osmosis　濃度の異なる2種の水溶液の間に選択透過膜をおき，高濃度の溶液側に圧力を加えると，水と低分子物質（通常は分子量500以下）は膜を通過して低濃度溶液側に移動する．牛乳や脱脂乳の無熱濃縮，ホエーの脱塩と濃縮，排水からの汚染物質除去などに広く利用されている．

ぎゃくしんとうまく　逆浸透膜　reverse osmosis membrane　→膜処理

ぎゃくてんしゃこうそ　逆転写酵素
reverse transcriptase　RNA依存性DNAポリメラーゼとも呼ばれ，RNAを鋳型としてDNA鎖を合成する活性をもった酵素である．ニワトリやマウスのウイルスから発見された．これらのウイルスは1本鎖RNAゲノムをもち，そのゲノム複製には一旦RNAを鋳型として2本鎖DNAが合成される．この段階に関与しているウイルス由来の酵素．

ぎゃくほうこういでんがく　逆方向遺伝学
reverse genetics　従来の遺伝学では表現型の違いから原因蛋白質，さらに原因遺伝子の解明といった方向で進められてきたが，まずある遺伝子に注目し，その遺伝子を欠損させることによって生ずる表現型を検討し，遺伝子の機能にせまる手法による遺伝学.

ぎゃくむきはんぷくはいれつ　逆向き反復配列　inverted repeat　DNA上のある塩基配列の並びが逆向きに繰り返されているときの呼称で，さまざまな転写因子がこのような特殊な配列に結合することが知られている．

ぎゃくりん　脚鱗　scales　爬虫類の体表面と同様に，ニワトリの後肢端（足根間関節より遠位）は四角ないし六角形の角質板で覆われ，脚鱗と呼ばれる．脚の前面と後面に大型の角質板が2～3列に並び，側面では小型のものが密集している．指の背面では横幅の広い角質板が1列に並ぶ．アヒル，ガチョウでも角質板が認められるが，水掻きの部位には発達しない．

キャタロ　Cattalo　アメリカで，ヨーロッパ系肉用牛とアメリカバイソンの交雑により作出した肉用牛．アメリカバイソンのテキサス・フィバー抵抗性と肉用牛の肉質と肉量を改良目的としているが，肉質は良くない．雌は生殖能力をもつが雄は生殖能がない．

キャップこうぞう　キャップ構造（mRNAの）　cap structure　真核生物の多くのmRNAの5'末端にある修飾構造で，5'-5'のピロリン酸結合があり，また塩基やリボースがメチル基で修飾されている．必ずしも構造上の画一性はないが，5'末端は必ず7-メチルグアノシンであり，その5'部位と次のヌクレオシドの5'部位が，三リン酸を介して結合している．キャップ構造生成は動物細胞の場合核内で行われ，mRNA分解の保護とmRNA翻訳開始に重要な役割をもつ．

ギャップ ジャンクション gap junction　ネクサス（nexus）ともいう．細胞間結合の一種．この部位では隣接する細胞の間隙は2 nmと狭く，それぞれの細胞の形質膜に粒状蛋白質が6角柱状に埋め込まれ，両細胞を結合する．その中心に2 nmほどの細孔があり，無機イオンや分子量1,000程度の物質の輸送ができる．細胞間電気抵抗は著しく低く，興奮の電気的伝達が行われる．心筋，平滑筋，発生初期細胞，上皮細胞などでみられる．

ギャロウェイ Galloway　スコットランド西南部ギャロウェイ地方原産で，ハイランドより分離した肉用牛．被毛は長く，縮れている．毛色は黒褐色，褐色，それらに白色の混じった粕毛で無角．体重・体高は，それぞれ雌400 kg, 120 cm, 雄600 kg, 130 cm程度．枝肉歩留り63%で肉質良好．耐寒性を付与する目的で交雑利用される．

キュアリング curing　→塩せき

きゅうあいこうどう　求愛行動 courtship behavior　性的探査行動に続いておこる，異性を交尾に誘い込むための行動．求愛行動の行動要素（行動を構成する動作・姿勢・発声など）は種によって異なる．野生動物，特に鳥類の中には本来の機能よりも非常に大袈裟な行動を表示し，あるいは他の行動を加え，派手な行動をとる．これを求愛誇示行動という．ニワトリの雄が給餌求愛行動をとることもある．

きゅうかくいきち　嗅覚閾値 olfactory threshold　匂いを嗅覚で感知できる最小の臭気物質濃度．ヒトの場合×10^{-10} g/cm³であらわす．匂いの有無を検知する検知閾値と，その匂いであると認知する認知閾値があり，前者は後者より個体差が大きい．閾値は臭気物質によって異なり，例えばメルカプタンや硫化水素，トリメチルアミンなどはアンモニアなどに比べて閾値が低い．動物種による閾値差は大きく，イヌの嗅覚閾値はきわめて低い．

きゅうかん　休閑 fallowing　作物の作付け体系が確立する過程で，地力の保持と雑草防除の目的で，春小麦-冬小麦-休閑のように2年2作の後に土を休ませる方法が考案された．これを休閑という．今日では，プラウによる深耕，化学肥料や除草剤の施用によってこの体系は姿を消した．

きゅうきゅう　嗅球 olfactory bulb　脳の前位にあって，大脳から突出した部分．嗅覚をつかさどり，鼻腔粘膜の感覚細胞からの刺激を受ける．原始的な機能であり，大脳の発達の悪い下等動物では，脳のほかの部位に比して嗅球は相対的に発達している．

ぎゅうぐんけんてい　牛群検定 dairy herd performance test　農家の搾乳牛をすべて検定し，その能力に基づき雌牛を選抜して牛群の能力を改良する方法．わが国で，昭和49年から始められた乳用牛群検定普及定着化事業を指す．この事業では，農家で飼養されている搾乳牛の記録を分析し，農家の飼養管理の改善や雌牛の選抜に役立てている．また，全国規模で評価を行い，種雄牛の育種価を推定して，公表している．

ぎゅうこうき　牛衡器 weighing scales, cattle scale　ウシの体重を測定する秤．固定式と移動式とがある．ロードセル（動ひずみ計）を用いたものを，ミルキングパーラーや畜舎の出口の床面に設置して自動で計測して記録，印字するものもある．

ぎゅうこうしゃ　牛衡舎 weigh scale house　放牧中の家畜を集めて体重を測定する牛衡器を備えた建物．コラール（囲いさく）に付属させる場合が多い．体重測定の省力化を図るため，ウシが歩きながら計測できる歩行通過型の牛衡器も開発されている．

きゅうさんび　休産日 pause day　連続した産卵が一時（数日～2, 3週間）止まること．休産は季節や餌のような環境要因だけでなく，ニワトリの資質や年齢によって多寡や長短がある．　→産卵周期

きゅうじ　給餌 feeding　家畜，家禽に飼料を給与すること．給餌の方法には，食べただけ与える不断給餌，給与量を制限する制

限給餌，および飼料を強制的に口の中あるいは胃の中に投与する強制給餌などがある．

ぎゅうし　牛脂　beef tallow　ウシの脂肪組織から加熱溶解して製造した脂肪．原料の品質，溶出の方法，加熱処理の条件によって製品の等級，名称が付けられ，用途も異なっている．上等品は食用となり，その他は石鹸，ろうそく，化粧品などの工業用原料や飼料用に使われる．　→タロー

きゅうじき　給餌器（機）　feeder　家畜に飼料を給与する機器．ウシ，ブタの飼槽や鶏の給飼桶などへ飼料を配る機器．ブタやニワトリでは採食部と飼料貯蔵部が一体となったホッパー式不断給餌器がある．平飼い養鶏では床面に給飼桶を設置し，桶の中にチェーンを走らせて飼料の運搬と給餌を兼ねる給餌機もある．

きゅうじさく　給餌柵　feeding fence, feeding panel　放し飼い式牛舎などにおいて，家畜に飼料を採食させる時に，飼料と家畜を仕切るための柵．飼料の損失を抑え，家畜同士の競合を少なくするために用いる．家畜の種類・発育ステージにより，適正な形状・寸法を決める必要がある．

きゅうじそう　給餌槽　feeding trough　家畜に飼料を給与するための飼料をいれる器．固定したものを飼槽，固定していない可動式のものを給餌容器と呼ぶ．ウシ，ブタ用の飼槽は畜舎などの施設と一緒に設置し，多くはコンクリート製である．飼槽には通路側の前縁が通路より高い立ち上がり型と通路面と同じくぼみ型がある．

きゅうじとい　給餌樋　feeding trough　おもにケージ養鶏でケージに沿って設置したU字またはV字型の給餌容器．塩化ビニール製が多く成鶏用は高さ12〜15 cm，幅15 cm程度で，飼料のこぼれを防ぐため樋の縁に返しがある．

ぎゅうしゃ　牛舎　cattle barn　ウシを収容する畜舎．搾乳牛に関しては発育ステージにより，哺育牛舎（calf barn），育成牛舎（rearing barn, young stock barn），分娩牛舎（calving barn），搾乳牛舎（dairy barn），乾乳牛舎（dry barn）などに分けられる．また，肉牛に関しては，肥育牛舎（fattening barn）や出荷直前のウシを収容する仕上げ牛舎（finishing barn）などという用語も用いられる．

きゅうしゅう　吸収　absorption　細胞膜などの膜状物を通して濃度勾配に基づく受動輸送，ATPを消費し濃度勾配に逆らう能動輸送などにより物質を生体系内部に取り入れること．消化管壁からの栄養素の吸収については，単胃動物では水，無機物，有機物ともにおもに小腸で吸収されるが，反芻動物では発酵産物である揮発性脂肪酸，アンモニアおよび無機物などは第一胃からも吸収される．

ぎゅうしょう　牛床　stall　→ストール

きゅうせつ　球節　fetlock　→付図2

きゅうそくこうどう　休息行動　resting behavior　家畜が運動を中止または減少することによって体のエネルギー消費をなくし消耗を回避またはそれからの回復を図る行動．家畜を含め，多くの動物は1日の約半分あるいはそれ以上の時間を休息に費やす．このように，休息なくして動物の活動はありえず，休息行動は個体維持行動のなかでも摂食・飲水行動と並んで最も基本的かつ重要な行動の一つである．

きゅうそくたいひか　急速堆肥化　high-rate composting　家畜糞などの水分調整，強制通気，機械撹拌等，堆肥化に好適な条件を整えて発酵を促進し，短期間で堆肥を製造する方法をいう．撹拌機や通気装置などを装備した各種の堆肥化装置が用いられる．密閉型では縦型発酵槽と横型発酵槽，開放型では直線型発酵槽とエンドレス型発酵槽，撹拌機としてはスクープ式，ロータリー式，パドル式などがある．　→堆肥化施設

きゅうそくとうけつ　急速凍結（食肉の）　quick freezing, rapid freezing　食肉の凍結の際には，最大氷結晶生成帯（-1〜-5℃）が肉質に影響することが最も大きいので，この温

度帯を速やかに通過（約30分以内）させて内部まで凍結すること．実用上は，凍結にかかわる所要時間の短縮と，食肉の中心部が-18℃以下，最終温度を-20~-40℃で凍結，保管することが重要視されるようになった．

きゅうちょう　尻長　rump length [ウシ]，croup length [ウマ]　体尺測定部位の一つで，腰角前端より坐骨端までの直線距離．→付図8, 付図9

キューテーエル　QTLs　量的形質遺伝子座　quantitative trait lociの略で，量的形質の発現に影響する遺伝子座のこと．QTLsの直接的検出は困難であるが，多数の遺伝的マーカーの連鎖地図を用いて，QTLsと連鎖するマーカーを検出し，選抜に利用する研究が進められている．

きゅうないそうかん　級内相関　intra-class correlation　一元分類や枝分かれ分類の分散分析において，要因の水準内の似通いの程度をあらわすもの．分散分析表から分散成分を求めて，級内相関を計算する．遺伝分析では，個体内記録間の級内相関は反復率の推定値，半きょうだい間，全きょうだい間の級内相関は遺伝率の推定値を求めるために用いられる．

ぎゅうにゅうかくはんき　牛乳撹拌機　milk agitator　バルククーラー内の牛乳を冷却貯蔵するときに，乳温が均一になるように撹拌して冷却効率を高める装置．搾乳した直後の牛乳を速やかに冷却すると同時に，貯蔵中の牛乳の温度を均一にする．普通プロペラ式の撹拌機が用いられる．

ぎゅうにゅうかん　牛乳缶　milk can　牛乳の貯蔵および輸送に用いる缶．JISにより種類，材料，容量，製造方法，形状，寸法，品質などが規定されている．A型はトックリ型で，容量が12, 20, 30, 40 kg，ダルマ型のB型には，28, 40 kg用のものがある．最近ではバルククーラーの普及で牛乳缶を使用する農家は少なくなっている．

ぎゅうにゅうしょりしつ　牛乳処理室　milk room　搾られた牛乳を冷却・貯蔵するための室．ミルキングパーラーに隣接している場合には，受乳装置，バルククーラー，給湯施設などが配備され，つなぎ飼い式牛舎ではこれらのほかに搾乳ユニットの保管，洗浄の場としても用いられる．

ぎゅうにゅうひじゅうけい　牛乳比重計　lactometer　乳稠計ともいう．1.015~1.045の範囲の比重を測定するので，1.0は記入せず15~45を刻んである．牛乳中に浮かせた時のメニスカスの上端を読むとともに，牛乳の温度を測定し，比重温度補正表により15℃の比重に換算して表す．

ぎゅうにゅうれいきゃくき　牛乳冷却器（機）　milk cooler　牛乳を冷却する機器．機能上搾り立ての乳の温度を速やかに下げる目的のものと乳を低温に保つことが主目的のものがある．前者には牛乳撹拌機(器)，表面熱交換器などがあり，後者には冷却水槽，缶浸漬式牛乳冷却機，冷蔵庫などがある．また両者の機能を備えたものにバルクミルククーラーがある．

ぎゅうにゅうろかき　牛乳ろ過器　milk filter　ポリエチレン製または金属製のろ過用ロートにろ過布またはろ紙を装着し，搾乳した牛乳中の塵埃を除去する器具．バケットミルカーでしぼった牛乳は牛乳缶の上に牛乳ろ過器をおいてろ過する．パイプラインミルカーでは，バルククーラーの牛乳投入口にろ過器を置いてろ過するか，または牛乳の流路となる配管内に筒状のろ紙を装着してろ過する．

きゅうひ　きゅう肥　manure, barnyard manure, farmyard manure　家畜糞尿，わらやおがくずなどの敷料を含む家畜糞尿の堆積物，あるいはこれらを発酵させたものをいう．古くより，家畜糞尿を主原料とするものをきゅう肥と呼び，わらなどを主原料とする堆肥と区別されてきたが，現在では糞尿を主原料とするものでも，堆肥化させたものは家畜糞堆肥と呼ぶことが多い．　→堆肥，堆肥

化

キューブ cube　圧縮成型された乾草の1種．成型機の構造から製品が立方体に近い形になるものをキューブというが，アルファルファの固形乾草を通称キューブと呼称している．そのすべてはアメリカなどからの輸入品であり，主として乳牛用飼料として用いられている．

ぎゅうぼうしきぎゅうしゃ　牛房式牛舎 pen barn　柵で囲まれた牛房（ペン）の中にウシを収容して飼う方式の牛舎．1頭ずつの牛房を単飼牛房，2頭以上を収容する牛房を群飼牛房あるいは追い込み牛房と呼ぶ．

きゅうみん　休眠 dormance　植物の種子は登熟後，一定の期間発芽の能力を休止してその適期を待つ．これを休眠という．牧草の分げつ芽でも環境が悪いと休眠することがある．

きゅうみんしゅし　休眠種子 dormant seed　→休眠

ぎゅうめいばん　牛名板 name plate for a cow　ウシの名前，生年月日，産次，父母の名前，泌乳成績，繁殖成績など管理に必要な項目を記入しておく板．スタンチョンや牛房の上部壁面に設置して一目でウシの状態が確認できるようにする．各農家によって記入項目や様式は異なっている．

きょ　距 ergot　→付図2

きょうい　胸囲 chest girth（ウシ，ウマ），heart girth（ブタ）　体尺測定部位の一つ．ウシ，ウマでは き甲部における胸回りの長さ．ブタでは肘の直後における胸回りの長さを計測する．　→付図8,　付図9,　付図10

きょうおよびようさいちょうきん　胸および腰最長筋 thoracic and lumbar longissimus muscle　解剖学的には胸最長筋と腰最長筋に分けているが，実際には完全に癒合し，区分は不可能である．本筋肉は腰背部の最大の筋肉でロース芯をなし，柔らかい高級肉の生産を目的として，肉用家畜では絶えず太く改良されている．家畜では，筋線維が筋肉の長軸に対して斜走する典型的な半羽状筋であると同時に，典型的な白色筋である．

きょうかく　胸郭 thorax　胸椎，肋骨，胸骨が胸腔を囲んで，胸郭骨格を作り，胸郭と呼ばれる．背方の脊柱と腹方の胸骨を左右それぞれ十数本の肋骨で連結し，呼吸のための可動性と心臓，肺臓などの重要な器官を保護する堅固性を兼ね備えた構造となる．家畜の場合は，前方では前肢が付着するために動きが制限され，後方で呼吸運動を激しく行う．したがって，後方で肋骨は細くなり，より可動的な関節面を形成する．

きょうかようもう　強化羊毛 strengthened wool　水蒸気やアルカリの作用に対する抵抗性を高める処理を施した羊毛．還元作用を有するチオール化合物で洗浄羊毛を処理してその羊毛ケラチンのシスチン残基を還元し，生成したチオール基〔SH基〕のところにトリメチレンブロマイドを作用させて，新たに架橋結合〔$-S\cdot(CH_2)_3 S-$〕を形成させて強化羊毛を調製する．

きょうかん　胸管 thoracic duct　後端は乳び槽に続き，胸腔内で最後胸椎の部位に始まり，左側の第一肋骨前縁のあたりで前大静脈に連絡するリンパ本管である．胸管は全体幹および体腔内の内臓，左右の後肢，左前肢，左側の頭および頸部のリンパ管からリンパを集めて，前大静脈に注ぐ．前記以外の部位のリンパは右リンパ本管（右胸管）に集まり，前大静脈に注ぐか，胸管に連絡する．

ぎょうぎしば　ギョウギシバ　→バミューダグラス

きょうぎゅうびょう　狂牛病　→伝染性海綿状脳症

きょうごう　競合 competition　競合とは，2種類以上の生物が限られた食料や養分などを同時に奪い取ろうとする行為である．植物の場合にはその対象が地力，光，水分，空間などとなる．植物は互いに動けないために，競合は熾烈である．春に早く出る，夏には草丈を高く延ばす，葉を多く拡げるなどいろ

いろな適応の仕方で生き延びようとする．

きょうこつ　胸骨　sternum　数個の胸骨片が胸骨軟骨結合で結ばれて合体したもので，肋骨と関節し，胸郭を形づくる．胸骨先端部の一個の胸骨片からなる胸骨柄，胸骨の主体で数個の胸骨片で形成される胸骨体および胸骨の末端を占めて軟骨からなり，肋骨と連結しない剣状突起に区別される．ウマと反芻家畜は7個，ブタは6個の胸骨片で構成される．鳥類の胸骨は飛行の習性に適応してよく発達している．　→付図21，付図22

ぎょうしゅうざい　凝集剤　coagulant　水中に懸濁する微粒子を凝集させてフロック（集魂）をつくらせ，沈降，ろ過によって分離除去したり，汚泥中の微細なSSやコロイド状物質を凝集させ，脱水する目的で添加する薬品．塩化第二鉄，硫酸アルミニウム，硫酸第一鉄，ポリ塩化アルミニウム（PAC）などの無機凝集剤，ポリアクリル酸ナトリウム，ポリアクリルアミドのような高分子凝集剤などがある．

ぎょうしゅうはんのう　凝集反応　agglutination reaction　多価抗体およびレクチン（凝集素）などが赤血球や細菌の細胞表面の抗原と結合して架橋し，肉眼的に観察可能な塊（凝集塊）を形成する反応．直接法，受身法，間接法などがある．疾病診断，血液型判定などに汎用される．

きょうしん　胸深　chest depth　体尺測定部位の一つ．ウシ，ウマでは，き甲部から胸部下線までの垂直距離．ブタでは，肘の直後における胸の深さ．　→付図8，付図9，付図10

きょうしんかい　共進会　show, congress　家畜の能力向上と育成者の技術向上を目的に，全国あるいは地域ごとに家畜を持ち寄り，体型や能力の評価を行う集まり．オークションをともなうこともある．一方，肉牛や肉豚の枝肉を評価する集まりは枝肉共励会と呼ばれる．

きょうすい　胸垂　dewlap　→付図1

きょうせいかんう　強制換羽　forced molting　雌鶏の休産期間を短縮したり産卵時期をそろえるため絶食，絶水処理および照明時間の短縮により休産と換羽を人工的におこさせること．強制休産ともいう．換羽後の高産卵による経済寿命の延長と産卵調整が目的である．一般的には，2日間絶食，絶水させ，その後約10日絶食させ，体重を約30％おとし，換羽を誘起する．　→換羽

きょうせいきゅうじ　強制給餌　forced feeding　家畜の自由意志によらず，飼料を強制的に口または胃内に送りこむ飼料の給与法．アヒルの肥育やガチョウの脂肪肝（フォアグラ）の作出に実用されている．

きょうせいきゅうよ　強制給与　→強制給餌

きょうせん　胸腺　thymus　結合組織の被膜と実質からなり，結合組織により実質は多数の小葉に区分される．小葉は細網組織からなり，皮質と髄質に分けられる．皮質には多数のリンパ球（胸腺細胞）が密集し，髄質にはリンパ球が少なく上皮様細網細胞からなり，しばしばハッサル小体がみられる．胸腺は生後発達を続けるが，性成熟期に最大の発達を示し，以後は萎縮し脂肪組織に変わる．胸腺リンパ球はTリンパ球（T細胞）とも呼ばれ，血液リンパ球の大部分を占め，抗原認識を行う．

きょうせんホルモン　胸腺ホルモン　thymic hormone　胸腺で産生され胸腺リンパ球（T細胞）の分化・増殖に関与するチモシン，チモポエチン，チムリンなどのホルモン様物質．

きょうせんゆらいさいぼう　胸腺由来細胞　thymus-derived cell　T細胞と同義である．胸腺に依存して生成される細胞の意味．しかし，現在では胸腺外分化T細胞も確認されている．　→T細胞

きょうそうば　競走馬　race horse　競馬には，平場競争，障害競争，鞍馬競争，軽駕競走があり，それらに出走させる目的で，改良，

維持されて登録されている競走用のウマ.

きょうだいけんてい　きょうだい検定　sib test　間接検定の一つ. 枝肉形質や雄の産卵能力のように, 候補畜の記録が得られない形質について, きょうだいの記録から育種価の推定を行うこと. 一般に全きょうだいの記録が用いられる. 後代検定に比較して検定に用いる頭数が少ないため, 選抜の正確度は劣るが, 世代間隔が短縮できるメリットがある.

きょうつい　胸椎　thoracic vertebrae　脊柱の胸部に位置し, 椎体が短小で棘突起の発達がきわめてよい椎骨で構成され, 肋骨に対する関節面を備える. 椎骨の数はウシをはじめ大多数が13個であるが, ウマは18個, ブタは14~16個を数える.　→付図21

きょうてい　胸底　under breast　→付図1

ぎょうにゅうこうそ　凝乳酵素　milk clotting enzyme　牛乳を凝固させるプロテアーゼ類の総称. 牛乳カゼイン中のκ-カゼインが分解されるとミセルの安定性が失われてカゼインが凝固する. レンネット中のキモシンが最も代表的なものであるが, 牛乳の凝固は, ペプシン, トリプシン, パパインなど多くのプロテアーゼによってもおこる. チーズの製造はこのような酵素的凝固によって開始される.

きょうねつげんりょう　強熱減量　volatile solids, VS　→蒸発残留物

きょうねつざんりゅうぶつ　強熱残留物　non-volatile solids　→蒸発残留物

きょうはいどうぶつ　供胚動物　donor　受精卵(胚)移植において, 受精卵(胚)を採取する雌動物のことをいう. 通常雌にホルモン投与をして過排卵を誘起し, 人工授精後受精卵(胚)を回収するが, ホルモン処置を施さずに発情ごとに人工授精をして受精卵を採取する場合もある.

きょうぶ　峡部　isthmus　→卵管峡部, 付図17, 付図19

きょうふく　胸幅　chest width　体尺測定部位の一つ. ウシでは胸囲を測定する部位で, 左右肋骨最広部間の水平距離. ウマでは左右肩端間の水平距離. ブタでは肘の直後における胸はばの水平距離.　→付図8, 付図9, 付図10

きょうまく　胸膜　pleura　胸郭に囲まれた胸腔を裏打ちしている膜. その上皮は中皮からなる. 壁側胸膜は胸郭壁内側を被うだけでなく, 胸腔を左右に分ける縦隔および心膜嚢の胸腔面にも伸び, 後方では横隔膜胸腔面を被う. 肺間膜で反転して, 臓側胸膜として肺の表面を包む. 壁側と臓側胸膜の間にはほとんど隙間がないが, 呼吸時の摩擦を防ぐために, 胸膜液で満たされている.

きょうまくこつ　強膜骨　sclerotic bone　→付図22

きょうらんどうぶつ　供卵動物　donor　→供胚動物

きょうろっこつ　胸肋骨　sternal costae　→付図22

きょくしょいでんしどうにゅう　局所遺伝子導入　localized gene transfer　特定の組織あるいは細胞を標的とした遺伝子導入で, 全身遺伝子導入に対比される. 極微小な針による注入による方法や特定範囲での電場負荷による方法などが利用される.

きょくそう　極相　climax　植物の群落は人為的な妨害がなければ, 遷移の系列に従ってより生産力の高い種が優占種となって徐々に種の構成を変えていく. 遷移の行き着くところ(安定相)を極相という. 日本のようなモンスーン地帯では, シバ-ススキ-陽樹(アカマツ)-陰樹(ブナ)のコースをたどる.

きょくたい　極体　polar body　哺乳類卵子の形成過程で, 極端な不等分裂の結果形成される小さな細胞のこと. 一次卵母細胞が減数分裂をし, 第一極体を放出して二次卵母細胞となる. イヌ以外の大部分の哺乳類では, この状態で排卵され, 受精したりあるいは人為的な刺激が与えられた場合にのみ第二極体を放出して卵子となる. この間に, 第一極体

は分裂することがある．この結果，1個の一次卵母細胞から1個の大きな卵子と，小さな3個の極体が形成される．

きょこつ　距骨　tibial tarsal bone　→付図21

ぎょしゅうらん　魚臭卵　fishy egg　魚臭のついた卵．魚粉，魚油やナタネ粕などを多量にニワトリに与えたときにみられる．原因物質はトリメチラミンオキサイドである．これはコリンからも生成され，ナタネ油粕を給与した場合にみられる魚臭卵はこの生成系による．白色卵鶏では魚臭は少ない．

きょせい　去勢　castration　精巣または卵巣の機能抑制あるいはそれらの除去をいうが，精巣摘出を意味することが多い．陰嚢切開などによる観血去勢が一般的であるが，ほかに挫滅去勢，化学去勢，放射線照射による去勢などがある．家畜では，去勢は肉質の改善や集団飼育を容易にするため，あるいは改良目標に適合しないものや不良形質をもつものを排除するために行われる．イヌ，ネコなどのペット類では，おもに避妊の目的で行われる．

ぎょふん　魚粉　fish meal　魚全体あるいは一部を，そのまま，または油脂を分離した後に乾燥して粉末にしたもの．北洋の魚種（スケトウダラなどの白身魚が主）を原料とし，すりみをとった後の頭，中骨などの残渣をクッカーで処理した後，圧搾，乾燥したものをホワイトフィッシュミールといい，アジ，カタクチイワシなどの全部をスチーム乾燥し粉砕したものはペルーやチリーから輸入されるので特に輸入フィッシュミールと呼ばれる．肉を切り取った後の頭，内臓，骨などを蒸煮して圧搾，乾燥したものを荒粕といい，魚粉に含めている．蛋白質を50～65％含み，含硫アミノ酸やリジンが多くブタやニワトリ用飼料の代表的な動物性蛋白質源である．

きりじょうさんすいそうち　霧状散水装置　mist sprayer　水が蒸発するときに周囲から気化熱を奪って温度が下がることを利用した防暑用の散水装置．夏期の暑熱時に，水を気化しやすいように非常に細かいノズルから霧状の水滴にして吹き出し，送風機で畜舎内に送り込んで室温を下げる．細かい霧状の水滴を直接牛体にあて，送風機で空気の流れをおこしながら水を気化させてウシの体温の上昇を抑える方法もある．

きりづまやね　切妻屋根　gable roof　屋根形式の一つで，棟（屋根の稜線）の両側にのみ傾斜面をもつタイプ．

キリング　killing　毛皮の染着前に，その毛の染着性を高める目的で，毛皮を弱アルカリ性溶液で処理する作業．一般に炭酸ナトリウム，水酸化ナトリウム，アンモニアなどの希薄溶液を使用する．近年，常温・中性で染色可能な酸化染料などが開発されたこともあって，毛質を傷めやすいこのキリングの必要性は少なくなってきている．

ギル　Gir　インドのグヤラト州で古くから飼育されてきた乳役兼用のゼブウシ．有角で，毛色は白，赤褐，黒色で斑紋有．体重は雌400 kg，雄540 kg程度．乳量1,200～2,300 kg．乳脂率4.5～4.6％．

きんい　筋胃　muscular stomach, gizzard　砂嚢，すなぎもともいう．鳥類の胃の一部で腺胃に続く凸レンズ状の胃．ここで食塊は腺胃の分泌物，蓄えられた砂，小石などで粉砕・混合され，かゆ状の食糜（び）となる．内面には，腺の分泌物と脱落した細胞に由来する糖と蛋白質の複合体コイリンによる硬い膜があり胆汁色素で黄～褐色に着色されている．分泌物の一部は棒状線維となって表面に突出する．
→付図13

きんいにょうさいかん　近位尿細管　proximal uriniferous tubule　腎臓の腎小体に続くネフロンの部分でネフロン近位部ともいう．糸球体嚢が尿細管に移行する所からヘンレ係蹄の細くなる部分までで，はじめ迂曲し被膜に向かい（曲部），次いで髄質に向かって延びる（直部）．腎小体でろ過される糸球体

ろ過液は糖や電解質を含み，一日の量は血液量の約18倍にもなるが，近位尿細管でほぼすべての糖と60％以上の水分，電解質が再吸収される．多量の再吸収を可能とするため尿細管側の細胞膜には多くの微絨毛(刷子縁)が存在する．血管側の基底部にも細胞膜の折れ込みとミトコンドリアの集積により作られる基底線条という構造をもつ．老廃物，薬物，毒物などを血液から除去する機能ももつ．

ぎんうき　銀浮き　drawn grain　皮革の銀面層(乳頭層)が，その下部の網様層より浮き上がって大きなしわができる状態．皮革としては不良品．

きんえんけいすう　近縁係数　coancestry, coefficient of kinship　共祖係数ともいい，2個体からそれぞれ配偶子がランダムにとられたときに，祖先において共通の対立遺伝子をもっている確率であり，それらの間の子の近交係数をあらわす．

きんえんこうはい　近縁交配　assortative mating　同一品種内，またはそれより近い血縁間の交配．品種内交配，系統内交配，近親交配などが含まれる．

きんかとん　金華豚　Jinhua pig　中国浙江省金華地区の産で，金華ハムの生産など肉質の良いことで有名．皮が薄く骨が細く，肉のきめ細かく脂肪層があまり厚くないので，ハム用などには最適．ただし体格はあまり大きくなく，肉量は少ない．乳頭数は7〜8対で，1腹産子数は初産で10頭，3産以降は15〜16頭を生産する．近年その肉質に注目し，わが国へも導入され，活用が図られている．

きんげんせんい　筋原線維　myofibril　骨格筋細胞は筋線維といい，筋漿と筋原線維とからなる．筋原線維は筋線維の長軸と平行にならび，各個の筋原線維の収縮により筋の収縮がおこり，骨格筋運動が行われる．筋原線維には光学的に単屈折性で明るくみえるI帯と複屈折性で暗くみえるA帯とが交互に配置されるので横紋を示す．各筋原線維は太さの異なる2種のフィラメントからなる．太いフィラメント(ミオシン)はA帯にあり，細いフィラメント(アクチン)はH帯以外の部分に存在して，Z線で連結されている．A帯では両フィラメントは重なり合っている．筋が収縮する時には隣接している両フィラメントの間に相互作用がおこり，ATPを加水分解する．

きんこうけい　近交系　inbred strain, inbred line　極度の近親交配により確立された系統．マウスではきょうだい交配あるいは親子交配を20代以上継続したものを近交系と呼ぶ．このとき，近交係数は98.6％，血縁係数は99.6％である．ニワトリでは，全きょうだい交配を4代以上重ね，その後も近交係数を50％以上に保つ必要がある．

きんこうけいすう　近交係数　inbreeding coefficient　個体がどの程度の近親交配の結果生産されたものであるかを示す数値．ある相同遺伝子がともに祖先において同じ遺伝子に由来する確率から求められ，0〜1の値をとる．全きょうだい交配により生まれた個体の近交係数は0.25である．近交係数は遺伝子のホモ化の程度の指標となる．

きんこうたいか　近交退化　inbreeding depression　近親交配により個体の近交度が高まると生物としての適応性が低下し，繁殖性，強健性，発育性などの能力が低下する現象．遺伝率の低い形質に強くあらわれるが，高い形質にはあらわれにくい．また，環境への適応性が低下し，表現型ではばらつき大きくなることもある．有害遺伝子の蓄積，対立遺伝子のホモ化などが原因と考えられている．

きんしつぎゅうにゅう　均質牛乳　homogenized milk　牛乳脂肪球を機械的に破砕して細分化し，クリームの浮上を防止し，脂肪分離をおこさない牛乳．蛋白質粒子も均質化処理によって変化を受け，胃の中で酸凝固の際に軟らかい状態に固まり，ソフトカードとなるため，消化もよくなる．

きんしゅうまく　筋周膜　perimysium

筋線維束を取り囲む筋肉内結合組織．個々の第一次筋線維束を囲む一次筋周膜と数十本の第一次筋線維束（第二次筋線維束）を取り囲む二次筋周膜があり，食肉の硬さと直接関連している．多数の脂肪細胞が筋周膜に沈着すると，良質の霜降り肉となる．

きんしょう　筋漿　sarcoplasma, myoplasma　骨格筋線維の内部構造のうち，筋原線維を除いた残りの部分のことで，筋形質ともいう．原形質であり，細胞内液を形成している．筋線維の40％に相当し，核，ミトコンドリア，筋小胞体，ゴルジ装置などの細胞小器官，細胞液に溶存するミオグロビンなどの蛋白質およびグリコーゲン，脂肪などを含む．

きんじょうひ　筋上皮　myoepithelium　汗腺，乳腺，唾液腺においては分泌部細胞の外周に特殊な細胞が装置されている．この細胞が筋上皮細胞で，長い細胞質突起が分泌細胞に連結している．平滑筋細胞にみられるものと類似の細線維や形質をもつことから，その収縮性が考えられ，腺分泌部を圧縮することで分泌物の排出に関係する．

きんじょうひさいぼう　筋上皮細胞　myoepithelial cell　→付図18

きんしんこうはい　近親交配　inbreeding　集団の中でも強い血縁関係にあるものの間の交配．親子，きょうだい，叔姪，祖孫，いとこ間の交配をさすが，集団平均よりも強い血縁関係にあるもの同士の交配を指すこともある．近親交配により遺伝子のホモ化が進み，集団の遺伝的斉一性が高まるが，近交退化の危険性も生じる．

きんせんい　筋線維　muscle fiber, myofiber　筋線維は収縮能が高度に発達した特殊な細胞であり，身体，心臓，内臓器官の運動を担い，それぞれ骨格筋線維，心筋線維，平滑筋線維と呼ばれる．前二者は太いフィラメントと細いフィラメントが規則正しく配列し，明帯と暗帯が観察される横紋筋である．骨格筋線維はいくつもの細胞が融合して，多核性の合胞体となり，直径10～100 μm，長さ数十cmに発達する．

きんそしき　筋組織　muscle tissue　筋組織は構造上，骨格筋（随意筋），心筋および平滑筋（いずれも不随意筋）に区別される．筋線維（骨格筋の場合）または細胞（心筋および平滑筋の場合）の集団である．筋組織を結合するための筋肉内結合組織，旺盛な代謝を維持するために血管，さらに機能の調節のために神経が分布し，筋としての体制が成立する．筋収縮により身体各部の運動がおこり，また各種臓器と血管系の運動，内容物の輸送などが行われる．さらに筋組織は栄養または血液の貯蔵所としても重要である．

きんないまく　筋内膜　endomysium　個々の筋線維を鞘状に包む筋肉内結合組織で，筋線維の構造を支持する役割を担う．筋周膜とともに食肉の硬さに関与している．

きんにくないけつごうそしき　筋肉内結合組織　intramuscular connective tissue　骨格筋に存在する結合組織のこと．筋内膜，筋周膜および筋上膜によって構成され，骨格筋組織を一定の形状に保持し，収縮時に発生する張力を骨格に伝播する役割を担う．食肉においては，筋上膜は一般にすじとして除かれるので，食肉の硬さに関係する筋肉内結合組織は，筋内膜および筋周膜である．

ギンネム　leucaena, *Leucaena leucoephala* Lam.　熱帯～亜熱帯に広く分布するマメ科多年生の萌芽力旺盛な小高木．その茎葉部は飼料資源となりうるが，毒性アミノ酸であるミモシン（β-[N-(3-hydroxy-4-pyridone)]-α-aminopropionic acid）を含有するために，単胃動物の発育遅延，繁殖障害，脱毛などをおこすので注意を要する．反芻家畜では，ルーメン微生物によるミモシン分解やサイレージ調製による低含量化が認められるので，さらに有効な利用方法が検討されつつある．

きんぼうすい　筋紡錘　muscle spindle　骨格筋の伸展の程度を感知する特殊な装置で

ある．筋紡錘には被膜に包まれた細い特殊な筋線維が数本認められ，中央部に核の集合体を持つ核嚢線維と縦に鎖状に並ぶ核をもつ核鎖線維の二種類がある．これらの筋線維には知覚神経が分布して，骨格筋の伸展度を中枢神経に伝達する．また，運動神経終末もきていて，筋線維の緊張を調節して，筋紡錘の感受性を整える．

きんぼくく　禁牧区 protected paddock, no grazing area　草地の一部または全部に放牧を禁止すること．そこでの草の生産力の維持回復を目的とする．野草放牧地でおもに用いられるが，人工草地ではウインターグレージングなど立毛のまま草を貯蔵するために行う．

ぎんめん　銀面 grain, grain side　原皮の表皮を取り除き，脱毛した後であらわれる真皮乳頭層の表面のことで，なめした革の表面となる．この銀面には各動物独特の微細な凹凸模様があらわれ，皮革の美的表現の重要な要素となっている．傷のある銀面をバッフィングした革あるいは非革材料に型押しして，人工的に銀面模様をつけることも行われている．

ぎんめんわれしけん　銀面割れ試験 grain cracking test　甲革その他の薄物革の銀面の強さを試験する方法．直径40 mmの円形の革試験片の周辺を固定し直径6 mmの鋼球で試験片の中央を押し上げ，銀面に割れを生じたときの鋼球にかかる荷重および押し上げられた高さを測定する．その試験方法がJIS K6548に規定されている．

[く]

くうかんこうどう　空間行動 spacing (or spacial) behavior, spacial pattern　→社会空間行動

くうたい　空胎 non-pregnant condition　成雌畜の妊娠していない状態をいう．妊娠していない状態を昔から「あきばら」と称していたが，空胎の字句を当てたことから「くうたい」と読んで，一般に広く使用されるようになった．

くうちょう　空腸 jejunum　小腸の一部．十二指腸に続く部分で回腸へ移行する．回腸との境界は不明瞭で，空回腸として一括されることもある．家畜では，空回腸の大部分を占め，小腸における栄養素吸収の主要な役割を果たしている．腸絨毛をもち，輪状ヒダとともに吸収面積を拡大している．細胞レベルでは表層に微絨毛を備え面積を拡大している．　→付図11, 付図12, 付図13

ぐうているい　偶蹄類 artiodactyla　脊椎動物哺乳類の中で，蹄の数が偶数の有蹄類．ウシ，ブタ，ヒツジ，ヤギ，ラクダ，シカなど．

クームスこうグロブリンこうたい　クームス抗グロブリン抗体 Coombs' anti-globulin antibody　クームス試験に用いられる不完全抗体 (IgG) に対する抗体．　→不完全抗体

クームスしけん　クームス試験 Coombs' test　赤血球表面に結合した不完全抗体にクームス抗グロブリン抗体を加えて，2次的に凝集させ，抗原あるいは抗体を検出する方法．

クォーターホース Quarter horse　アメリカ大陸入植者により，アンダルシアン，サラブレッドを基に作出された乗用馬．体高は，150~160 cmで，速力，持久力，瞬発力に優れたたくましいウマで，短距離(1/4マイル=クォーター=400 m)競争やカウボーイによる牧場管理や競技に利用されている．

くぐりさく　くぐり柵 creeper　→クリープフェンス

くさがた　草型 herbage type　草類の茎葉の生育の様式をいう．分げつがかたまって多く出るものを叢状型(tussock type)といい，茎がほふくするものを芝型(prostrate type)と呼ぶ．

くさたけ　草丈 grass height, linear measure　地表から葉の先端までしごきあげて

測定するのが草丈である．自然に葉が垂れた状態で最も高い位置を測定した値を草高といい．草地の調査ではおもに草高で示す．
→草高

くず　クズ　kuzu, kudzu‒vine, *Pueraria thunbergiana* Benth.　マメ科多年生のつる性草本類で，わが国の野山に自生する秋の七草の一つである．種子や分根などによる旺盛な繁殖力を有し，深根性で数メートルもの長いつるを伸ばして夏季の成長力に優れている．アメリカでは牧草化されて，放牧や乾草用として利用されている．なお，長大な根に貯えられたデンプンは，クズ粉の原料となる．

くずにく　屑肉　offal　整形によって生ずる小切肉，切り落とした食肉，脱骨で付着したものを削り取った食肉などをいうが，わが国の輸入関税分類では，屠体，枝肉，部分肉以外のものをいい，頭，脚，尾，乳房，皮および臓器（心臓，肝臓，舌，腎臓，肺，脳，膵臓）などがおもなものである．

くだ　管　cannon〔ウマ〕，shank〔ウシ，ブタ〕　→付図2, 付図4

くち　口　mouth　→付図1, 付図2, 付図4, 付図5

クチクラ　cuticle　卵殻の一番外側を覆う薄い皮膜のこと．水や塩溶液には溶けないが，40℃の温湯，洗剤あるいは希酸で洗うとはがれやすくなる．大部分が蛋白質であり，少量の糖と無機物を含む．産卵直後の卵殻気孔を塞いで微生物の侵入をふせぎ，また，水分の調節をしていると考えられている．→付図20．毛では最も外側の毛小皮をいう．→毛小皮

くちのしまうし　口之島牛　Kuchinoshima cattle　鹿児島県（トカラ列島）に半野生状態で繁殖している一群のウシ．1918~19年に導入した在来牛の子孫で，人による管理がゆきとどかず再野生化し，原生林中に生息している．毛色は，褐色，黒色で，白斑をもつものもある．ヨーロッパ系の血液の入らない在来牛．体重，体高は，それぞれ雌200 kg, 110 cm, 雄300~400 kg, 110~120cm.

くちばし　嘴　beak　鳥類特有の短い円筒形の角質鞘で，上嘴が切歯骨，下嘴が下顎骨と緊密に結合する．鳥類には歯がないことから，嘴は歯と唇の作用をしている．→付図6

クッキング　cooking　乳の場合チーズ製造において，カードとホエーの混合物を撹拌しながら徐々に加熱する工程．食肉の場合食肉製品の製造過程で加熱すること．乾熱，湯煮と蒸煮の方法がある．

クックドソーセージ　cooked sausage　湯煮することを条件とするソーセージの総称．燻煙を行う通常のソーセージのほか，原料に血液や肝臓を用い，比較的高い温度で湯煮し殺菌したレバーソーセージやブラッドソーセージも含まれる．

くび　頚　neck　→付図1, 付図2, 付図4, 付図5

くみあいきんゆう　組合金融　農業協同組合が独自の資金を原資として行う金融．組合金融として貸し出される資金をプロパー資金ともいい，制度資金と区別される．
→制度金融

くみあわせのうりょく　組合せ能力　combining ability　交雑により雑種強勢効果が生じるが，その程度は組合せにより異なり，組合せによって生じる雑種強勢効果を組合わせ能力という．組合せ能力は，どの系統と組合わせても平均的に発現する一般組合せ能力（general combining ability）と，特定の組合せにおいて発揮される特殊組合せ能力（specific combining ability）がある．

くみかえ　組換え　recombination　二つ以上の形質について，遺伝子型の異なる親の遺伝形質が交雑により子孫に持ち込まれる時，いずれの親にも見られなかった新しい遺伝子の組合せ（組換え型）が突然変異によらずに生じること．ある交雑の結果，全配偶子当りで得られる組換え型の割合を組換え価

（recombination value）という．

くみかえデーエヌエーじっけん　組換えDNA実験　recombinant DNA experiment　生物から抽出した DNA 分子の断片や人工的に合成した DNA を，試験管内で酵素などを用いてプラスミドやウイルスなどの自己増殖性 DNA に人為的に結合し，細胞内に導入して増殖させる実験，およびそのようにして得られた組換え DNA 分子を用いて行う実験．1970年代に急速に発達しはじめた技術で，従来の交雑実験などと区別し，特に組換え DNA 実験と呼ばれるようになった．

クミス　koumiss　中央アジア，ロシア南部で馬乳から作られるアルコール発酵乳で，乳酸を 0.8~1.3% とアルコール 2.5~3% を含む．

クライモグラフ　climograph　それぞれの地域の気候的特徴を，月平均気温を縦軸に，月平均相対湿度を横軸にとってあらわした図．動物種の生活圏の気候を知り，適地を把握する際に有効なグラフ．

クラウドゲート　crowd gate　待機場（ホールディングエリア）で搾乳を待っている牛群をミルキングパーラーの方へ追い込むための可動柵．通常，電動で，パーラー内から操作可能である．

グラスサイレージ　grass silage　牧草を材料としたサイレージ．牧草類の水分含量や糖濃度は草種，刈取り時期，番草，施肥法などで異なるので，そのサイレージ調製は状況に応じたきめ細かい対応が求められる．高水分の牧草にはフスマなどによる水分調整や酪酸発酵を抑制するギ酸添加が，低水分のものには詰め込み密度の確保などが効果的である．水分含量を 60~70% に調整する予乾サイレージは，品質を保持し養分損失量を少なくするのに効果的である．

グラステタニー　grass tetany　放牧牛に多くみられる低マグネシウム血症．知覚過敏，皮膚・筋の反射亢進，全身の強直，痙攣などの症状を呈する．草地のマグネシウム不足とカリ過剰によって発生する．草地への苦土施肥，カリ施肥の抑制，酸化マグネシウムの経口投与により発生を防ぐことができる．

クラストレザー　crust leather　主として植物タンニンなめしを行ったあと，仕上げ処理を施さずに乾燥した革．原皮の生産国では，羊皮，山羊皮などをクラストレザーの状態まで加工して輸出することがある．

グラスランドドリル　grassland drill　草地を更新するための機械．草地の網目状に張った根層（マット）を切断するための爪をもち，この爪で溝を切り，施肥，播種する．

クラッチ　clutch　→産卵周期

グラブ　grubs　ウシバエの幼虫．*Hypoderma bovis* と *Hypoderma lineata* に属するものがよく知られている．これらの幼虫は皮下に侵入し，体内をゆっくり移動して背線の両側に達し，皮に穴をあけて体外に出る．このような皮をグラブ皮またはハエ食いという．→ウシバエ幼虫症

クランブル　crumble　大粒のペレットを粗く砕いたもの．グラニュル（granule）またはクラックル（crackle）とも呼ばれる．小粒のペレットを作るより経費の節減になる．ニワトリの飼料として使われる．

クリ　Kuri　アフリカチャド原産で乳，肉，役三用途兼用の在来牛．大型で耐暑性，耐湿性大．70~130 cm の長大なたて琴状の角をもち，毛色は白~淡灰色．晩熟．体重，体高は，それぞれ雌 400 kg，138 cm，雄 800 kg，170 cm 程度．乳量は約 600 kg，枝肉歩留り 50%．

グリース　grease　1）ブタの不可食部からとった油脂．品質によりホワイト，イエローなどと区分している．2）動物性油脂のうち凝固温度が 40℃以下のもの．40℃以上のものをタローとしている．近年，ブロイラーの飼料などに添加して飼料のカロリーを高めるために使用されている．

クリーピングアップ　creeping up　搾乳中にミルカーのティートカップが乳頭基部にせりあがっていくこと．ティートカップのせ

り上がり現象ともいう．搾乳後半の搾乳終了間近におこりやすく，乳頭槽と乳腺槽の間が締めつけられるので，まだ乳腺槽内に乳が残っていてもその乳が取り出せなくなる．マシンストリッピングを行えば取り出せるが，これは刺激が大きいので必要以上に行うべきでないといわれている．

クリープフイーディング creep feeding　親子が同居している場合，子畜だけが通過できるように工夫した棒や柵を設けて，子畜に栄養価の高い飼料を与え，親と別飼いする給与方法．多くの場合，離乳前に吸乳量と子畜の養分要求量との不均衡を補うために用いる．

クリープフェンス creep fence　くぐり柵ともいう．哺乳期間に母子を一緒に飼い自然哺乳させている場合，子畜の発育を早めるため，子畜だけに濃厚飼料などを別に給与することが多い．その際，子畜は通れるが母畜は通ることのできない柵を用いる．この柵をクリープフェンスといい，子緬羊を管理する場合は子羊柵ともいう．母と子の体格の違いを利用したものである．

クリーブランドベイ Cleveland Bay　1800年代にイギリスのヨークシャー地方で，体格のよい在来馬とサラブレッドの交雑から作出された軽輓用馬．体高165~170 cm, 毛色は鹿毛一色で，歩様がよいので，儀仗馬車の軛用馬に適しており，宮内庁御料牧場でも儀仗馬生産に使われている．

クリーミング creaming　搾乳した牛乳を放置しておくと，脂肪分が浮上して層を作ることをいう．層の部分を集めたものがクリームである．

クリーム cream　牛乳を遠心分離して牛乳の脂肪を水中油滴型のエマルジョンの形に分離したもの，またはこれを殺菌した製品．市販製品には用途に応じて脂肪率が約20%（コーヒークリーム）から約50%（ホイッピングクリーム）のものがある．

クリームチーズ cream cheese　クリームまたはクリームと牛乳の混合物から製造される軟質の熟成させないチーズ．風味は温和でバターのような滑らかな組織を有する．

クリームぶんりき　クリーム分離機 cream separator　遠心力を利用して牛乳を比重の小さいクリームと比重の大きい脱脂乳に分離する装置．

クリームライン cream line　牛乳を静置したとき，表面に浮上して形成されるクリーム層．

グリーンチーズ green cheese　→生チーズ

グリーンパニック green panic, *Panicum maximum* var. *trichoglume* Eyles.　オーストラリアで発見されたギニアグラスの一変種．草丈1.5 m前後で，コモンギニアグラスよりも小型で茎葉は細く柔らかく，葉部割合が多い．わが国西南暖地では，一年生青刈作物として，年4~5回刈取り利用されている．

グリーンリーフデスモディウム greenleaf desmodium, *Desmodium intortum* (Mill.) Urb.　熱帯，亜熱帯および温帯の一部に分布する暖地型のマメ科デスモディウム属に属する多年性牧草．ほ伏型で薄い赤色または紅紫色の花をつける．排水の良い土壌を好むが，年間雨量1,000 mm以上で良好な生育を示す．高温を好み，15℃以下では生育が衰えるが，低温に耐え沖縄や南九州の低暖地では越冬する．嗜好性もよく，混播マメ科牧草として放牧や乾草に利用される．

くりげ　栗毛 chestnut　→毛色

クリシュナバレー Kurishna Valley　インド南部クリシュナバレー地方原産の役用ゼブウシ．オンゴール，ギル，カンクレイ，マイリールを交雑して作出した．有角で，毛色は灰~白色．体重，体高はそれぞれ雌320 kg, 122 cm, 雄600 kg, 143 cm程度．

グリセロールへいこう　グリセロール平衡 glycerol equilibration　精子，卵子あるいは初期胚を凍結する際の操作の一つで，5℃前後の温度で耐凍剤であるグリセロールを加え

たのち，一定時間静置することをいう．この操作により細胞の耐凍性が高まると考えられているが，最適平衡時間は媒液の組成，グリセロール濃度，凍結速度により，また動物種により異なる．

グリット grit ニワトリに与える小石類．ニワトリの筋胃で飼料の物理的消化を助ける．グリットの効果は粒餌を与えるときみられるが，粉餌を与えるときには効果がほとんどない．

クリプトスポリジウム Cryptosporidium コクシジウム属の原虫で，哺乳類の小腸に寄生する Cryptosporidium parvum が代表的．糞便中に排出されるオーシストが塩素消毒に強いため，水道水から人間に感染し，激しい下痢，腹痛，嘔吐等を引きおこし，抵抗の弱い人は死ぬこともある．ウシ，ウマ，ブタなどの家畜やイヌ，ネコなどの動物および人間が汚染源になっている．

クリンプ crimp 羊毛繊維がその長軸に沿って左右によじれながら波状に縮れている状態．けん＜捲＞縮ともいう．羊毛の毛皮質は物理的ならびに化学的性質を異にする2層（オルソコルテックス，パラコルテックス）からなり，この両層の長軸に沿った配列が連続的に変化していることに起因してクリンプが形成される．クリンプは一つの波の頂から次の頂までを1個と数え，細い羊毛ほど単位長当たりのクリンプ数が多い．クリンプの存在は毛織物の柔軟性，縮充性，弾力性，保温性などに大きな影響を与え，クリンプが多く，深いものほど上等の羊毛である．

グリュイエールチーズ Gruyere cheese スイス原産の硬質チーズであるが，フランスでも多く作られている．円盤形で，直径約50 cm，高さ10～12 cm，重量25～50 kg．組織はエメンタールチーズに似ているが，眼は小さく，風味はシャープである．

グルカゴン glucagon 膵臓のランゲルハンス島のA（α）細胞から分泌されるアミノ酸残基29個からなるペプチドホルモン．哺乳類では同じ構造をもつ．肝臓でグリコーゲン分解とアミノ酸からの糖新生を促進し，血糖値を上昇させる．筋グリコーゲンには作用しない．また脂肪分解とケトン生成促進作用をもつ．その分泌は血糖低下により刺激される．膵臓へ投射する交感神経はβ-アドレナリン受容体を介してグルカゴン分泌を刺激する．

グルテンフィード gluten feed グルテンは本来的には小麦の主要蛋白質であるが，通常グルテンフィードといった場合にはコーングルテンフィードを指す場合が多い．トウモロコシデンプンを製造する際に副生する皮およびヌカの繊維質部分を乾燥したものがコーングルテンフィードである．

くるみかん クルミ冠 walnut comb →とさか（鶏冠）

グレイザー grazer 生草や牧草などを含む粗飼料を選択しないで採食する草食動物．ウシ，ヤギやウマが含まれる．草食動物を食性で分類すると非選択的採食型（グレイザー），適応的選択採食型（中間型），選択採食型（ブラウザー）に分類することができる．反芻動物でグレイザーとブラウザーを比較すると，前者の方がルーメンも大きく，ルーメン内に棲息する繊維素分解性バクテリヤやプロトゾアも多い．

グレインソルガム grain sorghum, Sorghum ソルガム属は，熱帯アフリカを原産とする暖地型のイネ科一年生作物．根系の発達が著しく耐旱性に優れ，生育適温は27℃と他の禾穀類よりも高い．グレインソルガムは短稈で茎が太く，アメリカでは濃厚飼料用の子実生産が盛んに行われている．その生態的特性に基づいて数品種群に分けられ，主なものはマイロ（milo），カフェア（Kafir），ハガリー（Hegari）がある．

クロアカ cloaca →排泄腔，付図13, 付図19

クローニング cloning 1）クローン動物を人為的に作出すること．初期胚を分離あ

るいは切断する方法，初期胚の割球，初期胚や胎子体細胞由来培養細胞を核移植する方法で行われている．最近では，成体の体細胞を継代培養後核移植して，細胞を採取した個体のコピーを作出することも試みられている．
2）遺伝子レベルで，遺伝子の特定の DNA 領域を増殖させること．

グローブおんどけい　グローブ温度計 globe thermometer　放射熱量を間接的に測定する温度計で黒球温度計ともいう．直径 15cm または 7.5cm の銅板製の球の外面が反射のない黒色に塗ってあり，球の中心に達する温度計が挿入してある．この温度計の指度は放射のほかに伝導，対流の影響も加わった生物学的な環境を示す．この指度と気温との差を実効放射温度という．無風のときは周囲物体の平均放射温度を示すが，強風時の指度は役に立たない．

クローン clone　同じ個体，または単一の細胞から作出された同一の遺伝子群を保有する個体群，細胞群をいう．魚類や両生類では，初期胚の細胞核を移植してクローンが作出されている．マウスやウシでは，初期胚，あるいは胚性幹細胞 embryonic stem cell（ES 細胞）などの核を移植する胚操作によりクローンが作出されている．遺伝子解析では，均一の遺伝子を大量に必要とするので，染色体から特定の遺伝子や DNA 片，あるいは cDNA を取り出し，遺伝子組換え技術により細胞（宿主）に導入し，クローンを作り利用する．

クローンどうぶつ　クローン動物 cloned animal　クローン動物は，核内遺伝子組成が同一である個体群と考えられており，人為的に作出されたものに使われている．核移植は，起源の異なる卵細胞質へ核を注入または融合して実施するので，この方法で得られるクローン個体は初期胚の分離や切断で得られる場合と異なって，個体間の細胞内ミトコンドリア DNA 組成は相違する．

くろげわしゅ　黒毛和種 Japanese Black cattle　わが国原産の肉用牛．明治時代に在来牛と外国種を交雑した牛群から，小型で水田耕作に適したものを選抜し，固定した品種，現在は，農耕作業への役能力を捨て，肉質と産肉能力に重点をおいた改良が進められている．脂肪交雑に優れ，肉質は世界最高，枝肉歩留りは約 59%．毛色は，黒褐色で有角．体重・体高は，それぞれ雌 420 kg，124 cm，雄 700 kg，137 cm 程度．

グロージャーのじょうそく　グロージャーの常則 Gloger's rule　冷涼・乾燥な地方に生活する哺乳類と鳥類の個体は，一般に温暖・湿潤な地方に生活する同種の個体に比べ，メラニン色素が少なく，より明るい色彩を示す傾向を示すこと．しかし，家畜では人間による移動や人為淘汰などがあるので，この常則に当てはまらない例も多くみられる．

クロックメーター clockmeter　布や革の色落ちや塗料被膜の摩擦堅牢性を試験する装置．

クロムなめし chrome tanning　クロムなめし剤によって皮をなめす方法．クロムなめし剤の主成分は 3 価の塩基性硫酸クロムである．以前は製革工場で調製していたが，今では各種のクロムなめし剤が市販されている．クロムなめしは所要時間が短く，製品革は柔軟で，保存性，耐熱性，染色性が優れているので，甲革，袋物革，衣料革などの製造に最も広く行われているなめし法である．

クロモーゲンほう　クロモーゲン法　クロモーゲンは植物中に含まれているが消化されない．糞中のクロモーゲンから植物の摂取量が推定できる．したがって，これを指標として，放牧中のウシなどの消化率を推定する方法．

クロラミンティーほう　クロラミン-T 法 chloramine-T method　クロラミン-T を使用する乳糖の定量法．牛乳の除蛋白ろ液に一定量のクロラミン-T を加えて乳糖を酸化し，残存のクロラミン-T を定量することにより乳糖含量を求める．国際酪農連盟は牛乳の乳糖定量の標準法として採用している．

クロレラ　Chlorella　単細胞の直径2~8ミクロンの球状の緑藻の一種で，湖沼，川，水溜まりなどに棲息している．単純な形の窒素源と無機質があれば光合成により炭酸同化作用で増殖する．乾燥したものは粗蛋白質40~50％，粗脂肪10~30％，粗繊維6~10％，粗灰分6~10％を含んでいる．ニワトリやブタ用飼料で大豆粕の一部代替として使用できる．

クローンかいでんし　クローン化遺伝子　cloned gene　特定の遺伝子DNAをプラスミドやバクテリオファージ等のベクターに組み込んで大量に増やしたものをクローン化DNAと呼び，このようなクローンを得ることをクローニングと呼ぶ．

くわえこみはんしゃ　くわえ込み反射　新生子豚が母親の乳房にたどり着き，口が乳頭に当たると反射的に乳頭をくわえ込む生得行動．

クワルク　Quarg　ドイツの名称で，熟成させないで食用とする軟質チーズの一種．脱脂乳を発酵してホエーを除去したカード．カテージチーズと類似するが，粒状でなく，滑らかなペースト状であって，製菓原料などにも利用される．水分が多いため，保存性が悪い．

くんえん　燻煙　smoking　サクラ，カシ，ブナ，ナラなどの堅木またはその鋸屑をいぶした煙をあてて，食肉の保存性を高め，外観に好ましい燻煙色を与え，食欲をそそる風味を与えるとともに，肉色を安定させる目的で食肉製品を作る操作．脂質の酸化防止にも有効とされる．12~22℃の温度で行うのを冷燻法，40~50℃で行うのを温燻法，50~70℃で行うのを熱燻法という場合がある．23~39℃の温度域では微生物が増殖するので燻煙は行わない．

くんえんしつ　燻煙室　smokehouse　食肉製品に燻煙操作を行うために，中に食肉製品を吊す室．手動の空気調節弁を備えた簡単なものから，動力で強制換気を行い別に煙発生装置をもつ大型のものまである．

くんえんらん　燻煙卵　smoked egg　味付卵の一種．卵をゆでた後，香辛料を加えた食塩水や調味料を含むアルコール溶液に浸漬し，その後燻煙したもの．

ぐんし　群飼　group feeding　一つの囲い，畜房またはケージに家畜・家禽を2頭または2羽以上収容して飼養する形態．単飼の対語．ニワトリ，ブタ，および肉牛はこの方式の飼養が多いが，乳牛もフリーストール牛舎の普及につれて，この方式が増えつつある．

ぐんし（ぎゅう）ぼう　群飼（牛）房　group pen　→牛房式牛舎

ぐんしバタリー　群飼バタリー　group battery　一つのケージの中に2羽以上のニワトリまたはウサギなどを入れて飼うバタリー舎．

ぐんしゅう　群集　community　草原の中の一定の広がりをもって多くの植物種が互いに関係をもちつつ暮らしている単位をいう．それぞれの群集を特徴づける種が存在し，その種の名を付してススキ群集などと表現する．

くんせいにく　燻製肉　smoked meat　食肉を細切しないで，肉塊のまま塩せきし，燻製した食肉製品の総称．ハム，ベーコンなど．

[け]

け　毛　hair　哺乳動物の活性毛包から分化して生ずる皮膚表皮細胞の変化生成物．外胚葉性組織の一つであり，毛包基部に存在する毛球の表皮細胞が上部に押し上げられ角質化したものである．毛は毛小皮，皮質，髄質の3層からなる．主要機能は体表の保護と保温であるが，外界の刺激を知覚中枢へ伝達する感覚器の役割もし，唇毛，口角毛，頬骨毛などの触毛は特に知覚鋭敏である．

けいう　頸羽　hackle　→付図6

けいえいかんひかくほう　経営間比較法　経営診断における経営成績に関する分析・評価方法の一つ．同一条件下にある同時期の同種の多くの経営の成績，あるいは優良な成績

を示している経営と比較することによって分析・評価する方法．多数の経営を対象に経営診断をする場合に有効．全体の中での対象経営の位置づけを明らかにすることによって改善目標が明確になる．　→標準比較法，時系列比較法

けいえいかんり　経営管理　business management　経営目的を達成するために計画を立てて実行し，その過程を管理・統制していくこと．「計画→実行→分析→計画」の繰り返しをマネージメント・サイクルといい，これを確実に行っていくことが経営管理の内容になる．

けいえいきぼ　経営規模　farm size　農業経営では基本的生産手段である経営土地面積を指標としてとらえるのが一般的．ただし，企業形態や部門によってとらえ方が異なる．もっぱら資本収益（利潤）を追求する企業経営では投下資本の大きさ，あるいは畜産のように生産手段としての家畜の役割が大きな部門では家畜の飼養頭数も経営規模把握の目安になる．　→飼養規模

けいえいけいかく　経営計画　business planning　立地条件や経済条件を勘案して経営方針，経営規模，経営内容等を決めること．計画内容としては「生産計画」「原価計画」「利益計画」「資金計画」等がある．新規に経営を行うとか経営規模の拡大をしようとする場合だけでなく，経営を継続している場合でも過去の実績を分析し改善をおり込んだ計画を立てて実行することが健全な経営運営の要点とされている．

けいえいコンサルタント　経営コンサルタント　management consultant　経営者の依頼に応じて経営を分析・診断し，経営改善について助言・指導することを業とするかあるいはそのような業務に従事する人．畜産では中央畜産会が経験年数など一定の資格要件を満たした人を対象に資格試験を実施し，合格者に対して「総括畜産コンサルタント」の資格を与えている．

けいえいしほんりえきりつ　経営資本利益率　ratio of profit to total capital　営業利益を経営資本平均有高（期首と期末の平均）で除して求める．経営の本来の営業活動の成果をみるための指標であり分母の経営資本は総資産から外部投資と建設仮勘定を差し引いた額である．経営資本利益率＝営業利益÷経営資本平均有高×100．

けいえいしんだん　経営診断　management consulting　経営目標に照らして意図したとおりの成果が得られているかどうか，得られていないとすればどこに問題があるか，さらに実績以上の成果を得るにはどうすればよいかといったことについて，経営分析を通じて明らかにすること．診断をする人が誰であるかによって「自己診断」「他人診断」あるいは「内部診断」「外部診断」に分けられる．

けいえいぶんせき　経営分析　business analysis　損益計算書や貸借対照表等の決算諸表，その他の経営実績資料に基づいて，経営の収益力や技術水準，財務内容から見た経営の安全性などを明らかにすること．経営診断と内容の重なるところがあるが，経営分析は実態を客観的に明らかにすることに重点がおかれているのに対して，改善方向を明らかにすることを目的としているところが違っている．

けいかんかんしほう　頚管鉗子法　cervical forceps method　人工授精の際の精液注入法の一つ．膣鏡で膣を開き，子宮膣部上方を頚管鉗子ではさんで前方に引き寄せ，注入器の先端を子宮外口部から頚管深部あるいは子宮内に挿入して精液を注入する．ヤギ，ヒツジでよく使われているが，ウシでは直腸膣法が開発されて以来，ほとんど使われなくなった．→直腸膣法

けいこうこうたい　蛍光抗体　fluorescent antibody, immunofluorescence　抗体に各種蛍光物質を人為的に結合させたもの．抗原物質，細胞や組織における抗原の分布を可視化

するために汎用される．蛍光抗体が結合した抗原は蛍光検出器，蛍光顕微鏡，共焦点レーザー顕微鏡などで観察される．

けいこつ　脛骨　tibia　腓骨とともに下腿骨格を構成する．脛骨の近位端は膝関節で大腿骨と，遠位端は足根下腿関節で足根骨とそれぞれ連結する．　→付図21, 付図22

けいこつなんこつ　脛骨軟骨　tibial cartilage　足関節半月板ともいわれ，位置的には足根後軟骨というべきものである．家禽の足根間関節の後方，下足根骨の上位にある軟骨で，深部は長腓骨筋の腱と連絡し，外表面は腓腹筋の腱で覆われる．内側には後腓骨筋の停止となる種子骨を含む．前面で足根脛骨と関節する．

けいさんぎゅう　経産牛　delivered cow　出産を一度以上経験したことのある雌牛のこと．それに対していまだ出産経験のない雌を未経産牛という．

けいしつ　頚櫛　crest　くびすじ，たてがみの生えぎわをいう．　→付図2

けいしつさいぼう　形質細胞　plasma cell　B細胞が抗原刺激や活性化T細胞の作用などにより，単一の抗体を産生する細胞（抗体産生細胞）に分化成熟したものをいう．結合組織を構成する自由細胞の一つであり，偏在しかつクロマチンが放射状に配置する核（車輪核）と，細胞質の強い好塩基性を特徴とする．電子顕微鏡では粗面小胞体の高度な発達が認められる．

けいしつてんかん　形質転換　transformation　細胞の遺伝形質が外部から導入されたDNAにより変化すること．本来の意味では1928年F. Griffithが肺炎双球菌の型変換として報告し，後に微生物へのDNA導入，さらに転じて細胞への外来DNA導入などにも使われるようになった．腫瘍ウイルスによる正常細胞の腫瘍化を特にこのように呼ぶこともあり，転じて発ガン物質，放射線処理，もしくは不明の原因で細胞が自然発生的に腫瘍化すること，ならびにそれに類する形質の変化を指すこともある．

けいしつまく　形質膜　plasma membrane　→細胞膜

けいしゃ　鶏舎　poultry house　ニワトリを収容する畜舎．飼育目的により，雛を育てる育雛舎（brooding house），鶏卵生産のための採卵鶏舎（laying house, poultry house），鶏肉生産のブロイラー舎（broiler house）などに分けられる．

けいしゅ　軽種　light horse　わが国で一般的に用いられているウマの分類法に軽種，中間種，重種，在来種という分け方があり．軽種には，アラブ，サラブレッド，アングロアラブなどの乗用馬が属する．　→重種, 中間種

けいじょうりえき　経常利益　ordinary profit　生産・販売などの営業活動で得た利益に，経常的，継続的に生じる金利の支払いや受取利息，受取配当金などを加算あるいは減算することによってとらえられる．算出過程は次のとおり．経常利益＝売上高－売上原価－販売費・一般管理費＋営業外収益－営業外費用

けいそくこんこつ　脛足根骨　tibiotarsus　→脛骨, 付図22

けいだいばいよう　継代培養　subculture　生体組織をトリプシンなどの処理によって細胞浮遊液とした後，培養を行い，さらにそのようにして増殖した培養細胞を再びトリプシン処理などによってばらばらにして新しい培養器に植え込むような，一連の操作の繰り返しを継代培養と呼ぶ．

けいつい　頚椎　cervical vertebrae　脊柱の頚部に位置し，哺乳類全般を通じて原則として7個の椎骨からなる．鳥類では著しく多く13~25個で，頚の長さに応じて数が異なる．椎体はよく発達し，前端（椎頭）が突出して後端（椎窩）が凹み，棘突起よりも関節突起がよく発達している．　→付図21, 付図22

けいとう　系統　strain, line　家畜の品種内で，形態，生理，能力などにおいて他と区別できる特徴をもった遺伝的集団．系統は閉

鎖群育種によって造成され，品種よりも遺伝的血縁関係が強い．ブタでは系統として認定されるためには平均血縁係数が20%以上でなければならない．系統名には育種家名，農場名，地方名などが用いられることが多い．

けいとうかんこうざつしゅ　系統間交雑種　line cross, strain cross　同一品種内の系統間の交雑，あるいは異なる品種の系統間の交雑により生産された交雑種．

けいとうこうはい　系統交配　line breeding　有名な祖先個体あるいは祖先群があるとき，極端な近親交配は避けながら，それらと血縁関係を維持する集団を作出する交配方法．近交係数の上昇は近親交配よりも緩やかであり，近交退化を防ぐとともに，能力の劣る個体の淘汰が可能である．

けいとうぞうせい　系統造成　strain development　育種目標に応じた素材を集めて基礎集団を構築し，集団内で選抜と交配を繰り返して育種目標に沿った改良を進めることにより，系統を作出する育種方法．閉鎖群育種（closed herd breeding）ともいう．系統造成は一般に純粋種内で行われるが，いくつかの品種を基礎として造成した系統は合成系統（composite（synthetic）strain）と呼ばれる．

けいとうはんしょく　系統繁殖　→系統交配

けいとうふか　系統孵化　pedigree hatching　ニワトリの孵化を行うときに，他の家系と雛が混じらないように，家系別または個体別に孵化を行うこと．

けいふんボイラー　鶏糞ボイラー　boiler of poultry manure burning type　ブロイラー鶏糞のように乾燥した鶏糞を燃料として燃焼させ，得られたエネルギーをボイラーの熱源として利用し，温湯を鶏舎の床暖房などに使用する装置．構造は燃焼部とボイラー部に分かれる．鶏糞を燃焼するときに強烈な臭気が発生するため燃焼部では高温燃焼方式を採用している．水分が20%程度の鶏糞1 kgでは約10 MJの熱量が得られる．

けいぼく　係牧　tether grazing, tethering　家畜をロープなどでつないで飼養する飼い方．放牧に比べて牧柵が不用で小面積の草地や畦畔の利用も可能であるが，多頭飼育が不可能で，労力を多く要し，草量草質によって採食栄養量に差を生じる．ウシの場合の係留方法は普通，長さ90〜100 cmのより戻しのついた鉄棒を地中に差し込み，長さ3.5 m程度の鎖または綱でつなぐ．繋牧草地は草丈30〜40 cmまで，草量10 a当たり600〜1,000 kgのものが望ましい．

けいやくのうぎょう　契約農業　contract farming　食品加工業，飼料工業，商社その他各種関連企業との間の一定の契約に基づいて行われる農業生産．畜産では昭和30年代後半以降，畜産物需要の増大に対応して，飼料工業，商社などによる関連企業の垂直的統合（インテグレーション）の一環として広がったが，近年では個性化商品の生産・販売を目的として量販店などとの間で行われている例が見られる．

けいようひ　茎葉比　leaf-stem ratio　草を刈り取って同化部分（葉）と非同化部分（茎）に分けて重さを測定し，全体の重さに対する葉の重さの割合を茎葉比という．飼料としての価値は蛋白質の多い葉の割合が高いほどよい．

けいろけいすう　経路係数　path coefficient　ある変量Xと一連の変量A，B，C…があって，Xの値がA，B，C，…によって決定されている時，A，B，C，…とXとの間の道筋を経路（path）といい，Xの分散のうちAの分散が占める割合をAの決定係数，その平方根をAの経路係数という．経路係数は原因のそれぞれが結果の発現に相対的にどのような重みを持つかを経路ごとに示したものである．

ケージけいしゃ　ケージ鶏舎　cage system poultry house　1〜数羽ごとにケージ（篭または檻）の中で飼育する方式の鶏舎．おもに採卵鶏の飼育に用いられるもので，ケージを立体的に重ねることにより，床面積当たりの

収容羽数を高めるとともに，競合の防止を図ることができる．また，畜体と排泄物の分離も容易である．

ケージとんしゃ　ケージ豚舎　cage system swine building　個体ごとに鉄柵で仕切ったケージの中で飼育する方式の豚舎．床はすのこ状にして，排泄物を個体から分離させることができる．個体ごとの給餌も可能である．運動・移動が制約されるので，舎内環境を適正に維持する必要がある．

ケーシング　casing　食肉や食肉製品の包装で，内容物と直接触れる一次包装の資材の総称．ソーセージ類を製造する際，家畜の小腸などを原料として練り肉の充填に利用されるものは天然ケーシングと称し，再生コラーゲン，セルロースあるいは塩化ビニリデンなどを原料として作られているものは人工ケーシングと総称されている．

ケーントップ　cane top　サトウキビの梢頭部をケーントップという．これを乾燥梱包したものが輸入されている．栄養価や嗜好性に優れ，粗飼料効果も高いことから，国内の酪農経営で広く使用されている輸入粗飼料の一つである．沖縄県では青刈りで給与されている．

けがわ　毛皮　fur　毛をつけたままなめした皮をいう．毛皮用動物としてはヒツジ，ヤギ，ウサギなどの家畜のほかに，イタチ，リス，テン，タヌキなどその種類は非常に多く，ミンク，キツネなどはこの目的で人工飼養されている．毛皮の製造法はドレッシング（dressing）と呼ばれ，主としてみょうばんなめし，クロムなめし，アルデヒドなめしなどが行われている．防寒用，服飾用，装飾用に広く利用される．

ケージ　cage　ニワトリ，ブタ，子牛などを収容・飼養するための籠または檻．ケージは空間を立体的に利用するため，飼育密度が高められる．

けつえきがた　血液型　blood group　狭義には赤血球膜上に存在する抗原の多型である赤血球型をいうが，広義には赤血球以外に，白血球，血小板，血清中の蛋白質，酵素などの遺伝的多型も含め，血液型という．

けつえきがたシステム　血液型システム　blood group system　血液型は，単一遺伝子座あるいはフェノグループを形成する複数の抗原を支配する複対立遺伝子（multiple allele）に支配されており，これを血液型システムとよび，個々の抗原をファクター（factor）と呼ぶ．ウマ，ウシ，イヌでは血統登録，親子鑑定に，またウマ，ブタでは新生子溶血性黄疸の予防，診断に活用される．

けつえきがたぶっしつ　血液型物質　blood group substance　赤血球型の分類の基になる型特異的な物質（血液型抗原，blood group antigen）の免疫化学的用語．成分的には糖脂質あるいは糖蛋白質であり，糖鎖および糖鎖とペプチド鎖との複合体の立体構造に型特異的な抗原性が認められる．

けつえきがたふてきごう　血液型不適合　blood group incompatibility　輸血の際のドナーとレシピエントの間，新生子溶血性黄疸症の際の母子間などにおける血液型の不一致をいう．

けつえきぎょうこ　血液凝固　blood coagulation　血液を体外にとりだすとやがて流動性を失い固まること．血小板，血漿蛋白質，カルシウムなど多数の因子が関与する一連の複雑な酵素反応によって生じる．大要はプロトロンビンが酵素の作用でトロンビンとなり，これがフィブリノーゲン（線維素原）をフィブリン（線維素）に変化させ，このフィブリンが血球をからめ包みこんで血餅をつくることである．　→血小板，血餅

けつえんけいすう　血縁係数　coefficient of relationship　2個体間の遺伝的な関係の強さをあらわす．2個体間の遺伝子型値の相関係数でもあり，0～1の大きさを示す．血縁係数は個体自身は1.0, 親子間では0.5, ぜんきょうだい間では0.5, 半きょうだい間では0.25であり，血縁係数の約半分をそれらの後代の近

交係数とみなすことができる.

けっかんようもう　欠陥羊毛　defect wool, faulty wool　ヒツジの飼養管理不良や遺伝的原因により生じる品質不良の羊毛. 生毛時にすでにフェルトしているもの (clotty wool), やせ細ったもの (hungry w.), 毛束ごとずるずる切れるもの (tender w.), 毛がぷつんぷつんと切れるもの (broken w.), 機械にかけるとノイルを多く出すもの (noily w.), 汚染のため洗っても黄色の取れないもの (stained w.) などがある.

けっきゅう　血球　blood cell (s)　血液中の細胞成分である赤血球, 白血球 (顆粒白血球, 無顆粒白血球, リンパ球) および血小板の総称. 胎子期には肝臓, 脾臓などでも産生されるが, 成体ではこれらすべての血球は骨髄に存在する血球幹細胞からそれぞれ数段階の成熟過程を経て産生され, 末梢血中に放出される.

けづくろい　毛繕い　grooming　身繕い行動の一つで, なめたり, 軽く噛むことによって体表面を整えること. この行動は家禽では羽繕いと呼ばれ, 嘴で羽毛を整えるほか, 尾腺からの分泌物を羽毛に塗り付けるといった鳥類特有の行動様式をとる. 他の個体に対して行うグルーミングは親和的な意味をもっていると考えられている.

けつごうせいさんぶつ　結合生産物　joint product　同一の生産過程から生産される複数の生産物. 例えば, 酪農における牛乳と初生子牛, 肉緬羊における羊肉と羊毛といったものである.

けつごうそしき　結合組織　connective tissue　細胞, 線維, 基質によって構成され, 体のすべてに存在し, 組織の間を埋める. 結合組織の細胞には線維間に存在して動かない固定細胞と組織内を動く遊走細胞がある. 固定細胞には線維芽細胞や脂肪細胞, 遊走細胞には白血球や肥満細胞などが含まれる. 線維には膠原線維, 弾性線維, 細網線維があり, 基質は蛋白質やムコ多糖類が主成分で, 水分にも富む.

けっしょう　血漿　blood plasma　凝固を阻止した血液から細胞成分を除去した残りの液体成分であり, 各種の血清蛋白質, 糖, 脂質などの有機成分と無機成分の他, フィブリノーゲンを含む.

げつじょうし　月状歯　selenodont　反芻類やウマの臼歯の咬合面での歯型の名称. こうした動物では臼歯の咬合面は広く, 硬いエナメル質の稜が複雑なうねを作って隆起し, その間に低く象牙質やセメント質がつまって露出している. エナメル稜の模様を月状歯と呼んでいる.　→前臼歯, 後臼歯

けっしょうばん　血小板　platelet, thrombocyte　血液凝固に関与し, 血管の損傷に伴い細胞質が星状化・糸状化して血球を絡めて血餅を形成し, 止血作用をもつ. 骨髄中で巨核球と呼ばれる大型の細胞の細胞質が断片化することで産生される. 栓球ともいう. 鳥類では核断片を有し, これを特に栓球と呼び, 哺乳類の血小板と区別する場合もある.

けっせい　血清　serum　凝固した血液から血餅が退縮して滲み出してくる液体成分である. 血漿からフィブリノーゲンを除去したものに相当する.

けっせいアルブミン　血清アルブミン　serum albumin　血清中に大量に存在する分子量約7万の単純蛋白質. 運搬蛋白質の一種であり膠質浸透圧機能も有する.　→A／G比

けっせいこうたい　血清抗体　serum antibody　正常血清および免疫により得た抗血清に含まれる抗体.

けっせいはんのう　血清反応　serum reaction　抗原・抗体反応. 抗体が抗原と示す反応の総称. 凝集反応, 沈降反応, 溶解反応, 標識抗体法などさまざまな方法が考案され, 疾病診断など生物を対象とするあらゆる分野で活用されている.

けっちゃくせい　結着性　binding quality

肉塊あるいは細切肉に水や脂肪を添加した場合，それらが相互に密着する性質のこと．食塩を加えることによって結着性が増す．このことは食塩が食肉中の蛋白質（ミオシン）を筋原線維から細胞膜の外へ引き出すことによって蛋白質が相互にからみ合って作る網目構造の中に水や脂肪を包み込んだ状態になることによる．

けっちょう　結腸　colon　大腸の一部．盲腸に続く部分で直腸に移行する．絨毛はなく，粘膜上皮には腸腺が発達し杯細胞が多い．粘液を分泌するとともに，消化管内容物から水分の再吸収を行う．草食動物の結腸は長く，反芻動物では結腸が円盤結腸，ブタでは円錐結腸として納まっている．ウマでは，大結腸と小結腸に分けられる．　→付図11, 付図12, 付図13

ケッテイ　駃騠　hinny　雌ロバに雄ウマを交配してできた種間雑種で不妊．ラ（騾）に比較して怠惰で作業能力も低いので実用的でない．

けっていけいすう　決定係数　decision coefficient　回帰分析において目的変数の全平方和のうち回帰に起因する平方和の割合であり，回帰のあてはまりのよさを示す．寄与率あるいは重相関係数とも呼ばれる．経路分析においてある説明変数の分散が目的変数の分散に占める割合のことも決定係数という．　→経路係数

けっとう　血糖　blood glucose, blood sugar　血液中に含まれるグルコースのこと．その血中濃度は，正常なヒトやウマ，ブタでは約100 mg/dl，ヒツジやウシなどの反芻動物では60 mg/dl 程度である．インスリンやアドレナリンなどのホルモンや神経系の作用により，適切な血糖値が保たれる．血糖は各組織で代謝されてエネルギー源となるが，過剰のときは肝臓や筋肉のグリコーゲンあるいは脂肪合成に用いられ貯えられる．一方，腸管からの吸収，肝グリコーゲンの分解，糖新生により供給される．反芻動物では，血糖のほとんどはプロピオン酸などの揮発性脂肪酸からの糖新生に由来する．

けっとう　血島　blood island　脊椎動物の胚性初期卵黄嚢内に形成される，赤血球系の芽細胞および，より未熟な細胞からなる細胞塊．哺乳類の骨髄に観察される，マクロファージを囲む赤芽球の島状構造である赤芽球小島とは異なる．

けっとう　血統　pedigree　ある個体より以前の血縁関係をあらわすもので，個体とその父母を最小単位として，それぞれ世代をさかのぼって示す．祖先からの遺伝子の伝達経路を示すものであり，家畜の改良においては，血統の記録が重要である．

けっとうしすう　血統指数　pedigree index　後代検定に供する候補種雄牛を計画生産するための指標で，父の育種価の1/2と母方祖父の育種価の1/4を加えて求める．個体の正確な育種価は後代検定により推定する．

けっとうせんばつ　血統選抜　pedigree selection　個体の育種価を父母，祖父母など祖先の記録を用いて推定し，選抜する方法．血統選抜の正確度は選抜対象個体と記録をもつ祖先との血縁係数の大きさによるため，実用的価値があるのは祖父母までである．
→家系選抜

けっとうとうろく　血統登録　pedigree registration（registry）　登録に際して，個体の記録とともに血統の情報が記録されているが，これを血統登録という．家畜育種においては個体の血統情報は改良の基本であり，血統登録が重要である．日本ホルスタイン登録協会では，血統登録雌牛は登録牛の間に生まれた雌牛，血統登録雄牛は高等登録牛間に生まれた雄牛を指す．なお，全国和牛登録協会では子牛登記，日本種豚登録協会では子豚登記という．　→登録

けっぱん　血斑　blood spot　卵黄表面に付着している血液の斑点．その生因については，ニワトリの病気または産卵中のストレスにより，卵巣あるいは輸卵管中の毛細血管

の破壊がおこり，血液が付着したものとされている．

けっぷん　血粉　blood meal　屠場からでる屠畜の血液を乾燥させたもの．粗蛋白質含量がきわめて多く，しかもリジン，メチオニンなどの必須アミノ酸が多いが消化性が低い．しかし，1990年代の後半にはスプレードライ法などの新製造法による，消化性の比較的よいものも製品化されている．

けっぺい　血餅　blood clot　採血した血液を試験管などに放置した血液で，血小板，赤血球および白血球がフィブリン線維にからまってできる塊のこと．

けつまく　結膜　conjunctiva　眼瞼内面と眼球前面の角膜周縁部を被う膜で，厚く不透明で血管に富んだ淡紅色を呈する．眼瞼結膜と眼球結膜が区別される．両者は反転して相互に移行し，上または下結膜円蓋を作る．上結膜円蓋には涙腺の開口部が多数認められる．

けづめ　距　spur　鳥類の性成熟に達した雄の後肢の後面にみられる．中足骨の距突起の表面が角質鞘で包まれたもので，先端が鋭く尖って攻撃に用いる．　→付図6

ケトーシス　ketosis　ケトン症．ケトン体が血中に増加し，尿中に証明されるようになった状態．糖分の摂取不足や糖の消費が激しいとき，またはケトン体の消費が追いつかないときにおこる．ケトン体のうち，アセト酢酸とβ-3-ヒドロキシ酪酸は酸性なので，血液のpHは酸性に傾く．

ケトンたい　ケトン体　keton body（bodies)　アセトン体ともいう．アセトン，アセト酢酸およびβ-ヒドロキシ酪酸の総称．脂肪酸の中間代謝産物．正常時でも血液や尿中に微量に含まれるが，物質代謝に障害があるとその濃度は増加する．

ゲノム　genome　生物が生活機能を完全に営むための必要最小限度の遺伝子群を含む1組の染色体で，それぞれの生物種によって固有数（半数セット）より構成されており，配偶子に含まれるセットである．その大きさは，全塩基数であらわされていることが多く，哺乳類では3×10^9塩基程度．

ケフィア　kefir　古くからコーカサス山岳地帯で，牛乳，山羊乳，羊乳などから作られたアルコール発酵乳の一種．乳酸菌や酵母が共生しているケフィア粒を加え，16~18℃の比較的低温で発酵する．酸度0.6~1%，アルコールは1%以下である．最近は牛乳を用いて，アルコール含量がもっと低く，炭酸ガスの少ない新しいタイプのケフィアがロシア，北欧諸国で生産されており，果汁入りの製品も市販されている．

ケミカルスコア　chemical score　蛋白質の栄養価をアミノ酸組成から評価する一つの指標である．全卵蛋白質と被検蛋白質における各必須アミノ酸含量の比をとり，最小の比を示す必須アミノ酸を被検蛋白質の制限アミノ酸とし，この比率をパーセントで示したものがケミカルスコアである．

ケラチン　keratin　硬蛋白質の一種で，皮膚表皮および表皮細胞の変化生成物である毛，羽毛，爪，角，蹄などの主要構成成分．S原子を含んだアミノ酸シスチンの含量が多く，ポリペプチド鎖間にジスルフィド(-S-S-)架橋結合が多数形成されている．水または中性溶液や有機溶剤には不溶で，酸には比較的抵抗性が強いが，アルカリ，酸化剤および還元剤には感受性が大である．硫化ナトリウム，チオグリコール酸などの還元剤で処理するとジスルフィド架橋結合が切断され，毛などは柔軟化して好みの形に変えられる．毛髪のパーマネントウェーブの処理にこの現象が利用されている．

ケリー　Kerry　アイルランド南西部ケリー地方原産の小型乳用牛．有角で毛色は黒色．体下部，四肢内側は淡色．粗放管理に耐性あり強健．体重，体長は，それぞれ雌280 kg, 115 cm, 雄400 kg, 125 cm程度．乳量約3,000 kg, 乳脂率3.7%．

ゲルベルしけん　ゲルベル試験　Gerber

test　ゲルベル用乳脂計（ブチロメーター）を用い，牛乳に濃硫酸とアミルアルコールを加えて脂肪分を遊離させ，遠心分離してその容量から脂肪率を求める方法．

けん　腱　tendon　著しく太い膠原線維が平行に走る緻密結合組織で，骨格筋が骨などにつく際に介在する．膜状の腱は腱膜という．腱細胞は膠原線維の間に挟まれて稜柱状に連なり，横断面では星形にみえるので翼細胞と呼ばれる．骨格筋では起始腱と終止腱がある．特に肢端の骨格筋では腱組織がよく発達し，筋組織をいくつもの小部屋に区切り，アキレス腱，屈筋腱などの強靭な終止腱も存在する．

けん　朕　flank　→ひばら　付図1，付図2，付図4，付図5

けんえき　検疫　quarantine　家畜伝染病の病原体が，海外から動物や畜産物を介して国内に侵入するのを防止するために行う行政措置．このため，動物検疫所を設置して家畜伝染病予防法で指定している監視伝染病（法定26疾病，届出70疾病）のほか，狂犬病，エボラ出血熱およびマールブルグ病を対象に検疫を実施している．

げんかいせいさんひ　限界生産費　marginal cost　生産物を1単位追加生産するときに生ずる生産費の増加分．1単位の生産量の増減にともなう生産費の増減額ともとらえられることから差額生産費(differential cost)ともいわれる．限界生産費は一般にU字型の曲線で示され，均衡状態においては価格，平均生産費，限界生産費の三者は平均生産費の最低点で一致する．

げんかいようめんせきしすう　限界葉面積指数　critical leaf area index　飽和葉面積指数ともいう．葉面積指数が増加し続けても乾物生産速度が減少しない群落（最適葉面積指数の存在が認められない）において，最初に最大乾物生産速度に到達した時の葉面積指数を指す．葉面積指数が増大するにともなって，遮へいされた下位葉の呼吸速度が減少することや草状の変化によって吸光係数が減少することが関係していると考えられる．
→最適葉面積指数

げんがいろか　限外ろ過　ultrafiltration　通常のろ過法ではろ別することが困難なコロイド粒子や大型分子を，選択透過膜を用いてこしわける方法．メンブランフィルターで細菌をろ別するのはその1例．また牛乳，脱脂乳，ホエーなどの蛋白質や脂肪の濃縮，乳糖や灰分の除去に広く利用される．原料乳をあらかじめ限外ろ過で分画濃縮し，カマンベールチーズやクリームチーズなどを製造する方法もある．また，汚水処理においても，排水からの汚濁物質や汚泥の分離に用いる．

げんがいろかまく　限外ろ過膜　ultrafiltration membrane　→膜処理

げんかくせいぶつ　原核生物　prokaryote　細菌およびらん藻に代表される生物を指し，真核生物に対比される．染色体はDNA分子がほとんど裸のまま細胞のほぼ中心部にあるが，核膜はなく，構造的に細胞質からは区別できない．また，真核生物の有糸分裂に類する染色体の凝集を行わない．

げんかしょうきゃくひ　減価償却費　cost of depreciation　建物，施設，機械，繁殖畜など土地を除いた固定資産は，長期間の使用，所有によって，年々価値が減少していく．この価値の減少を耐用年数に応じて各期間に配分した費用を，減価償却費という．減価償却費の計算には定額法，定率法，生産高比例法などがある．固定資産としての家畜（繁殖用畜）は税法上，定額法で計算することに決められている．

けんきせいさいきん　嫌気性細菌　anaerobic bacteria　酸素がない気相下で生育する細菌をいう．好気性細菌の対語．酸素が存在すると生育できない偏性（絶対）嫌気性細菌と酸素の有無に拘らず生育できる通性嫌気性細菌とがある．メタン発酵に関与するメタン細菌は偏性嫌気性細菌である．

けんきせいしょり　嫌気性処理　anaerobic treatment　嫌気性細菌の働きを利用して汚

水や有機性廃棄物中の汚染物質を分解する方法. メタン発酵（嫌気性消化）は嫌気性処理の代表的な処理法.

けんぎょうのうか　兼業農家　part-time farm household　世帯員のうちの誰かが自家の農業以外の仕事に従事していて収入を得ている農家. 従来, 農業構造をとらえる上で有効な農家分類であったが, 近年, 世襲的な後継意識が薄れたこともあって兼業農家であっても高度に機械化するなど規模の大きい農家が多くなっている. したがって, 専業・兼業別だけでは農業構造の実態をとらえられなくなってきている.　→専業農家

げんげんしゅ　原々種　grand parents　肉豚, 肉用鶏, 卵用鶏では, 実用畜がヘテローシス利用の交雑育種により三元, あるいは四元交雑で作出され, 利用されているが, それらの元親となる系統, 品種をいう.　→原種

けんご　肩後　crops　→付図1

けんこうこつ　肩甲骨　scapula　前肢骨を構成する前肢帯の骨. 三角形の扁平骨で胸郭の側壁に位置するが, 胸部骨格とは連結せず筋肉のみによって結ばれる. 三角形の底部となる部分は軟骨からなる肩甲軟骨で, 三角形の頂点になる部分は肩関節の関節窩として上腕骨と連結する.　→付図21

けんざしせい　犬座姿勢　dog-sitting　休息時の姿勢の一つであり, 尻を床に着け, 前肢を伸ばして後肢だけを折り込んでイヌのように座る姿勢のこと. ブタではよく見られるが, 不適切な環境下ではその頻度が多くなることがある. ウシでは通常の環境下においてはこの姿勢はまれで, 後肢の異常や床構造の良否の指標になりうる.

けんし　犬歯　canine teeth　歯牙列の中で切歯と前臼歯の間にあり, 最も長く発達する歯で, 口唇から突出する. 肉食動物でよく発達するが, 雄では牙となって巨大化するように, 性差が最も顕著にでる. 切り裂く役割を果たす. 草食動物では, 発達が悪く欠損することもある.

げんしゅ　原種　parent　交雑育種で生産されるコマーシャルチックや肉用豚の三元交配または四元交配の元になる純系（品種）または交雑系（交雑種）を指す. 純系Aと純系Bとの交雑個体に純系Cと純系Dの交雑個体を作出したものが四元雑種, 純系Aと純系Bとの交雑個体に純系Cを交配して作出したものを三元雑種と呼ぶ.　→原々種

けんしゅく　けん＜捲＞縮　crimp　→クリンプ

けんじょうとっき　剣状突起　xiphoid process　→付図21

けんだくぶっしつ　懸濁物質　→SS

ケンタッキーブルーグラス　Kentucky bluegrass, Poa pratensis L.　ナガハグサ. ヨーロッパおよびアジアを原産とする寒地型イネ科イチゴツナギ属（ブルーグラス類）の多年生牧草. 草高は30cm前後の短草型で, 地下茎によって繁殖する. 冷涼で湿潤な気候に適し, 日かげでも葉を細かく長く伸ばす性質があるが, 収量性は高くない. 家畜の嗜好性はよく, 放牧草地の草生密度を高く維持するのに優れた下繁草である. 芝草用にも使われている.

けんたん　肩端　point of shoulder　→付図2

けんちかん　検知管　detector tube　簡便な化学的ガス分析器. 内径3mm, 長さ15cm程度のガラス管に, 被検ガス成分と化学反応して着色または変色する検知剤を充填し, これに通常100mlの試料気体を通じて変色させ, 変色域の長さからガス成分の濃度を求める. ガスクロマトグラフなどに比べ感度が低く, 微量の悪臭物質の測定には適さないが, 簡易に分析できるため, 畜舎内や糞尿処理施設でのアンモニア濃度の測定によく用いられる.

けんていずみしゅゆうぎゅう　検定済種雄牛　proved (proven) bull　後代検定により遺伝的能力が判明し, 選抜された種雄牛. 保証種雄牛ともいう. わが国のホルスタイン種

では，後代検定事業の結果を基に，一定の信頼基準を満たしている種雄牛名とその評価値が年2回公表されている．選抜された検定済種雄牛は凍結精液により広域的に利用される．

けんねつ　顕熱　sensible heat (radiation)
湿り空気の含む全熱量のうち，温度の上昇，下降をおこすのに要する熱量を顕熱という．

けんねつほうさん　顕熱放散　sensible heat loss　水分蒸発以外の，対流，伝導，放射による熱放出をいう．対流は接触している流体が暖められ，流れ去ることによる熱放出で，皮膚に接触している空気が暖められ上昇する自然対流と，風や動物が動くことで皮膚表面を移動する強制対流がある．伝導は冷たい表面に接触しておこる熱放出である．放射はすべての物質が出す赤外線領域の電磁放射によるもので，動物の体温は放射によって周囲の冷たい物質へ移動する．

げんばけんてい　現場検定　field testing
種畜の能力評価を行うに当り，特定の検定場を用いずに，農家の飼養管理のもとで記録をとり，BLUP法などを用いて環境の効果を補正しながら遺伝的能力を評価する検定方法．現場検定は集合検定に比べて候補畜と調査する家畜の数を多く用いることができるため，検定を組織的に行い，分析方法を配慮することにより，選抜の正確度と遺伝的改良量を高めることができる．乳用牛の牛群検定，肉用牛の現場後代検定，ブタの現場直接検定などがある．　→集合検定

げんぴ　原皮　raw hide　製革原料となる皮．通常剥出された生皮は塩生皮，塩乾皮，乾皮，ピックル皮あるいはウエットブルーに仕立てられるが，原皮はこれらの総称である．家畜の皮のほかに，ワニ，トカゲなど，は虫類の皮も用いられる．家畜の皮の場合，重量25ポンド以上のものをハイド，それ以下をスキンと呼んでいる．原皮の性状は動物の種類，年齢，飼育状態，部位，仕立て方で異なる．

けんびじゅせい　顕微授精　sperm injection, microinsemination　卵子と精子を操作して受精しやすい環境を作ったり，強制的に受精を開始させること．卵子の透明帯の一部を切開して精子の進入を助ける方法，精子を卵子の囲卵腔に注入する方法，直接卵細胞質へ注入する方法があり，主として人の不妊症治療の一環として行われている．最近，成熟前の円形精子細胞や二次精母細胞を卵細胞質内へ注入する方法で，マウスで産子が得られている．

ケンプ　kemp　ヒツジの毛のうちでもっとも太い毛（直径70μm以上）をいう．格子状の大きな毛髄質を有し，未改良種の四肢下端に生じることが多い．紡績には不適で，カーペットやフェルトの原料に用いられる
→羊毛

けんぼうすい　腱紡錘　tendon spindle
腱の緊張度を検出する受容器官で，知覚神経が分布している．腱紡錘は，薄い結合組織性の被膜に包まれた数本の腱線維束と数本の神経線維束で構成されている．

げんもう　原毛　raw wool, greasy wool
刈り取りまたは引き抜いた状態の毛．ヒツジの場合は脂＜あぶら＞つき羊毛と呼ばれる．羊毛商取引時の公定水分率（リゲーン）は，脂つき羊毛で16.0％と定められている．原毛には羊毛，粗毛，ケンプの三種があるが，改良種緬羊の原毛はその大半が羊毛である．原毛の洗浄工程中には，副生物としてスイントや羊毛脂が回収される．

けんようしゅ　兼用種　dual purpose breed
家畜（家禽も含む）の改良において，二つ以上の用途を目的として改良された品種．乳肉兼用種，役肉兼用種，乳役兼用牛．毛肉兼用．卵肉兼用種など．

けんようりようほうしき　兼用利用方式　integrated grazing and conservation　放牧利用と刈取り利用を同じ草地について時期的に違えて両方行う利用方式．牧草の季節生産性を調節するため，通常は全草地の半分程度を放牧利用し，残りは一番草あるいは二番草で刈り取って乾草やサイレージとして調製す

る．その後，刈り取った後も放牧利用する．兼用利用を行うことで生産力の高い植生に維持されることが期待される．

けんらんき　検卵器　egg candler, egg tester　これには孵卵時の胚の生死の検査用と食卵の品質検査用とがある．前者は卵に光を当て，卵殻を透視して内部の胚の生死を検査する．後者は破卵・血斑卵・肉斑卵を検査する．

[こ]

こうう　こう羽（岬羽）　cape　→付図6

こうえんききゅう　好塩基球　basophil(e)　塩基好性細胞，好塩基性白血球ともいう．末梢血中白血球に占める割合は一般的には1%以下ときわめて低い．細胞質にヒスタミンやヘパリンを含む好塩基性顆粒をもつ．IgE受容体をもち抗原抗体反応にともないヒスタミンなどを放出し，アレルギー反応に関与する．

こうおんさいきん　高温細菌　thermophilic bacteria　増殖の適ザが45℃以上の細菌群をいう．これらの細菌は高温に長時間保持された牛乳，乳製品中で増殖し，その製品を変敗させることがある．代表的なものは *Bacillus stearothermophilus*, *Clostridium thermocellum* などである．

こうおんせい　恒温性　homeothermy　一定の気温の範囲内で，外界の寒暖に関係なくある一定の範囲に体温を保つ性質をいい，このような性質をもつ動物を恒温動物という．鳥類，哺乳類はこれに属する．恒温動物は一定の体温を保つための産熱機構と放熱機構を持つ．恒温動物は体温を一定に保つことで広く種々の環境下で生活できるが，その代償として高い代謝率を維持するためにエネルギーを多く取り込む必要がある．

こうおんたんじかんさっきん　高温短時間殺菌　high-temperature short-time (HTST) pasteurization　牛乳を72~75℃に15秒間加熱して殺菌する方法．プレート式熱交換機を利用して連続式に行われるので，保持殺菌に比し能率的で，製品の品質も良好である．

こうからん　硬化卵　hardened egg　綿実粕のような特殊な飼料を与えたニワトリの卵を冷蔵した場合に，卵黄が硬化したものをいう．硬化卵をゆでると卵黄がスポンジ状になるので，スポンジ卵ともいわれる．綿実粕に含まれるシクロプロペノイドの作用により，卵黄の脂肪酸組成が変化し，飽和脂肪酸の割合が増したためと考えられている．

こうかわ　甲革　upper leather　靴の表革＜おもてがわ＞に用いられる革．ウシ，ヤギ，ウマなどの皮が使われる．クロムなめし，植物タンニンなめし，コンビネーョンなめしなどでなめされるが，ほとんどがクロムなめしを基本とした牛甲革である．

こうかん　後管　hind shank　→付図1

こうきせいさいきん　好気性細菌　aerobic bacteria　酸素の存在する気相下で生育する菌をいう．嫌気性細菌の対語．これらのうち，酸素がなければ生育できないものを偏性（絶対）好気性細菌という．家畜糞の堆肥化処理や汚水の活性汚泥法等は，好気性細菌による有機物の分解を利用したもの．

こうきせいしょり　好気性処理　aerobic treatment　好気性細菌を始めとし，カビ類，原虫類，プランクトン等好気性生物の働きを利用して汚水や有機性廃棄物中の汚染物質を分解する方法．汚水処理の生物膜法や活性汚泥法，スラリーの曝気処理，堆肥化等は好気性処理の代表的なもの．

こうぎゅう　黄牛　Yellow cattle　中国原産の役用牛の総称．ゼブ牛とヨーロッパ系の牛の交雑により，各地で古くから作出されたウシで，いろいろな品種が区別されている．主要なものは，魯西牛，延辺牛，秦川牛，晋南牛，南陽牛の五品種で，毛色は黄褐色，淡褐色，黄色，黒色のほかし，粕毛などいろいろであり，肩峰，胸垂もみられる．体重・体高は，それぞれ雌250~280 kg，110~120 cm，雄260~420 kg，115~126 cm．全体として前躯の発達

に比較して後躯は寂しい．強健性，粗放管理耐性，暑熱性に優れている．肉量は少ないが肉質は優れている．現在は，農業機械の普及が進行し，役畜としての用途に限界が見られる．

こうきゅうし　後臼歯　molar teeth　上下顎の歯列の最も奥に生ずる一群の歯で，基本数は左右上下各3本の計12本．ブタは基本数のすべてを備えるが，動物種によりその数は減少する．一代生歯で，食物を咬み砕き，咬合面をすりあわせることにより磨砕する．歯冠はブタ，イヌでは丘稜歯であるが，後位のものほど隆起は鈍端となる．反芻類，ウマの後臼歯は，前臼歯とともに咬合面の形状から月状歯と呼ばれる．

こうきゅうせいいでんしはつげん　恒久性（安定的）遺伝子発現　stable gene expression　外来遺伝子が細胞の染色体上に組込まれ，その結果遺伝子発現（mRNAあるいは蛋白質）が安定して長期にわたって認められること．一過性遺伝子発現に対比される．

こうきょうぼくじょう　公共牧場　public pasture　地方公共団体，農協，畜産公社などが，主として乳用牛または肉用牛を農家から預託あるいは買い取って放牧飼養している牧場．周年預託を行っている牧場も多い．全国で約1,200牧場，草地面積で20万ha以上あり，わが国の全草地面積の2割近くを占める．乳用牛約12万頭，肉用牛約10万頭が利用している．預託農家にとって育成に要する労力と飼料の節減効果と，放牧により強健で粗飼料をよく利用するウシが育成されるメリットがある．

こうげきこうどう　攻撃行動　aggression, aggressive behavior　敵対行動の一つ．攻撃行動は威嚇行動の後に続く行動で，相手に対して物理的なダメージを与える行動である．攻撃行動には，同種内の優位・縄張りの主張，性的関係保持のため異性への攻撃，子を近くに居させるため，子の喧嘩の中止のため，離乳させるためなど，親の子に対する攻撃，捕食攻撃，捕食者に対する攻撃などがある．

こうけっせい　抗血清　antiserum　抗体を含む血清のこと．通常は抗原を免疫した動物の血清で抗原に特異的な抗体 [免疫抗体] を含む血清である．しかし，血清中には免疫なくとも感染，妊娠などにより特定の抗原に対する抗体（自然抗体）が含有されており，これを抗血清として用いることもある．

こうけっとう　高血糖　→過血糖

こうげん　抗原　antigen　動物体内で特異的な免疫応答を引き起こす異物（免疫原 immunogen），ならびに抗体と特異的に結合する物質．成分的には，分子量1,000以上の蛋白質（ペプチド鎖），炭水化物 [糖鎖] およびこれらの複合体であり，その中に脂質，無機物を含むことはあっても，これらは単独では抗原とはならない．

こうげんせんい　膠原線維　collagenous fiber　体のあらゆるところに走行しているが，特に結合組織，骨組織，軟骨組織，造血組織にみられる．一般には細胞間質にあるが，束としては骨や腱がある．蛋白質のコラーゲンからなる白色の線維で，張力に強く，屈伸は自在である．線維は直径20～30 nmの微細な細線維によって構成され，この細線維には64 nmの周期をもつ横縞がみられる．

こうこうがい　硬口蓋　hard palate　口腔の天井部を構成する骨性の部分で，口腔粘膜が被っている．硬口蓋に続く後方の骨性部のない天井を軟口蓋と呼ぶ．この部分は，咽頭前部で鼻部と口部の境界を成している．

こうこう（くう）せん　口腔腺　oral gland　消化酵素を含む漿液や粘液を分泌する腺の総称で，唾液腺のこと．腺体が離れたところにあって，長い導管で口腔に開口する大口腔腺（舌下腺，下顎腺，耳下腺など）と導管が短く，腺体が分泌物の排出部位付近の粘膜下組織にある小口腔腺（口唇腺，頬腺，口蓋腺，舌腺など）に大別される．分泌物によって粘液腺，漿液腺および漿粘液腺（混合腺）に分類される．

こうさい　虹彩　iris　虹彩は角膜と水晶体間の眼房中にあり，瞳孔の大きさを変化させることによって入射光量を調節し，カメラの絞りに相当する働きをする．瞳孔の大きさは，虹彩中に含まれる平滑筋（瞳孔括約筋と散大筋）の働きによって変化する．家畜の眼の色は虹彩の色調による．虹彩には色素細胞が含まれ，最深部には色素層が存在する．色調は通常黄褐色〜黒褐色で，青色その他種々のものがある．

こうざつ　交雑　cross(ing)　異なる系統間あるいは品種間の交配．

こうざついくしゅ　交雑育種　cross breeding　交雑種による家畜生産を目指した育種法．系統間，品種間の交雑により両親の能力をあわせもつこと，雑種強勢の利用，遺伝子の導入が可能となり，系統内選抜では達成できない遺伝的能力の向上が可能となる．ブタでは三元交雑による肉豚生産が一般的であるが，F_1 生産のための繁殖性の優れた雌型系統，止め雄用に肉質のよい系統をそれぞれ系統造成し，組み合わせて利用する．

こうざつしゅ　交雑種　crossbred　異なる系統，品種などの間の交配により生じた子．

こうさてきおう　交叉適応　cross adaptation　環境の変化に対して生体は恒常性を維持するために防衛反応をおこし，ストレスに対する抵抗性を示す．その際，あるストレスに対する抵抗性が増加すると，別の種のストレスに対する抵抗性が強まったり（正の交叉適応），逆に弱まったり（負の交叉適応）する現象．

こうさんきゅう　好酸球　eosinophil(e), acidophile　酸性好性細胞，好酸性白血球ともいう．正常個体の末梢血中白血球に占める割合は5％程度である．寄生虫や腫瘍細胞に対する傷害作用を示す塩基性蛋白質を含む好酸性顆粒を指す．免疫グロブリンや補体に対する受容体をもち，これらを介して異物に接着し顆粒を放出して殺傷する．

こうし　後肢　hind leg　→付図4

こうじつ　硬実　hard seed　種皮が硬く，播種しても吸水する能力がない種子を多くもつ種類の植物についてこの用語が用いられる．マメ科の種子に多く，乳鉢に砂とともに種子を入れ，乳棒を回して種皮に傷をつければ吸水が可能となる．これを休眠打破という．暖地型のバヒアグラスでは硫酸処理をすることがあるが，危険であり，普及性は低い．

こうしつチーズ　硬質チーズ　hard cheese　チーズを硬さにより分類したとき，最も硬い部類に属する一群のチーズ．熟成期間は一般に長くて3〜6カ月以上にわたり，水分は40％以下である．ゴーダ，チェダー，エダム，エメンタール，パルメザンなどのチーズがこれに属する．

こうしにく　子牛肉　calf meat, veal　10カ月未満の幼齢牛の肉．また生後6カ月未満のものをヴィール（veal）という．生後数週間で屠畜した乳用子牛の牛肉は肉色が淡いのでホワイトヴィールと呼ばれる．子牛の枝肉はスモールといわれる．

こうしゅうき（はんのう）　光周期（反応）　light rhythm, light period　日照時間の周期的変化を光周期といい，光の明暗周期に対する家畜の反応を光周反応（photoperiodic response）という．

こうじゅせいそ　抗受精素　antifertilizin　ウニの精子から得られた，受精を助けると考えられる物質でアンドロガモンと呼ばれる．哺乳動物の精子における存在は確認されていない．

こうしょうしきけいしゃ　高床式鶏舎　deep pit poultry house, elevated floor poultry house　すのこ床を採用して，鶏糞を床下空間に自然堆積させ，1〜2年ごとに小型ショベルローダーなどで搬出する方式の2階建て鶏舎．

こうじょうせん　甲状腺　thyroid gland　赤褐色ないし黄褐色の腺体は第二〜第三気管輪外腹側に位置する．甲状腺ホルモンを分泌する内分泌腺で，その構造単位は中空球状

の細胞集団からなる,ろ胞である.ろ胞は周辺部に一層の上皮細胞が並び,内腔は上皮細胞から分泌されたコロイドで満たされている.コロイドは甲状腺ホルモンを貯留し,刺激を受けると上皮細胞に貪食され,加水分解されて,その基底側から血中に放出される.

こうじょうせんしげきホルモン　甲状腺刺激ホルモン　thyroid stimulating hormone, thyrotrop(h)in, TSH　下垂体前葉細胞から分泌されるホルモンの一つ.TSHは分子中に各種の糖を含む糖蛋白質で,αとβのサブユニットからなる.α-サブユニットはLH,FSHのそれと共通.β-サブユニットは種によってアミノ酸配列が異なる.TSHは甲状腺ろ胞の成長および甲状腺ホルモンの分泌を促す.TSH分泌は視床下部より分泌される甲状腺刺激ホルモン放出ホルモン(TRH)により促進され,甲状腺ホルモンにより抑制される.

こうじょうせんしげきホルモンほうしゅつホルモン　甲状腺刺激ホルモン放出ホルモン　thyroid stimulating hormone releasing hormone, thyrotrop(h)in releasing hormone, TRH　三つのアミノ酸,(pyro)-Glu-His-Pro-NH$_2$からなる分子量362.4のペプチドホルモン.視床下部に存在する神経分泌細胞において合成され,下垂体前葉からの甲状腺刺激ホルモン(TSH)分泌を促進する.TRHはプロラクチン放出刺激因子としても作用する.

こうじょうせんホルモン　甲状腺ホルモン　thyroid hormone(s)　甲状腺のろ胞細胞により合成・分泌されるヨウ素を含む脂溶性ホルモンで,3,5,3',5'-テトラヨードサイロニン(サイロキシン,T_4,分子量777)と3,5,3'-トリヨードサイロニン(T_3,分子量651)とがあり,両者を総称して甲状腺ホルモンと呼ぶ.合成後に分泌細胞外のろ胞腔に貯蔵される.T_3の生理活性はT_4の数倍~10数倍高いが,分泌されるホルモンのほとんどはT_4である.哺乳類ではT_3の大部分は末梢組織でT_4が脱ヨード化されて生ずる.甲状腺ホルモンは組織の酸素消費の増加による熱産生,末梢でのグルコース利用,脂肪代謝,蛋白質合成を促進し,正常な成長と分化に不可欠である.また,交感神経系の作用の増強効果や,両生類での変態促進効果をもつ.血中ではほとんどがサイロキシン結合グロブリンやアルブミンと結合しているため半減期が長い.遊離のものが生理作用を示す.

こうしん　口唇　lip　哺乳類に特有の構造で,上唇,下唇が口角でつながり口腔の入口を形成する.口唇は自由に動き,乳児期にはこの部位を乳頭に隙(すき)間無く密着させる.ウマでは成体において口唇を使って草を絡み付けて食べる.　→付図5

こうじんつう　後陣痛　after pain　→陣痛

こうしんようしゅちく　更新用種畜　replacement stock　繁殖集団の更新用に選ばれた種畜.

こうしんりょう　香辛料　spice　芳香や辛味を有し,食品の調味,風味づけあるいは薬味として用い,また食味向上の目的で用いられる植物性物質で,種子もしくは果実(コショウ,ナッツメグ,オールスパイス,カルダモン,コリアンダー,キャラウェーシード),種皮(メース),葉(セージ,タイム,ローレル),花(クローブ),樹皮(シナモン),根あるいは根茎(ジンジャー,ガーリック,タマネギ)など植物体の色々の部分が利用されている.

こうすいぶんさいれーじ　高水分サイレージ　high-moisture silage　水分含量75~85％の高水分飼料草をサイレージ調製したものを示す.クロストリジウムによる酪酸生成が促進されて原料の養分損失が大きく,家畜による嗜好性や栄養価値を著しく損ねるので注意を要する.クロストリジウムは低いpHにも強いので,細切,ギ酸添加などによる抑制,フスマなどによる水分調整,大量に出る排汁処理が効果的である.

ごうせいなめしざい　合成なめし剤　synthetic tannin, syntan　もともとは植物タンニンの代替を目指して開発されたなめし作

用を有する合成有機化合物で，合成タンニンあるいはシンタンとも呼ばれている．そのおもなものは各種芳香族スルホン酸とホルムアルデヒドの縮合物である．最近ではそのほかに脂肪族系あるいは合成樹脂系の各種合成なめし剤も開発され，使用されている．単独で使用することは比較的少なく，植物タンニンその他のなめし剤と併用して補助剤的に用いることが多い．それぞれ独特の作用を発揮し，革の品質を高める効果を有するので，各種革の製造に使用されている．

ごうせいはつじょうぶっしつ　合成発情物質 synthetic estrogenic substance　動物体内で生産されるステロイド性エストロジェンと類似の生理作用を示す人工合成化合物．非ステロイド系の物質では，スチルベストロール(DES)，ヘキセストロール，ジエンストロールなどがある．いずれも肝臓で不活化されにくいので，経口投与が可能で作用持続時間が長い．DESは，家畜や人で使用されたが発ガン作用や胎子への催奇形性があることが報告されている．近年は，内分泌攪乱化学物質の一つに数えられている．

ごうせいひんしゅ　合成品種 composite (synthetic) breed　二種類以上の品種の交雑種を基礎集団として，選抜育種を行い作出した品種．肉用牛のマリーグレー，アメリカンブラーマン，ブタのラコムなど．

ごうせいぶっしつしりょうてんかぶつ　抗生物質飼料添加物 antibiotic feed additives　成長促進のため飼料添加物として利用される抗生物質をいう．1998年4月の時点では22種類の抗生物質が飼料添加物に指定されている．

こうせんかんりほう　光線管理法 lighting control system　光環境（照明時間，明暗環境，照度，色など）とニワトリの生理作用との関連性に基づき，性成熟日齢の調節，産卵の促進，飼料効率の向上などを目的として，人為的にニワトリの光環境を制御する方法．

こうぞういでんし　構造遺伝子 structural gene　蛋白質やリボゾームRNA，転移RNAなどの一次構造を決定する情報をもった遺伝子．

こうぞうせいたんすいかぶつ　構造性炭水化物 structural carbohydrates　セルロース，ヘミセルロースのような高重合で繊維性の炭水化物をいう．ウシ，ヒツジなどの反芻家畜はかなりの程度，構造性炭水化物を消化するが，ブタでは一部が大腸で消化される．ニワトリではほとんど消化されないか，されてもごくわずかである．

こうたい　抗体 antibody　免疫グロブリンの分子的性質をもち，抗原と選択特異的に結合する蛋白質の総称．→免疫グロブリン，IgA, IgM, IgG

こうだいけんてい　後代検定 progeny test (ing)　選抜対象個体の遺伝的能力をその子の成績から評価する検定方法．主として種雄畜の選抜に用いられる．ウシでは，候補種雄牛の精液を用いて半きょうだいの産子を多数生産し，それらの記録を用いて雄牛の育種価を推定すると，正確度の高い予測値を得ることができる．乳牛や肉牛など世代間隔が長く，人工授精の普及が進んでいる家畜では効果が大きい．

こうだいじょうみゃく　後大静脈 posterior vena cava　腹部，骨盤部，後肢からの血液を集めて右心房に戻す本幹で，最大の不対静脈である．最初脊柱に沿って腹大動脈右側を走るが，ついで脊柱から離れ肝臓背縁に達し，横隔膜の大静脈孔を通過して，胸腔にはいる．縦隔膜の右側で大静脈ヒダに含まれ，食道，肺門の腹側を通過して，右心房に到達する．

こうたいばね　小謠羽 lesser sickles　雄鳥の尾の中央の長い羽（謠羽）の両側にある長い尾羽．→付図6

こうちゅうきゅう　好中球 neutrophil(e)　中性好性細胞，好中性白血球ともいう．末梢血中の主要な顆粒球であり，リゾチーム，コラゲナーゼ，ラクトフェリンなどを含む顆粒を

もつ．初期生体防御にあたり盛んな貪食能を有し，細菌など異物を食作用によって排除する．膿〈のう〉はおもに死滅した好中球の集団である． →顆粒白血球

こうていすいぶんりつ　公定水分率　standard moisture regain　繊維は吸湿性に富んだものが多く，その含水量は周囲の温度，湿度によって変わってくる．したがって重量で取引する繊維原料，糸および一部の織物については，国際的にも商取引上の標準の水分率が定められており，これを公定水分率またはリゲーンと呼んでいる．すなわち，目的物の試料について所定の方法で絶乾重量を測定し，これにその繊維の公定水分率から計算した水分量を加えた重量をもって取引の重量とすることになっている．ISO でもわが国の JIS でも，この公定水分率％を定めているが，JIS では綿 8.5％，麻 12.0％，毛（羊毛）15.0％，絹 12.0％，ビニロン 5.0％，アクリル 2.0％，ナイロン 4.5％，アセテート 6.5％などと定められている． →水分率

こうとう　喉頭　larynx　喉頭は咽頭腔で食道と交差後の気管入口を作り，気管へ食塊が落ち込むことを防ぐ喉頭蓋と発声のための声帯を備えている．喉頭では甲状軟骨，輪状軟骨，披裂軟骨および喉頭蓋軟骨が相互に関節し，靱帯で函形に保定されている．これらの軟骨には喉頭筋が数多く付着し，燕下の際には喉頭蓋が気道を塞ぎ，発声の際には声門の大きさと声帯の緊張度を変化させるために作用する．

こうどうがた　行動形　activity　動物の行動を考える場合，その連続した動作をどこからどこまでを一つの行動の単位としてとらえるかが重要となる．一般に，ある連続した動作を，同時にその機能とも関連してとらえ，これを行動形と呼ぶ．

こうどうけい　行動型　behavioral pattern　→行動様式

こうどうてきようきゅう　行動的要求　behavioral needs　欧州農用家畜保護協定（1976）において初めて用いられた概念で，各動物が本来もっている行動様式を発現させるべき要求のこと．この協定では，家畜が生理的にも精神的にも健康で，正常な発育が可能となるように，それらを十分に発揮しうる環境を与えることを求めている．

こうとうとうろく　高等登録　advanced registration (registry)　種畜の登録制度において，血統登録された個体のうち体型・能力が一定水準を超えた優れた個体を登録するもの．和牛登録においては，高等登録は血統・繁殖能力・産子成績・不良形質に関する 5 つを資格条件とし，能力に基づいて選抜された種牛である．

こうどうのぎしきか　行動の儀式化　ritualization　1914 年に Huxrley が鳥類の求愛行動において名付けた概念で，動物の行動様式が進化の過程で修正され，その社会生活に役立つようになること．行動の儀式化は敵対行動にもよく見られ，互いに深い傷を負うことなく社会的順位が安定に保たれる．

こうどうモデル　行動モデル　behavioral model　動機づけメカニズムの解明は，非常に重要な問題であるが，これを説明する脳・神経生理学上の確かな証拠はない．そこで仮説を立て，これを説明しようとする試みが行われてきた．これを動機づけモデル，一般的には行動モデルという．行動モデルとは，行動発現のメカニズムを，いくつかの仮説的要素の系を組み合わせて図式化することである．

こうどうようしき　行動様式　behavioral pattern　動物種は，長い年月をかけた種の進化の中でそれぞれの行動をさまざまに変化させる一方で，それぞれの種の生存に最も都合のよい行動を定型化してきた．この定型化された行動様式を，種特有の行動様式と呼ぶ．この行動様式を行動学では行動型と呼んでいる．

こうにゅうしりょう　購入飼料　purchased feed　自給飼料に対して畜産農家が外部から導入する飼料を購入飼料という．配合飼料

が主体であるが, 配合飼料素材として穀類, 油粕類, 各種食品製造副産物の単体飼料購入比率も高い. また, 乾草を主体とした外国からの粗飼料輸入量が1990年代初期から増大している.

こうのう　後脳　hindbrain　脳のうち最も後方の部分. 発生時の3つの脳胞のうち, 菱脳嚢から生じる. 背側の小脳, 第4脳室, 腹側の橋, 延髄から構成される.

こうはい　交配　mating, service　精子と卵子を雌体内で受精させるための操作をいう. 雄と雌の自然な行動による自然交配と人工授精による交配がある. 交尾とほぼ同義語であるが, 交尾が雄と雌の自然な生殖行為あるいは動作をさすのに対し, 交配には育種計画にそって選択された雌雄のかけ合わせの意味あいが強い.

こうはいそうち　荒廃草地　degraded grassland　草地は利用不足でも過度な利用でも荒れてゆく. これを荒廃草地という. 荒蕪地の表現もかつて用いられた.

こうはいてっき　交配適期　optimum time of mating　雌畜の受胎に最も適した交配の時期. 人工授精による交配の場合は, 特に授精適期が用いられる. 普通, 発情徴候を基準にして適期が判定される. ウシでは発情終了前1時間から終了後3時間まで, ヒツジでは発情開始後20~25時間, ブタでは発情開始後10~25時間とされている.

こうはいとんしゃ　交配豚舎　mating building　繁殖育成豚（更新用の育成種雌豚）や離乳後の母豚および種雄豚を収容し, 交配を行うための専用の畜舎.

こうはつじょうしゅっけつ　後発情出血　metaestrual breeding　ウシで発情終了後にみられる外陰部からの出血をいう. 発情期にエストロジェンの作用で充血拡張した毛細血管が, 発情後のエストロジェンレベルの低下により破れておこる. その出現率は, 経産牛よりも未経産牛で高い. ウシの月経ともいわれる.

こうびはいらん　交尾排卵　post-coital ovulation, post-copulatory ovulation　多くの哺乳動物では, 卵胞が成熟すると, 自然に排卵がおこるが, 交尾刺激または類似の機械的刺激があって初めて排卵がおこる動物もある. この種の排卵を交尾排卵という. ウサギ, ネコ, フェレット, ミンクなどが交尾排卵動物の代表例である. 排卵のおこらなかった卵胞はやがて閉鎖退行する.

こうびょうせい　抗病性　disease resistance　病気に対する抵抗性のことで, 特定の病気に対する抵抗性と病気全般に対する抵抗性とがある. また, 系統, 品種特性などの先天性のものと, 獲得免疫など後天性のものとがある.

こうびょうせいいくしゅ　抗病性育種　breeding for disease resistance　ある種の病原ウイルス, 細菌, 原虫病に対する抵抗性を持つ系統, 品種が存在し, これらの抵抗性は遺伝することが知られている. しかし, 疾病ごとに感染に対する防御システムが異なるため, 一つの疾病に対して抵抗性があっても他の疾病に対して抵抗性があるとはかぎらない. 病気一般に対する抵抗性をもつ系統の育成が必要であるが, 困難とされている.

こうふくてん　降伏点　yield point　毛の荷重伸長曲線は, はじめ急上昇し, ある点を過ぎると急に緩やかな上昇カーブを描くようになる. この変曲点を降伏点と呼び, 緬羊毛（羊毛）, 兎毛（粗毛）ともに直線毛長に対し10%近く伸びた点にある. この降伏点は毛のケラチンのポリペプチド鎖のαら旋構造が急激に引き伸ばされて, β構造（ひだつきシート構造）に変わった点であると解釈されている.

こうぶつなめし　鉱物なめし　mineral tanning　無機化合物による皮のなめし方法. なめし剤としてクロム, アルミニウム, ジルコニウム, 鉄などの塩類が知られているが, 工業的に広く行われているのはクロムなめしで, アルミニウムなめし（みょうばんなめ

し), ジルコニウムなめしがこれについている.

こうぶんしぎょうしゅうざい　高分子凝集剤　high molecular coagulant, polymer coagulant　有機凝集剤で，エビやカニ類の甲羅から作る天然高分子系のものと，合成高分子系に分けられる．重合度の高い有機物質で，イオン活性が大きく，浮遊粒子やコロイド粒子と結合または吸着しやすく，少量の添加で著しく凝集を促進する．陰イオン系，陽イオン系，非イオン系とがあり，汚水の化学処理に用いることができるが，おのおの特性があるので，あらかじめ用途に応じて選択しなければならない．

こうほしゅゆうぎゅう　候補種雄牛　candidate (preproved) bull (sire)　乳用牛や肉用牛の育種において，種雄牛の候補として生産され，後代検定中の雄牛．検定に合格すると検定済種雄牛として利用に供される．→保証種雄牛

こうぼじんこうせんしょくたい　酵母人工染色体　yeast artificial chromosome, YAC　1983年 Murray と Szostak によって作製された酵母の既知の染色体機能ドメインをつなぎ合わせた，直線上の人工染色体．細胞分裂における染色体の制御された挙動の解析等に利用される．染色体上の複製起点，セントロメア，テロメアなどを含む．

こうホルモン　抗ホルモン　→アンチホルモン

ごうもう　剛毛　bristle　哺乳類の体表を覆う太くて硬い毛．代表的なのはブタの毛である．粗毛の一種であるが，ブタの粗毛は毛尖＜せん＞部が分岐し，品種によって分岐の形を異にする．　→毛＜け＞

こうもん　肛門　anus　消化管の末端部分で，直腸が外部に開く開口部．括約筋が円周状に取り囲み，排便の調節をするが，動物種により特有の肛門周囲腺をもち，脂質性分泌物を分泌する．家禽ではクロアカの出口を排泄口 (vent) といい，消化管の出口ではないから anus ではない．　→付図11，付図12，付図13

こうりにょうホルモン　抗利尿ホルモン　antidiuretic hormone　下垂体後葉ホルモンのバソプレッシン (vasopressin) をいう．アミノ酸9個から成る．2または8位が異なるアルギニンバソプレッシン (AVP) とリジンバソプレッシン (LVP) がある．血漿の浸透圧が上昇すると放出が促進され腎臓細尿管の上皮細胞に働いて尿中の水と Na^+ の再吸収を促進し，尿量を減少させる．その他，昇圧作用，副腎皮質刺激ホルモンと甲状腺刺激ホルモン分泌促進作用，回避行動学習の増強作用などがある．

こえきぶんりき　固液分離機　solid liquid separator　家畜糞尿の処理・利用を容易にするため，糞尿を液分と固形分に分ける機械．尿汚水など液状物の中の粗大固形物は振動篩（ふるい）や傾斜スクリーンなどで分離し，スラリーや余剰汚泥などの固液分離にはスクリュープレスやローラープレス，ベルトスクリーンなどが使われる．

コーカシアン　Caucasians　コーカサス地方原産のセイヨウミツバチの品種．低温に強く貯蜜性に富む．日本でも飼育された．

ゴーダチーズ　Gouda cheese　オランダ原産の硬質チーズ．円盤形で直径30～35 cm，高さ10～13 cm，重さ約8 kg．滑らかで緻密な組織をもち，ナッツ様の風味がある．

コーチン　Cochin　中国原産であるが，1845年イギリスに導入され，卵肉兼用種の改良に利用された．大型種（雄5～6 kg，雌4～5 kg) で，横から見て正方形に近い独特の体型（コーチン型）を示し，体積がある．羽毛はバフ，黒，白などいくつかの内種があり，単冠，耳朶赤く，皮膚は黄色，産卵数は年90～100個，卵殻は赤褐色である．晩熟で就巣性があり，現在観賞用としての利用が多い．

コードバン　cordvan　ウマの尻の部分の皮をなめして作られた革．馬皮は一般に繊維組織が粗いが，その尻の部分だけは繊維構

造がきわめて緻密である．この部分の皮をなめして製造したコードバンは耐久性に富み，光沢があり，高級紳士靴の甲革などに使用される．スペインのコルドバ地方に由来した名称である．

コールドバーン　cold barn　冬期間の舎内温度がほぼ外気温と等しくなる畜舎．断熱はほとんどなしか設置したとしても結露を防止する程度であり，換気は自然換気方式である．ウシが自由に動くことのできる放し飼い牛舎のほとんどはコールドバーンを採用している．舎内温度が0℃以下となっても舎内の給水系統が凍りつかないように配慮する必要がある．

コーンハーベスター　corn harvester　飼料用トウモロコシの収穫専用に利用されるフォーレージハーベスター．構造的にはユニット型フォーレージハーベスターとロークロップ用の刈取り部を一体化したもので，わが国ではトラクター直装型の比較的小型の機種がよく用いられ，同じトラクターがフォーレージワゴンなどを牽引して収穫作業を行う場合が多い．

コーンビーフ　corned beef　コーン（corn）という語は顆粒の意と，塩漬けにするとの意があり，牛肉に顆粒の塩を散布して貯蔵，塩せきしたものがコーンビーフである．外国では塊の牛肉を塩漬けしたものであるが，わが国では塩せきした牛肉を加熱してほぐし，調味した缶詰製品が通常である．畜肉（牛肉，豚肉，馬肉，緬羊肉，または山羊肉）を原料肉とした製品を畜肉コーンビーフと呼ぶ．

こきゅう　呼吸　respiration　生物は生命維持のエネルギーを獲得するために，酸素を取り込んで栄養物を燃焼し，二酸化炭素を排出する．この過程を呼吸という．動物が呼吸器の運動により外界から酸素を取り入れ，二酸化炭素を排出するのを外呼吸，細胞レベルで酸素と二酸化炭素をやり取りするのを内呼吸または細胞呼吸という．さらに，細胞呼吸の基礎となる生化学的反応系も呼吸と呼ばれる．なお，外呼吸を行うための呼吸筋による胸郭の運動（呼吸運動）の意味にも用いられる．

こきゅうき　呼吸器　respiratory organ　外鼻，鼻腔，気管および肺がこれに属し，家禽では気嚢を加える．酸素をとり入れ，酸化による代謝産物の二酸化炭素を排出する呼吸作用を営む．

こけいしりょう　固形飼料　solid feed　哺乳期の子牛の飼養の際に，牛乳，代用乳などの液状飼料に対して，人工乳，乾草などの固体の飼料を総称して用いた用語．

こけいぶんほせいにゅう　固形分補正乳　solids-corrected milk, SCM　脂肪と無脂乳固形分含量の異なる牛乳について，乳量を表示するときに，1 kg 当たり 750 kcal のエネルギー価をもつ牛乳を標準として，そのどれだけに相当するかを計算で求めた乳量．Tyrrell と Reid による次の計算式が用いられる．
SCM, kg=12.3F+6.56SNF−0.0752M
F：脂肪 kg，SNF：無脂乳固形分 kg，M：乳量 kg

こし　腰　loin　→付図1，付図2，付図4，付図5

こしはば　腰幅　→ようふく

こじゅくき　糊熟期　dough ripe stage　飼料作物の子実熟度から判定した生育段階のうち，種子の内容物が糊（のり）状になる半成熟状態の時期．乳熟，糊熟，黄熟，完熟，過熟と進行する生育段階の一つ．例えば，トウモロコシでは，乾物総重量に占める雌穂割合は糊熟期30%前後で，黄熟期には50%前後まで増加する．

コショウ　pepper　コショウ科の *Pepper nigrum* L. の果実を乾燥させたもの．黒コショウは未熟果を数日発酵させてから乾燥したもので，白コショウは完熟果の果皮を除去して，内部の種子を乾燥したもの．食肉加工で用いられる香辛料の主体をなす．

ごしんこうどう　護身行動　self-protective behavior　家畜が自身の肉体の保護や生

理的恒常性維持のために，外的な刺激に対して直接的にあらわす行動で，一般的に全身的な反応をともなうものをいう．捕食者からの攻撃を回避しようとする行動もその一つといえるが，家畜は通常，ヒトによって保護されているので遊牧や大規模放牧の場合を除くと，捕食回避行動はほとんどみられない．

こたいいじこうどう　個体維持行動　self-maintenance behavior　維持行動と同義であるが，その中で特に家畜個体が自分自身のみで発現し，そして完結する行動（維持行動の個体行動）だけを指す場合がある．肉体的だけでなく，精神的快適さを求める行動を含める考えもある．個体維持行動は摂取（摂食，飲水）行動，休息行動，排泄行動，護身行動，身繕い行動，探査行動，個体遊戯行動に分類される．

こたいかんきょう　個体間距離　personal distance　Hedigarが動物の個体間の距離として，互いにそれ以上近づかない個体間距離という概念を打ち出して以来，ヒトや各種の動物でこの距離概念が使われるようになった．個体間距離は最近接個体間距離として，ある個体から最も近い個体までの距離として測られている．　→社会的距離

こたいくうかん　個体空間　personal space　集団の中の個体間には，距離的な間合いがあり，ある線を越えて近寄ると，攻撃あるいは逃避する境界があり，その境界線以内を個体空間という．普通，個体空間の境界で，優位個体の威嚇，攻撃，劣位個体の逃避がおこる．

こたいぐんせいちょうそくど　個体群生長速度　crop growth rate　成長解析法における群落（個体群）の生産力を定義するもので，単位土地面積当り，一定期間における地上部と地下部の全乾物生産量を示す．群落の成長速度は葉面積指数の増加にともなって増加するが，一定の葉面積指数以上になると減少に転ずるものと，成長の飽和状態を維持するような成長速度曲線を示すものがある．

こたいこうどう　個体行動　individual behavior　摂食行動や排泄行動などのように，各個体が他個体の関与なしに単独で発現させ，そしてその機能を完結させる行動をいう．

こたいしきべつじどうきゅうじき　個体識別自動給餌機　automatic identification feeder　個体識別装置を付けた放し飼い家畜が，採食のために給餌ステーションの飼槽に首を入れると，各個体のコードを識別し，その家畜の給与プログラムに基づき自動的に飼槽に飼料を供給する装置．個体ごとの給与量はコンピューターによって管理，実行され，群飼養でも個体に合わせた精度の高い給餌管理が可能である．個体識別の方式としては，磁性体の誘導起電力の利用や，ある一定の周波数だけに反応する共振子を利用したものなど各種の装置がある．　→コンピューターフィーダー

こたいせんばつ　個体選抜　mass selection, individual selection　記録の得られている集団の中から，個体自身の記録を基準として選抜を行うこと．個体の1回記録に基づく選抜の正確度は遺伝率の平方根で求められる．

こちょうしょう　鼓脹症　bloat　反芻動物では，第一胃内と第二胃内に多量のガスが貯留して腹部膨隆をきたし，消化機能が著しく障害された状態．発酵性飼料の過剰の摂取によりおこり，圧迫のため第一胃壁の血行，神経の正常な刺激が妨げられ，固有のあい気反射や反芻行動が抑えられる．反芻動物以外の動物では，消化管の運動低下，腸内ガスの発生増加により消化管に多量のガスが貯留して腸鼓脹症をおこす．

こちょうしょう　鼓腸症　meteorism　消化管内にガスが異常に多くある状態をいう．嚥（えん）下された空気，腸内細菌により発生したガスや重炭酸イオンなどが，放屁，おくびなどにより体外へ排出されなかったり，吸収不足によるバランスがくずれた状態．

こっか　骨化　ossification　発生過程で骨組織が作られること．骨化には，原始的な結

合組織から直接骨組織が作られる膜内骨化と軟骨の鋳型が作られ，つぎに軟骨組織が骨組織に置き換えられる軟骨内骨化がある．膜内骨化によって作られる骨を膜性骨といい，前頭骨，頭頂骨，後頭骨，側頭骨などがある．軟骨内骨化によってできる骨は軟骨性骨（置換骨）といい，椎骨，四肢骨などがある．

　こっかくきん　**骨格筋**　skeletal muscle　一つまたは複数の関節をまたいで骨に付着し，関節の運動を実行する筋肉を狭義の骨格筋という．横紋筋に属する随意筋．骨格筋は収縮能をもった筋線維が主な構成員であるが，結合組織によって筋線維鞘が作られ（筋内膜），筋線維束に束ねられ（筋周膜），さらには機能単位としての骨格筋がまとめられる（筋上膜，筋膜）．これらの結合組織中を血管や神経が走り，筋線維に分布し，その機能を維持している．家畜の骨格筋の場合，屠畜後は一定の熟成期間を経て食肉として食用に供される．

　こつがさいぼう　**骨芽細胞**　osteoblast　骨組織の表面に一列に配列し，骨基質を合成・分泌し，さらに骨基質にカルシウム，マグネシウムイオンなどの無機塩を沈着させて骨形成を担う細胞．アルカリホスファターゼ活性を有し，この酵素は骨芽細胞の指標とされる．

　こっかちゅうしん　**骨化中心**　ossification center　骨組織で骨化がはじまる部位をいい，長骨の場合には骨幹部と両骨端部の3ヵ所でみられる．

　こっかん　**骨幹**　diaphysis　長骨の両端にある骨端部を除く中央部分のことで，緻密骨によって形づくられる．骨幹の内部には骨髄腔があり，その両端には海綿骨がみられる．

　こつずい　**骨髄**　bone marrow　骨組織に囲まれた造血と免疫系の組織で，細胞と線維からなる細網組織からできている．この細かな網状の組織の隙間で，造血と免疫系の細胞が造られ，また満たされている．これらの細胞には赤血球，顆粒性白血球，リンパ球，単球および血小板がある．造血機能が活性化している時期には赤血球を多く含むことから赤色骨髄と呼ばれ，造血機能が低下すると脂肪細胞が増加して黄色を呈することから黄色骨髄という．骨髄の毛細血管の壁には窓をもち，この有窓性の血管を通して新生された造血と免疫系の細胞が全身に出る．

　こつずいこつ　**骨髄骨**　medullary bone　鳥類の雌の特異組織で，産卵期になると大腿骨・脛骨などの骨髄腔に出現する．骨基質はコラーゲン含量が少なく，酸性ムコ多糖類を多く含み，軟骨に似ているが組織構造は骨組織と同じである．休産期には消失するので，産卵期の卵殻形成に必要なカルシウムの一時的な貯蔵場所としての機能をもつといわれている．

　こつずいゆらいさいぼう　**骨髄由来細胞**　bone marrow-derived cell　→ B細胞

　こつそしき　**骨組織**　bone tissue　骨格を作って身体を支えるとともに，内臓の保護にも役立っている支持組織．骨細胞と基質から構成され，骨細胞は骨基質にある骨小腔に位置し，骨基質はⅠ型コラーゲンからなる膠原線維と多量の無機質が含まれている．無機質の多くはリン酸カルシウムの結晶であるハイドロキシアパタイト $Ca_{10}(PO_4)_6(OH)_2$ の形で存在しているために硬く，このため骨組織は歯などとともに硬組織といわれる．

　こったんなんこつ　**骨端軟骨**　epiphyseal cartilage　骨端と骨幹を区分する軟骨で，硝子軟骨からなる．成長期には骨の縦への成長を担うことから，骨端成長板とも呼ばれるが，成長が停止すると骨端と骨幹が癒合して骨端軟骨は骨端線として残る．

　こつばん　**骨盤**　pelvis　左右の腸骨，恥骨および坐骨からなる寛骨と脊柱の仙骨が合して結合した構造物．内臓器官を保護するとともに後肢骨としての機能をもつ．雌雄で形態が異なり，雌では胎子を収めるために骨盤腔が雄よりも大きい．

　こつばんけつごう　**骨盤結合**　pelvic symphysis　両側の寛骨が腹位正中線で結

ばれる部で，前位は恥骨結合，後位は坐骨結合からなる．結合部は線維軟骨からなり，圧迫や牽引に強い抵抗性をもつ．妊娠時にはリラキシンの作用で恥骨結合が緩み，骨盤腔が拡大する．

こっぷん **骨粉** bone meal 一般的には蒸製骨粉（steamed bone meal）のことで，屠場から出る家畜の骨を加圧蒸煮し，付着している肉や脂肪をできるだけ取り除いた後，圧搾，乾燥，粉砕して得られる．カルシウムとリンに富むため，これらの給源として飼料に添加する．

こつまく **骨膜** periosteum 緻密骨の外膜で，膠原線維を主体とする線維層と血管に富む疎性結合組織で，骨形成能をもつ骨形成層からなる．骨形成層には骨原生細胞が含まれ，成長期には骨芽細胞に分化して緻密骨の形成を担う．成長が止むと骨膜は薄く，血管も少なく，骨形成能は乏しくなる．骨端には骨膜はないが，骨膜の線維層は関節包とつながる．筋肉や腱の付着部位では，骨膜からシャーピー線維と呼ばれる膠原線維が多数緻密骨に侵入して骨膜と緻密骨をつなぎとめている．

こつゆ **骨油** bone oil 骨脂の液体部．ウシやヒツジの骨を破砕し，水とともに煮沸して分離採取した油を約10℃に冷却後ろ過して得た液状油．蒸煮や有機溶剤によっても得られる．収量は平均約10%で，融点は21～22℃，黄色を呈する．新鮮骨からのものは，食用になるが，普通は石鹸やろうそくの原料，時に機械の減摩剤や皮革加工に利用．

こていか **固定化**（細胞の） immobilization 動物細胞をゼラチンビーズやキトサンビーズのようなマイクロキャリアーに吸着させること，あるいはアルギン酸やアガロースのゲルに包括させ，培養時の機械的衝撃などの外部環境から保護し，細胞濃度を高め，連続的な有用物質生産に利用すること．

こていかふさい **固定化負債** 償還期間が過ぎてもなお返済できないまま延滞状態にある負債をいう．固定化負債をかかえた経営は財務状態の悪化した経営であり，固定化の程度によっては倒産に至る危険をはらんだ経営ということになる．畜産経営における負債問題の解消を目的として実施されてきた畜産資金の特別融通推進事業の中で使われて一般化した用語．

こていしさん **固定資産** fixed assets 経営が所有する資産のうち，長期間使用または所有する資産のこと．固定資産に対応するものに流動資産があり，使用，所有期間が長期か短期かによって，通常1年ないし営業循環を基準にして区別する．固定資産には，土地，建物，施設，機械，繁殖用畜などの有形固定資産と水利権，特許権，電話加入権などの権利の取得に関する無形固定資産がある．

こていしさんかいてんりつ **固定資産回転率** fixed assets turnover 売上高と固定資産との比率で，固定資産の利用度を示す動態比率である．次式で求められる．固定資産回転率＝売上高÷固定資産平均有高．固定資産平均有高は期首・期末の平均有高．固定資産回転率は，固定資産に対する投下資本の効率を測定する指標である．これにより，設備投資が過剰かどうかなどを判定する．

こていしほん **固定資本** fixed capital 生産期間を越えてその価値が生産物に移転する資本であって，経営に投下されて固定資産となる資本．具体的には建物・構築物，車輌，土地，繁殖用畜などの有形固定資産，あるいは水利権や特許権のような無形固定資産の形をとる資本．経営に投下される資本は，1生産期間内に生産物に価値移転するかどうかによって固定資本と流動資本に分けられる．

こていひ **固定費** fixed costs 変動費に対応する費用で一定費ともいう．一定の生産設備を前提として生産量の増減に無関係に定額的に発生する費用．畜舎や機械の減価償却費，支払い利息，地代，人件費などが含まれる．通常，勘定科目を吟味し変動費と固定費に区分する．

こていふさい　固定負債　fixed liability　負債のうち長期間借り入れているもの．負債には固定負債と流動負債があり，その区分は，正常の営業循環過程の基準，または1年基準による．1年基準による場合は，貸借対照表の作成の翌日から1年以内に支払期限がこない負債が固定負債となる．

こてんてきけいろ　古典的経路（補体系の）classical pathway　感染，炎症反応，免疫反応などに動員されて種々の生物学的活性を発現する体液成分の総称である補体（Cと略記される）は，第1成分C1から第9成分C9よりなり，その活性化経路には第1成分から始まる古典的経路と第3成分から始まる代替経路とがある．古典的経路はある種のウイルスや尿酸などによって活性化される．

こてんてきじょうけんづけ　古典的条件づけ　classical conditioning　Pavlovが最初に発見したもので，イヌにメトロノームの音とともに餌を与えることを繰り返すと，音だけで唾液を分泌するようになるような反応．このときの音を条件刺激，それに対する唾液の分泌を条件反応という．ウシが搾乳室に入っただけで乳汁の漏出が見られるのもこの現象．応答的条件づけ（respondent conditioning）とも呼ばれる．

コドラート　quadrat　植生調査の際に用いる方形の枠．枠の一辺を25 cm~2 mまで植生によって変える．

こにゅう　個乳　individual milk　個体毎の牛乳．4分房の牛乳が混合しており，また通常，朝乳と夕乳とを搾乳量に比例して混合したもの．

コピーすういぞんせい（いでんし）はつげん　コピー数依存性（遺伝子）発現　copy number dependent expression　ある外来遺伝子の染色体上への組込み分子数（コピー数）に比例して，その発現量が増加するようなタイプの遺伝子発現．一般的には導入遺伝子の構造に工夫をこらさない限りコピー数依存性発現はみられず，まれなケースと考えられる．

こべつけいえいたい　個別経営体　individual farm　1992年6月に農林水産省が発表した「新しい食料・農業・農村政策」（いわゆる「新農政」）の中で初めて明らかにした経営類型区分の一つ．個人または一世帯によって農業が営まれている経営体であって，他産業並みの労働時間と地域の他産業従事者と比べて遜色ない水準の生涯所得を確保できる経営を行い得るものとしている．

ゴマかす　ごま粕　sesame meal　ゴマの種子から搾油した後，乾燥，粉砕したもので，主として成鶏用飼料原料として用いられる．粗蛋白質が多く，40~50%もあり，メチオニンやトリプトファンは多いが，リジンが少ない．すべての家畜で嗜好性が高いが，乳牛やブタへの多量給与するとバターや肉の脂肪組織が軟らかくなる．

こまく　鼓膜　tympanic membrane　外耳道の最奥部で，中耳の鼓室との境にある薄膜で，音の振動を感知し，耳小骨に伝える働きをする．鼓膜は卵円形ないし円形の膜で，外耳道の軸に対して斜めに前内側に傾いている．後外側の小部分が弛緩部となるが，他の大部分は緊張部である．緊張部ではツチ骨柄が付着するため，鼓室に向かって浅く窪み，鼓膜臍を形成する．

こめぬか　米ぬか　rice bran　玄米の精白の際に分別される果皮，種皮，外胚乳および糊粉層の混ざったものが米ぬかである．米ぬかには採油した残渣の脱脂米ぬかと採油処理が施されていない生米ぬかの二種類がある．生米ぬかには乾物中21%の粗脂肪が含まれ，エネルギー価が高い飼料である．

コモンベッチ　common vetch, *Vicia sativa* L.　カラスノエンドウ．地中海あるいはコーカサス南部が原産とみられる寒地型マメ科ベッチ類の一年生または越年生牧草．茎は1~3 mと長くて弱く，からみあって倒伏し葉部の枯れ上がりなどで減収しやい．刈取り適期は開花後2~3週間とされるが，エン麦やライ麦などを支柱として混播栽培されるので収

穫は麦類に合わせる．飼料価値は高い．

こよう　湖羊　Hu sheep　中国江蘇省南部から浙江省北部にかけて太湖周辺で千年以上前から飼われている蒙古羊由来のヒツジ．雌雄とも無角で，性成熟が早く，周年繁殖し多産で，双子は52%，三つ子は28%，産子率230%と繁殖性が優れている．用途は子羊皮専用で，生後1～2日で毛皮をとり，白色で軽く光沢のある，波状の美しい紋様を呈する高級毛皮として珍重されている．

ごようけん　護羊犬　sheep dog　ヒツジの放牧をする時，人力の代わりに羊群の移動，群を離れる個体の監視に使われ敏感で集中力のあるイヌ．シェトランドシープドッグ（シェルティー），コリーなど．

コラーゲン　collagen　皮，腱，骨などに多く含まれる蛋白質で，硬蛋白質に属する．弱酸，弱アルカリ，酵素にも作用を受け難い．グリシンが1/3を占め，芳香族アミノ酸が少なく，ヒドロキシプロリン，ヒドロキシリジンを含む点は特徴的である．分子単位は長さ3,000 Å，径15 Å，分子量約30万の3本鎖のポリペプチドである．これが集合して繊維を形成する．熱変性させるとゼラチンになる．

コラーゲンケーシング　collagen casing　ウシの生皮の真皮層など，コラーゲンを多く含む部分を酸または酵素で分解してえたコラーゲンを原料とし，管状の型から押し出して作ったソーセージのケーシング．動物の小腸から作った天然ケーシングとほぼ同様な性質をもつ．　→人工ケーシング

コラール　corral　治療や薬浴，体重測定，転牧や退牧作業，群入れ替えなど，放牧中の家畜に各種管理を施すため，家畜を集めて囲込む施設．待機ペン，追込みペン，作業用シュートからなり，積込みシュートが付属している．牛衡舎や薬浴施設などを設置する場合もある．

コリデール　Corriedale　19世紀後半ニュージーランドで，メリノーにリンカーン，レスター，ロムニー・マーシュなどを交配して，その雑種から作出された毛肉兼用のヒツジ．外貌は均整がとれ，雌雄とも無角で，体重は雄80～110 kg，雌55～65 kg，産子率は120～150%と高い．毛・肉用両者とも優れており，環境適応性も高く，オーストラリア，旧ソ連，北米などで飼われており，わが国にも1914年に導入され，昭和30年代にヒツジ品種の大半を占めていた．

コリンさどうせいしんけいせんい　コリン作動性神経線維　cholinergic nerve fiber　末端から神経伝達物質としてアセチルコリンを遊離する神経線維．運動神経線維，自律神経節前線維，副交感神経節後線維が知られている．例外的に汗腺分泌神経および骨格筋の血管拡張神経には交感神経で，神経末端からアセチルコリンを遊離するものがある．
→アドレナリン作動性神経線維

ゴルゴンゾーラチーズ　Gorgonzola cheese　イタリア原産の半硬質青かびチーズ．*Penicillium roqueforti* と *P. glaucum* が熟成に関与する．円筒形で，直径22～28 cm，高さ17～20 cm，重量約8 kg．

ゴルジそうち　ゴルジ装置　Golgi apparatus, Golgi complex　銀またはオスミウムメッキで染色される細胞内小器官の一つ．核周辺に位置する複合的な模状構造物で，ゴルジ小胞，ゴルジ層板，ゴルジ液胞から構成される．ゴルジ装置のほか，ゴルジ体，ゴルジ複合体（Golgic complex）ともいう．粗面小胞体で形成された蛋白質を修飾し，糖を添加するほか，ライソゾームを形成する．ゴルジ小胞は凸面（シス側）からゴルジ層板に移行し，凹面（トランス側）から分泌顆粒となって離れ，細胞膜に向かう．

コルチコイド　corticoid　→副腎皮質ホルモン

コレステロール　cholesterol　脊椎動物に含まれるおもなステロールで，生体膜の構成分であり，胆汁酸およびステロイドホルモンの前駆体となる重要な物質である．コレステロールは肝臓においてアセチル CoA から生

合成されるが，食事からのコレステロール摂取が多い場合には生合成が阻害され，逆の場合には生合成が促進される．食品では卵黄に多く含まれ，肉類，乳製品，エビ，カニなどにも比較的多い．生活習慣病の一つであるアテローム性動脈硬化症の発症に関して血中コレステロール濃度を低下させることが望まれているが，これらの食品の血中コレステロール上昇効果はそれほど大きなものでなく，過度に摂取しないかぎり健常人の場合にはそれほど問題にならないようである．

こわさ　剛さ　rigidity　弾性変形に対する繊維の抵抗性すなわち変形しにくさをいう．単位の変形量に対する外力の値をもって表す．伸び剛さ，捩り剛さ，曲げ剛さなどがある．繊維材料の断面積をA，縦弾性係数をEであらわす時は，伸び剛さはAEであらわされる．羊毛の剛さ試験として，JIS規格では45度カンチレバー法かハートループ法が用いられている．

こんいんうそう　婚姻羽装　nuptial plumage　野生鳥類は，一般的に繁殖期前に一部の羽毛を美しい羽毛（生殖羽）に更新する．この羽装を婚姻羽装といい，雄で多く見られ，繁殖期の終了とともに元の羽装に換羽する．家禽では不明瞭．

こんいんしょく　婚姻色　nuptial coloration　魚類，両生類，爬虫類などの雄は，繁殖期に鮮やかな美しい体色に変化する．これを婚姻色という．また，鳥類の婚姻羽装も一種の婚姻色である．

コンエイ　ConA　→コンカナバリンA

コンカナバリンエイ　コンカナバリンA　concanavalin A　ConAと略記される．タチナタマメ (*Canavalia ensiformis*) から精製される α-D-マンノースおよびα-D-グルコース残基に親和性を有するレクチン．各種動物赤血球に対する凝集活性，T細胞に対するマイトジェン作用を有する．

こんけい　根系　root system　根の土の中でのひろがりを根系という．浅根性，深根性などという．根は，その発生したフィトマーの葉の寿命と運命をともにする．葉が枯れれば根も活力を失い，やがて腐朽根となる．古い根の腐朽と新根の発生とがいつも平衡状態にあれば草体は生き続ける．

こんごうけいえい　混合経営　mixed farming　耕種部門と畜産部門を組み合わせて行う農業経営方式．主として自然条件によって，耕地化可能な土地と耕地化困難な土地，あるいは耕地化した方が比較的有利な土地と永年草地として利用した方が有利な土地の併存するところで土地の効率的利用を目的として成立した．→複合経営

こんごうしょとく　混合所得　mixed agricultural income　家族経営を前提とした収益概念の一つ．土地・労働・資本の各経営要素に対応する報酬が区分されずに合わさったもの．地主，労働者，資本家それぞれの所得が一緒になっていることから，混合所得といわれる．具体的には，混合所得＝家族労働見積額＋自己資本利子見積額＋自己有地地代見積額＋企業利潤としてとらえられる．

こんごうしりょう　混合飼料　mixed feed　一般には特定の目的のために2～3種の飼料を混合したものをいい，行政上，流通上は，特定の成分の補給あるいは輸入関税の免税を受ける目的で製造，販売される飼料のことをいう．蛋白質混合飼料，二種混合飼料，糖蜜またはフィッシュソリュブル吸着飼料などがある．

こんごうソーセージ　混合ソーセージ　mixed sausage　畜肉の挽き肉に魚肉の挽き肉を加えて製造したソーセージの総称．日本農林規格JASによる日本独特の呼称．

こんごうプレスハム　混合プレスハム　mixed press ham　畜肉に魚肉を混合して作られたプレスハム類似品でJAS品目の一つ．

こんごうモデル　混合モデル　mixed model　統計分析に用いられる数学モデルの一つで，母数効果と変量効果を同時に含むモデル．BLUP法では群，年，季節などの環境効果を母数効果に，遺伝的能力を変量効果に

することが多い．

こんさいるい　根菜類　root crops　アブラナ科，フダンソウ科の植物で根が肥大して栄養分を貯える種類を根菜類という．ルタバガ，スウェーデンカブ，飼料用ビートなどがある．生草給与するため，労力がかかるとしてほとんど栽培されなくなった．催乳性があるという．

こんどうけいえい　混同経営　mixed farming　→混合経営

こんぱ　混播　mix-seeding, mixture sowing　混ぜ播き栽培．混作．二種以上の飼料作物を同一圃場に混ぜて播き，栽培すること．放牧地では5~6種の牧草種子を混ぜ播きし，季節的にかつ年次的に均衡のとれた生産をねらう．マメ科牧草とイネ科牧草の混播はマメ科草が固定した窒素をイネ科が利用し，栄養的にもよりバランスがとれるなどの利点がある．

コンバインドチャーン　combined churn　バター製造に使用するバッチ式のチャーンで，ワーキングも行える機能を有するもの．

コンピテントさいぼう　コンピテント細胞　competent cell　特定の条件での培養によって生理状態が変化し，外部から加えたDNAを取り込みやすい状態，すなわちコンピテント（受容）状態にある細胞．

コンビネーションなめし　combination tanning　二種類以上のなめし剤を用いるなめしで，複合なめしともいう．革の品質を高め，多様化する各種の用途に適した革を製造する目的で行われることが多い．種々の組み合わせがあるが，一般にはクロムなめし革を植物タンニンあるいは合成なめし剤で再なめしすることが多い．そのほかにアルミニウム塩，ジルコニウム塩，ホルムアルデヒド，グルタルアルデヒドなどのなめし剤も用いられる．

コンピューターフィーダー　computer controlled feeder　各個体の体重，乳量および妊娠などのデータに基づき，コンピューターで飼料養分要求量を算出し，給飼する飼料の栄養価から給与量を決め，自動でその飼料を乳牛に給与する装置．放し飼い方式では個体識別装置で牛番を判読し，その個体の給与量を飼槽に供給し，繋ぎ飼い方式ではストールを判読して，飼槽の牛に設定された給与量を給飼する自動給飼装置が用いられている．　→個体別識別自動給飼機

コンフォートストール　comfort stall　つなぎ飼い式牛舎におけるウシの係留方式はスタンチョンストールとタイストールに大別されるが，このタイストールの中の1方式であり，鎖と飼槽前側の柵によりウシの動きを規制する．ウシの行動の自由度は高いが，タイストールの中でも最も高価である．安楽ストールとも呼ばれる．

コンベアーしきじょふんき　コンベアー式除糞機　belt conveyer type barn cleaner　鶏舎や豚舎で使用する除糞機．ケージやすのこ床の下にシートまたはネット式のコンベアーを設置し，シートを巻き取り用シャフトにつないで糞が乗ったシートを巻き取るか樹脂製のネットを回転ドラムによって走行させて除糞する．

こんぼう　混紡　mix spinning, blend spinning, blending　二種類以上の繊維を混合して紡績すること．混紡糸を用いた織物は混紡織物と呼ぶ．混紡の目的は単一の繊維のもつ欠点を補い合うとともにそれぞれの繊維の長所を生かし，多面的に優れた品質の織物を生産することにある．天然繊維と化学繊維とを混紡する例が多く，綿・テトロン混紡，ウール・テトロン混紡，ウール・アクリル混紡などが多用される．

こんぽうかんそう　梱包乾草　baled hay　乾草の貯蔵，運搬，流通を能率よく行うために，ロールベール状や薄板のように圧搾し鉄線などで直方体状に結束した乾草．圃場で天日乾燥された後，レーキで集められた乾草を，拾いながら調製する機械（ヘイベーラー）が必要である．

こんぼく　混牧　mixed grazing, companion grazing　種類の異なる家畜を一緒に放牧すること．同じ草食家畜でも，ウシ，ウマ，ヒツジでは草や潅木の嗜好や採食の仕方が違うので，草地の採食利用率向上あるいは植生の均一化に利点がある．混合放牧ともいう．

こんぼくりん　混牧林　grazing forest　木材生産と家畜の放牧をあわせて行う森林．林業のための育林地の下草を放牧利用しながら，一方で雑潅木を抑圧する効果をねらう．森林が放牧の対象となるためには下草が十分に生えるような疎林でなければならない．幼齢林地における下草刈りの省力化，大径木生産のための立木密度の低い林地の下草利用などが目的とされる．成木林の下草利用の放牧を林間放牧という．

コンポスト　compost　堆肥と同義．→堆肥

こんりゅうきん　根粒菌　root nodule bacteria, *Rhizobium radicicola*　マメ科植物の根に根粒を形成して，植物と共生的に空中窒素を固定する土壌細菌．固定した窒素の相当量は寄主植物によって利用されるが，根粒菌は植物から炭水化物の供給を受ける．マメ科牧草とイネ科牧草を混播すると，イネ科牧草単播の場合よりも収量性が上がるのは根粒菌による窒素固定の効果といえる．寄生する根粒菌の種類はクローバーやアルファルファでは異なるが，市販配布されたものを接種するとよい．

[さ]

サーカディアンリズム　概日リズム　circadian rhythm　動物がもつリズムのうち，恒常状態でほぼ24時間を周期として規則正しく繰り返される変動（リズム）で，睡眠・覚醒，摂食・摂水などの行動のほか，代謝，ホルモン分泌，神経活動など種々の生理機能に認められる．このリズムは哺乳動物では視床下部の視交叉上核に存在する生物時計によって制御されている．

ザーネン　Saanen　スイス西部ベルン県ザーネン谷が原産の代表的な乳用山羊品種．現在，ヨーロッパをはじめ世界各地で広く飼育され，わが国にも1906年に輸入され日本ザーネン種成立の基礎となった．毛色は白色，体重は雄70~90 kg，雌50~60 kg，泌乳量は500~1,000 kg（泌乳期間270~350日）である．大型で，泌乳能力への改良が最も進んだ品種であるが，体型は野生原種ベゾアールのタイプをよく保持している．

サーロイン　sirloin　わが国における牛枝肉の分割における部分肉取引規格に基づいた部分肉の名称．オーストラリアではストリップロイン，アメリカ式カットではショートロインがほぼこの部分に当る．→付図23

サイアサマリ　sire summary　種畜の育種価評価値を公的機関が公表した冊子．おもに乳牛で用いられている用語で，わが国では家畜改良事業団より評価値が発行されている．最近は雌牛の評価値も公表されるようになった．

サイアモデル　sire model　BLUP法による育種価推定のモデルの一つで，遺伝的な変量効果として父親だけを要因に取り上げるモデル．父親モデルとも呼ばれる．偏りのない育種価を推定するためには，雄畜が無作為に雌畜と交配して後代が得られていることが前提条件である．

さいきんせつこたいかんきょり　最近接個体間距離　distance of nearest neighbor →個体間距離 personal distance

サイクリック・エーエムピー　cyclic AMP　cAMPと記す．細胞膜に存在するアデニル酸シクラーゼによりATPから合成される．ホルモンなど細胞外からのシグナル（一次メッセンジャー）が細胞膜上のレセプターに結合した後，このシグナルを細胞内に伝達する2次メッセンジャーとして働く．cAMP依存性キナーゼ（Aキナーゼ）を活性化し，転写因子や他のキナーゼなど特定の蛋白質をリン酸化す

さいこうたい　鰓後体　ultimobranchial body　鰓嚢の最後の一対から発生してくる上皮細胞塊で，哺乳動物ではろ胞傍細胞として甲状腺内に散在するが，鳥類では鰓後体と呼ばれる独立した器官を作り，頸部または縦隔に存在する．鰓後体およびろ胞傍細胞からは血中カルシウム濃度を低下させるホルモンのカルシトニンが分泌される．

さいしゅ　採種　seed production　多収性，耐病性，越冬性などについて育成された新しい品種を増殖させるためには採種圃場が必要であり，そこで種子を採集することをいう．牧草は再生力や永続性の点からすると出穂茎の占める割合が低い方がよいが，採種する立場では開花・結実が揃って稔実率の高いものが望ましい．

さいしょうそしのうど　最小阻止濃度　minimum inhibitory concentration, MIC　1) 一定条件下で細菌の成長を抑制できる抗生物質の最少量．2) 凝集反応（中和反応）において抗原（抗体）液を中和するのに必要な抗体（抗原）の最少量を指す場合もある．

さいしょくそくど　採食速度　eating rate, feed intake per minute　単位時間（通常は1分）当たりの飼料摂取量．飼料の形状（食べやすさ）が大きく影響し，例えばヒツジでは草丈が10cm位までは，草丈が長いほど採食速度は早くなるが，それ以上の草丈では採食速度は増えない．

さいしょくりょう　採食量　feed intake　摂食量ともいう．動物が摂取した飼料の量．餌が自由に得られる状態での採食量．放牧家畜の牧草の採食量は食草量という．放牧飼育の場合には直接求められないので，種々の推定法で求める．　→自由摂取量

さいしょくりようりつ　採食利用率　efficiency of grazing　放牧地の現存草量（herbage mass）に対して，実際に家畜が採食した草量（herbable intake）の割合を示す現存量利用率と，ある期間に生育した牧草のうち家畜が採食した割合を示す生産草利用率がある．採食利用率は，放牧強度を示す指標であり，また草地の利用効率を示す指標でもある．

さいせい　再生　regrowth, aftermath　牧草の刈取りや放牧利用したあと，株に残っている栄養茎（分げつ）が伸長して一定の期間後，再び利用可能な茎葉を生産する過程を再生という．長大作物のトウモロコシは再生しないが，ソルガム類は再生能力をもつ．多くの牧草類は年間3~4回刈り取る．シバでは20回の放牧利用が可能であるという．寒地型牧草では1番刈りを早くすると2番刈りに多収が期待できる．春のフラッシュを刈り取り，そのあとを放牧利用するときにaftermath利用という表現をする．

ざいせいぎょりょういき　座位制御領域　locus control region　DNA上の特異的な領域で，この領域を両末端にもった構造遺伝子発現ユニットを外来遺伝子として培養細胞などに導入し染色体上に組込むと，導入コピー数依存的に遺伝子発現を誘導する性質を有する．ヒトβグロビンが有名である．

さいそうち　採草地　meadow　青刈り，サイレージ利用など刈取り利用専用の草地をいう．北海道のように広い草地をもつ経営では草の刈り取り，調整・加工に日数を要するため，圃場ごとに出穂期の異なる品種を播いて刈遅れによる草の品質の低下を回避する必要がある．

さいたい　臍帯　umbilical cord　発達した臍帯は胎子の臍と胎子胎盤を結ぶ索状の紐で，周囲を羊膜鞘で包まれ，2本の臍動脈と1本の臍静脈を含んでいる．臍動脈は臍から胎子胎盤の方へ血液を送り，臍静脈は胎子胎盤から臍を通過して胚子の肝臓に入り，肝臓を経て全身循環に血液をかえす．出産時の長さはウマで約1m，ウシで30~36cm，ブタで約25cmである．

さいてきようめんせきしすう　最適葉面積指数　optimum leaf area index　群落（個体

群）の乾物生産速度が最大となる時の葉面積指数．群落の乾物生産速度は葉面積指数の増加にともなって増加するが，下位葉は次第に遮光下に入るので，純同化率は葉面積指数に逆比例して直線的に減少する．群落の入射光のほとんど全部が受光される葉面積指数に達すると，遮へいされた下位葉にあたる光の強さは光補償点を下まわって消費的，寄生的になる．牧草では，この指数に至る少し前を刈取り適期とする．

サイド side 皮革を背すじに沿って切った半分．

サイトラスパルプ citrus pulp みかん類よりオレンジジュース，ミカンの缶詰を製造する際に副産物としてミカンの皮を主体とする残渣が得られるが，これを乾燥・粉砕したもの．日本ではミカンジュース粕と呼ばれるものに相当する．反芻家畜では繊維の消化性が高く，乾物中のTDN含量も80％程度の高エネルギー飼料である．

さいなめし 再なめし retanning 革の品質改善の目的で，主たるなめしに引き続いて行われるなめし． →コンビネーションなめし

さいにゅうホルモン 催乳ホルモン lactogenic hormone, lactogen, mammotrop(h)ic hormone 乳腺上皮細胞の分化と乳汁分泌の開始，維持作用をもつホルモンの総称．最初はプロラクチン（PRL）と同義語として用いられていたが，後に胎盤性ラクトージェンと成長ホルモンがPRL受容体との結合能をもち，乳腺細胞での乳汁分泌を促進するPRL様生理活性をもつことが明らかにされたので，これらを含めていう． →プロラクチン

さいはい 採胚 embryo recovery, embryo collection 母体から受精卵（初期胚）をとり出すこと．受精卵（胚）移植の基本となる技術である．実験動物では屠殺して，中小家畜では開腹手術をしてから卵管や子宮を灌流して初期胚を回収する．ウシやウマでは，開腹手術をせずに子宮を灌流して胚を回収する．通常，採卵と呼ばれている．

さいひょうじほう 差異表示法 differential display 異なる条件でのmRNAの発現の違いから，その条件に特異的に誘導される遺伝子を明らかにしようとする方法．mRNA発現はPCR法を用いて検出されることが多い．

さいぼう 細胞 cell 生体の構成と機能上の最小の単位である．一般の動物は多細胞動物であるが，ただ1個の細胞からなる動物もある．動物細胞はその種類あるいは機能性に応じておのおの特有の形を示し，核と細胞質とに大別される．細胞の多くは10～30μmであるが，小さいものはリンパ球や赤血球のように5～7μm，また大きいものは神経細胞の100μm以上，卵細胞の200μmがある．

さいぼうかぶ 細胞株 cell line 広義には連続継代性の細胞系のこと．株化するという言葉は，培養細胞が無限増殖性を獲得し，連続継代性細胞系になることを意味している．より正確には，選択あるいはクローニングによって分離された特異な性格あるいは遺伝学的標識をもつ細胞系を指す．この意味で細胞株を記載する場合には，その特異性を明記する必要がある．

さいぼうかんけつごう 細胞間結合 cellular junction 隣接する上皮細胞を結びつけている機構のことで，細胞膜の一部に特殊な結合装置からなる細胞間結合複合体と呼ばれる構造が存在する．通常三つの構成要素，すなわち密着帯，接着帯，接着斑（デスモゾーム）からなる．密着帯では隣接細胞の細胞膜が接近し，それぞれの単位膜の外葉が一部完全に融合し，細胞間腔は完全に閉じられる．接着帯では隣接の細胞膜が0.02μmの間隔で相対する．接着斑は同様に0.02μmの間隔で両側の細胞膜が対面する部で，この部は二つの細胞が接着する部であると同時に細胞質の骨格が細胞膜に固定される部位でもある．なおこのほかに，ネクサスと呼ばれる装置

もある．

さいぼうし　細胞死　cell death　多細胞生物の体内では，発生の途上においても，また成体に達して体内の細胞動態が動的平衡に達した後においても，生理的な条件の下で多数の細胞が死滅している．これを細胞死という．これらの特定の細胞死は単なる偶然的・退化的なものばかりでなく，生体が形成されるため必然的におこるものが多く，その要因は十分明らかにはされていない．　→アポトーシス

さいぼうしつ　細胞質　cytoplasm　細胞を構成する原形質のうち，核と細胞膜を除くすべてで，細胞質基質中に細胞小器官と顆粒を含む．

さいぼうしついでん　細胞質遺伝　cytoplasmic inheritance　細胞質に含まれる形質が，次世代に伝えられる現象．核外遺伝，染色体外遺伝，非メンデル遺伝ともいい，自殖性のウイルス，ミトコンドリアなどが関与すると考えられ，同じ遺伝子型でも細胞質の違いにより表現型は異なってくる．ミトコンドリアの遺伝子の異常により母性遺伝をする疾患をミトコンドリア病という．

さいぼうしつふうにゅうたい　細胞質封入体　cytoplasmic inclusion body　細胞質中にみられる有形物質の総称．1) ウイルスやクラミディアが感染した細胞の中の大小種々の顆粒状物質．感染体の集合体および感染にともない細胞内にできた反応生成物．2) リソソーム病の際に，細胞質内に異常に蓄積したグリコーゲン，脂質，ムコ多糖類，糖蛋白質などのこと．

さいぼうしゅうき　細胞周期　cell cycle　細胞が分裂して2個の細胞になる過程をいう．細胞分裂期（M期）と分裂間期に分けられる．分裂間期は，さらにDNA合成準備期（G1期），DNA合成期（S期），細胞分裂準備期（G2期）に区分される．培養動物細胞株では，S期は6〜8時間，G2期は2〜6時間，M期は1時間以内と比較的一定で，世代時間の相違はおもにG1期の長さの違いによっている．体細胞と異なって初期胚の割球核では，G1期は極端に短い．分化した細胞や，細胞を体外で培養する場合の条件によって細胞周期をはずれて休止期（G0期）に入る場合がある．

さいぼうしょうがいせいいんし　細胞傷害性因子　cytotoxic factor　マクロファージ，キラーT細胞，ナチュラルキラー細胞などが分泌する標的細胞を殺傷する液性因子 [パーフォリン，腫瘍壊死因子（TNF），インターフェロンなど]．また，自己免疫では補体が正常細胞に対して傷害性をもつ．

さいぼうしょうきかん　細胞小器官　organelle, cell organelle　細胞内に認められる微細構造の総称．構造的機能的に分化したすべての構造．狭義には膜性の特定の器官（核，ゴルジ装置，ミトコンドリア，小胞体）を指すこともあったが，現在では広義の細胞小器官として，膜性構造物の核，ゴルジ装置，ミトコンドリア，粗面および滑面小胞体，ライソゾーム，顆粒性構造物のリボソーム，線維性構造物の中心小体をも含めている．

さいぼうせいめんえき　細胞性免疫　cell-mediated (cellular) immunity　T細胞などのリンパ球が関与する免疫応答のこと．細菌，細胞内寄生性微生物，ウイルス感染細胞，腫瘍細胞，移植細胞などの破壊，アレルギー反応などに関与する．体液性免疫と対をなす用語．→体液性免疫

さいぼうないようぶつ　細胞内容物　cellular contents　飼料の酵素分析法，デタージェント分析法では乾物を細胞内容物と細胞壁にわける．細胞内容物には飼料成分として糖類，デンプン，蛋白質，脂肪が含まれる．反芻動物ではこの分画の真の消化率は100％である．

さいぼうぶんれつ　細胞分裂　cell division　1個の細胞（母細胞）が2個以上の細胞（娘細胞）に分かれる現象．これにより核をはじめ細胞小器官が2個の娘細胞に分配される．細胞分裂の前に，細胞内物質，特に染色体の

DNA, RNAおよび分裂に必要な蛋白質のほとんどはS期からG2期にすでに合成, 複製を完了している.

さいぼうへきぶっしつ　細胞壁物質　cell wall substances　飼料成分の中にはセルロース, ヘミセルロース, リグニン, ケイ酸があり, これらを総称したものである. 繊維成分の集合体であるところから総繊維とも呼ばれる. 牧草・飼料作物においては生育の進展にともなって細胞壁物質が増加し細胞内容物の含量が低下し, 飼料価値が漸減してゆく.

さいぼうまく　細胞膜　cell membrane plasmalemma　細胞の境界をなす構造で脂質2重層から構成され, 形態学的には電子密度の高い暗調の2層と, その間の明るい層の3層構造として認められる. 細胞膜は凍結割断すると, 2重層の間で分かれ, 蛋白粒子がみられる. こうした細胞膜内の蛋白粒子は自由に流動しているとされる. 細胞膜の表層は糖衣に被われている.

さいぼうゆうごう　細胞融合　cell fusion　隣接する細胞同士の細胞膜が融合して, 隔壁が消失し, 多核の細胞が形成されること. 生体内では, 精子と卵子の受精時にみられる. 細胞をセンダイウイルスやポリエチレングリコールで処理したり, 電気刺激を与えることによって人為的に細胞融合を誘起することができる. この現象は, モノクローナル抗体の作成や核移植に応用されている.

さいぼうゆらいがんいでんし　細胞由来癌遺伝子　cellular oncogene　本来, 細胞由来の発癌遺伝子はレトロウイルスのもつ発癌遺伝子と相同性のある遺伝子として動物の正常細胞より分離された遺伝子をいい, 別名癌原遺伝子 (proto-oncogene) あるいは単に oncogene とも呼ばれる.

ざいむかんり　財務管理　financial management　経営活動を資金の流れに基づいてとらえ, 資金の効率的効果的な利用を図ることによって目標とする利益の実現に寄与するために行う総合的な管理. 投資効果を検討し投資内容を明らかにするための「投資計画」, 収益と費用を検討し目標利益を明確にする「利益計画」, 資金の調達・回収・償還を内容とする「資金計画」などの策定とそれに基づく統制・管理を内容とする.

さいもうさいぼう　細網細胞　reticular cell　リンパ節, 脾臓, 骨髄など多くの組織で骨格構造あるいは間質を形成する網状の細かい突起をもつ細胞で, 細網線維により組織に固定されている. 抗原提示機能をもつと考えられる.

さいもうせんい　細網線維　reticular fiber　骨髄をはじめ, リンパ節や脾臓などにみられる微細な線維で, 細網細胞から形成される. 特に脂肪組織や骨格筋線維を囲む細網線維は微細である. 細かな網目構造をもつことから, 格子線維ともいう. 線維は横縞があり, 構成する物質も膠原線維と同じであることから, 本質的に膠原線維といわれる.

さいもうそしき　細網組織　reticular tissue　星状の細網細胞が互いにその突起で連結し, 細網細胞から作られる細網線維で構成する網目状の組織をいう. 網目の中にはリンパ球をはじめ, 主として細網細胞から分化した種々の自由細胞が充満する. リンパ節, 扁桃, 脾臓, 骨髄などの造血組織にみられる. 細網細胞は細菌や異物に対する食作用をもち, 肝臓や骨髄などの血管内皮系細胞とともに一括して細網内皮系といい, 身体の防衛に重要な働きをもつ.

さいもうないひけい　細網内皮系　reticuloendothelial system　異物の食べこみ能を持った細胞群が, 身体の特定の場所に分布して, 生体の防御機構に関与し, 細網内皮系と呼ばれる. この系には大食細胞, 食べこみ能を持つ細網細胞と内皮細胞が属する. リンパ節のリンパ洞と髄索, 脾洞の内皮と脾索の細網内皮, 肝臓, 骨髄, 副腎皮質および下垂体の毛細血管内皮細胞, 組織球, ならびに単球などが, 細網内皮系に入る. 異物の貪食などにより生体防御にあたるほか, 老化赤血球の処理にも

関与すると考えられる．

ざいらいしゅ　在来種　native domestic animals　特定地域で，家畜化され，古くから飼養され，利用されてきた家畜・家禽の品種で，その地域の環境条件に適応し特定の用途に選抜されており，遺伝的多様性に富む．改良品種に比較して，生産性は低いが，未利用な変異を保有する重要な動物遺伝資源である．

サイラトロ　siratro, *Macroptilium atropurpureum* (DC.) Urb.　暖地型のマメ科多年生牧草．アメリカテキサス南部から中南米にわたって自生し，現在はオーストラリアなどの熱帯，亜熱帯地域にも広く栽培されている．蔓性あるいはほ伏性で，ほ伏茎の節根で繁殖する．短日性で生育適温25~30℃，越冬性は高く，火山灰土壌でもよい生育を示す．暖地型イネ科牧草と混播されて放牧や乾草として利用され，嗜好性も優れている．

さいらん　採卵　ovum recovery, egg collection　鳥類の場合は卵を回収すること．哺乳類では採胚と同じ意味で使用されることが多い．卵巣から未成熟卵を回収したり，卵管から未受精卵を回収する場合にも用いられる．→採胚

さいらんけいしゃ　採卵鶏舎　laying house, poultry house　食卵生産用の鶏舎．ケージ飼い方式が一般的である．近年，換気量制御器，温湿度制御器，自動給餌機，除糞機，集卵装置などを完備した施設が増えてきている．

さいりょうせんけいふへんよそくほう　最良線形不偏予測法　→BLUP法

サイレージ　silage　水分含量の高い飼料作物や牧草を，サイロ内での制御された微生物発酵を経て調製した飼料．細切した原料をサイロ内に詰め込んで密封し，乳酸発酵による低pH状態と嫌気状態をすばやく形成し，酪酸発酵，好気的変敗を封じることによって貯蔵性を与える．良質なサイレージは多汁質でミネラルも豊富に含まれ，養分保持性が優れている．天候に左右されることなく調製されるので，わが国でも主要な飼料草の貯蔵法である．エンシレージとは同義語．

サイレージカッター　silage cutter　バンカーサイロやスタックサイロからのサイレージの切り出しに用いる人力あるいは電動のナイフないしチェーンソー．ロールベールの切り出しにも用いられる．大型バンカーサイロでは，円筒状のドラムに掻き取り刃を取付け，サイレージを給餌車に投入する機械（horizontal silo unloader）も利用される．

サイレージかんしょうさよう　サイレージ緩衝作用　silage buffering effect　飼料作物や牧草類に含有する有機酸塩や蛋白質による，サイレージ調製時のpH低下に対する緩衝作用．アルファルファや赤クローバなどマメ科草では，イネ科草よりも有機酸（マロン酸，リンゴ酸，グリセリン酸など）含量が高く，強い緩衝作用のために容易にpHが下がらず，サイレージ調製に難しさがある．緩衝能は草種，生育段階，季節などで異なる．

サイレージのこうきてきへんぱい　サイレージの好気的変敗　silage aerobic deterioration　サイロの開封によってサイロ内の嫌気性が失われ，好気性菌（カビ，酵母）が増殖してサイレージの温度が上昇し品質が劣化する現象．サイレージの二次発酵ともいう．この現象は酪酸や吉草酸などを含む低品質なサイレージではおこりにくいが，乳酸発酵が抑えられて可溶性糖類を多く残存する低水分サイレージなどでは大きな被害をもたらす．外気温の上昇や空気に曝される時間が長時間に及ぶことによってもおこりやすい．

サイレージてんかぶつ　サイレージ添加物　silage additive　詰め込み条件の整っていないサイレージ発酵を助けたり，あるいは発酵品質をさらに改善してその貯蔵性と家畜生産性を高めるために添加するもの．1）乳酸発酵の促進（乳酸菌，炭水化物源），2）不良発酵の抑制（ギ酸），3）二次発酵の抑制（プロピオン酸，カプロン酸），4）排汁流出の防止（ビートパルプ）など，その効果によって幾つかの

グループに分類される．

サイレージにじはっこう　サイレージ二次発酵 silage secondary fermentation　サイロ内で調製中におこる乳酸発酵を一次発酵とみなし，開封，曝気されたサイレージにおこる好気的変敗を意味する．また，サイレージを空気に曝してから二次発酵までに要する期間をバンクライフという．サイロ形式にもよるが，断面積をなるべく小さくし，毎日の取り出し深さを20cm以上にして二次発酵を防ぐ．

サイレージはっこう　サイレージ発酵 silage fermentation　材料草に付着する乳酸菌（サイレージ調製時に添加されることもある）がその汁液中の可溶性糖類を基質として乳酸を生成する．乳酸だけを生成するホモ型発酵と，乳酸，酢酸，エタノール，炭酸ガスを生成するヘテロ型発酵があり，乳酸菌の種類によって異なる．発酵初期のクロストリジウムによる酪酸生成や蛋白質分解は避け難いが，嫌気状態と低pH状態が確保されると一般細菌の活動は停止してサイロ内状態は安定，サイレージ発酵は終了する．

サイレンサー silencer　真核細胞のRNAポリメラーゼによる転写効率を抑制する特異的な塩基配列．エンハンサーとは逆の作用をもつ．同一遺伝子上にあり，遺伝子の上流および下流に位置しても，遺伝子から数千塩基対以上離れていても，また異種のプロモーターに連結しても転写効率を抑制する機能を有する．

サイレントカッター silent cutter　一定速度でゆっくり回転する金属製の大きな皿と，中心部に接線方向に高速回転する軸に数枚のナイフを取り付けた機械．ソーセージ用挽き肉を，さらに細かく細切しながら練りあげて結着性を出すとともに，調味料，香辛料その他添加物を混和させ，添加脂肪を均一に分散させる．大型のものには自動肉出し装置（アンローダー），変速装置，真空装置，複式回転軸，肉搬入機（リフトボーイ）などを付設したものがある．

サイロクレーン silo crane　地下角形サイロのサイレージ取出しのために開発された装置．サイロの一辺と同じ長さの櫛状グラブ（glove）をパンタグラフで降下させ，これを開いてサイレージ表面に刺し込み，定量のサイレージを掴んで地上まで引き上げる．未細断で高水分のサイレージでも支障なく取出すことができ，わが国独自のサイレージ取出し機として定着しつつある．

サイログロブリン thyroglobulin　チログロブリンともいう．甲状腺ろ胞細胞で合成される分子量66万の糖蛋白質でろ胞腔内で甲状腺ホルモンとのコロイドを形成する．甲状腺刺激ホルモンの刺激により，再びろ胞細胞内に取り込まれ甲状腺ホルモンを分離する．

サウスダウン Southdown　イングランド南東部のサセックス州原産地のヒツジの品種．18世紀後半より選抜育種され，ダウンの中で最も歴史のある短毛．体重は雄80~100kg，雌55~80kg．雌雄とも無角で，典型的な肉用型で，肉質はイギリス種の中で最高といわれる．産子率は120~130％で繁殖力はあまり高くない．現在，ニュージーランド，アメリカ，フランスなどでも飼育されている．

さかり　→発情

さきものとりひき　先物取引 forward dealing　将来の一定時期に売買物品を受け渡しすることを約束して行う取り引きのことで，通常は商品取引所においてあるいは仲間どうしの予約相対取引として行われている．畜産関係では，輸入する飼料穀物のほとんどは先物取引であり，冷蔵食肉（チルド）も先物取引で行われている．価格変動に対する損失防止（ヘッジ）機能をもつところに利点があるとされている．

さくいこうはい　作為交配 non-random mating　雄と雌の遺伝的関連性に考慮して，作為的に交配すること．無作為交配以外の交配はすべて作為交配である．

さくつけのべめんせき　作付延面積 total

cropping acreage　　1年間に耕地に作付された作物の総面積．例えば，水稲と水稲栽培後の小麦作や，トウモロコシ，ソルガムなど夏作とエン麦やイタリアンライグラスの冬作の合計面積．暖地では，耕地の利用率を200％まで高める工夫がなされる．

さくつけようしき　作付け様式　cropping system　　土地利用型の畜産では粗飼料の単収を向上させるために，集約的な栽培がなされる．5～6年の採草利用のあと，根菜類などをはさみ，雑草や病虫害を回避しようとする伝統的な農法もある．近年，野菜や花きなどの栽培地帯では連作障害を回避するために，飼料作物を3年程度はさむ例もある．暖地ではギニアグラスを栽培して畑の線虫の害を軽減する方法が普及している．

さくてい　削蹄　hoof cutting, hoof triming　　蹄を削ること．ウシ，ウマなどの蹄は1ヵ月に3～10 mm伸びる．放牧飼育であれば地面との接触で摩滅して正常な蹄長，蹄型を保つが，舎飼いの場合は伸び過ぎるので，蹄型の矯正，蹄病の予防および管理を容易にするなどの目的で数ヵ月に一度は削蹄する．

さくていようぐ　削蹄用具　hoof trimming nipper　　ウシなどの削蹄に用いる用具．削蹄鎌，直蹄刀，剪蹄鋏，蹄やすり，削蹄剪鉗，削蹄用小槌および削蹄用前掛けなどで構成される．電動削蹄機や牛を横臥させる枠場など削蹄の省力化を図る機械，器具も市販されている．

さくにゅう　搾乳　milking　　乳を搾ること．普通は乳牛や乳用山羊などの乳用家畜の乳房，乳頭内の乳を人為的に人手またはミルカーで体外に取り出すこと．

さくにゅうかん　搾乳缶　milking bucket　　バケットミルカーで搾乳した牛乳をいったん蓄える容器．搾乳時にバケットを床に置くフロアー型ミルカーのバケットは円筒形で上部がしぼり込まれた形状をし，ウシの背中に回したベルトでバケットを吊るすサスペンド型ミルカーのバケットは湯沸かし器を押しつぶしたような偏平な形状をしている．

さくにゅうかんかく　搾乳間隔　milking interval　　前の搾乳から次の搾乳までの間隔．乳牛では高泌乳量期間に，まれに1日3～4回の搾乳を行うこともあるが，1日2回搾乳がふつうである．この場合，12時間ごとの等間隔搾乳が望ましいが，一般には夜間の搾乳間隔が昼間より長くなりがちである．極端な不等間隔搾乳は，特に乳量の多いウシで乳量の減少や泌乳障害をおこすほか，泌乳の持続性を低下させる．

さくにゅうき　搾乳機　milking machine　→ミルカー

さくにゅうぎゅう　搾乳牛　milking cow　　搾乳を継続中の雌牛．普通，乳牛は生後24～28ヵ月頃に初産を分娩し，その後はほぼ12～15ヵ月間隔で分娩を繰り返す．分娩後は普通約10ヵ月間は搾乳を継続するがこの間のウシを搾乳牛という．

さくにゅうきょくせん　搾乳曲線　milking curve　　搾乳の開始から終了までの乳汁の流出速度の推移を示す曲線．その形状は乳の出やすさを示す搾乳性に関連して変化する．

さくにゅうじかん　搾乳時間　milking time　　搾乳のために費やされる時間，すなわち搾乳所要時間．機械搾乳の場合1頭1回当たりの搾乳時間は，乳頭清拭などのミルカー装着までの操作時間，ミルカー装着中の時間およびディッピングなどのミルカー離脱後の操作時間の合計であるが，これに搾乳機器の準備および後始末の所要時間を1頭当たりに換算して含める場合もある．なおこのうち，ミルカー装着中の時間をマシンタイムという．

さくにゅうしげき　搾乳刺激　milking stimulus　　搾乳時の乳牛の乳汁排出を促す刺激．これには，搾乳時の作業開始による視覚，聴覚から脳神経に入る刺激および乳頭の清拭，前搾りおよびミルカーによる吸引などの知覚を通して入る刺激などがある．これらの刺激は神経内分泌反応により下垂体後葉か

らのオキシトシンの分泌を促し，これが血流を経て乳腺胞周囲に達し，ここに分布する筋上皮細胞の収縮により乳汁排出がおこる．

さくにゅうしつ　搾乳室　milking parlor　→ミルキングパーラー

さくにゅうしゅうりょうけんちそうち　搾乳終了検知装置　detector for end of milking　乳の流出の終了を検知してランプの点滅や信号音を出して作業者に知らせるか，自動離脱装置に連結する機能をもった装置．乳の流出の終了を検知する方法には，乳の電気電導度を検知するものや容器で乳を受けて容量を検出するものなどがある．

さくへき　さく癖　cribbing, wind suckling　ウマの定型的な異常行動の一つであり，上顎の門歯を横木などに引っかけ，顎に力を入れて音を出す行動．このときに空気を飲み込むこともある．この異常行動が学習により形成されるかどうかは明確でない．

さこつ　鎖骨　clavicle　→付図22

ざこつ　坐骨　ischium　→寛骨，付図1，付図21，付図22

さこつかけっせつ　鎖骨下結節　hypocleideum　→付図22

ササがたそうち　ササ型草地　sasa-type grassland　日本の野草地には，ススキ型草地，シバ型草地，ササ型草地などがある．ササ属，スズダケ属，メダケ属を合わせてササ類と呼ぶ．ミヤコザサ，スズダケ，チマキザサ，チシマザサなどの種類がある．東日本の林床植生としてササ草地が成立している．九州の阿蘇・久住地方にはゴキダケ（地方名）の群落に長い間牛馬を放牧してネザサとして利用している．ササは，強度の刈り取りや放牧に弱い．利用するには，地下茎に十分な養分が貯えられた8月以降とする．

ささみ　食鶏の深胸筋．鳥類では深胸筋がよく発達している．

サザンハイブリダイゼーション　Southern hybridization　E. M. Southernが開発したため，命名された．ゲル電気泳動によって分画したDNA断片をニトロセルロースフィルターに移し，標識したRNAあるいはDNAで相補性を有するRNAあるいはDNA断片を検出する方法．特定遺伝子の検出や遺伝子構造の解析に広く利用される．

さし　→霜降り

さじょう（そしき）　砂状（組織）　sandiness　アイスクリームや加糖練乳を口に入れたとき，砂をかむような感じのする組織性状．乳糖の結晶が大きすぎて，口の中で容易に溶けないためにおこる欠陥．

サセックス　Sussex　イギリスで1865年には成立していた古いニワトリの品種．その内の1内種のライト（淡色）サセックスが有名で，ブラーマ，コーチンや銀灰色ドーキングが交配され，作出された．このライトサセックスは，単冠で耳朶は赤く，皮膚と脛色は白く，肉は美味で，成体重は雄4.1 kg，雌3.2 kgで，産卵数は年130~140個，卵殻は淡褐色である．イギリスでは肉用的な兼用種としてかなり飼われている．

さっきん　殺菌　pasteurization（牛乳）　病原菌や腐敗菌などの有害微生物の殺滅を目的とし，通常は加熱によって行われる．牛乳の殺菌では低温保持殺菌(62~65℃, 30分)と高温短時間殺菌(72~75℃, 15~16秒)のほか，120~130℃，2~3秒程度の超高温加熱(UHT)処理が広く用いられる．　→保持殺菌，超高温加熱

ざっしゅ　雑種　hybrid, mixed breed　家畜では，遺伝的構成の異なる配偶子の接合により形成された個体．品種の交配組み合わせが明らかな雑種を交雑種というのに対し，明らかでない雑ぱくなものを単に雑種ということもある．細胞レベルでは，遺伝的構成の異なる細胞同士の合体，あるいは遺伝物質の交換によって生じた細胞やその子孫をさす．

ざっしゅきょうせい　雑種強勢　heterosis, hybrid vigour　異型接合体が同型接合体に比較して優れた生活力を示す現象，ならびに種，品種，系統の間の雑種が，両親型よりも優

れた育種形質を示す現象．対立遺伝子がヘテロの状態で適応性が大となり，一方では交雑種で両親に保償効果をもつ遺伝子が含まれる場合に生じると考えられている．一般に遺伝率の低い形質に強く現れ，高い形質には発現しない．そのため，遺伝率の低い強健性や繁殖能力の改良には雑種強勢を活用した交雑育種が行われている．

ざっそう　雑草　weed　草食家畜にとって，草地の雑草も飼料として価値のあるものが多いが，この中で播種した牧草や飼料作物の生育を妨げ，生産性が低下する草種を雑草という．近年，輸入された濃厚飼料の中に混入した外来雑草の種子が家畜の体内を経て厩肥として耕地に還元され，全国の飼料畑に繁茂しはじめ，大きな問題となっている．おもな外来雑草は，イチビ，ワルナスビ，ホソバアオケイトウなどである．

さっそうざい　殺草剤　herbicide　草地の雑草に対して有効な除草剤が開発され，大型作物では播種時に散布するシマジン，ラッソー，ゲザプリムなどが使用されている．経年化した牧草の雑草を駆除するにはスポット散布しかないが，薬剤の残効を考慮して，散布後3週以内には利用しないこととしている．

さど　砂土　sandy soil　土性の表示法として土の粒子の大きさで区分する．粘土，埴土，埴壌土，壌土，砂壌土，砂土，礫などにわける．

さとうもろこし　サトウモロコシ　sweet sorghum, sugar sorghum, sorgo, *Sorghum bicolor* Moench var. *dulciusculum* Ohwi　ソルガム属のソルゴー型ソルガムに属する．以前は糖蜜生産を目的に栽培されたこともあるが，現在は青刈り，サイレージ用ソルガムの主体をなす．草丈は1.7~2.7 mで分げつ力があり，再生も旺盛で，耐倒伏性や耐病性に優れている．草丈が40 cmまでの幼若期の葉部は家畜に有毒な青酸配糖体を含むので，利用にあたっては注意を要する．　　→ソルガム

さとご　里子　nursed pig (lamb, etc.), adopted ~, foster ~　自分の母でない他の親に育てられる子畜．子が母畜の乳頭数以上に生まれたり，母親が不慮の事故などによって授乳が不可能になった場合，それらの子は他の授乳中の母親に付けて育てられる．ブタやヒツジでは一般的な管理技術であるが，里子に出す場合は里親の匂いを付けてから預ける必要がある．

サドルがわ　サドル革　saddle leather　本来，馬具の製造に用いるタンニンなめし牛革を指していたが，この種の革は馬具以外の用途にも使用されるので，馬具用革のなめし方法や仕上げ方法を施した革全般を指す用語となっている．

さのう　砂囊　gizzard　筋胃のこと　→筋胃，付図13

サバンナ　savanna (h)　アフリカ全土の37%，オーストラリア，南アメリカにも分布する熱帯短草型草原．年間雨量500 mm内外と比較的多いが，雨季と乾季があるために背の低い高木や灌木を交えながら広がっている．人為的な二次サバンナも多く，木本類では火に強いアカシア（*Acacia*）の類，その他ユーカリ（*Eucalyptus*）の類やキャベ（*Prosopis*）属の灌木，草本類ではキビ類（*Panicoideae*），ブルーステム類（*Andropogoneae*），カゼクサ類（*Eragrostoideae*）が優占種である．

サヒワール　Sahiwal　パキスタンパンジャップ地方南部原産の乳用ゼブシ．雄の肩峰，胸垂大．毛色は濃赤褐色で黒色のぼかしがあり有角．体重・体高は，それぞれ雌270~400 kg，124 cm，雄450~590 kg，135 cm．乳量は平均2,000 kg（1,100~3,100 kg）．乳脂率4~6%．役用としても有用．乳房の発達がよく，熱帯地域の乳用牛の改良に利用されている．

サフォーク　Suffolk　イングランド南東部サフォーク州原産のヒツジの品種．在来種のノフォーク・ホーンにサウスダウンを交配して作出した短毛の肉用羊品種である．体格は，イギリス，オーストラリア，ニュージー

ランド系と北米系とで異なるが，一般的に体重は雄100～130 kg，雌80～100 kgで，雌雄無角である．早熟・早肥で，産肉性に優れ，肉質もよく，産子率は130～180％．現在，世界各地で広く飼われており，わが国ではヒツジの品種のほとんどを占める．

サブヒール sub heel 乳牛の後肢の蹄冠と副蹄のつなぎ部に装着し，蹄による乳頭の踏みつけ損傷を防ぐ用具．大きさは直径20 cm程度の円盤状である．乳房の垂れたウシや分娩直後のウシでは，起立の際に蹄で乳頭を踏みつけやすいのでこれを取り付けて蹄を乳頭に近づけないようにする．

サフラワーかす　サフラワー粕 safflower meal わが国ではサフラワーはベニバナと呼ばれる．主要成分としては粗蛋白質約33％，総繊維56％である．ほとんどが乳牛あるいは肉用牛向けに用いられる．

サプリメント supplement 蛋白質，脂肪あるいは微量要素（ミネラル・ビタミン）の強化・補足の機能をもつ単体あるいは混合飼料をいう．蛋白質サプリメントというと蛋白質含量が30～50％の製品であったり，バイパス蛋白質を多く含む素材から成っていたりする．微量ミネラルと脂溶性ビタミンを混合したビタミン・ミネラルサプリメントもある．

サマーステリリティ →夏季不妊症

サマースランプ summer slump 夏季における放牧牛の増体（発育）停滞．放牧牛，特に全日放牧を行っているウシは，夏季の増体量がほかの季節にくらべて極端に低いことや，あるいは生体重の減少もみられる．飛来害虫や日中の高温を避けて，長時間，牛立ち場と呼ばれる風通しのよい場所で過ごすために栄養摂取量が不足することや，アブ，サシバエ，ダニなどによる吸血，夏草の品質低下などが重なっておこる．

サマーソーセージ summer sausage セミドライソーセージの一種．細切した牛肉，豚肉を塩せきした後，燻煙し，室温で乾燥する．

サムソーチーズ Samsoe cheese デンマーク原産の硬質チーズ．円盤形で，直径44 cm，高さ10 cm，重さ約14 kg．断面は淡黄色で，若干のホール（眼）がある．わずかに甘味があり，ナッツ様の芳香がある．

さようおんど　作用温度 operative temperature 体に感じる寒暖の程度を数量的に示した体感温度の一種．放射常数と平均壁面積の積および対流常数と平均気温の積の和を，この2つの常数の和で除した商．

サラブレッド Thoroughbred イングランド北部の在来馬に東洋馬アラブを交配して，駈歩能力（gallop）に重点をおいて改良された競走馬．現存しているものは，バイアリー・ターク（1689年導入），ダーレーアラビアン（1706年），ゴドルフィン・アラビアン（1730年）3頭の基幹種牡馬を始祖としており，1791年以降はサラブレッド同士の交配で速度の向上が図られ，世界各国のウマの改良に貢献した．体高160 cm，毛色は鹿毛，栗毛が多く，競走馬としての体型，気質をもつが，神経質で持久力が弱い．わが国へも明治以降輸入され，競走用，乗用，馬術競技用に使われている．

サラミソーセージ salami sausage ドライソーセージの代表的な製品．香辛料を利かし，燻煙しないで乾燥して作る製品が多い．

さんえんほう　散塩法 salt curing, conventional pack curing 皮革原料として生皮に塩化ナトリウムを散布し保存に耐えるようにする方法．剥離された生皮を水洗した後，肉面に塩化ナトリウム粉末をまき，肉面を上にして1.2～1.5 mの高さに積みあげる．塩化ナトリウムは2～3 mm程度の粒状のものが用いられ，使用量は皮重量の30～100％である．10～15℃で通常3週間以上貯蔵してから出荷する．

さんかかんげんでんい　酸化還元電位 oxidation-reduction potential, ORP 汚水などが酸化状態か，還元状態かを電位で示す指標．好気的なものは酸化状態なので電位が高

く，嫌気的なものは還元状態なので電位が低い．例えば，酸素が十分に供給されている活性汚泥法の曝気槽は+100~+500 mVの値を示すが，代表的な嫌気的処理であるメタン発酵槽は-200 mV以下である．

さんかクローム　酸化クローム　chromic oxide　→指標物質法

さんかこうほう　酸化溝法　oxidation ditch process　→活性汚泥法

さんかしゅう　酸化臭　oxidized flavor　牛乳，乳製品における重要な風味変化．ボール紙臭，牛脂臭などとも呼ばれる．主として脂肪球皮膜中のリン脂質の変化によって生ずるカルボニル化合物によるものといわれている．微量の金属（特に銅や鉄），日光，通気などが酸化臭の発生を促進する．

さんカゼイン　酸カゼイン　acid casein　酸を加えpH 4.6~4.7の等電点として沈殿させたカゼイン．食品，接着剤，紙や皮革のつや出しなどの用途がある．

さんかち　酸化池　oxidation pond　好気性細菌による有機物の分解と，藻類による光合成と酸素供給を組合わせて，汚水を生物学的に浄化する池の総称．ラグーン（lagoon）や安定池（stabilization pond）とも呼ばれる．池内の酸素状態により，好気性池，通性池，嫌気性池などに分類される．特別な機械設備を必要とせず，簡便で安価な方法であるが，浄化速度が遅いため長い時間がかかり，広い敷地を必要とする．また曝気装置を設けて処理効率を高めたものを曝気式ラグーンという．

さんぎょうはいすい　産業廃水　industrial waste water　第一次産業，第二次産業，第三次産業のすべての排水をいう．畜産業の廃水も含まれる．

さんけっしょう　酸血症　acidosis　→アシドーシス

さんげんこうざつ　三元交雑　three way cross　3品種あるいは3系統を用いた交雑方法で，2品種間のF_1を雌として3番目の品種を止め雄として交配する．肉豚生産では，ランドレースと大ヨークシャーのF_1を母豚とし，デュロックを止め雄として用いることが多い．これにより，F_1母豚は雑種強勢により繁殖性と強健性が増し，肉豚には雑種強勢による発育性と止め雄の産肉性の良さが発現する．

さんざいせいたいばん　散在性胎盤　diffuse placenta　胎膜（胎包）の絨毛膜全面に絨毛が生えている胎盤．ウマやブタにみられる．ウマでは絨毛膜表面にすべて絨毛が分布するので完全散在性胎盤と呼ばれる．妊娠前半に妊馬血清性性腺刺激ホルモン（PMSG）を分泌する．ブタでは尿膜に接していない部分の絨毛膜には絨毛が生えていないところがあるので不完全散在性胎盤と呼ぶ．いずれの型も絨毛膜上皮は子宮内膜上皮と相対するだけなので剥離は容易で，分娩時の子宮損傷は少ない．

さんしすう　産子数　litter size　同腹における死産も含めた頭数．これに対し，生産頭数は正常に哺育し，経営的にも生産子畜として扱う頭数を指す．

さんじ　産次　parity　同一個体が経験した分娩の回数．最初の分娩を初産，次から二産，三産，四産などと順番に呼ぶ．

さんしけんてい　産子検定　reproduction test　種畜としての能力をその産子から判定する検定方法．全国和牛登録協会では，種雄牛ごとに，雌子牛についてほぼ同月齢の40頭以上を同時に調査し，栄養度，発育などを評価して総合判定を行う．日本種豚登録協会では，母豚の繁殖能力の指標として，一腹生産頭数と3週齢時一腹総体重を調査し，適度な補正を加えて母豚生産指数（sow productive index, SPI）を算出している．

さんじしょり　三次処理　tertiary treatment　二次処理の次に行う汚水処理工程．後処理ともいい，二次処理工程が終了しても処理が不十分な場合，もしくは，より高度な処理が求められる場合に行う処理工程．一般には，滅菌，脱色，脱窒，脱リン等の処理工程が多いが，凝

集沈殿や膜ろ過等による三次処理もある．

さんじょく　産褥（期）　puerperium, confinement, childbed　分娩終了後，子宮をはじめ各器官が妊娠・分娩による変化から分娩前の状態に回復するまでを産褥あるいは産褥期という．この期間は個体や種によって異なるが，ウシでは約4週間であり，陰門より悪露が排出する．分娩時に子宮の損傷，子宮脱がおきると産褥期は長くなる．

さんじょくねつ　産褥熱　puerperal fever　分娩時の創傷部から細菌が感染し，発熱する感染症を指す．軽い症状はほとんどの家畜にみられるが，イヌやウシで頻発する．重い症状には産褥性敗血症と産褥性膿毒症があり，長期間の治療が必要である．産後の発熱や食欲不振などが初期症状で，治療には抗生物質やサルファ剤を使う．分娩後，子宮内に抗生物質を挿入することによって予防できる．

さんすいろしょうほう　散水ろ床法　trickling filter process　汚水処理方法のうち，プラスチック製その他のろ材に膜状に固着した微生物によって汚水を浄化する生物膜法の一つ．ろ材の上に間欠的または連続的に汚水を散布する．BOD除去率は低いが，維持管理が容易で動力費が少なく，汚泥発生量も少ないため活性汚泥法と組み合わせて用いることが多い．　→生物膜法

さんせいデタージェントせんい　酸性デタージェント繊維　acid detergent fiber, ADF　飼料の繊維区分含量を表現する指標の一つである．飼料を酸性の界面活性剤と1規定濃度の硫酸で1時間煮沸して得られる残渣を酸性デタージェント繊維といい，おもにセルロースとリグニンとからなる．

さんそしょうひりょう　酸素消費量
→酸素要求量

さんそようきゅうりょう　酸素要求量　oxygen demand　酸素消費量ともいう．排水中の酸化されやすい物質，主として有機物を酸化するために要求される酸素量をmg/lであらわしたもの．汚水を浄化する場合に必要とされる酸素の量を示し，その排水の汚染度の目安として使用され，COD，BOD，TOD（全酸素要求量）などの表示法がある．
→ COD, BOD

さんそりようそくど　酸素利用速度　oxygen utilization rate　曝気槽内の微生物類が活動する際に利用する酸素量を，単位時間当りの呼吸速度として表したもの．単位はmgO_2/gMLSS・hである．活性汚泥を最適に管理するためには，活性汚泥の酸素利用速度に等しいか，あるいはそれ以上の速度で酸素を供給しなければならない．

ざんぞんかかく　残存価格　residual value　固定資産が耐用年数に達して利用不能となったときに売却処分して得られる見積価格をいう．わが国の税法では課税上の共通基準として残存価格を決めており，繁殖用に供する動物以外の有形固定資産は取得価格の10%，繁殖用に供する動物は，乳用牛の雌20%・雄10%，肉用牛の雌50%・雄20%，豚は雌雄とも30%と規定している．無形固定資産はゼロとしている．

サンタガートルディス　Santa Gertrudis　アメリカテキサス州キング牧場原産の肉用牛．ブラーマン3/8，ショートホーン5/8の血液割合で，体重・体高は，それぞれ雌600 kg, 132 cm，雄1,000 kg, 140 cm程度．毛色は，鮮赤褐色で短毛．肩峰，胸垂があり，垂耳で有角が多い．テキサス熱に耐性，耐暑性があり，熱帯地域に適性．枝肉歩留り62~63%．

さんちしじょう　産地市場　生産地に設けられる市場で主として中間生産物の取引を目的として開設されている．家畜の生体取引市場で子畜あるいは育成畜が売買される．そこで取引された子畜・育成畜が肥育地域あるいは繁殖・産乳地域に直接流通するか，場合によっては集散地市場に再度上場される．肥育畜の取引を目的とした産地市場がないわけではないが，その場合は消費地市場に流れることになる．　→集散地市場，消費地市場

さんちょく　産直　生産者と消費者が直

接提携することによって中間マージンを除去ないし節減し,新鮮で安全な農畜産物をできるだけ安く流通させる方式.産地直結ともいう.提携の仕方は,生活協同組合と農業協同組合,生産者グループと消費者グループ,あるいは特定の経営と消費者グループといった具合にさまざまである.狙いとしては価格の低減もさることながら,鮮度と安全性におかれている場合も多い.

さんてんしじそうち　3点支持装置　three point linkage　農用トラクター後部に各種作業機を取付けるため設けられている,国際的に規格化された装置.1本の上部リンクと2本の下部リンクからなる.下部リンクは油圧式のリフトアームで上下動し,装着した作業機を一定の高さに制御する機構を備えるものもある.

さんてんひかくしきにおいぶくろほう　三点比較式臭袋法　triangle odor bag method　官能試験法として臭気濃度を測定する方法の一つで,わが国でもっとも一般的な方法.三つの臭袋のどれか一つに無臭空気で希釈した臭気を充填し,それを的中させ,臭気の入っている臭袋を的中できなくなるまで希釈したときの希釈倍率をもって臭気濃度とする.

さんど　酸度　acidity　食品に含まれる酸の量の表し方.一定の条件下でアルカリ液を用いて中和測定し,その滴定値で示すか,あるいは乳酸,クエン酸など特定の有機酸に換算して示す.牛乳では,フェノールフタレインを指示薬として0.1規定の水酸化ナトリウム溶液で滴定し,乳酸の重量%に換算して表示する.新鮮な正常乳の酸度は普通0.14~0.16%で,牛乳が古くなると乳酸菌などの作用によって乳糖の一部が乳酸となるために酸度は上昇する.

さんにくのうりょく　産肉能力　performance of meat production　肉畜としての生産能力で,一日平均増体重,枝肉歩留,皮下脂肪の厚さ,ロース断面積,脂肪交雑などであらわされる.産肉能力の間接検定では,和牛は一定の期間肥育した後に枝肉を調査するが,ブタは一定の体重に到達するまで肥育した後に枝肉を調査する.

さんにゅう　酸乳　sour milk　発酵乳のうち,主として乳酸発酵により製造されるものをいう.ヨーグルト,発酵バターミルク,アシドフィルスミルク,酸乳飲料などがこれに属する.

ざんにゅう　残乳　residual milk　通常の搾乳によっては排出しきれずに乳房内に残る生理的な残り乳.残存乳汁ともいう.全乳量の6~20%あるといわれており,オキシトシンの注射によって排出することができる.なお,本来搾ることのできる乳を,搾乳の失宜によって搾り残した乳も残乳ということがある.

さんにゅういんりょう　酸乳飲料　sour milk beverage　脱脂乳を乳酸菌で発酵させ,多量の砂糖と香料を加えて均質化して作る濃厚な液状製品.飲用時は水で数倍に希釈する.脱脂乳に有機酸を加えて人工的に作ることもできる.

さんねつ　産熱　heat production　体内で熱を産生すること.家畜の体内では,生命維持に最低限必要な代謝活動(基礎代謝),飼料の消化・吸収・代謝(熱増加),運動,体温維持などに関連した産熱がある.

さんぷん　蚕糞　silkworm excreta　わが国では養蚕副産物が飼料として利用されてきた.蚕糞もその一つである.乾物中には約15%程度の粗蛋白質が含まれるが,その消化率はウシで32%と高くはない.

さんまいかん　三枚冠　pea comb　→とさか　付図7

さんらん　産卵　egg laying　→産卵指数,ヘンハウスド産卵数(率)

さんらんけい　産卵鶏　laying hen, layer　卵を生産する雌鶏.ニワトリは孵化後140~160日で産卵を開始し,3~4年間卵を産むが,産卵率,飼料効率が次第に低下するので,採卵養鶏では初産後つぎの休産換羽するまでの1~

1.5年間産卵させて，産卵鶏の淘汰更新が行われる．産卵開始後1年間は初年鶏，その後2年鶏，3年鶏という．

さんらんけんてい　産卵検定　egg-laying test　種鶏選抜のために個体または群の産卵能力を調べること．農家の現場で行う現場検定，公式機関に集めて行う集合検定，雛または種卵を無作為に抽出して検定場で産卵能力と経済性を調べる抜き取り見本産卵能力経済検定，さらに同一群を2ヵ所以上の検定場に分けて，無作為交配対照鶏群と比較する複式経済検定がある．　→産卵能力集合検定，集合検定

さんらんしすう　産卵指数　egg production index　ニワトリの産卵能力評価の指数で，生物学的，経済的に有用な数字．鶏舎1群の総生産卵数を検定開始時の羽数で除して得られる．ヘンハウスド産卵数ともいう．アメリカでは初産開始2ヵ月以内のへい死鶏を除いた羽数で産卵数を割った値，生物学的産卵指数も使われる．

さんらんしゅうき　産卵周期　clutch　クラッチともいう．一定期間連続して産卵する周期のこと．例えば，5日連続して産卵しその後1日休産，再び同様に産卵し休産する場合，産卵周期は5日という．現在の改良された採卵鶏では，産卵最盛期に1~2ヵ月間連続して産卵することもある．

さんらんのうりょく　産卵能力　egg laying performance　家禽が卵を生産する能力のことで，初産日齢，短期産卵率，長期産卵率，卵重，卵殻質などが測定される．

さんらんのうりょくしゅうごうけんてい　産卵能力集合検定　standard egg laying test　ニワトリの産卵能力を調べるため公式機関に集めて行う検定．家系より個体に重点をおき，個体最高記録，記録鶏の数を競う．1品種10羽を1組として，350日間の産卵数，卵重および総生産卵重を検定する．この検定では，市販の雛の生存率，飼料の利用性などの経済能力を評価できないため，近年実施されなくなった．　→集合検定

[し]

しあげこうてい　仕上げ工程　finishing process　皮革製造のなめし工程に続く最終工程をいう．この仕上げ工程中に各種の化学的ならびに機械的作業が施されるが，その種類と順序は革の種類によって異なる．〔例〕銀付クロム革：シェービング→中和→染色→加脂→水絞り→伸ばし→乾燥→味取り→ステーキング→張り革→乾燥→つや塗り→つや出し．ガラス張り甲革：シェービング→中和→タンニンなめし→染色→加脂→水絞り→伸ばし→ガラス張り乾燥→糊洗い→ステーキング→バッフィング→塗装仕上げ→アイロン仕上げ．植物タンニン底革：渋はき→漂白→水絞り→加脂→乾燥→味取り→ロール掛け

シーエーティーいでんし　CAT遺伝子　chloramphenicol acetyltransferase gene　放線菌の培養液から分離された広域性抗生物質であるクロラムフェニコールはペプチジル転移反応を阻害することによって蛋白質合成を阻害するが，このようなクロラムフェニコールにアセチル基を付加し，その阻害作用を緩和する酵素．動物細胞には存在しないため，遺伝子導入実験ではしばしばレポーター酵素として利用される．

シーエヌひ　C/N比　C/N ratio　物質の全炭素含量と全窒素含量の比であり，炭素/窒素比，炭素率ともいう．C/N比は有機物の分解性と関連があり，一般的にC/N比が高いと分解しにくく低いと分解しやすい傾向がある．また，堆肥などを土壌に施用する場合，C/N比が高いと窒素の有機化がおこり，作物が窒素飢餓をおこす危険性がある．C/N比20付近が，窒素の無機化と有機化のおこる境界と考えられている．

シーオーディー　COD　chemical oxygen demand　化学的酸素要求量．水の有機物による汚濁の指標の一つで，有機物を酸化剤に

よって化学的に酸化するときに要する酸素量を mg/l であらわす．わが国では酸化剤に過マンガン酸カリウムを用いるので，COD_{Mn} と表示することもある．国際的には二クロム酸カリウムを用いた COD_{Cr} が一般的である．

シー・さん・しょくぶつ　C_3 植物　C_3 plant
光合成の暗反応である CO_2 固定（還元）過程が，リブロース・二リン酸カルボキシラーゼ触媒によって5炭素のリブロース・二リン酸と CO_2 から3炭素のホスホグリセリン酸が生成される光合成経路をもつ植物．一般に，温帯を起源とする植物，飼料作物では寒地型草種がカルビン回路をもつ C_3 植物に属する．
→ C_4 植物

ジーシーボックス　GCボックス　GC box
DNA上のGGGCGCというGCに富んだ塩基配列で，基本的な転写効率の増強作用を持つ．通常 TATA ボックスよりやや上流に位置する．

シーディーエヌエイ　cDNA　→相補的 DNA

シーディーエヌエーライブラリ　cDNA ライブラリ　cDNA library　RNA を鋳型として，逆転写酵素を用いて合成された相補的塩基配列を有する DNA を cDNA と呼び，さらにこの cDNA 鎖を鋳型として2本鎖 DNA 断片を合成し，種々のベクターにクローニングした一つのセット．これを解析することで特定遺伝子の単離と構造解析などの研究が飛躍的に進歩することになった．

シー・よん・しょくぶつ　C_4 植物　C_4 plant
光合成の暗反応である CO_2 固定（還元）過程が，ホスフエノール・ピルビン酸カルボキシラーゼ触媒によってホスフエノール・ピルビン酸と CO_2 から4炭素のオキサロ酢酸，次いでリンゴ酸やアスパラギン酸が生成される光合成経路をもつ植物．一般に，熱帯や乾燥地を起源とする植物，飼料作物では暖地型草種が C_4 ジカルボン酸回路をもつ C_4 植物で，C_3 植物よりも CO_2 固定効率がいちじるしく高い．

シェアミルカーせいど　シェアミルカー制度　share milking system　農場主とシェアミルカーが契約に基づき，酪農経営の費用負担割合に応じて収益を配分する仕組み．配分割合によって3段階ほどに分類できるが，シェアミルカーの配分割合が最も高い50％シェアミルキングでは，農場主は農地，牛舎などの施設を，シェアミルカーはウシや車両などを所有し，費用・収益を折半する．技術と資金の蓄積ができるため，経営継承や新規参入に役立っている．ニュージーランドやオーストラリア南部で発達している．

ジェーエーエス　JAS　→日本農林規格

シェービング　shaving　シェービングマシン（裏削り機）を用いて革の裏面を削り，一定の厚さに調整する作業．通常，なめし後，染色，加脂の効果を均一にするために行われる．

シェトランドポニー　Shetland pony
2000年前からスコットランドの北東に位置するシェトランド諸島で飼育されていた体高90～110 cm の小格馬．毛色は鹿毛，青毛が多く，たてがみ・尾は長毛で多毛．小型で強健，炭坑内で役用にされていたが，現在では乗用馬として利用．

しおじみ　塩じみ　salt stain　→えんぱん

じかせん　耳下腺　parotid gland　大唾液腺の一つで，耳介の下方を被う大型の外分泌腺．他の唾液腺と異なり，ほとんどが漿液細胞からなり，漿液腺としての働きが強く，糖質分解のアミラーゼを分泌する．色調も肉色で，分泌物は耳下腺管を介して頬前庭に開口する．外分泌の他，内分泌物としてパロチンを分泌するともいわれる．

じかふわごう　自家不和合　self incompatibility　雌ずいに同じ花の花粉がついても花粉管が伸びず，あるいは伸びても胚珠まで届かなくて受精しない現象．牧草ではマメ科の草に他家受粉するものが多い．

しかんめん　趾間面　interdigital surface
→付図3

しかんれつ　趾間裂　interdigital fissure
→付図3

しきそさいぼう　色素細胞　pigment cell　色素を産生し保有している細胞をすべて色素細胞と呼ぶ．細胞質内に保有される色素顆粒にはメラニン顆粒，リポフスチン顆粒，ヘモジデリン顆粒があり，それぞれメラニン保有細胞，リポクロム保有細胞，ヘモジデリン細胞と呼ばれる．メラニン保有細胞が最も広く分布し，皮膚，網膜色素上皮，虹彩，脳幹（黒質）などに認められる．

しきちょうきょうかざい　色調強化剤　carotenoid fortifier　着色物質ともいわれ，卵黄などの色調を強化するために用いられるもの．β-アポ-8-カロチン酸エチルエステル（β-apo-8-carotenoic acid ethylester），カンタキサンチン（canthaxanthin）などの色素がある．また最近では，パプリカ果実，マリーゴールド花弁の抽出物やそれらの粉末も使用される．

じきとくいてきいでんしはつげん　時期特異的遺伝子発現　time-specific gene expression　動・植物個体の発生や組織分化の過程で特定の時期にのみ認められるような遺伝子発現．それ以外の時期では発現しない．この制御には特異的な塩基配列とそこに結合する転写因子の存在が想定されている．

しきゅう　子宮　uterus　子宮は対をなす器官で，頭部で卵管とつながり，尾部は子宮頚をへて腟に連絡する．精子が受精の場である卵管（膨大部）に到達するための通路であるとともに，子宮は胚を着床させ，胎盤を形成し，胎子を育成する器官でもある．子宮の組織は子宮外膜，子宮筋層，子宮粘膜（内膜）の3層からなる．子宮内膜は単層円柱上皮と固有層からなり，固有層には子宮腺が発達する．子宮腺の分泌液は精子の上走や受精能獲得に関係する．子宮粘膜はプロスタグランディンを合成し，卵巣の黄体機能を調節している．なお，子宮は重複子宮，双角子宮，両分子宮および単一子宮に分類されるが，家畜の子宮は双角子宮ないし両分子宮である．

しきゅうがいにんしん　子宮外妊娠　ectopic gestation, ectopic pregnancy, extra-uterine pregnancy, metacyesis　子宮以外の場所で胎子が発育することをいう．真性（原発性）子宮外妊娠と仮性（経発性）子宮外妊娠がある．前者は受精卵が子宮以外に着床して発育するもので，着床部位により卵巣妊娠，卵管妊娠，腹腔妊娠などと呼ばれる．後者では受精卵は子宮に着床して発育するが，妊娠中期以降，胎子が頚管多開により腟に出てしまったり，子宮破裂により腹腔に出たりしながらもある程度妊娠が保たれる状態をいう．なお，子宮外妊娠では妊娠中に胎子は死亡する．

しきゅうかく　子宮角　uterine horn　子宮の中で左右の独立した管腔をもつ部分を子宮角，管腔が合体した部分を子宮体という．これは子宮の生じる過程を知るとよく理解できる．左右の中腎傍管（ミューラー管）の合体により子宮ができるが，家畜ではこの合体は不完全である．左右に分離したままで卵管に続く部分を子宮角という．合体の程度により子宮は重複子宮，双角子宮，両分子宮および単一子宮に分類される．子宮角の長さは単胎動物では比較的短く，多胎動物では一般に長い．
→付図14, 付図15, 付図17

しきゅうかんまく　子宮間膜　mesometrium　子宮広間膜の中で子宮に付着する部分をいう．子宮広間膜は壁側腹膜（腹腔内面と腹腔にある器官の表面を覆う膜）から2重の腹膜ヒダとなって伸びて子宮角を包み，卵管間膜と卵巣間膜に続いている．ヒダの間には体壁から子宮に伸びる血管や神経などを含む．なお，ウシではこの中を走る子宮動脈の太さや血流による震動は妊娠60日以降，非妊娠のものと明らかに異なるので，妊娠診断の参考になる．　→付図14, 付図15

しきゅうけい　子宮頚　uterine cervix　子宮体と腟をつなぐ円筒形の部分で厚い壁とらせん状に蛇行する内腔（子宮頚管）をもつ．

ウシの子宮頚は長さ8~10 cm，太さ3~4 cm，内壁に通常4環の輪状ヒダがある．子宮頚は発情期以外はきっちり閉ざされているが，発情時にはわずかにゆるみ，精子が子宮に入りやすいようになる．排卵後，頚管粘液の性状は変化し頚管をふさぐ．また頚管は緊縮して，受精卵の子宮内保持や妊娠の維持を可能にするとともに，外部からの細菌感染を防いでいる．
→付図14, 付図15, 付図17

しきゅうけいかん　子宮頚管 cervical canal　子宮頚の中を走る細い管で，内腔は緊縮し，輪状ないし螺旋状のヒダをもつ．ヒダは緊密にかみ合って，頚管を閉鎖している．子宮頚管粘膜は陰窩をつくり，広い分泌面をもつ．粘膜上皮は線毛細胞と分泌細胞からなり，分泌細胞は発情期に活発になる．ウシでは発情期の分泌液をスライドグラス上に塗布して乾燥すると，特有のシダ葉状の結晶が生成され，発情期判定の参考になる．ウシ，ウマでは子宮頚管炎が多発する．　→子宮頚, 付図14, 付図15, 付図17

しきゅうこうかんまく　子宮広間膜 broad ligament of uterus　子宮広間膜は壁側腹膜から腹膜ヒダとなって伸びて子宮角を包み，卵管間膜と卵巣間膜に続いている．子宮に付着する部分を特に子宮間膜という．広間膜は二重膜で，子宮に伸びる血管や神経などをともなう．　→子宮間膜

しきゅうしゅっけつ　子宮出血 uterine bleeding　子宮からの病的出血をいう．妊娠中に子宮出血があると切迫流産の疑いがある．難産時に子宮を損傷すると動脈から出血をおこすことがあり，失血により死亡することもある．通常の分娩時にみられる出血は臍帯からのものである．なお，生理的子宮出血（ウシの発情後出血，イヌの発情出血，霊長類の月経）は子宮出血とはいわない．

しきゅうしょうきゅう　子宮小丘 caruncle　反芻類の子宮角粘膜表面には，子宮の縦軸に沿って半球形の隆起が配列する．これを子宮小丘といい，子宮腺を欠き，これらの一つ一つに胎盤が形成される．ウシでは子宮小丘は縦に4列に並び，各列に10~14個ある．子宮小丘の内部は線維芽細胞に富む結合組織からなり，血管分布も豊富である．　→叢毛胎盤, 付図14

じきゅうしりょう　自給飼料 self sufficient feed　畜産農家が自前で生産・調製した飼料をいう．現在では牧草・飼料作物を中心とした粗飼料に限定される．畜産農家個人ではなく，地域的な物質循環に基礎をおいた飼料の地域的自給が課題となっている．家畜が必要とする量（TDNで示す）に対する自給飼料の割合を自給率という．必要な粗飼料に対する自給飼料の割合を粗飼料自給率という．

しきゅうせんじょう　子宮洗浄 uterine flushing, uterine irrigation, uterine douche　子宮内腔を洗浄すること．ウシ，ウマにおいて子宮疾患の治療や子宮内膜炎の診断のため行う．子宮洗浄カニューレを腟と子宮頚管を経由して子宮に入れて40~50℃に保温した滅菌生理食塩水で洗浄する．必要に応じて洗浄後，抗生物質，色素剤，ヨード剤などを子宮内に注入する．子宮洗浄は子宮を刺激し性周期の誘発を促す効果もある．子宮洗浄液を透視して混濁，膿様物などの有無を検査し，子宮内膜炎の診断を行う．

しきゅうたい　子宮体 uterine body　子宮の中で左右の管腔が合体した部分を子宮体，独立した管腔をもつ部分を子宮角という．左右の中腎傍管（ミューラー管）の合体により子宮ができるが，合体の程度により子宮は重複子宮，双角子宮，両分子宮および単一子宮に分類される．重複子宮（ウサギ，げっ歯類）では子宮体をつくらず，単一子宮（霊長類）では合体が最も進み子宮角は消失し子宮体のみとなる．家畜の子宮は双角子宮ないし両分子宮に分類される．　→子宮, 付図14, 付図15, 付図17

しきゅうたい　糸球体 glomerulus　腎臓内の小構造で，腎皮質に散在する．構造は輸入細動脈と輸出細動脈の間の毛細血管の糸

玉で，この部位で血液から原尿がこし出される．血管壁は内皮細胞，基底膜と裏打ちするタコ足細胞からなり，メサンギウム細胞も分布する．糸球体は糸球体包（ボウマン嚢）に包まれており，両者を含めて腎小体（マルピギー小体）と呼ぶ．

しきゅうたいきんせつそうち　糸球体近接装置 juxtaglomerular apparatus　腎臓の遠位尿細管直部が起始部の糸球体血管極に接する部分では，上皮細胞の丈が高くなり集合して緻密斑と呼ばれる構造を作る．また糸球体に入る輸入細動脈の中膜の平滑筋細胞には，顆粒をもちレニンを分泌する特殊化した糸球体近接装置細胞（メサンギウム細胞）が存在する．この糸球体近接装置細胞と緻密斑，さらに緻密斑と糸球体の間の糸球体外血管間膜細胞の3者を合わせて糸球体近接装置という．遠位尿細管の流量が増すと，起始部の糸球体でのろ過量を減少するように調節する尿細管糸球体フィードバック機構に関与すると考えられている．このフィードバック機構により腎臓は全身の血圧や腎血流量の変化にもかかわらず糸球体ろ過量を比較的一定に保つことができる．

しきゅうちくのうしょう　子宮蓄膿症 pyometra　子宮腔内に膿が貯留し，排出しない疾病．ウシとイヌに多い．子宮内に化膿性炎があって，その膿が子宮運動の不足，子宮頸管の狭窄あるいは閉鎖によって体外に排出されないためにおこる．ウシでは本症の多くに遺残黄体（永久黄体）が認められ，発情を示さないため妊娠と間違えられやすいが，プロスタグランジン$F_{2\alpha}$を投与して遺残黄体を退行させ，さらに子宮頸管を開口し排膿させることにより治療する．

しきゅうどうみゃく　子宮動脈 uterine artery　子宮に血液を供給する主要動脈で子宮角と子宮体の大部分に分布する．古くは中子宮動脈と呼ばれた．子宮には子宮動脈の他に卵巣動脈の子宮枝（旧名，前子宮動脈）と腟動脈の子宮枝（旧名，後子宮動脈）も分布し，これらは互いに吻合する．ウシでは妊娠約90日を過ぎると子宮動脈は太く発達し拍動もするので直腸検査で触知することができ，これにより妊娠や胎子生死鑑別の診断も行える．

しきゅうないまく　子宮内膜 endometrium　子宮粘膜ともいう．子宮の壁の最も内腔側を成すヒダに富む厚い組織で，その外側は子宮筋層，子宮外膜（漿膜）からなる．反芻類やブタでは2～3層の重層円柱上皮（ウマでは単層円柱上皮）と粘膜固有層からなる．多数のコイル状の分枝管状腺（子宮腺）が上皮から固有層に伸びる．子宮内膜は卵巣ホルモンに反応して性周期的変化を示し，着床の準備や胎盤形成などに係わる．また，黄体退行因子を分泌し，性周期の反復にも関与する．

しきゅうないまくえん　子宮内膜炎 endometritis　子宮内膜の炎症をいう．本症は細菌感染によっておこるが非伝染性のものが多い．しかし伝染性のものもあり，ウシではブルセラ，カンピロバクター，トリコモナス，ウマでは馬パラチフス，馬伝染性子宮炎が知られる．高温の湯を用いた子宮洗浄，粗暴な人工授精，交尾，難産，後産停滞などが原因でおこる．各家畜とも子宮疾患のうちで最も発生頻度が高く，不妊の主要原因の一つとなっている．子宮内膜炎になると精子の子宮内上走が妨げられたり，受精が成立しても胚の発育が阻害され，その早期死滅や流産を引きおこす．

しきゅうないまくはい　子宮内膜杯 endometrial cup　ウマの胎盤にみられる構造で，胎子の絨毛膜絨毛の隆起を受け入れる子宮内膜の直径数ミリから数センチの杯状を示す小窩を指す．小子宮小丘ともいう．妊娠40～130日には妊馬血清性性腺刺激ホルモン（PMSG）を産生する．本組織は妊娠60日以降退化を始め150日以降には認められなくなる．

しきゅうにゅう　子宮乳 uterine milk　胚の生存，発育のために子宮から供給される

栄養液.妊娠初期に子宮内膜にある子宮線が分泌する.子宮乳には子宮内膜表面上皮,脂肪細胞,血球,リンパ球なども含まれる.これを組織栄養素といい,母体血液に由来するものを血液栄養素という場合もある.

　しきゅうぶ　子宮部　uterus　→卵管子宮部,付図19

　しきりさく　仕切り柵　partition　畜舎内の各種の間仕切りに用いる隔柵.柵の強度や高さ材質などは,畜種による行動特性や日齢などを考慮してきめる必要がある.通路との境になる柵には家畜や管理者が出入りするための扉や飼槽などを取り付けることが多い.また,2枚の柵を伸縮できるように組み合わせて長さを調節できるスライド柵や,蝶番でつないで二つ折りにできる柵もある.

　シグナルペプチド　signal peptide　ある種の分泌蛋白質・細胞膜蛋白質などは前駆体ポリペプチドとして合成され,そのN末端側に膜を通過する際の信号となるアミノ酸配列を含む.このようなアミノ酸配列をシグナルペプチドまたはシグナル配列という.15~25個程度のアミノ酸から成り,N末端近くに塩基性アミノ酸をもつほかは,主に疎水性アミノ酸を含む.

　じけいれつひかくほう　時系列比較法　経営診断における経営成績に関する分析・評価方法の一つ.診断対象経営の過去の成績と比較しその推移を通じて水準を判定し,これまでの改善内容の適否を明らかにし今後の方向を検討する方法.診断対象経営の実態にそって分析・評価することが可能な点では優れているが,長期にわたる診断が必要なことと同一経営における過去との相対比較にとどまるところに弱点がある.　→標準比較法,経営間比較法

　しげきでんどうけい　刺激伝導系　impulse-conducting system　心臓には一般心筋のほかに,特殊な心筋線維束があり心臓の収縮を律動的に調節している.これを刺激伝導系といい,次の2系に区分される.(1)洞房系；前大静脈口と右心房との間にみられる特殊心筋細胞の小群で洞房結節と呼ばれる.洞房結節は,歩調取り(ペースメーカー)電位と呼ばれる自発的脱分極をおこし,これが心臓の自律的拍動をおこす源となる.この活動電位は心房の細胞を伝播して心房の収縮をおこしながら次の房室系へ伝わる.(2)房室系；心房中隔の卵円窩の腹位,後大静脈口に接する房室結節に始まり,心室中隔をヒス束として下行し,右脚と左脚に分かれて左右の心室に入り,心室尖で分枝してプルキンエ線維となって乳頭筋に達する.房室系は刺激伝播速度が早い特殊な心筋線維束であり,そのため心室はほぼ同期して収縮する.刺激伝導系を構成する特殊心筋線維は大形で多量のグリコーゲンを含む.

　しげんせいしょくさいぼう　始原生殖細胞　primordial germ cell　原始生殖細胞とも呼ぶ.精子,卵子のもとになる細胞.マウスの始原生殖細胞は妊娠8日胚にはじめて強いアルカリ性フォスファターゼ活性を持つ細胞として卵黄嚢に同定されるが,その後,妊娠10~11日胚で始原生殖細胞はそれ自身のアメーバ運動やまわりの組織の運動によって,生殖隆起に移動する.一部は血流にのって移動する.生殖隆起に移動した始原生殖細胞は雌雄のいずれにも分化しうるが,生殖腺を構成する体細胞の影響によって始原生殖細胞は卵原細胞や精原細胞に分化する.

　しこうさくごがくしゅう　試行錯誤学習　trial and error method　動物が欲求を満たすために,自発的に行動し,その行動を繰り返すうちに,動物にとって,悪い結果となる行動を捨て,よい結果となる行動だけをとるようになる.この学習方法を試行錯誤学習という.→オペラント条件づけ

　しこうせい　嗜好性　palatability　家畜の飼料などの好みの度合いである.飼料などの嗜好性は特異的なものであり,家畜の種類,個体によって異なる.イヌ,ネコのペットフードでは,その嗜好性が特に重視される.

嗜好性試験（palatability test）は，飼料などの嗜好性を判定する試験で，二種類の飼料を別個に与え，一定期間の採食量を比較する自由選択方式（カフェテリア方式）と，対象家畜に二種類（対照飼料と試験飼料）を別個に与えて，その一定期間の増体量，飼料要求率などを比較する方法がある．

じこくき　耳刻器　ear notcher, notching clipper　ブタの耳翼にU字あるいはV字状に切り込みを入れる器具．ブタを識別したり，血統の番号を明確にするために耳翼に切り込みを入れる耳刻に用いる．

しごこうちょく　死後硬直　rigor mortis　動物の死後，しばらくの間は骨格筋中のATP含量は，クレアチンリン酸ならびにグリコーゲンの嫌気的分解によって維持されるが，これらが消費されてしまうとATPは減少しはじめ，一定濃度以下になるとアクチンとミオシンが硬直結合を形成し，骨格筋は死後硬直をおこす．

じこしほん　自己資本　owned capital　経営に投下されるか経営の保有する資本のうち他から借入れた資本以外の資本をいう．具体的には，出資金・内部留保金・未処分利益などであり，貸借対照表上では負債資本合計から負債を除いたもの，したがって資本合計が自己資本となる．自己資本は狭義の資本としてとらえられる．

じこしほんりえきりつ　自己資本利益率　net profit to net worth ratio　自己資本の収益効率を示す指標．自己の投資額に見合う利益が得られているかどうかを判断する目安になる．自己資本利益率＝利益÷自己資本（期首と期末の平均）×100．分子の利益には，経常利益や当期純利益（税引前，税引後）が考えられるが，企業では株主への配当という意味で，一般に税引後当期純利益が用いられる．

しこつ・ていこつ　指（趾）骨・蹄骨　digital phalanges・pedal phalanges　指または蹄を構成する骨で，指骨と蹄骨ともに形は同じである．また，基本数は第一～五の5列であるが，動物の大部分は退化してこれよりも少ない．各列は通常3個の小骨が上下に並び，上から基節骨（繋骨），中節骨（冠骨），末節骨（蹄骨，鉤爪骨）と呼ぶ．ウマは第3列のみが異常に発達し，他の列は退化している．ウシは第三と第四列からなり，第一，第二および第五列を欠く．ブタは第一列を欠き，第三と第四列が主で，第二と第五列が副指・蹄として付随する．　→付図21

じこぶんかい　自己分解　autolysis　生物が死んだ後に細胞や組織に含まれている酵素によって，無菌状態で蛋白質が分解されて，水溶性窒素化合物を生ずる現象．食肉の熟成の過程でおこると，食肉の風味がよくなる．

じこめんえき　自己免疫　autoimmunization, autoimmunity　自己成分（自己抗原）に対して免疫系が機能すること．通常免疫系から遮蔽されている組織（精巣，水晶体など）がなんらかのきっかけで免疫系に接触したり，疲労，ストレスなどで免疫系の抑制作用が低下した際に生じる．ヒトでは自己免疫疾患としてリウマチ，膠（こう）原病などが知られる．

しごもりらん　死籠卵　hatch-failed egg, dead in pipped egg, dead-in-shell embryo　孵卵の後期，最終検卵時（ニワトリでは孵卵18日目）に胚の生存が確認されながら，その後雛の発生しない卵．卵内でさえずりがはじまっている場合もある．

じさくのう　自作農　農地の所有関係から見た農家分類の一つ．自己の所有する土地で農業生産を行う農家をいう．農地改革によって作り出された土地所有制の下で，日本の農家の大半は自作農となった．しかし，その後高度経済成長によって引きおこされた農業をめぐる状況の変化にともなって，借地依存による経営の拡大が進んできており，自作農は大きく変容してきている．

しさん　資産　assets　企業における資本の具体的な存在形態を意味し，流動資産，固定資産，繰延資産に区分される．これは生産過

程においては経営手段となるものである．資産は資本の運用形態を意味するものであり，企業に投下された資本が経営活動に当たって具体的にどのような財貨あるいは債権として活用されているかをあらわす．

しざん　死産　stillbirth　最短妊娠期間（娩出されても出産子に生活能力があるようになるまでの妊娠期間でウシで240~270日，ウマで300~320日，ヒツジで130~140日）に達してから胎子が死亡して分娩されることを指す．また，分娩直前あるいは分娩中に死亡したものを含み，仮死状態で娩出しても呼吸を開始した後に死亡したものは除く．この時期以前の娩出は流産と呼ばれる．

しじさいぼう　支持細胞　supporting cell, Sertoli cell　大型で明瞭な核をもつ細胞で，精細管の基底膜上に位置し，精細胞とともに精上皮を構成する．セルトリ細胞ともいう．隣り合う支持細胞が互いに突起を出して精細胞を包み込み，精子への分化を栄養的に支持するので，この名がある．隣接する支持細胞間には密着結合があり，これが精上皮を基底区画と傍腔区画とに区分する．エストロジェン，インヒビンの分泌，アンドロジェン結合蛋白質の生産のほか，精子細胞由来の残余小体を分解して細胞質成分を再利用したり，精子形成の途中で退行した精細胞を分解除去するなどの役割を果たす．　→セルトリ細胞

ししつ　脂質　lipid　生物体に常在する成分の一つで，水に難溶，有機溶剤に可溶の化合物群の総称．ただし，色素，脂溶性ビタミンなどは別扱いとする．化学構造上，A. 単純脂質，B. 複合脂質，C. 誘導脂質に分類される．Aは油脂（脂肪）と蝋に分かれ，Bは糖脂質，燐脂質などに分かれるが，いずれも脂肪酸を構成要素とする．CはA，Bの分解物で脂肪酸，環状アルコール（ステロール類）などである．生物体内の機能から，貯蔵脂質，構造脂質に区別することもある．脂質は5大栄養素の一つに数えられるが，厳密にはAの油脂（グリセリンと脂肪酸との化合物）が該当し，飼料成分として，エネルギー価が高く，必須脂肪酸の給源となり，脂溶性ビタミンの吸収を助けるなどの栄養上の働きが重視される．

しじぶっしつほう　指示物質法　index method, indicator method　消化試験を実施するに際してそれ自体がまったく消化されず，しかも消化管内の動きが飼料と随伴するような物質を一定比率で混合して行う方法をいう．指示物質としては酸化クロム，リグニン，酸不溶性灰分クロモーゲンやビニールの細片などが利用される．飼料中と糞中の成分含量と指示物質との比率から成分消化率が計算される．

しじょう　試情　teasing　雌畜の発情検査法の一つ．あて雄（試情雄）を雌に近づけて，雌の反応から発情の有無や発情の強さを知ることができる．発情期間の長いウマでは，交配適期を正確に判定する方法として古くから用いられている．　→あて雄

しじょうおす　試情雄　teaser　→あて雄

しじょうがいりゅうつう　市場外流通　卸売市場法に基づいて開設されている中央・地方卸売市場を経由しない流通をいう．豚肉・牛肉などの場合に卸売業者や加工メーカーなどが食肉卸売市場での「せり取引」によるのではなく，生産者から直接肉畜を購買し，と畜・解体処理施設で処理して販売する形態などを指す．生産者あるいは生産者組織と消費者あるいは消費者組織が直接取引する場合もこれに当たる．

ししょうかぶ　視床下部　hypothalamus　間脳の下部で前方は視交叉前縁，後方は乳頭体後縁，背側は視床下溝あるいは前交連，腹側は下垂体に接する部分．視床下部には，神経ホルモンを分泌する多くの神経細胞があり，生命現象にとって重要な自律神経系の最高中枢である．特に，下垂体前葉ホルモンの放出ホルモンや抑制ホルモンを産生し，下垂体門脈を介して下垂体前葉ホルモンの分泌を調節する．下垂体後葉には，視床下部から神経細胞が直接軸索を伸ばして後葉ホルモンを分泌す

る．体温調節，自律性機能調整，代謝調節，食行動，水分調節などホメオスタシスに関連するほとんどすべての体制活動をコントロールしている．

じじょうさよう　自浄作用　self purification　汚濁された水も時間がたつと，あるいは一定距離を流れると次第に清浄な水になってくる．この働きを自浄作用という．これは物理的，化学的および生物学的作用などの総合作用であるが，なかでも生物学的作用は水中の有機物を無機物に変化させるために最も重要で，自浄作用の基本的部分である．

しじょうせんゆうりつ　市場占有率　market share　同一商品の流通量に占める特定企業の生産販売量の割合．市場競争における強弱を示す指標であり，この割合の高低がそのまま独占または寡占度を示すことにはならない．自由競争の下でも市場占有率の高低はあり得るのであり，カルテルの形成その他企業の間の競争を排除することによって市場占有率を高めた場合に独占あるいは寡占ということになる．

しすうせんばつほう　指数選抜法　index selection　複数形質を同時に改良する時に，各形質の表型価に相対的な重み付けの値を定め，個体ごとに重み付け係数と評価値の積和を求めて指数値とし，その値をもとに選抜を行う方法．

シスさようはいれつ　シス（分子内）作用配列　cis-acting sequence　二本鎖DNAの同じ鎖（分子）上に存在し，ある距離をおいて存在する別の配列に影響を及ぼすような配列．エンハンサー，サイレンサー，プロモーターなどがこれに相当する．

しせい　肢勢　form of the leg attitude　ウシやウマの立っている肢の状態．正肢勢（標準肢勢）と異常蹄形や不正運歩など，なんらかの故障による不正肢勢に分類される．またまったく自由な肢勢を正肢勢とし，強制されたものを集合肢勢，開張肢勢などに分ける場合もある．

しせいせいしょく　雌性生殖　gynogenesis　雄性核が，受精後なんらかの理由で排除され，あるいは受精前に失活して発生に参加せず，雌性核のみで発生する現象のこと．雌性発生ともいう．前核期の受精卵子から顕微操作により雄性前核を除去したり，受精前の精子に紫外線を照射することによって生じるが，哺乳動物では個体まで発生した例はまだ報告されていない．　→雄性生殖

しせん　脂腺　sebaceous gland　皮脂を分泌する代表的な皮膚腺の一つで，毛包を囲み数個集まって，毛包頸に開口するので，毛脂腺とも呼ばれる．しかし，瞼板，乳房の乳頭，陰門，陰唇，包皮，肛門などでは毛包に関係なく，皮膚面に開口する．終末部は単または分枝胞状腺で，全分泌型の腺細胞を有する．脂腺も汗腺同様にウマでよく発達し，体表全体に分布する．

しぜんかしゅ　自然下種　natural reseeding　草類の種子は登熟するとイネ科草では，穎（えい）とともに，マメ科草では莢（さや）がはじけて落下する．種子の一部が出芽して裸地化した所に定着する．これを可能にするために，開花前に放牧を中止し，自然下種で生育した幼植物を定着させ，草生の回復を図る．低コストでよい方法であるが，熟練を要する．

しぜんかんそう　自然乾草　sun-cured hay　乾草調製の際，火力や送風などの装置を使わず，おもに日射光と風による水分蒸散によって圃場内で乾燥させて作った乾草．天日乾草と同義語．

しぜんとうた　自然淘汰　natural selection　生物は，種存続のために多数の子孫を残すが，生存競争の過程で，生存に有利な変異をもつ個体だけが生き残り，世代を経過すると生存に適した変異が蓄積した個体群が形成される．生存に不利な変異をもつ個体が自然に除去され，祖先とは相違する生存に有利な個体群に変化する要因が自然淘汰で，ダーウィンの進化論の考え方である．　→人為陶汰

しぜんぶんべん　自然分娩　spontaneous

delivery　雌が妊娠期間を経て経腟的に胎子を娩出すること．分娩は初めに胎子下垂体から副腎皮質刺激ホルモンが分泌され，次いで胎子副腎から糖質コルチコイド（GC）が分泌されることにより始まる．GCが胎盤からのプロジェステロン分泌を抑制し，エストロジェン分泌を増加させ，同時にプロスタグランジン $F_{2\alpha}$ の分泌を促進する．下垂体後葉から，オキシトシン分泌が亢進し，黄体からはリラキシン分泌が促進され，胎子の娩出を容易にする．

しぜんほにゅう　自然哺乳　spontaneous lactation　哺乳類の雌が胎子を分娩し，新生子が自立可能な状態に発育するまでの間母乳で哺乳すること．乳子を保育している母親には，さまざまな生理的変化が生ずる．母親の泌乳が維持されるためには，乳子による吸乳刺激が必要である．乳子により，乳頭に与えられる吸乳刺激が神経的あるいは内分泌的変化をおこし，母親の下垂体からプロラクチン，オキシトシン，糖質コルチコイドなどの泌乳関連ホルモンの分泌を促進する．

しぜんもうちょう　自然毛長　staple length, natural length　ヒツジの毛束の長さを測定したもの．通常は羊体の肩部，脇腹中央部，大腿＜たい＞部の3部位の毛束長を測定して決定する．日本コリデールの自然毛長は生後1年で雄7.4~16.0 cm，雌7.4~14.2 cmと報告されている．羊毛の毛束長は強く遺伝される形質の一つとみなされている．

しぜんりゅうかしきふんにょうこう　自然流下式糞尿溝　gravity flow channel　糞尿溝の幅を80 cm弱，深さを約80 cmとして，その上に鉄製すのこを載せ，落下した糞と尿が混合して，自然に下流の貯留槽まで流れる方式の糞尿溝．この場合，牛床の長さは短かめ（130~140 cm程度）にする．

しそう　飼槽　feed bunk, manger, trough　飼料が置かれ，それを家畜が採食する場所または容器．乳牛舎内の飼槽では，コンクリート表面の劣化防止のため，樹脂などでコーティングすることが多い．飼槽の形状としては，くぼみ型飼槽，立ち上がり型飼槽，平面型飼槽などがあるが，最近では，飼料の掃き込みやすさ，残食の処理のしやすさ，通路幅の有効利用などの理由で，平面型飼槽が普及してきている．

しそうゆうせんほう　飼槽優先法　competitive feeding trial, food competition test　群内の個体同士の優劣を査定する一方法．一頭のみが摂食できる飼槽で2頭ごとに群内のすべての組み合わせで争わせ，飼槽を占有した個体を優位とする方法．飼料を群の中に置き，争奪させて群内の順位を調査する方法もある．飼料争奪法ともいう．摂食動機に強く影響されるため，攻撃性に基づく順位とは必ずしも一致しない場合がある．

じぞくせい　持続性　persistency　多年生牧草を巧みに利用すれば，草地の維持年限が長くなる．多くの牧草は生殖生長期にあっても，出穂茎の割合が少なく，株全体として栄養成長を維持する．適度の刈り取りや放牧利用で草の持続性を伸ばすことができる．

じぞくせいはつじょう　持続性発情　persistent estrus, continued estrus, prolonged estrus　正常発情周期に比べて発情期が異常に長く持続する現象．卵巣での卵胞発育が異常をきたし，排卵せずにエストロジェンが持続的に分泌されるためと考えられている．発情持続期間がウマでは10~20日（正常では平均8日），ウシでは3~5日（正常では平均21時間）以上持続することがある．この間雄を許容するため授精適期の判断が難しい．治療としては，黄体形成ホルモン（LH）様作用の強いホルモンかLH放出ホルモン類縁物質を投与して，排卵させるか黄体化する方法が使用される．

した　舌　tongue　口腔底にある構造で，食物通路の床となるほか，採食にも働く器官である．基部から舌根，舌背，舌尖となり，舌尖は遊離して自由に動くため，摂食飲水などが可能となる．舌根部は食物の嚥下時に隆起

して，喉頭蓋とともに気管を塞ぎ，食道へ食塊を送るのに働く．舌には舌乳頭が分布し，味蕾により味覚を感ずる．

じだ　耳朶　ear lobe　→付図6

したあそび　舌遊び　tongue rolling, tongue playing　失宜行動の一つで，人工哺乳経験牛や細切飼料給与牛，係留牛などによくみられる行動．あたかも空中にある草を摂食するように，舌を長く伸ばしたり，左右に動かしたり，舌先を丸めたりする動作を持続的に行う．

したて　仕立て　curing　剥皮された生皮は微生物の増殖に適した条件下にあり，腐敗しやすいので，これを製革原料として利用する場合には，微生物の増殖を防ぎ，正常な状態で長く保存できるようにする処理が施される．この処理を仕立てと呼んでいる．通常，塩生皮，乾皮，塩乾皮などに仕立てられる．

しつえんせきほう　湿塩せき法　pickle curing, brine curing　→塩せき

しつがいこつ　膝蓋骨　patella　膝関節の前位にある骨で，膝関節の伸筋である大腿四頭筋の終腱中におこった膜性骨．運動時には大腿骨の滑車溝を上下に移動する．→付図21，付図22

しつぎこうどう　失宜行動　disturbed behavior　適応行動や調整行動とは異なり，動物は時にはその機能性を疑わせる行動も観察される．このような，動物が心理的に撹乱した場合にとる行動を失宜行動と呼ぶ．失宜行動は葛藤行動と異常行動に分けられる．

じつげんいでんそうかん　実現遺伝相関　realized genetic correlation　2形質間に遺伝相関がある時，一方の形質を選抜すると他方の形質にも相関反応が生じる．相関反応の予測式は遺伝相関，相関反応，選抜反応，遺伝率，表型分散の関係式であるので，選抜実験の結果から，それぞれの値を代入して遺伝相関を逆推定することができる．この値をいう．厳密には，二つの形質についてそれぞれ独立に選抜実験を行い，相関反応に対する選抜反応の比の幾何平均から推定する．

じつげんいでんりつ　実現遺伝率　realized heritability　選抜反応の期待値は選抜差と遺伝率の積で予測できる．したがって，選抜実験により選抜差と選抜反応が得られているならば，遺伝率は選抜反応に対する選抜差の比から推定できる．

じっけんどうぶつ　実験動物　laboratory animals, experimental animals　生命科学，医学，薬学領域の研究には，重要な実験材料として，いろいろな特性をもつ動物が生産，供給されて多数利用されている．これらは研究用家畜（実験動物）といわれ，その改良，生産，供給は，畜産業の体系，手法で行われている．遺伝的特性が均一化された近交系のマウス，ラット，ハムスター，モルモット，ウサギ，イヌ，ウズラなどが，無菌化されて利用されている．研究には，この他に家畜や野生動物（カエル，ミミズなど）も馴化され，飼育されて利用されており，それらも加えた総称をいう．

じっこうおんど　実効温度　effective temperature　体に感じる寒暖の程度を数量的に示した体感温度の一種．乾球温度，湿球温度および風速によって描いた，実効湿度図表によって求める．有効温度，感覚温度ともいう．しかし，家畜には適用できない．

しつじゅんつよさ　湿潤強さ　wet strength　湿度100%，すなわち，水に浸漬した状態において測定した毛の引張り強さ．毛の強さは測定時の温度や湿度の影響を受けやすいので，一定の基準に設定する必要がある．

しつてきけいしつ　質的形質　qualitative character　家畜の毛色は，品種や畜種によっていろいろな変異を示すが，その変異は，非連続的で，単純なメンデル遺伝をする．このような遺伝形質をいい，量的形質と区別される．→量的形質

しつむけいしつ　悉無形質　all or none trait　疾病に対して，生存と死亡のように二つの表現型としてとらえられる形質のこと．閾値形質の一つで，表現型が二つだけの場合に用いる．　→閾値形質

していしじょう　指定市場　卸売市場法によって開設されている地方卸売市場のうち畜産物の価格安定などに関する法律によって，価格安定対策の対象となる食肉の価格動向を調査する対象市場として定められている市場．

していしょくにく　指定食肉　畜産物の価格安定などに関する法律によって価格安定の対象として規定されている食肉．現行法では豚肉と牛肉がこれに当たる．

していにゅうせいひん　指定乳製品　畜安法に規定されており，加工原料乳向けの生乳に対して生産者に補給金が支払われる（不足払い制度）が，その中で加工製品として指定されている乳製品．指定乳製品とはバター，脱脂粉乳，練乳，その他政令で定める乳製品で農林水産省令で定める規格に合ったものをいう．

してきかんきょうおんど　至適環境温度　optimum temperature　熱的中性圏の中でも，家畜が物理的・化学的調節をせずに体温を一定に維持することができる環境温度の範囲．快適環境温度ともいう．

じどうきゅうじそうち　自動給餌装置　automatic feeder　飼料の運搬・給餌などを人手を使用せずに機械・器具を用いて自動的に給与する装置．各家畜に一律に給与するものと，個体別に必要量を差別給与するものがある．

じどうきゅうすいそうち　自動給水装置　automatic waterer　家畜が水を飲みたいときにいつでも給水が可能な給水装置．代表的なものとしてウオーターカップとフロート弁付き給水槽がある．

じどり　地鶏　Japanese old style native fowl　わが国で古くから飼われたニワトリ．地鶏は，弥生時代に渡来したものが祖先といわれている．岐阜地鶏，三重地鶏，土佐地鶏，芝地鶏，トカラ地鶏，徳地地鶏がある．前3者が標準鶏として一般に認められ，1941年に天然記念物に指定された．いずれも赤笹，単冠で耳朶は赤く，脛色は黄．土佐地鶏は小型（雄700 g，雌600 g）で，岐阜地鶏は中型（雄1,300 g，雌900 g）である．

しなガチョウ　支那ガチョウ　China goose　サカツラガンを家禽化したもので，褐色と白色の2種があり，白色種には中国原産のものとイギリスで褐色種から突然変異によってできた種とがある．白鳥のような長い首と頭部前端の角質の瘤状隆起が特徴で，成体重は雄約5 kg，雌約4 kgと小型．卵は年40~85個産み，肉は脂肪が少なく，野生種の風味がある．他種との交雑用のほか，除草，羽毛生産，愛玩，番犬のかわりなどの用途に用いられる．

シナモン　cinnamon　香辛料の一種で肉桂樹の表皮を乾燥したもの．産地によって植物種も異なりそれぞれの特徴がある．スリランカ産の *Cinnamomum zeilaricum* Nees を単にシナモン，中国産の *Cinnamomum cassia* Blune はカッシャ桂皮，本邦産の *Cinnamomum loureirii* Nees は肉桂と呼んでいる．

しにゅう　市乳　market milk, city milk　飲用に供する目的で販売される牛乳類で，わが国の法令では牛乳と加工乳がこれに該当する．

しばがたそうち　シバ型草地　turf grassland　シバを主とした放牧用の草地．庭園の造成にも用いる．

シバヤギ　Shiba goat　五島列島や長崎県西海岸一帯で，古くから小型の肉用山羊が飼われていたが，それをシバヤギと呼ぶ．当地域では，近年ザーネンによる雑種化が著しく，純粋種は絶滅したといわれる．体高50 cm前後のコビトヤギで，有角，副乳頭をもつものが多く，毛色は白色がほとんどで周年繁殖し，1腹産子数は平均1.8頭である．現在，東京大学の付属牧場，農水省畜産試験場などで維持飼育されている．

じひょう　耳標　ear tag　群飼しているウシやブタの個体を識別するために耳に付ける標識．ウシではプラスチックまたはゴムなどの札に牛番号などを刻印あるいは専用ペ

ンで記入して個体識別をしたり，札の色を変えて群分けする．ブタでは種豚の登録済みであることを表示するためにはアルミニウム製丸型の登記登録耳標を取り付ける．

しひょうしょくぶつ　指標植物 plant indicator　環境の差によって生えてくる植物の種類に違いが見られる．それぞれの環境を好んで育っている．これを指標植物という．環境を次のように分ける．土壌（肥沃度，水分，土質，pH），水（河川，湖沼），大気（風向，湿度），気候・季節（水平分布，垂直分布，積雪）．地力の低いところで優占するハルガヤ，過放牧で殖えるミツバツチグリなどが知られている．

しひょうぶっしつほう　指標物質法
→指示物質法

しひりょうぼく　飼肥料木 fodder and nitrogen-fixing tree　樹の葉が飼料になり，枯れた葉や根の根粒が窒素を固定し地力をあげる種類の樹をいう．ニセアカシア，ネムノキ，ハギ，ヤマハンノキ，ヤシャブシ，ギンネムなどがある．

ジフェニルアミンテスト diphenylamine test　堆肥の腐熟度を判定する方法の一つ．堆肥化の進行とともに材料中のアンモニア態窒素が硝化作用により硝酸態窒素に変化する．堆肥試料に10倍量の蒸留水を加えて振盪・抽出した液にジフェニルアミン溶液を加え，濃青色を呈する場合には腐熟が進んだものと考えられる．この方法は牛糞堆肥には適用できるが，鶏糞・豚糞堆肥には使用できない．　→腐熟度

しぶなめし　渋なめし vegetable tanning
→植物タンニンなめし

しぶはき　渋吐き tempering　植物タンニンなめしの終わった革を水に漬けて表面に付着したタンニンを洗い落とす作業．

しぶんたい　四分体 quarter　牛半丸枝肉を，さらに脊椎骨と直角の方向に肋骨間で切って，前部と後部に分けた肉の部分．イギリス式では第十～第十一肋骨間，アメリカ式では第十二～第十三肋骨間で切断して，前部をフォアクオーター（前四分体），後部をハインドクオーター（後四分体）と呼んでいる．牛半丸枝肉を日本式に2分割する場合は，第五～第八肋骨の間のいずれかの部位で切断し，その部位は地方によって異なっている．
→付図23

しぼうきゅう　脂肪球 fat globule　乳汁中の脂肪は脂肪球膜でおおわれた球形の形で分散している．これを脂肪球といい，牛乳の場合は直径 $1{\sim}8\,\mu m$ であり，1 ml中に約 15×10^9 個ある．脂肪球膜は乳腺細胞膜に由来している．

しぼうきゅうまく　脂肪球膜 fat globule membrane　乳汁の脂肪は乳腺上皮細胞内で合成された油滴が細胞内で集合して，細胞外に排出される際に，乳腺上皮細胞膜に包まれて分泌される．乳汁中では脂肪球はこの細胞膜に包まれた形で存在するので大きな塊を作らないが，撹拌などによって脂肪球膜がこわれると集まって塊となる．バターやホイップドクリームはこの原理による．

しぼうのこうざつ　脂肪の交雑 marbling
→しもふり

しぼうほせいにゅう　脂肪補正乳 fat corrected milk, FCM　脂肪率が異なると牛乳のエネルギー価が異なるので，脂肪率4%の牛乳（1 kg当たり750 kcalを含むものとする）をエネルギー含量の基準として，そのどれだけに相当するかを計算で求めた乳量．Gainsによる次の計算式が用いられる．FCM, kg = 0.4 M+15 F, M：乳量 kg, F：脂肪量 kg.

しぼしょう　思牡症 nymphomania
→思雄症

しぼつけ　しぼ付け boarding　革の柔らかな触感と美しい銀面模様を強調するために人工的に細かいしわ〔しぼ〕をつける作業．甲革では通常塗装中にボーデングマシンを使用するか，あるいは手作業によってしぼを付ける．手もみの場合はそのもみ方に波模様にもむ方法や四方あるいは八方方向からもむ方法がある．

しぼりすぎ　搾り過ぎ　over milking
1) 機械搾乳において，乳頭口から乳が出なくなってから後もティートカップをはずさずにミルカーを作動させておくこと．から搾りともいう．
2) 乳牛の能力以上または給与養分以上に多く乳を搾ること．これは非常にあいまいな表現であるが，結果として繁殖障害，代謝障害および乳房炎などで苦しむことが多い．

しほん　資本　capital　より多くの貨幣を得ることを目的として使用される貨幣をいう．目的を達成するには貨幣を家畜，畜舎や土地に変えることが必要．したがって，具体的な物的形態をとる経営資産の裏付けとなるのが資本ということになる．会計上は資産＝負債＋資本であり，資産－負債＝資本となる．この場合の資本は自己資本であり，狭義の資本を意味する．負債は他人資本であって，自己資本＋他人資本＝総資本が広義の資本となる．

しほんかいしゅうほう　資本回収法　capital recovery method　投資効率を判定する一つの方法．建物・設備・機械などへの投資額が毎年の利益によって回収される期間（年数）を計測し，その長短によって投資効率を判定する．資本回収期間＝（投資額－残存価格）÷年平均利益．このほか，年金現価係数や資本回収係数を用いて投資限界額や毎年の利益見積を算定する方法がある．

しほんかいてんりつ　資本回転率　turnover rate of capital　年間の総売上高をその期間の平均資本額で除したもの．この値は次の式で示される．資本回転率＝年間総売上高÷資本平均有高（期首と期末の平均）．資本額が総資本の場合は，総資本回転率になり，経営資本の場合には経営資本回転率になる．この値は資本の利用度，すなわち，売上により資本が1年間に何回転したのかという回転の速さをあらわす．

しほんこうせいひりつ　資本構成比率　constitution ratio of total capital　資本総額に占める各資本の調達源泉の割合や，各種資本相互間の比率を示す指標．特に総資本の中に占める自己資本の割合をみる自己資本構成比率や，総資本の中の短期間に返済しなければならない流動負債の割合をみる流動負債構成比率など，経営の安定性を分析するうえで重要である．

しほんせいさんせい　資本生産性　capital productivity　労働生産性，土地生産性と並ぶ生産性概念の一つ．投下した資本の生産効率を示す．純生産額を資本投下額で除して算出．純生産額＝粗収益－（流動物材費＋固定物材費）であり，したがって，純生産額＝労賃＋利子＋地代＋企業利潤となる．

しほんそうびりつ　資本装備率　capital labor ratio　厳密には労働の資本装備率といい，生産がどの程度労働手段（道具・機械その他）を使って行われているかを示す指標．通常，有形固定資産額を従業員数あるいは投下労働時間で除して算出する．

しほんちくせき　資本蓄積　accumulation of capital　資本制経営においては資本を投下して得た利潤の一部を追加資本として再投下し，経営規模の拡大を図る．こうした利潤の資本への転化の過程が資本蓄積である．その結果生産が拡大する．利潤追求が資本の本性である限り，この動きは止まらない．したがって，資本制経営の下では必然的に再生産の規模が拡大する．　→拡大再生産

しほんてきししゅつ　資本的支出　capital expenditure　ある支出が資産となる支出のこと．原材料費や減価償却費などは，一経営年度の費用なので収益的支出となるが，固定資産である建物，機械などの購入は，それが資産となるので資本的支出である．固定資産の価値を増加させるか，または耐用年数を延長させるような修繕費や将来固定資産になる育成畜の育成費用は資本的支出である．

しほんりえきりつほう　資本利益率法　投資効率を判定する一つの方法．投資利益率法ともいわれる．将来予測年平均利益額を投

資額で除して得られる予想資本利益率で判定する．目安としては年平均利子率を上回ることが必要．なお，投資額は原初資本支出額をとる場合と平均投資額をとる場合がある．

しほんりし　資本利子　capital interest
資本という元本の使用に対する対価．借入資本の対価は支払利子（支払利息ともいう），自己資本の対価は自己資本利子といい，それらを総称して資本利子という．なお，借入資本は他人資本と同じであり，会計上は負債と表現される．

しまり　締まり　firmness　食肉の締まりは，食肉中の水分含量，脂肪の量と質に関連があり，水分の多い食肉は脂肪が少ないことから弾力に欠け，食肉の締まりが悪いのが通例である．枝肉にあっても，脂肪が固化することによって硬く引き締まった状態になるので，脂肪交雑が十分で，脂肪の融点が高いものほど食肉の締まりはよい．締まりのよい食肉は調理用，加工原料用としても優れている．

しもふり　霜降り　marbling　骨格筋組織内すなわち食肉中に，脂肪が交雑している（さしが入っている）状態をいう．食肉，特に牛肉の肉質を判断する重要な要素で，通常ロース芯の切断面の状態をみて判断する．霜降り度で示すこともある．

ジャージー　Jersey　海峡諸島英領ジャージー島原産の乳用牛．フランス在来牛ノルマンとブルトンを基礎に作出され，ブルトンの血液が強い．小型で，体重・体高は，それぞれ雌380 kg，122 cm，雄750 kg，135 cm程度．毛色は淡黄～濃褐色で下腹部や四肢の内側は淡色．乳量は3,000~4,000 kg，乳脂率4.5~6.5%．わが国でも飼育されている．

シャーベット　sherbet　水，砂糖，果汁，香料などを混合し，アイスクリームのように凍結させた氷菓．乳成分は少ないか，またはまったく含まれない．

シャイヤー　Shire　イングランド東海岸原産の重輓馬．毛色は黒鹿毛が多く，流星四白，距毛が特徴．馬品種中最大で体高165~180 cmで扱いやすく，サーカス，牽引競技に使われる．

しゃかいくうかんこうどう　社会空間行動　spacing (or spacial) behavior, spacial pattern
個体同士が一定の距離をもって離れあう，もしくは近づきあう，または群全体の広がり方に一定のパターンがある，あるいは個体が群内の各個体の分布位置もしくは群飼場所に対して特定の位置を占める，といった空間分布に関する一連の行動をいう．単に空間行動と呼ぶこともある．

しゃかいこうどう　社会行動　social behavior　二個体以上が互いに影響しあって成立する行動．雄と雌との相互関係のなかであらわれる生殖行動や，群の中での個体の順位制にかかわる行動などが代表例である．

しゃかいてききょり　社会的距離　social distance　個体が集団行動をとりうる最大限の距離．個体空間の境界と社会的距離との間を生活空間（living space）と呼ぶ．

しゃかいてきじゅんい　社会の順位　social rank (ing), social order, dominance order　→順位

しゃかいてきそくしん　社会的促進　social facilitation　一般に，ブタやニワトリは単飼よりも群飼のほうが個体当たりの摂食行動が活発になり，摂食量が増える．このように，仲間の存在により行動の頻度が増加することをいう．これは，行動の模倣だけでなく，競争意識が働くものと考えられる．

しゃくこつ　尺骨　ulna　橈骨とともに前腕骨格を構成する骨．ウマ・反芻類では近位端で肘頭隆起が大きく発達しているが，遠位端は退化傾向を示し，ウマで著しい．反芻類では遠位端までみられるが，橈骨と結合している．ブタは橈骨より大きくて長い．
→付図21，付図22

しゃくそくしゅこんこつ　尺側手根骨　ulnar carpal bone　手根骨を構成する骨の一つ．→付図22

しゃけつ　瀉血　bloodletting　治療また

は血清採取のために，血管に小切開を加え，大量の血液を体外に排除すること．蹄葉炎，熱射病などで血液中の有害物質や全身うっ血を除去する場合などに応用される．

しゃせい　射精　ejaculation　雄が精液を射出すること．性的興奮が脊髄の射精中枢に伝達され，副生殖腺やその周辺の筋肉の収縮によって精子と副生殖腺からの分泌液が排出される．射精時間は，ウシ，ヒツジ，ヤギなどでは短く瞬間的であるが，ウマでは10秒前後，ブタでは10分前後と長い．

シャトルベクター　shuttle vector　二つの異なる宿主細胞において複製可能なクローニングベクターの総称．shuttleは一定の目的地間を定期的に往復するバスなどの運搬手段の意味である．通常，一方の宿主細胞は大腸菌で，もう一方はそのほかの宿主細胞である．

しゃふつしけん　煮沸試験　boiling test　牛乳の加熱抵抗性試験の総称で，通常は試験乳を5分間煮沸して凝固の有無により判定する．初乳，高酸度乳，種々の異常乳は陽性を呈することが多い．特に耐熱性を要する無糖練乳については120℃，5分間の条件で試験される．

シャモ　軍鶏　Shamo, Japanese Game　徳川時代初期にタイから渡来したとされる日本鶏で，当時は闘鶏用が主体であったが，その後肉が美味なため，肉用種としても珍重された．形態の変異が大きく，大シャモ，中シャモ，小シャモなどに分けられ，特殊な形態として大和軍鶏，八木戸，金八などがある．また，蓑曳，薩摩鶏，声良，比内鶏などの成立に関与．1941年に軍鶏として天然記念物に指定．

シャロレー　Charolais　フランス中部原産の肉用牛．大型で，体重・体高は，それぞれ雌700 kg，138 cm，雄1,200 kg，150 cm程度，体躯が豊かであるが斜尻．脂肪の少ない枝肉で歩留まり約60％．産肉能力，増体速度に優れているが，出生時体重が大きく難産になりやすい．わが国でも飼育されている．

シャロン・ファージベクター　charon-phage vector　ラムダファージベクターの総称．Charonはギリシャ神話に出てくる三途の川の渡し守の意である．Charon 1からCharon 35まであるが，よく用いられているのはCharon 4A，Charon 10，Charon 16などであり，一般に挿入しうるDNAサイズは大きく，20kb以上のDNA断片のクローン化も可能である．したがって遺伝子ライブラリーを作成する際にもしばしば用いられる．

しゅあつほう　手圧法　hand-pressure method　ブタで最もよく使われている精液採取法で，手掌圧迫法ともいう．雄が擬雌台に乗駕し，陰茎を出し入れしはじめた頃をみはからって，その先端のら旋部を薄い手袋をつけた手掌でつかみ，圧迫すると射精する．片方の手に持った精液ビンで精液を受けるが，ブタ精液にはかなり多量の膠様物が含まれるので，精液ビンの口を二重ガーゼでおおい，ろ過しながら採集するのが普通である．　→精液採取法

しゆういたい　雌雄異体　gonochorite dioecism　各個体が雌雄のいずれかの性をもち，有性生殖を行える状態にあること．哺乳類や鳥類は雌雄異体であり，雄は精巣で精子を，雌は卵巣で卵子をそれぞれ生産する．

しゅうえきてきししゅつ　収益的支出　revenue expenditure　資本的支出の対語．支出は資本的支出と収益的支出のいずれかに分かれるが収益と対応されるべき費用としての支出．資本的支出が貸借対照表上の資産増加をもたらすのに対し，損益計算書の収益増をもたらす費用として集計される．

しゅうかんせいりゅうざん　習慣性流産　habitual abortion　妊娠のたびに，ほぼ一定の時期に反復しておこる流産のこと．すべての動物種で発生するが，なかでも馬で多くみられる．

しゆうかんべつ　雌雄鑑別　sexing, sex sorting　生後すぐには雌雄の区別のつきにくい動物の性を判別すること．ニワトリの初生雛の雌雄は，チックテスターで直腸壁を通

して卵巣，精巣の存在を観察するか，排泄口を拡張し，排泄腔の生殖突起（退化交尾器官，white body）の有無で鑑別する．これを初生雛雌雄鑑別という．そのほか，伴性遺伝子である羽毛の色や早（晩）羽性の利用，あるいは細胞遺伝学的分析（フェザーパルプ，血球の培養）を用いても行われている．

しゅうき　臭気 odor, smell　においに関連する用語で，「におい」が悪臭や香気などすべてを含む総称であるのに対し，「臭気」は好まれないにおいをあらわす総称に用いることが多い．

しゅうききょうど　臭気強度 odor intensity　臭気の強度を定量的にあらわす尺度．わが国では，6段階臭気強度がよく使われる．6段階とは，0（無臭），1（やっと感知できるにおい，検知閾値），2（何のにおいかがわかる弱いにおい，認知閾値），3（らくに感知できるにおい），4（強いにおい），5（強烈なにおい）である．

しゅうきしすう　臭気指数 odor index　臭気濃度の対数値を10倍した値．人間の嗅覚は臭気に対して対数的に官能するので（ウェーバー・フェヒナーの法則を参照），臭気指数は臭気の実態を反映する数値となる．例えば，生豚糞の臭気指数は40くらいあり，規制の臭気強度2.5に対応する臭気指数は12である．

しゅうきのうど　臭気濃度 odor concentration　ヒトの嗅覚官能試験によって臭気の濃度を定量的に示す尺度．一般的には三点比較式臭袋法によって，臭気を無臭と感じるまでに無臭空気で希釈したときの希釈倍率を臭気濃度という．例えば，臭気濃度1,000の臭気とは，ちょうど1,000倍に無臭空気で希釈したときに，初めてにおいが消えるような臭気のことである．

しゅうきのかい・ふかいど　臭気の快・不快度 odor hedonics　臭気の質的評価法の一つ．9段階快・不快表示法にしたがって，臭気の不快度は，0：快でも不快でもない，+1：や

や快，+2：快，+3：非常に快，+4：極端に快，逆に-1：やや不快，-2：不快，-3：非常に不快，-4：極端に不快の9段階で表示される．個人差が大きい．

じゆうきゅうじ（ふだんきゅうじ）　自由給餌（不断給餌）ad libitum feeding, free feeding　飼料を制限することなく自由に採食させる管理あるいは飼養試験の方法であり，動物の前には常に飼料が存在する状態である．これに対して一定量の飼料給与下での管理方式あるいは飼養試験を制限給与と呼んでいる．自由採食法ともいう．→不断給餌，制限給餌

じゅうごうがたてきおう　従合型適応 accommodative adaptation　生体が環境に対応するしかたの一つで，体液など生体の内部環境を外部の環境変化に合わせる変温動物のような適応のしかたをいう．自分自身の代謝活動だけで環境温度と大きく違った体温を維持できない，変温性の動物による環境への適応のしかたで，従合型適応をする動物は，広い範囲の内部変動に耐えることができる．→調節型適応

しゅうごうけんてい　集合検定 station test（ing）　直接検定や後代検定を行うに当り，調査畜を検定場に収容して同一飼養条件のもとで能力を検定する方式．現場検定に比べて精密な管理と調査が可能であり，正確度は高いが，施設に収容できる頭数には限りがある．各畜種で現場検定方式に移行しつつある．→現場検定

しゅうさんちしじょう　集散地市場　産地市場，消費地市場と並ぶ家畜市場の一つ．一般的には生産地と消費地，あるいは子畜生産地域と育成・肥育地域の中間に位置し，荷揃え機能と中継機能を果たしている．子畜の生産規模が零細でしかも交通手段が未発達な段階では重要な役割を果たしたが，産地市場の統合拡大，交通手段の発達と交通条件の改善向上にともなって近年では衰退傾向をたどっている．

しゅうしコドン　終止コドン　termination codon　蛋白質合成を終止させるコドン．ナンセンスコドンがこれに対応し，これらの一つまたは二つの組み合わせで蛋白質合成の終止点が規定される．

じゅうじぶ　十字部　hip cross　→付図1

じゅうじぶこう　十字部高　hip height　ウシの体尺測定部位の一つ．十字部から地面までの垂直距離．　→付図8

じゅうしゅ　重種　heavy horse　わが国で一般的に用いられるウマの分類の呼称で，重輓馬を指し，ペルシュロン，クライズデール，シャイヤーなどが属する．用途別の呼称で農耕機具などを索引する重輓馬（heavy draft horse）も含まれる．　→軽種，中間種

しゅうしゅくおんど　収縮温度　shrinkage temperature　皮革を水中で加熱し，水温を徐々に上げていったとき，皮革が収縮し始める温度．熱収縮温度ともいう．なめし処理によって，この収縮温度は生皮のそれに比べかなり高くなるが，その程度はなめし剤の種類やなめし方法によって異なる．通常生皮では60~65℃，植物タンニンなめしでは70~90℃，クロムなめし革では90~120℃である．その測定法はJIS K6550皮革試験方法に規定されている．95℃以上の収縮温度を測定するときにはグリセリン3容と水1容の混合溶液を浴液として使用する．

しゆうしょう　思雄症　nymphomania　思牡症（狂）ともいう．雌性動物の性欲が異常に亢進する状態．卵巣に卵胞嚢腫が発生し，多量のエストロジェンが分泌されることによって生じる．

じゅうせいいでん　従性遺伝　sex-controlled inheritance　性染色体上に位置していない遺伝子の発現が，一方の性に限定して出現する現象．ヒツジのドーセット［有角，HH］とサフォーク［無角，hh］の交配ではF_1雌は無角[Hh]，雄は有角[Hh]となる．それらの交配によりえたF_2では，雌で無角3（1hh, 2Hh）：有角1（HH），雄で無角1（hh）：有角3 (2Hh, 1HH) となる．雄と雌では同じ遺伝子型であっても，両者の生理的違いにより表現型が異なることがある．

じゆうせっしゅ　自由摂取　ad libitum feeding　→不断給餌

じゆうせっしゅりょう　自由摂取量　voluntary intake　餌が自由に得られる状態での採食量．動物の月齢，繁殖ステージ，乳量，肥満度などの動物側の要因，飼料の消化率，粗剛性，味，臭いなどの飼料側の要因，環境温度，畜舎環境などの環境要因などによって変化する．自由摂取量の調節機構は複雑であるが，単胃動物では血糖値のレベルが食欲に大きく関与し，反芻動物では飼料の消化管通過速度，消失速度が大きな要因といわれる．

しゅうぜんかくゆうごう　雌雄前核融合　syngamy　受精した精子の頭部は膨化した後，雄性前核を形成する．卵子は第二減数分裂を終了して第二極体を放出し，雌性前核を形成する．雄性前核と雌性前核は，それぞれDNAを複製しながら卵子の中央に移動して接着し，両方の核膜が消失して染色体は一つの紡錘体上に集合する．この一連の現象を雌雄前核融合という．

しゅうそう　就巣　broodiness, nesting　成熟した雌家禽では，卵をしばらく連産したのちプロラクチンの作用により産卵を中止し，抱卵を開始する性質を有する．この行動を就巣と称し，その性質を就巣性という．採卵鶏では産卵率の低下をもたらすため，ほとんどの改良産卵鶏品種では就巣性が遺伝的に除去されている．　→プロラクチン

しゅうそうせい　就巣性　broodiness　→就巣

しゅうだんえいのう　集団営農　group farming　複数の世帯が相互に連携し，共同・協業の利点を生かしながら展開している組織的農業生産．機械・施設等の共同利用，共同作業，農作業や経営の受委託，共同経営などがこれにあたる．農地の流動化が進みにくい状況の下で生産規模あるいは経営規模を拡大

する手段として有効な方策とされている．生産組織，組織経営体も集団営農の一種．→生産組織，組織経営体

しゅうだんせんばつ　集団選抜　mass selection　個体選抜のこと．植物では選抜で得られた種子を混合して次世代を生産するので集団選抜という．→個体選抜

しゆうどうたい　雌雄同体　hermaphrodite, hermaphroditism　同一動物個体の中に雌雄の形質を併せもつこと．精巣と卵巣の両方を持つ場合と両性腺（卵精巣）をもつ場合がある．下等な動物種に多くみられ雌雄両性の配偶子を常時もしくは時期的に交互に生産することがある．雌雄異体よりも原始的な型と考えられる．精巣と卵巣の両方または卵精巣を持つ個体は，間性（半陰陽）で生殖能力を欠いている．ブタとヤギの間性は，遺伝性である．→間性

しゅうとくこうどう　習得行動　learned behavior　遺伝的に組み込まれた生得行動に対し，動物が学習によって獲得する行動をいう．→学習

じゅうにしちょう　十二指腸　duodenum　胃に続き小腸の最前位を占める腸管．前方では腸間膜の付着がないとされる．近位から前部，下行部，横行部，上行部に区別される．上行した十二指腸は肝臓付近で空腸に移行する．十二指腸の粘膜上皮の丈は高く，腸腺（リバーキューン腺）の他，粘膜下組織に特有の十二指腸腺（ブルンナー腺）をもつ．肝臓からの胆汁，膵臓からの膵液が注がれる．
→付図11，付図12，付図13

しゅうねんはんしょくどうぶつ　周年繁殖動物　annual breeder, continuous breeder, non-seasonal breeder　年間を通じて生殖可能な動物．ウシ，ブタ，ニワトリなどの家畜や家禽，ラット，マウス，モルモットなどの実験動物がこれに当たる．自然条件下では，多くの野生動物が季節繁殖を行うが，人為的管理下で，年間を通じて安定した飼養条件下にあると季節繁殖性が失われる．同一動物種の中でも，赤道周辺に生息するものは，周年繁殖を行うなど生息環境の違いにより繁殖様式が変化する．繁殖様式を調節する要因としては，日照時間と食物が重要である．

しゅうねんぶんべん　周年分娩　annual delivery　年間を通じて分娩がおこること．周年繁殖を営む家畜や実験動物は，年間を通して雌は，発情・排卵を繰り返し，雄も造精機能が維持されるので周年繁殖・周年分娩が可能である．一方，自然状態下に生息する野生動物では，通常季節繁殖を営むので分娩は限られた時期に集中しておこる．しかし，季節繁殖動物も人為的管理下で飼育し，飼料を充分に与えるか，照明時間を調節することにより周年繁殖・周年分娩が可能となる．

しゆうはんべつ　雌雄判別　sex sorting, sexing　雌雄鑑別とも呼ばれる．新生子の性を判定する意味と受精卵（胚）移植に先立って受精卵（胚）の性を判定する意味がある．前者では，鶏の初生雛の雌雄判定法が有名である．受精卵（胚）の性判別は，採取した少量の細胞質を用いて核型分析を行ったり，DNAを増幅後Y染色体に特異的なDNA塩基配列を検出する方法などによって行われている．

じゅうふくかん　重複冠　duplex comb, double comb　左右に分かれて変化しているニワトリのとさかで，前部は1枚であるが後部は2分したV字型の角状冠（ラフレッシュ La Fleche comb）や花または盃状の花状冠（バターカップ Buttercup comb）などがある．→付図7

しゅうふくざい　修復剤　repairing agent　化学的処理によって繊維の強度や弾性などの物理的性質が劣化したのを回復させる薬品．羊毛や羊毛系繊維を過酸化水素で酸化漂白した場合には2価の金属塩，例えば酢酸水銀の酸性水溶液による処理で完全に修復される．亜硫酸水素ナトリウムなどによる還元漂白の場合は修復剤としてホルムアルデヒド，ベンゾキノン，重クロム酸カリウムなどが用いられる．

しゅうぼく　終牧，収牧　end of grazing　放牧地から（晩秋に）家畜に引き上げて舎飼に移すこと．そのシーズンの放牧を終了すること．

じゅうもうせいせいせんしげきホルモン　絨毛性性腺刺激ホルモン　chorionic gonadotrop(h)in　妊娠した動物の血中あるいは尿中に出現する胎子性胎盤（絨毛膜細胞）に由来する性腺刺激ホルモン．人絨毛性性腺刺激ホルモン（hCG）と馬絨毛性性腺刺激ホルモン（eCG）が古くから知られている．そのほか，サルやロバでも同様のホルモンが発見されている．いずれも，αとβ鎖から成る糖蛋白質ホルモンであり，下垂体性性腺刺激ホルモンに比べて血中半減期が長いことなどの理由から製剤として治療の目的で使用される．→人絨毛性性腺刺激ホルモン，馬絨毛性性腺刺激ホルモン

じゅうもうまく　絨毛膜　chorion　妊娠した動物の子宮と胎子を連結する組織の一部で胎子の栄養の吸収，老廃物の排泄，ガス交換を行う．脈絡膜，胎膜の最も外側に位置する．胚の外表面を包む栄養膜が増殖して一次絨毛を形成する．栄養膜の内層には裏づけとして胚外中胚葉壁側板が密着しているが，やがて血管をともなって二次絨毛となる．これらの絨毛が出現した栄養膜を絨毛膜という．絨毛膜と子宮内膜との接触の様式は二つあり，子宮内膜表面の小窩と絨毛とが接触するものと，子宮粘膜表面に脱落膜を形成し，その中に絨毛が入り込むものがある．ウシ，ウマ，ブタ，ヒツジ，ヤギなどは前者に，イヌ，ネコ，ヒトなどは後者に属する．

じゅうもんじいでん　十文字遺伝　criss-cross inheritance　伴性遺伝子が関与する場合，母親の形質が雄の子に，父親の形質が雌の子にそれぞれ伝えられる現象．ニワトリでは，羽性の遺伝子を実用的な雌雄鑑別に利用している．雄親を早羽性（Z染色体上のk/k），雌親を晩羽性（Z染色体上のK/-）とすると，雄の子はK/kで晩羽性，雌の子はk/-で早羽性となるので初生雛の外観で雌雄を判別できる．

じゅうもんじこうざつ　十文字交雑　criss-crossing　2品種による循環交雑のことで，最初のF_1雌に片方の品種の雄を戻し交雑し，その雌に他方の雄を交雑するという交配を繰り返す方法．雌は常に雑種で雄は純粋種であり，常に雌に雑種強勢が期待できる．

しゅうやくちくさん　集約畜産　intensive livestock farming　土地面積当たりの労働または資本の投下量が多く，単位面積当たりの生産性が高い家畜生産の形態．集約畜産は，農耕と結びついて少頭数の家畜を小面積で飼育する自給型と乳・肉・卵など畜産物の販売を目的として大規模に家畜を飼育する商業型に大別される．特に後者では，畜産物の供給過剰問題と多頭飼育される家畜の糞尿による水質汚染などの環境問題に直面しており，それらの克服が課題となっている．

しゅうやくてきりんかんほうぼくほうしき　集約的輪換放牧方式　intensive rotational grazing system　輪換放牧をより集約的に発展させたもので，施肥や潅水によって牧草の成長を促進し，牧草を家畜に無駄なく食べさせるために牧区を細かく仕切って，順次輪換して密度の高い放牧を行うものである．

しゅうやくど　集約度　intensity　農業における集約度は，経営農地単位面積当たりの労働投下量または資本投下量としてとらえられる．前者を労働集約度，後者を資本集約度という．面積当たり投下量が多い場合に集約度が高いといい，少ない場合は集約度が低いあるいは粗放的であるという．労働集約度と資本集約度は相互に相反する関係にある．

しゅうやくほうぼく　集約放牧　intensive grazing　草地の利用率を高め，採食草の栄養価を高めるために集約的に行う放牧．草地の短草利用を基本とする．牧草の季節生産性に合わせて輪換日数，あるいは放牧面積を変える．すなわち，牧草生育速度の早い春季には放牧地面積を小さくし，輪換日数を早めて利

用し，生育速度の低下する夏以降には放牧地面積を大きくし，輪換日数を長くする．春に利用しない草地は刈取り利用を行う．1牧区の面積をあまり大きくせず，1~3日程度で転牧を行う．

しゅうらい　終蕾　end bud　若い動物の乳腺の発達期に，脂肪組織の中に枝分かれを繰り返しながら伸長する乳管の先端部にみられる．紡錘形の上皮細胞の塊で，乳腺実質の成長点に当たる．

しゅうらんそうち　集卵装置　egg collector, egg gatherer　ケージ飼育で産卵された卵を一定の場所に集める装置．ケージ前方にベルトコンベアを設置し，この上に転がり落ちた卵を集卵時にコンベアを動かして集める．ケージの列ごとに集卵し，篭や箱に入れて卵処理場に運ぶが，大規模養鶏では，ケージ列ごとに集卵したものをさらに横ベルトコンベアで集め自動的に卵処理場まで移送するようになっている．

しゅうりょうぜんげんのほうそく　収量漸減の法則　law of diminishing returns　作物や家畜の生産量はさまざまな生産要素によって規定されているが，ある要素の条件を改善してもある限度を越えると，その生産量への効果が次第に減少してゆく．この法則をいう．生産要素にはそれぞれ最適度が存在することを意味している．

しゅかんざっしゅ　種間雑種　interspecific hybrid　同じ属の近縁種間ではその交雑により F_1 をつくることができる．両親の長所をあわせもつものは産業に利用される．これを種間雑種という．

じゅくき　熟期　maturing stage　作物の子実（穀実）が成熟する時期．生育段階としては，乳熟期，糊熟期，黄熟期，完熟期，過熟期と進行する．牧草では，刈取り適期（1番草の場合は穂ばらみ～出穂期）を熟期と呼ぶこともある．

しゅくじゅう　縮充　felting　獣毛を積み重ね，水分の存在下で熱と圧力を加えながらもむと，毛が互いに絡み合い密着して固い塊となり，乾燥後もその形を保持するようになる．この現象を縮充と呼び，このような性質を縮充性という．縮充性は獣毛固有の性質で，毛の表面のりん片の性状がこれに関与する．縮充はフェルト製造の原理であり，毛織物，特に紡毛織物では，この性質を利用して織物の密度，厚みを増し，表面をけば立て，織目が目立たないように仕上げる処理が施される．縮充性をもたない獣毛に人為的に縮充性を付与させるためには縮充助剤を用いる．

しゅくじゅう　縮重（遺伝暗号の）　degeneracy　多くのアミノ酸では複数の遺伝暗号が対応しており，これを縮重という．例えばフェニルアラニンの遺伝暗号（コドン）はUUU, UUCの2種であり，セリンではUCU, UCC, UCA, UCG, AGU, AGCの6種もある．縮重は多くの場合コドンの3番目の塩基が異なることによっておこっているが，ロイシン，セリン，アルギニンでは1番目あるいは2番目の塩基も変わっている．

じゅくせい　熟成　1) ripening, 2) aging
1) 発酵食品の製造に際し，適当に管理された温度，湿度などの条件下で食品を置き，微生物の作用を進行させる過程をいう．みそ，醤油，チーズ，酒類の製造において行われる．
2) 食肉は死後硬直期を経ると，次第に軟らかさとともに風味も増してくる．この現象を熟成といい，この変化のおこる期間を熟成期間と称している．熟成は一般に細菌の繁殖を抑制できるようにして3~5℃で実施する．熟成にともなう食肉の軟化は筋原線維の構造が0.1 mMのカルシウムイオンによって脆弱になることによるとされ，風味の改善は食肉中の蛋白質分解酵素の作用によるといわれるが，それらの機構については未だ不明のところが多い．

しゅけい　種鶏　breeding cock　卵や肉の生産には高能力の良い系統親鶏から種卵を採取する必要がある．この種卵を取るための成鶏を種鶏という．種鶏は卵や肉の生産能力

の高い品種や系統から選ばれ，強健で，雌鳥は種卵の生産性が高く，雄鳥は受精能力が優れている必要がある．

しゅこう　主溝（DNA 二重らせん構造の）**major groove**　B 型 DNA が二重らせん構造をとる際に広い溝とせまい溝ができる．この広い部分の溝を主溝，せまい部分の溝を副溝（minor groove）と呼ぶ．

しゅこんこつ　手根骨　carpal bones　前腕骨格と中手骨との間にある多数の多角形の短小骨で，前腕骨格や中手骨と関節し，また各手根骨とも複雑に関節している．手根骨の数は動物で異なり，ウマ 7 個，ウシ 6 個，ブタ 8 個の骨で構成されている．　→付図 21

しゅこんちゅうしゅこつ　手根中手骨　carpometacarpus　→付図 22

しゅし　種子　seed　種子は植物の生命の始まりであり，休止期でもある．種子はイネ科草では胚と胚乳からなり，マメ科草では子葉と胚軸が種皮に包まれている．種子には寿命があり，古くなると発芽力を失う．

しゅしけんさ　種子検査　seed testing　飼料作物や牧草類の種子は，他の作物の種子と同様に種子検査の証明書を付して市販される．検査事項は，品種の特性を備えた種子，種子の純度，発芽率，調査年月日などを記入して利用者の便に供する．

じゅしなめし　樹脂なめし　resin tanning　各種合成樹脂の単量体，初期重合物あるいは初期縮合物を皮によく浸透させてから，重縮合をおこさせてなめす方法．なめしの目的のほかに，充填効果を目的とすることもある．多くは白革の製造に用いられるが，耐水性や耐摩耗性を高める目的で，植物タンニンなめし革やクロムなめし革の後なめしに用いることもある．

じゅじょうとっき　樹状突起　dendrite　神経細胞の細胞体から伸びる細胞質突起の一つ．刺激をこの部位で受け，細胞体を通して，軸索へ送る．軸索が 1 本であるのに対して樹状突起の数は多様で，無数の突起が情報の受容域を増加させる．樹状突起は分岐し，末端に行くほど細く，神経細線維，神経細管を含む．ゴルジ装置はないがニッスル小体，ミトコンドリアは極細い突起を除き存在する．

じゅせい　受精　fertilization　精子と卵子が融合し，個体形成のもとになる接合体をつくる現象をいう．受精は，卵子への精子の接近，精子の卵子透明帯通過，精子と卵子の原形質膜の融合および雌性前核と雄性前核の形成の過程を経て，雌雄両前核の融合で完了する．

じゅせい　授精　insemination　雌を受胎させるために，注入器を用いて精子を生殖器内に注入する操作のこと．注入する部位は，普通，子宮頚管内である．授精は必ずしも受精現象をともなわないので，受精とは区別して用いなければならない．体外授精において卵子を含む液に精子液を加えるときも英語では insemination というが，日本語では授精よりも媒精のほうが一般的である．　→人工授精

じゅせいてっき　授精適期　optimum time of insemination　人工授精で最も高い受胎率が期待できる種付けの時期．授精適期を決定する要因は，排卵の時期，精子の雌生殖道上走時間，受精能獲得所要時間，雌生殖道内での精子と卵子の授精能保持時間などである．ウシ，ヒツジ，ヤギの受精適期は発情の中期から末期，ウマでは発情の終わる 1~1.5 日前，ブタでは発情開始後 10~25 時間ころである．

じゅせいのうかくとく　受精能獲得　capacitation　雌の生殖道内に射出された精子が卵子本体に接近し，侵入して，受精するのに必要な生理学的変化をいう．当初，精子表面の糖蛋白質被膜の除去，原形質膜の性状変化，そして先体の形態変化である先体反応の過程をたどるとされていたが，その後，先体反応は受精能獲得とは別の現象と定義されるようになった．受精能獲得によって精子の代謝の亢進と運動の活性化（超活性化）がおこる．受精能獲得は完全合成培液中でも誘起でき

る． →先体反応，体外受精

じゅせいのうりょく　受精能力　fertilizing ability, fertilization ability　精子では，卵子に進入して雄性前核を形成できる能力のことをいい，雌性生殖器官内での受精能力保持時間は24〜36時間とされている．卵子では，精子を受け入れて雌性前核を形成できる能力のことをいい，受精能力保持時間は一般に10時間以内とされている．

じゅせいまく　受精膜　fertilization membrane　受精直後に卵子の囲りに形成される膜で，ウニなどの多くの海産動物でみられる．受精膜は形成されてから数分で固くなり，2個以上の精子の進入を防止する．哺乳類では受精膜は生じないが，受精直後に囲卵腔に放出された表層顆粒が透明帯の蛋白質を変化させて（透明帯反応），2個以上の精子の進入を阻止する．

じゅせいらん　受精卵　fertilized ovum, fertilized egg　受精後，雌雄前核が融合して2細胞期になるまでの卵子を受精卵といい，2細胞期から胚盤胞期までの卵子は初期胚というが，一般には受精してから着床するまでのすべての卵子を受精卵と呼んでいる．家禽では，孵卵開始後数日で検卵するが，胚が発育を開始しているものを受精卵と呼んでいる．

じゅせいらんいしょく　受精卵移植　transfer (transplantation) of fertilized egg (ovum)　→胚移植

じゅせいらんかいしゅう　受精卵回収　recovery (collection) of fertilized egg (ovum)　→採胚

じゅせいらんけんさ　受精卵検査　examination of embryo, examination of fertilized egg (ovum)　供胚動物から回収した受精卵（胚）の形態や発育ステージ，体外受精後の発育過程，凍結融解胚の形態変化などの正常性を肉眼的に判定すること．経験に基づいて，通常受精卵（胚）の品質を3〜4段階に区分し，移植する胚や凍結する胚を選別する．現在のところ，胚の品質を客観的に評価する方法はな

い．卵検査，胚検査とも呼ばれる．

じゅせいりつ　受精率　fertilization rate, fertility　哺乳類の場合，排卵した卵子あるいは用いた卵子数に対する受精卵の割合をいう．体外受精の場合の受精率の判定は容易であるが，供胚動物から回収する場合の受精率の判定は，排卵数が正確でなく，また卵割前の受精卵は回収しにくいことから困難である．家禽の場合は，孵卵を開始した卵に対する受精卵の割合をいう．

じゅたい　受胎　conception, fecundation　妊娠初期の一時期のことであり，胚が子宮腔内に着床し，胎子として発育可能な状態になったことをいう．

じゅたい（さん）ぶつ　受胎（産）物　conceptus　妊娠期間を通じて，受胎の結果作られるすべての形成物のこと．胎子，胎膜，胎子胎盤が含まれる．

じゅたいのうりょく　受胎能力　fertility, fertile activity (ability)　雌が胚を子宮腔内に着床させて，育てることのできる能力．ホルモンの分泌異常や子宮内膜炎などの生殖器疾患によって受胎能力は低下する．

じゅたいりつ　受胎率　conception rate, fertility　交配あるいは人工授精した実頭数に対する受胎頭数の割合を示す場合と，交配あるいは人工授精を行った延回数に対する受胎頭数の割合を示す場合とがある．受胎率は受胎の有無を判定する時期によって異なり，早期胚死滅のため判定する時期が遅くなるほど低い．

しゅちく　種畜　breeding stock　子畜の生産を目的にしている繁殖用の家畜全般をいうが，特に能力の優れた改良に役立つ家畜をいう．これに対して販売用の家畜を実用畜（commercial）と呼ぶことがある．

しゅちくけいえい　種畜経営　breeding farm　家畜の改良を目的として系統繁殖を行い，優良な種畜を供給する経営．

しゅちくけんさ　種畜検査　inspection of breeding male stock　雄畜は家畜改良に及

ぼす影響が大きいことから，家畜改良増殖法により，農林水産大臣が毎年行う検査のこと．種畜は種畜検査に合格し，種畜証明書の交付を受けていなければならない．対象はウシ，ウマの雄および人工授精に用いるブタ，ヒツジ，ヤギの雄であるが，政令で指定された一部の島，自家使用および試験研究用は対象から除外されている．

しゅっけつらんぽう　出血卵胞　blood follicle, hemorrhagic follicle　成熟した卵胞腔内に血液が浸潤し，血腫のようになった状態の卵胞．正常な発情周期を回帰している動物にもみられるが，過排卵処置のように大量の性腺刺激ホルモンを投与した場合に多くみられる．

しゅっすいき　出穂期　heading stage　イネ科牧草や飼料作物の個体および群落の出穂状態を示す．群落においては，有効茎総数（出穂可能とみられる茎）のうち，10%の茎が出穂した状態を出穂始め，50%の状態を出穂期，90%の状態を出穂揃いと呼ぶ．飼料草の生殖生長期への移行は日長と温度の影響を最も強く受けるが，わが国で栽培される寒地型のイネ科牧草類は春季の長日条件で出穂する長日性を示し，暖地型牧草は夏～秋季にかけて出穂する短日性ないし中性を示す．

しゅっすいそろい　出穂揃い　full heading stage　イネ科植物の群落において，出穂茎が全体の約90%に達した時期．→出穂期

しゅっすいはじめ　出穂始め　early heading stage　イネ科植物の群落において，出穂茎が全体の約10%に達した時期．→出穂期

しゅどういでんし　主働遺伝子　major gene　角の有無，毛の性状，毛色などの表現型や抗病性の能力などを明確に，かつ強力に支配する遺伝子で，メンデルの遺伝法則に従って遺伝する．　→変更遺伝子，微働遺伝子

じゅどうめんえき　受動免疫　passive immunity　受身免疫ともいう．個体自身の免疫応答によるのではなく，別の免疫個体に由来する抗体または抗原刺激を受けたリンパ球の移入による免疫（養子免疫 adoptive immunity）．母子免疫，破傷風抗毒素による免疫などがある．

じゅどうゆそう　受動輸送　passive transport　生体膜を通過する物質輸送のうち，濃度や圧，またイオンの場合は電圧などの電気化学的ポテンシャル勾配に従って，高い領域から低い領域に移動する現象をいい，特にエネルギーを必要としない．一方，エネルギーを消費し，電気化学的ポテンシャルに逆らっての輸送を能動輸送という．受動輸送は非特異的に膜を通過する単純拡散と，特異的な輸送体（担体）を介する促進（促通）拡散に分類される．

しゅとくかかく　取得価格　acquisition cost　→取得原価

しゅとくげんか　取得原価　acquisition cost　外部から調達，ないしは自分で生産した物品などの取得に要した費用の総額．購入した場合には，購入代金に購入に要した運賃，手数料などの付随費用を加えて計算．自分で生産した場合は，生産に要した材料費，労務費，経費に付随費用を加算する．

じゅはいどうぶつ　受胚動物　recipient　受精卵（胚）を移植する雌のこと．一般的に，供胚動物と受胚動物の発情後の日数が一致している場合に受胎率が高い．マウスでは，排卵直後の卵管であれば，どの日齢の供胚動物から採取した胚を移植しても高い受胎率が得られる．受胚雌，受卵雌，レシピエントとも呼ばれ，受胚牛のようにも使用される．

しゅびう　主尾羽　main tail feathers　ニワトリの尾の羽で，尾端骨を挟んで左右に七対ずつある．雄では中央の一対が長く伸びて湾曲し，謡羽といわれる．　→付図6

しゅゆうしすう　種雄指数　sire（bull）index　後代検定の成績から種雄の育種価を推定するための指数．最近はBLUP法により個体の育種価を推定するため，あまり用いられない．

しゅうとんしゃ　種雄豚舎　boar building　種雄豚を収容するための専用の畜舎.交尾に耐える肢蹄を維持するために運動ができるスペースが必要である.ブタの造精機能は暑熱の影響を受けやすいので,夏期の環境管理が大切である.　→豚舎

じゅようき　受容器　receptor　レセプターとも呼ぶ.環境からの感覚刺激情報,あるいは生体の物理化学的情報を受け取り,神経系の電気的情報に変換する器官をいう.受容器内の主要細胞は受容器細胞と呼ばれる.例えば視覚受容器の眼では,受容器細胞である網膜上皮細胞が光刺激を感受し視神経の電気信号へと変換する.その他外界の刺激に対しては,聴覚,臭覚,味覚,触覚,温度などの受容器がある.生体内の情報を伝える受容器としては,胃腸管や肺など内臓の機械受容器,化学受容器,筋のGolgi腱紡錘や筋紡錘など.その他,体の運動,位置などを感知する固有受容器がある.

しゅようそしきてきごうせいこうげん　主要組織適合性抗原　major histocompatibility antigen　MHC抗原.移植片においてもっとも強い拒絶反応を引きおこす,免疫的自己を決定する蛋白質.主要組織適合遺伝子複合体(MHC)によりコードされる多数の遺伝子座と多くの対立遺伝子が存在し,著しい多型を示す.本来の機能はリンパ球への抗原提示であり,その多型は自己免疫疾患,各種ウイルス性疾患の感受性などと関連する.

じゅようたい　受容体　receptor　リ(レ)セプターとも呼ばれる.ホルモンなど細胞外情報を細胞内に伝達するため,情報伝達物質と特異的に結合する蛋白質.ペプチドホルモンは細胞膜を通過できず,受容体が細胞膜表面に存在してホルモンと結合した後cAMPやイノシトール三リン酸などの二次メッセンジャーを産生することによって情報を細胞内に伝達する.ステロイドホルモンなど脂溶性物質は細胞膜を通過して細胞質あるいは核に存在する受容体と結合し,ホルモン-受容体複合体が直接DNAと結合して転写活性を制御する.その他,味覚・嗅覚物質,抗原,薬物などに対する受容体がある.

しゅよくう　主翼羽　primaries　かざきりばね[風切り羽]ともいう.ニワトリの翼を開張した場合,最外方に開く長く強い羽.それが畳まれるとき,副翼羽の下に隠れる.
→付図6

じゅらんどうぶつ　受卵動物　recipient
→受胚動物

シュロップシャー　Shropshire　イングランド中西部のシュロップシャー,スタットフォードシャー州が原産のヒツジの品種.19世紀初めにサウスダウンとレスター,コツウォルドを交配して,改良作出した短毛の肉用種.体格と外貌はサウスダウンに似ており,体重は雄100 kg,雌75 kg程度.雌雄とも無角で,ダウン中最も多産で産子率は150~175%である.現在イギリスのほか,アメリカ,カナダ,ニュージーランドなどで飼われている.

シュワンさいぼう　シュワン細胞(鞘)　Schwann's cell (sheath)　末梢神経系で神経線維(軸索)を取り囲んでいる細胞(鞘).シュワン細胞の薄い細胞質が軸索の周囲を何層にも重なってとりまいて髄鞘(ミエリン層)を形成する.こうした神経線維は有髄線維と呼ばれ,末梢のほとんどの線維はこれに当たる.　→髄鞘

じゅんい　順位　social rank (ing), social order, dominance order　同種動物集団内の構成員間の攻撃性に基づいて生じる優位・劣位の関係.本来の実力による順位を基礎順位というのに対して,順位の低い個体が順位の高い個体の近くにいるため,その威力で順位の低い個体が高く見える,あるいは振る舞うことを依存順位という.

じゅんいせい　順位制　social hierarchy　同種動物集団が順位関係によって維持されている体制.

じゅんかんこうざつ　循環交雑　rotational cross　二つ以上の品種を用い,交雑種を雌

にして，純粋種の雄を逐次交配する方法で，おもに豚に用いられている．雌が常に雑種であるため，雌畜の繁殖性や強健性に雑種強勢効果が期待できる．2品種による循環交配を特に十文字交雑とも呼ぶ．

しゅんきはつどうき　春機発動期　puberty　生殖器が幼若な状態から脱して，性的に成熟するための発達過程に入った状態．その時期を春機発動期という．雄では精巣の精細管腔内あるいは射出精液中に精子が出現する時期，雌では自然排卵をともなった最初の発情がみられる時期と定義されている．

じゅんぐりせんばつほう　順繰り選抜法　tandem selection　複数の形質を改良するときに，まず一つの形質について数世代選抜し，次に別の形質について数世代選抜する．このようにして一形質ずつ順繰りに選抜する方法であるが，独立淘汰水準法や指数選抜法に比べて劣るため，ほとんど用いられない．

じゅんけい　純系　pure line　近親交配を続けた系統で，遺伝的に比較的純化している系統．少なくとも一つの形質について単一化されている．

じゅんけつしゅ　純血種　pure bred　ウマの品種分類の呼称の一つで，サラブレッド，アラブ，アングロアラブなど血統の純粋な品種を指す．他の家畜では，公認の血統簿に登録され，品種として認定された登録家畜を純粋種（pure bred）と呼んでいる．

じゅんすいこうはい　純粋交配　pure breeding　同じ品種内での交配のこと．品種の形態的特徴や能力上の特徴を維持しつつ，徐々に能力を向上させるために行われた，一般的な交配方法である．

じゅんすいしゅ　純粋種　pure bred　家畜の品種として認定されているもの．交雑種に対応する用語．

じゅんせいさんがく　純生産額　→付加価値

じゅんたんぱくしつ　純蛋白質　true protein　試料に含まれる窒素化合物のうち，真の蛋白質のことをいう．試料中，熱水に不溶の窒素化合物と，熱水に可溶な窒素のうち各種の除蛋白剤で沈殿する窒素化合物を合せたもの．定量はスツッツァー法，バルンスタイン法などで行う．窒素量を測定してこれに6.25を乗じたものは粗蛋白質量である．

じゅんどうかりつ　純同化率　net assimilation rate, NAR　成長解析における群落（個体群）内の葉部全体の単位面積当たりの平均光合成能力を示す．群落の乾物生産速度をそのときの平均的な葉面積で割って求め，単位は $mg/cm^2/$ 日や $g/m^2/$ 日であらわされる．純同化率は，通常生育初期に高く，相互に遮へいが進むと低下する．

じゅんのう　順応　adaptation, accommodation　生体の機能，性質，状態などが与えられた持続的な環境条件に応じて変化し，生活のために適切なものになること．生体側からの能動的調節機作が関与する．一般に緩やかな時間的経過をとるものを指し，反応の対語ともいうべきもので，広義には順化や慣れも含められる．

じゅんびこうてい　準備工程　beamhouse process　なめし処理に先立って原皮から革として不要な部分や不要な成分を除き，その皮の性状をなめしに適した状態に調整する作業の総称．通常，水漬け→フレッシング→石灰漬け→脱毛→裏すき→あか出し→脱灰→ベーチングの順に作業が進められる．

じゅんほうこういでんがく　順方向遺伝学　forward genetics　従来の研究手法で，表現型の違いから原因蛋白質，さらに原因遺伝子の解明といった方向で行う遺伝学のこと．これに対応する言葉に逆方向遺伝学がある．

じゅんむきはんぷくはいれつ　順向き反復配列　direct repeat　ある特定の塩基配列が任意の距離を置いて，同一DNA鎖上に繰り返し出現するような場合を指す．

じゅんりえき　純利益　net profit　一定期間におけるすべての収益から，その期間に負担する必要のあるすべての費用を差し引い

た差額．固定資産の売却などによって発生する特別利益や火災・盗難などに起因する特別損失などを加減して得られる利益であって，経常的な経営活動以外の損益を含む利益である．純利益＝経常利益＋（特別利益－特別損失），経常利益＝売上高－（売上原価＋販売・一般管理費）＋（営業外収益－営業外費用）．

じょうい　上衣 ependyma　脳室と脊髄中心管の壁は上衣細胞によって裏打ちされ，この細胞層が上衣と呼ばれる．発生の際，上衣層はニューロンとグリアの生産母体であるが，その生産が終わると単層の上衣となり，脳室と中心管の壁を作る．特殊な上衣細胞として，脈絡叢の上皮細胞があり，第三脳室と第四脳室の天井部分と，二つの側脳室の壁の一部に認められ，脳脊髄液のおもな供給源となっている．

じょういせいぶんさん　上位性分散 epistatic variance　遺伝分散の構成要素の一つで，上位性偏差による分散を上位性分散という．

じょういせいへんさ　上位性偏差 epistatic deviation　遺伝子型値の構成要素の一つで，遺伝子座間の交互作用によってもたらされた偏差．エピスタシス偏差ともいう．二つの遺伝子座について，それぞれの遺伝子型値の和が2遺伝子型の値を同時に評価した値と異なる時，その差を上位性偏差とする．

しょうえきせん　漿液腺 serous gland　分泌物の成分により分類された腺の一種で，蛋白質性の分泌物を出す腺の総称．腺を構成する漿液腺細胞は蛋白質性の分泌顆粒を作り，細胞外に放出する．消化酵素を分泌する腸腺などがある．

じょおうばち　女王蜂 queen bee　蜜蜂の群は，1匹の女王蜂と2～8万の働き蜂，さらに花の時期には若干の雄蜂で構成されている．女王蜂は，完全な雌で，受精卵を1日1,500～2,000個産卵する．受精卵からは働き蜂が，不受精卵からは雄蜂が生まれる．

しょうか　消化 digestion　摂取した食物中の栄養素を吸収しうる形までに分解する過程．消化管の運動，消化液の酵素作用，また消化管内微生物の作用が関与する．

じょうが　乗駕 mounting　交尾を行うための行動で，発情した雌の後方から，雄が後肢に全体重をかけて立ち上がり，雌の腰部付近を両前肢で挟むようにして自分の前・中躯を雌の背中に乗せること．ウシでは発情した雌が他の雌に乗駕することもしばしば見られる．また，幼畜が遊戯行動の一つとして互いに乗駕することも多くの種で見られる．

しょうがいきろく　生涯記録 lifetime record　家畜が一生の間に生産した乳量，乳脂量，産子数，離乳子数，離乳時体重，産卵数，卵重などの記録の総計．

しょうかえき　消化液 digestive juice　消化管内での食物の消化の過程で，種々の外分泌腺から分泌され，消化を促進する分泌液．自律神経や消化管ホルモンがその分泌に関与している．唾液，胃液，胆汁，膵液，腸液などがあり，合わせると多量の消化液が分泌されるが，その水分は再吸収される．

じょうがくこつ　上顎骨 maxilla　→付図21

しょうかこうそ　消化酵素 digestive enzyme　食物中の栄養素を吸収しうる形にまで分解する，消化液に含まれる酵素の総称である．大部分が炭水化物，脂肪または蛋白質の加水分解酵素である．　→アミラーゼ，ペプシン，トリプシン，リパーゼ

しょうかさいきん　硝化細菌 nitrifying bacteria　アンモニアを硝酸に変換する反応に関与する亜硝酸細菌（アンモニア酸化菌）と硝酸細菌（亜硝酸酸化菌）の総称．二酸化炭素を唯一の炭素源として，アンモニア態窒素や亜硝酸態窒素を酸化することでエネルギーを獲得できる独立栄養型の細菌．　→硝化作用

しょうかさよう　硝化作用 nitrification　アンモニア態窒素が微生物（硝化細菌）の働

きで酸化され，亜硝酸態窒素，さらに硝酸態窒素にまで変化する反応のこと．硝酸化成作用ともいう．アンモニア酸化反応と亜硝酸酸化反応から成る．また，この反応の過程では，温室効果ガスとして知られる亜酸化窒素（N_2O）も副次的に生成される．　　→硝化細菌，亜硝酸態窒素，硝酸態窒素

　しょうかそう　消化槽　digester　嫌気性菌を利用して糞尿や汚泥中の複雑な有機物を分解することによって，液化，ガス化，無機化し，上澄液（脱離液）と消化汚泥とに分離させる槽．メタン発酵槽と同義に用いることも多い．

　しょうかたい　松果体　pineal body, pineal gland　間脳の視床上部に属する内分泌器官で，おもな分泌ホルモンとしてメラトニンがある．メラトニンは性腺の発育を抑制し，下等動物では下垂体中葉から分泌されるメラニン細胞刺激ホルモンと拮抗的に働いて，体色を明るくする．松果体は神経細胞が変化した上皮様の細胞をもっていて，鍍銀染色で多数の突起が確認できる．

　しょうかりつ　消化率　digestibility　飼料の栄養素が消化管で消化され，吸収される割合．（摂取量－糞中の排泄量）/摂取量×100．これは消化率と呼ばれるが，真の消化率の対して，見掛けの消化率である．　→見掛けの消化率，真の消化率

　しょうかかんホルモン　消化管ホルモン　gastrointestinal hormone　採食量の調節作用などの機能をもつホルモンが消化管に存在する．コレシストキニン，ガストリンなどについてその機能が確認されている．

　しようきぼ　飼養規模　size of livestock keeping　畜産経営における経営体の大きさを示す指標の一つ．畜産を含む農業経営は基本的生産手段である経営土地面積によって経営の大きさをとらえるのが基本．しかし，特にわが国の畜産では流通飼料に依存する土地から離れた経営が多く見られ，したがって，飼養する家畜の頭羽数で経営体の大きさをとらえる方法が一般化している．　　→経営規模

　しょうきゃくしせつ　焼却施設　incineration equipment　家畜糞を燃焼により焼却処理する施設．大規模養鶏では毎日排泄される大量の鶏糞を処理する方法として，重油などの燃料を使用せずにふんだけで燃焼させる自燃式の焼却施設で処理している．焼却時に強烈な臭気が発生するため高温燃焼などの燃焼脱臭装置が必要である．また，多量の煤じんなどが発生するため環境上十分な配慮も求められる．

　しょうきゃくりつ　償却率　depreciation rate　定額償却法では，年償却額＝（取得価格－残存価格）÷耐用年数であり，耐用年数の逆数である1/耐用年数を償却率という．また，定率償却法では，年減価償却額＝帳簿価格×償却率であり，償却率は1－残存価格/取得価格である．定額法に比べると，償却開始初期の償却費が多くなる．

　じょうけんいでんし　条件遺伝子　conditional gene　ある座位の対立遺伝子（A, a）が，異なる座位の対立遺伝子（B, b）によってその発現が支配される場合，B座位の遺伝子（B, b）はA座位の遺伝子（A, a）より上位性効果（epistasis）がある時，BはAの被覆遺伝子（covering gene）として作用し，AはBがないと作用が発現しないのでAを条件遺伝子という．

　じょうけんおん　条件音　conditioned sound　餌などの報酬を用いて音による条件づけを行うと，その音を聴かせることによって家畜を管理することができるようになる．ウシを放牧場に出したり，呼び戻したりする際の音，搾乳準備の音刺激で乳の流下がおこる例もそうである．これは音のもっている，速く広く情報を伝達できる特性を利用したもので，最近家畜管理の技術として広く用いられている．このように，人為的に家畜を誘導する目的で，ある動機づけをするための手段として用いる音．

　じょうけんしげき　条件刺激　conditioned

stimulus　古典的条件づけにおいて，無条件の刺激に関連づけて与えられる刺激のこと．→古典的条件づけ

　じょうけんはんしゃ　**条件反射**　conditioned reflex　本来無関係な刺激である音と同時に食物を与える行為を繰り返すと，音刺激だけで唾液分泌をおこすようになる．このように一定条件下に形成された反射をいう．一方，生得的な反射を無条件反射という．条件反射は，無関係な刺激（条件刺激）により無条件刺激の中枢が刺激されるような新しい神経路の一時的な成立により形成され，この形成には大脳皮質が重要とされる．

　しょうこく　**小国**　Shokoku　平安時代初期に中国から渡来したといわれる日本鶏で，京都あたりが中心の産地である．元来長鳴鶏であるが，歴史的にも古く，多くの日本鶏の原種となった品種で，尾長鶏，東天紅，蓑曳，黒柏，薩摩鶏，唐丸，声良などは直接間接に小国と関係がある．羽色は白笹または白笹に赤い羽色が入ったもので，耳朶は赤く，脛色は黄色く，尾羽は2年に一度換羽．1941年に天然記念物に指定．

　しょうこつ　**踵骨**　fibular tarsal bone　→付図21

　じょうざいかとうけつほう　**錠剤化凍結法**　pellet freezing　精液の凍結法の一つで，ペレット凍結法あるいはペレット法ともいう．ドライアイスの表面に小さな窪みをつくり，そこに4～5℃に冷却し，耐凍剤を加えた希釈精液0.1～0.2 mlを落とし，5～6分間静置して凍らせる．凍結後の形が医薬品の錠剤に似ていることから，このように呼ばれる．ウシではあまり使われていないが，ブタ，ウマなどでよく利用されている．　→ストロー凍結法，凍結精液

　しょうさんえんちゅうどく　**硝酸塩中毒**　nitrate poisoning　大量の硝酸塩の摂取により酸素，炭酸ガスの運搬能力が阻害されて発生する低酸素血症．ウシが大量の硝酸塩を摂取すると，第一胃内に多量の亜硝酸を発生し，亜硝酸は吸収されて血中ヘモグロビンと結合してメトヘモグロビンを形成し，酸素の運搬を阻害する．チアノーゼ，呼吸困難，さらに流産，突然死をきたす．硝酸塩の多い牧草，青刈り，根菜などの多量摂取による．

　しょうさんかせいさよう　**硝酸化成作用**　nitrification　→硝化作用

　じょうさんしせつ　**蒸散施設**　transpiration equipment　活性汚泥処理水など浄化処理を終えた処理水で種々の規制により放流できない場合に空気中へ強制的に蒸発散させる施設．処理水を噴霧状にして大気中へ強制的に蒸散させる方法や植物に吸収させて蒸発を促進させる方法，土壌中に配管して土壌表面から蒸発させる方法などが採られている．土壌蒸散では地下浸透が多いため地下水汚染にならないよう留意する必要がある．

　しょうさんせいちっそ　**硝酸性窒素**　nitrate nitrogen　→硝酸態窒素

　しょうさんたいちっそ　**硝酸態窒素**　nitrate nitrogen　NO_3-Nと表記する．硝酸塩をその窒素量であらわしたもの．硝酸性窒素ともいう．土壌中では，アンモニア態窒素は吸着されて移動しにくいが，硝酸態窒素は土壌に吸着されにくいため，土壌水の動きにより溶脱されやすく，多量に存在するときは地下水汚染を生じる可能性がある．

　しようしけん　**飼養試験**　feeding trial　飼養試験は比較的長期に一定条件下で動物を飼育し，発育，増体成績，産乳成績，繁殖成績を判定するもので，屠体の性質を判定する場合もある．環境温度，飼料，飼料給与法，品種，発育ステージなどが試験の対象になることが多い．

　じょうしゃ・ばくさいしょり　**蒸煮・爆砕処理**　steam-explosion treatment　反芻家畜による消化率を改善するために，繊維質の飼料資源である農業副産物や樹木を高圧の水蒸気（蒸煮）で処理し，さらに急激に減圧処理（爆砕）する処理方法．通常は数分程度の加圧で植物細胞壁中のヘミセルロース，セルロー

ス，リグニンの間の強固な物理的，化学的結合が解裂して，ルーメン微生物による利用性が改善される．

じょうしゃもくしつしりょう 蒸煮木質飼料 steam treated wood for feed　木材を高圧で蒸煮処理することにより一部の樹種ではセルロース，ヘミセルロース，リグニンの強固な化学的・物理的構造が破壊されて反芻家畜での繊維成分消化率の向上が見られる．シラカンバでは60~65%のTDN含量の製品が得られる．蒸煮木質飼料は乳牛あるいは肥育牛の飼料として利用できる．

しょうしゅうざい 消臭剤　→脱臭剤

しょうしょくさいぼう 小食細胞 micro phagocyte　→ミクロファージ

しようせいビタミン 脂溶性ビタミン fat soluble vitamin　ビタミン類のうち，脂肪に溶ける性質をもっているものの総称で，ビタミンA，D，EおよびKがこれに該当する．欠乏すると，ビタミンAの場合夜盲症に，ビタミンDはクル病に，ビタミンEは雛で脳軟化症に，ビタミンKは血液凝固遅延になる．ビタミンAとDにはそれぞれ異性体およびプロビタミン（ビタミン前駆体）があり，それらは効力も異なる．　→水溶性ビタミン

しょうせき 晶析 crystallization　物質の過飽和溶液から結晶が析出すること．この現象を処理水中のリンを除去するために利用した方法が晶析脱リン法である．

じょうせんしょくたい 常染色体 autosome　核型を構成する染色体の中で性染色体以外のもので父親由来と母親由来の染色体が，相同対をなしている．ブタでは，染色体数2n＝38で，常染色体は36本で18対，性染色体は，2本で雄XY，雌XXとなる．ニワトリでは，染色体数2n＝78で，常染色体は76本で38対，性染色体は2本ずつで雄がZZ雌がZWである．

じょうせんしょくたいいでん 常染色体遺伝 autosomal inheritance　常染色体上に座位をもつ遺伝子による遺伝で，性染色体上の遺伝子による伴性遺伝，限性遺伝以外はすべてこれに属する．

しょうたくすいぎゅう 沼沢水牛 swamp buffalo　インドシナ半島辺りで家畜化されたアジアスイギュウで，インドシナ半島からマレーシア，インドネシア，中国，フィリピン，沖縄にいたる各地で，水田耕作，運搬など役用として利用されている．毛色は，灰色~灰黒色で有角．角は側後上方に伸びる．体重・体高は，それぞれ雌400~620 kg，120~126 cm，雄450~680 kg，130~145 cmで，地域により体格に変異がある．近年農業機械の普及により役利用は減少している．

しょうちょう 小腸 small intestine　腸管を大分して2部分に分けたとき，前位の管径の細い部分を小腸と呼び，後位の大腸と区別する．小腸は十二指腸，空腸，回腸に区分される．腸間膜に懸垂され，血管分布が豊富で，栄養素の吸収を行う．

じょうど 壌土 sandy soil　→砂土（さど）

じょうどうこうどう 常同行動 stereotyped behavior, stereotype　異常行動の典型的なものの一つで，様式が一定し，規則的に繰り返される行動の中で，通常の環境下では見られず，目的・機能がはっきりしない行動をいう．長期の葛藤・欲求不満に由来する行動である．

しょうとく（せいとく）こうどう 生得行動 instinctive behavior　動物が学習によって獲得する習得行動に対し，学習によらずに，遺伝的に生来行い得る適応行動をいう．生得行動は種特有のもので，種の隔絶に役立っている．　→解発因，鍵刺激，生得的解発機構

しょうとく（せいとく）てきかいはつきこう 生得的解発機構 innate releasing mechanism, IRM　信号刺激の特別な組み合わせに対する選択感受性に必要な特殊な神経感覚機構であり，その刺激に対する反応を解発する機構と定義されている．ティンバーゲンは動物が外界からの信号刺激を選択的に感

受し，生得行動を発現する特別なメカニズムがIRMであると示唆した．

じょうにゅう　常乳　normal milk　泌乳期の最初および末期を除く時期に，健康な乳牛によって生産される牛乳．

しょうのう　小脳　cerebellum　脳の一部で，背側からみて大脳の後方にみられる部分．後脳の背側を占め，特有のヒダがあって，中央の虫部とその左右の片葉からなる．小脳は身体の平衡保持，筋緊張の制御，協調運動の構成など円滑な随意運動の中枢．実質は大脳と周辺の小脳皮質（灰白質）と小脳髄質（白質）からなり，皮質には表層から分子層，プルキンエ細胞層，顆粒層がある．

じょうはつざんりゅうぶつ　蒸発残留物　total solids, TS　汚水や汚泥中の固形物量を示す指標．試料を蒸発乾固した後，105℃で乾燥したときに残留する物質をいう．単位はmg/lまたはmg/kg．蒸発残留物を600℃で1時間強熱灰化して揮発する有機物を強熱減量，残った無機物（灰分）を強熱残留物という．したがって，蒸発残留物は強熱減量と強熱残留物の和であらわされ，また考え方を変えれば，浮遊物質（SS）と溶解性物質の和でもあらわされる．

じょうはつせいねつほうさん　蒸発性熱放散　evaporative heat loss　水分の蒸発による熱の放出．潜熱放散ともいう．1 ml の水分蒸発で580 cal の熱が放出される．動物では皮膚を通して，また呼吸により常に水分蒸発があり蒸発性熱放散がおこっている．高温下では発汗やあえぎにより蒸発性熱放散は著しく上昇する．蒸発性熱放散の効率は温度が一定ならば湿度に依存し，高湿度では効率が低下する．

じょうはんそう　上繁草　top grass　草地ではいろいろの草丈の種が混生している．低い草もあれば高い草もある．草高の高い種を上繁草という．他の種よりも先に光を吸収し，スペースを立体的に確保し，競争に有利な立場にある．

じょうひ　上皮　epithelium　体の内外の粘膜表面にある細胞層で，その細胞を上皮細胞，細胞層を構成する組織を上皮組織という．上皮細胞の表面は遊離し，細胞の下には基底膜と呼ばれる特有の構造がみられる．発生的には，消化管の上皮は内胚葉，泌尿生殖器系の上皮は中胚葉，皮膚の上皮は外胚葉に由来する．細胞の形により，扁平，立方および円柱上皮に分類され，細胞の配列（細胞層）によっても単層および重層に分けられる．皮膚や消化管上部（口腔，食道）は重層扁平上皮，腸は単層円柱上皮である．

じょうひしょうたい　上皮小体　parathyroid glands　第三および第四鰓嚢から発生する内分泌器官で，卵円形でやや扁平な形を有する黄褐色の小体である．家畜では，多くは甲状腺付近で認められ，時には甲状腺と共通の被膜で被われている．ニワトリでも甲状腺の下端に接して，共通の被膜で包まれている場合がある．英語に対応して副甲状腺とも呼ばれる．パラソルモンというポリペプチドホルモンを分泌し，これは血中カルシウム濃度を上昇させる．

じょうひしょうたいホルモン　上皮小体ホルモン（副甲状腺ホルモン）　parathyroid hormone, parathormone, PTH　上皮小体（副甲状腺）で合成・分泌されるアミノ酸残基84個からなるホルモン．PTHは，Ca^{2+}の骨からの遊離，腸からの吸収，腎臓での再吸収を促し，血中Ca^{2+}濃度を維持する．血中Ca^{2+}濃度の低下によりその分泌が刺激される．

しょうひちしじょう　消費地市場　卸売業者，仲買業者あるいは小売業者の購買のために，消費地あるいは消費地に近接して開設されている市場であり，卸売市場法に基づいて開設されている卸売市場がこれにあたる．食肉では，従来，枝肉での取引が一般的であったが，近年生産地に部分肉への解体処理・加工を目的とした食肉センターが設置されてきており，それに対応して部分肉の取引を主とした消費地市場が設けられてきている．

しようひょうじゅん　飼養標準　feeding standard　動物の維持, 成長, 肥育, 産卵, 産乳などに必要な養分要求量を明示・解説したものが飼養標準である. 飼養標準は飼料の給与量を決定する手段であるのみならず, 飼料の生産や購入計画および長期的な飼料の需給計画を立案する際の基礎ともなる.　→栄養素要求量, ARC標準, NRC標準, 日本飼養標準

しょうひんかりつ　商品化率　ratio of sales quantity to production　生産物がどれだけ商品として販売されたかの度合いであり, 農業の商品生産化を示す指標の一つ. 次式によって算出される. 数量比でとらえるため, 品目ごとの度合いとなる. 商品化率＝販売数量÷生産数量×100　→貨幣化率

しょうほうたい　小胞体　endoplasmic reticulum, ER　細胞小器官の一つ. 袋状の構造で, 内腔に細胞内で産生された物質を貯留する. 外表面にリボソームの付着している粗面小胞体と, 付着していない滑面小胞体に分けられる. 粗面小胞体は蛋白合成の盛んな抗体産生細胞, 内分泌細胞に発達している. 滑面小胞体は脂質分泌細胞やステロイドホルモン産生細胞に多い.

じょうほうでんたつ　情報伝達　signal transduction　細胞, 生体組織や器官などのシステムが働くための指令や信号を伝えること. 一般的には神経情報, ホルモン情報, 遺伝情報などが生物システムの代表的な情報であるが, 狭義には細胞膜上のレセプターなどを介して獲得した情報を, 細胞質内のさまざまな伝達経路を経て核内における遺伝子転写へとつながる一連の生化学反応を指す. 蛋白質のリン酸化, 細胞内カルシウム濃度, イノシトール三リン酸などが複雑に関与したカスケードであることが次第に明らかとなってきた.

しょうみきかん　賞味期間　shelf life　食肉加工品のうち, ハム類, ソーセージ, 混合ソーセージは, 製造年月日を基準として, その製品を美味しく食することができる期間を表示するようになっている. しかし, 賞味期間を経過しても食用に供せないというものではない.

しょうみたんぱくか　正味蛋白価　net protein value, NPV　飼料の蛋白質含量（％）に正味蛋白利用率をかけて得られる. 飼料中の蛋白質のうち, 動物体内で本来の目的に利用され得る蛋白質の量を示す.　→正味蛋白利用率

しょうみたんぱくひ　正味蛋白比　net protein ratio, NPR　無蛋白質飼料給与時の体重減少量は維持のための蛋白質量を示すので, 蛋白効率（PER）を出すときの体重増加量にこの減少量を加えて補正し計算した値.
→蛋白効率

しょうみたんぱくりようりつ　正味蛋白利用率　net protein utilization, NPU　飼料蛋白質そのものの利用性を示す単位で, 生物価に消化率をかけて求める. 吸収された窒素の利用性を示す生物価よりも実用性が高い.
→生物価, 正味蛋白価

じょうみゃく　静脈　vein　静脈も動脈と同様に内膜, 中膜および外膜で構成される. 内膜は単層の扁平内皮細胞からなる最内層の内皮と基底板および結合組織で構成される. 中膜は筋層で平滑筋線維を含み, また弾性線維が発達する. 外膜は外層の結合組織である. 静脈では動脈に比べて, 平滑筋線維および弾性線維の発達が悪く, その壁が薄くなる. 静脈には逆流を防ぐための弁が認められ, 内膜が半月板状に突出したものである.

しょうようじゅりん　照葉樹林　laurel forest　常緑広葉樹のツバキ, シイのように光沢のある葉の樹を主とする林をいう.

じょうわん　上腕　arm, upper arm
→付図2, 付図5

じょうわんこつ　上腕骨　humerus　前肢骨を構成する骨の一つで, 肩甲骨と前腕骨との間に位置する. 近位端は肩関節で肩甲骨と, 遠位端は肘関節で前腕骨とそれぞれ連結

する．骨軸が外側に捻れた外形をもち，大型の動物では太く，長い．　→付図21，付図22

ショートカットハム short cut ham　ブタのもも部から骨付きハムを作る場合，もも肉部で仙骨を除き，腸骨の中間部で切断して作ったハム．

ショートニング shortening　ラードその他の油脂を原料として工業的に製造された油脂の一種．ビスケット，クッキー，クラッカーなどをさくさくさせるものとして小麦粉に加えられる．

ショートホーン Shorthorn　1500年ころから知られているイングランド北東部原産の肉用牛．毛色は，濃赤褐色で，白斑を有するもの，槽毛を示すものもあり，有角．体重・体高は，それぞれ雌 600 kg，128 cm，雄 900 kg，145 cm程度．枝肉歩留り約58％．世界中各地で肉生産用，肉用牛の改良に利用されている．わが国でも黒毛和種，日本短角種の成立に寄与した．

ショートロイン short loin　牛枝肉のアメリカ式分割法による部分肉名．後躯のロースの前半部である．後半部はサーロインという．　→付図23

じょかく　除角 dehorning, disbudding　動物の角を除くこと．わが国ではウシおよびヤギを群飼する場合にしばしば行う．出生後，角が生える以前のものは硝酸銀や苛性カリの棒を，角の出る個所にこすりつけるか，赤熱したこてで焼烙する．成畜の場合は除角器を用いて切断する．この場合は特に断角ともいう．

じょかくき　除角器 dehorning tool, dehorner　ウシの除角に用いる用具の総称．除角するウシの月齢が経過している場合には，2枚の刃をもったカッターで角根部を挟み切った後，止血を兼ねて角の成長点となる有核細胞層を赤熱したコテで焼く．幼時に除角する場合には，電気コテや苛性カリで角の基部を焼く．

しょきがくしゅう　初期学習 early learning　動物の幼齢時の経験による学習．早期学習ともいわれ，刷り込みもこの範疇に入ると考えられる．

しょくさいぼう　食細胞 phagocyte　異物や老化赤血球などの貪食にあたる細胞．顆粒白血球（ミクロファージ），特に好中球，好酸球，ならびに単球およびマクロファージから構成される．

しょくさよう　食作用 phagocytosis　食細胞が，細胞膜を変形させて細胞外の小物質を包み込み，細胞内に小胞体として取り込むこと．小物質が細胞膜に吸着されると，膜の突出あるいは陥入がおこり，小胞体として取り込まれ，細胞内のリソソームと合体して消化，吸収される．　→飲作用

しょくせいがた　植生型 vegetation type　その土地に優先する草種によって命名された草地のタイプ．日本の草地は優占する草種の特徴をとらえて，ススキ型，ササ型，シバ型に分ける．ススキ型草地は，森林のない開けたところで適度の採草利用によって発達する．入会草地は古くから隔年採草によってススキ草地を維持してきた．ササ型草地は，東日本では落葉広葉樹林帯の林床植生として維持されてきた．

しょくせいせんい　植生遷移 plant succession　草地の植生は常に動いている．優占種もまた時の流れとともに動く．より早く，より高く空間を占拠する種が勝者となる．この動きを植生の遷移という．その流れは限りなく極相へと近づく．

しょくせいちょうさ　植生調査 surveying vegetation　植物の群落の構造や機能を知るために，種の組成や生育を調査すること．草高（H），被度（C），頻度（F），個体の密度（D）などの尺度を用いる．

しょくそうこうどう　食草行動 grazing behavior　放牧されている草食家畜の摂食行動のうち，草を食べる行動．日周性があり，ウシとヒツジでは，朝と夕方に主要な食草の時間帯がある．ウマは，夜間に多く食草する．

食草時間は草質, 草量, 密度, 草丈などの草地の条件, 温度, 湿度, 雨, 風などの環境条件, 家畜の月齢, 繁殖ステージ, 乳量などの家畜側の条件によって変化する.

しょくそうりょう　食草量　herbage intake　放牧家畜の草の採食量. 放牧量の量, 質, 放牧環境, 家畜の側の要因など, 多くの要因によって変化する. 直接測定することが難しく, 入牧前と退牧後の草量の差を求める前後差法, 採食草中の不消化の指示物質および投与不消化物の糞中濃度から求める指示物質法, 生産家畜の栄養必要量から逆算する方法など, 種々の推定法が用いられている.

しょくど　埴土　sandy soil　→砂土, 土性

しょくど　食土　soil eating　ウシなどに見られる栄養要求として発現する土を食べる行動. 摂食行動に含まれる.

しょくどう　食道　esophagus　消化器系で口腔から胃に至る管状の構造. 頸部では気管の背側に位置する. 粘膜は重層扁平上皮で, 若干の食道腺をもつ. 筋層は内輪走, 外縦走の2層. 食道上部では横紋筋が分布するが, 胃に近づくにつれて平滑筋とおきかわる. 反芻動物では横紋筋がよく発達し, 食道の全域にわたって分布する.　→付図11, 付図12, 付図13

しょくにく　食肉　meat　畜肉（牛肉, 豚肉, 馬肉, 緬羊肉, 山羊肉）と家兎肉および家禽肉を総称して食肉と呼んでいる. 魚肉と対比して用いられる.

しょくにくえいせい　食肉衛生　meat hygiene　食肉へ微生物その他が侵入することによって, 食肉が腐敗したり, 食中毒菌をもつ食肉が発生したり, 炭疽, 牛結核, ブルセラ病など, またはある種の寄生虫によるヒトの健康を害するような食肉の発生を予防すること.

しょくにくえいせいけんさじょ　食肉衛生検査所　meat inspection center　地方自治体所管で, 食肉の安全性を確保するため, 屠畜場における屠畜検査を主要な業務とする.

しょくにくおろしうりしじょう　食肉卸売市場　meat wholesale market　食肉市場には食肉中央卸売市場, 大消費都市屠畜場, 県条例による地方食肉市場がある. 食肉市場は肉畜, 枝肉, 部分肉を出荷者から販売委託を受け（肉畜は併設屠畜場で屠畜, 解体され枝肉にする）「せり取引」もしくは「相対取引」により全量を売買参加者に売り渡し, 原皮, 内臓代金を加えた販売代金から市場手数料, 屠畜場経費を差し引いて, 即日決済する所をいう.

しょくにくのじゅくせい　食肉の熟成　→熟成

しょくぶつエストロジェン　植物エストロジェン　plant estrogen　植物に含まれるエストロジェン作用物質. イソフラボンの誘導体がおもなもので, ゲネスチン（genestin）, ビオカニンA（biochanin A）, クメストール（coumestrol）などが知られている. 1940年代, オーストラリアのサブクローバー放牧地で発生したヒツジ（雄）の繁殖障害に関わる要因として注目されはじめた. この成分はマメ科草に多く含まれるほか, イネ科草にもその活性が認められている. 繁殖機能, 増体, 泌乳など各生産要素との関連性が指摘されている.

しょくぶつせいぎょうしゅうそ　植物性凝集素　phytohemagglutinin　植物性レクチン. 血液型の分類, リンパ球の幼若化, 多糖類, 複合糖質の検出などに使用する. コンカナバリンA（Con A）など. 単にフィトヘムアグルチニン（PHA）といったとき, インゲンマメ由来のT細胞活性化能をもつ植物性凝集素を意味することもある.　→レクチン

しょくぶつせいはつじょうぶっしつ　植物性発情物質　plant estrogenic substance　→植物エストロジェン

しょくぶつそせい　植物組成　botanical composition　草地植生の調査で, 単位面積の土地に生育している草本をすべて刈り取り, 草種ごとの重さを測定して重量の多い順に表示する. これを植物組成という.

しょくぶつタンニンなめし　植物タンニン

なめし　vegetable tanning　　植物タンニンで皮をなめす方法で，渋なめしともいう．もっとも歴史の古いなめし法の一つである．タンニンなめし革は茶褐色を呈し，伸びが少なく，可塑性，耐摩耗性，吸水性に優れているが，耐熱性が弱く，日光に当ると暗色になりやすい．なめし作業は底革の場合，ロッカー→ハンドラーまたはサーキュレーター→レタンまたはホットピットの順に行われ，なめし期間が長い．靴の底革，ベルト，かばん，馬具などの製造に用いられる．　→タンニン

しょくふん　食糞　eating of feces　　げっ歯類で認められる摂食行動に含まれ，栄養要求としてみられる自分の排泄した糞を食べる行動と，ウマやブタでみられる異常反応の食糞がある．ラット，ウサギなどでは食糞によって，腸管内微生物により合成されるビタミン，とりわけビタミンB_{12}，ビタミンKなどが補給される．

しょくもつせんい　食物繊維　dietary fiber　食餌性繊維ともいう．腸内で一定の生理活性を示す難消化性食品成分の総称．あるいはヒトの消化酵素で消化されない植物細胞壁成分．細胞壁の構造性物質としてセルロース，ヘミセルロース，ペクチン質（非水溶性），リグニン，キチンが，非構造性物質としてペクチン質（水溶性），植物ガム，粘質物，海藻多糖類が知られている．生理作用としては脳細胞の代謝活性に寄与する咀嚼効果，生物作用としては腸内菌叢の制御，直腸癌の予防，物理・化学作用としては腸内における水の吸着，イオン交換作用による有害物質の排便促進などがある．

しょくようふてきらん　食用不適卵　inedible egg　　食用にならない卵．外観検査や透光検査での異常性や，割卵後の異常性によって選別する．卵殻にひびがあるもの，腐敗して黒いもの，カビのはえているもの，異臭のあるもの，卵白が緑色や赤色を帯びたもの，卵黄がこわれたり，卵黄が卵殻面に付着したもの，有性卵で血管の発生したものなどである．食用不適卵の選別は，液卵の製造において特に注意される．

しょくらんへき　食卵癖　egg eating　　産卵鶏が自分の卵または他のニワトリの産んだ卵をつつき割って食べる悪癖．破卵を食べたり，転がらずにケージに留まった卵を割って味を覚えた個体が，故意に卵を割る癖がついたもの．

じょこつ　除骨　deboning　　枝肉，部分肉などから骨を除くこと．

しょさん　初産　primipara　　雌がその種に固有の妊娠期間を経て胎子を分娩した最初の出産．分娩した産子の生死や数は関係ない．また，胎子が未熟で娩出された早産は初産には数えない．初産年齢（日齢）は，種によって異なる．初産では，一般に分娩時の障害がおこりやすく，分娩後の乳量が少ないことが知られている．　→娩出

しょさんたいじゅう　初産体重　body weight at first egg　　育成した雌雛が初めて卵産したときの生体重．性成熟時の体重をあらわす．

しょさんにちれい　初産日齢　age at first egg　　産卵開始日齢のことで性成熟を示す．一般に産卵鶏は140～160日齢で産卵を開始する．

しょさんらんじゅう　初産卵重　egg weight at first egg　　初めて産んだ正常卵の重量のこと．初産が早いと卵は小さく商品価値が低いので，経営的には商品価値のある大きさの卵をできるだけ早く産ませるようにする必要がある．

しょせいびな　初生雛　day-old chick, baby chick, newborn chick　　孵化したばかりの雛．体内には卵黄（卵黄嚢）が残存しているので約2日間は給餌しないでもよい．

しょせいびなしゆうかんべつ　初生雛雌雄鑑別　day-old (baby, new born) chicken sexing　→雌雄鑑別

じょせんもうちゅうどうぶつ　除繊毛虫動物　defaunated animal　　反芻動物の第一胃

内に硫酸銅液やエーロゾルなどの表面活性剤を投与して、生息する繊毛虫類を死滅させ、除去することができる。得られた動物を除繊毛虫動物という。また、生後、直ちに子畜を親から隔離して、繊毛虫のいない動物を得ることができる。この動物を無繊毛虫動物（unfaunated animal）という。これらの動物を用いて、繊毛虫の機能を知ることができる。
→有繊毛虫動物

じょそうざい　除草剤　herbicide　→殺草剤

しょだいばいよう　初代培養　primary culture　生体から直接分離した細胞、組織あるいは器官を培養容器に移し、一度も継代せず培養する手法。機能の異なるいくつかの細胞を含んでおり、生体内の機能を維持しているが、長期的な培養には適さない。

しょとくだんりょくせい　所得弾力性　income elasticity of demand　所得が1％増減した場合、当該商品の需要が何％変動するかの割合をいう。（需要の増加あるいは減少分／需要量）÷（所得の増加または減少分／所得）で算出され、その値が1より高い時は弾力性が大、1の時は中立的という。所得弾力値は贅沢品ほど高く、生活必需品ほど低くなる傾向をもつ。

しょとくりつ　所得率　rate of income　売上高に対する農業所得の割合。売上高のうちどれほどが農業所得として実現しているのかをあらわすもので、いわば所得の歩留まり率である。しかし、所得率が高いことが収益性の高さを必ずしも示さない。例えば、企業的な経営と家族労作的な経営では後者が高い傾向になる。所得を利益に置き換えれば売上高利益率になる。式は以下のとおり。所得率＝所得÷売上高×100

しょにゅう　初乳　colostrum　分娩後の数日間に分泌される乳汁。初乳は、蛋白質、ミネラル、脂溶性ビタミンの含有量が多く、乳糖やカリウム含有量が少ない。最大の特徴は、高濃度の免疫グロブリン（Ig）を含有することである。有蹄類ではIgG、ヒトやウサギではIgAが主体であり、イヌ、げっ歯類では両者が含まれ、これらのIgは、新生子の受動免疫に重要である。新生子では、生後の限られた期間に腸管から初乳中のIgを分解することなく吸収する。初乳には胎便の排出作用もある。

ショルダー　shoulder　A. ブタ、ウシの半丸枝肉のアメリカ式分割による部分肉名で、日本の規格でいう、かたに当たる。これをかたロース部（ショルダーバットあるいはボストンバット）およびうで部（ピクニックショルダー）に2分割する。→付図24、B. 原皮裁断部位の名称。→付図25

ショルダーベーコン　shoulder bacon　ブタのかた肉を整形して塩せきし、ベーコンと同様に処理して作った食肉製品。JAS品目の一つ。

しり　尻　rump, croup〔ウマ〕
→付図1、付図2、付図4、付図5

じりつけいえい　自立経営　economically viable farm　正常な構成を前提した場合に、家族のなかの就業可能者がほぼ完全に就業できる規模の家族農業経営であって、他産業従事者と均衡する生活が営める程度の所得の確保が可能な経営。1961年に制定された農業基本法（第15条）によって規定された政策上の育成目標としての経営。

しりゅうたい　糸粒体　mitochondria
→ミトコンドリア

しりょう　飼料　feed　一種類以上の栄養素を含み、有害物を含まない物質であって動物が健全な生活を遂行するために必要な栄養素を供給する物質である。飼料はその種類がきわめて多く、その性質もそれぞれに大きく異なる。

しりょうあんぜんほう　飼料安全法
→「飼料の安全性の確保及び品質の改善に関する法律」

しりょうかくはんき　飼料撹拌機　feed mixing machine　粕類、細断した粗飼料、サイレージ、濃厚飼料など、数種類の飼料を均一

に混合するための撹拌機械．比較的小型のものは，円筒型の飼料槽内で撹拌翼を回転させるものが多く，大型の撹拌機では舟底形の飼料槽内を2～4本のスクリュオーガーで撹拌する方式が多い．オーガー部に切断刃を取り付けて乾草を短く切断する機能や計量器のついたものもある．また，撹拌機を固定し，混合した飼料を給飼車またはバンクフィーダーなどに供給するものや撹拌機の機能に運搬，給餌機能を付加した自走式撹拌給餌機もある．

しりょうかち　飼料価値　feeding value 飼料の栄養価，嗜好性，採食性，外観，取り扱いの難易，貯蔵・保存性等々，飼料の総合的な品質・特性を飼料価値と呼ぶ．

しりょうかぶ　飼料カブ　fodder turnip, *Brassica rapa* L.　地中海沿岸あるいは西南アジアが原産地ともいわれ，特にヨーロッパ農業の輪作体系のなかで重要な役割を果たしてきた．現在でも，家畜の嗜好性や泌乳効果に優れた冬期間の多汁質飼料として，よく用いられる貯蔵用根菜類の一つである．根部は大きく肥大し，肉質は比較的硬く，す入りが少ない．多収性で栽培が容易であり，短期間に生育するので土地利用性は高い．

しりょうきゅうよへいこう　飼料給与平衡　maintenance of feeding system　飼料平衡とは家畜の飼料要求量の変化と給与量とのバランスを表現する言葉である．特に自給飼料の給与で牧草・飼料作物の季節生産性が以前には問題になったが，昭和50年代初頭からの通年サイレージ給与方式の定着でこの問題がほぼ解消されている．

しりょうこうぞう　飼料構造　structure on feed utilization　畜産経営において，どのような種類の飼料をどのように調達し，給与しているかを相互に関連させて総体として捉える概念．飼料の栄養構成（濃厚飼料，粗飼料，蛋白比率など），飼料自給率，自給飼料の獲得方法（飼料作物栽培，農場副産物利用など）などによりあらわされる．広義には輸入飼料依存度なども含む．

しりょうこうていきかく　飼料公定規格　official specification of feed　飼料安全法においては飼料の栄養成分に関する品質の向上を図るため，飼料の種類を指定してその種類毎の栄養成分の最小量または最大量，またその他栄養成分について必要な事項の規格を定めているが，それを公定規格と呼んでいる．公定規格の内容には粗蛋白質，粗繊維などのほかに，可消化養分総量，代謝エネルギー，リン，カルシウムなどが含まれる．

しりょうこうぼ　飼料酵母　feed yeast 飼料に用いる酵母のことで，トルラ酵母，パン酵母，ビール酵母などがある．トルラ酵母はパルプ製造時の亜硫酸パルプ廃液などを原料として酵母を培養したもの，パン酵母は糖類を含有する培養液で増殖させたもの，ビール酵母はビール製造時に発酵液の底に沈殿したものである．蛋白質含量が高く，アミノ酸組成もよい．

しりょうこうりつ　飼料効率　feed efficiency　単位風乾飼料当たりに生産される畜産物の量を示す．牛乳と卵では新鮮物重量，肉生産を目的とする家畜では増体量を畜産物の生産量とする．飼料要求率の逆数である．

しりょうさくもつ　飼料作物　forage crop 草食家畜への給与を目的として茎葉および穀実をも加えて栽培する作物を飼料作物という．狭義では，イネ科草ではエンバク，スーダングラス以上の大型作物をいい，茎葉の細い牧草類と区別することがある．イネ科草，マメ科草のほか，キク科のキクイモ，アブラナ科のレープ，ルタバガ，フダンソウ科の飼料用ビートなども飼料作物である．

しりょうじきゅう　飼料自給　→自給飼料

しりょうじゅきゅうあんていほう　飼料需給安定法　飼料の需給と価格の安定を図り，畜産の振興に寄与するため，政府が輸入飼料の買い入れ，保管および売り渡しを規定した法律．1952年に公布された．農林水産大臣

は毎年飼料需給計画を定め，これに従って操作することになっている．輸入対象品目は，ムギ類，ふすま，トウモロコシ，その他を指定できる．

しりょうせいけいき　飼料成形機　feed former　配合飼料，切断乾草，粉砕乾草および各種製造粕類などを圧縮成形する機械．小口径（直径 12 mm 以下）の円筒状に成形するものをペレッター，大口径で角形に成形するものをキューバー，円筒状に成形するものをウエハープレスと呼んでいる．

しりょうせつだんき　飼料切断機　feed cutter　乾草や稲わらおよびトウモロコシなどの長大飼料を適当な長さに切断する機械．細断機には羽根付きフライホイールの側面に切断刃が取り付けられ，これを回転して切断刃と受け刃との間で材料を切断するフライホイール型と円筒状のフレームに切断刃を取り付けたシリンダーが回転し，切断刃と受け刃との間で材料を切断するシリンダー型がある．

しりょうそうだつほう　飼料争奪法　competitive feeding trial, food competition test　→飼槽優先法

しりょうそせい　飼料組成　feed composition　飼料の化学的な特性を炭水化物，蛋白質，脂肪，ミネラル，ビタミンに分けてその量を相対的な値（％）として表現したものである．飼料の一般成分（水分，粗蛋白質，粗脂肪，粗繊維，可溶無窒素物，灰分）がその代表的なものであるが，近年ではこれに代わるものとしてデタージェント分析システム，酵素分析システムなどがよく用いられている．

しりょうたんい　飼料単位　feed unit, FU　飼料のエネルギー含量を示す単位．オオムギ 1 kg のもつエネルギー含量を 1 単位として示す．

しりょうてんかぶつ　飼料添加物　feed additives　ある目的で飼料に添加・混用して家畜に供せられるもので，農林水産大臣が農業資材審議会の意見を聴取して指定するものをいう．その目的とは，「飼料の品質低下の防止」，「飼料の栄養成分その他の有効成分の補給」，「飼料の含有している栄養成分の有効な利用の促進」であり，ビタミン剤，ミネラル，防カビ剤，抗酸化剤，抗菌性物質，粘着剤などが含まれる．

しりょうのあんぜんせいのかくほおよびひんしつのかいぜんにかんするほうりつ　飼料の安全性の確保および品質の改善に関する法律，飼料安全法　The Law Concerning Safety Assurance and Quality Improvement of Feed　飼料の品質保持や改善を図るとともに，飼料や飼料添加物の使用により有害畜産物が生産されたり，家畜に被害を生ずることがないように，規制することを目的としている．すなわち，飼料，飼料添加物などの定義，飼料の製造などに関する規制，飼料の公定規格による検定制度などを定めている．「飼料の品質改善に関する法律」の一部改正法として公布，1976 年 7 月から施行された．

しりょうはいごう　飼料配合　formulation of feed　家畜を健全に保ち，十分な生産性をあげるためには養分要求量を満足させる飼料給与が必要となるが，単一な飼料では合理的な養分の供給が行い得ない．そこで，飼養標準と飼料の栄養価・化学組成を基礎として複数の飼料の組み合わせによる適正な飼料配合が日常的になされている．コンピューターを利用した線型計画法による飼料配合が一般的である．

しりょうビート　飼料ビート　fodder beet, mangold, *Beta vulgaris* L. var. *rapa* Dumort.　家畜ビート．地中海沿岸あるいは西南アジアが原産地ともいわれ，寒冷地では家畜の嗜好性に優れた冬期間の多汁質飼料として，暖地では暑熱ストレスに対する有効な飼料として利用されるシュガービートと同属の根菜類である．比較的冷涼な気候を好み初冬まで根が生長し続ける．わが国では，北海道から九州まで広く栽培され，適応性は大きい．

しりょうふんさいき　飼料粉砕機　feed

grinder　ムギ類, トウモロコシ, ダイズなどの飼料穀類を粉砕する機械. 飼料穀粒は粉砕することにより消化率が高まり栄養の損失が少なくなる. また, 嗜好性の悪い穀類と嗜好性のよい飼料を配合して全体の嗜好性を高めることができる. 飼料粉砕機には粉砕機構が異なるハンマーミル, フィードグラインダー, ロールミルなどがある. 農家で穀類の粉砕をすることは少ないが, 飼料工場では配合飼料などの製造工程で大型の各種の飼料粉砕機が使用されている.

しりょうようきゅうりつ　飼料要求率　feed conversion　飼料要求率は飼料効率の逆数で, 家畜・家禽の増体量や産卵量に対する飼料摂取量の比率で示される. 飼料要求率は小さい値の方が家畜・家禽生産に対してはよいこととなる. 飼料要求率は肉畜生産の指標としてよく用いられる.

しろクローバー　シロクローバー　white clover, *Trifolium repens* L.　シロツメクサ. ヨーロッパ, 中央アジア, アフリカを原産とする寒地型のマメ科多年生牧草. 草高は 20 cm 前後で, 長いほ伏型で繁殖し, イネ科牧草と混播栽培される温帯地域の重要なマメ科草種の一つである. 夏季の高温乾燥による減収量が目立つが, 生草, 乾草, 放牧, サイレージに利用され, 嗜好性も優れている. 生草の過食による鼓脹症の危険性があるので注意を要する. 生育適応性は高く全国に自生する.

しろつめくさ　→シロクローバー

しろなめしがわ　白なめし革　Japanese white leather　姫路白なめし, 古志鞜＜こしたん＞などともいわれ, その製法は日本独特のもので, 1,000 年以上の歴史がある. 牛皮を川の流水につけて脱毛し, 肉面を削り, 天日乾燥後菜種油で油入れし, 足揉みの工程を経て仕上げる. 薄黄色を帯びた白い革で, 古来武道具に用いられてきたが, 財布, ハンドバック, ぞうりなどにも用いられる.

じんいせんばつ　人為選抜　artificial selection　育種目標に沿って選抜と交配を行い集団の遺伝的な改良を行うこと. 遺伝子頻度を定向的に変化させる要因. 自然淘汰 (natural selection) に対置される.

じんいとうた　人為淘汰　artificial culling →人為選抜

しんかくせいぶつ　真核生物　eukaryote 原核生物に対する呼称で, 核膜に包まれた核を有する細胞からなる生物. すべての動物および植物がこれに属する.

しんきん　心筋　cardiac muscle　心臓壁を作る筋で, 横紋筋であるが作用的には不随意筋である. 心筋線維 (心筋細胞) は短円柱状で分枝をもち, 介在板と呼ばれる細胞境界により網状に連結した合胞体を形成している. この境界膜はギャップジャンクションをもつため, 一個の心筋細胞の活動電位が隣接する細胞に広がり, ほぼ同期して収縮する. 心筋は自発的に脱分極する歩調取り細胞 (洞房結節) により収縮する. 核は通常一個で, 細胞内部深くに認められる. ミトコンドリアが発達し, グリコーゲン顆粒や脂肪滴も豊富で, 心筋の活動エネルギーを供給する.

しんきん　真菌　fungi　多様な形態学的構造をもつ. 細菌類と粘菌類を除く菌類の総称で, 真菌類は細菌とともに, ほとんどあらゆる種類の有機物の分解に貢献し, また, 食品, 医薬品の製造における発酵過程にも重要な役割を果たしている. ウシの第一胃内にも生息し, 発酵に関与する. 真菌の感染によりおこる疾病を真菌症と呼ぶ. 動物に比べ植物の病害に関与するものが多い.

しんくうかんそう　真空乾燥　vacuum drying　減圧下 (真空) で乾燥すること. 常圧における乾燥よりも低い温度で水分が蒸発するので製品の熱変性を防止して, 品質のよいものが生産される.

しんくうこうどう　真空行動　vacuum activity　欲求不満状態下において, 対象なしに行動だけが出現すること. ニワトリが砂もないのに砂浴びをしたり, ニワトリやブタがわらもないのに巣作りをしたりする行動.

しんくうほうそう　真空包装　vacuum package　塩化ポリビニリデンなどの通気性のほとんどない包装材料を用いて，真空下で食品をパックすること．パック中に窒素などの不活性ガスを加えることがある．

シングルセルプロテイン　single cell protein　→単細胞蛋白質

しんけいかん　神経管　neural tube　発生時に生じ脳脊髄を形成する胚性器官．外胚葉の肥厚した神経板の両端が持ち上がって閉じた管状構造で，脊索の背側を体軸と平行に走る．横断面では背側の翼板，腹側の基板および床をなす底板からなり，前端部のふくらみから前脳，中脳，菱脳が，後方では脊髄が形成される．

しんけいこう　神経膠　neuroglia　中枢神経系で神経細胞の間を埋める支持組織．稀突起膠細胞，星状膠細胞，小膠細胞と上衣細胞から構成される．中枢神経系における結合組織の役割を担っていて，血管周囲を被い，神経線維を包み，貪食機能を果たしている．

しんけいさいぼう　神経細胞（ニューロン）nerve cell, neuron (e)　神経組織を構成し，相互のネットワークを作る．刺激を受け入れて伝達する．核を含む細胞体と伸長する神経突起からなるが，神経突起はほかから刺激を受け入れる樹状突起と刺激を他に伝える軸索がある．神経細胞にはニッスル小体と呼ばれ粗面小胞体が豊富で，突起には神経細線維や神経細管が分布する．神経突起が他の神経細胞あるいは効果器との接続はシナプスと呼ばれる．

しんけいせんい　神経線維　nerve fiber　神経細胞の突起とそれを取り囲む神経膠性の皮膜を合わせて神経線維という．時には神経突起のすべてに対して用いることもあり，神経突起（軸索）は樹状突起より長いことが多いので，神経線維を同義語に使うこともある．

しんけいぶんぴ（つ）　神経分泌　neurosecretion　分泌活動が盛んな神経細胞を神経分泌細胞と呼び，その神経終末からホルモンなど化学物質が血中に放出されることを神経分泌という．哺乳類では，視床下部視索上核および室傍核の神経細胞が下垂体後葉にある神経終末からホルモンを血中に放出する．また視床下部正中隆起にある神経終末からは，下垂体前葉ホルモン放出あるいは抑制ホルモンが下垂体門脈血中に分泌される．

じんこういくすう　人工育雛　artificial brooding　家禽の雛を，母親の育雛に頼らずに人工的に初生雛から大雛まで育てること．育雛器にはバタリー式と平飼い式の二とおりがあるが，いずれにしろ加温する必要がある．また栄養と衛生管理には十分な配慮が必要である．

じんこうかんそう　人工乾草　dehydrated hay　乾草調製の際，火力加熱，送風により人工的に牧草を乾燥させて作った乾草．自然（天日）乾燥されたものよりも，原料の養分損失が少なく，緑度，葉部割合，栄養価，嗜好性が良好に保たれる．

じんこうきしょうしつ　人工気象室　artificial climatic chamber　温度，湿度，気流，放射熱等の種々の気象要素が人為的に調節できる実験装置．生物を対象にするものを生物環境調節実験室またはバイオトロンといい，研究対象によりズートロン（動物），ファイトトロン（植物），インセクトロン（昆虫）などがある．

じんこうケーシング　人工ケーシング　aritificial casing　人為的に加工して作られたケーシング類の総称．セルロース，コラーゲンなどの天然素材を原料として作られたものは，通気性あるいは可食性などの特徴があり，塩化ビニリデン系などの化学的合成品は，水蒸気やガスに対して非透過性が大であるが均一性や経済性が優れている．

じんこうこうもん　人工肛門　artificial anus　ニワトリでは糞尿が同時に排泄されるため，消化試験には糞と尿を分けて採取する必要がある．切断した直腸末端を腹部に開口させ，人工的に作った肛門．カニューレを装

着して人工肛門を維持する方法と維持管理が楽な直腸粘膜反転法がある．

じんこうじゅせい　人工授精　artificial insemination, AI　雌を受胎させるために，注入器を用いて精液を雌の生殖道内に注入すること．普通，希釈保存した精液を用いるので，優良種雄畜の効率的利用が可能であり，家畜の改良増殖に大きく貢献することができる．雄の遺伝能力の早期判定，伝染性生殖器病の蔓延防止，種付け業務の簡易化，凍結精液の利用によるさまざまな利点などもその効果として知られている．　→授精適期，人工授精器，精液注入

じんこうじゅせいき　人工授精器　instruments for AI　家畜人工授精，特に雌に精液を注入する際に用いる器具．注入器が必須の器具であり，家畜の大きさや雌生殖道の形態的特性にあわせた種々の注入器が市販されている．ウシ精液の注入法には直腸膣法と頚管鉗子法があるが，前者は直腸壁を介して子宮頚を把持し，頚管深部まで注入器を挿入する方法であり，注入器以外の器具を要しない．後者の頚管鉗子法では，注入器のほかに腟を開く腟鏡と頚管を固定するための頚管鉗子が必要であり，現在ではほとんど使われていない．

じんこうじゅせいし　人工授精師　AI technician　家畜改良増殖法により定められた家畜人工授精師の資格を取得した者をいう．家畜人工授精師の免許は，獣医師のほかに農林水産大臣の指定するもの，都道府県知事が家畜の種類別に行う家畜人工授精に関する講習会または家畜人工授精および家畜受精卵移植に関する講習会の課程を修了して，修業試験に合格した者に与えられる．

じんこうじゅせいようしゅゆうぎゅう　人工授精用種雄牛　AI-bull, artificial insemination bull　人工授精業務に供用することが公式に認められている種雄牛．これらの種雄牛には家畜改良増殖法により毎年種畜検査を受け，種畜証明書の交付を受けることが義務付けられている．

じんこうじゅたい　人工受胎　artificial conception　胚移植による受胎をいう．
→胚移植

じんこうせんしょくたい　人工染色体　artificial chromosome　細胞分裂における染色体の制御された挙動を解析するため，酵母において既知の染色体機能ドメインをつなぎ合わせて作られた直線上の構造をもつ染色体様構造物．DNA複製起点，構造遺伝子，セントロメア，テロメアなどを含む．安定な人工染色体では減数分裂においてもほぼ正常な染色体と同様な挙動を示す．

じんこうぞうき　人工臓器　artificial organ　生体が本来備えている臓器の機能を代行するため，人工的に作られた機器一般を指す．例として，人工膵臓，人工腎臓，人工心臓，人工血管などがある．純粋に無生物からなるものと，一部別種あるいは同種の動物の細胞を保有するタイプのものがある．いずれも生体にとって抗原刺激の少ない材料を選択されている．

じんこうちつ　人工腟　artificial vagina　雄畜から射出精液を採取するときに用いる器具．動物種により大きさや形は異なるが，原理的には同じである．普通，硬質ゴム，プラスチック，金属などで作られた外筒と，軟らかいゴム製の内筒からなり，精液を採集する精液管は人工腟の先端に装着する．わが国では，さらに内側に精液管を付けた円錐形のゴム内筒を加えた三重壁の人工腟がよく使われている．いずれの場合も外筒と内筒の間に温湯を入れて空気を吹き込み，準備を完了する．
→人工腟法

じんこうちつほう　人工腟法　artificial-vagina method　人工腟を用いて精液を採取する方法．雄畜が擬雌台に乗駕したら，陰茎を人工腟内に誘導して挿入させ，その温度と圧迫感により射精を促す．採取後はただちに人工腟から温湯を抜き，精液管を取りはずす．人工腟は腟の感触に似せてつくられているの

で，自然な射精に近い状態で精液を採取することができる．　→人工腟

じんこうにゅう　人工乳　synthetic milk, starter　哺乳後期以降の子牛に給与する粉状またはペレット状の飼料．母乳に近い組成となるよう工夫されており，早期離乳，子畜の順調な育成，母畜の健康維持，生産性の向上などを図るために用いられる．子牛用のほかに子豚用の人工乳も市販されている．

じんこうにんしん　人工妊娠　artificial pregnancy　胚移植による妊娠をいう．→胚移植

じんこうふか　人工孵化　artificial hatch　孵卵器の中で孵化させる方法．これに対し自然孵化は親鳥に抱卵させる．人工孵化では孵卵器の温度と湿度管理，転卵を親鳥がやるように行わなければならない．ニワトリの場合は，孵卵期間21日，温度39～39.5℃で，湿度は孵卵18日まで60%，その後70%である．

じんこうほにゅう　人工哺乳　artificial suckling, artificial nursing　出生後の哺乳期の子畜を母畜から離して人為的に乳または代用乳などを給与して哺育すること．→代用乳

じんこうほにゅうき　人工哺乳器　artificial sucker　母畜から搾った全乳または脱脂乳，代用乳などの液状飼料を人為的に哺乳する器具．乳牛では人工哺乳が一般的で，バケツやプラスチック製の哺乳瓶にゴム製の乳首をつけた哺乳器で哺乳する．ブタでは保温と代用乳の自動給与およびその哺乳器の消毒機構を具備した人工哺育装置が市販され，人工乳による計画的な子豚の人工哺育器が実用化されている．

じんこうりゅうざん　人工流産　artificial abortion　胎子がまだ母体外での生活能力をもたない時期に経済的あるいは育種計画上の理由，母体保護の立場から人為的に妊娠を中絶すること．胎子が生活能力を獲得した後に中絶する人工早産とは区別される．中絶法にはいろいろあるが，ウシではプロスタグランジンや副腎皮質ホルモンの投与が多用されている．　→プロスタグランジン

しんさ　審査　judging　家畜の生産能力と外貌上の特徴との間には関連性があり，その外貌の特徴を視覚および触覚により評価することを審査という．用途による特有の体型，品種および性の特徴，資質などを調べる．審査は，共進会や登録の際に行われ，個体審査，系統審査および比較審査がある．

しんさひょうじゅん　審査標準　scale of points, standard of excellence　家畜の各品種ごとに改良上の目標として外貌のあるべき姿を示したものであり，外貌を審査するときに基準として用いられる．審査標準は，身体の各部位について重要度に応じて配点され，満点は100で減点法により採点される．

しんさん　浸酸　pickling　→ピックリング

じんしょうたい　腎小体　renal corpuscle　腎臓内の血液をろ過する部分で，毛細血管が塊状に迂曲した糸球体とこれを取り巻く尿細管の始まりが袋状になった糸球体嚢（ボーマン嚢）を合わせて腎小体という．ここでの，ろ過液は血液中の細胞成分と中，高分子の蛋白質を除いた血漿成分と等しく，糸球体ろ過液と呼ばれる．1分間当たりの糸球体ろ過液の量（ml）は糸球体ろ過量（GFR）と呼ばれ，腎機能の指標となる．

しんせいし　新生子　newborn, neonate　新しく生まれた子動物のことで，外環境に順応して独立して生活を営むようになるまでのもの．ヒトでは生後1ヵ月くらいまでをいうが，家畜では動物種によってそれぞれ異なり，特に定まってはいない．体温調節機構や環境への適応機構が整っておらず，また，下痢，肺炎などの疾病やブタでは母豚による圧死などがあり，飼育上，特に注意を要する．初生子と同義語

しんせいじ　新生児　newborn, neonate　→新生子

しんせん　浸染　dip dyeing　繊維製品

を染浴に浸して無地染めにする染色法．模様などを染めつける捺染＜なっせん＞に対応する用語．毛織物にはウインチ（枠染機）と呼ぶ浸染機を使用する．染浴の濃度は目的によって異なるが，淡色では通常，織物重量の 5% 以下，濃色では 10% 以上の染料を用い，染色助剤，浸透剤などを適宜添加する．

しんぞう　心臓　heart　血液循環の原動力となる器官で，胸腔底部で正中位よりもやや左に偏って，心膜内に納まっている．心臓は右心房，左心房，右心室および左心室の四つの部屋で構成される．これらの部屋は左右二つのポンプを作り，肺循環を行う右のポンプよりも全身に血液を送る左のポンプがよく発達し，左心室は右心室よりも著しく厚い壁を有する．心房心室間および大動脈口には血液の逆流を防ぐ弁が発達する．

じんぞう　腎臓　kidney　腹腔内背側壁で腹膜後位に位置する暗赤褐色の器官．脊柱をはさんで一対あり，一般にソラマメ状の形状であるが，ウシでは表面が凸凹を示す分葉腎の形状を残す．反芻動物では左腎は定着せず遊走腎となっている．腎臓は尿をつくるほか，造血，血圧上昇，カルシウム代謝を営んでいる．

じんたい　靱帯　ligament　靱帯は骨と骨の間を結んで，連結を補強する帯状，膜状の強靱結合組織である．靱帯は関節に附属して運動の範囲を制限する働きも行う．靱帯は腱と似た組織構造を示すが，あるものは大量の弾性線維を含む点で異なる．項靱帯は特に強力で大量の弾性線維を含み，黄色を呈し，重たい頭部の懸垂に働いている．

しんたいばん　真胎盤　veracious placenta　食肉類，げっ歯類，霊長類の子宮では胚の着床刺激を受けて局所の間質が脱落膜化して肥大し，胎子胎盤と密に接した胎盤を形成する．脱落膜は分娩時に剥離して胎子胎盤とともに脱落するが，このような胎盤を真胎盤という．これに対し，有蹄類では胎膜絨毛は子宮内膜表面と接した胎盤を形成し，分娩時に排出するのは胎子胎盤の部分のみである．このような胎盤を半胎盤と呼ぶ．

しんたま　thick flank　牛枝肉のももの一部．アメリカ式カットでいうサーロインチップ（sirloin tip），輸入部分肉でナックル（knuckle）と呼んでいるのがほぼこれにあたる．→付図 23

じんちくきょうつうでんせんびょう　人畜共通伝染病　zoonosis　→ズノーシス

じんつう　陣痛　labor pains　分娩時におこる子宮の収縮作用で疼痛をともなう．陣痛は分娩の初期には比較的長い間隔で繰り返される．この時期に子宮頸管が開口して産道ができる（開口期陣痛）．破水が始まるころから間隔が短くなり，連続しておこるようになり，強い陣痛がおきて胎子が娩出される（産出期陣痛）．胎子娩出後は後産を排出するために，やや弱い陣痛がおこる（後産期陣痛）．

しんどうふるい　振動篩　vibrating sieve　金網を張った篩の上に汚水を投入し，振動によって固液分離を行う機構の篩を指す．振動方式によって篩渣を輸送したり，逆勾配で持ち上げたりできる簡易で安価な固液分離機であるため，畜舎汚水の荒目の固形物を分離するのに適する．

しんのしょうかりつ　真の消化率　true digestibility　飼料の消化の際分泌される消化液や消化管の剥離したものなどに由来する糞中の成分を差し引いて求めた消化率．真の消化率 (%) ＝{摂取した成分量－(同成分の糞中排泄量－同成分の代謝性産物量)}/摂取した成分量．→代謝性糞産物，見かけの消化率

じんぱい　腎杯　renal calyx　腎臓の内部構造で髄質に位置し，腎乳頭からろ出する尿を受けるろう斗状構造を有し，対応する腎乳頭から尿を受け，それらは集合して腎盤に続く．

じんばん　腎盤　renal pelvis　腎臓で腎門内部の腎洞を全面にわたって被う膜性の袋．拡張した尿管の起始部に相当する．ウシでは腎盤はみられない．

シンメンタール Simmental　スイス西部シンメンタール原産の中世より知られた乳肉役兼用種．毛色は赤褐色に白斑を有し，頭部，下肢は白色で有角．体重・体高は，それぞれ雌 750 kg, 140 cm, 雄 1,200 kg, 155 cm 程度．乳量 3,900~4,000 kg, 乳脂率 3.9~4.0%, 枝肉歩留り約 59%．現在では，役利用は少ない．わが国の褐毛和種の改良に寄与した．

じんもんみゃくけい　腎門脈系　renal portal system　ニワトリの腎臓に特有な静脈系．ニワトリでは腎動脈や腎動脈枝が流入するだけでなく，尾静脈や尾腸間静脈の合流した内腸骨静脈に，坐骨静脈，外腸骨静脈も吻合して腎臓に入り，再び毛細血管に分岐する．こうした静脈系を腎門脈という．

しんりすいりきがくてきこうどうモデル　心理水力学的行動モデル　psycho-hydraulic model　Lorentzによって提唱された行動モデルの一つで，動機づけレベルをタンクに溜まる水に，外部刺激をその水の流出を止める栓を開けようとする力に例えて，その両者の大きさによって発現する行動の質と量が決まるというもの．この仮説は，行動の結果おこる内部環境変化の回路が欠落している．

しんわこうどう　親和行動　affiliative behavior　群内の個体間で見られる相互の親和度の認識に関する行動で，体の擦りつけ合い，舐め合い，噛み合い，体の下へのもぐり込み，などの動作で示される．これらの動作は親子間の世話行動，性行動にも見られるが，それ以外にも群内の個体間の攻撃的な相互作用を抑制する行動として見られる．

[す]

スイートクリーム　sweet cream　乳酸発酵を行っていないクリーム．

すいかん　膵管　pancreatic duct　膵臓で作られた膵液を十二指腸まで送る輸送管．膵臓は発生時に腹側膵葉，背側膵葉として生じるため，それぞれの排出管であった膵管，副膵管のいずれか，あるいは両者が動物種により残存する．膵管は幽門近くに，副膵管は幽門から離れて十二指腸に開口する．
→付図 11, 付図 12, 付図 13

すいぎゅう　水牛　water buffalo, buffalo　アジア，アフリカの熱帯，亜熱帯地域に生息分布するウシ亜科の動物で，アジアのものはアジアスイギュウ，アフリカのものはアフリカスイギュウで，前者は，Arni, Tamarao, Anoaが区別され，家畜化され利用されている．Arni は，生態，習性，核型の異なる沼沢水牛（主に役用）と多数の地方品種の分化している河川水牛（乳用）に区別される．　→沼沢水牛，河川水牛

すいぎゅうにゅう　水牛乳　buffalo's milk　牛乳より多量の脂肪と無脂固形分を含む．インド，東南アジア，中国南部では飲用や加工に用いられる．　→ギー

すいしつおだくぼうしほう　水質汚濁防止法　Water Pollution Control Law　昭和 45 年，法律第 138 号．公共用水域及び地下水の水質の汚濁（水質以外の水の状態が悪化することを含む）を防止するため，工場及び事業場から公共用水域への水の排出及び地下への浸透を規制する法律．国は全国一律に適用する基準を設けるが，水域の実情に応じて都道府県は国の排出基準より厳しい基準（上乗せ基準）を設定できる．知事は汚濁状況を常に監視し，排水基準を違反した水を排出した時は施設改善や排出停止を命令することができる．

ずいしょう　髄鞘　myelin sheath　神経線維（軸索）をとりまく白色のリン脂質からなる分節状の鞘．髄鞘で被われない神経線維の裸の部位がランビエの絞輪．シュワン細胞の扁平な細胞質が重層に取り巻いて構成する．髄鞘は情報の伝達速度をあげ，絶縁の役割を果たしている．　→シュワン細胞

スイスチーズ　Swiss cheese　→エメンタールチーズ

すいぞう　膵臓　pancreas　大型消化腺

の一つ．胃の後方で十二指腸に沿ってその背側に位置する肉色の臓器．外分泌腺として膵液を生産し，膵管または副膵管あるいはこれら両者により十二指腸に送り出す．膵には内分泌腺として膵島（ランゲルハンス島）が散在し，ここからは血糖を調節するインスリン，グルカゴンを分泌している．　→付図11, 付図12, 付図13

すいでんらくのう　水田酪農　dairy farming upon paddy field　稲作との複合経営形態で，粗飼料基盤を水田の裏作や転作田などに置く経営方式．土地利用，労働力利用，農業機械利用の面で補完関係をもつ形態として合理性を有する．しかし，乳牛頭数規模の拡大の中で，稲作と飼料作の作期，作付けの競合，労働過重などの理由で減少している．

すいとう　膵島　pancreatic islet　膵臓の外分泌部の腺房の間に散在するもので，ランゲルハンス島とも呼ばれる．構成する細胞は染色性や顆粒の形状により三種に区別される．A細胞はグルカゴンを，B細胞はインスリンを，D細胞はソマトスタチンを分泌するが，B細胞が最も多い．ニワトリの膵臓では，A細胞は脾葉と腹葉の背側部〔第三葉〕に多く，ほかの葉ではほとんどみられない．

すいぶん　水分　moisture　試料に含まれる水を指す．飼料6成分の一つで，一定温度で試料を加熱して完全に乾燥し，その際の減量を水分量とする．水分を除いたものを乾物または固形物をいう．

すいぶんかっせい　水分活性　water activity　食品を入れた密閉容器内の蒸気圧Pとその温度における純水の蒸気圧P_0との比P/P_0のこと．記号Awであらわす．微生物が利用できるのは食品中の自由水であるから，食品の貯蔵と微生物との関係をあらわすには，食品の水分含量(%)よりもAwの値を用いるのが適切である．

すいぶんちょうせいざい　水分調整材　moisture adjusting material　→副資材

すいぶんりつ　水分率　moisture regain　通常の水分含量または含水率とは異なり，試料中の水分を蒸発させた後の乾物重量を100として，水分量を%で示した数値．繊維原料などに用いられる．試料重量をW，その乾燥重量Wdとすれば，水分率は$(W-Wd)/Wd \times 100$(%)で与えられる．

すいへいたいちょう　水平体長　body length　和牛においてのみ用いられる体長の測定法．　→付図8

ずいまく　髄膜　meninx〔pl. meninqes〕　脳および脊髄を包む膜で，それぞれ脳膜，脊髄膜と呼ばれる．骨に接する硬膜，神経組織を包む軟膜および両者の間のクモ膜からなり，クモ膜と軟膜の間の広いクモ膜下腔には脳血管が走り，その間は脳脊髄液で満たされている．

すいようせいたんすいかぶつ　水溶性炭水化物　water soluble carbohydrates　飼料中に含まれる水可溶の炭水化物成分の総称である．特に牧草・飼料作物の分野でサイレージ発酵の良否を左右する指針として用いられる．水溶性炭水化物には単糖類，少糖類，フラクトサンおよびペクチンの一部が含まれる．

すいようせいビタミン　水溶性ビタミン　water soluble vitamin　ビタミン類のうち水に溶ける性質をもっているものの総称で，ビタミンB群，ビタミンCなどがこの中に含まれる．欠乏症として知られているものは，ビタミンB群ではB_1の脚気，B_2の口角炎，B_{12}の悪性貧血，ビタミンCの壊血病がある．ビタミンB_1は炭水化物代謝と，ビタミンB_6はアミノ酸代謝と，葉酸はプリン代謝と密接に関係している．　→脂溶性ビタミン

すいよう（せい）らんぱく　水様（性）卵白　thin albumen, fluid egg white　希薄卵白ともいう．卵白のうち，粘度の低い部分をいう．全卵白の約40%を占め，濃厚卵白を間に内水様卵白と外水様卵白とに分かれる．卵が古くなるにつれて濃厚卵白は水様卵白に変化する．　→付図20

スイント　suint　ヒツジの皮膚腺からの

分泌物が羊毛に付着し乾燥したもの．これは原毛精練のときに除去される水溶性成分で，脂肪酸のカリウム塩などを含んでいる．カリ肥料製造の原料として利用される．

スーダングラス sudangrass, *Sorghum sudanense* (Piper) Stapf　熱帯アフリカを原産とする暖地型のイネ科ソルガム属の一年生作物．ほかのソルガム属と同じく，根系の発達が著しく耐旱性に優れ，生育適温は27℃とほかの禾穀類よりも高い．草丈2~3 mの細茎で，多分げつ性に富み，再伸長性が優れているので，暖地での青刈り利用に適する．サイレージや乾草利用されるが，幼若の草には青酸配糖体が含まれるので注意を要する．　→ソルガム

スーパーカーフハッチ super calf hutch　カーフハッチで生後約2ヵ月間飼育後，6~8頭を群にして約6ヵ月齢まで収容するために屋外に設置する簡易施設．暖かさより空気の新鮮さを優先させたもので，これが普及してから育成牛の呼吸器疾患が減少した．2ヵ月齢以上離れた子牛同士を同一群にしてはならない．　→カーフハッチ

スーパーカウ super cow　ホルスタインで泌乳能力が特に高い雌ウシのこと．基準はないが365日乳量20,000 kg以上のものを指すことが多い．スーパーカウを作出するには遺伝的能力とともに育成段階からの飼養技術が重要である．

スエードがわ　スエード革 suede leather　クロムなめしした子牛，ヤギ，ヒツジなどの革の肉面（裏面）をバッフィングしてけば立てて，ビロード状に仕上げたもの．毛足が短く，細く，柔らかいものが良質とされ，靴の甲革，ハンドバック，手袋，衣料用として用いられる．革の銀面をバッフィングしたものをグレースおよびヌバックという．

スカート skirt　牛枝肉の横隔膜の骨格筋のうち，腰椎に接する部分をシックスカート（thick skirt）またはハンギングテンダー（hanging tender）といい，肋骨部はシンスカート（thin skirt）またはアウトサイドスカート（outside skirt）という．シックスカート，シンスカートはそれぞれわが国のさがり，はらみに相当する．これらのいずれも関税品目では内臓肉で，焼き肉用，成形ステーキ用および挽き肉用に使われている．なお腰椎横突起および後位肋骨脇軟骨面の内より腹部に向かって走る腹横筋をインサイドスカート（inside skirt）あるいはスカートプレート（skirt plate）という．これは横隔膜の一部ではない．

スカム scum　糞尿や汚泥の貯留槽，消化槽などの表面にできた厚いスポンジ質の層をいう．糞尿の消化分解の進行とともに，微生物によって発生した炭酸ガスが浮遊物を包含して軽くなり槽の表面に浮上して作られる．浮渣ともいう．

スカンジナビアしりょうたんい　スカンジナビア飼料単位 Scandinavian feed unit　スカンジナビア諸国で実用される飼料エネルギー単位．一般には単に飼料単位といい，メルガールドの飼料単位と区別するときにこのようにいわれる．乳牛に対する飼料エネルギーの産乳効力を，オオムギ1 kgを1単位として，表示する．

スキナーボックス Skinner box　実験心理学者のSkinnerが開発した装置で，レバーを押すと餌が出てくる，というように，動物が操作する仕掛けと実験者が定めた条件どおりに自動的に報酬を与えるしくみを備えた箱．→オペラント条件づけ，試行錯誤学習

スクープしきかくはんき　スクープ式撹拌機 agitator of scoop type　堆肥化装置で用いられる撹拌機の1種．2~3本のチェーンに突起付きバーやアングルを水平にスクープ状に連結し，チェーンの回転によって材料を後方へ撹拌・粉砕・搬送する．撹拌の深さは1~2 mで，深く撹拌できるため発酵槽の面積を小さくできるが，機構的に複雑なため故障しやすいので異常音などの発生に注意する．

スクラバー scrubber　脱臭塔内に多数の小さな穴の開いた棚板を数段階に入れ，下

方より臭気ガスを送り，上方より活性汚泥循環液をスプレーしてガスと接触させ，臭気成分を循環液に吸収・分解させる方式の活性汚泥脱臭装置．

スクリューコンベアー screw conveyer 配合飼料，配合飼料と粗飼料などの混合飼料および糞尿などを搬送する装置．断面形状が円形，U形などの筒の中にスクリューを取り付け，ねじの回転作用で物体を輸送する．粉粒物や半流動物を水平または傾斜のある場所へ比較的中距離輸送するのに適しているが，液状物を高い位置へ輸送する場合には適さない．

スクリュープレス screw press スクリューと圧搾板により固液分離を行う方式で，円筒の一端のホッパーからスクリューによりスラリーや余剰汚泥などの原材料を圧入し，途中に設けた円筒形のスクリーンで液分を分離したあと，他端から固形物を排出するタイプの固液分離機．敷料や小石などの混入が故障の原因となるためこれらの混入防止に留意する．

スクレーパー scraper 畜舎内の敷料や糞尿などの掻出機．→バーンスクレーパー

すじまき 条播 row seeding, drill seeding 牧草や飼料作物の播き方に散播，点播，条播などがある．すじまきは，ドリルシーダなどを用いて効率よくなされるが，生育初期の除草，中耕などの機械管理作業に便利である．牧草地では散播よりも草生の維持年限が長い．また，播種量の節約にもなる．すじまきの応用として，トウモロコシとソルゴーの交互条播のように多収栽培を目指した方法が普及している．

ススキがたそうち ススキ型草地 Miscanthus-type grassland ススキは日本の火山灰地帯の畑や草原によく育ち秋には穂がなびいて美しい景観をつくる．この型の草原は，古くから集落共同体の運営する入会地などで隔年採草の形で維持されてきた．

スターター starter 1) チーズ，発酵バター，発酵乳などの発酵乳製品の製造において用いられる微生物の純粋培養物．ストックカルチャーから調製され，マザースターター，バルクスターターと順次増量培養される．2種以上の菌を用いた混合スターターもある．また，最近は凍結または凍結乾燥された濃厚菌液も直接接種用として利用されている．
2) 出生(孵化)後の幼動物に対し，最初に給与する飼料．家畜の場合は離乳飼料，家禽の場合は幼雛用飼料に相当．子牛，子豚では離乳などを早め，順調な生育を促すための離乳飼料としての人工乳が与えられる．

スタイロ stylo, Brazilian lucerne, *Stylosanthes gracilis* H.B.K. 熱帯南アメリカを原産とする暖地型のマメ科多年生牧草．草型はアルファルファに似た直立型で，草丈70cm前後，放牧地ではほ伏性を示す．耐乾性が強く，重粘地や酸性土壌でも生育する．耐蔭性が弱いので長草型草種との混播栽培には不適．東南アジアや熱帯南アメリカでは放牧に用いられている．

スタックサイロ stack silo 平坦な露地面にプラスチックシートを敷き，収穫した飼料作物を積み上げた後，その表面をプラスチックシートで覆い，土砂などを盛って密封した水平サイロの一種．もっとも簡便にサイレージを調製できるが，圧密不良や土砂混入によるサイレージの品質低下がおきやすい．

スタッファー 充填機 stuffer ソーセージ用の挽き肉，練り肉，プレスハム用の混和された小さい肉塊などをケーシングに充填する機械．手動式，圧搾空気式，油圧式があり，一般には圧搾空気を用いるエアースタッファーが多く用いられている．

スタンダードブレッド Standardbred 体高154~165cmのアメリカ原産速歩競技用の軽輓用馬．サラブレッド，ノフォークトロッター(ハクニー)，アラブなどを基礎にして作出されたが，その過程で1788年に導入された種牡馬メッセンジャーの子孫ハンブレトニア

ン10世が根幹馬となっている．能力を重視した登録が行われたので，スタンダードブレッドという．明治時代からわが国にも輸入され，農用馬の生産に使われた．アメリカン・スタンダードブレッド（American Standardbred），アメリカン・トロッター（American Torotter）ともいう．

スタンチョンストール stanchion stall　つなぎ飼い式牛舎におけるウシの係留方式の一つで，ウシの頸部を挟むようにして係留する．ウシは頭を上下に移動させることはできるが左右の動きはかなり規制される．

スタンディングはつじょう　スタンディング発情 standing estrus, standing heat　雌動物の発情期にみられる特徴的挙動で，乗駕や被乗駕の性行動や交尾の許容をさしている．発情初期には乗駕行動，中期から末期にかけて被乗駕行動が多い．ウシではスタンディング発情の発見を容易にするため腰にヒートマウントデテクターを添付したり，チンボールを付けた試情雄牛を使ったりする．

スタンプスメア stamp smear　ウマの発情や妊娠の診断に使われる．ガラス板を子宮外口部に押しあてるとガラスに付着して粘液が採取されるが，その粘液をスタンプスメアという．妊娠時には半透明で粘着性があり，斑点状に付着する．妊娠陰性の場合，粘液は希薄でスライドに一様に付着する．また，黄体期には妊娠時の像，卵胞期には妊娠陰性時の像に類似したスメア像となる．

ステアハイド steer hide　食肉用に雄牛を去勢して，2年以上飼育した成牛の皮．他の動物皮に比べて堅牢良質であるが，カーフスキン，キップスキンと比べると銀面が粗い革ができる．皮革原料として最も多く用いられ，その用途も広い．

ステーキ steak　ローストして食べる目的で，厚切りにした食肉の切り身．転じてオーブンなどで焼き，ローストした食肉料理の名称．

ステーキング staking　革の繊維をもみほぐして柔軟にするために行う仕上げ作業．へら掛けともいう．ステーキングマシーンが用いられる．これには往復運動する上下二つの腕があり，上にはゴムローラーが，下には2枚の鉄板が取り付けられていて，革は両者の間に食い込まれ，引張られながら柔らかくなる．最近バイブレーション・ステーキングマシンも開発され，普及しつつある．

ステープル staple　→毛束

ステップ steppe　温帯気候に属するロシア平原に広がる短草型草原を指すが，同時にほかの短草型草原にも使われている．温帯における短草型草原は，年間降雨量が500～600 mmの地域に出現する長草型草原と砂漠（年間降雨量200 mm前後）との間に成立する草原で，アジアとアフリカの約20%，オーストラリアの約28%，北アメリカの13%，南アメリカの9%がこれに属している．

ステロイドホルモン steroid hormone (s)　ステロイド核を基本骨格とするホルモンの総称．おもに生殖腺（卵巣，精巣），胎盤，副腎皮質などでコレステロールからプレグネノロンを経て生合成される．エストロジェン，アンドロジェン，プロジェステロン，副腎皮質ホルモンなどがある．これらと類似の構造や作用をもつ合成化合物を含めてステロイドホルモンという．一般に脂溶性で，細胞膜を通過し，核内受容体に結合し作用を発現する．

ステレオタイプ stereotype　→常同行動，異常行動

ストール stall　ウシを1頭ずつ収容するために仕切られた場所．牛床ともいう．ストールの寸法や隔柵の位置・寸法については，収容方式（つなぎ飼いかフリーストールかの違い），ウシの大きさ，隔柵の種類などにより決定される．

ストーンピッカー　石れき除去機 stone picker　耕土中に含まれる比較的小粒径の石れきを除去するため，石の掘りあげ，土壌との分離，排出を連続的に行う作業機械．畑地造成時には重作業土工機械によって大粒径の石

れきが除去されるが，各種圃場用作業機械の摩耗や破損，収穫物中への混入を防ぎ，作付けの制限を取り払うために，本機による除去作業が必要な造成圃場も多い．

ストックガード stock guard 農場の入り口で，人や車は通過できるが，ウシが脱走できないように，深い溝にすのこを渡した構造の施設．ドライブオーバーゲート（drive over gate）ともいう．

ストリップカップ strip cup 乳房炎の診断用具の一つ．搾り始め乳を約100メッシュの篩に通し，乳汁中の微細な凝固物を見つけ出す方法．簡易には空き缶などの容器に黒色の布をかぶせ，これに搾り始め乳を搾り込む黒布法が用いられている．黒布や金網に残った凝固物の大きさ，量，色を観察して異常乳や乳房炎の早期発見をする．

ストリップほうぼく ストリップ放牧 strip grazing system →帯状放牧

ストリップロイン strip loin →サーロイン

ストローとうけつほう ストロー凍結法 straw freezing, straw method 精子や胚の凍結法の一つ．希釈精液や胚浮遊液を入れる容器として容量0.25 mlまたは0.5 mlで長さ約10 cmのプラスチック製ストローを使うことからこの名がつけられた．精液や胚浮遊液をストローに封入し，液体窒素蒸気中に静置し，あるいは自動凍結装置（プログラムフリーザー）を使って凍結する．凍結後は液体窒素中に浸漬して保存する．種々の動物種で世界的に広く普及している． →錠剤化凍結法

すなあびこうどう 砂浴び行動 sand-bathing, dust-bathing 家畜・家禽が地面や床に伏臥あるいは横臥し，砂や敷料を全身にまぶす行動．身繕い行動の一つで，好天の日の午後によく見られる．

すね 脛 second thigh →付図1，付図5

ズノーシス zoonosis 人畜共通伝染病とも呼ばれ，ヒトと動物の間で伝播する疾病の総称．病原体はウイルス，細菌，真菌（カビ），寄生虫など多様で，120種類以上知られている．

すのこゆかしきちくしゃ すのこ床式畜舎 slotted floor barn 床の全面または通路のみが，すのこによって作られている畜舎．糞は家畜の蹄により，すのこの間から下に落とされる．若干の敷料（オガクズなど）が用いられることもあるが，敷料の節約，除糞作業の軽減，家畜と糞尿の分離などの効果がある．

スピルリナ Spirulina 藍藻類に属する微生物で，飼料の蛋白質源として利用される．キサントフィル，カロチン，ビタミン類も多い．養魚場で色揚げ用として利用される．クロレラよりは消化がよい．

スプライシング splicing 遺伝子が転写されてできたRNA分子中のイントロン部分が除去され，それに隣接したエキソン配列が連結する一連の反応の呼称．スプライシングは核の中で生ずる．スプライシングがおこるエキソンとイントロンとの境界部位には比較的共通した塩基配列があり，核内に存在する低分子RNAの5'末端部分および塩基配列と相補的な構造をとるものが多い．そのためこの核内低分子RNAがスプライシングに関与すると考えられている．

スプリングフラッシュ spring flush 寒地型のイネ科牧草の1番刈りは，春季の長日条件で出穂，開花など生殖生長へ移行する過程で地上部の乾物生産が著しく増大する．この節間伸長にともなう個体重量の急激な増加はスプリングフラッシュと呼ばれ，寒地型牧草の季節生産性を特徴づけている．

スペアーリブ spareribs 豚枝肉の，ばらの肋骨部分を肋骨に付着した骨格筋とともに，一枚の板のような形にはぎとったもの．

スポット Spot アメリカのインディアナ州で，ポーランド・チャイナの黒白斑のある個体に，グロースターシャー・オールドスポットを交雑して作出したブタの品種．黒白斑で，体型はポーランド・チャイナに似るが，大

型でやや長い．成体重は雄 300 kg，雌 250 kg 程度．平均産子数は 9~10 頭で，アメリカでの飼養頭数は純粋種の 10% を越している．

スポンジケーキしけん　スポンジケーキ試験　sponge cake test　スポンジケーキの材料は卵，砂糖，小麦粉が主材料で，その品質は，卵黄の品質によって大きな影響を受ける．そこでこのケーキの品質を比較することにより，用いた卵黄の品質を判定する試験法をいう．

すまきほう　巣播き法　nest sowing, hill sowing　1ヵ所に複数の種子をまとめて塊状に播き，生育初期の他種との競合に打ち勝つことを狙った方法．

すみわけ　棲み分け　habitat segregation, interactive habitat segregation　相似た生活様式をもつ二種以上の生物のそれぞれの個体群が，種自身の要求からいえば同じ所にも住みうるのに，競争の結果，生息場所を分けあっていること．棲み分けの結果として，分布域をそれぞれの環境に適応し，現時点では競争が存在しない場合もある．

スムーズブロームグラス　smooth bromegrass, *Bromus inermis* Leyss.　イヌムギモドキ．寒地型のイネ科スズメノチャヒキ属（ブロームグラス類）の多年生牧草．高い収量性は期待できないが，乾燥や高温に耐えて耐寒性が強いので，チモシーの導入が困難な乾燥地でも栽培が可能な採草，放牧兼用型の草種．草丈は 1~1.5 m，密生して強力な地下茎でも栄養繁殖し土壌を選ばない．排水のよい地力のある場所で良好な生育を示す．

スモークチーズ　smoked cheese　燻煙臭を与えたチーズ．ナチュラルチーズ，プロセスチーズいずれについても行われるが，普通はアメリカのチーズまたはチェダーチーズが多い．燻煙したり，牛乳またはカードの段階で燻液を加えて製造する．

スライサー　slicer　食肉または食肉製品を薄く切るための機械．肉塊を一定の距離だけ移動する装置と回転する薄い刃よりなる．

スラッジ　sludge　→汚泥

スラリー　slurry　一般的にはドロドロしたかゆ状の懸濁液のことをいうが，畜産では液状の糞尿混合物を意味する．　→液状きゅう肥

スラリーインジェクター　slurry injector　液状糞尿（スラリー）を土中に注入施用する機械．サブソイラーなどで心土または作土を破砕し，その空隙にポンプで糞尿を注入する構造で，糞尿がほとんど地表面に出ないため散布時に悪臭の発生やアンモニアの揮散による窒素分のロスが少ない．タンクを搭載してるものが多いが，パイプ配管で糞尿を供給するものもある．

スラリーストア　slurry store　糞尿を圃場還元するため施用時期まで貯留する地上式円形の糞尿貯留槽で貯留槽（タンク），レセプションピット，ポンプなどで構成される．貯留槽内には曝気装置が設置され，糞尿を曝気して好気性処理を行う．貯留槽の容量は家畜の飼養頭数，糞尿の貯留期間などによって決まるが 57~1,500 m^3 程度のものが市販されている．

スラリースプレッダー　slury spreader　→尿散布機

すりこみ　刷り込み　imprinting　ニワトリやアヒルなど，早成性（離巣性）の鳥類は孵化後はじめて出会ったものに追従し，それを親として生涯慕うようになる．この早期学習を Lorentz が刷り込みと名付けた．Lorentz がハイイロガンの雛達に自身を刷り込ませた研究は有名である．哺乳類においても類似の現象が見られ，それを刷り込み様現象と呼ぶこともある．

[せ]

せ　背　back　→付図 1，付図 4，付図 5，付図 6

せいいくそがいぶっしつ　生育阻害物質　phytotoxic substance　作物の生育を阻害す

る物質. フェノール性酸 (p-オキシ安息香酸, フェルラ酸, p-クマル酸など) や低級脂肪酸 (酢酸, プロピオン酸など) などが知られる. 生の家畜糞や副資材 (ワラ類, 木質物など), 未熟な堆肥, 特に堆肥の嫌気的な部分には生育阻害物質が多量に存在するので, 施用する前に好気的条件下で十分腐熟させ, これらを分解しておく必要がある. →腐熟度, 発芽試験

せいいじょう **性異常** sex abnormality
性染色体の数的異常, 雌雄両性の細胞のキメラ, モザイク, 性染色体の構造異常などによって生じた性分化の異常個体で繁殖力はない. 数的異常では, XO 雌 (性腺形成不全症), XXX 雌, XXY 雄 (クラインフェルター症), XYY 雄など. 両性の細胞の混在するウシは, フリーマーチン症候群, 構造異常 (性決定遺伝子の異常分離による) XX 雄, XY 雌など.

せいえき **精液** semen 雄の陰茎から射出される液で, 精巣上体と精管からの精子を含む液と副生殖腺の分泌液で構成される. 一般に, 不透明, 乳白色で, 粘稠性が高く, 無臭あるいは動物種に固有の臭気をわずかにもつ. 精子濃度の高い反芻家畜の精液では, 精子の集団運動が精液管のガラス管壁を通して肉眼で観察できる. →副生殖腺

せいえききしゃくえき **精液希釈液**
semen dilutor, extender, diluent 精液の増量や保存の目的で用いられる液をいう. 単なる増量の場合は, 無機塩類を主とする緩衝液にグルコースと抗生物質を加えた程度のものが用いられる. 液状で低温に保存する際は, このような緩衝液に栄養分の補給や低温衝撃を防ぐ目的で保護剤として卵黄または牛乳を加えた液が用いられる. また, 凍結保存の場合は, さらに耐凍剤であるグリセロールを加えたものが使用されている. →耐凍剤, 低温衝撃

せいえきさいしゅほう **精液採取法**
method of semen collection 雄畜から精液を人為的に採取する方法. 人工腟法は, 自然な交尾に近い状態で射出精液が採取できることから, ウシ, ブタ, ウマ, ヤギ, ヒツジ, ウサギなどほとんどの家畜でよく用いられている. ただし, ブタでは人工腟法よりも手圧法が多用されている. ニワトリ精液は腹部マッサージ法で, イヌ精液は亀頭球の後方を手で強く握る一種の手圧法で採取できる. 電気刺激法は, 肢蹄の障害や乗駕欲の欠如のため人工腟法では採取できない哺乳類家畜で利用されるが, 近年, 野生動物からの精液採取によく用いられている. →人工腟, 人工腟法, 擬雌台, 手圧法, 電気射精

せいえきせいじょうけんさ **精液性状検査**
examination of semen properties, evaluation of semen qualities 採取精液の質または性質の検査のこと. 人工授精に用いて受胎を期待できるか, 実験材料として適当かなどを知るための必須の検査である. わが国の家畜改良増殖法に定められている検査項目には, 肉眼検査として精液の量, 色, 臭気および pH (ろ紙法), 顕微鏡検査として精子数, 精子活力, 精子生存率, 奇形精子率があげられている.

せいえきちゅうにゅう **精液注入** insemination, semen injection 授精と同義語. 交尾によるのではなく, 人工授精により精液を雌生殖道内に注入する操作をいう. →授精, 人工授精, 人工授精器

せいえきりょう **精液量** semen volume
射出精液の量のことで, 精液管の目盛りやメスシリンダーなどで測定される. 精液量は動物種により著しく異なる. また, 品種や個体, 同一個体でも採取時の状況, 季節や齢などによってかなり変動するが, おおまかにいってウシで 2~10 ml, ヒツジ 0.7~2 ml, ヤギで 0.2~2.5 ml, ブタで 150~500 ml, ウマで 30~300 ml, ウサギで 0.5~1 ml, ニワトリで 0.2~1.5 mlである.

せいかつがた **生活型** life form 草地の調査で, 草種ごとの生態的な能力を判断するために決めた指標である. 生育型 (growth form; 叢生型, ほふく型, 分枝型, ロゼット型,

直立型），繁殖型（reproductive form；種子，果実などの散布）のタイプに分けて記載する．また，地下器官については根，地下茎，ほふく茎などに分けて草体のひろがりをみる．

せいかつかん　生活環　life cycle　生物の個体の発生から死滅に至る固有の生活史を生殖細胞のところで結んだ表現法であり，世代ごとに繰り返されている発生・成長の経過を意味する．生物個体が出生してから死亡するまでをたどる生活史だけよりも，種の特徴がよく認識できる．

せいかつくうかん　生活空間　living space　集団の中の個体間には距離的な間合いがあり，個体空間の境界と社会的距離との間を生活空間という．　→個体空間，社会的距離

せいかん　精管　deferent duct, ductus deferens　精巣上体尾に始まり，尿道基部に開口する管で，精子の輸送路である．精巣上体から鼡径輪までを精索部，鼡径輪を抜けて尿道基部に達するまでを骨盤部という．ブタ，ネコ以外では，精管の末端部は太くなるので，この部分を膨大部という．　→精索，精管膨大部，付図 16

せいかんぼうだいぶ　精管膨大部　ampulla of deferent duct　精管の末端部は，ブタ，ネコを除く動物種では，紡錘状に太くなっているので，精管膨大部と呼ばれる．この部分の粘膜は，精管膨大部腺を含み，雄の副生殖腺の一つに数えられる．この腺は単層の円柱上皮からなる分岐管状腺であるが，導管はなく，腺腔自体が精管腔に開く．膨大部はウマで最もよく発達し，反芻類がこれに続く．　→精管，付図 16

せいぎゃくこうざつ　正逆交雑　reciprocal crossing　交雑に用いる親の品種，系統は同じで，雄と雌の組合せが逆になる交雑．

せいぎゃくはんぷくせんばつ　正逆反復選抜　→相反反復選抜法

せいきんすう　生菌数　viable cell count　試料中に存在する生きた菌の数．通常，試料と寒天培地とをペトリ皿中で混和・凝固させ，培養後発生したコロニー数から算出する．この標準平板培養法は，一般に食品の細菌数の測定に用いられる．また，わが国では発酵乳と乳酸菌飲料に乳酸菌数の規格が設けられている．

せいクロマチン　性クロマチン　sex chromatin　哺乳類雌の体細胞では，2本のX染色体の中1本が不活性化して，間期の細胞では核膜に接して小体を形成している．口蓋粘膜細胞の核で見られる小体を性クロマチンといい，その存在の有無を利用して性判別が行われる．末梢白血球では，分葉核に連って，たいこばち小体（drum stick），小脳の細胞ではバール小体（Barr's body）といわれている．X染色体を過剰に保有する個体（tripleXなど）では，（X染色体数-1）個の小体がみられるので，性異常の検査にも利用できる．

せいけいかんそう　成形乾草　compressed hay　→ヘイキューブ

せいけいき　成型機　pelletting machine　家畜糞堆肥などをペレット状に成型する機械．ディスクペレット方式とエキストルーダー方式に大別され，前者は直径数mmの穴が多数あけられたディスクに供給された堆肥がローラによって穴に圧送されて成型される．後者は装置内に供給された堆肥がスクリューによって圧縮されながら先端のダイス部分に圧送され成型される方式である．

せいけってい　性決定　sex determination　動物の性は，受精時の性染色体の組合せにより遺伝的に決定する．哺乳類は，雄がヘテロ配偶子型なので，子の性は雌XX，雄XYとなり，これをXX-XY型性決定様式という．Y染色体を欠く種類では，雄がXOとなる．Y染色体上には，SRY遺伝子が位置しており，胚の未分化な生殖腺原基精巣に分化させ，それに基づいて機能的な雄に分化する．鳥類は，雌がヘテロ配偶子型なので，子の性は雌ZW，雄ZZとなり，これをZZ-ZW型性決定様式という．

せいげんアミノさん　制限アミノ酸

limiting amino acids　　飼料中に含まれる必須アミノ酸の中で,要求量に対して不足するアミノ酸を指す.制限アミノ酸のうち,もっとも不足しているアミノ酸を第一制限アミノ酸,二番目に不足しているアミノ酸を第二制限アミノ酸という.リジン,メチオニン,トレオニンなどは不足しやすい.
　　せいげんきゅうじ　制限給餌　controlled feeding, restricted feeding　　給与する飼料の量を制限して与える給餌法.不断給餌(自由給餌)に対する用語.過剰な飼料摂取を防ぎ,飼料の無駄を省くことができる.1日に1回ないし数回にわけて与える.　　→不断給餌
　　せいげんこうそ　制限酵素　restriction enzyme　DNAの特定な塩基配列を識別して二本鎖を切断するエンドヌクレアーゼで,種々の細菌類から特異性の異なった酵素が精製されている.DNA塩基配列決定や遺伝子工学に欠くことのできない重要な酵素である.
　　せいげんこうそだんぺんちょうたけい　制限酵素断片長多型　restriction fragment length polymorphism, RFLP　　同種動物の複数個体よりDNAを調整し,特定の制限酵素で切断し電気泳動すると塩基数の差により生じてくるDNA断片の長さによる移動度の変異をいう.このDNA多型は,突然変異によりその認識部位が出現したり,消失することにより生じてくるが,メンデル遺伝をするので遺伝解析のマーカーとして有用で,個体,家系,系統,種などの識別に利用される.また,連鎖する2種類のRFLPsマーカーについて組み換え値を求めて,相互の位置を求めてRFLPs地図が作られる.
　　せいこうどう　性行動　sexual behavior　生殖を最終目的とする雌雄動物の行動をいい,性的興奮,求愛から交尾に至るすべての行動が含まれる.神経系および性ホルモンの支配下で発現し,性成熟に達すると明らかになる.雄では発情雌に対する求愛,交尾行動となり,雌では許容行動など発情時特有の行動としてあらわれる.嗅覚,視覚,聴覚などの知覚刺激も性行動に影響する.
　　せいさいかん　精細管　seminiferous tubule　精巣小葉の大部分を占める直径約0.2 mmの細管で,精巣網に始まり,迂曲しながら,再び精巣網に終わる全体としてU字型を描く管である.その大部分を占める曲精細管と,精巣網に接続する短い部分の直精細管に区分される.曲精細管は精子形成の場で,その横断面には基底膜から管腔に向けて立ち上がるセルトリ細胞と数層の精細胞が認められる.
→精子形成,セルトリ細胞,精細胞
　　せいさいぼう　性細胞　germ cell, sex cell　生殖細胞のうち有性生殖に関係するものをいい,雌雄の配偶子を指す.それらが雌雄の間で明瞭な形態分化を示すときは,雌の配偶子を卵子,雄のそれを精子という.　　→生殖細胞,配偶子
　　せいさいぼう　精細胞　spermatogenic cell　造精細胞ともいい,精細管の精上皮を構成する2系統の細胞,つまり体細胞系列と生殖細胞系列のうち,後者の細胞の総称である.精上皮の断面では,基底膜側から管腔に向けて精祖細胞,一次精母細胞,二次精母細胞,精子細胞の順に規則正しく並ぶ.これらの精細胞は体細胞であるセルトリ細胞に包まれ,その支援を受けて精子へと変貌を遂げる.なお,分野によっては精子細胞(spermatid)を指すこともあるので,注意を要する.　　→精細管,生殖細胞
　　せいさく　精索　spermatic cord　精管は精巣上端付近から精巣動脈,蔓状静脈叢,リンパ管,神経などとともにひも状にまとめられ,固有鞘膜に包まれて鼠径輪にいたる.この索状部分を精索という.不妊手術の際には,この部位で結紮切除または挫切が行われる.
→精管,付図16
　　せいさんかかく　生産価格　price of production　生産原価に利子・地代を加えさらに平均利潤を加えた価格.資本制生産の下で自由競争を前提した場合に市場価格形成の基準になる価格.平均利潤＝投下資本×(1+平

均利潤率）であって，この場合の平均利潤率は，国民経済全体における総資本に対する総利潤の比としてとらえられる． →費用価格

せいさんかんきょうげんかい　生産環境限界　range of production environment　各種の環境要因について，家畜の生産を著しく損なわない範囲，その要因の経済的限界を超えない範囲のことをいう．環境温度では適温域よりやや広い範囲となる．

せいさんかんり　生産管理　production management　経営管理の一環として，経営目標実現のために生産を指揮し統制していくこと．その主な内容は，生産計画，作業手順計画，工程管理，品質管理，在庫管理などである． →経営管理

せいさんげんか　生産原価　production cost　一定単位の生産物を生産するために消費した経済価値の総額．具体的には，畜産物の場合は種付料，素畜費，飼料その他の原材料費，小農具費，固定資産の減価償却費，労働費などである．利子・地代は生産の結果新たに生み出される剰余価値の一部であって，生産原価には含まれない．

せいさんしゃかかく　生産者価格　producer's price　生産物の価格は流通段階別に形成される．生産者価格，卸売価格，小売価格がそれである．生産者の庭先段階での販売価格に流通費用，流通マージンが加わってそれぞれの段階の価格が形成される．生産者価格とは流通費用，流通マージンを差引いた生産者の手取価格をいう． → 庭先価格

せいさんしりょう　生産飼料　ration of production　飼料給与計算では飼養標準に即して維持に要するエネルギー，蛋白質などの栄養素量と産乳，増体，産卵，妊娠などに要する栄養素量の合計を求め，それに即した飼料給与を行うが，前者の栄養素量に見合う飼料を維持飼料，後者の栄養素量に見合う飼料を生産飼料と呼んでいる．

せいさんそしき　生産組織　複数の個別経営が生産過程において相互に補強・補完し合うことを目的として構成する組織の総称．施設・機械の共同利用，共同作業，草地の共同管理・共同利用，集団栽培，農作業・経営の受委託などが含まれる．経営土地面積の拡大が制約されている状況の下で機械その他の労働手段の高度化が要請されるなど，個別経営での対応が困難になるにともなってその重要性が高まってきた． →地域複合，集団営農

せいさんちゅうどく　青酸中毒　cyanide poisoning　ソルゴー，スーダングラス，テオシント，トウモロコシなどの夏型青刈り作物に含まれる青酸配糖体が反芻胃で分解されておこる．特にこれらの作物の伸長初期から中期に植物体内に青酸配糖体が増加するので，この中毒がおこりやすい．

せいさんちょうせい　生産調整　production quota　需要に対し生産が過剰になるかあるいは過剰が予想され価格暴落が危惧される時，生産者自らあるいは政策手段をもって生産の抑制を図ることをいう．畜産物では牛乳・豚肉・鶏卵について生産調整が行われている．

せいさんびょう　生産病　production disease　生産動物としてのウシは過剰な乳や肉の生産を要求され，その飼育管理も集約的になっている．そのストレスのために発生する代謝疾患の総称．

せいさんりつ　生産率　reproductive efficiency　繁殖供用畜を基準としてみた子畜の生産性．離乳時子畜生産頭数／繁殖供用成畜頭数としてとらえられる．したがって，生産率は分娩率，哺育・育成率との間に，次のような関係が成り立つ．生産率＝分娩率×哺育・育成率．繁殖率と同義であり，厳密には子畜生産率と表現するのが適切と思われる．

せいし　精子　sperm, spermatozoon　生殖のために特殊に分化した雄の配偶子で，頭部，頸部，尾部の3部からなる．尾部はさらに中片部，主部，終部の3部に区分される．頭部は一般に扁平な卵円形であるが，ラット，マ

ウスではカギ状，ニワトリでは湾曲した棒状を呈す．頭部はおもに核からなり，その前半部は先体に覆われている．尾部は運動器官であり，その中片部はミトコンドリアからなる主要なエネルギー生産部位である．

　　せいしかつりょく　**精子活力**　sperm motility, motility of sperm　　精液中の運動可能な精子の割合 (％) と運動力 (運動の強さ) を意味する用語．わが国で採用されている活力の表示法では，運動力を最活発前進 +++，活発前進 ++，前進 +，定位置運動 ± とし，これらをそれぞれの運動力を示す精子の割合の後につける．例えば，80+++5+ は全精子の 80％ は +++，5％ は + の運動力をもち，運動精子率または生存精子率 (精子生存率) は 85％ であることを示す．

　　せいしかつりょくげんたいしょう　**精子活力減退症**　asthenospermia　→精子無力症

　　せいしかんせい　**精子完成**　spermiogenesis　円形の精子細胞から尾をもつ精子への変態過程をいう．精子細胞の核クロマチンの濃縮，運動に不可欠な尾部の形成，運動や生存に必要なエネルギーを生産するミトコンドリア鞘や，受精の際に重要な働きをする先体の形成などがおこり，細胞質の大部分を精上皮に残して精細管腔に放出され，ようやく精子となる．なお，この変態過程を精子形成と称し，精祖細胞から精子までの全過程を精子発生とする研究分野もある．　→精子形成

　　せいしけいせい　**精子形成**　spermatogenesis　精細管の精上皮において，精祖細胞にはじまり精子がつくられるまでの全過程をいう．精祖細胞はおよそ 4~5 回の有糸分裂ののち，一次精母細胞となり，減数分裂により二次精母細胞を経て精子細胞になる．この増殖過程を精子発生という．次いで，精子細胞は変態して精子となり，精細管腔に放出されるが，この過程は精子完成と呼ばれる．精子形成はテストステロンなどのアンドロジェンによって促進される．　→精子発生，精子完成

　　せいしげんしょうしょう　**精子減少症**　oligospermia　採取精液量は正常範囲内であるが，精子数が異常に少ない場合をいう．ウシでは採取精液 1 ml 中の精子数が 2 億以下のもの，ブタでは 5,000 万以下のものは本症と診断してよい．造精機能減退が原因の場合は，精子の運動性の低下と奇形率の増加が平行してみられ，体外保存性も悪化する．

　　せいしせいぞんしすう　**精子生存指数**　sperm motility index, motility index of spermatozoa　37~38℃に加温した，顕微鏡下での精子活力検査では，生存率 (運動精子率) と運動の強さ (運動力) が肉眼的に判定される．これらを一つの数値としてあらわしたものが生存指数である．運動力 +++ に 100，++ に 75，+ に 50，± に 25 の係数を与え，それぞれの運動力を示す精子の割合 (％) を乗じ，100 で割った数値である．より客観的な判定法としてエオシンによる生体染色法があり，赤く染まった精子を死滅精子，不染精子を生存精子とみて生存率を算定する．　→精子活力

　　せいじたいじゅう　**生時体重**　birth weight　出生直後の体重．ホルスタイン 30.0~42.0 kg，ジャージー 20.3 kg，黒毛和種 20.2~35.0 kg，ブタ 1.1~1.5 kg，ニワトリ 37~39 g である．

　　せいしはい　**性支配**　sex control　産子の性を人為的に支配すること．X 精子と Y 精子の分離は実験的には可能であるが，まだ実用的にはなっていない．受精卵 (胚) から細胞の一部を切りとり，DNA を増幅後 Y 染色体に特異的な DNA 塩基配列を検出して性を判別し，残りの胚を移植する方法が最も確実である．胎子あるいは成体体細胞の核移植による産子の作出法が確立されれば，容易に産子の性を支配できる．

　　せいしはっせい　**精子発生**　spermatocytogenesis　精祖細胞からはじまって多数の精子細胞がつくられるまでの細胞分裂あるいは増殖の過程で，精子形成の前半部にあたる．精祖細胞は有糸分裂を何度か繰り返したのち一次精母細胞となり，やがて第一減数分裂によって二次精母細胞となる．この細胞は

見かけ上は半数体であるが，減数分裂の開始前にDNA量が倍増しているので，もう一度分裂する必要がある．それが第二減数分裂であり，その結果，真の半数体細胞である精子細胞がつくられる． →精子形成

せいしむりょくしょう　精子無力症 asthenospermia　交尾欲があり，射精能力も正常であるが，採取直後の精液であるにもかかわらず精子生存率，運動性ともに著しく低下している雄の状態をいい，精子活力減退症ともいう．精子数の減少と奇形率の増加をともなうことが多い．一般に，活発な前進運動を示す精子の割合が50％以下の場合は，本症とみなされる．

せいしゅうき　性周期 estrous cycle　成熟雌動物が妊娠しない場合の不妊生殖周期を性周期と呼び，発情周期と月経周期（霊長類）がある．排卵を境に卵胞相と黄体相からなる完全性周期と黄体相を欠く不完全性周期とがある．ウマ，ウシ，ヒツジ，ブタ，サルやヒトなどは，完全性周期を示し，ラット，マウス，ハムスターなどは，不完全性周期を示す．発情周期では，発情行動が排卵に同調して認められるが，ヒトの月経周期では，月経出血の開始から約2週間後に排卵する． →発情前期，発情期，発情後期，発情休止期

せいしゅうきおうたい　性周期黄体 →発情周期黄体

せいじゅく　成熟 maturation, maturity　動物体，または臓器，器官，細胞など，体の一部が完全に発育し，完成に達した状態．特に動物体をいう場合は，性成熟し繁殖可能な状態を指す．また細胞では幹細胞が，最終分化段階に達した状態，例えば，造血幹細胞に対する末梢血中の赤血球を指す． →性成熟

せいじゅくらん　成熟卵 mature ovum →付図19

せいじゅくらんぼう　成熟卵胞 mature ovarian follicle　哺乳類の卵巣では，卵子は周囲を一層の顆粒層細胞と基底膜に囲まれた原始卵胞として存在する．原始卵胞は，やがて発育を開始し，一次卵胞，二次卵胞へと発育し，最終的に排卵可能な卵胞へと発育する．この状態の卵胞をいう．成熟卵胞は，黄体形成ホルモンと卵胞刺激ホルモンの協同作用で多量のエストラジオールやインヒビンを分泌し，発情を誘起するとともに視床下部・下垂体へ作用してLHサージを誘起し，自らを排卵へと導く．

せいしょう　精漿 seminal plasma　射出精液から精子を除いた液状部分をいう．精管および精巣上体尾の内容液の液状部分と，精嚢腺，前立腺，尿道球腺などの副生殖腺分泌液で構成されるが，各腺の分泌液が占める割合は動物種により異なる．精漿は，フラクトースや種々のアミノ酸，蛋白質，酵素などを含み，雌生殖道内の精子の生存に好適な環境を与えるが，体外精子の生存には適さないため，精子の体外保存では希釈したり，精漿を他の液に置き換える処理が必要である．

せいしょく　生殖 reproduction →繁殖

せいしょくう　生殖羽 nuptial plumage →婚姻羽装

せいしょくこうどう　生殖行動 reproductive behavior　自己の増殖，すなわち次世代の再生産に寄与する一連の行動を指し，受精に至るまでの雌雄の種々の行動で成り立つ性行動，ならびに子が母から独立して生活できるようになるまでの子の生存と成長に関わる母子行動に大別できる．

せいしょくさいぼう　生殖細胞 reproductive cell, germ cell　生殖のために特別に分化した細胞で，胚細胞ともいう．次世代の生物個体の出発点となる．有性生殖における生殖細胞は性細胞ともいい，雌雄の配偶子を指し，それらの形態的な差が明瞭になったときは，雌の配偶子を卵子，雄の配偶子を精子という．無性生殖においては，菌類や植物が形成する胞子をいう．

せいしょくしゅうき　生殖周期 reproductive cycle, sexual cycle　雌動物の生殖活動の周期的な営みをいう．成熟した雌が排卵，

交配, 妊娠, 分娩, 泌乳の一連の活動を営む場合, これを完全生殖周期という. 一方, 妊娠が成立しない場合には, その種に固有の間隔で固有の数の卵を周期的に排卵する. これを不完全生殖周期といい, 一般に性周期という. 雌では, 初排卵に始まり, 加齢により卵巣機能が停止するまでの間, 通常数回の完全生殖周期を繰り返す.　　→性周期

　せいせい　精清　seminal plasma　　→精漿

　せいせいじゅく　性成熟　sexual maturity　生殖に関与するすべての機能が確立した状態. 雄では, 射精機能が確立し, 雌と交尾して妊娠させうる機能が備わった状態. 雌では, 雄と交尾して, 妊娠, 分娩, 泌乳が可能な機能が備わった状態をいう. 性成熟に達すると, 雄では造精が活発となり, 雌では卵胞発育, 排卵が周期的に繰り返される発情周期を正確に繰り返す. 雌雄とも性腺から性腺ホルモンの分泌が増加する.

　せいせいしりょう　精製飼料　purified diet　できるだけ栄養的に単一と考えられる物質を配合した飼料で, 養分要求量や養分の価値を厳密に比較する場合などの実験に使用する. カゼイン, アミノ酸単体, デンプン, グルコース, セルロース, 大豆油, ビタミン, 化学薬品などが精製飼料の原料に使われる.

　せいせん　性腺　gonad, sex gland　雌雄動物の性細胞(卵子と精子)を生産する器官. 雌では卵巣, 雄では精巣をいう. 別名生殖腺. 性腺は, 春機発動期になると下垂体前葉から分泌される性腺刺激ホルモン(黄体形成ホルモン LH と卵胞刺激ホルモン FSH)の作用により, 雌では卵胞発育・排卵, 雄では造精機能が促進される. また, 性腺ホルモンを分泌し, 視床下部・下垂体・性腺軸の内分泌機能を調節する. 性腺ホルモンは, 雌雄の副生殖腺の機能を支配する.　　→精巣, 卵巣

　せいせんしげきホルモン　性腺刺激ホルモン　gonadotrop(h)in, gonadotrop(h)ic hormone, GTH　性腺(卵巣と精巣)の機能を促進するホルモン. 下垂体前葉由来としては, 卵胞刺激ホルモン(FSH)と黄体形成ホルモン(LH)がある. プロラクチンもげっ歯類で黄体刺激作用があるので含めることもある. また, 胎盤由来のものとして, 人および馬絨毛性性腺刺激ホルモン(hCG, eCG)があるが, 絨毛性腺刺激ホルモンもプロラクチンと同様の作用を有することから含めることもある. hCG と eCG は, LH と FSH に類似の生物活性を示す.　　→絨毛性性腺刺激ホルモン

　せいせんしょくたい　性染色体　sex chromosome　核型を構成する染色体から常染色体を除いた一対で, X と Y であらわす. 哺乳類では, ホモ配偶子型 XX は雌, ヘテロ配偶子型 XY は雄となる. 鳥類では, 雌がヘテロ配偶子型なので, 雄がヘテロ配偶子型の場合と便宜的に区別して, 雌 ZW, 雄 ZZ としてあらわす.　　→ X 染色体, Z 染色体, Y 染色体, W 染色体

　せいそう　生草　fresh forage, green forage　乾草やサイレージに調製しないで, 直ちに家畜に給与する新鮮な青刈作物や牧草. 調製過程での養分損失はなく, 嗜好性, 栄養価ともに優れている.

　せいそう　精巣　testis [pl. testes]　陰嚢内または腹腔内(鳥類)にある卵円形をした左右一対の雄の生殖腺で, 精子の生産とアンドロジェンの合成, 分泌をつかさどる器官である. 精子は精細管内でつくられ, アンドロジェンは間質のライディヒ細胞で合成される. 成熟家畜の精巣重量は同じ動物種でも品種により著しく異なるが, ウマ 200~300 g, ウシ 250~300 g, ブタ 180~330 g, ヒツジ 200~300 g, ヤギ 50~150 g などの報告がある.　　→付図 16

　せいそうえん　精巣炎　orchitis　精巣の打撲, 衝撃などの物理的刺激, 外傷, 吸血昆虫による刺傷などによる精巣周辺からの炎症の波及, 細菌感染などによりおこる精巣の炎症. 造精機能の消失を招き, 雄性不妊症の原因にもなる. 細菌感染による精巣炎の場合は, 精巣

上体炎を続発することが多い．急性のものは冷湿布，細菌性のものは抗生物質を使用するが，慢性化したものは治療が困難である．
→精巣上体炎, 造精機能

せいそうかこう　精巣下降　descent of testis　精巣が発生の過程で腹腔内の原位置から陰囊内へと下降する現象をいう．下降の時期は，反芻家畜で胎生期の中期，ブタでは胎生期の後期，ウマでは出生直前または直後である．この下降により精巣温度が体温より低く保たれ，造精機能が維持される．下降しなかった精巣は潜伏精巣と呼ばれる．そのような雄は性欲を示すが，不妊である．　→潜伏精巣

せいそうしゅうりょう　生草収量　fresh yield, green yield　飼料畑や牧草地の一次生産量（力）を示すもので，一定期間における単位面積あたりの飼料収穫量を生草重であらわした値．通常は乾物収量であらわすことが多いが，サイレージや青刈り利用される飼料草では新鮮なままの重量であらわす．

せいそうじょうたい　精巣上体　epididymis, (pl. epididymides)　精巣の後縁または上縁にそって密着し，精巣輸出管と精巣上体管からなる器官で，外観的に頭, 体, 尾の3部位に区分される．精巣から精管までをつなぐ精子の輸送路であるが，精子は管腔内を移送される間に種々の形態的，生理学的な変化，いわゆる成熟変化を受け，受精能力をもつようになる．　→付図16

せいそうじょうたいえん　精巣上体炎　epididymitis　打撲，衝撃などの物理的刺激，外傷，吸血昆虫による刺傷，細菌感染などによりおこる精巣上体の炎症．一般に精巣炎に続発あるいは併発することが多い．造精機能の低下や停止を招き，両側性に発病した場合には不妊の原因になることもある．

せいそうホルモン　精巣ホルモン　testis hormone, testicular hormone　精巣から分泌される性ステロイドホルモン．おもなものはテストステロンとアンドロステンジオンで，精巣のライディヒ細胞で合成される．
→アンドロジェン

せいぞんりつ　生存率　viability, survival rate　ある時間（期間）内での生存個体の数を百分率で表したもの．例えば，精子の生存率，1ヵ月以内の新生子の生存率などがある．また，特定の処置を施した後，経過時間内の生存個体の百分率をあらわすことなどに用いる．

せいたい（ない）いでんしどうにゅう　生体（内）遺伝子導入　in vivo gene transfer　生きたままの動物の器官，組織あるいは特定の細胞に遺伝子を導入すること．ウイルスベクター導入法と非ウイルス性導入法があり，後者はさらに物理的方法，化学的方法，生物学的方法などに分類される．

せいたいけい　生態系　ecosystem　生物群集とそれをとりまく無機的環境が相互に関連し合って，大きくは物質とエネルギーの生産，分解，循環が自己完結的に展開されている閉鎖系をさす．狭義において，草地農業は，草地生態系のしくみに準じた「土-草-家畜」の生産体系といえる．

せいたいけんさ　生体検査　ante-mortem inspection　屠畜検査の一部で，屠殺前の獣畜に対して獣医師が行う健康検査をいう．この検査で家畜伝染病にかかっていたり，膿毒症，敗血症，尿毒症，黄疸，水腫，中毒などの所見のあるもの，あるいは高熱を呈するもので食肉として不適当な場合は屠畜解体が禁止される．

せいたいこうじょうせい　生体恒常性　homeostasis　さまざまに変化する環境の中にあって，生体が自己の重要な機能を一定の水準に維持する能力あるいは性質．

せいたいじゅう　生体重　live body weight　屠殺前の生きている状態における体重のこと．なるべく空腹時に測定することが望ましい．

せいちゅうりゅうき　正中隆起　median eminence　神経性下垂体の一部．神経性下

垂体のろ斗陥凹から第三脳室にのぞむ前腹壁正中の領域．実質は視床下部由来の神経線維，上衣細胞の突起，膠細胞からなる．下垂体門脈系の毛細血管網が分布し，腺性下垂体ホルモンの放出，抑制を行う視床下部ホルモンが放出される．

せいちょう　成長　growth　種に固有の過程に従って体の大きさを増すこと．

せいちょう　性徴　sexual character　雄または雌としての形態学的または生理学的な特徴のこと．生殖腺のように遺伝学的に決められる特徴を一次性徴といい，遺伝学的性とは無関係に，主として精巣からのアンドロジェンと卵巣からのエストロジェンによって決められるものを二次性徴という．二次性徴は性分化の過程で発現し，特に春機発動期以降に明瞭になる．

せいちょうかいせき　生長解析　growth analysis　植物の物質生産を光合成と関連づけて解析する方法．これは，植物の葉は太陽光のエネルギーを受けとめ，炭酸同化する器官であることを重視し，葉面積指数（LAI），個体群生産速度（CGR），純同化率（NAR）の3要素を説明変数として生産構造を解析する．草種や品種の特性はNARに反映されることが多く，播種密度や施肥管理の影響はLAIにあらわれる．

せいちょうきょくせん　成長曲線　growth curve　出生後の動物の全体あるいは一部の器官の重量や長さの経時的な変化の曲線．機能の経時的な発達も広義には成長であるので成長曲線がえられる．一般にS字型の変化を示し，成長が加速度的に増加する前半期と成長が抑制される後半期の二相に分けられる．二相の変曲点が大体性成熟期にあたる．

せいちょうそくど　成長速度　growth rate　動物や植物の全体または器官の重量や長さの単位時間当たりの増加量．遺伝的要因によるほか，管理法，給与飼料の栄養水準などによって支配されている．

せいちょうホルモン　成長ホルモン　growth hormone, somatotrop (h) ic hormone, somatotrop (h) in, GH, STH　下垂体前葉の好酸性（α）細胞において合成・分泌される蛋白ホルモンの一つ．アミノ酸残基191個（ヒト，ウシ，ヒツジ，ブタ，ラット）からなり，その一次構造は種により異なる．分子量は約22,000．GHは骨細胞の増殖，アミノ酸の組織への取り込みや蛋白質合成を増加させて体成長を促進し，血中グルコースやFFAを上昇させるなど代謝に影響する．また軟骨原始細胞に直接作用して分化を促進し，インスリン様成長因子の仲介により骨細胞を増殖させる．GHは正常な泌乳に重要であり，長期間の泌乳牛への投与は泌乳量の増加に有効である．GH分泌はGHRHにより促進され，ソマトスタチンにより抑制される．

せいちょうホルモンほうしゅつホルモン　成長ホルモン放出ホルモン　growth hormone releasing hormone, GHRH　成長ホルモン放出因子（GRF）ともいう．視床下部で生産され，下垂体前葉のGH産生細胞におけるGHの合成・分泌を促進するペプチドホルモン．アミノ酸残基43個（ラット）か44個（ヒト，ウシ，ヒツジ，ブタ）で，その配列は種によって異なる．分子量は約5,000．GHRH産生細胞の大部分は視床下部弓状核に存在する．

せいちょうホルモンよくせいいんし　成長ホルモン抑制因子　growth hormone inhibiting factor, GIF　→ソマトスタチン

せいどきんゆう　制度金融　guidance policy finance　政府が一定の政策意図をもって，国庫資金を原資に当てるかあるいは利子の一部または全部を負担して行う金融．農業総合施設資金とか農業近代化資金などがそれに当たる．制度資金を融通することを制度融資といい，融資する資金を制度資金という．→組合金融

せいにくようタイプ　精肉用タイプ　meat type　肉をロースト，ステーキなどに料理して食べる目的で改良されたブタのタイプ．世界的な傾向として，低脂肪の赤肉需要が増大

しており，ブタの育種改良もこの方向に進められている．デュロック，中ヨーク，ドイツ改良種など．

せいにゅう　生乳　raw milk　搾乳したままの乳．

せいのうせん　精嚢腺　seminal vesicle　膀胱頚の背外側にある一対の腺体で，雄の副生殖腺の一つである．ウマでは長い嚢状，反芻家畜とブタでは分葉状の腺体からなり，白色または黄色を帯びた粘稠な液を分泌する．その主要成分はフラクトースとクエン酸であるが，ブタではフラクトースはほとんどなく，イノシトールとエルゴチオネインが高濃度に含まれる．　→副生殖腺，付図16

せいの（てんしゃ）せいぎょエレメント　正の（転写）制御エレメント　positive regulatory element　任意の遺伝子発現の誘導には核内転写制御因子として特定の制御蛋白質を必要とするが，それら蛋白質が結合するDNA上の特定の配列の呼称．TATAボックス，CAATボックス，CRE，SREなどが代表的なものである．

せいひ　性比　sex ratio　同一種内での雄と雌の個体数の比．一般的には，全個体数に占める雄個体の百分率で示され，理論的には50.0となるはずであるが，死亡率の差などにより変化する．受精時の性比を一次性比，出生時のものを二次性比，その後のものを三次性比として区別される．おもな家畜の二次性比は：ウシ51.2，ヒツジ49.2，ヤギ50.1，ブタ50.2，ウマ49.7，ニワトリ49.4．

せいぶつか　生物価　biological value, BV　蛋白質の栄養価を示す単位の一つ．吸収された窒素のうち利用された窒素の割合を示す．生物価(%)=[{摂取窒素量-（糞窒素量-代謝性糞窒素量）}-（尿窒素量-内因性尿窒素量）]/{摂取窒素量-（糞窒素量-代謝性糞窒素量）}×100．栄養素の不足がなく，窒素出納が負または平衡条件の下で測定される．→正味蛋白利用率，正味蛋白価

せいぶつかがくてきさんそようきゅうりょう　生物化学的酸素要求量　biochemical oxygen demand　→BOD

せいぶつがくてきてきおう　生物学的適応　biological adaptation　環境の変化に対応して，種レベルで遺伝的に環境から受ける影響を少なくし，それに耐えていける状態になる適応現象．遺伝的適応（genetic adaptation）ともいう．多くの世代を経過し，自然淘汰による進化論的な変化と系統造成などのように人為淘汰によって付与される適応能力がある．

せいぶつてきしょり　生物的処理　biological treatment　微生物の作用を利用して糞尿や尿汚水の処理を行うこと．堆肥化，嫌気性消化（メタン発酵），活性汚泥法，生物膜法などがこれに含まれる．

せいぶつてきだっしゅう　生物的脱臭　biological deodorization　微生物の働きによって悪臭を分解脱臭すること．臭気のあるガスを微生物の生息する固体に送り込む方法（固相法）と液体に送り込む方法（液相法）に分類できる．固相法には土壌脱臭法，ロックウール脱臭法，ピートモスなどを利用したバイオフィルター法がある．液相法には，活性汚泥脱臭法やスクラバー法などがある．

せいぶつどけい　生物時計　biological clock　生物体に備わっていると考えられる時間測定機構をいう．睡眠・覚醒，摂食・摂水など多くの行動や代謝，ホルモン分泌，神経活動が，外界条件が恒常の場合，約24時間のサーカディアンリズムを示すのはこの機構の存在による．哺乳動物のサーカディアンリズムを形成する生物時計は視床下部の視交叉上核に存在するという．この生物時計は24時間の環境サイクル，特に明暗条件に同調する．

せいぶつまくほう　生物膜法　biofilm process　生物膜の吸着，分解能力を利用し，汚水中の有機物を処理する方法．生物膜とは，汚水中の担体（接触材またはろ材など）などの表面に形成されるゼラチン状の薄い膜で，細菌，原生動物などの多くの微生物が生息している．生物膜法にはいろいろな変法があ

り，散水ろ床法は生物膜の付着した担体に汚水を散水する方法，回転円板法は生物膜の付着した円板を1/3ほど汚水に浸すように回転させる方法，接触酸化法（接触曝気法）は生物膜の付着した担体を汚水中に沈めるか，または流動・浮遊させながら曝気する方法である．

せいホルモン　性ホルモン　sex hormone, sexual hormone　精巣，卵巣，胎盤，副腎などから合成，分泌されるステロイドホルモン，すなわちアンドロジェン，エストロジェン，ジェスタージェンの総称であり，生殖ホルモンともいう．生体内には存在しないが，これらのステロイドホルモンと同じ作用をもつ物質をも含む総称として用いることもある．

せいみつろかまく　精密ろ過膜　micro-filtration membrane　→膜処理

せいりてきくうたい　生理的空胎　physiological non-pregnant condition　→空胎

セームがわ　セーム革　chamois leather　本来カモシカの皮を油なめしした革．現在では羊皮，山羊皮の銀面を除いた床革（とこかわ）を油なめししてスエード調に仕上げた革をいう．耐水性があり柔軟であるので洗浄用，レンズ磨き，手袋，衣料用に用いられる．

せきがいせんでんきゅう　赤外線電球　infrared ray lamp　赤外線を多く放射する電球．赤外線は放射熱が大きいため，熱源として利用され，特に取り扱いが容易な赤外線電球は育雛および幼畜の保温の熱源として利用されている．

せきさんおんど　積算温度　accumulated temperature　作物が生育する期間中の温度を合計したもので，各地域において作付け可能な作物や，到達可能な熟期などを知る目安となる．寒地型と暖地型作物は温度反応が異なるので，前者の場合には平均気温が5℃以上の日の5℃との差，また後者では平均気温10℃以上の日の10℃との差を積算して，有効積算温度として使われる．

せきさんゆうせんど　積算優占度　summed dominance ratio, SDR　植生調査枠内の種ごとに草高比，被度比などを求めて平均した値．牧養力や植生の動向を推定する．

せきしょくきん　赤色筋　red muscle　骨格筋には赤色筋線維と白色筋線維が混在しているが，赤色筋線維が多いものを赤色筋という．これは筋線維中のミオグロビンとチトクロームが多いので暗赤色を示す．赤色筋の収縮は緩慢であるが，耐久力がありかつ強力な運動ができる．渡り鳥の胸筋，ほ乳動物の四肢などが赤色筋のよい例である．強いエネルギーを産出するためATPを生産するミトコンドリアも多量に存在する．

せきしょくデンマーク　赤色デンマーク　Red Danish　デンマーク原産の乳肉兼用牛．デンマーク在来牛にドイツのアングラー，シュレスビッヒホルスタインを交配して作出された．毛色は濃赤褐色で有角．体重・体高は，それぞれ雌650 kg，130 cm，雄950 kg，145 cm程度．乳量約4,500 kg，乳脂率4.1%，枝肉歩留り61%．強健で連産性，肥育性が優れている．

せきずい　脊髄　spinal cord　脊髄は脊柱管に収まり，延髄に続く中枢神経系の一部である．頸髄，胸髄，腰髄ならびに仙髄に分けられ，それぞれ頸神経，胸神経，腰神経，仙骨神経と尾骨神経を末梢に派生する．脊髄は頸膨大と腰膨大で膨れ，前肢と後肢への太い神経の連絡部となる．後位の脊髄は脊髄円錐を作り，さらに細い糸状の終糸となる．仙骨神経と尾骨神経は終糸に沿って走り，その形から馬尾と呼ばれる．

せきちゅう　脊柱　vertebral column　頭蓋の後方に続き，体の中軸骨格を構成し，多くの椎骨が可動的に結合したもの．体重の平衡を保つために湾曲しており，頸椎，胸椎，腰椎，仙椎（仙骨）および尾椎に区分される．

せしぼう　背脂肪　back fat　背部の皮下にある脂肪層．一般によく発達し，通常肩部がやや厚く，次いで腰，背の順に薄くなる．

セジメントしけん　セジメント試験　sediment test　牛乳検査法の一つで，塵埃検査

ともいう．一定量の牛乳を圧搾脱脂綿製のろ過板（セジメントディスク）でろ過し，ろ過板上の残存物の量を標準板と照合して判定する．

せだい　世代　generation　個体の発生から，成長を経て，繁殖，斃死するまでの1サイクルであるが，家畜では生まれてから次の個体に更新されるまでの期間をいう．

せだいかんかく　世代間隔　generation interval　親の出生時と子の出生時の間隔であり，子が生まれた時の親の平均年齢で示す．育種集団では世代間隔が短いほど育種の効率が高まる．

せっかいづけ　石灰漬け　liming　過飽和の水酸化カルシウム（石灰乳）に皮を漬け，毛根を緩ませて脱毛しやすくし，皮を膨潤させて繊維構造をほぐすために行う作業．脱毛を目的とし，硫化ナトリウムのような脱毛促進剤を加えた脱毛石灰漬けと，その後石灰のみの再石灰漬けに分けて行う場合がある．一般的にはドラムまたはパドルを用いる．

せっかいわら　石灰わら　lime treated straw　わら類にアルカリ性のCa(OH)$_2$を浸漬法や噴霧法で処理し，飼料価値を高めたもの．消化率の改善効果は水酸化ナトリウム処理よりも低いが，Ca(OH)$_2$によるルーメン内発酵の緩衝効果の他に，処理コスト，作業安全性，環境負荷の軽減などにも優れている．→アルカリわら

ぜっかせん　舌下腺　sublingual gland　唾液腺の一つで，舌の下方で口腔底の粘膜下に位置する粘液腺．腺体が一つで1本の導管をもつ単孔舌下腺と，それぞれの導管をもつ小さな腺体の集合した多孔舌下腺がある．単孔舌下腺管は舌下小丘に，多孔舌下腺管は舌下ヒダに沿って開口する．

せっけっきゅう　赤血球　erythrocyte, red blood cell　血液の細胞成分の主成分．鳥類以外では赤血球に細胞核がなく，その大部分が血色素（ヘモグロビン）により占められている．酸素運搬のほかにも，二酸化炭素の運搬や，血液のpHを一定に保つ働きをもつ．

せつごせんい　節後線維　postganglionic fiber　自律神経系の節後神経細胞の軸索．細胞体は自律神経節内にあるが，節後線維は無髄で神経節から出て内臓の効果器に終わる．

ぜっこつ　舌骨　hyoid bone　顔面骨に属し，舌を支持する小骨群．側頭骨から吊り下がった形で，鼓室舌骨（対），茎状舌骨（対），上舌骨（対），角舌骨（対），甲状舌骨（対），底舌骨（不対）が関節して組合わさり，舌の基部の支持骨格を構成する．　→付図22

せっし　切歯　incisor teeth　歯列の最前位に位置する歯．左右対称に上下顎にあり，基本数は各3本で計12本．最前位のため左右の切歯は連続しており，後位の犬歯にはさまれる．歯冠は薄くノミ状で，歯根は1個．切断の機能を果たす．反芻動物では上顎切歯はなく，歯床板となっている．

せっしゅこうどう　摂取行動　ingestive behavior　摂食行動と飲水行動は，いずれも口から水分や栄養素を取り込むことからこれらを合わせて摂取行動という．

せっしょくこうどう　摂食行動　feeding behavior　家畜が食物を口から取り込み，飲み込むことによって体内に取り入れる行動をいう．この行動は，エネルギー摂取という直接的意味のほか，冬季には飼料摂取量を増やして熱産生量を増加させたり，また，夏期には逆に飼料摂取量が減少するなど，体温調節行動としての意味もある．また，闘争中に転位行動として見られる摂食もある．

せっしょくさんかほう　接触酸化法　contact aeration process　→生物膜法

せっしょくそがい　接触阻害　contact inhibition　細胞培養で多数の細胞が接触した場合に，双方の増殖が停止し一方が他方を乗り越えて増殖することがない現象．単層培養した細胞は底一面にシートを作るが，通常それ以上の増殖によって多層構造をとることがない．この阻害は可逆的で，細胞密度が低くな

れば再び増殖を開始する．

せつぜんせんい　節前線維 preganglionic fiber　自律神経系において遠心性に伝達する節前神経細胞の軸索．細胞体は脳や脊髄にあるが，節前線維は有髄で，中枢神経を出て自律神経節へのコースをとり，そこで節後神経細胞とシナプスする．

ぜったいてきじゅんい　絶対的順位 unidirectional dominance relationship, peck-right 上位の個体は一方的に下位の個体を攻撃するが，劣位個体が反撃することはない，という関係．上位の個体は下位の個体に対して，摂食や異性の獲得などすべての面で優先権をもつ．ニワトリの社会体制はこの関係によって安定している．ウシも絶対的順位型に属するといわれるが，家畜牛では下位からの攻撃も見られる．

せつだんがたせんばつ　切断型選抜 truncational selection, selection by truncation ある集団で選抜を行う時に，選抜対象形質で一定の値以上の個体をすべて選抜し，それ以下の個体をすべて淘汰すること．正規分布を示す形質では，切断型選抜のもとで，選抜基準，選抜率，選抜強度が理論的に関係づけられる．

せっちゅうこうどう　折衷行動 compromise behavior　葛藤行動の一つで，二つの意図行動が同時におこる両面価値行動に似るが一つの行動パターンとして儀式化された行動．接近と後退を合わせもつニワトリのワルツやウシの半身の威嚇姿勢である，にらみなどがある．

ゼットがた（こうぞう）ディーエヌエー　Z型（構造）DNA Z-form DNA, Z-DNA DNAの5種類の構造状態，すなわちA，B，C，D，およびZ型のうちの一つ．高塩濃度化でみられる左巻きら旋構造で，ジグザグ状なことから命名された．この構造は溶液中の塩濃度が変わればB型に変換する．

ゼットせんしょくたい　Z染色体 Z-chromosome　雌ヘテロ配偶子型の性決定に関与する性染色体で，同型接合体ZZは雄，異型接合体ZW，またはZO（W染色体を欠く種類）は雌となる．ニワトリ，ウズラなどの鳥類，カイコなど．→性染色体，W染色体

ぜつにゅうとう　舌乳頭 lingual papilla 舌の背側および側面の表層を被う微細な突起で，機械乳頭と味蕾乳頭に分けられる．機械乳頭としては，糸状乳頭，円錐乳頭，レンズ乳頭があり，味蕾乳頭には茸状乳頭，有廓乳頭，葉状乳頭があり，味蕾を備え味覚を感じる．

せつへき　接壁　→付図3

ゼブー（ウシ） Zebu, humped cattle インド牛ともいわれ，外貌上は，肩峰（特に雄で発達），胸垂，垂耳が特徴で，斜尻を示し，乳用，肉用に多数の地方品種が知られている．耐暑性，粗放管理耐性，ダニに対する抵抗性に優れ，熱帯，亜熱帯地域の畜産に適している．ヨーロッパ系のウシとの交雑により，熱帯地域のウシの改良に利用されている．

セミドライソーセージ semi-dry sausage ドライソーセージ中の乾燥度の低いものの総称．燻煙し，湯煮もしくは蒸煮により加熱し，または加熱しないで乾燥したものであって，水分含量は33%~55%．

セミモニターやね　セミモニター屋根 semi-monitor roof　屋根形式の一つで，二つある屋根面の一方が他方に覆いかぶさるように設けられたタイプ．一般に風上側を覆いかぶさる面とし，オーバーラップした部分を開放することによって雨・雪の侵入を防ぎながら換気ができるようにしている．

ゼラチン gelatin　コラーゲンを水とともに加熱変性させて得られる誘導蛋白質．淡色，無味無臭で濃厚な溶液を冷却するとゼリーを生ずる．良質のものをゼラチン，低品位のものをにかわという．ウシの骨，皮，腱および豚皮が主原料で，石灰漬〔2~3ヵ月〕→中和→温水抽出〔60~90℃〕→濃縮→冷却→乾燥して製造する．骨の場合は最初に希塩酸で処理する．写真乳剤，医薬用カプセル，菓子などの食品，接着剤，複写紙用マイクロカプセルなど

に用いられる．

せりあがりげんしょう　せりあがり現象 creeping up　→クリーピングアップ

セリとりひき　セリ取引 auction　売り手が現物を示し，多くの買い手を集めて公開の下で価格競争をさせ最高値をつけた人に売り渡す取引方法．畜産物，水産物，青果物などの生鮮食料品の卸売市場や家畜取引市場で多く採用されている．価格競争は従来口頭で行われていたが，近年では電光掲示板などが利用され電気ボタンを押すことによって価格を表示するなど機械化されてきている．　→相対取引

セルトリさいぼう　セルトリ細胞 Sertoli cell　→支持細胞

セルラーゼ cellulase　植物の細胞壁の主成分であるセルロースを加水分解する酵素で，繊維素分解酵素ともいう．反芻家畜ではルーメン内に生息する微生物のもつセルラーゼによって繊維の分解，消化が行われる．

セルロース cellulose　グルコースのβ-1, 4結合の繊維状高重合物質である．植物細胞壁の主要な構成成分である．動物の消化液によっては分解されないが，反芻動物の反芻胃に生息する繊維素分解菌によって分解され，宿主動物に酢酸，プロピオン酸，酪酸などをエネルギー源として供給する．

セルロースケーシング cellulose casing　植物繊維（屑綿）を原料としたビスコース溶液を，ノズルを通して酸の溶液中に押し出して作る人工ケーシング．大型のものから小型のものまで各種あり，通気性があるので燻煙可能である．ファイブラスケーシングもこの一種である．

セレンこうぼ　セレン酵母 Serenium enriched yeast　セレンの家畜への供給源として用いられる飼料．実際には添加物的に扱われている．わが国で多く用いられているのはセレンを1,000 ppmの濃度で含むサッカロミセス属の酵母である．セレンの多くは蛋白質と結合した有機態のものである．

せわり　背割り halving　枝肉を脊椎骨の中央線に沿って切断し，左右の半丸枝肉にすること．

せん　腺 gland　上皮が陥没して独立した分泌機能をもつ組織で，分泌物を形成して放出する腺細胞の集団．腺細胞の集まりである終末部と分泌物を体外に排出する導管をもつものを外分泌腺，導管をもたずに分泌物を直接血液中に放出するものを内分泌腺という．腺は終末部の形によって管状腺，胞状腺および管状胞状腺に区別される．

せんい　腺胃 glandular stomach, proventriculus　鳥類の胃の一部で食道に続く前位の紡錘状の器官で，細い狭部［内腔面では中間帯］で後位の筋胃と連絡する．粘膜に多数みられる乳頭には胃腺が開口する．ペプシンと塩酸とを分泌する一種類の細胞からなる胃腺は，胃壁の大部分を占める．この胃腺の導管から開口部までの間には，粘膜の陥入で作られた腺様の組織がみられ，これを浅前胃腺，上述の大きな胃腺を深前胃腺と呼ぶこともある．　→付図13

ぜんい　前胃 forestomach　腹腔内で本来の胃の前方に位置する内腔のふくらんだ部分．鳥類では腺胃とも呼ばれる．反芻動物では第一胃〜第三胃の総称．

せんいがさいぼう　線維芽細胞 fibroblast　結合組織の固定細胞で，膠原線維に密着して存在する扁平な細長い細胞．結合組織の主体となる線維成分と基質成分を分泌する．

せんいなんこつ　線維軟骨 fibrocartilage　椎間円板，恥骨結合，関節半月（膝関節），腱・骨結合部にみられ，きわめて強靱な軟骨．基本的には硝子軟骨と変わりないが，無定形の基質が少なく，方向性のないI型コラーゲンからなる膠原線維が密に発達し，線維の間隙に多糖体がわずかにある．

せんうち　せん（銓）打ち fleshing　→フレッシング

ぜんかく　前核 pronucleus　分裂する前の1細胞期の受精卵に存在する核のこと．

精子に由来する雄性前核と卵子に由来する雌性前核とがあり，いずれの前核の染色体数もnである．

ぜんかん　前管　fore shank　→付図1

ぜんきゅうし　前臼歯　premolar teeth　歯列のうち，犬歯の後位で臼歯との間にある歯．ヒトの小臼歯．基本数は左右上下で各4本，計12本．乳歯から永久歯に生え代わる二代性歯．歯冠の形状は動物によって異なり，イヌ，ブタでは丘陵歯で，反芻類やウマでは月状歯となる．歯根の数も動物によって異なり1ないし4個．食物を噛み砕く．ウマでは上顎の前臼歯の前方に小さい円錐形の単純な形をした狼歯と呼ばれる歯が生じる．

ぜんきょう　前胸　breast　→付図1

ぜんきょうだい　全きょうだい　full sib, full sister and brother　同じ父と母から生まれたきょうだい（兄弟姉妹）．父と母に血縁関係がないとき，全きょうだい同士の血縁係数は50%である．

ぜんきょうだいこうはい　全きょうだい交配　full sib mating　同じ父と母から生まれたきょうだい同士で交配を行うこと．きわめて血縁度の高い近親交配の一つ．近交系を作出するときには全きょうだい交配が用いられる．

せんぎょうのうか　専業農家　full-time farm household　世帯員のうち自家の農業以外に従事する者のいない農家．従来，専業農家は農業の中心的な担い手と目されてきたが，近年，農業経営の世襲的後継意識が薄れてきたこともあって，規模の大きい農家でも子女が農業以外に従事する状況が一般化している．さらに，年金収入に依存する高齢専業農家が増加するなど，専業・兼業別といった従来の分類では農業構造を適切にとらえられなくなってきている．　→兼業農家

ぜんくさいぼう　前駆細胞　precursor cell　→幹細胞

せんけいしんさほう　線形審査法　linear classification　審査をより客観的かつ効率的に行うとともに体型形質の育種価評価をより的確に行う手段として開発されたもので，遺伝的，経済的に重要な体型形質について数量的に評価しやすいように工夫された審査法．乳牛の雌牛ではそれぞれの形質について1〜50段階の評価を行う．

せんこうさ　先行鎖（DNAの）　leading strand　DNAの複製起点からみて新たな鎖の複製が連続的に進行するような場合の新たなDNA鎖のこと．遅滞鎖（lagging strand），すなわち複製が断続的に進行する鎖，に対立する呼称．

ぜんこけいぶつ　全固形物　total solid　食品成分のうち，水分を除いた残りの部分．牛乳の場合は全乳固形分に相当し，ホルスタイン種の牛乳は11.4〜12.5%程度である．

せんこつ　仙骨　sacrum　→仙椎，付図21

せんざいがくしゅう　潜在学習　latent learning　学習により獲得された行動が直接表現されずに潜在的である場合に潜在学習と呼ばれる．動物を報酬のない迷路に一定期間置いた後，報酬をともなう迷路学習をさせると，無経験の個体に比べて学習の成立が速やかとなる場合がある．このとき，動物は迷路を潜在学習していたとする．

ぜんし　前肢　fore leg　→付図4

ぜんしチーズ　全脂チーズ　whole cheese　全乳を原料として製造されたチーズ．

ぜんしふんにゅう　全脂粉乳　whole milk powder　全粉乳ともいう．粉乳の一種で，牛乳（全乳）から水分を除いて粉末にしたもの．

せんじゅうけん　先住権　seniority　家畜の順位は集団に入れられた順番，年齢，体重および闘争の熟練度などによって決まる．これらの要因を各個体に当てはめてみると，先住者がこれらの有利な要因を合わせもっていることが多い．これを先住権という．先住効果も同義．

せんじゅうこうか　先住効果　seniority

→先住権

せんしょく　染色　dyeing　革の染色には酸性染料と直接染料が多く用いられる．これらは陰イオン性染料で，陽電荷の多いクロム革への染着性は強いが陰電荷の多い植物タンニン革には弱い．酸性染料は一般に浸透性，均染性が良く，直接染料は染着性は強いが浸透性が劣る．塩基性染料の反応性は酸性染料と逆の関係にある．含金染料は均染性，耐光性がよいが色調は鮮明さを欠く．

せんしょくしつ　染色質　chromatin　真核生物の核内に存在する好塩基性物質．DNA塩基性核蛋白質（ヒストン）複合体を主成分とし非ヒストン蛋白質および少量のRNAを含む集合体を指し，活動のさかんな細胞では淡染する真正染色質が増加し，DNA，RNA合成が行われている．異質染色質はDNAがヒストンと結合して作用が抑えられている．細胞分裂時には染色質は凝集して染色体になる．

せんしょくたい　染色体　chromosome　細胞分裂中期に赤道板上に出現する核由来の構造物で塩基性色素で濃染する，DNA，RNA，蛋白質で構成されている．生物種により核型，すなわちその総数，形状と大きさ，構成は，一定しており，性決定に関与する性染色体対とそれ以外の相同染色体よりなる常染色体対に区別される．いろいろな分染法により，それぞれの染色体の構造が明らかとなり，併せて制限酵素切断部位，遺伝子やRFLPマーカーなどの染色体上の位置関係も調べられ，染色体上の遺伝子の配列，各家畜の染色体地図も作成されている．このような操作をジーンマッピング（gene mapping）という．

せんしょくたいいじょう　染色体異常　chromosome aberration　生物種に固有の染色体数や染色体の構造に変化が生じている状態で，染色体突然変異ともいう．正常個体でも低率に存在するが（自然発生率という），薬物，放射線，ウイルスなどいろいろな要因で異常が誘発するので，自然発生率との比較から飼養家畜の健康管理に利用される．一方，受精卵に生じている異常の中で生存可能のものは遺伝障害を発生する．

せんしょくまさつけんろうどしけん　染色摩擦堅牢度試験　test for color fastness to rubbing　乾燥した白布または水，人口汗液あるいは有機溶剤に浸した湿った白布で，染色革の表面を摩擦し，その結果生ずる革の変退色と白布の汚染程度をそれぞれのグレースケールで5段階評価する試験．その試験方法がJIS K6547に規定されている．

ぜんしんいでんしどうにゅう　全身遺伝子導入　systemic gene transfer　血液循環を介してDNAを全身の細胞に送り，個々の細胞の核内へDNAを導入する方法．現在のところウイルスベクター法がもっとも効果的である．非ウイルス性のリポフェクション法なども開発されているが，遺伝子導入効率において不十分である．

せんせいかすいたい　腺性下垂体　adenohypophysis　下垂体のうち，口腔上皮より分化した部分で，主部（前葉）と中間部（中間葉）および下垂体柄にみられる隆起部（結節部）に分けられる．家禽では中間部を欠き，わずかなくびれにより前部と後部に分けられる．前葉で生産される主要なホルモンは，成長ホルモン（GH），プロラクチン（PRL），甲状腺刺激ホルモン（TSH），黄体形成ホルモン（LH），卵胞刺激ホルモン（FSH），副腎皮質刺激ホルモン（ACTH）である．中間部ではおもにメラニン細胞刺激ホルモン（α-MSH）などのプロオピオメラノコルチンを前駆体とする数種のホルモンが生産される．

せんぞがえり　先祖がえり　atavism　現在はみられない先祖の形質が，ある個体に偶然出現する現象で，帰先遺伝ともいう．また，孫の代に祖父母の保有していた形質の出現もある（隔世遺伝）．

せんたい　先体　acrosome　精子の頭部先端に存在する細胞小器官．哺乳類の先体は精子頭部核膜に接する二重構造になってお

り，内部にはヒアルロニダーゼやアクロシンなどの酵素が含まれている．

せんたいはんのう　先体反応　acrosome reaction　受精に先立って精子頭部の先体におきる変化であり，精子が卵子に進入するのに必要な形態的変化である．精子の原形質膜と先体外膜が部分的に融合して胞状化し，ヒアルロニダーゼやアクロシンなどの酵素が放出されて，透明帯を溶解しながら卵子へ進入する．

せんたくさいしょく　選択採食　selective grazing　家畜が与えられた粗飼料，濃厚飼料の中から特定の飼料を選んで食べること．選択の自由な放牧草地では，特定の植物種を選んで食べる傾向が強く，その順位は家畜の種類，品種，年齢，性により異なり，草の消化性や嗜好性によっても異なる．この傾向を選択食草性という．

ぜんちっそ　全窒素　total nitrogen　T-Nと表記．無機態窒素と有機態窒素の総量をあらわす．無機態窒素にはアンモニア態窒素，亜硝酸態窒素，硝酸態窒素などがあり，有機態窒素は蛋白質やアミノ酸など種々の有機化合物中に含まれる窒素をいう．養分あるいは環境汚染物質としての窒素を評価する場合，窒素は形態変化をするため，特定の形態の窒素だけでなく全窒素の把握も重要である．

せんつい（せんこつ）　仙椎（仙骨）　sacral vertebrae（sacrum）　脊柱の後部に位置し，生後椎骨が癒合して三角形の形をした仙骨となる．寛骨の腸骨と関節結合する．ウシやウマでは5個，ブタでは4個の椎骨が癒合して仙骨を作る．　→付図21

せんてんいじょう　先天異常　congenital abnormality　個体発生の異常に帰因する形態，機能の不完全な個体．例えば，ウシの上顎欠損，軟骨発育不全，短小，多趾，無尾などで，遺伝性疾患の他に，薬品，放射線，ウイルスなどによって生じるものもある．

せんど　繊度　fineness　繊維または糸の太さ．繊維の太さはミクロンすなわち1,000分の1mmを単位としてあらわすことが多い．糸の太さについては，絹糸・人絹糸・ナイロン糸などの連続糸にはデニール，毛糸・綿糸・麻糸・スフ糸などの紡績糸には番手が単位として用いられる．

せんとう　せん（銓）刀　fleshing blade, unhairing blade　フレッシング用のものは鉄製の幅3.5cm，刃渡り35cmの弓形の刀．両端に握り部分の柄がついている．脱毛用のものは真直ぐな角状のものである．かまぼこ台と称する木製の台上に皮を拡げて，せん刀で不要部分を下へこすり落とすようにして用いる．

ぜんどう　蠕動　peristalsis　消化管運動の一つの型．輪状筋と縦走筋の収縮により，消化管の1カ所に生じた収縮輪が，口腔側から肛門方向へ移動すること．これにより内容物が肛門方向へ押しやられる．

セントロメア　centromere　動原体ともいい，染色体の特定の構造部位で，分裂期にこの部位から動原体糸が紡錘体の極に向かって発達し，中期で赤道面上に配列し，後期において染色体の主部に先行して極移動を行う．多くの真核細胞では，その機能は染色体の一次狭窄部分に局在している．

ぜんにゅう　全乳　whole milk　脱脂していない牛乳．脱脂乳に対比する用語．

せんねつ　潜熱　latent heat　水が気相，液相に変化する際に要する熱量．温度上昇の効果を示さず，単に物質の状態が変化するために費やされる熱で気化熱や融解熱などを潜熱という．潜熱放散は蒸発による熱放散の方法である．　→蒸発性熱放散

ぜんのうせい　全能性　totipotency　すべての組織や器官に分化して，完全な個体を形成する能力のこと．動物では発生・分化が進むにつれて全能性が失われるが，分化した体細胞の核を初期化して全能性を誘導できることが，アフリカツメガエルやクローンヒツジ「ドリー」によって，最近明らかにされた．1個の細胞を核移植後受胚動物へ移植し，得ら

れた産子が繁殖能力をもつことが確認された場合，用いた細胞の核は全能性があるという．

ぜんぱく　前膊 forearm　→付図1

せんばつ　選抜 selection　集団の中から改良に適した個体を交配に用いるために選ぶことであり，育種において最も基本的な作業である．淘汰と対置される．

せんばついくしゅ　選抜育種 selective breeding, breeding by selection　品種や系統から育種目標に沿った個体を選抜し，新しい集団を育種することをいう．　→品種改良

せんばつきょうど　選抜強度 intensity of selection, selection intensity　標準正規分布における切断型選抜による選抜差で，iであらわされる．正規分布において，切断点における縦軸の高さを選抜率で割ったものであり，選抜差を表型標準偏差で割って求められる．標準偏差単位であらわした選抜差であり，標準選抜差ともいわれる．iの値は選抜率によって決まり，正規分布の表より簡単に求められる．

せんばつげんかい　選抜限界 selection limit　選抜を長期間にわたって継続すると選抜反応が徐々に低下し，ついには選抜反応が見られなくなる，いわゆるプラトー（plateau）に達する場合がよくある．この限界をいう．選抜限界をもたらす原因としては，①近交または選抜による遺伝分散の消失，②人為選抜と自然淘汰との均衡，③生理的な限界，④遺伝的荷重による適応度の低下，⑤相関形質間の拮抗などが指摘されている．集団の有効な大きさ（Ne）が小さいとき，選抜限界の半分に達するまでの世代数は約 1.4 Ne 世代である．

せんばつこうりつ　選抜効率 efficiency of selection　遺伝的改良量の相対的な大きさを比較する場合に用いられる一般的用語．

せんばつさ　選抜差 selection differential　量的形質の選抜において，選抜個体群の平均と集団平均の差を選抜差という．選抜差に遺伝率を乗じると選抜反応の推定値が得られる．選抜差を表型標準偏差で割った値が選抜

強度である．

せんばつしすう　選抜指数 selection index　複数の情報を用いて選抜する時，各情報に対する相対的な重み付け係数を決めて，個体ごとに各情報の表現型値と重み付け係数との積和を選抜指数（I とあらわされる）という．この値に基づいて選抜を行う．重み付け係数を決定する方法としては，各形質の経済価値を用いた総合育種価と選抜指数値との相関が最大になるように求める方法と，希望改良量に基づく方法があり，計算には情報間の遺伝分散共分散，表型分散共分散が必要である．

せんばつはんのう　選抜反応 selection response　遺伝的改良量ともいい，選抜された親から生まれた子世代の集団平均と親世代の選抜前の集団平均との差であり，選抜の効果を示す．　→遺伝的改良量

せんばつりつ　選抜率 percentage of selection　集団中に占める選抜された個体の割合．正規分布集団では，選抜率によって切断選抜における切断点と選抜強度が求められる．

せんびんき　洗瓶機 bottle washer　瓶を洗浄する機械．牛乳瓶の洗浄は小規模の場合は手動式洗瓶機が用いられ，中規模ではブラシ洗浄が自動的に行える半自動洗瓶機が，大規模になると瓶受台から自動的に洗浄殺菌が行われて後，充填機に送られる全自動装置が用いられる．

せんぷいでん　先夫遺伝 telegony　純粋種の雌を異なる品種，系統の雄と交配すると，雌の純血性が失われ，雌と同一品種，系統の雄と交配しても子に先夫の影響が出現することをいうが，古くから畜産家の間でいわれる迷信である．

せんぷくせいそう　潜伏精巣 cryptorchidism　家畜では精巣は陰嚢内に位置するのが普通であるが，胎子期に腹腔から陰嚢への移行が行われなかった場合，一側または両側の精巣が出生後も腹腔内にとどまってしまう．これを潜伏精巣という．この場合精巣の温

度は体温に等しくなり，体温（陰嚢より高温）に影響されて精子形成は行われない．しかし，間質細胞は正常に働き，性欲や副生殖腺の発育，機能なども影響を受けない．

せんべつほうそうセンター　選別包装センター　grading and packaging center　ジーピーセンター（GP center）ともいう．養鶏場から集められた鶏卵について，異常卵，破卵などを除き，重量別に数種類に分けてそれぞれを包装する施設．鶏卵を洗浄してから，乾燥，透視検卵，重量選別までを流れ作業として自動的に行う卵処理場をいう．鶏卵自動選別機を用いるが，処理能力の高い装置では，1時間に20,000～25,000個の選別包装も可能である．

せんぽうこう（くう）　腺胞腔　alveolar lumen　→付図18

せんもう　剪毛　shearing　毛用家畜の毛を刈り原毛を得ること．緬羊では年に1回，北半球では春に剪毛する．剪毛鋏や手動バリカンによる毛刈りと電気バリカンによる機械刈りがある．国産コリデール緬羊1頭から，汚毛として雄7kg，雌5kg程度が得られ，純毛にすると収量が半減する．

せんもう　洗毛　scouring　羊毛精錬の第1工程で，スイント，羊毛脂，汚物，混入飼料などをとり除くための洗浄操作．マルセル石鹸のようなアルカリ分のない石鹸を使用し，45℃くらいの温湯で洗う．洗浄時に，強く汚毛をもむとフェルト化するので，静かに押さえるようにして洗う必要がある．

せんもう　繊毛　cilium　上皮細胞のあるものは遊離縁に可動性の繊毛を有する．その長さは5～10μmで，上皮表面の液体または物体を一定方向に移送する働きをもつ．繊毛上皮は鼻腔，気管のような呼吸道，および卵管にみられる．電子顕微鏡でみると，繊毛は1対の中心微細管とこれを取り巻く9対の微細管からなり，この外周を細胞膜が包んでいる．

ぜんらんえき　全卵液　liquid whole egg　→液状卵

せんらんき　洗卵機　egg cleaner　集卵された卵を洗浄して乾燥する機械．選別包装センターでの選別と包装の前あるいは加工場での割卵の前に行われる．殻付卵より約10℃高い洗浄液につけブラシがけし，さらに清水で洗浄．能力は1時間20,000～25,000個くらいの処理もできる．

せんらんき　選卵機　egg grader　集卵された卵を重量別に選別する機械．洗卵の終わった卵を箱詰鶏卵規格およびパック詰鶏卵規格に基づき，品質判別によって特級，1級，2級，級外に等級付けして選別するとともに，重量によりLL～SSまでの6種と規格外とに選別する．主として選別包装センターで行われる．

ぜんらんふん　全卵粉　whole egg powder　二次加工のための原料として全卵を乾燥したもの．一般に，全卵をそのまま乾燥すると，品質が著しく低下するため，乾燥前に卵液から発酵法または酵素法によってグルコースを除くか，非還元性糖類や界面活性剤，ポリリン酸塩などの添加によって乾燥卵の品質保持を行う．乾燥卵製造後には，溶解度の低下，乳化性や起泡性の低下などがおきるし，脂質の酸敗や変色もおきやすいので，乾燥卵は密閉して直射日光の当たらない低温の場所に保存しなければならない．　→乾燥全卵

ぜんりつせん　前立腺　prostate, prostate gland, prostatic gland　膀胱頚の背側に発達した前立腺体と尿道骨盤部に広く分布する前立腺伝播部とがある．ウマでは前立腺体のみが，ヤギとヒツジでは伝播部だけ発達する．ウシとブタでは前立腺体と伝播部の両方が認められる．腺は複合管状胞状腺である．前立腺液は，射精に先だって尿道球腺液とともに尿道を洗浄する役割をもつ．　→副生殖腺．付図16

ぜんわん　前腕　forearm　→付図2, 付図5

ぜんわんこっかく　前腕骨格　skeleton of forearm　橈骨と尺骨からなり，上腕骨と手根骨との間に位置し，前肢帯を構成する．原則

的に橈骨が内側で，尺骨が外側にある．橈骨と尺骨は関節によって連結しているが，ウマでは生後約1年，ウシ・ブタでは生後約3～4年で骨結合して不動となる．

[そ]

そうあたりこうはい　総当たり交配　diallel cross (ing) (mating)　雑種強勢の組み合わせ能力を検定する方法であり，使用する品種，系統のすべての組み合わせを交配させる完全総当たり交配と，組み合わせの一部だけの交配を行う部分総当たり交配とがある．

そううせい　早羽性　early feathering　早羽性とはニワトリ卵用種（白色レグホーン種など）の初生雛では，主翼羽の羽が伸長しているので，晩羽性と区別でき，10日齢では遅速の差が明瞭となり，雌雄鑑別に利用できる．早羽性は劣性晩性遺伝子kの支配をうけ，産卵性とも関連する単純メンデル遺伝をする．

そうエネルギー　総エネルギー　gross energy, GE　物質が燃焼するときに発生するエネルギー．その中には動物が利用できないエネルギーも含まれている．単位はJまたはCal．

そうか　草架　hay rack　家畜が採食しやすいように，目すかし状に作られた乾草やわら類給与のための枠組．家畜が立位で楽に採食できる高さに設置する．ロールベールなどを納められる程度のものが屋外などに設置されて，省力的な群飼管理に使用されている．

そうかくしきゅう　双角子宮　bicornuate uterus　子宮はその形態によって4型に分類されるがその一つの型を指し，ウマ，ブタ，食肉類の子宮が該当する．子宮体と左右一対の子宮角をもち，子宮腔のなかに隔壁をもたず単一の腔になっている．ウシの子宮のように子宮腔に中隔があって左右に分かれているものも双角子宮の一様式と考えられるが，解剖学的には両分子宮と呼ばれる．

そうかせい　走化性　chemotaxis　化学走性ともいう．特定の化学物質の濃度勾配の刺激により遊離細胞が濃度の高い方向あるいは低い方向に移動すること．発生分化の過程での細胞の特定部位への移動，炎症部位への白血球の参集など．

そうかてきいでんしこうか　相加的遺伝子効果　additive gene effect　量的形質における遺伝子の効果は遺伝子型によって異なり，各遺伝子についてその集団における平均効果を求め，それを集団平均値からの差で示したもの．相加的遺伝子効果は，その遺伝子がどのような遺伝子型によって存在するかにはかかわりなくあらわされた値であり，いくつあるかによって相加的に決まる効果である．各座位における相加的遺伝子効果の和が育種価である．

そうかてきいでんぶんさん　相加的遺伝分散　additive genetic variance　全遺伝分散のうち相加的遺伝子効果の変異によって生じた分散のこと．相加的遺伝分散は全遺伝分散のうち育種的に最も重要な分散であり，単に遺伝分散という場合は相加的遺伝分散を指す．相加的遺伝分散に対する表型分散の比を狭義の遺伝率という．

そうぎょうど　操業度　operating rate　一定期間における生産活動の程度をあらわす計数．どのようにとらえるかは経営の生産活動の種類によって異なる．工業で多く使われる概念であり，農業では土地利用率や養鶏における鶏舎利用率などがそれにあたる．土地，施設，機械などの生産手段の生産活動への利用度合いを示す指標．

そうきりにゅう　早期離乳　early weaning　自然な離乳の時期よりも早く，強制的に子を母親から離し，離乳させることを指す．乳牛の飼養においては，以後代用乳と人工乳で保育する．40～50日齢になり人工乳の摂取量が500gを越えると離乳が可能で，この時期に早期離乳させ，その後は離乳用配合飼料を与える．

ぞうけつかんさいぼう　造血幹細胞
hematopoietic stem cell　すべての血球への分化能をもつ多能性幹細胞と，この細胞から分化したリンパ球系幹細胞および骨髄球系幹細胞，ならびに骨髄球系幹細胞から分化した赤芽球系，顆粒球系，巨核球系の幹細胞などがある．リンパ球系幹細胞はリンパ球へ分化し，一方，赤芽球系，顆粒球系，巨核球系幹細胞は，それぞれ赤血球，顆粒球，血小板へ分化する．

そうこう　草高 grass height　草本の地表からの自然の高さ．引っ張らずに自然の状態で測る．

そうごういくしゅか　総合育種価 aggregate genotype (breeding value)　複数形質の改良において各形質の相対経済価値と育種価との積和を総合育種価といい，Hであらわされる．選抜指数の重み付け係数を求める時に，選抜指数値に対置して想定されている値である．総合遺伝子型ともいう．

そうごうしすう　総合指数 Nippon total profit index　種畜の経済的優位性を示すために，複数形質について育種価の推定値とそれぞれの経済的重みとの積和を総合能力指数 (total performance index) という．わが国の乳牛においては，生涯生産性を高め，機能的体型に優れた乳牛を産出するために，泌乳形質と泌乳能力を維持する体型形質を組み合わせた指数を策定した．これを総合指数と呼び，NTPとあらわす．

そうざん　早産 premature delivery, premature birth, immature birth　妊娠が満了する以前に適当な看護のもとに生活を続けうる子を分娩すること．自然早産と人工早産とがある．後者は胎子あるいは母体の生活に危険があると判断された場合に行うもので，薬物的，機械的方法あるいは腟式および腹式帝王切開により行う．出産子が生活能力を有するようになる最短妊娠期間はウシで240～270日，ウマで300～320日，ヒツジで130～140日とされている．

そうじがり　掃除刈り topping　放牧地で食べ残しの草が茂りすぎると雑草や潅木が侵入しやすいので放牧終了後に刈り払いをする．これを掃除刈りという．これは不食過繁地の減少にも役に立つ．

そうじこうはい　相似交配　→表型相似交配

そうじつはい　桑実胚 morula　受精卵は卵割し発生を進めるが，割球が増えると個々の細胞は小さくなり，16細胞期以上になると，その外形は「桑の実」に似てくることから桑実胚という．16～32細胞を初期桑実胚といい，さらに発生が進み，各細胞が接着し，収縮するようになるとこれを収縮桑実胚と呼ぶ．桑実期では外側の栄養細胞層と内側の内細胞塊に分化する．

そうしほんりえきりつ　総資本利益率
ratio of profit to total capital　総資本を用いて利益がどれだけ生じたのか，企業の経営活動の収益性をあらわす重要な指標．会計期間において得られた利益を使用総資本（期首と期末の平均）で除して求める．総資本利益率＝利益÷総資本平均有高×100．分子の利益が経常利益の場合は，総資本経常利益率に，当期利益の場合には総資本当期利益率になる．

そうしょくどうぶつ　草食動物 herbivorous animal, herbivore　植物質をおもな食物とする動物．ウシ，ウマ，ヒツジ，ヤギなどは草食家畜である．動物が木の葉をよく食べるか，あるいは短い草をよく食べるかなどその食性により林地や草地における生態的な影響が異なってくる．

そうせい　草生 stand, vegetation　草地に草類が生えている姿全体を草生という．構成される草種によって草生良好，あるいは草生不良などという．

ぞうせいきのう　造精機能 spermatogenic function　精巣は精細管内で精子をつくり，精巣上体はその管腔内を移送中の精子に生理学的，形態学的な種々の変化を与えて，受精能力をもつ精子へと成熟させる．このように精

巣と精巣上体の働きにより成熟精子をつくりだす機能を雄の造精機能という．

そうせんい　総繊維　total fiber　飼料中に含まれる繊維の総量を示す用語でデタージェント分析における NDF (neutral detergent fiber), 酵素分析における OCW (organic cell wall) がこれに相当する．内容としてはセルロース，ヘミセルロース，リグニン，細胞壁蛋白質などが含まれる．

ソーセージ　sausage　食肉を塩せきし，細切もしくは挽き肉とし，調味料，香辛料その他の副原料を混和してケーシングに詰めた食肉製品．燻煙，加熱は行うが，乾燥はする場合としない場合がある．使用する原料肉とその配合割合，原料肉の大きさ，香辛料の配合法，ケーシングの種類，形態などの差異によって種類はきわめて多く，都市の名称を付して呼ばれるものも多い．ケーシングに家畜の小腸を用いることが多かったので，わが国では腸詰めと訳されたことがある．

ぞうたいさえき　増体差益　肉畜の庭先販売価額から素畜費を控除した差額．肥育増価額という場合もある．肥育経営では肥育することによって素畜費に新たに加えた増価額部分が粗収益であり，それから増体させるに要した費用を差し引いた差額が利益になる．したがって，増価額をどれだけ生み出せるかが収益水準を規定する大きな要因になる．これを単位期間，例えば1日当りに置きかえて収益水準の目安にすることもある．

そうたいてきじゅんい　相対的順位　bi-directional dominance relationship, peck-dominance　上位の個体は下位の個体を攻撃するが，その関係は絶対的なものではなく，劣位個体が攻撃する場合もある．このように相対的な優劣関係からなる社会的順位をいう．ヒツジ，ヤギ，ブタなど多くの家畜は相対的順位型に属する．

ぞうたいりょう　増体量　weight gain　ある期間の動物の体重増加量のことで，これをチェックすることによって標準成長が達成されているか，あるいは給与飼料の量や成分が適切であるかがわかる．ウシの肥育では1日当たりの増体量 (daily gain) が成長の目安として使用される．これは，期間中の増体量を試験日数で除して求めるか，試験期間中の全測定値から回帰式によって求める．

そうたんかん　総胆管　common bile duct　胆汁の通過する導管のうち，総肝管と胆嚢管が合一し，十二指腸に開口するまでの部分を総胆管と呼ぶ．家畜では膵管とは別に十二指腸に開口するが，動物種によっては膵管と合流して共通の管となって十二指腸乳頭に開口するものもある．→肝腸管，付図11，付図12，付図13

そうち　草地　grassland　イネ科草本類を主要優占種とし，おもに家畜の放牧，または飼料草類の採取に利用されている土地．草原のうち，おもに家畜に利用されているところをいう．自然草地，人工草地（牧草地）に分けられ，また利用上から放牧地 (pasture) と採草地 (meadow) に分けられている．

そうちかいりょう　草地改良　grassland improvement　森林を伐採・火入れなどの処理を行い野草地の草質を改善し，牧草を導入して新しい草地を造成すること．土地を完全に耕起して施肥・播種して牧草地にする場合と，不耕起のまま前植生を抑制するために放牧を行い，草生をみながら徐々に改良する方法とがある．

そうちかんり　草地管理　grassland management　造成された牧草地の維持年限を伸ばし，有効に利用するために施肥，適期刈りや放牧によって草生をみながら管理すること．

そうちこうしん　草地更新　pasture renovation　牧草地は経年化すると土壌の物理・化学性が低下し草生が悪くなり，生産性が低下するので，一部または全面を耕起して施肥・播種を行うことをいう．

そうちしんだん　草地診断　grassland diagnosis　草生がよい状態にあるか，よい方向に動いているか，などを診断する手法を

いう．具体的には，一定面積の枠（コドラート）の中のそれぞれの構成種の草高，被度，密度，頻度，重さなどを測定して積算優占度を算出し，草種の序列化とその動きを判定する．

そうちぞうせい　草地造成　grassland establishment　林地や自然草地などに新たに牧草地を作ること．行政上は草地開発ということも多い．耕起せずに放牧〔重放牧・管理放牧〕と牧草播種，少量の施肥で生態的に牧草地化する不耕起造成法と，耕起・施肥・播種する耕起造成法とがある．

そうちのうぎょう　草地農業　grassland farming　畜産のための草地を有機的に取り入れた農業形態．生態系を巧みに利用した長期安定的な迂回生産を特質とする．

そうちのせいさんりょく　草地の生産力　grassland productivity　単位面積当たりの草の収量を一次生産力といい，これから得られた家畜の増体や畜産物の収量を二次生産力という．

そうどうくみかえ　相同組換え　homologous recombination　一対の二本鎖DNAにおいて相同な塩基配列をもつ部分におこる組換えをいう．生体内では減数分裂時にもみられるが，相互の塩基配列がまったく一致していなくても相同組換えがおこるので，相同組換えを利用して特定の遺伝子に変異をおこすことができる．最近は遺伝子ターゲティングの手段として使われている．交叉（乗換え）という語も相同組換えとほぼ同義に用いられる．

そうどうせんしょくたい　相同染色体　homologous chromosome　核型を構成する染色体は，すべて両親の配偶子に由来するもので，常染色体はそれぞれ対をなしており，減数分裂時にはその対が両配偶子に分配される．この対をなす染色体を相同染色体といい，両染色体上には同一位置に同じ形質に関する遺伝子が配列している．→遺伝子標的法

そうにゅうとつぜんへんい　挿入突然変異　inserted mutation　初期胚に外来性遺伝子を導入して作出したトランスジェニック動物では，導入した外来性遺伝子が染色体のいろいろな部位にランダムに組込まれる．それが，重要な機能をもつ遺伝子領域に生じた場合には，従来みられなかった突然変異，すなわち挿入突然変異が誘発される．それらは，個体発生にかかわるものが多く，その解明に有効な新しい研究材料である．

そうはいせつこう　総排泄腔　cloaca→排泄腔，付図13，付図19

そうはんはんぷくせんばつほう　相反反復選抜法　reciprocal recurrent selection　系統間交雑の利用をはかるため，もっとも組み合わせ能力の高い系統を造成する方法．二つの系統があるときに，第1年目には第0世代の系統間で正逆交配を行い，第2年目には生産されたF_1について能力を調査して，それに基づき第0世代の選抜を行い，系統内交配により次世代を生産する．第3年目には第1世代を用いて系統間で正逆交配を行い，第4年目にそのF_1を検定して，それに基づき第1世代の選抜を行い，系統内交配により次世代を生産する．これを繰り返して組み合わせ能力の高い系統を造成する．トウモロコシではよい結果を得たがニワトリでは成功していない．

そうふうかんそう　送風乾燥　pneumatic drying, drying by drafting　舎内に送風機を設置し，刈取り後の生草や半乾燥状態のものを加圧した空気を送り込んで乾燥する方法．送風機で逆に吸引する乾燥法がある他，加熱空気と常温空気を送る場合がある．

そうほてきディーエヌエー　相補的DNA complementary DNA, cDNA　あるRNA鎖と相補的な塩基配列をもつ1本鎖DNAまたはこのDNA鎖とそれに相補的な塩基配列のDNA鎖とからなる2本鎖DNAをいう．mRNAのcDNAには，もとの遺伝子のDNAとは異なってイントロンは存在しない．逆にもとの遺伝子にはなくてmRNAに存在する3'末端部のポリA配列などに対応したヌクレオ

チド配列が存在する．蛋白質をコードする塩基配列を解析したり，蛋白質発現系に活用する．

そうもうたいばん　叢毛胎盤　cotyledonary placenta, placentomatosa　絨毛膜絨毛の分布に基づいて分類される胎盤の一分類形．絨毛膜表面の絨毛叢が散在し，絨毛叢の部位ごとに胎盤がつくられる．ウシ，ヒツジ，ヤギなどの反芻類にみられる．ウシの完成した胎盤では子宮小宮の部位で絨毛叢が母体の子宮と結合する．　→子宮小宮，胎盤

そうりょうけい　草量計　herbage meter　立毛のまま草体を破壊せずに草の収量を電気的に測定する器械．静電容量を測る装置．雨天では使用できない．

ぞくかんこうはい　属間交配　intergeneric crossing　動物分類学上の属を異にする交配でできた雑種で，両性あるいは一方の性が生殖能力を欠く．実用的なものは少ないが，家畜牛×アメリカバイソン，アヒル×バリケン，ニワトリ×キジなどは利用されている．

そくこんかんしゅしこつ　足根間種子骨　intertarsal sesamoid bone　→付図22

そくこんこつ　足根骨　tarsal bones　下腿骨格と中足骨との間にある多数の多角形の短小骨で，各足根骨とも複雑に関節して足根関節（飛節）を構成する．足根骨の数は動物で異なり，ウマ6個，ウシ5個，ブタ7個の骨からなる．　→付図21

そくつうかくさん　促通拡散　facilitated diffusion　促進拡散ともいう．リン脂質2重層である細胞膜は水や尿素などの小さい極性分子と脂溶性物質しか通過できないため，細胞膜にはこれら以外の物質の通過を媒介する細胞膜貫通蛋白質のチャネルあるいは担体が存在している．担体を介して物質が拡散する場合を促通拡散と呼ぶ．イオンや単糖，アミノ酸，ヌクレオシドとそれらの重合体である多糖，蛋白質，核酸など，ほとんどの生化学物質の拡散は促通拡散である．促通拡散自体はエネルギーを必要としない受動輸送であり，電気化学的ポテンシャル勾配に従って移動し，この差が無くなれば止まる．

そくめんでいりしきぱーらー　側面出入式パーラー　side-opening parlor　ミルキングパーラーのストールへの進入・退出方式の一種で，ウシがストール側面から進入して退出する方式のパーラー．このほかにストール後方から進入し前方へ出る通り抜け式パーラーや後方へ戻る後退式パーラーがある．

そけいかん　鼡径管　inguinal canal　寛結節と恥骨を結ぶ強靱な鼡径靱帯と外腹斜筋腱膜で囲まれた鼡径管外口（浅鼡径輪）にはじまり，内腹斜筋後縁の同内口（深鼡径輪）まで腹壁を腹方から背方に貫く管を鼡径管という．胎生期の精巣下降の結果，腹膜鞘状突起が鼠径管を通過し，陰嚢内で鞘状腔を作り，精巣を収める．雄家畜では精索が鼡径管内にあり，精巣動・静脈が通過し，精巣からの精管が腹腔内に入る．

そこがわ　底革　sole leather　靴の底に使われる革．通常成牛皮のような厚い皮を植物タンニンなめしで作る．クロムなめしの底革は草履の底など用途が限られる．最近の靴底は皮革より合成物が多い．

そしききゅう　組織球　histiocyte　細網内皮系に入る大食細胞またはマクロファージとも呼ばれる細胞で，貪食能を有する．偽足様の原形質突起を出し，滑面小胞体およびライソゾームを豊富にもっている．炎症巣にみられるマクロファージの大部分は血液の単球に由来すると考えられている．疎性結合組織には組織球が常在し，刺激によって細胞分裂し，増殖する．炎症巣のマクロファージも一部はこのような細胞であると思われる．

そしきけいえいたい　組織経営体　co-operative farm　1992年6月に農林水産省が発表した「新しい食料・農業・農村政策」（いわゆる「新農政」）の中で初めて明らかにした経営類型区分の一つ．複数の個人または世帯が共同で農業を営むか，それと合わせて農作業を行う経営体であって，その主たる従事者

が，他産業並みの労働時間と地域の他産業従事者とくらべて，遜色ない水準の生涯所得を確保できる経営を行い得るもの．例えば，農事組合法人とか有限会社など．　→個別経営体

そしきてきごうせいいでんし　組織適合性遺伝子　histocompatibility gene　移植片の拒絶に関わる遺伝子であり，もっとも拒絶反応が強い主要組織適合性遺伝子複合体と，それ以外の拒絶反応が弱い複数の副組織適合性遺伝子とに大別される．　→主要組織適合性抗原

そしきとくいてきいでんしはつげん　組織特異的遺伝子発現　tissue-specific gene expression　多細胞生物個体の中で各組織ごとに他の組織と区別されるある特徴をもたらすような遺伝子発現をいう．この組織特異性は特定の核内転写因子とそれがDNA上の組織特異的エレメントと呼ばれる配列へ結合することによって発現されると考えられている．

そしきばいよう　組織培養　tissue culture　多細胞生物の個体から無菌的に組織片，細胞群を取り出し，適当な条件において生かし続ける技術のこと．取り出した一片を他の生物体のある場所に移植して育てる生体内培養 (in vivo culture) とガラス器内培養 (in vitro culture) とがある．

そしぼう　粗脂肪　crude fat　飼料の一般成分分析項目の一つである．乾燥飼料を16時間エチルエーテルで抽出して得られる抽出物を粗脂肪と呼んでいる．粗脂肪には中性脂肪のほかに脂肪酸，高級アルコール類，色素類，樹脂類が含まれる．

そしゅうえき　粗収益　gross return　生産の結果得られる総収入額．主産物のほかに副産物を含む販売額，家計仕向け額，期間内増加見積り額（期末−期首）の合計としてとらえられる．

そしりょう　粗飼料　roughage　濃厚飼料の対語として繊維成分が多く，栄養価の低い飼料を一般的に粗飼料と呼んでいる．成分含量や栄養価の特定値を基準とした明確な定義があるわけではなく，慣行的に使われてきた用語である．牧草・飼料作物・わらなど農産廃棄物を一括して粗飼料と呼ぶ場合が多い．

そしりょういんし　粗飼料因子　roughage value index　家畜，特に反芻家畜に対して飼料のもつ長さ，硬さなどの物理的な性質が付与する機能を粗飼料因子と呼んでいる．具体的には咀嚼・反芻を持続させ，反芻胃に唾液の流入を継続させながらpHをはじめとして反芻胃の発酵を安定的に維持する機能である．飼料乾物1kg当たりの反芻・咀嚼時間を指標として示される．

そせんい　粗繊維　crude fiber　飼料の一般成分分析項目の一つである．飼料を希硫酸と希苛性ソーダで連続的に煮沸処理して得られる残渣の有機物部分．粗繊維は結晶性のセルロースを構成要素とする総繊維の一部である．

そたんぱくしつ　粗蛋白質　crude protein, CP　飼料の一般成分分析項目の一つである．飼料中の窒素をケルダール法によって定量し，それに6.25を乗じた値がCP含量となる．CP区分には蛋白質の他にアンモニア，アミド，アミノ酸などが含まれる．

ソッドバウンド　sod-bound　経年化するとイネ科草では冠根が腐朽しないでたまり，通気性の低い網目状の層ができて地上部も地下部も生育が悪くなる状態をいう．

そでしたとりひき　袖下取引　相対取引の一種で，値決めの折衝内容が他に分からないように袖の下に手を入れて相互に指で合図をして取引する方法．前近代的な方法で比較的最近まで家畜商の取引方法の中に引き継がれてきた．公開の下でのセリ取引と違って，不明朗さが残るとして問題視されてきた方法．
→相対取引

そともも　silver side　牛半丸枝肉を分割したももの部分の名称．アメリカでアウトサ

イドラウンド outside round と称している部分がこれに相当する． →付図 23

そのう　そ（嗉）嚢　crop　鳥類の食道でその一部がふくらんだ憩室．一時的な食物の貯留場所．そ嚢の壁は薄く，伸縮性に富む．ハトでは，育雛時にそ嚢乳を分泌し雛に与える．そ嚢乳の形成はプロラクチンの支配下にあり，プロラクチンの生物検定に用いられる． →付図 13

ソフトアイスクリーム　soft ice cream　フリーザーで凍結を行っただけで，硬化工程前の軟らかいアイスクリーム．品温は $-3\sim-5$ ℃で氷の結晶量が少なく，口当たりは滑らかである．

ソフトカードミルク　soft curd milk　軟らかいカードを生じる牛乳をいい，カード張力（カードテンション）は一般に 20 g 以下である．牛乳に加熱，均質化，脱塩などの処理をすることにより人工的にソフトカードミルクが作られる．育児用の調製粉乳のカード張力は 0 近くのものが多い．

ソフトサラミソーセージ　soft salami　欧米では用いない言葉で，サラミは，本来，脂肪の配合割合が高く，乾燥もスライスできる固さ程度のものが多く，その食感はソフトなものである．乾燥のきつい，食感のハードなものは，ハードサラミ（hard salami）という．わが国では戦前から，サラミの名でハードサラミが一般化し，戦後，20 年経ってから乾燥程度の少ないソフトなサラミが市場に出たため，これを区別して「ソフトサラミ」という．

ソフトレザー　soft leather　衣料，手袋，袋物などに使われる薄手の柔軟な革全般を指す用語．

ソマトスタチン　somatostatin, SS　視床下部（室周核など），大脳皮質，扁桃核の神経細胞で生産されるアミノ酸残基 14 個および 28 個からなるペプチドホルモン．下垂体前葉からの成長ホルモン分泌を抑制するほか，プロラクチンや甲状腺刺激ホルモン分泌をも抑制する．膵臓ランゲルハンス島 D 細胞や消化管神経叢からも分泌され，インスリン，グルカゴン，ガストリン，モチリン，セクレチン，消化酵素，胃酸の分泌を抑制する．

ソマトメジン　somatomedin　血中濃度は成長ホルモン（GH）依存性で，軟骨細胞の増殖，硫酸の取り込みを促進し，筋肉や脂肪組織でインスリン様作用をもつペプチドの総称．GH の作用を仲介するという意味でソマトメジンと命名されたが，後にインスリン様成長因子（IGF）と同一であることが判明し，現在では IGF と呼ばれている． →インスリン様成長因子

そめんしょうほうたい　粗面小胞体　rough endoplasmic reticulum →小胞体

そもう　梳毛　staple wool　トップの繊維を平行に揃え梳毛機に掛けたもの．この梳毛を紡績して得られる梳毛糸 worsted yarn は合撚しあって，けばが少なく，表面が平滑で，毛糸にした場合の太さは 20～70 番手となる．梳毛糸を織機に掛けたものが梳毛織物 worsted fabric で，背広地，セル，サージ，モスリンなどの薄物地に仕立てられる．

そもう　粗毛　hair　一般の動物体毛を指し，毛髄質を有する．この粗毛の周囲に細く，短い毛が密生する（綿毛，わたげ）．ヒツジでは羊毛とケンプの間の直径のものをいう． →羊毛

そりえき　粗利益　gross margin　（1）売上高から主要原材料費〔素畜費と飼料費〕だけを差し引いた利益の概算値．（2）簿記的には売上総利益のことで，売上総利益＝売上高－売上原価　となる．売上原価には原材料費以外の生産経費いっさいが含まれる　→売上総利益，マージン

ソルガム　sorghum, *Sorghum bicolor* (L.) Moench　熱帯アフリカ原産の暖地型イネ科の一年生作物．その用途に応じて，グレインソルガム（短稈・太茎で子実用），スイートソルガムまたはソルゴー（青刈用とシロップ用），グラスソルガム（青刈と乾草用，スーダン型ソルガムとも呼ばれる），ブルームコーン

（ほうき用）に分けられる．わが国では関東以南においてホールクロップサイレージや乾草利用されている．　→グレインソルガム，さとうもろこし，スーダングラス

ソルゴー　sorgo　→ソルガム，さとうもろこし

そんえきけいさん　**損益計算**　profit and loss　一定期間内における経営成果としての損益を明らかにするために行う計算．財産法と損益法の二つがある．財産法は一定期間における期首・期末2点の純財産額を比較し，その増加分を利益とする考え方．損益法は財産増減の原因を費用額と収益額にあるとして，一定期間における費用と収益を計算し収益超過額を利益とする考え方である．一般には後者の方法を原則とする．

そんえきぶんきてん　**損益分岐点**　break-even point　収益と費用とが等しい点．すなわち，一定期間の売上〔売上高，生産高〕がそれ以下になると損失が生じ，それ以上になると利益が生じる損失と利益の分かれ目となる売上高，生産高のことである．損益分岐点の売上高＝固定費÷(1－変動費／売上高)．損益分岐点を求めるには，費用を売上高に比例しない固定費と比例する変動費に分解しなければならない．

[た]

ダークカッティングビーフ　dark cutting beef　食肉の最終pHが高いと，ミオグロビン誘導体は還元型ミオグロビン（暗赤色）が優勢となって，肉色は暗赤色となる．このような状態の牛肉をいう．

たい　**胎位**　presentation　子宮内における胎子の体の縦軸と子宮の縦軸との関係．互いに平行するときを縦位，両軸が水平に直角に交叉するものを横位，斜めに交叉するものを斜位という．また，胎子の頭部が産道に向かうものを頭位，後部が向かうものを尾位という．ウシ，ウマでは分娩時の胎位は95%以上が頭位で，尾位は難産になりやすい．ブタでは頭位は50~60%で，尾位の方が難産になりやすいということはない．

だいいちい　**第一胃**　rumen　ルーメンともいわれる．反芻動物の胃の一つで，大きな袋状のもので，摂取した食物がためられる．腹腔左半分のほとんどを占め，内面には高さ1cm位の乳頭が密生し，微生物発酵が行われる．かって瘤胃（こぶい，りゅうい）と称された．　→付図11

だいいちいかくかふぜんしょう　**第一胃角化不全症**　ruminal parakeratosis　第一胃粘膜は重層扁平上皮で覆われ，上皮の最外層の細胞は核を失い扁平化して角化層となる．なんらかの障害により角化が不完全となり，核の残存した細胞が積み重なり，角化層を欠く状態．ルーメンパラケラトーシスとも呼ぶ．発生誘因は濃厚飼料多給による胃内容の酸性化と粗飼料の給与不足による胃壁への機械的刺激の低下による．

だいいちいしょくたい　**第一胃食滞**　ruminal impaction　急性第一胃拡張（acute dilatation of the rumen）ともいい，過食のため第一胃が異常に拡張し，収縮力が減退して消化障害をおこす疾患．ウシで多発し，採食後短時間で反芻やあい気を停止し，左側腹部の膨隆と緊張，呼吸の速迫や困難，結膜の充血やチアノーゼなどをみる．軽症の場合は運動と絶食により軽快するが，重症の場合は第一胃切開により内容物を除去する．

だいいちちゅうそくこつ　**第一中足骨**　first metatarsal bone　→付図22

だいいっし　**第一指**　first digit　→付図22

だいいっしゅけんぎょうのうか　**第1種兼業農家**　世帯員のうち誰かが農業以外の仕事に従事し収入を得ている農家であって，農業所得が農業以外からの所得を上回っている農家．

たいえき　**体液**　body fluid　動物体内の液体成分の総称．細胞内液と細胞外液とに区別

され，細胞内液は体液の約2/3を占め，細胞外液は残り1/3を占める．このうち，細胞外液は間質液（組織液）と循環血漿（細胞通過液）とに区分される．間質液は細胞間隙を満たし，細胞内液との間で物質交換を行う．間質液の一部はリンパ管系に入り，循環血漿にかえる．循環血漿は毛細血管壁を通して，間質液に加わり，その組成を一定に保ち，細胞周囲環境の恒常性を維持する．

たいえきせいめんえき　体液性免疫　humoral immunity　抗体による抗原の排除を主体とする免疫機能．ただし，抗体産生に至るまでのリンパ球の関与，抗体のオプソニン効果に誘発される食細胞による貪食作用も含む．

たいおんちょうせつこうどう　体温調節行動　thermoregulatory behavior　酷暑や厳寒，強風などの悪天候による体温の上昇や低下を防ぐなど，恒温動物がその恒温性を維持するためにとる行動．暑熱時に水浴や泥浴によって自身の体温上昇を防ぐような行動や，特に子豚などでは寒冷時に仲間同士が互いに体を寄せ合うことによって体温を保つ行動がある．

たいがいじゅせい　体外受精　in vitro fertilization　家畜や家禽は体内で受精するが，これらの精子と卵子を体外で操作して受精させること．ウシでは屠場で得た卵巣から採取した卵子を体外成熟・体外受精・胚移植する一連の技術によって黒毛和種などの肉牛の増産が行われている．このような技術によるウシの繁殖は「家畜改良増殖法」によって法律的にも認められている．

たいがいはいばいよう　体外胚培養　in vitro embryo culture　通常の胚発生は動物体内あるいは卵内で生ずるが，受精卵を採取し試験管内で発生を継続すること．哺乳類では最終的な出産時までの発生はできない．これに対し，一部の鳥類では卵黄ごと取り出して別の卵殻内，あるいはガラス管内で孵化させることができるようになった．

たいかんおんど　体感温度　sensible temperature, effective temperature　動物が実際に感じる，暑さ，寒さの度合を数量的にあらわしたもの．気温，風速，湿度，放射熱などを総合的に評価した結果として決まるもので，とりあげる気象要素の種類，算出方法により多くの方式が提示されている．家畜では生理反応や生産反応を指標として導かれる．不快指数，実効温度，作用温度，カタ冷却率などもある．

たいかんせい　耐寒性　cold tolerance, cold resistance　寒さに耐えうる性質．家畜は適温域の下限を越えて寒冷が強まると，産熱や放熱などの生理機能に変化がおこり，生産量や生産効率の低下がみられる．この場合，同程度の寒冷曝露においてこれらの低下量の少ないものが耐寒性が強いことになる．

たいきじょう　待機場　holding area　ミルキングパーラーで搾乳する場合，全頭を一度には搾乳できないので，待機させておくための場所．搾乳開始前に牛群を待機場に追い込んでおき，順次，ミルキングパーラー内へ進入させる．床面積は1.3~1.5 m^2/頭．

たいきゅうしきぎゅうしゃ　対尻式牛舎　face out type barn　つなぎ飼い式牛舎の一つで，中央通路をはさんでたがいに尻合わせとなるように繋留している牛舎．搾乳作業および糞尿搬出作業の省力化が図れる．

たいくっきょくせいしけん　耐屈曲性試験　flexing endurance test　革試験片の一端は表面を内側にして二つ折りにして一方のチャックに固定し，他端は表面を外側にして二つ折りにして他方のチャックに固定する．一方のチャックを固定し，他方のチャックを往復運動させて一定回数屈曲させたのち，革試験片の表裏両面の損傷の程度を評価する試験．靴甲革，衣料用革，手袋用革など柔軟な革に適用される．

たいけいしんさ　体型審査　→審査

だいけっちょう　大結腸　large colon　ウマの結腸は大結腸と小結腸に分けられる．

盲腸に続くきわめて太い部分が大結腸で，ここは盲腸の2倍の容積があるとされる．大結腸は反転した後同じ走向をもどる重複結腸でもあり，小結腸はこれに続き管径が狭く一定の部分で直腸に移行する．

たいこ　太鼓　drum　→ドラム

たいこう（くう）　体腔　c(o)elom　漿膜で囲まれた体壁内の腔所のことをいう．哺乳動物では，横隔膜により胸腔と腹腔に分かれ，後者は仙骨と骨盤で囲まれた骨盤腔と狭義の腹腔に分かれる．胸腔を覆うものを胸膜，腹腔と骨盤腔を覆うものを腹膜という．

たいこう　胎向　position　胎子の背と母体の腹壁との方向の関係をあらわすもの．胎子の背あるいは頭が母体の母腹面に向かうものを下胎向，背面に向かうものを上胎向．左右に向かうものを側胎向（左胎向，右胎向）と呼ぶ．胎向は妊娠中一定不変のものではなく自然に変換する．ウシでは反芻胃に圧迫されて多くの場合，側胎向であるが，分娩時には上胎向となって生まれる．

たいこう　体高　withers height　体尺測定部位の一つ．ウシ，ウマではき甲から地面までの垂直距離．ブタでは肩から地面までの垂直距離．　→付図 8，付図 9，付図 10

たいこうりゅうねつこうかん　対向流熱交換　countercurrent heat exchange　寒冷時は体表に近い組織の血流量が減少し，動脈と平行して走る静脈の血流量が増えて動脈血との間に生ずる熱交換により放熱量を抑える．暑熱時はこの逆となる．このように平行して走る動脈と静脈との間で熱交換を行うことで，寒冷および暑熱環境に対する体温調節を行う血管系による防衛反応をいう．血管系による体温調節には，毛細血管流量および動静脈吻合血流量による働きもある．

たいさいぼう　体細胞　somatic cell　生殖細胞に対立する呼称で，多細胞生物の生殖細胞以外のすべての細胞のこと．高等動物の体細胞の増殖はごく特殊な例を除き，すべて有糸分裂によって行われその染色体数は 2n である．

だいさんい　第三胃　omasum　反芻動物の胃の一つで，第二胃とは狭い第二・三胃口で，第四胃とは広い第三・四胃口で連絡する．食塊の進行方向に平行するように，多数の葉状のひだがみられる．重弁胃，葉状胃とも称された．　→付図 11

だいさんし　第三指　third digit　→付図 22

たいじ　胎子　fetus　胚は母体の子宮内で発育し子に成長するが，その発育過程において，体輪郭の外形特徴（口窩，眼胞，耳胞，脳胞，肢芽，生殖隆起など）が確認されるまでを胚と呼び，その後を胎子と呼ぶ．しかし実際には胚と胎子の区分は難しい．ウシとウマでは受精後 1 ヵ月までを胚，2 ヵ月以降を胎子という．ブタでは受精後 25 日ころまでを胚と呼ぶ．

たいじ　胎児　→胎子

たいしたいばん　胎子胎盤　fetal placenta　胎盤は，胎子と母体の間の物質交換を行う器官で胎子側の絨毛膜絨毛と母体側の子宮内膜で形成されるが，胎子側の部分を胎子胎盤または胎盤胎子部という．胎子胎盤は母体側の胎盤と鋳型のように密着する．

たいしゃ　代謝　metabolism　動物の体成分はいろいろな成分から成立っている．それらは不変のようにみえるが，たえず更新されている．すなわち，合成（同化）と分解（異化）が連続して繰返されている．このようにある物質が他の物質へ変換する化学的過程を代謝という．

たいしゃエネルギー　代謝エネルギー　metabolizable energy, ME　飼料のエネルギー価を示す単位の一つで，摂取した飼料の総エネルギーから糞，尿，メタンなどとして排出されるエネルギーを差し引いた値のこと．家禽において広く用いられているエネルギー単位．ニワトリでは窒素蓄積があった場合 1 g につき 8.224 kcal を差し引いた窒素補正代謝エネルギー（MEn，N-ME）のほうが正確で

ある．さらに，代謝エネルギーを，代謝性糞産物，内因性尿窒素由来のエネルギーで補正すれば，真の代謝エネルギー（true metabolizable energy, TME）が得られる．反芻家畜は消化管内で気体（主としてメタン）の発生が多いが，ブタやニワトリでは少なく無視できる．
→正味エネルギー

たいしゃくそくてい　体尺測定　body measurement　家畜の体の大きさや発育の程度を調べるために，家畜ごとに定められた部位間の長さや距離を測定し，体重を計ること．単に体尺ともいう．　→付図8，付図9，付図10

たいしゃしけん　代謝試験　metabolism test　家畜・家禽の物質代謝やエネルギー代謝を測定すること．このためには，飼料摂取量，飲水量，排糞量，排尿量を正確に測定する必要があるため代謝試験装置を必要とする．エネルギー代謝試験では，その他に呼気を採取する装置が必要．

たいしゃしけんそうち　代謝試験装置　metabolism cage, metabolism stall　代謝試験に欠くことのできない装置で，動物の行動を制限して，正確に飼料摂取量，飲水量，糞尿排泄量が求められ，糞と尿が分離して採集できるよう工夫されている．

たいしゃせいふんさんぶつ　代謝性糞産物　metabolic fecal products　糞中にみられる飼料の不消化物以外の消化液，消化管粘膜の破片，消化管内で増殖した微生物などを一括してこのようにいう．見かけの消化率はこれを考慮していないが，真の消化率はこれを考慮して算出したものである．代謝性糞産物の量は，一般に，摂取する飼料の乾物量に比例するといわれている．

たいしゃせいふんちっそ　代謝性糞窒素　metabolic fecal nitrogen, MFN　代謝性糞産物中の窒素のこと．これは，無蛋白質飼料を動物に給与したとき，糞中に排泄される窒素量を測定して得られる．通常乾物摂取量に比例するので，あらかじめ求められている乾物量当たりの代謝性糞窒素量を用いて，蛋白質の真の消化率や生物価が得られる．　→代謝性糞産物

たいしゃたいじゅう　代謝体重　→メタボリックボディサイズ

たいしゃたんぱくしつ　代謝蛋白質　metabolic protein　反芻動物へのアミノ酸の供給は飼料由来の蛋白質と反芻胃内で増殖した微生物由来の菌体蛋白質から行われる．飼料由来の蛋白質は反芻胃での分解を免れ第四胃・小腸で酵素的に分解される蛋白質である．この両者を併せたものを代謝蛋白質と呼んでいる．

たいしゃりつ　代謝率　metabolizability　飼料の総エネルギー（GE）のうち代謝されたエネルギー（ME）の割合で，飼料エネルギーの利用性を示す．　→総エネルギー，代謝エネルギー

たいじゅうけい　体重計　body weighting scale　動物の体重を測定する秤．固定式と移動式がある．最近は，ロードセル（動ひずみ計）を使い，家畜が秤の上を通過する間に計測し，デジタルで表示，印字する精度の高い体重計が市販されている．

たいじゅうさほう　体重差法　weight variation methods, method of weight difference　採食や吸乳の前後の体重差から採食草量や吸乳量を推定する方法．

たいじゅうすいていしゃく　体重推定尺　tape for presumption of body weight　家畜の胸囲などを測定することによって体重を推定することができる巻尺．ホルスタイン種用や豚用では胸囲を測定するだけで推定体重が示され，和牛は胸囲と斜体長をはかって算出し，肥育牛では胸囲，斜体長のほかに管囲も測って換算する．

だいしょうせいはついく　代償性発育　compensatory growth　発育期のある時期に，飼料給与量の不足などによって発育を抑制された動物が，給与量の充足にともない発育の遅れを取り戻す急激な発育のこと．

たいじょうたいばん　帯状胎盤　zonary placenta　真胎盤の一つで絨毛膜絨毛が胎子を包む胎膜（胎包）の赤道面を帯状に1周し，この部分で子宮内膜と密接な関係をもつ．帯状の部分以外は絨毛を欠き無毛部である．イヌ，ネコの食肉類でみられる．ミンク，アライグマでは完全に1周せず，有毛部が盤状ないし双盤状になるので不完全帯状胎盤と呼ぶ．　→胎盤，真胎盤

だいしょくさいぼう　大食細胞　macrophagocyte　→マクロファージ

たいしょけいすう　耐暑係数　coefficiency of heat tolerance　暑熱環境下における，生理反応を指標にして，家畜の耐暑性をあらわす係数．体温を指標にしたイベリア耐暑係数，体温と呼吸数を指標にしたベネズラ耐暑係数などがある．

たいしょせい　耐暑性　heat tolerance, heat resistance　暑さに耐え得る性質．家畜は適温域の上限を越えて暑熱が強まると，放熱や産熱などの生理機能に変化がおこり，生産量や生産効率の低下がみられる．この場合，同程度の暑熱曝露においてこれらの低下量の少ないものが耐暑性が強いことになる．なお暑熱時の体温上昇などの程度で耐暑性を推定する方法がある．　→耐暑係数

だいすうようしりょう　大雛用飼料　growing feed　10週齢から20週齢までの雛に給与される飼料で，次の成鶏用への切り替えは産卵開始時期（鶏群の約5％が産卵したとき）に合わせる．養分含量は低く，CP 13%，ME 2,700 kcal程度である．　→幼雛用飼料，中雛用飼料，成鶏用飼料

ダイズかす　大豆粕　soybean meal　ダイズの搾油残渣であり，蛋白質飼料として最も多く用いられる飼料である．大豆粕の主成分は乾物中で蛋白質が51％，単・少糖類が12％，そして総繊維が22％である．反芻家畜では総繊維の消化率が高いということも飼料特性の一つとしてあげられる．

ダイズから　大豆殻　soybean chaff　ダイズのさや（莢）である．ウシにおけるTDNは乾物中約46％であり，モミ殻の13％を大きく上回る性質をもつ．

ダイズかわ　大豆皮　soybean hull　ダイズの採油前に脱皮する場合，また採油工程中に皮が脱落した場合に大豆皮が副産物として生産され飼料用に供給される．繊維成分が主体であるがその消化率は高く，その結果乾物中のTDNの値が約64％と高い値のエネルギー飼料である．

ダイズかん　大豆稈　soybean straw　ダイズを収穫した残渣である．乳牛・肉用牛の嗜好性がよい．

タイストール　tie stall　つなぎ飼い式牛舎における繋留方式の一つで，鎖やロープなどによりウシを係留する．タイストールの中には，ニューヨークタイストール，コンフォートストールなどが含まれる．一般にスタンチョンストールよりもウシの行動の自由度は高い．

たいせいかんきょう　胎生環境　viviparous environment　胎子が母畜の体内にいる時の，胎子に影響を及ぼす環境．家畜を取り巻く環境要因の関係からは，母体は胎子の外部環境，胎子は母体にとって内部環境の一つと考えられる．胎生環境はまた生後の発育に大きく影響する．

たいせつけっていいでんし　体節決定遺伝子　homeotic gene　発生途上での形態形成のうちの体軸の決定，体節化および各体節の決定のなかで，各体節の決定にかかわる遺伝子．その遺伝子のエクソン中にはホメオボックスと呼ばれる多くの種に共通な塩基配列が存在する．

だいたいこつ　大腿骨　femur　後肢骨を構成する骨の一つで，寛骨と下腿骨の間に位置する最大の長骨．近位端は股関節で寛骨と，遠位端は膝関節で下腿骨とそれぞれ連結する．　→付図21, 付図22

だいたいこつとうじんたい　大腿骨頭靱帯　ligament of femoral head　大腿骨頭靱帯は

股関節において，寛骨臼切痕と大腿骨頭窩を結ぶ，短いが太い靱帯で，古くは大腿円靱帯と呼ばれていた．

たいちょう　体長　body length　体尺測定部位の一つ．ウシでは肩端と座骨端の距離（斜体長），両者の水平距離（水平体長）．ウマでは胸前から臀端までの距離．ブタでは左右両耳の中点から尾根まで，体上線に沿った曲線距離．→付図8，付図9，付図10

だいちょう　大腸　large intestine　腸管を大きく分けたとき，前方の細い小腸に続く後方の太い部分．盲腸，結腸，直腸の3部分に分けられる．肉食動物に比べ，草食動物では管径が太く長い．

だいちょうきんβ-ガラクトシダーゼ　大腸菌β-ガラクトシダーゼ　β-galactosidase of *Escherichia coli* 　乳糖をはじめとするβ-D-ガラクトシドのグリコシド結合を分解する大腸菌の酵素．分子量は約54万で，その構造遺伝子はlacZと呼ばれ，動物細胞等に導入されレポーター遺伝子として利用される．

たいでんしざっしゅ　多遺伝子雑種　poly-hybrid　いくつかの座位について異なる対立遺伝子をもつ両親間の雑種のこと．それぞれ2対立遺伝子よりなるn座位があり，独立の法則が働くとき，F_2の分離比は$(3:1)n$の展開項となる．

たいとうざい　耐凍剤　cryoprotective agent, cryoprotectant　細胞を凍結する際に生じる障害を防ぐ効果のある物質のことで，凍害防止剤，凍害保護物質ともいう．精子，血球，胚などの凍結では，グリセロール，ジメチルスルホキサイド（DMSO），エチレングリコールがよく用いられている．細胞毒性の弱いこと，非電解質で水に溶けやすく，pHがほぼ中性であること，共晶点が低いことなどが耐凍剤の条件としてあげられる．

たいとうしきぎゅうしゃ　対頭式牛舎　face in type barn　つなぎ飼い式牛舎の一つで，中央通路をはさんで，ウシの頭が向かい合うように繋留している牛舎．給飼作業の省力化が図れる．

たいとうせい　耐凍性　freezing tolerance　細胞が凍結温度に耐えて生存する能力のことで，耐凍能ともいう．精子の耐凍性は，一般に凍結融解後の生存指数を凍結前のそれで割り，100を乗じた数値で示されるが，動物種間，個体間で著しい差があり，同じ個体でも年齢や季節によっても異なる．胚では，動物種間差や発生段階による差のあることが知られている．

たいとうのう　耐凍能　freezing resistance, freezing tolerance　→耐凍性

だいどうみゃくきゅう　大動脈弓　arch of the aorta　左心室におこる上行大動脈は，心膜腔を出て，急に後背方に転向して，アーチ状に走行し，脊柱腹面に向かう．このアーチ状の大動脈部位を大動脈弓と称し，その頂点付近で腕頭動脈と左鎖骨下動脈を派生し，胸椎椎体腹面で下行大動脈に移行する．大動脈弓は弾性型動脈で，中膜は厚く，弾性有窓膜がよく発達する．

たいとうりょく　耐糖力　glucose tolerance　生体の糖利用能力の限界量．すなわち，一度に投与して糖尿をおこす最少糖量を指す．一般には糖投与後の血糖曲線により判定し，これを糖負荷試験と呼ぶ．曲線が高く，投与前の値への復元時間の延長は耐糖力の低下を示し，糖尿病，肝障害でみられる．一方，下垂体や副腎皮質の機能低下，インスリンの分泌過剰時には耐糖力は上昇する．

たいないじゅせい　体内受精　*in vivo* fertilization, internal fertilization　受精により新しい個体が作り出されるが，広く動物界をみると受精が体内で行われるものと体外で行われるものがあり，体内で行われるものをいう．家畜や家禽は体内受精である．家畜では，交尾によって腟，子宮頸管を経て子宮に入った精子は子宮角から卵管上部に移行し，排卵された卵子と卵管膨大部で遭遇し，受精する．なお，和牛では卵巣から取り出した未成熟卵子を体外成熟，体外受精させ，それを仮親へ移

植する体外受精技術が普及してきているので，自然交配による受精を体内受精と呼んで区別することもある．　→受精

だいにい　第二胃　reticulum　反芻動物の胃の一つで，第一胃の前腹位にあり，これと広い第一・二胃口で連絡する．内面には稜状に突出する粘膜ひだが作る多角形の小室が多数みられ，このため蜂巣胃と称された．→付図11

だいにいこうはんしゃ　第二胃溝反射　reticular groove reflex　第一胃の噴門部から第三胃口にわたり縦走する2枚の唇状突起に囲まれた部分を第二胃溝という．幼動物が液体を飲む時，唇状突起が収縮（第二胃溝反射ともいう）して管状になり，液体は食道から，第三胃を経て第四胃に直接入る．第二胃溝反射は母乳が食道から腸管に直接吸収されるために有効と考えられている．また，この反射は通常離乳後は消失するが，条件反射を成立させることにより離乳後も継続させることが可能である．この反射を利用して，良質な飼料を直接第三胃以降に送りこむ方法をルーメンバイパス法という．

だいにし　第二指　second digit　→付図22

だいにしゅけんぎょうのうか　第2種兼業農家　世帯員のうち誰かが農業以外の仕事に従事し収入を得ている農家であって，農業以外からの所得が農業所得を上回っている農家．

だいのう　大脳　cerebrum　神経管の前端の膨らみから生じ，脳の大部分を被う．広義には終脳，間脳，中脳を含む総称であるが，狭義には終脳のみで，大脳半球を指す．高次の神経機能を営む．

たいばん　胎盤　placenta　子宮内膜と胎子絨毛膜（脈絡膜）からなる血管に富んだ盤状あるいは塊状の組織をいう．子宮と胎子を連絡させて胎生期における栄養供給やガス交換を行う．母体側を母胎盤，胎子側を胎子胎盤と呼ぶ．胎盤形成の違いによって無脱落膜胎盤，脱落膜胎盤に，絨毛膜絨毛の分布によって散在性胎盤，叢毛性胎盤，帯状胎盤，盤状胎盤に，絨毛膜と子宮内膜の結合様式によって上皮絨毛性胎盤，結合組織絨毛性胎盤，内皮絨毛性胎盤，血絨毛性胎盤に分類される．

たいばんせっしゅ　胎盤摂取　placentophagy　ウシ，ブタ，イヌおよびネコは，分娩直後に，後産を食べる．これを胎盤摂取という．ヒツジ，ヤギなどでも後産をそのままにしておくとそれを食べることがある．ウマは通常は胎盤摂取はしない．

たいばんそうきはくり　胎盤早期剥離　premature separation of placenta　胎盤は胎子娩出後，後産期陣痛によって子宮壁から剥離し陰門から排出されるが，胎盤が胎子娩出前の分娩中あるいは妊娠中において剥離するものを指す．転倒，圧迫，過激な運動，胎盤感染による炎症などによっておき，胎子が産道および子宮内で窒息死する原因となる．しかし，多胎盤形成動物（反芻動物）において分娩時に子宮頚管開口にともなっておこる内子宮口周辺の胎盤剥離は生理的なものであり早期剥離とはいわない．

たいばんていたい　胎盤停滞　retention of placenta　胎子が娩出した後，一定時間以内に後産（胎膜，胎盤，臍帯）を娩出しないもの．後産が排出する時間は反芻動物では3～5時間，ウマは30分以内，ブタは2～3時間とされる．ウシでは胎子娩出後12～24時間を経ても排出されないものを後産停滞という．治療としては，手を子宮内に入れ，後産を剥がし出すのが確実である．　→後産停滞

たいひ　堆肥　compost　さまざまな有機物質を好気的発酵によって腐熟させ，施用に適する性状にしたものをいう．従来は，わら類や野草，落葉などを堆積発酵させたものを堆肥，家畜糞を主原料とするものをきゅう肥と呼んで区別していた．しかし，現在ではさまざまな有機物が原料として用いられるようになり，家畜糞堆肥のように，堆肥化・発酵させたものは原料の如何に関わらず堆肥と呼ぶこ

とが多い．

たいひか　堆肥化　composting　各種の有機物を原料とし，好気性微生物の働きによって発酵させ，成分的に安定化した堆肥にすること．堆肥化は，水分や酸素供給など，原料中の微生物が働きやすいような環境を整える技術である．堆肥舎などに堆積する方式や，各種の堆肥化装置を用いるなど，多くの方式がある．特に，撹拌機や強制通気装置を装備した堆肥化装置を用い，短期間で堆肥化する方式を急速堆肥化という．　→堆肥，急速堆肥化

たいひかしせつ　堆肥化施設　composting equipment　家畜糞中の有機物を好気性微生物などの働きで分解，安定化し，作物に肥料として利用可能な状態にするための施設．堆肥化を促進させるために，材料を撹拌（切り返し）して通気性を改善し，酸素の供給を促す操作などを人為的に行う．堆肥化施設は，大別すると堆積方式と撹拌方式に分けられ，後者は撹拌機を使用して堆肥化の促進を図っている．

たいひしゃ　堆肥舎　compost depot　堆積方式による堆肥化施設で，形状，構造，大きさは多種多様であるが，一般に3方を2m程度の壁とした箱形の施設の開放部分からショベルローダーなどで材料を投入し，月1回以上定期的に撹拌を行って堆肥化の促進を図る施設．また，床面に通気装置を設けて堆肥化促進を図る通気型堆肥舎も多い．堆肥舎の屋根は不可欠である．処理日数はおおむね畜糞のみの場合で2ヵ月程度である．しかし，平成11年に制定された「家畜排泄物法」では野積みを禁止しており，屋根をつけた堆肥舎の使用が推奨される．

たいひのひんしつすいしょうきじゅん　堆肥の品質推奨基準　guideline for quality of composts　堆肥の品質管理を民間で自主的に行うことを目的に作成された品質基準．現在，バーク堆肥，汚泥肥料，汚泥堆肥および家畜ふん堆肥の4種類の資材について，種類別および共通の品質基準が設定されている．なお，これらはガイドラインであって，公定規格ではない．

たいひばん　堆肥盤　compost barn　野外堆積の代表的な施設で畜舎周辺に設けられ，バーンクリーナーなどで毎日畜舎から搬出された糞（敷料を含む）を堆積する．床面は一般にコンクリート舗装し，2～3方に高さ1m前後の側壁を設け，排汁を集める貯留槽を併設している．堆積材料は月に1回程度ショベルローダーなどで切り返しを行い，6ヵ月以上堆肥化した後施用する．

たいひょうりつ　体表律　surface law　動物の基礎代謝量は，体表面積に比例するとする考え．真の体表面積の測定が難しいこと，基礎代謝量は代謝体重に比例しこの代謝体重は計算によって容易に求められるため，代謝体重との関係から基礎代謝量を求めるのが一般的．　→基礎代謝

たいぺい　胎餅　vomanes（ウシ），hippomanes（ウマ）　尿膜液中に浮遊したり，糸状の結合組織で尿膜とつながっている黄褐色または暗褐色の塊を指す．円形あるいは楕円形で平餅状を呈するのでこの名がある．分娩時に後産とともに排出される．妊娠中に絨毛膜または尿膜に生じた皺壁が血管を失って変性脱落したものと考えられる．

たいべん　胎便　meconium　新生子は分娩後1～2日間にわたり，腸管，特に直腸部に貯留している内容物を排泄する．これを胎便という．胎便は在胎中の腸管分泌物や上皮細胞，羊水中の細胞片，脂肪小球などを含む．新生子が初乳を飲むことによって胎便が排出される．胎便が排出されない場合を胎便停滞というが，胎便停滞では発熱などを誘発するので治療が必要である．

たいまく　胎膜　fetal membrane　胎子は子宮内で絨毛膜（脈絡膜），尿膜および羊膜に包囲されて発育する．この3種の膜を総称したもの．また卵黄嚢を含める場合もある．尿膜はその中に尿（膜）水，羊膜は羊（膜）水を貯えて胎子を保護し，さらに絨毛膜を子宮

壁に接着させるように作用したりして胎盤の形成に役立っている．これらの胎膜は分娩時に後産となり母体外に排出される．

だいようにゅう　代用乳　milk replacer　哺乳畜に乳の代わりに給与する液状の飼料．脱脂粉乳を主体に乾燥ホエーや良質の粉砕穀実などを配合したもので，温湯に溶かして給与する．　→人工乳

だいヨークシャー　大ヨークシャー　Large Yorkshire, Large White　ヨーロッパではラージ・ホワイト，アメリカやカナダではヨークシャーと呼ばれる．イギリスのヨークシャー地方の在来種から改良された白色大型のブタで，成体重は雄 370 kg，雌 340 kg 程度．発育はよく，一腹産子数は 11～12 頭である．良質のベーコンを産し，世界中に広く飼われている代表的な品種で，わが国でもランドレースに次いで多く，雑種生産に用いられている．

たいようねんすう　耐用年数　durable years　取得した固定資産が，通常の使用のもとで廃棄処分されるまでの見積り，または推定の年数．耐用年数は，物理的に使用できなくなる年数を基礎にそれ以外に技術的進歩による陳腐化や経営方式の変化がもたらす不適合による耐用年数の短縮を加味して決定される．省令に償却固定資産の種類ごとの耐用年数が表示されていて，通常はそれに基づいて減価償却を行う．

だいよんい　第四胃　abomasum　反芻動物の胃の一つで，第三胃とは第三・四胃口で，十二指腸とは幽門で連絡する．内面には不規則なひだが縦軸方向に走る．単胃における腺部に相当し，ここで分泌される胃液により消化が行われる．皺胃，しわ胃とも称された．→付図 11

だいよんいへんい　第四胃変位　abomasal displacement　第四胃が正常の位置から左方や右方，または前方に位置を変える疾病．胃液の分泌障害，消化障害や食糜（び）の通過障害などがおこり，食欲減退，乳量低下，削痩などがみられる．周産期疾病の一つで，乳牛の分娩前後に発生することが多い．

だいよんし　第四指　fourth digit　→付図 22

たいりついでんし　対立遺伝子　allele　染色体上の同一座位 locus に位置する遺伝子で，発現する形質は対立形質の allelomorph, allele という．ウシの無角 polled（優性）と有角（劣性）のように優劣関係にあるものもあり，トランスフェリンAとBのように共優性 codominant のものもある．

たいりつけいしつ　対立形質　allelomorph, allele　→対立遺伝子

たいりゅうじかん　滞留時間　retention period, retention time　汚水や汚泥などが槽や池に流入してから流出するまでの時間．槽または池の有効容量を単位時間当たりの流入量で除して求める．曝気槽の滞留時間は，汚水が活性汚泥微生物による生物酸化処理を受ける時間（曝気時間）を意味し，沈殿槽の滞留時間は，固形物の沈殿分離に要する水の静置時間（沈殿時間）を意味する．

たいんしょう　多飲症　excess drinking, polydipsia　繋ぎ飼いやストール飼いの動物のように，行動を制限された飼育環境において，過度の飲水行動が見られる場合がある．ケージ飼いのニワトリでは，特に暑熱時に大量に飲水しては吐き戻す行動が見られる．これらを多飲症といい，不適切な環境による異常行動と考えられる．

だがく　打額　knocking　家畜を屠殺する際に，苦痛を最小限にするため，まず失神させることが必要で，このために屠畜用斧（おの）かボルトピストルで前額部を強打すること．

たかくけいえい　多角経営　diversified management　二つ以上の異なる部門を組み合わせて行う経営方式．同種の経営としてはほかに混合経営あるいは複合経営があるが，これらは農業生産における立地条件への効果的な対応あるいは補合・補完を通ずる部門間

の有機的結合によって組み立てられているが，多角経営はどちらかというと危険分散に狙いを置いた部門の組み合わせといった性格が強い．近年においては，畜産部門に畜産物の加工部門，直売所やレストランなどの販売部門を加えたような，有利販売をねらいとした多角経営が出てきている．　→混合経営，複合経営

　　たかくはっけっきゅう　**多核白血球**　polymorphonuclear leukocyte　→顆粒白血球

　　たかこうけっせい　**多価抗血清**　polyvalent antiserum　多くの抗原に対する抗体を含む抗血清．血清，赤血球などさまざまな抗原を含む試料を免疫すると，それぞれの抗原に対する多種類の抗体が産生される．

　　ダクトそうふうそうち　**ダクト送風装置**　blast duct apparatus　空気を畜舎内に配置したダクトに送風し，ダクトの小孔から吹き出して家畜の体表面に当て，空気の流れによって家畜体の体温上昇を防ぐ防暑装置．繋ぎ飼い式の乳牛舎や豚舎ではビニール製の円筒形ダクトを畜体の上方50 cm程度の位置に設置し，これに冷水などで冷却した空気を送風する低コストな簡易防暑装置が使われている．

　　ターゲッテイングベクター　**targeting vector**　特定の遺伝子を欠失させる目的でつくられた遺伝子ベクター．その構造中には薬剤耐性遺伝子，例えばネオマイシン耐性遺伝子，およびそれに隣接する5'ならびに3'末端に欠失させたい遺伝子と同じ配列を有し，さらにその3'下流には第2選別遺伝子としてチミジンキナーゼ遺伝子やジフテリアトキシン遺伝子などが配置されている．

　　たしかく　**多脂革**　harness leather　油脂を多量に含ませた成牛皮の植物タンニン革．軍隊用，作業用の靴の甲革に使用する．

　　たせいししんにゅう　**多精子侵（進）入**　polyspermy　多精子受精ともいう．1個の精子が卵子に侵入すると，それ以上の精子は受精できなくなる．これを多精子侵入拒否というが，排卵後時間の経過した老化卵子や体外受精系で卵子の周囲に多数の精子が存在すると多精子侵入拒否の機構が働かず，2個以上の精子が卵子に入る．このような異常受精を多精子侵入という．なお，家畜では多精子侵入拒否には透明帯が，ウサギでは卵子細胞膜がかかわる．

　　たたいせい　**多胎性**　prolificacy　単胎動物，多胎動物の別にかかわりなく一時に多数の胎子を受胎すること．単胎動物のウシでは多胎の出現頻度は乳用牛で1.04％，肉用牛で0.5％，ウマでは双子の分娩は0.5～1.5％といわれている．

　　たたいばん　**多胎盤**　multiplex placenta　反芻類の胎盤にみられる形態で，多数の胎盤が形成されることから多胎盤，あるいは多発胎盤という．反芻類の子宮粘膜には多数の子宮小丘があり，これらの子宮小丘の位置に絨毛叢ができて，個々に多数の胎盤が形成される．　→叢毛胎盤

　　ダチョウ　**ostrich**　ダチョウには五つの亜種とハイブリッド（アフリカンブラック）があり，その80％以上は農場か動物園で飼われている．産業的に羽毛，皮，肉をとるために飼われているのはアフリカンブラックである．平均寿命55歳といわれ，現存する鳥類の中では最大，平均体高2.5 m，体重120 kg．最高時速100 kmの走力をもち，飛ぶことのできない走鳥類に属す．エミュー，リーア，キュウイが仲間である．雑食性であるが草を好んで食べ，セルロースを消化できる．一繁殖期に80～100個の卵を産む．

　　だつうき　**脱羽機**　picker　放血，湯漬けした鶏体から脱毛を行う食鳥処理に使用される機械．ゴム製の特殊なフィンガーによって自動的に羽毛を除去する機械で，ドラムピッカー，ロータリーピッカー，トルクピッカーなどの種類がある．

　　だっかい　**脱灰**　deliming　石灰漬け脱毛後の皮に結合あるいは沈着しているカルシウムを除去する作業．脱灰剤として塩酸，硫酸，ギ酸，乳酸などの各種の無機，有機の酸を

用いることもあるが，通常は塩化アンモニウム，硫酸アンモニウムの作用がおだやかなため多く用いられている．最近は排水処理からアンモニウム塩の使用をやめ，二酸化塩素の使用がみられる．

だっしこめぬか　脱脂米ぬか　defatted rice bran　米の採油残渣で米ぬか油粕とも呼ばれる．脱脂されているのでエネルギー価は低いが生米ぬかと比べると貯蔵性がよい．家畜の飼料として用いられる．

だっしチーズ　脱脂チーズ　skimmilk cheese　脱脂乳を原料として製造されたチーズ．カテージチーズなどがこれに属する．

だっしにゅう　脱脂乳　skimmilk, non-fat milk　牛乳から脂肪分（クリーム）を除いた残りの部分をいう．ヨーグルトや脱脂粉乳の原料として用いられる．

だっしふんにゅう　脱脂粉乳　dried skim milk, skimmilk powder, non-fat dry milk　粉乳の一種類で，脱脂乳から水分を除いて粉末としたもの．全脂粉乳に比べて保存性がよく，製菓，製パン，還元牛乳，アイスクリームなどに広く利用される．

だっしゅうざい　脱臭剤　deodorant　消臭剤，防臭剤などとほぼ同義に使われるが，これらが家庭用など比較的小規模に使われ，マスク剤などを含むのに対し，脱臭剤はおもに工業を始めとする事業所などで，その活動にともなって発生する臭気を除去するために用いられる薬剤などを指す場合が多い．活性炭，酸化剤，中和剤，イオン交換樹脂，微生物剤などが使われている．

だっしゅうそうち　脱臭装置　deodorant system　悪臭物質を吸着，燃焼，水洗，生物脱臭，薬液処理などの方法で除去（脱臭）する装置．吸着や水洗，薬液処理法では吸着材の交換，処理水や廃液の処理に費用がかかる．生物脱臭法では，高濃度，高温度の臭気ガスには不向きであるが脱臭材の交換の必要性はほとんどなく，持続的な脱臭効果を期待できる．

だつせんいそけつ　脱繊維素血　→脱繊血

だつせんけつ　脱繊血　defibrinated blood　放血直後の新鮮血液を激しく撹拌し凝集してくるフィブリン（繊維素）をこし取り，凝血しなくなった血液．1) ウシやブタの脱繊血に食塩3%，硝石（硝酸カリウム）0.2%を添加したものを食用血液と呼び，血液スープやブラッドソーセージ，タングソーセージなどの材料とする．2) 脱繊血を低温で濃縮後噴霧乾燥したものを脱繊血粉と呼び，ベニヤ板の接着剤や，食品の清澄剤に使用する．3) 脱繊血は赤血球を多量に含有し，鉄分を多く含むので，鉄剤の原料として用いられる．4) 脱繊血から赤血球を分離し，培地に加え（血液培地）細菌培養に用いる．

だっちつ　脱窒　denitrification　嫌気的条件下で微生物が硝酸態窒素あるいは亜硝酸態窒素を呼吸系の電子受容体として利用し，N_2 あるいは N_2O を生成する過程のこと．脱窒を行う細菌を脱窒菌という．脱窒は，土壌に施肥した窒素の損失の原因となるが，環境保全の観点に立てば，家畜糞を過剰に施用した土壌や畜舎汚水から窒素を除去する技術として注目されている．

だつもう　脱毛　unhairing　製革の準備作業の一工程．水酸化カルシウム，硫化ナトリウムなどによる脱毛法が最も一般的である．毛に価値のある羊皮では肉面に脱毛剤を塗って積み重ねる塗石灰脱毛法が多く行われている．近年酵素脱毛法，また二酸化塩素による酸化脱毛法などが開発されているが，いずれも工程管理上の難点からあまり行われていない．　→石灰漬け

だつもうき　脱毛機　scraper　屠殺，放血後の豚体から脱毛するのに使用される機械．湯に浸漬した豚体は浴槽からすくい出し，ネコの爪状の鋼製の掻き爪が多数ついているゴムベルト scraper paddleが回転軸に星状に取り付けられている本機内に投入され，豚体は回転しながら表面をまんべんなくこすられて脱毛される．

だつらくまく　脱落膜　decidua　真胎盤

を形成する動物（食肉類，げっ歯類，霊長類など）にみられる胎盤で，出産に際して胎盤の一部として剥離し脱落する母体側胎盤部分を指す．子宮内膜上皮に胚盤胞が定着すると，接触部位の間質細胞が増殖肥大し，大型の上皮様細胞に分化する．このような細胞を脱落膜細胞といい，その組織層を脱落膜という．
→真胎盤，帯状胎盤，盤状胎盤

だつりゅう　脱硫　desulfurization　メタンガス（バイオガス）中に含まれる有害な硫化水素を除去すること．一般的には鉄を主成分としたペレット状の乾式脱硫剤が用いられる．

たてがみ　mane　→付図2

たてね　建値　standard quotation　取引上の標準値として利用する価格．中央卸売市場，その他の取引量が多く需給関係を公正に反映していると見られる市場の価格が，通常建値として利用される．

たなおろししさん　棚卸資産　inventory assets　流動資産の一部であって，生産・販売過程を経てはじめて現金化される資産．これには原材料，仕掛品，半製品，製品，副産物などがあり，通常は在庫品ともいわれる．畜産においては，肉豚，ブロイラー，肥育牛など，減価償却の対象とならない家畜・家禽は棚卸資産となる．一方，乳牛や繁殖畜などは減価償却の対象となり，固定資産になる．

たにんしほん　他人資本　borrowed capital　総資本のうちで自己資本以外の部分．資本の持ち分として，経営主以外の第三者からの調達源泉を示しているので他人資本という．負債のこと．　→負債

たねつけ　種付　mating, service　雄を雌に交配し，妊娠させること．選抜育種された雄を用いて計画的に種付をする場合が多い．

たねんせいそうほん　多年生草本　perennial herb（grass）　普通3年以上にわたって生育できる草本を指し，一年生や越年生草本と区別する．牧草類のなかには多年生のものが多く，牧草地を永年草地と呼ぶのは，一度確立すると半永久的に生産が可能な所以である．（例）シバ，ススキ，オーチャードグラス，ペレニアルライグラス，アルファルファなど．

たはつじょうどうぶつ　多発情動物　polyestrous animal　単発情動物の対語．繁殖季節に一定の周期で発情を反復する動物で年間に多くの発情を繰り返す．ウシのように繁殖季節がなく周年繁殖動物も，もちろん多発情動物である．

たはつたいばん　多発胎盤　→多胎盤

ダブリューせんしょくたい　W染色体　W-chromosome　雌ヘテロ配偶子型の性決定に関与する性染色体で，Z染色体と組んで雌ZWとなる．　→性染色体，Z-染色体

ダブルティーオーきょうてい　WTO協定　Agreement of World Trade Organization　世界貿易機関（World Trade Organization）の設立・運営と物品・サービス・知的所有権などの世界貿易，紛争解決手続きなどを規定している国際協定．1986年以来続けられてきたウルグアイ・ラウンドの合意に基づいて，1994年4月にモロッコのマラケシュで調印され，各国の批准を経て1995年1月から発効したもの．この協定を批准したことによって，わが国の畜産物はすべて輸入自由化品目に移行した．
→WTO体制

ダブルティーオーたいせい　WTO体制　WTO協定に基づいて世界貿易機関が推進する自由貿易を基軸とする多角的貿易体制．物品に限らずサービス貿易，知的所有権，さらに直接投資に至るまで対象とし，しかもWTO協定の主旨に合わせた国内法の改正を義務づける強力な体制．　→WTO協定

ターミネーター（DNAの）　terminator　転写されたRNAは鋳型DNA上の特定の位置で停止する．この転写終結を指令するDNA上の部位もしくは塩基配列の呼称．真核細胞のターミネーターではRNAポリメラーゼ型の場合Uの連続配列が終結シグナルとなる．

タムワース　Tamworth　ブタの一品種．

原産地はイギリス中央部のスタッフォードシャーのタムワース市周辺で，正確な起源は不明であるが，アイルランドから輸入したアイリッシュ・グレイザーが基礎になったという説が有力である．世界最古の純粋ブタ品種ともいわれ，脂肪の少ないベーコンタイプの品種である．毛色は金色がかった赤色，栗茶色で，成熟重は雄270 kg，雌200 kg程度で，一腹産子数は10~15頭である．

たようつうろ　多用通路　feed and stall alley　乳牛舎内の通路の一つで，つなぎ飼い式牛舎の場合は対尻式牛舎の中央通路をいう．フリーストール放し飼い牛舎の場合は休息場内の飼槽側通路とストール側通路とが兼用になったものをいい，この通路の両側に飼槽とストール列がある．

だらふけ　→持続性発情

タランテー　Tarantaise　フランス南東部サボイ地方原産の肉用牛．ブラウンスイス，ピエモンテーゼと近縁．有角で毛色は褐~淡褐色．体重，体高は，それぞれ雌540 kg，130 cm，雄800 kg，140 cm程度．乳量は約2800 kg，乳脂率3.85%，枝肉歩留り60%．

タルパルカー　Taraparkar　パキスタン南東部シンド地方原産の乳役兼用ゼブウシ．中型で有角，毛色は白から灰白色で四肢は短く，体躯は頑丈で干魃（ばつ），飢餓に強い抵抗性を示す．体重，体高は，それぞれ雌220~340 kg，124~127 cm，雄360~450 kg，127~130 cm．乳量は650~1,200 kg，乳脂率4.2~4.7%．

タロー　tallow　家畜の屠体副産物からとった油脂で，ウシからのものをビーフタロー（beef tallow），メンヨウからのものをマトンタロー（mutton tallow）ということもある．凝固温度40℃以上のものをタロー，40℃以下のものをグリースと分類している．煮取法または煎取法で製造され，色は白色から茶色まで，主成分はステアリン酸，パルミチン酸，オレイン酸である．エネルギーの補給源として哺乳子牛の代用乳などに使用される．

タワーサイロ　tower silo　→塔型サイロ

たわみせい　たわみ性　flexibility　曲げ剛さの逆の意．外力によりたわみ得る性質で，曲げに対する抵抗の少ない性質をもつ繊維ほどたわみ性が良好と呼んでいる．繊維材料のヤング率と断面の慣性モーメントとの積の逆数であらわされる．　→剛さ

タン　tongue　動物の舌のことで成牛では1.5~2.5 kg，ブタでは0.6 kg．畜産副生物中，食用としては最も利用範囲が広く，料理としては，タンシチュー，ロースト，グラタンがあり，焼肉用，スモークタンあるいはブラッドソーセージなどの加工用原料として利用される．

たんいせいしょく　単為生殖　parthenogenesis　処女生殖とも呼ばれ，卵子が精子と接合（受精）することなく発生する現象を指す．一般に単為生殖という表現は，親に注目した場合に使われ，卵子に注目した場合には単為発生という．自然におこる自然単為生殖とエタノールや電気の刺激により生じる人工単為生殖とがある．正常受精卵をキメラにすると単為生殖由来の組織をもつキメラ産子が得られる．

たんいつけいえい　単一経営　specialized farming　特定部門に特化した経営．したがって，混合経営，複合経営，多角経営とは対照的な経営である．農林水産省の「農業経営統計調査」では農作業受託収入を除く農業現金収入のうち特定部門の収入が80%以上の経営を単一経営としている．

たんいどうぶつ　単胃動物　monogastric animal　単一の胃をもつ動物で，ウマ，ブタ，ウサギなどが属する．

たんかすいこうぼ　炭化水素酵母　→炭化水素資化酵母

たんかすいそしかこうぼ　炭化水素資化酵母　yeast grown on hydrocarbon　ノルマルパラフィンなどの炭化水素を利用して発育する酵母．蛋白質を多く含み，アミノ酸組成もよいためヨーロッパでは家畜の飼料原料として利用されている．　→単細胞蛋白質

たんかん　単冠　single comb　→とさか　付図7

たんきかりいれきん　短期借入金　short-term debt　貸借対照表作成日の翌日から起算して返済期日が1カ年以内に到来する借入金．支払い期限が1年以後に及ぶ長期借入金と区別される．短期借入金は流動負債に属し，長期借入金は固定負債に属す．

タングソーセージ　tongue sausage　舌肉を角切りにしたものに，豚脂肪，血液などを混ぜて作ったソーセージ．燻煙は必ずしも行わないが，必ず加熱する．

たんさいぼうたんぱくしつ　単細胞蛋白質　single cell protein　酵母，バクテリア，かび，微小藻類などの単細胞よりなる生物体を単細胞蛋白質あるいは微生物蛋白質と呼ぶ．トルラ酵母，ビール酵母などは古くから，飼料蛋白質源として世界で広く蛋白質飼料として利用されている．

たんさこうどう　探査行動　exploratory behavior, investigative behavior　家畜が飼育場所の移動や飼育管理機器の導入，あるいはヒトや他種動物の侵入などによって，未知の環境に遭遇したときにあらわす行動．動物は刺激に対して，まず視覚，聴覚，嗅覚などの感覚器官を動員して定位し，必要に応じて移動をともない，さらに触覚，味覚など他の感覚器官も用いてその未知の物を調べる行動をする．

たんさしぼうさん　短鎖脂肪酸　short chain fatty acid, SCFA　→揮発性脂肪酸

たんさんカルシウム　炭酸カルシウム　calcium carbonate　カルシウムの供給源として最もよく利用されるもので，カルシウム含量が38%以上である．良質の石灰石（lime stone）を粉砕したものが飼料用に使用される．形態は粉末状のほか種々の粒度のものまである．卵殻強度を高めるため成鶏用飼料への添加量は多い．

たんし　単飼　individual feeding　一つの畜房またはケージに家畜・家禽を1頭あるいは1羽ずつ飼養する形態をいう．群飼の対語として用いられる．

だんし　断嘴　debeaking　ニワトリのしりつつき，羽食い，腸ぬき，食血，食卵などの悪癖の防止と飼料のこぼしを少なくすることを目的として，嘴の先端を上嘴は2/3，下嘴では1/2程度切り落とすこと．種雄鶏は強く切り落とすと交尾活動が減退する．

だんしき　断嘴器　debeaker　ニワトリの嘴の先端を切断する器具．断嘴の方法は，5~8週齢頃の雛の嘴を電気で赤熱した上下2枚の切断用の刃の間にはさんで焼きながら切断する．

たんしきぼき　単式簿記　single entry bookkeeping　財産構成部分の変動のみについて記録計算を行い，資本関係については記録計算を行わない不完全簿記．複式簿記のように，財産および資本の変動について二重記録は行わないから，自動的検証は不可能．一定期間の経営成績は，期首および期末の財産の比較により総額として計算可能であるが，損益発生の原因や理由は不明な簿記．

たんしきゅう　単子宮　simplex uterus　子宮はその形態によって4型に分類されるがその一つの型を指し，子宮角が結合していて単一の子宮腔をつくる子宮．単一子宮ともいう．子宮角を消失しているので卵管は子宮体に直接つながる．ヒトやサルにみられる．

たんし（ぎゅう）ぼう　単飼（牛）房　individual pen　→牛房式牛舎

たんしきんしょり　担子菌処理　basidiomycetes treatment　農業副産物など低質の粗飼料資源の栄養価を改善するための生物的処理法の一つで，食用きのこなどを栽培した後の廃床を利用する．植物細胞壁の物性や化学構造を脆弱にして消化率を高めるが，菌糸体による材料の乾物消費量が多くなるなどの課題がある．

たんじゅんさいせいさん　単純再生産　simple reproduction　追加投資をせずに同一資本規模で再生産過程を繰り返すこと．こ

れに対して，利潤の一部を追加資本として投下し生産規模を拡大する場合を拡大再生産，赤字が発生し追加投資をしないまま再生産過程を繰返す場合を縮小再生産という．
→拡大再生産

たんすいかぶつ　炭水化物　carbohydrate　糖類ともいわれ，C, H, Oの三元素からなり，HとOを水と同じ割合で含む物質である．ほとんどが同化作用によって植物体で生成され，植物の基幹物質となっている．炭水化物の最小単位を単糖類（monosaccharide）といい，これは炭素数によってさらにブドウ糖，果糖，ガラクトースなどの六炭糖（ヘキソース）と，リボース，アラビノースなどの五炭糖（ペントース）に分類される．単糖の重合した物はその度合いによって，少糖類（oligosaccharide）と多糖類（polysaccharide）に分けられる．少糖類のうち主要なものは二糖類（disaccharide）でシュクロース，ラクトース，マルトースなどが代表的であり，多糖類は最も広く自然界に存在する炭水化物で，デンプン，セルロース，ヘミセルロース，ペントザンなどがある．グリコーゲンは動物性デンプンと呼ばれるように動物体内で作られるグルコースの重合体で，肝臓や筋肉内に蓄えられエネルギー源になる．

だんせいせんい　弾性線維　elastic fiber　結合組織を構成する線維の一種で，血管，皮膚，項靱帯などに多く含まれる．蛋白質のエラスチンからなる黄色の線維で，弾力性に富むが，加齢とともに弾力性は失われる．微細な細線維で構成されているが，横縞はみられない．

だんせいなんこつ　弾性軟骨　elastic cartilage　耳介，喉頭蓋，咽喉の小角軟骨と楔状軟骨などにみられる軟骨で，硝子軟骨よりも透明度や弾力性がある．基質は膠原線維が少なく，弾性線維を多く含む．弾性線維によって網目状構造を作り，その中に少量の多糖体が含まれている．

だんせいホルモン　男性ホルモン　male hormone, androgen　→アンドロジェン

たんそ　炭疽　anthrax　炭疽菌（*Bacillus anthracis*）の感染によるウシ，ウマ，ブタ，ヒツジなどの急性伝染病（法定伝染病）．人畜共通伝染病でヒトでは皮革業の従事者にみられる職業病である．全身感染では皮下の漿液出血性浸潤，血液の凝固不全，天然孔からの出血，急性脾腫など，また局所感染では小腸の潰瘍形成（腸炭疽）や皮膚の潰瘍形成（皮膚炭疽）がみられる．炭疽は汚染土壌から感染することがあり，土壌病の一つとされる．

たんそうがた　短草型　short grass　出穂・開花期の草高が40 cm以下である種類の草を短草型草種という．長草型に対比する用語である．シロクローバーやケンタッキーブルーグラスなどが短草型に属する．

たんそちっそひ　炭素/窒素比　C/N ratio　→C/N比

たんたい　単胎　monotocous　多胎に対するもので，ウシ，ウマのように一腹の胎子の数が1子である場合をいう．

たんたいしりょう　単体飼料　feed ingredients　配合飼料のように多種類の飼料を混合した形のものではなく，その原料となる個々の飼料を単体飼料または単味飼料という．

だんちがたぼくそう　暖地型牧草　warm-season grass　起源が亜熱帯または熱帯にあって高温と強い日射で茎葉の生産が高くなる種類の草類をいう．多くはC_4植物に属し，光合成の能率がよい．ソルガム類，トウモロコシ，バミューダグラスなどがある．

タンデムパーラー　tandem parlor　ミルキングパーラーの種類の一つで，ストールの配列が縦並びとなっているパーラー．作業者の移動距離は大きい．

タンニン　tannin　植物の樹皮，木質部，葉，実などから温水で抽出した芳香族のポリヒドロキシ化合物．収れん性が強く，蛋白質を凝固沈殿させ，またなめし作用がある．これには酸や酵素タンナーゼで加水分解される加水

分解型と加水分解されない縮合型のものがある．なめし剤としては抽出液を蒸発乾固した塊状のものや噴霧乾燥した粉末状のものがある．日本ではワットル（ミモザエキス），ケブラコ，チェスナットのタンニンが多く用いられているが，すべて輸入に頼っている．

だんねつ　断熱　insulation　熱の移動を遮断すること．熱の移動には放射，対流，伝導の形態があるが，このうちの伝導による熱の移動を遮断するために，熱を通しにくい不導体で取り囲む．この物質を断熱材といい，熱伝達率の小さい断熱材を使うほど，より完全に熱の移動を遮断することができる．

たんのう　胆嚢　gallbladder　肝臓の側面に付着する黄色～緑黄色を呈する袋状構造．肝臓で生成された胆汁を一時貯留し，胆汁は総胆管を経て十二指腸に送られる．胆嚢は不可欠の臓器でなく，ウマ，シカ，ラクダ，カバ，ゾウ，クジラ，ラット，マストミス，ハトなどでは欠如している．　→付図11，付図12，付図13

たんぱくか　蛋白価　gross protein value, GPV　雛における蛋白質の栄養価を示す単位の一つ．穀類を主体とする基礎飼料（CP 8%）に同じ蛋白質レベル（CP 11%）になるように供試蛋白質あるいはカゼイン蛋白質を添加した飼料を1~2週間給与したときの増体量から次の式により算出する．GPV=（試験飼料区増体量−基礎飼料区増体量）/（カゼイン区増体量−基礎飼料区増体量），ただし増体量=g/蛋白質1g．

たんぱくこうりつ　蛋白効率　protein efficiency ratio, PER　蛋白質の栄養価を示す単位の一つで，幼動物の成長試験によって求める．蛋白質以外は完全な基礎飼料に，蛋白質を数水準添加した飼料を，4~8週間給与して飼育し，その間の体重増加量を摂取した蛋白質量で割った値を蛋白効率という．蛋白質の添加量と体重増加量が直線関係にある条件で測定することが必要である．

たんぱくしつ　蛋白質　protein　生物体を構成する主要な成分の一つで，アミノ酸がペプチド結合により縮合した重合体である．一般にアミノ酸だけからなる蛋白質を単純蛋白質，アミノ酸以外の物質と結合している蛋白質を複合蛋白質，また，分子の形状から球状蛋白質，繊維状蛋白質と呼んでいる．生理的機能の点から構造蛋白質，栄養蛋白質，生物活性蛋白質（酵素，ホルモン）のようにも区分している．五大栄養素の一つで，代替できないため栄養上欠くことのできない栄養素である．栄養価は，その消化性とともに，構成するアミノ酸の組成によって大きく左右され，必須アミノ酸の含量とバランスが重要である．一般に，平均16%の窒素を含んでいるので，窒素量に6.25の定数を掛けて求めた値を粗蛋白質量という．

たんぱくしつたけい　蛋白質多型　protein polymorphisms　同一遺伝子座あるいは同一機能を有する蛋白質におけるアミノ酸配列の差異に基づく変異のこと．従来は血液，臓器，乳，卵，毛，尿，涙などに含まれる蛋白質の各種電気泳動法における移（易）動度の差異を利用して検出されたが，現在では対立遺伝子の塩基配列から推測したアミノ酸配列や蛋白質のアミノ酸配列そのものの解析に基づく多型も含む．

たんぱくしつとうりょう　蛋白質当量　protein equivalent　蛋白質の必要量を算出する際に，可消化蛋白質を用いる場合と可消化純蛋白質を用いる場合がある．反芻家畜では飼料中の非蛋白態窒素化合物（NPN）が第一胃において微生物体蛋白質に転換されて利用できるので，可消化純蛋白質を用いると過小評価されることになる．そこで，NPNの半量が利用されるとして，これを純蛋白質に合算し，蛋白質等量と名付けた．その算出法は粗蛋白質と純蛋白質の和を2で除して得られる．

たんぱくにょう　蛋白尿　albuminuria, proteinurea　尿に臨床検査で検出される量の蛋白質が排泄される状態．腎臓疾患の診断

に重要な症候であるほか，熱性疾患，疲労，薬物中毒などの際にもみられる．

たんはつじょう　短発情 subestrus　卵巣機能は正常に営まれ，明らかな発情徴候も出現するが，発情持続時間がきわめて短いもの．発情を見逃す場合が多く，実際には鈍性発情とされることが多い．ウマでは繁殖季節の開始直後や終了間際に頻発する．短発情の場合でも，適期に交配すれば受胎する．

たんはつじょうどうぶつ　単発情動物 monoestrous animal　多発情動物の対語．1 繁殖季節に1回の発情・排卵を示す動物．クマ，オオカミ，キツネ，イヌがこれに属する．単発情動物が，この1回の発情・排卵時に受胎しなければ，次の繁殖季節まで受胎することはない．その間，卵胞発育や排卵はみられず，発情も現れない．

たんぱほうしゃ　短波放射 short wave radiation　地球表面で受ける太陽エネルギー（日射）は4m以下の波長のもので，大気自身や地表面からの放射の波長域と区別し，短波放射と呼ぶ．短波放射は，大気中の水蒸気やほこりなど微粒子によって散乱された散光成分と，直接到達した直射光成分（直達日射）によって構成される．

だんび　断尾 docking　家畜の尾を切断すること．ブタではおもに尾食いの悪癖防止のため，乳牛では尾房による牛体汚染防止のために行う．このほか畜体の衛生や美観保持のために，ヒツジ，イヌなどでも実施されている．切断部位は畜種や目的によって異なるが，尾の第2関節で切断する場合が多い．最近は家畜福祉の立場から，ヒツジ以外ではあまり行われていない．

ダンボチーズ　Danbo cheese　デンマーク産のゴーダ型チーズの名称．角型（8cm×25cm×25cm）で重量は約6kg．5～8mmの小さなホール（眼）が規則的に平均に分布し，リンドは黄色，内部は淡黄色で味はマイルドである．

［ち］

ちいきふくごう　地域複合　経営内における異種部門の結合による複合化ではなく，地域内における異なった経営間の連携による複合化．経営の単一化にともなって副産物の処理・利用をめぐる経営内循環が断ち切られ，特に畜産経営においては糞尿による環境汚染問題が発生してきた．その解決策の一つとして，地域内における異種部門間の連携を図り，異なった経営による循環の回復を意図したもの．

チーズ　cheese　乳，クリーム，脱脂乳またはこれらの混合物に乳酸菌スターター，凝乳酵素を加えるか，または加えないで凝固させた後，ホエーを除去して得られる新鮮物またはその熟成品をナチュラルチーズという．ナチュラルチーズの1種以上に乳化剤を加え，加熱溶解し，成型包装したものがプロセスチーズである．世界のチーズの種類は400種を越える．

チーズクロス　cheese cloth　チーズ圧搾に際し，フープの内側に敷いてチーズカードを包むために用いる布．

チーズしゅう　チーズ臭　cheesy flavor　バターの風味における欠陥の一つ．非衛生的に処理されたクリームに由来する場合と，かびが増殖してその酵素により脂肪や蛋白質が分解してロックホールチーズ様の臭いを呈する場合がある．

チーズスターター　cheese starter　チーズ製造に使用される微生物の培養液．最も普通に用いられるのは乳酸菌で，*Lactococcus lactis* や *L. cremoris* が主要菌種である．かびチーズには *Penicillium roqueforti* や *P. camemberti* などのかび胞子が使用される．

チーズスプレッド　cheese spread　室温で任意に塗り延ばし（スプレッド）できるチーズ食品で，一種のプロセスチーズである．1種以上のチーズを摩砕し，乳化剤を混合して

加熱溶解して作るが，クリーム，バター，バターオイル，食塩，香辛料，調味料なども添加される．

チーズのめ　チーズの目　cheese eye　エメンタール，グルイエール，サムソーおよびゴーダなど各チーズの内部に生ずるガス孔をいう．チーズの熟成中に生成した炭酸ガスが集合して円形または楕円形の孔を形成したもの．エメンタールチーズでは径 10~20 mm の大きさになる．

チーズバット　cheese vat　チーズ製造において，原料乳からカードを作り，細切し，クッキングを行う容器．温度調節用の蒸気または熱水ジャケット，機械的撹拌装置，ホエー排出口を有する．

チーズフード　cheese food　数種のナチュラルチーズを乳化したもの，またはプロセスチーズを原料として，これに食塩，糖類，安定剤，着色料などを加え，ときには異種脂肪，異種蛋白を配合してチーズ状または糊状としたもので，チーズ分として 51% 以上を含むものの総称．

チーズフープ　cheese hoop　チーズ製造の際，カードを圧搾，成型するための容器または型．材質は木，ステンレス鋼，鉄，アルミニウム，プラスチックで，チーズの種類により底のあるものとないものがあり，ホエー除去のための小孔がある．

チーズプレス　cheese press　一定の形に成型するために，チーズフープに入れたカードを圧搾する装置．プレス中にカードはホエーを除去されて収縮するので，それに応じて，一定の圧力を維持する圧搾空気または水圧利用の定圧プレスが使用されている．

チーズモールド　cheese mold　→チーズフープ

チェシャーチーズ　Cheshire cheese　イギリスで古くから作られている硬質チーズ．チェスターチーズともいう．円筒形で，直径約 35 cm，重量 22~35 kg，組織は脆く砕けやすい．マイルドな風味をもつ．

チェスターホワイト　Chester White　アメリカのペンシルバニア，オハイオ，アイオアの 3 州で，イギリスから輸入したリンカーン，ヨークシャー，カンバーランドなどの白色ブタ品種を基礎にして作出され，後に中国種も交雑された．ポーランド・チャイナに似た白色種で，成体重は雄 330 kg，雌 250 kg 程度．アメリカでは純粋種の 6~7% 程度が飼われている．

チェダーチーズ　Cheddar cheese　イギリス原産の硬質チーズであるが，ヨーロッパ諸国，アメリカ，カナダなど全世界で作られている．本来は円筒形で，直径 37 cm，高さ 30 cm，重量 32~35 kg 程度のものであるが，最近は直方体でフィルム包装されるものも多い．ホエーを排除した後，カードをバットの底面に堆積させ，何度も反転して積み重ねるチェダリングと呼ばれる工程を行うことにより，カードの水分含量が調節され，また独特の組織とボディーが与えられる．風味はマイルドな酸味があり，やや甘い芳香がある．

チェビオット　Cheviot　イングランドとスコットランドの境界の山岳地帯原産のヒツジ．8 世紀後半に在来羊にダウン種の雄を交配して作出．体重は雄 80~90 kg，雌 60~70 kg と小さく，雌雄とも無角，産子率は 120~150% で，肉用種としては晩熟であるが，肉質は良好である．強健で粗飼に耐え，山岳地帯で放牧されている．

チェーンコンベアー　chain conveyor　パドル付きのチェーンで飼料や糞尿などを輸送および搬送するための装置．ウシでは糞尿搬出用バンクリーナーや粗飼料運搬のためのパドルフィーダーがある．ニワトリでは，管や給餌樋の中にチェーンを走らせて飼料を給餌器に配餌する方法もある．固形物を曲がりくねった場所で長距離運搬するのに適する．

ちかけい　地下茎　rhizome　草類にはほふく茎を持つものがあり，栄養生長期間中でも節間伸長して地表をはう，あるいは地下にもぐり，節から直立茎を上に伸ばしてひろがりを確保する．地上茎が地表をはうとき地

上ほふく茎（stolon），地下にもぐるとき地下ほふく茎（rhizome）という．ササ類，ケンタッキーブルーグラス，ベントグラス，シバなどは地下ほふく茎をもち，乾燥や人畜の踏圧に耐える．

ちかしきかくがたサイロ　地下式角形サイロ　underground square pit silo　一辺が2.5～3.5 mの方形断面で，深さ3.5～7 mのわが国独自の地下式サイロ．投入作業は粗飼料運搬車から直接落とすことで省力的に行える．取出し作業が重労働であったが，本形式専用の取出し装置（サイロクレーン）が開発され，人がピット内に降りることなく取出しが行えるようになった．　→サイロクレーン

チカラシバ　Pennisetum alopeculoides　北海道の南部から温帯，亜熱帯に分布するイネ科の多年草．草丈60～70 cm，非常に強いひげ根を地中におろし，抜くのが困難なのでこの和名がつけられた．踏み付けにも強く，繁殖力も大きいので，放牧地で大きな問題になっている．ヤギの放牧でこの雑草を減らすことができる．

ちきゅうおんだんか　地球温暖化　global warming effect　地球の温度は温室効果ガスによって維持されているが，近年，大気中の温室効果ガスの濃度が上昇していることから，地球の温暖化にともなうさまざまな影響が懸念されている．特に畜産に関連する温室効果ガスとしてはメタンと亜酸化窒素があるが，地球温暖化の加速を抑制するため，これらのガスの抑制対策が求められている．→温室効果ガス

ちくさんかんれんさんぎょう　畜産関連産業　畜産に原材料を供給し，また畜産物の流通・加工を担当する諸産業の総称．具体的には飼料産業，食肉加工産業，牛乳処理・加工産業，機械・施設産業，動物医薬品産業その他．昭和30年代以降，畜産物需要の増大，畜産部門の拡大に対応して，総合商社を中心に関連産業の連携・統合化（インテグレーション）が進められ，注目されるようになった．

ちくさんこうがい　畜産公害　animal waste pollution problems　家畜排泄物による水質汚濁，悪臭，害虫発生などの環境汚染問題，さらに家畜の鳴き声による騒音など，畜産業に起因する公害問題をいう．畜産公害に対する苦情の発生件数を畜種別にみるとブタが最も多く，次いで乳用牛，ニワトリが多く，問題別に見ると悪臭問題が全体の約6割を占めている．苦情の発生件数は年々減少しているが，農家当たりの苦情発生率はむしろ増加している．

ちくさんコンサルテーション　畜産コンサルテーション　livestock farming consultation　畜産経営者の依頼に基づいてその経営を分析・診断し助言すること．制度としては，国の助成を受けて都道府県がそれぞれの都道府県畜産会に委託して実施している「地域畜産総合支援体制整備」があり，都道府県畜産会に設けられた畜産コンサルタント団によるコンサルテーションが行われている．　→経営コンサルタント，経営診断

ちくさんぶつのかかくあんていとうにかんするほうりつ　畜産物の価格安定等に関する法律　主要な畜産物価格の安定を図ることを目的に，1961年に制定された法律．政府の諮問機関である畜産振興審議会の審議を経て決定される安定基準価格（下位価格）と安定上位価格による安定帯価格内に価格変動を抑えるため，農畜産業振興事業団による買い入れ，売り渡しができることになっている．対象品目は現在では指定食肉である牛肉，豚肉．自由化の進行以降，事業団による買い入れは行われず，価格安定機能は弱まっている．

ちくしゃ　畜舎　livestock building, barn, house, shed　ウシ，ブタ，ニワトリなどの家畜を収容するための建築物．畜舎は，家畜に快適な環境を与えて人間に有益な生産物を効率よく生産してもらうための，また，人間が家畜を効率よく管理するための場である．家畜の種類により，乳牛舎，肉牛舎，豚舎，鶏舎などがある．

ちくたいそうふうそうち　畜体送風装置　equipment for air blast to animal body　暑熱時に畜体に送風して家畜体の体温上昇を防ぐ装置．家畜のそばに送風機を置いて畜体に風を当てる方法とダクトの小孔から吹き出して畜体に風を当てるダクト送風方法がある．動物の体温で暖められた体表面の空気を，より低い温度の空気と入れ換えることにより家畜の体温上昇を防ぐ．

ちこつ　恥骨　pubis　→寛骨，付図22

ちしいでんし　致死遺伝子　lethal gene　発現すると，その遺伝子をもっている動物を死に至らしめる遺伝子をいう．劣性では，ホモで致死効果をもたらす突然変異であるが，優生のものは見つけにくい．ニワトリの短脚（Cp）は，長骨の発育が阻害される遺伝子で，優性ホモは孵卵中に死亡するが，ヘテロ（Cp/cp）は短脚を示し生存する．

ちだい　地代　ground rent　土地所有者が土地用益の代償として受け取る収益．借地料あるいは小作料は，地代のほかに例えば潅漑溝とか暗渠排水とかの土地に付随する資産の減価償却費，そのために投下された資本の利子などを含んでいる．したがって，地代は，次のようにとらえられる．地代＝借地料または小作料－（付帯施設の減価償却費＋当該施設の資本利子）

ちたいさ　遅滞鎖（DNAの）　lagging strand　DNAの複製起点からみて新たな鎖の複製が断続的に進行するような場合の新たなDNA鎖のこと．先行鎖（leading strand），すなわち複製が連続的に進行する鎖，に対立する呼称．

ちちおやモデル　父親モデル　→サイアモデル

ちちおろし　乳下ろし　milk let-down　→乳汁排出

ちちつきじゅんい　乳付き順位　teat order　子豚は生まれるとすぐに母豚の乳頭に向かって移動し，特に前部の乳頭を争うようにして吸乳する．各個体は，初めはさまざまな乳頭から吸乳するが，次第に個体ごとに特定の乳頭から吸乳するようになり，生後数日以内にそれぞれの1〜2個の決まった乳頭に付くようになる．この現象を乳付き順位という．吸い付き順位とも呼ばれる．

ちつ　腟　vagina　腟は子宮頚管の後方につづく円筒形の管で，腟前庭を経て外界に通じる．雌の交尾器官であり，また産道ともなる．腟は中胚葉由来の中腎傍管より分化し，外胚葉由来の皮膚から分化した腟前庭とつながる．　→付図14，付図15，付図17

ちつえん　腟炎　colpitis, vaginitis　腟の炎症で，微生物感染によるもの，加療時の鉗子や腟鏡による機械的なものや刺激性の薬物によるものがある．軽症では腟粘膜の充血や腫張，重症では膿の漏出がみられる．治療としては微温生理食塩水で腟洗浄し，希過マンガン酸カリ溶液，逆性石鹸液，アクリフラビン液を塗布したり，抗生物質やサルファ剤を投与したりする．

ちつきょう　腟鏡　vaginal speculum, colposcope, vaginoscope　腟内に挿入して腟を開き，腟内や子宮頚部を検査するために用いる器具．粘液採取や人工授精時に用いる．一般に内面が光線を反射するようにできているものが多く，ウシ，ウマ，ヒツジ，ヤギなど各家畜別に市販されている．

チックガード　chick guard　平飼い式の育雛において傘型育雛器などの温源部の周りに設置する板状の囲い．育雛の初期はチックガードの直径を狭くして，保温の効率化と運動の制限をし，その後雛の成長に従って囲いを広くする．

ちつこう　腟垢　vaginal smear　腟スメアともいう．腟の上皮から脱落した扁平上皮細胞（有核上皮細胞と角化上皮細胞），白血球，分泌液からなる腟貯留物．ラット，マウスでは腟垢検査により性周期の時期が判別できる．

ちつこうけんさ　腟垢検査　vaginal smear method　腟スメア検査ともいう．性周期の

変化にともない規則正しく変化する腟垢を検査して性周期の時期を判別すること．ラットでは腟垢検査により，有核上皮細胞だけが観察される1期（発情前期），角化上皮細胞が散在したり，塊となったりする2,3期（発情期），3期の像に白血球が混在するようになる4期（発情後期），有核上皮細胞に白血球が混じる5期（発情休止期）に分類できる．→スタンプスメア法

ちつせん　腟栓　vaginal plug, copulatory plug　腟プラグともいう．ラット，マウス，モルモット，ゴールデンハムスター，チンパンジーなどで，交尾後，精液の凝固したものが腟内に形成され，腟に栓をしたようになるが，これをいう．精囊腺に由来する蛋白質が凝固腺由来の酵素の作用により凝固したものである．ラットやマウスでは通常，朝，腟栓の有無を調べて交尾が行われたかどうかを調べる．また腟栓が認められるとその日を妊娠開始日とする．

ちつぜんてい　腟前庭　vestibule of vagina　腟と外陰部をつなぐ部分で，外陰部とともに皮膚が内部に陥入してでき，中腎傍管より分化した腟とつながる．腟前庭では平滑筋層の外側に横紋筋が輪走し，前庭収縮筋となる．また粘膜には，小前庭腺や大前庭腺が発達する．　→付図14, 付図15, 付図17

ちっそすいとう　窒素出納　nitrogen balance　飼料として摂取した全窒素量と，糞，尿および生産物として排出した全窒素量の出納のことで，これは動物体内の蛋白質の増減を示すので動物の栄養状態や給与した蛋白質の栄養価を判定する重要な指標となる．成長中の動物は窒素出納が正（窒素蓄積 nitrogen retention があった），成畜の場合はゼロ（窒素平衡状態），栄養不良，疾病などで体重が減少するようなときは負の出納を示す．窒素出納を求める試験を窒素出納試験（nitrogen balance test）という．

ちつだつ　腟脱　vaginocele, coleoptosis　腟圧が高まり，腟の一部あるいは全部が反転して陰門外に脱出した状態を指す．肥満した動物や分娩間際の動物でおきる．ウシで多い．

ちつぶ　腟部　vagina　→卵管腟部，付図19

ちほうしじょう　地方市場　local wholesale market　中央卸売市場の指定区域外の地域で農産物の卸売を行う市場．都道府県知事の認可を受ければ，地方公共団体でも一般私法人でも個人でも地方市場を開設することができる．　→中央卸売市場

ちほうひんしゅ　地方品種　local breed　狭い地域に限定して利用されている品種で，わが国の見島牛，御崎馬，長尾鶏などはその例である．

ちみつこつ（ちみつしつ）　緻密骨（緻密質）　compact bone　強固で緻密な骨組織として骨幹を作る．骨幹の内部にある骨髄腔を髄質とすると，その外側にある緻密骨を皮質骨ということもある．組織は合板に似た膠原線維束の層板からなり，この層板構造を骨層板という．骨層板は膠原線維の走行の違いにより区別され，緻密骨の外側に外環状層板，内側に内環状層板，それらの中間にハバース層板（オステオン層板）と介在層板がある．

チモシー　timothy, *Phleum pratense* L.　オオアワガエリ．寒地型のイネ科多年生牧草．草丈80~110 cmの上繁草で，地力が劣った土壌条件でもよく生育する．寒地では，多葉性の高分げつ型で収量性，永続性ともに高いが，イネ科草種のなかでは競争力が弱く，オーチャードグラスなどとの混播では極度に衰退する．夏季の高温や乾燥に弱いので，わが国ではおもに北海道で栽培されている．放牧用にもなるが，特に乾草用牧草として優れている．

チャーニング　churning　バター製造において，クリームに機械的衝撃を与えて，脂肪球膜を破壊して脂肪球を粒状に集合させ，バターの小粒を生成させる操作をいう．これに用いる装置をチャーンという．

チャーン　churn　→チャーニング

ちゃくしょう　着床　→卵子着床

ちゃくしょうせいぞうしょく　着床性増殖　progestational proliferation　受精卵の着床に備えてプロジェステロンによって誘導される子宮上皮細胞の増殖をいう．上皮細胞の増殖のみならず，子宮腺の分泌機能亢進をともなう．

ちゃくしょうちえん　着床遅延　delayed implantation　受精卵の着床がなんらかの要因によって著しく遅れる現象．ラット，マウスでは分娩後の交配によって受精した胚は母体が哺乳中は着床しない．ミンクやアナグマなど，ある種の野生動物では，自然の繁殖においても着床遅延があるといわれ，これらの動物では着床の時期によって妊娠期間が左右されるために，個体によって妊娠期間が著しく異なる．

チャック　chuck　牛枝肉の部分肉名．日本の規格でいう，まえの一部．→付図23

チャックロール　chuck roll　→かたロース

チャボ　矮鶏　Chabo, Japanese Bantam　ベトナム付近を原産地として，直接または中国を経て，徳川時代初期に渡来した小型で短脚のニワトリ．小型愛玩鶏として，愛鶏家の努力により多くの羽色内種および鶏体の部分変形による内種が作出され，海外でも珍重されている．体重は雄600g，雌500g程度で，桂，白，黒，猩々，碁石，逆毛などの種類がある．1941年に矮鶏として天然記念物に指定．

チャレンジフィーデング　challenge feeding　分娩後の乳牛に十分なエネルギー，蛋白質を給与し泌乳能力を最大限に引き出す飼養法である．具体的には分娩直後から良質粗飼料とともに穀物主体の高エネルギー飼料を多給して，養分を十分に摂取させる．乳牛に濃厚飼料を多給する栄養管理手法で，アメリカから導入されたものである．

ちゅうおうおろしうりしじょう　中央卸売市場　central wholesale market　生鮮食料品などの流通および消費上，特に重要な都市およびその周辺の地域において，卸売市場法にもとづいて農林水産大臣の認可を受けて開設されている市場．畜産物の中では食肉を対象に，仙台・大宮・東京・横浜・名古屋・京都・大阪・神戸・広島・福岡の10地域に設けられている．→地方卸売市場

ちゅうおうしじじんたい　中央支持靱帯　median suspensory ligament　→付図18

ちゅうかんしゅ　中間種　わが国の一般的なウマの分類呼称．軽種，重種の中間の体型，能力を示すウマ．クリーブランドベイ，アングロノルマン，ノニウス，アメリカントロッターなどが属する．→軽種，重種

ちゅうかんしゅくしゅ　中間宿主　intermediate host　寄生虫が発育するとき，幼生時と成熟時で異なる宿主に寄生することがあり，幼生時の宿主をいう．寄生虫には中間宿主の体内で発育変態の一部を営むものもあり，吸虫，条虫および原虫類は中間宿主を経ないと発育できない場合が多い．例えば肝てつ（蛭）はウシやヒツジに寄生する前に中間宿主のヒメモノアラガイの体内に寄生して発育し，これを経口摂取することにより感染する．

ちゅうかんせいさんぶつ　中間生産物　intermediate products　一連の生産過程において，それ自体生産物でありながら最終生産物の原料となる生産物．酪農経営における飼料作物，繁殖・肥育一貫経営における肥育素畜など．

ちゅうごくとん　中国豚　Chinese pigs　中国全体のブタの飼養頭数は，3億頭を超えており，世界の豚総数の約40%を占め，その多くは在来種（中国豚）であり，それらは中国品種誌で48種に整理され，華北型，華中型，華南型，江海型，西南型，高原型などに分類されている．中国豚は，一般に多産性，肉質，粗飼料利用性などに優れた特性を有しており，世界各地に導入され，交雑利用に利用されてきた．

ちゅうじ　中耳　middle ear　外耳と内

耳の間に位置し，鼓室と耳管で構成される．鼓膜の振動は，鼓室腔内の耳小骨（ツチ骨，キヌタ骨，アブミ骨）によって増幅され，内耳に伝達される．内耳前庭に通じる前庭窓にはアブミ骨底が嵌合し，蝸牛窓は第二鼓膜で閉ざされて，鼓室は内耳から隔離されている．耳管は鼓室と咽頭を結ぶ管で，鼓膜を挟んで鼓室側と外耳道側の圧力を一定に保ち，鼓膜の振動を保証する．

ちゅうしゅこつ　中手骨　metacarpal bones　手根骨と指骨の間に位置する棒状の骨で，掌の基礎となる．近位端と遠位端ともに肥厚しているが，近位端はやや凹んで手根骨と，遠位端は隆起して指骨と関節している．第一〜五中手骨があり，5本が中手骨の基本数であるが，家畜はこれよりも少ない．ウマは第三中手骨のみが極端に発達し，第二と第四中手骨は退化して細く，第一と第五中手骨は消失している．ウシは第三と第四中手骨が強大に発達して癒合し，第一と第二中手骨が消失し，第五中手骨も退化してわずかに残る．ブタは第一中手骨が消失し，第二と第五中手骨は短小で第三と第四中手骨が強大に発達している．ウマとウシの中手骨は管骨とも呼ばれる．
→付図 21

ちゅうしんしょうたい　中心小体　centriole　細胞小器官の一つ．核近くに位置する管状構造物で，直行する2個の円筒状構造からなる．円筒はマイクロチューブの三本組み9群から構成される．細胞分裂時には2個の中心小体は分かれて両極に行き，染色体を誘導する．

ちゅうすい　虫垂　vermiform appendix　盲腸の尖端部分の小さく細い紐状の憩室．ウサギ目，霊長目で認められる．虫垂の壁はリンパ性組織に富む．

ちゅうすうしんけいけい　中枢神経系　central nervous system　脳と脊髄を含めて中枢神経系といい，全身の感覚器から情報を受け入れ，末梢への応答情報を送る中央コントロール組織として働く．

ちゅうすうせいろはさよう　中枢性ろ波作用　central filtering　感覚経路には特異的なものと非特異的なものがある．後者はある種の感覚情報が，一般的な形で他の中枢にも伝達され，特定の行動が特定の刺激によってのみ発現するわけではないことを示唆している．これとは逆に，刺激による情報を無視あるいは整理する機能が中枢にもあり，これを中枢性ろ波作用という．

ちゅうすうようしりょう　中雛用飼料　growing feed　4週齢から10週齢までの雛に給与する飼料で，幼雛用より粗蛋白質は低く16％に，代謝エネルギーは 2,800 kcal/kg に設定されている．

ちゅうせつこつ　中節骨　middle phalanx　→指（趾）骨・蹄骨，付図 21

ちゅうそく　中足　shank　ニワトリの脚の脛の部分で，鱗で覆われている．
→付図 6

ちゅうそくこつ（そくこんちゅうそくこつ）中足骨（足根中足骨）　metatarsal bones (tarsometatarsus)　足根骨と蹄骨の間に位置する棒状の骨で，形は中手骨とほぼ同じである．近位端で足根骨と，遠位端で蹄骨と関節する．第一〜五中足骨が並列し，5本が中足骨の基本型であるが，家畜はこれよりも少ない．ウマは第三中足骨のみが著しく発達し，第二と第四中足骨は退化して細く，第一と第五中足骨は消失している．ウシは第三と第四中足骨が癒合して強大に発達し，第二中足骨は退化してわずかに残り，第一と第五中足骨が消失している．ブタは第三と第四中足骨が強大に発達し，第二と第五中足骨が短小で，第一中足骨が消失している．　→付図 21，付図 22

ちゅうどく　中毒　toxicosis, poisoning　薬物，毒物，毒素などが体内に取り込まれ，その毒性によって生体の組織や機能が障害されること．家畜では農薬，殺鼠剤，毒草などの摂取により発生することが多い．

ちゅうのう　中脳　midbrain, mesencephalon　大脳のなかで，終脳，間脳につづき

後脳に至る部位．間脳の下方に位置する．中心管は中脳水道で第三脳室と第四脳室を結ぶ．ここには大脳脚，視蓋，四丘（上丘，下丘），黒質が含まれる．

ちゅうはいよう　中胚葉　mesoderm
原始線条が出現し，盛んに細胞増殖が繰り返され，外胚葉と内胚葉の間を胚盤の側方へ，前方へと広がり，中胚葉が完成する．胚内中胚葉は沿軸，中間および外側中胚葉に分化し，沿軸中胚葉はさらに分節し，体節を生じる．体節は椎板，筋板，皮板に分かれ，それぞれ体幹骨格，骨格筋，真皮を生じる．中間中胚葉からは腎系と尿管，雄性生殖管が形成され，外側中胚葉は内部に体腔を生じて，漿膜となる．そのほか中胚葉からは一般の結合組織，支持組織，心臓，血管，骨髄，血球，脾臓，歯の象牙質とセメント質，副腎皮質などが生じる．他に，胚外中胚葉が栄養膜と内胚葉の間に形成され，外胚葉性の栄養膜の裏打ちを行い，後に一緒になって絨毛膜を形成する．

ちゅうヨークシャー　中ヨークシャー　Middle Yorkshire, Middle White　イギリスのヨークシャー地方を原産地とする中型で白色のブタの品種．在来種に中国種を交配し，その後代から選抜固定したとする説と，大ヨークシャーと現在では絶滅した小ヨークシャーとの交雑により作出したとする説がある．成体重は雄250 kg，雌200 kg位で，発育が遅く脂肪も多いが，肉質はよい．わが国では，1960年まで全頭数の95%を占めていたが，現在は少頭数のみが飼われている．

ちょう　腸　intestine　消化管のうち胃に続き肛門までいたる管状の臓器．小腸と大腸を含む総称．食物の消化吸収を行う．

ちょういんか　腸陰窩　intestinal cript, cript of Liberkuhn　腸粘膜でみられる絨毛間の単管状の窪みを指す．腸腺と同義．
→腸腺

ちょうかんしゅっけつせいだいちょうきん O157　腸管出血性大腸菌O157　enterohemorrhagic Escherichia coli O157　病原性大腸菌のうちの特定血清型菌．ベロ毒素（Vero toxin）を産生する．Oは菌の血清学的特性を示すドイツ語Ohneの頭文字．家畜では病原性を示さないが，ヒトが感染すると赤痢症状（粘血下痢便）や溶血性尿毒症症候群を起こす．ウシは2~3%の割合で腸管内に保菌し，食品が汚染されると食中毒の原因となる．

ちょうかんまく　腸間膜　mesentery　腸管を躯幹の背側壁から懸垂する結合組織性の膜．腸管の伸長にともない腸間膜は扇状にひろがる．腸管に分布する動脈，静脈，神経が走り，腸管に沿って腸間膜リンパ節が散在する．

ちょうきかりいれきん　長期借入金　long‐term debt　貸借対照表作成日の翌日から起算して返済期限の到来が1ヵ年以上先である借入金．支払い期限が1年以内の短期借入金と区別される．短期借入金は流動負債に属し，長期借入金は固定負債に属す．なお，当初は長期借入金であっても，支払い期限が1年以内になると，短期借入金に振り替えられる．

ちょうきざいたい　長期在胎　prolonged gestation, delayed birth　妊娠期間は動物の種や品種によって一定しているが，正常な妊娠期間を越えて，胎子が在胎する状態を長期在胎という．一般にウシでは300日，ウマでは350日を越えるものを長期在胎として取り扱う．ウシでは遺伝的要因と非遺伝的要因（アルカロイド中毒）によりおこる．プロスタグランディンやグルココルチコイド製剤を投与して分娩誘発を行うが，難産となることがある．

ちょうきゅうせいきょぜつはんのう　超急性拒絶反応　hyperacute rejection　遠縁異種移植において，自然抗体および補体系の活性化によって生ずる急激な拒絶反応．細胞膜表面において補体系古典的経路および代替経路の活性化によって生ずるが，この古典的経路上の最上流に関与する主要異種抗原としてガラクトースα (1, 3)ガラクトースの生成に関わるα (1, 3)ガラクトース転移酵素の存在

が注目されている.

ちょうきょう　調教　training　使役など人間の意図にそった用途に動物を供するために行う訓練.

ちょうきりんさくそうち　長期輪作草地　long rotational grassland　短年性牧草のあと，根菜類やムギ類などをつなぐ短期輪作に対して5~6年の草地利用の後に他の作物を入れて雑草，病虫害のサイクルを断つという農法は古くから成立していた．これを長期輪作草地という.

ちょうこうおんかねつ　超高温加熱　ultra-high temperature heating, UHT heating　牛乳を超高温(120~150℃)で0.5~3秒加熱処理する方法．乳質を著しく変化させることなく，従来の殺菌法では不可能であった耐熱性胞子形成菌などを死滅させる．超高温加熱には，HTST殺菌機と同様な構造の間接加熱方式と，蒸気を直接牛乳中に注入する直接加熱方式がある.

ちょうこつ　腸骨　ilium　→寛骨, 付図21, 付図22

ちょうじかんばっきほう　長時間曝気法　extended aeration process　活性汚泥法の一変法．標準活性汚泥法の曝気時間が6~8時間であるのに対し，これを16~24時間とり，活性汚泥の自己分解によって余剰汚泥を極力少なくしようとする方法．全酸化法とも呼ばれる.

ちょうじつはんしょくどうぶつ　長日繁殖動物　long-day breeder　長日(性)動物ともいう．日照時間(日長)が長くなる春から夏にかけて繁殖季節を迎え，その間に発情周期が現れて交尾する動物を指す．家畜ではウマ，イタチ，ハムスター，野生哺乳類ではクマ，タヌキ，キツネ，家禽ではウズラやガチョウなどが長日繁殖を行う．人工的に日照時間を増加することにより，非繁殖季節にある動物の性腺機能を活発にすることもできる．これを長日処理という．　→繁殖季節

ちょうしゅうしゅく　超収縮　super-contraction　羊毛などを伸長した状態で高温の蒸気やアルカリ溶液で短時間処理し，その張力を除いたとき，その長さが原毛より短くなってしまう現象．この現象は毛のケラチンのポリペプチド鎖の規則的二次構造であるα ら旋構造が繊維軸に直角に折れ曲がったβ構造，すなわちクロスβ構造に変化したことによる.

ちょうじゅうもう　腸絨毛　intestinal villi　小腸全域で腸粘膜から管腔に向かって突出する葉状~指状の突起．輪状ヒダとともに吸収面積を拡大している．絨毛の芯は粘膜固有層で，絨毛中心には中心リンパ管が走り，周囲を毛細血管網が取り囲んでいる．上皮は円柱吸収細胞と杯細胞からなり，吸収細胞の管腔面は刷子縁をもち，吸収面積をさらに拡大している.

ちょうしんけい　腸神経　intestinal nerve　腸管を走行する神経．家禽の腸管には哺乳類ではみられない腸神経が，クロアカ付近から空回腸のはじまりまでの腸管に並走し，腸管に神経線維を送っている．この神経は後腸間膜神経叢および骨盤神経叢と連絡し，ところどころに神経節をもつ．神経節は尾側に向かって大きくなる．大腸の終りの方では神経は太く，上向性の神経線維が多い.

ちょうせいふんにゅう　調製粉乳　modified milk powder　乳幼児に必要な栄養素を添加して製造した育児用粉乳をいう．特に，母乳の組成に類似させるために必要な栄養素を配合したものは特殊調製粉乳といわれる.

ちょうせいほかん　調整保管　国の畜産物価格安定対策に基づいて行われる畜産物の需給調整手段．あらかじめ設定された価格水準を下回るか，下回ることが予想される場合に，あらかじめ設定された価格で買い上げて一定期間保管し市場への出回りを抑制すること．「畜産物の価格安定などに関する法律」に基づいて乳製品と牛肉・豚肉などについて実施されている．　→安定上位価格, 安定基準価格

ちょうせつがたてきおう　調節型適応
regulative adaptation　生体が環境の変化に対応する様式のうち，恒温動物のように体温や体液などの内部状態を種々調節して恒常性を保つようにする適応のしかた．調節型適応をする動物は，従合型適応の動物（変温動物など）に比較してより広い範囲の外部変動に耐えることができる．　→従合型適応

ちょうせん　腸腺 intestinal gland (gland of Liberkuhn)　小腸絨毛の基部から粘膜筋板まで伸びる単管状の構造をした腺．表面が腺細胞で被われている．こうした絨毛間の窪みは腸陰窩と呼ばれる．腺細胞の多くは粘液分泌の杯細胞であるが，底部にはパネート細胞が分布し，銀好性細胞などがみられる．大腸の腸腺も基本的には同一であるが，杯細胞が多く，大腸粘液腺とも呼ばれる．

ちょうないさいきん　腸内細菌 intestinal bacteria, intestinal microorganisms　腸内には多くの細菌が棲息し，腸内フローラを構成している．この細菌相をいう．小腸には少なく，結腸，盲腸に多い．各種の酵素をもち宿主にとって有用あるいは有害産物を生成する．さらに，細菌毒素や細菌細胞壁成分は宿主の免疫機構を修飾し，ある種の腸内菌は腸管を有害細菌の増殖や感染から防御する．一方，日和見病原菌は宿主の抵抗性が減弱した時，病原性を発揮する．

ちょうふくしきゅう　重複子宮 duplex uterus　子宮形態によって，4つの基本型に分類されるが，その一つの型．げっ歯類やウサギ類でみられ，子宮角のみならず子宮体も左右独立しており，それぞれが子宮頸管に続くので2本の子宮頸管が腟に開口する．複子宮ともいう．両分子宮であるウシでも重複子宮をなすことがあるが，これは奇形として扱われる．

ちょうゆうせい　超優性 overdominance　一対の対立遺伝子において，ヘテロ接合体が，優性あるいは劣性のホモ接合体より著しく，優性効果を表現型にあらわす現象．

ちょうゆうせいせつ　超優性説 overdoninance theory　雑種強勢（ヘテローシス）は，各対立遺伝子の優劣性によって支配されるのではなく，相互に持ち寄った対立遺伝子のヘテロ効果によって発現する超優性効果であるという考えである．

ちょくせつかねつほう　直接加熱法 direct heating method　牛乳の殺菌法の一つで，牛乳中に蒸気を加圧下に吹き込み，牛乳を瞬間的に昇温殺菌する方法で，次の真空チャンバーで減圧し，蒸気が凝縮して加わった水分を蒸発させ，製品の固形分を原料乳の状態に戻す方式．UHT殺菌法の一つ．

ちょくせつきょうけんほう　直接鏡検法 direct microscopic count method　試料中の微生物の総数を顕微鏡で測定する方法．原料乳などの細菌学的品質の判定に用いる．その測定値は死菌も含むので寒天平板法による生菌数より高い数値を示す．通常ブリード法が利用される．微生物細胞を一つ一つ数える方法（個体数）と菌塊を1個として数える方法（菌塊法）がある．生乳の細菌数は直接個体鏡検法で1 ml あたり400万以下と定められている．

ちょくせつけんてい　直接検定 direct test　産肉能力検定の一つで，種畜候補自身について生体で測定可能な発育能力や精液生産能力を調査する．和牛では集合検定により発育性，飼料利用性などを調査し，後代検定に用いる候補牛選抜の基礎資料とする．ブタでは集合検定あるいは農場の現場検定によって，発育性と背脂肪の厚さ，ロースの太さなどを調査する．肉質など生体で測定できない形質は間接検定により検定する．

ちょくせんがたはっこうそう　直線型発酵槽 fermented tank of straight type　撹拌方式の開放型発酵装置で発酵槽が直線型の装置．発酵槽上部に撹拌装置が1日1~2回程度走行し，材料を撹拌・搬送・粉砕する．発酵槽の幅，長さ，深さなどは規模によって異なり，多槽の場合は1台の撹拌機が台車移動して隣

接する 2~3 槽の撹拌を行う場合もある. 一般に材料は投入から 20~30 日程度で排出される.

ちょくせんてきじゅんい　直線的順位　straight line order type, perfect liner hierarchy　絶対的順位および相対的順位の各個体を優位なものから順番に並べると，そのどこかに 3 すくみ，4 すくみなどの形を含むこともあるが，最上位から最下位まで直線的な配列になる．これを直線的順位という．

ちょくせんもうちょう　直線毛長　stretched length　羊毛をクリンプがなくなるまで引き伸ばした時の毛長．実用上は毛束について測定するのが通例となっている．日本コリデール種の直線毛長は生後 1 年で雄 11.4~21.9 cm，雌 11.0~18.5 cm と報告されている．

ちょくたつにっしゃ　直達日射　direct solar radiation　→短波放射

ちょくちょう　直腸　rectum　大腸の一部で，末端部で肛門に至る部分．結腸に続き腹腔背側を直線的に後走する．後方は腸間膜がない．末端で内腔が拡大した直腸膨大部を作る動物種もある．　→付図 11, 付図 12, 付図 13, 付図 19

ちょくちょうおん　直腸温　rectal temperature　直腸内の温度をいう．動物の四肢や体表の温度は気温によって大きく変化するが，脳や主な内臓の温度（核心温度，深部体温）は一定の日周期変動をともないつつ規則正しく推移する．直腸温は核心温度よりわずかに低く，核心温度にやや遅れて変化するが，測定が容易であり核心温度の有益な指標となる．家畜では直腸温をもって体温とすることが多い．

ちょくちょうけんさ　直腸検査　rectal palpation　片手を直腸に挿入し，直腸壁を介して骨盤腔や腹腔内蔵器を触診し，それらの機能状態，形態異常や疾患の有無を診断する方法．大型家畜のウシ，ウマで常用され，まれにはブタでも用いられる．繁殖分野では，卵巣，卵管，子宮などの内部生殖器の状態を正確に把握できるため，研究面でも，また臨床面でも重用されている．

ちょくちょうちつほう　直腸腟法　rectovaginal method　ウシ，ウマなどの大型家畜の人工授精や胚移植で用いる精液や胚の注入法のことで，国の内外で広く利用されている．直腸検査と同じ要領で，片手を直腸に挿入し，直腸壁を介して子宮頸管を把持する．もう一方の手で注入器や移植器を子宮頸管深部あるいは子宮内に誘導し，精液や胚を注入する．　→人工授精，直腸検査

ちょぞうぶっしつ　貯蔵物質　reserve substance　多年生草類や，地下茎，根茎で繁殖する植物は，株，根，地下茎などに炭水化物や蛋白質を貯えておくが，その貯蔵物をいう．刈取りや放牧の後の再生，翌年の萌芽のための基質として利用する．寒地型イネ科牧草はフラクタンを，暖地型牧草とマメ科草はデンプンを貯蔵物質として貯える．

チョッパー　chopper　肉塊を細かく挽く機械．内壁に凹溝を有する円筒形の本体と，その中で回転するら旋状のローターと，その先端に取り付けられた十字形のナイフおよび孔を有する固定したプレートから成っている．肉塊はローターによって撹拌されながら圧送され，プレートの孔の大きさの挽き肉となる．荒目，中目，細目の 3 枚のプレートと両刃のナイフを 2 枚交互にセットした 3 段挽きチョッパーも広く使用されている．

ちょにゅうタンク　貯乳タンク　milk storage tank　乳を 4℃以下程度に冷却して一時的に貯える冷却・貯蔵装置．ステンレス製の断熱二重構造のものが多い．搾った乳を直ちに冷却し，タンクローリの集乳まで一時的に貯乳するバルククーラーおよび乳業工場に搬入した生乳を貯蔵するタンクなどがある．乳業工場で原料牛乳の貯蔵用，配乳用あるいは殺菌牛乳の貯蔵に使用し，最近は大量貯蔵のため縦型のサイロタンクも多い．

チルジットチーズ　Tilsit cheese　ドイツ

で作られる半硬質チーズ．円筒形で，直径23~25 cm，高さ10~14 cm，重量4.5 kg．黄色で，小さいガス孔があり，わずかに鋭い風味を持つ．

チルドにく　チルド肉　chilled meat　食肉を低温で保存する時に，食肉の氷結点(-0.5℃)よりほんの少し高い温度に保持した食肉．

ちんあつ　鎮圧　consolidation　草地の造成の際，耕起・砕土の後の播種の前後に土を押さえて種子と周囲の土壌とを密着させる作業をいう．

ちんこうはんのう　沈降反応　precipitation reaction　多価抗体（沈降素）が複数の抗原決定基を有する可溶性高分子と格子状に結合して巨大複合体となることで溶解度が低下し，肉眼的に観察できる沈殿物を形成する反応．液体およびゲル内で反応させ，抗原の定性，定量に使用される．

ちんさち　沈砂池　grit chamber, sand basin　汚水中の土砂や金属片を除去する施設で，処理施設の始めの部分に設けられる．流速が遅いと有機性汚泥まで沈殿して腐敗する恐れがある．

[つ]

ついきゅう　椎弓　vertebral arch　椎骨の一部分で，椎体の両側から背側に伸び左右が合一して弓状となる部分．作られた空所が椎孔で，脊髄が通るため神経弓とも呼ばれる．椎孔は連続して脊髄の通る脊柱管を構成する．

ついこつ　椎骨　vertebra　脊柱は頸椎，胸椎，腰椎，仙椎，尾椎の4つの椎骨に区分される．個々の椎骨の形態はそれぞれの部位によって異なる．各椎骨は基本的に神経弓，椎体，血管弓の三要素からなる．神経弓は椎体背側の左右から弓状に出る突起で椎孔を囲む．この神経弓からは棘突起，関節突起，乳頭突起などが出る．椎体は椎骨の主体となる部分で横突起が出る．血管弓は家畜の場合，後位椎骨で痕跡的に認められるにすぎない．

ついは　追播　reseeding, renovation　草生の経年化とともに密度と生産が減少し，裸地化して雑草が侵入する．このときには更新(renovate)する．追播は，衰退した前植生を生かしながら草生の回復をねらうことである．新播した草種の初期生育を助けるために前植生に強く放牧したり，低刈りしたり，軽く砕土したりする．このあとに施肥播種を行う．追播は，完全耕起砕土の後に施肥播種を行う工程をいう．

ついひ　追肥　topdressing　作物には，播種・造成の当初に初期生育促進のために少量の施肥をする．これを基肥（basic fertilizer）という．生育が進むにつれて養分の吸収能力が向上するため，新たに施肥する．これを追肥という．年数回の刈り取りを行う草地や飼料作物では刈り取りの度ごとに追肥する．近年，緑化工事では緩効性のコーティング肥料が出回り，追肥しない事例もみられる．

ついろっこつ　椎肋骨　vertebral costae　→付図22

ツールーズ　Toulouse　フランスのツールーズを中心に15世紀ころに飼われていたガチョウ．イギリスで重い体重に改良され，雄約13 kg，雌約9 kgで，肉専用種になった．色調は先祖のハイイロガンとほぼ同様で，発育は遅く，最盛期の産卵は年40~60個．エムデン種雄と交配したF_1が広く利用されている．

つつきじゅんい　つつき順位　peck order　ニワトリは典型的な順位制に基づく社会関係を形成する．ニワトリの社会的順位は，嘴によるつつき行動を通じて決められるので，これをつつき順位という．

つなぎ　繋　pastern　→付図1，付図2，付図4

つなぎがいしきぎゅうしゃ　つなぎ飼い式牛舎　stall barn　ウシを1頭ずつ係留する方式の牛舎．係留の方法により，スタンチョンストール牛舎とタイストール牛舎に大別される．また，タイストール牛舎の係留方式には

ニューヨークタイストール，コンフォートタイストールなどがある．

つの　角　cornu, horn　家畜の角は前頭骨角突起の表面を，著しく角質化した角表皮（角鞘）が被ったもので，洞角と呼ばれる．角表皮は角真皮によって緊密に骨膜に付着する．雌牛では分娩や泌乳によって角の成長が阻害され，角底部に輪状のくぼみ（角輪）ができ，そのウシの分娩回数や年齢をある程度推測できる．　→付図1

つのつきじゅんい　角つき順位　bunt order, hook order　ウシやヤギなど角をもつ動物において，角と角とをぶつけ合う闘争行動を通じて決められる順位．

つばさ　翼　wing　鳥類では空中を飛行するために，前肢が翼に発達する．翼のおもな動力源は胸筋であり，胴体部の胸骨におこり，上腕骨筋付部で終止する．このことにより，翼の重量は著しく軽減される．浮力を得るためには，翼膜と翼羽が発達し，翼の有効面積の増大が図られるが，重量は軽く抑えられている．翼羽は主翼羽と副翼羽に区別され，前者は中手，指部に，後者は前腕部に付着する．

つぼいれ　坪入れ　measuring　革の面積を計算すること．計量単位は平方デシメートル（dm^2）が使われ，革計量機を用いて測定される．

つみこみシュート　積込みシュート　loading chute　放牧地での入退牧や農場での出入荷のときに，家畜の積降ろしに用いる施設．トラック荷台の高さに合わせて，2種類程度のスロープをもつ場合がある．車輪を取付けた移動式も利用される．

つめ　爪　claw, nail　爪は肢端の表皮が角質化した器官で，扁爪，鉤爪，蹄の3型が区別される．扁爪は霊長類で認められ，家畜ではない．鉤爪はイヌ，ウサギで認められる爪で，扁爪を側方から圧して円錐型にしたような爪鞘を持ち，さらに爪壁が著しく湾曲し，先端が鋭くとがっている．蹄はウマ，ウシなどの有蹄類家畜で認められ，角質層が著しく発達した特徴的な器官を作る．蹄鞘は蹄壁，蹄底，蹄叉の部位から構成される．　→付図6

つやだし　つや出し　glazing　カゼイン，アルブミンなどを主体とし，合成樹脂や染料などを混合した仕上げ剤を革の銀面に塗布し，グレージングマシーン（つや出し機）にかけてつやを出す仕上げ作業．銀付き革の仕上げ処理として行われる．

つるうし　つる（蔓）牛　和牛生産地帯で用いられてきたわが国独特の用語．つるとは増体速度や肉質などのうちのいくつかの経済形質が優れ，しかもその遺伝力が強い優良系統のことでつるウシはその系統牛．つるの創成は昭和初期以前に村落を単位とする狭い範囲で行われ，畜牛の鑑識にたけた優れた指導者のもとで，合理的な近親繁殖または系統繁殖を行って，つる特有の形質を固定してできたものである．

[て]

てい　蹄　hoof　有蹄類のひづめ．→付図1，付図2，付図3，付図4，付図5

ティーエーティーエーボックス　TATAボックス　TATA box　真核生物のRNAポリメラーゼのプロモーターの一つである．30塩基付近に存在するTATAAAAという配列で，Hogness boxとも呼ばれる．これらの配列が転写開始地点を規定し，RNAポリメラーゼのDNAへの結合を誘導すると考えられている．

ディーエヌエーいぞんせいアールエヌエーポリメラーゼ　DNA依存性RNAポリメラーゼ　DNA dependent RNA polymerase　DNAを鋳型とし，基質リボヌクレオシド三リン酸を重合してRNAを合成する反応を触媒する酵素．細胞内で遺伝子のもつ遺伝情報をRNAに転写する段階に関与することから転写酵素とも呼ばれる．動物細胞ではこの酵素が数種類核内に存在し，そのうち，I型は核仁にあってリボソームRNAの合成に関与し，II

型，Ⅲ型は核質にあってそれぞれ mRNA，tRNA の合成を触媒するといわれている．

ディーエヌエーえんきはいれつけっていほう　DNA 塩基配列決定法　DNA sequencing　Maxam-Gilbert 法と Sanger 法または dideoxy 法がある．前者は化学分析法とも呼ばれ，DNA 鎖を塩基特異的な化学分解反応を用いて部分分解し，電気泳動によって分離後オートラジオグラフィーによって解析する．後者では DNA ポリメラーゼの修復反応を利用して行うので酵素法とも呼ばれる．一本鎖 DNA にプライマーを加え生じたヘテロ二本鎖から DNA ポリメラーゼと4種のデオキシリボヌクレオシド三リン酸を加え，DNA 合成をさせるが，あらかじめ少量加えたジデオキシヌクレオシド三リン酸が取り込まれると伸長が停止する．この DNA 断片を電気泳動によって分離後オートラジオグラフィーによって解析する．

ディーエヌエーけいしつてんかんさいぼう　DNA 形質転換細胞　DNA transformant　導入した外来遺伝子が染色体上に組込まれ，その結果として本来の細胞の表現形質が変化したり新たな形質を帯びるようになった細胞の総称．

ディーエヌエーけつごうドメイン　DNA 結合ドメイン（転写因子の）　DNA binding domain　転写因子と呼ばれる核蛋白質は，その内部に DNA 上の特定の塩基配列と結合するアミノ酸配列を有している．その部分の呼称で，亜鉛フィンガー構造などが知られている．

ディーエヌエージャイレース　DNA ジャイレース　DNA gyrase　細菌に存在するⅡ型トポイソメラーゼの一種．単独で二重らせん DNA のよりをもどし，負のスーパーコイルを導入する酵素．

ディーエヌエーしゅうふく　DNA 修復　DNA repair　ウイルスからヒトまでほとんどの生物がもっている二本鎖 DNA 上の傷を修復する現象．現在，次の3種類が知られている．(1) 光回復：紫外線による損傷が光回復酵素によって無傷の状態に復帰する現象．(2) 除去修復：ある種の塩基損傷が除去され，そのあと反対側の無傷の DNA 鎖を鋳型とした再合成によって正常な塩基配列を回復する現象．(3) 組換え修復：二本鎖 DNA 上に傷があるにもかかわらず，無傷の子孫 DNA を生み出し得る耐性機構の一つ．新しい DNA ではすぐ向かい側でギャップを生ずるが，この部分へ旧 DNA の無傷の方の鎖から対応するヌクレオチド部分を切り出して埋める機構．

ディーエヌエー - ディーエヌエーハイブリダイゼーション　DNA-DNA ハイブリダイゼーション　DNA-DNA hybridization　二本鎖 DNA を熱変性させて一本鎖の状態にしたのち，適当な塩濃度・温度条件を与え，ふたたび塩基間の水素結合によって分子雑種（ハイブリッド）を形成し，元の二本鎖構造に戻すこと．このような性質を利用し，二本鎖構造の形成を同定することによって DNA 分子間の塩基配列の相同性を調査できる．

ディーエヌエートポイソメラーゼ　DNA トポイソメラーゼ　DNA topoisomerase　DNA 鎖の切断と再結合の共役反応を触媒し，DNA トポロジー異性体間の相互転換を行う酵素の総称．片鎖の切断でトポロジーを変えるものをⅠ型トポイソメラーゼ，両鎖の切断で行うものをⅡ型トポイソメラーゼと呼ぶ．ヌクレオソームの形成や転写，ある種のトランスポゾン組込み，DNA 複製や転写過程にも関与する．

ディーエヌエーふくせいきてん　DNA 複製起点　DNA replication origin　DNA の半保存的複製が開始する染色体上の特定の部位．レプリケーターともいい，イニシエーターと呼ばれる複製開始蛋白質の認識部位になっている．

ディーエヌエーポリメラーゼ　DNA ポリメラーゼ　DNA polymerase　4種のデオキシリボヌクレオシド三リン酸から DNA を重合する反応を触媒する酵素．鋳型として DNA

を必要とし，合成されるDNAは鋳型に相補的な配列をもっている．高等動物の細胞では大腸菌と同様に3種類のDNAポリメラーゼをもっているといわれている．

ディーエヌエーれんけつこうそ DNA連結酵素 DNA ligase　隣接したDNA鎖の3'末端と5'末端をリン酸ジエステル結合で連結する酵素．DNAの複製，修復，組換えなどに不可欠である．大腸菌の連結酵素は相補的な一本鎖領域をもつDNA末端を連結するのに対し，T4ファージの連結酵素は平滑末端をも連結する特性をもっている．

ティーエムアールミキサー TMRミキサー TMR (total mixed ration) mixer　濃厚飼料，粗飼料，粕飼料および添加剤など，TMRとして給与するすべての飼料を混合する機械．→飼料撹拌機

テイーエムエスそくていそうち TMS測定装置 TMS tester, TMS checker　全乳固形分の測定装置．牛乳を赤外線加熱により迅速に乾燥し秤量する方式と，加熱にマイクロ波を利用する方式がある．測定部に試料を入れれば，その後の操作は自動的，連続的に行われ，1試料の測定時間は約1.5分ないし3分程度である．

ディーオー DO dissolved oxygen　溶存酸素．水中に溶けている分子状の酸素量のことで，mg/lの単位であらわす．酸素の溶ける量は，気圧，水温，塩分などに影響されるが，汚染された水中では，消費される量が多いのでその含有量は少なく，水が清純であるほどその温度における飽和量に近く含有されるため，水質汚濁の指標となる．活性汚泥法などの汚水の好気性処理法では曝気槽のDOが運転管理の重要な制御指標となる．

ティーさいぼう T細胞 T cell　リンパ球の一種であり，抗体産生を促進するヘルパーT細胞 (CD4陽性)，異常細胞を破壊するキラーT細胞，免疫応答を抑制するサプレッサーT細胞 (CD8陽性) などの胸腺分化αβT細胞のほか，より原始的な胸腺外分化γδT細胞 (CD8陽性) に分類される．　→胸腺由来細胞

ていおうせっかい 帝王切開 cesarean section　妊娠子宮を切開し，成熟胎子，過大胎子，ミイラ変性胎子，重度奇形胎子などを取りだす手術法．

ていおんさっきん 低温殺菌 low temperature pasteurization　→保持殺菌

ていおんしょうげき 低温衝撃 cold shock　精液温が急激に低下すると，精子の活力や代謝能が不可逆的に低下し，形態異常精子の割合が高くなる．この温度感作のことで，寒冷衝撃ともいう．温度の低下幅が大きいほど，また同じ低下幅でも高温域での低下ほど衝撃による障害は大きい．希釈液に含まれる卵黄は低温衝撃に対する顕著な保護効果をもっている．　→精液希釈液

ていカルシウムけっしょう 低カルシウム血症 hypocalcemia　→乳熱

ていかん 蹄冠 coronet　→付図2，付図3

ていかんたい 蹄冠帯 coronary band　→付図3

ていきゅう 蹄球 bulb　→付図3

ていこうほう 蹄耕法 hoof cultivation, mob stocking　野草地に一時的に多頭数の家畜を過放牧させ (重放牧)，家畜による採食，蹄圧により前植生を徹底的に破壊した後牧草を播種して草地化する方法．簡易不耕起草地造成法の一つ．火入れ法との併用も行われる．

ていさ 蹄叉 frog　→付図3

ていさし 蹄叉支　→付図3

ていさせん 蹄叉尖 apex of frog　→付図3

ていさそっこう 蹄叉側溝 collateral sulcus　→付図3

ていさたい 蹄叉体　→付図3

ていさちゅうこう 蹄叉中溝 central sulcus　→付図3

ていさふらん 蹄叉腐爛 thrush　ウマ

とウシにみられる蹄病で，蹄叉角質が腐爛し崩壊した状態．蹄叉の過削，護蹄不良，装蹄失宜などが直接原因となり，不潔な畜舎での飼養や運動不足は発生誘因となる．軽症では患部の清潔と治療，装蹄療法などにより治癒する．

ていさんどにとうにゅう　低酸度二等乳　low-acidity second class milk　搾乳後まもない新鮮乳で，酸度が正常であるのに，アルコール試験に陽性を示す牛乳．カルシウムの過剰給与や不良飼料給与などによる生体内バランスの失調，甲状腺などの内分泌腺不均衡による乳腺の機能低下などが原因で，牛乳の塩類平衡が乱れることによりおこる．

ていし　蹄支　bar　→付図3

ていしかく　蹄支角　angle of wall　→付図3

ていじゅたい　低受胎　low fertility, sub-fertility　臨床的には特に異常は認められないが，交配を繰り返してもなかなか受胎しない状態をいう．厳密には雌雄の別なく使うことができるが，一般には雌の状態を指すことが多い．　→リピートブリーダー

ていしょう　蹄傷　trampling　踏みつけともいい，放牧家畜により草地が踏みつけられ，牧草や植生が傷む蹄害．原因は過放牧や連続放牧による．treading, trampling, poachingの順に右ほど草生のいたみが強い．

ていしょう　蹄踵　heel　→付図3

ていしょうしきけいしゃ　低床式鶏舎　flat floor poultry house, shallow pit poultry house　平屋建ての鶏舎．2階建ての高床式鶏舎に相対する用語である．床材はコンクリートが一般的で，除糞機を走行させる方式も取られている．

ていすいぶんサイレージ　低水分サイレージ　low moisture silage　水分含量を40〜60%まで低めて調製されたサイレージ．スチール気密サイロに調製する場合には，十分な気密性が保たれるので，家畜の嗜好性は高く養分供給量の優れた飼料となる．かび発生の頻度は高水分サイレージよりも高いので，ラップサイロでは保管中のフィルム破損など，気密性の保持に十分な注意を要する．

ていせん　蹄尖　toe　→付図3

ていそく　蹄側　quarter　→付図3

ていちせんじょう　定置洗浄　cleaning in place, CIP　機械装置を分解することなく，配管のまま，ゆすぎ液や洗剤溶液を循環させて洗浄する方式．CIP洗浄ともいう．パイプラインミルカーや牛乳殺菌機に広く用いられ，最近の乳業工場ではこの洗浄方式の集中制御が行われている．

ていちゃく　定着　establishment　牧草を播種した後発芽・発根して，草が十分に生育を続ける状態になること．イネ科草では茎数3本以上を目安とする．

ていてい　蹄底　sole　→付図3

ていてつ　蹄鉄　horse shoe　ウマのひづめを保護するために蹄底に取り付ける金具．ひづめの伸長や削蹄後の蹄の形状にあわせて蹄鉄を製作して，釘で蹄底に取り付ける．

ティートカップ　teatcup　乳頭に取り付けて乳を搾るミルカーの部位の名称．ティートカップライナー，ティートカップシェル，拍動チューブによって構成されている．筒状のシェル内にゴム製のライナーを取り付けて組み立てるとカップの内部は2室に区別される．ライナーの内部は乳頭に吸着して牛乳を搾り出す部分で常時陰圧となる．ライナーとシェルの間の空間は拍動室と呼ばれ，パルセータの働きによって陰圧と常圧が交互に加えられる．乳の出る時期は，拍動室内に導かれる真空度の変化，すなわち拍動によって支配される．

ティートカップじどうりだつそうち　ティートカップ自動離脱装置　automatic teat-cup remover　搾乳が終了した時点で真空を遮断し，ティートカップを乳頭から自動的に取り外す装置．搾乳終了検知装置と組み合せて使用する．終了検知装置から搾乳終了の信号を受け取り，自動でバルブを切り替えて

ティートカップライナーの真空を遮断し，エアーシリンダなどでティートカップを引き上げて乳頭から離脱する．離脱したティートカップが床に落ちないような支持が必要なため装置が大きく，一般的にはミルキングパーラーで使用される．

ていふめん　蹄負面　bearing surface　→付図3

ていへき　蹄壁　wall　→付図3

ていマグネシウムけつしょう　低マグネシウム血症　hypomagnesemia　→グラステタニー

ていゆ　蹄油　hoof dressing　蹄組織内の水分を保持するために蹄に塗る油．塗布する際は，蹄底，蹄叉に厚く，蹄壁，蹄冠に薄く，塗るようにする．

ていようえん　蹄葉炎　laminitis　ウマとウシに好発する蹄病で，非化膿性の蹄真皮炎．蹄充血と全身症状をともない，急性の場合は疼痛のため歩様強拘で，ついには起立困難となる．ウシでは濃厚飼料の飽食後に発病することが多く，第一胃内の異常発酵によって過剰の乳酸が生成されて胃内のpHが低下し，脱水，血液濃縮の状態になることが原因とされる．

デイリーショートホーン　Dairy Shorthorn　イングランド北東部原産で，ショートホーンの中から1800年代に泌乳能力の高い方向に改良を加えて分離した乳用牛．乳量3,600～4,500 kg，乳脂率3.6%．

デイ値　D値　decimal reduction value　缶詰殺菌の際に，ある温度においての細菌の約90%を殺す時間（分）．加熱温度に対してDの対数をプロットすると直線が得られる．

てきおう　適応　adaptation　生体はそれをとりまく外的環境との間に動的な平衡を保っている．温度，日照などの自然環境因子あるいは飼育条件，社会環境などの人工的環境因子の変化に対して，その変化による刺激を緩衝し，生存を容易とするように体内の恒常性を維持するために生体内でおこる機能的・形態的な変化を適応という．

てきおうこうどう　適応行動　adaptative behavior　動物は一般に，自身の維持や次世代の再生産など，その機能を果たすために，それぞれの状況に応じて，あるいはそれぞれの刺激に対応して目的にかなった全体的な行動を示すもので，これを適応行動という．

てきおんいき　適温域　zone of thermal adaptation　通常の飼養管理下で，家畜が健康に生活し，生産を正常に行うことができる望ましい環境温度の範囲．

デキスター　Dexter　アイルランド西南部でケリーより成立した乳肉兼用のウシの品種．四肢が短く，体重・体高は，それぞれ雌250 kg，110 cm，雄350 kg，120 cm程度．短肢の遺伝子を保有しており，そのホモ個体の中に軟骨発育不全となり死産を生じることが知られている．

デキストラン　dextran　ショ糖を基質として種々の細菌により合成される粘質性多糖類で，D-グルコースのみからなり，α-1,6-結合が主体だが，α-1,3-あるいはα-1,4-で枝分かれをもつものもある．人工血漿の原料となり，水酸化鉄コロイドとの複合体は，デキストラン鉄として動物の貧血治療に用いられる．また，硫酸エステルは低毒性の抗血液凝固作用，B細胞を幼若化させる作用をもつ．

てきせいきぼ　適正規模　optimum farm size　施設・機械などの労働手段がもっとも効率的に利用される経営規模．したがって，その経営で実現可能と目される，もっとも低いコスト水準での生産が期待できる経営規模をいう．適正規模は絶対的なものではなく，労働手段が高度化すると，それに対応して適正規模は変わることになる．

てきたいこうどう　敵対行動　agonistic behavior　群の中では日常的かつ不可避的に他個体との間に相互干渉が発生する．この場合に個体間の相互干渉が致命的な相互攻撃行動に発展しないように，互いの力関係を相互に認識し，優劣関係を学習する．敵対行動は

この学習の過程もしくは学習の強化,再確認に関連する行動である.敵対行動は闘争行動,威嚇行動および攻撃行動などによって構成される.

テクスチャー texture　食肉や食肉製品における物性の一部で,軟らかさ,弾力性,凝集性,付着性などの物性因子を包括していて,もともとは内部構造,組織を含め力学的性質を表す官能評価の用語.口あたり,舌ざわり,歯ごたえなどの触感用語に相当するが,レオロジー(rheology,流動)的性質以外の性質も問題となり,肉質,組織などともいうが,適切な用語はない.

てしぼり 手搾り hand milking　ヒトの手で乳を搾ること.親指と人指し指で乳用家畜の乳頭のつけ根をしめつけてから,指と手の平で乳頭を押し,乳頭の内圧を外の圧力より高くして乳頭管孔を開口させ,乳を体外へ取り出す.

テストステロン testosterone　雄性ホルモンの代表的ホルモンである 17β-hydroxy-4-androsten-3-one をいう.雄では,主として精巣間質細胞(Leydig cell)から分泌される.雌では,卵胞膜内膜から分泌される.雌雄ともに副腎皮質細胞からも分泌される.雄の二次性徴の発現,蛋白同化作用,副性器の発育,精子形成過程促進などがおもな作用である.作用にあたっては,テストステロンとして作用する場合と,細胞内でエストロジェンあるいは,ダイハイドロテストステロンに変換されて作用する場合がある.

デタージェントぶんせき デタージェント分析 detergent analysis　界面活性剤を用いた飼料分析法をいう.中性の界面活性剤を用いて飼料乾物を細胞内容物と細胞壁に分ける手法を中性デタージェント分析といい,結晶性のセルロースとリグニンを主体とする繊維成分を分離する方法を酸性デタージェント分析と呼んでいる.前者で定量される総繊維画分を NDF(neutral detergent fiber),後者の方法で得られる繊維画分を ADF(acid detergent fiber)という.

デボン Devon　イングランド西南部デボン地方原産の肉用牛.古い在来牛を改良したもので,毛色は濃赤褐色で有角.肉生産への利用が多い.体重・体高は,それぞれ雌 570 kg,127 cm,雄 800 kg,138 cm 程度.肉質は良好で枝肉歩留り約 63%.島根県の黒毛和種デボンが褐毛和種の改良に用いられたが,その影響は極めて少ない.

デュロック Duroc　原産地がニューヨーク州,ニュージャージー州を中心としたアメリカ東部のブタの品種.19世紀初めにこの両州に輸入された西アフリカ,スペイン,ポルトガル原産の赤色豚が起源.この赤色豚にイギリスのレッド・バークシャーやタムワースが交配され,デュロック・ジャージーが作出され,その後デュロックと改名.毛色は赤褐色で,成体重は雄 380 kg,雌 300 kg 程度であり,産子数は平均 10 頭.最近ヨーロッパやアジアで人気があり,わが国でも雑種利用の雄系として普及している.

テロメア telomere　真核細胞染色体末端部分に存在する構造で,染色体の複製や安定化に必要な特殊な構造をもつと考えられている.テロメアには反復配列が含まれ,テロメア同士は互いにくっつき合う傾向をもつ.テロメアの長さは DNA 複製,つまり細胞分裂の1回ごとに短くなり,この長さが細胞の分裂寿命を決定するともいわれている.

てんいアールエヌエー 転移 RNA transfer RNA,tRNA　蛋白質合成の過程でメッセンジャー RNA 上のコドンをアミノ酸に対応づける役割をもち,塩基配列としての遺伝情報を,リボソーム上で蛋白質のアミノ酸配列に翻訳するのを仲介する.細胞内には 20 種類のアミノ酸に対してそれぞれ 1 種またはそれ以上の tRNA 分子種が存在する.

てんいこうどう 転位行動 displacement behavior　葛藤・欲求不満状態では,その場の状況に適応するための行動とはほとんど関係ない行動が出現する.これを転位行動とい

う．掻く，噛む，舐めるなどの身繕い行動や睡眠として現れることが多い．

てんかこうどう　転嫁行動　redirected behavior　葛藤・欲求不満となった行動の一つが発現するが，向ける対象が異なる場合をいう．社会的順位の高い個体から攻撃された場合に，ものや順位の低い個体に攻撃したりする行動である．他に，環境探査行動の転嫁としてのブタの尾かじりや吸乳行動の転嫁としての子牛の臍帯吸いなどがある．

でんきえいどうほう　電気泳動法　electrophoresis　溶液あるいはゲル中に含まれる蛋白質，核酸などの荷電粒子は，直流電圧をかけると，みずからの電荷と反対の極へと移動する．これを電気泳動といい，この作用を応用して物質を分離，分析する方法を電気泳動法という．

でんきしげきほう　電気刺激法　electrical stimulation　放血直後の屠体あるいは枝肉に通電することによってATPの消失とpHの降下を促進させ骨格筋の死後硬直を早める処理技術．ニュージーランドでヨーロッパ向けの羊肉のコールドショートニング（冷却短縮）を防止するために利用されたのが始まりとされている．食肉の軟化促進効果や退色防止効果があるといわれている．

でんきしゃせい　電気射精　electro-ejaculation　電気刺激により射精させること．これを利用した精液採取法を電気刺激法という．直腸に電極を挿入し，数秒間隔で電圧を上げながら通電を繰り返すと，低電圧では副生殖腺分泌液のみが得られ，比較的高電圧で射精する．老齢や後躯の疾患のため乗駕できない雄畜や交尾欲のないものに使われてきたが，最近では野生動物の精液採取にもよく利用されている．

でんきでんどうど　電気伝導度　electric conductivity, EC　電気伝導率ともいう．電気抵抗率の逆数に相当し，S/m（ジーメンス毎メートル）あるいはmS/mで表記する．水溶液中のイオン濃度が高まると電気伝導度が上がることから，電気伝導度を測定することによって水中の塩類濃度の概略を知ることができる．携帯用の簡易な電気伝導度計が開発されており，汚水や処理水，土壌や堆肥の水抽出液等の塩類濃度の推定に用いられる．

でんきぼくさく　電気牧柵　electric fences　略して電牧ともいう．放牧地の周りに電圧をかけた電線を張り，これに家畜が触れると電流が流れて電気ショックを与え，以後牧柵に近づかなくなる習性を利用した牧柵．支柱と電線は絶縁されている必要がある．電圧は4,000～7,000Vであるが，接触時に流れる電流は25mA程度と小さく危険性は少ない．風力や太陽電池，乾電池などを利用した電牧機も市販されている．

でんげきほう　電撃法　electrical stunning method　電撃器により家畜の脳，神経に交流の電気ショックを与えて失神させ，直ちに頸動脈を切断して放血し，失血死させる屠畜法．この方法は家畜を苦しめず簡便で放血量が多いなどの利点がある．わが国ではおもにブタの屠畜に用いられている．

てんじどうぶつ　展示動物　wild animals in captivity　総理府告示7号に規定されている動物．動物園，水族館，公園など公共の常設施設で飼養・展示，興行などに使用・提供，あるいは販売用に飼養・展示を目的としている哺乳類（イヌ，ネコを除く），鳥類，爬虫類が含まれる．

てんしゃ　転写（遺伝情報の）　transcription　遺伝子の形質発現の第一段階で，遺伝子DNAのヌクレオチド配列を相補的RNAとして写しとる反応．多くの形質発現の調節はこの段階で働く．

てんしゃいんし　転写因子　transcription factor　核内に存在する非ヒストン蛋白質で，同種あるいは異種のものと会合し，DNA上に直接結合することによって遺伝子の転写調節を行うと考えられている．

てんしゃいんしけつごうぶい　転写因子結合部位（DNAの）　transcription factor binding

site　ある特定の転写因子が高い親和性で結合できる DNA 上の特異的配列．それぞれの機能によってプロモーター，エンハンサー，サイレンサー，ステロイド応答エレメントなどと呼ばれている．

てんしゃげんすい　転写減衰 attenuation　DNA 上の転写開始領域から RNA ポリメラーゼによって一旦開始された転写反応が，オペロン内部の特定の領域（アテニュエーター）でほとんど停止し，それ以後の領域の転写量が著しく減少すること．リプレッサーとオペレーターの相互作用による負の調節機構とともに，形質発現の調節に重要な役割を演じている．

てんしゃちょうせつ　転写調節 transcriptional control　遺伝子の形質発現をメッセンジャー RNA の合成，つまり転写の段階で制御すること．誘導性あるいは抑制性蛋白質（酵素など）の合成は主としてこの段階で調節される．

でんせんせいいちょうえん　伝染性胃腸炎 transmissible gastroenteritis, TGE　豚伝染性胃腸炎ウイルスによるブタの急性伝染病（届出伝染病）．年齢に関係なく寒冷期に集団発生することが多く，哺乳子豚では水様性下痢便を排泄し，脱水症により数日以内にほとんどが死亡する．予防には母豚へワクチン接種を行い，初乳を介して子豚を受動免疫するか，または哺乳子豚へワクチン接種する．

でんせんせいかいめんじょうのうしょう　伝染性海綿状脳症 transmissible spongiform encephalitis, prion disease　ウシが異常蛋白質粒子プリオン（prion）の感染をうけ，脳がスポンジ（海綿）状になり運動神経の障害をおこし死亡する海外悪性伝染病（法定伝染病）．狂牛病（mad cow disease）やプリオン病とも呼ぶ．ヒツジの類似疾病にスクレイピー（scrapie）がある．ヒトのクロイツフェルト・ヤコブ病と関係する人畜共通伝染病．

でんせんせいかくまくけつまくえん　伝染性角膜結膜炎 infectious bovine keratoconjunctivitis　ピンク・アイ（pink eye）とも呼び，モラクセラ・ボビス（*Moraxella bovis*）の感染によるウシの眼疾患．夏期の放牧牛に集団発生することが多く，接触感染のほかアブが機械伝播する．流涙，羞明などの初期症状についで，結膜の充血，角膜周縁部からの血管新生がみられ，鞏膜が淡紅色を呈する．伝播力が強いので病牛は隔離する．

でんせんせいきかんしえん　伝染性気管支炎 infectious bronchitis, IB　伝染性気管支炎ウイルスの感染によるニワトリの呼吸器病（届出伝染病）．呼吸器障害や生殖器障害（奇形卵，産卵低下など）のほか，下痢や腎炎をおこす．鶏群単位に発生するが，不顕性感染に終わることも多い．伝播は速いが死亡率は低い．予防はワクチン接種を行う．

でんせんせいこうとうきかんえん　伝染性喉頭気管炎 infectious laryngotracheitis, ILT　伝染性喉頭気管炎ウイルスによるニワトリの急性呼吸器病（届出伝染病）．秋～春の間に発生が多く，開口呼吸，異常呼吸音，奇声，血痰の喀出，結膜炎，産卵率の低下などの症状を示し，しばしば窒息死する．予防はワクチン接種を行う．

でんせんせいしっぺい　伝染性疾病 communicable disease　ウイルス，細菌，寄生虫などによる感染病のうち，特に伝染力が強く重症になりやすい疾病．家畜では経済的被害の大きい伝染性疾病は家畜伝染病予防法で家畜伝染病（法定伝染病）または届出伝染病として指定し，疾病監視により発生予防や蔓延防止に努めている．

でんせんせいりゅうざん　伝染性流産 infectious abortion　伝染性疾病の症状としみられる流産．ウイルス感染病ではアカバネ病，チュウザン病，豚日本脳炎，豚繁殖・呼吸障害症候群など，細菌病ではレプトスピラ病，ブルセラ病，馬パラチフスなどがある．

でんたん　臀端 point of buttock　→付図 2

てんとうようけい　点灯養鶏 laying under

artificial lighting　光線の生殖腺刺激が産卵を促進させる効果を利用して，点灯時間を加減することで産卵を増加させようとするニワトリの飼育法．短日期の日照不足を補う従来の方式から，今日ではブロイラー生産も含めて，ニワトリの全生涯の光環境を人為的制御下で管理する光線管理法へと進んでいる．

てんとつぜんへんい　点突然変異　point mutation　遺伝子内部の点とみなし得るほど小さな部分の変化に基づく突然変異で，塩基対置換とフレームシフトによる突然変異の総称として用いられている．

てんねんケーシング　天然ケーシング　natural casing　ソーセージの充填に使用されるケーシングのうち，ウシ，ブタ，ヒツジなどの小腸や膀胱を材料として作られたものの総称．可食性で，通気性があるため，燻煙成分が内部に浸透するとともに，内部の水分を蒸発，乾燥させる特徴があり，適当な収縮性ももっている．

てんぴかんそう　天日乾草　sun-cured hay　→自然乾草

でんぷん　デンプン　starch　植物における貯蔵炭水化物の主要な形である．D-グルコース単位からなるホモ型多糖類である．α-1,4グリコシド結合した直鎖状分子であるアミロースとα-1,4とα-1,6グリコシド結合したグルコース残基からなる分枝状鎖分子であるアミロペクチンの2種から構成される．

デンプンか　デンプン価　starch value　ドイツのKellnerによって考案された飼料エネルギー表示単位の一つである．飼料のエネルギー価を体脂肪の生産量より計算して求めたもので，デンプンの体脂肪生産量を基準にしている．成牛の維持に要する以上の養分量を給与した場合の可消化デンプン1kgは体脂肪0.248kgを生産するとしている．この値を基準として，蛋白質の体脂肪生産量をデンプン価係数として示している．

でんぷんかす　デンプン粕　starch pulp　カンショまたはバレイショよりデンプンを製造した残渣である．水分含量が80~90%と非常に高く，輸送・貯蔵に手間とコストが必要である．しかし，最近では低水分の脱水デンプン粕の域内流通もある．ウシにおけるTDN含量は乾物中70%前後である．

てんぼく　転牧　rotating of animals, shifting　輪換放牧草地で，一つの牧区から他の牧区へ家畜を移すこと．

デンマークしきとんしゃ　デンマーク式豚舎　Danish type swine building　デンマークで考案され，昭和30年代にわが国に導入された群飼育用の豚舎．特徴は，排泄場所を一定にするというブタの習性を利用して寝所と排糞の場所を分けたこと，飼槽が通路に沿って設けられていること，および前肢の飼槽への踏み込みを防止したことなどがあげられる．

てんらん　転卵　egg turning　孵卵中の卵を回転すること．胚の正常発育および胚と卵殻膜との癒着防止のため1日1回から8回行う．

でんれいアールエヌエー　伝令RNA　→メッセンジャーRNA

[と]

ドイツかいりょうしゅ　ドイツ改良種　German Improved Landrace　ドイツ北西部のニューダーザクセン地方，シュレスヴィッヒ・ホルスタイン地方の在来豚を大ヨークシャーで改良した白色豚品種で，1960年ころには精肉用型と加工用型の2系統が飼われていたが，現在はほとんど後者のタイプとなっている．ドイツを代表する主要品種で，体型は大ヨークシャー，顔はランドレースに似ており，成熟重は雄300kg，雌250kg程度，産子数は平均11.5頭である．

どういん　動因　drive　生得行動は，まず個体の体内条件が行動発現に適合した状態となり，次にその行動発現に適合した外的刺激とが合致して発現する．この体内条件が行

動発現に適合した状態を動因が働いているという．　→動機づけ

とうえんしゅ　桃園種　Taoyuan pig　台湾に飼育されている中国大陸系の豚品種で，台湾には本種と同系統の内種である美濃種，頂双渓種が存在している．外貌は畸面豚の様相を呈し，晩熟であるが繁殖性や粗飼料利用性などが優れている．本種は17世紀以降，中国大陸の福建，広東系の漢民族が，台湾に持ち込んだブタの子孫．大陸の太湖豚などと同系統と考えられる．

とうがい　頭蓋　cranium, skull　脳や感覚器を囲んで保護する頭蓋骨と，消化器や気道のはじめの部分を囲む顔面骨に大別される．頭蓋骨は後頭骨，蝶形骨，頭頂骨，頭頂間骨，側頭骨，篩骨，前頭骨，翼状骨および鋤骨によって構成され，顔面骨は鼻骨，涙骨，上顎骨，腹鼻甲介骨，切歯骨，吻鼻骨，口蓋骨，頬骨，下顎骨および舌骨からなる．

とうがいこつ　頭蓋骨　cranial bones　→付図21, 付図22

とうがたサイロ　塔形サイロ，タワーサイロ　tower silo　円形ないし多角形断面で筒状構造の地上式サイロ．粗飼料のサイレージ貯蔵に古くから用いられている形式であり，垂直に詰めこむことにより気密性を保ちやすく，高品質で変敗による損失の少ないサイレージを調製できる．当初は木製のものもあったが，容積の増加とともにレンガ積み，コンクリート製，ステンレスやガラスコーティングのスチール製のものが建設され，これにともなって詰込みや取出し用の各種専用機械が開発され現在に至っている．小容積のものではFRP（強化プラスチック）製のものも市販されている．

どうきづけ　動機づけ　motivation　目的指向的行動をおこす何かであり，動因，能動，追い立て，気分などの言葉で表現することもある．心理学者は「動物をある行動に駆り立てること」と定義している．　→動因

どうきひかくほう　同期比較法　contemporary comparison　後代検定の一つ．後代検定の成績は候補畜が交配された畜群の遺伝的要因と調査畜が飼養される環境的要因の影響を受ける．この要因を除去するために，候補畜の産子の比較の対象として，同時期に生まれ同地域で飼養されている産子を調査する方法．乳牛では母娘比較法よりも優れた方法として用いられていたが，最近はBLUP法を用いた牛群検定に移行している．

どうきふくにんしん　同期複妊娠　super-fecundation　1発情中に2個以上の排卵があり，複数の雄と交尾したり，複数の雄からの精液で人工授精した場合におきる現象で，異なる系統や品種の胎子を同時に妊娠している状態をいう．過妊娠とも呼ばれ，イヌでは頻繁にみられる．ウシでも異品種間の例が知られている．　→複妊娠

どうけいせつごう　同型接合　homozygosis　ある特定の遺伝子について質，量，配列順序などが等しい配偶子の接合をいい，そのような個体を同型接合体またはホモ接合体という．すべての遺伝子が同型接合の個体からなる系統を純系という．　→異型接合

とうけいようしゅ　闘鶏用種　fighting cock　闘鶏の盛んなフィリピン，タイやマレーシアなどの東南アジアで用いられているニワトリである．フィリピンでは，数種の在来闘鶏種とアメリカからの導入種が用いられている．ほかにアメリカからの導入種と在来種の交雑も進められており，フェンシング型闘鶏が行われている．タイやマレーシアでは，日本のシャモに似た体型の鶏種が用いられている．

とうけつかんそうにく　凍結乾燥肉　freeze-dried meat　食肉を凍結した後，高度の真空中で，氷結晶の昇華に必要な潜熱を与えて脱水した食肉．香りもよく，組織破壊も少なく，復元もよく，冷蔵なしに長期保存に耐える．

とうけつかんそうにゅう　凍結乾燥乳　freeze-dried milk　濃縮乳を凍結させ，昇華

によって水分を蒸発させる方法（凍結乾燥法）で製造した粉乳．水分含量のきわめて低い製品を得ることができ，低温処理のため製品の品質も良好である．しかし，経済的，工業的に問題があり，商業的規模では行われていない．

とうけつせいえき　凍結精液　frozen semen　ドライアイス-アルコールや液体窒素中で長期保存するために凍結された精液．普通，グリセロールを含む希釈液で精液を希釈し，ストロー法あるいは錠剤化凍結法で凍結する．凍結精液中の精子は受精能力を半永久的に維持するとみられている．
→ストロー法，錠剤化凍結法

とうけつにく　凍結肉　frozen meat　-30~-40℃で急速に凍結し，-20℃前後で保存してある食肉．長期保存ができるが解凍のときにドリップ（滲出液）が出る欠点がある．

とうけつのう　凍結能　freezability
→耐凍性

とうけつのうしゅくにゅう　凍結濃縮乳　frozen concentrated milk　牛乳または脱脂乳を殺菌後1/3程度に濃縮し，均質化してから凍結し，-23~-24℃以下に保存するもので，アイスクリームや加工乳の原料に用いられる．貯蔵期間は1〜数ヵ月である．

とうけつはい　凍結胚　frozen embryo　液体窒素中に凍結保存している胚のこと．半永久的に保存できると考えられている．胚の凍結保存は，家畜における受精卵（胚）移植にとって重要であるだけでなく，遺伝資源の保存やトランスジェニックマウスをはじめとする実験動物の系統保存などに広く応用されている．

とうけつゆうかいはい　凍結融解胚　frozen-thawed embryo　液体窒素中に凍結保存後，融解した胚のこと．耐凍剤を添加した凍結液に入れて凍結して保存後，凍結方法と凍結速度に応じた方法で融解する．融解後，耐凍剤を段階的に希釈して除去した後，受胚動物へ移植する．牛胚では，融解後ショ糖を用いて耐凍剤を一気に希釈し，そのまま受胚動物へ移植する方法で高い受胎率が得られている．

とうけつらん　凍結卵　frozen egg　全卵，卵白，卵黄を凍結したものの総称．通常-35~-45℃で凍結し，出荷まで-20~-25℃に保管する．防腐性は高いが，凍結により品質変化がおきやすく，卵黄の場合にはゲル化する．特にゲル化卵黄は，使用上きわめて不便なので，凍結前にあらかじめ食塩または砂糖を10％ほど加えてこの変化を抑える．

とうこつ　橈骨　radius　尺骨とともに前腕骨格を構成する．橈骨の近位端は肘関節で上腕骨と，遠位端は前腕手根関節で手根骨とそれぞれ連結する．→付図21，付図22

とうざしさん　当座資産　quick assets　流動資産のうち，現金またはただちに換金化できる性質の資産．これは貨幣資産ともいわれ，現金のほか当座預金，普通預金，受取手形，売掛金，一時所有の有価証券，短期貸付金などがある．当座資産は経営の支払い能力の判断に際して，短期負債の支払いに実際に利用できるものとして，短期負債に対して十分な額があることが望ましいとされている．

どうさつがくしゅう　洞察学習　insight learning　過去に経験したことのない新しい問題に直面したとき，二つ以上の独立した経験を自発的に結合させ，問題の構造を組換えて解決する学習をいう．台に上って高所のものを取る，棒を使って高所のものを取るという経験をもつサルが，より高い所のものを台の上で棒を使って取るというような能力．

とうさふか　糖鎖付加（ポリペプチドの）　glycosylation　ポリペプチドを構成しているアミノ酸の水酸基やアミノ基が糖と反応して，C-OあるいはC-N結合が生成する反応．その結果としてホルモンなどの生理活性が生じたり，動物体内での半減期が長くなるなどの機能変化をもたらすこともある．

とうしげんかい　投資限界　marginal investment　経営の安定性から見た資金投入（資本投下）の限界．畜産では特に多額の

資金を必要とし，そのことが返済不能に陥る経営を多くしている原因の一つになっている．事前に投資効率を検討し過剰投資にならないようにすることが重要．資本回収（期間）法・資本利益率法などで，投資限界の目安を得ることができる．　→資本回収法，資本利益率法

とうしけんらんき　透視検卵機　egg candler　→検卵器

とうしつどしけん　透湿度試験　water vapor permeability test　吸湿カップに乾燥用塩化カルシウムを入れ，このカップに革試料片をかぶせ，そのまわりを封かんし，30℃，相対湿度80％の恒温恒湿装置内に一定時間放置し，そのカップの重量増から単位時間，単位面積当たりの水分の透過量を算出する試験．その試験方法がJIS K6549に規定されている．

とうしど　透視度　transparency　水の透明度をあらわす指標の一つで，汚水の浄化の程度を判断する場合などに用いる．透視度計に試料を入れ上方から透視し，底部に置いた標識板の二重十字が初めて明らかに識別できる水層の高さ（cm）で示す．

どうしゅめんえき　同種免疫　alloimmunizaition　同じ種の抗原を免疫すること．血液型など同一種内での抗原特異性（型特異性）の差異を識別する抗体を作成する時などに実施する．　→異種免疫

とうしょう　凍傷　frostbite, congelation　生体組織が強度の寒冷に暴露され，凍結した結果おこる損傷．水疱形成，皮膚全層の壊死や潰瘍形成，さらに著しい凍傷では筋肉や骨が壊死におちいる．組織凍結には至らない場合は凍瘡（しもやけ）といい，患部は血行障害により発赤腫脹し，灼熱感やかゆみをともなう．

とうじょう　凍上　heaving　東日本の山地帯では牧草の播種当年の冬に急な低温で地表土壌に霜柱がたち，幼植物がころび苗になることがある．これを凍上という．日中に霜柱がとけ，夜に再びこれを繰り返すと幼植物は土壌をつかむことができずころび苗となり，やがて枯死する．寒い地方では牧草の播種期を早くして対応している．傾斜地でなければ翌春軽くローラをかける．

とうしんせい　糖新生　gluconeogenesis　動物体で炭水化物以外の物質から糖を合成すること．グリコーゲンの分解で生ずる乳酸，蛋白質の分解に由来するアミノ酸，脂肪代謝の過程で生じるグリセロールなどが主要な糖新生の材料である．脂肪酸はTCA回路でオキザロ酢酸を経由しなければならないので糖への転換量は少ない．

とうそう　凍瘡　→凍傷

とうそう　闘争　fighting　敵対行動を総称して闘争行動と呼ぶ場合もあるが，一般には，敵対行動のうち，特に互いに向き合って押し合い，攻撃し合う行動を指す．一方の逃避により終了する．

とうそくしゅこんこつ　橈側手根骨　radial carpal bone　→付図22

とうた　淘汰　culling　種畜として望ましくないものを繁殖集団より除外すること．淘汰には，育種改良のための選抜淘汰と生産性の低下や疾病による生産集団からの淘汰があるが，一般に後者をさす．選抜と対置される用語．　→選抜

とうたあつ　淘汰圧　selection pressure　自然淘汰の強さをあらわす一般的用語．人為選抜の強さをあらわす時は選抜圧ということが多い．選抜率と同じ意味で用いられることもある．

とうたりつ　淘汰率　rate of culling　飼育している動物の頭羽数に対する淘汰した個体の頭羽数の割合．

とうてんこう　東天紅　Totenko　高知県産で主として同県で飼われている長鳴鶏の日本鶏で，1936年に天然記念物に指定．特徴は美しいことと，20秒以上も鳴く長鳴性である．尾羽が2年に1度しか換羽しないので長く，羽色は赤笹，単冠，耳朶は白色．脚色は柳色．成体重は雄1.7 kg，雌1.1 kg程度．

どうにゅういくしゅ　導入育種　breeding by introducing　外部より優良種畜の導入を行うことにより集団の遺伝的改良を行う育種法．和牛や在来鶏を除き，わが国の育種は外国に種畜を求めることが多かった．

どうにゅうかん　導乳管　teat cannula　乳頭口より乳頭管に挿入して，乳汁を排出させるための器具．ステンレスや合成樹脂製の管で，挿入時に乳頭管を傷つけないように先は丸い形状で，先端部の側面に小孔があり，そこから乳頭内の乳汁が流出する．乳頭のけがや乳頭口の狭窄，乳房炎による凝固物などで搾乳が困難な場合に用いる．

とうにょう　糖尿　gly(u)cosuria　ブドウ糖を正常値以上に含む尿．原因はインスリンの分泌障害により糖質，脂質，蛋白質の代謝異常であり，持続的な糖尿と過血糖をともなう状態を糖尿病という．なお，ガラクトースなどを含む糖尿もある．　→過血糖

とうにょうびょう　糖尿病　diabetes, mellitus　→糖尿

とうひこうどう　逃避行動　escape behavior　闘争に負けた場合や，優位個体の威嚇や攻撃を受けた劣位個体が優位個体から遠ざかる行動．

どうひんしゅけいとうかんこうざつ　同品種系統間交雑　strain cross　同一品種内の系統間の交配によって作出された交雑種．白色卵用のコマーシャル鶏は白色レグホン種の系統間交雑により作出されている．

どうふく　同腹子　littermate　多胎動物において，同一分娩で生まれた複数の子．同産子ともいう．

どうぶつあいご　動物愛護　animal welfare　人間の生活活動の中で，動物との共存は不可欠であり，動物は生命尊重，愛情の基に適正な取り扱い，飼養がなされ，一方では人に危害を及ばさないよう管理されていなければならない．その根本にある精神が動物愛護で，基本は「動物の愛護及び管理に関する法律（昭和48年10月1日，法律第105号）平成11年改正」の中に定められ，実際の飼養，保管の詳細は「犬及びねこ」，「展示動物」，「実験動物」，「産業動物」，「動物愛護」に分けて，それぞれ総理府告示に定められている．

どうぶつかいざいりょうほう　動物介在療法　animal assisted therapy　明確な目的に向かっていく治療上の過程のある部分で，一定の基準を満たした動物を介入し，ヒトの身体的，社会的，感情的改善を経験的事実によって促進する活動．特に，乗馬を取り入れたものを乗馬療法（riding therapy, therapeutic riding）という．

どうぶつけんえき　動物検疫　animal quarantine　→検疫

どうぶつさいぼうばいよう　動物細胞培養　animal cell culture　生体から目的とする臓器や組織を構成する細胞を生体外に取り出し，培養容器の中で維持または増殖させること．細胞のタイプは培養の形態的特徴によって接着性のものと浮遊性のものに大別される．

どうぶつ（せいさん）こうじょう　動物（生産）工場　animal bioreactor　組換え DNA 技術の発達により動物の蛋白質分泌機能，例えば乳汁や唾液を利用して動物自身に有用医薬品などを生産分泌させることが可能になった．このような新しい生産機能を有する動物自身を指す．分子農場 molecular farming ともいう．

どうぶつふくし　動物福祉　animal welfare　→動物愛護，家畜の福祉

どうぼうけっせつ　洞房結節　sinoatrial node　→刺激伝導系

どうほうけんてい　同胞検定　→きょうだい検定

どうみゃく　動脈　artery　動脈は心臓から拍出された血液を全身に導く脈管系で，分枝して次第に細くなり，小動脈となり，ついには毛細血管に移る．分枝した動脈は交通枝，動脈網，動脈叢などの吻合血管で相互に連絡し，万一の場合に備える．動脈は内膜，中

膜，外膜の3層からなる．内膜は管腔に面した内皮，内皮下層，中膜との境界域の内弾性膜で構成される．中膜は厚く発達し，輪筋層が認められる（筋型動脈）が，大動脈では弾性有窓膜が何層も同心円状に管腔を囲む（弾性型動脈）．外膜は外側の結合組織層である．大動脈は弾性線維が豊富で，きわめて弾力性に富んだ壁を有し，第二の心臓といわれる．心臓のポンプ作用は間欠的であるが，収縮期に送り出された血液が動脈壁を拡張し，その収縮によって弛緩期の血圧は維持される．

とうめいたい　透明帯　zona pellucida
哺乳類卵子の囲りに存在する糖蛋白から構成される膜．受精時には同種精子の認識と多精子進入阻止の働きがあり，受精後は初期胚の物理的保護，卵管通過中の卵管上皮細胞への接着の防止などの働きがある．胚が子宮に入り，胚盤胞期に達した後，着床に先立って胚は透明帯から脱出する．透明帯に対する抗体は，強い受精阻害作用をもつ．

トウモロコシ　corn（米），maize（英），*Zea mays* L.　熱帯アメリカ原産の一年生作物．子実内の硬質および軟質デンプンの分布によって数種類に分類されるが，飼料用はデントコーン，フリントコーン，および両者の雑種である．草丈は2~3m前後，施肥反応がよく，ほかの飼料作物や牧草類よりも収量性は高い．耐湿性や耐倒伏性に乏しく，連作障害になりやすい欠点がある．子実は，すべての家畜にひろく，かつ多量に用いられている重要な飼料穀物で，デンプンが多くて繊維が少ないエネルギー飼料である．蛋白質含量は9%前後で，その質は良好でない．青刈用やサイレージ用に改良された品種系統も数多く，おもにホールクロップサイレージとして栽培利用されている．

とうもろこしかん　トウモロコシ稈　corn stover　完熟したトウモロコシの種実を収穫した残茎で，繊維質飼料として利用される．実取りが早ければ，茎葉の枯上がりも少ないのでサイレージ調製されることもあるが，飼料価値は青刈に及ばない．水分が減少するほど嗜好性は低下し，可食部のTDNは稲わらに近い．

とうらく　頭絡　halter　ウシ，ウマ，ヒツジなど家畜の移動，運動，調教，保定などの際に用いる綱あるいは皮でできた繋縛用具．口角で環をつくり，左右の頬に沿って後頭部へ廻して頭部で縛る形式のものが一般的である．

どうるいこうはい　同類交配　→近縁交配

とうろく　登録　registry, registration
家畜の改良では個体の特性と個体間の遺伝的関係を明らかにしておくことが重要であり，これらの記録を整理し保存することを登録という．登録に当たっては個体の血統，体型，特性，能力や繁殖成績などが記録される．登録の基準や内容は品種により異なり，登録記録はそれぞれの登録協会が管理する．

とうろくきょうかい　登録協会　breed (ers') association　品種としての特徴を維持し，能力を改良するために畜種ごとあるいは品種により登録協会が結成されている．登録協会は登録規定により個体の登録を行い血統や記録を管理するとともに，能力検定，共進会，啓蒙普及活動などを通して育種改良と産業の育成に貢献している．なお，家畜改良増殖法により，登録協会は農林水産大臣の監督を受けることになっている．　→登録

ドーセット・ホーン　Dorset Horn　イングランド南西部のドーセット，サマーセット両州のそれぞれ異なった2系統の在来羊が，基礎となって作出されたイギリス最古の羊品種の一つである．体重は雄100~120kg，雌70~85kg，雌雄とも有角，繁殖能力が高く，産子率は160~200%である．早熟・早肥で，肉質も良く，肉用種の中でも人気の高い品種で，世界各地で飼われている．

とおりぬけしきパーラー　通り抜け式パーラー　walk through parlor　ミルキングパーラーにおける進入・退出方法の一つで，出口

に近いウシから順に後を追うようにして退出するパーラーである．

トールフェスク tall fescue, *Festuca arundinacea* Schreb.　オニウシノケグサ．西シベリア，北アフリカ，ヨーロッパ原産の寒地型イネ科ウシノケグサ属の多年生牧草．草丈は1~1.5 m，葉部は広くて厚く粗剛で，嗜好性は良くない．酸性土壌でもよく生育し，深根性のために夏季の高温乾燥に強く，土壌養分の吸収力も強い．広域適用性の草種であるが，耐寒性がやや劣るので寒地型と暖地型の接点となる地域，暖地の中標高地帯では主要な放牧用草種である．品種としては，ケンタッキー31フェスクが有名である．土壌保全用としても利用される．

トカラヤギ Tokara Goat　鹿児島県のトカラ列島に古くから飼われていた非常に小型の肉用在来山羊で，沖縄から伝播されたと考えられている．第二次大戦後トカラ列島にザーネン種が導入され，産肉性改良のため雑種化が図られ，その結果現地では純粋種は絶滅したといわれている．現在，鹿児島大学の付属農場などでその保存と研究のため，群として繁殖・飼育されている．

トキソプラズマびょう　トキソプラズマ病 toxoplasmosis　トキソプラズマ（*Toxoplasma gondii*）による原虫病（届出伝染病）．多くの動物種が感染し種々の病状を呈し，特にブタでは2~4ヵ月齢のものに多発して急性経過で死亡する．また妊婦が感染すると胎子感染をおこす人畜共通伝染病である．トキソプラズマは猫科動物が終宿主であり，糞中にオーシストを排泄し感染源となる．

どくさいてきじゅんい　独裁的順位 despotism　優位個体が他のすべての個体に対して優位で，他個体間に優位劣位のない形の社会的順位を独裁的順位と呼ぶ．ネコやマウス，魚類に見られ，優位個体の一方的な攻撃だけが際だち，他個体間での攻撃は非常に少ないのが特徴．

とくしゅしりょう　特殊飼料 miscellaneous feed　濃厚飼料および粗飼料のいずれにも属さない飼料のことをいう．特殊な効果のあるものか，あるいは少量ずつ用いる飼料である．具体的には鉱物質飼料（ミネラル），ビタミン飼料添加物などである．

とくしゅひりょう　特殊肥料 special fertilizer　肥料取締法では肥料は普通肥料と特殊肥料に大別される．特殊肥料は「堆肥類などのように農家の経験と五感により簡単にその品質が識別できるもの，または品質が一定せず公定規格を設定し得ないようなもので，農林水産大臣が指定した肥料」をいう．特殊肥料には有害物質（水銀・ヒ素・カドミウム）の上限値が定められているだけで，肥料成分などの公定規格はない．ただし，平成11年の改正により，堆肥など特殊肥料について品質表示が義務づけられるとともに，汚泥などを原料とするものについては有害成分の最大量を公定規格として設定し，普通肥料に移行することとなった．

とくていあくしゅうぶっしつ　特定悪臭物質 offensive odor substances　悪臭公害の主要な原因となっている物質であって，その大気中の濃度を測定しうるもので，悪臭防止法の規定により「不快なにおいの原因となり，生活環境を損なうおそれのある物質」とされている物質．現在，アンモニア*，メチルメルカプタン*，硫化水素*，硫化メチル*，二酸化メチル*，トリメチルアミン*，アセトアルデヒド，プロピオンアルデヒド，ノルマルブチルアルデヒド，イソブチルアルデヒド，ノルマルバレルアルデヒド，イソバレルアルデヒド，イソブタノール，酢酸エチル，メチルイソブチルケトン，トルエン，スチレン，キシレン，プロピオン酸*，ノルマル酪酸*，ノルマル吉草酸*，イソ吉草酸*の22物質が指定されている（*を付した物質は，畜産に関係が深い物であることを示す）．

とくていしせつ　特定施設 specified facility　法律用語．特定とは，法規制の及ぶ範囲を規定する場合に付けられる語．水質

汚濁防止法に規定する特定施設とは，同法により排水規制の対象となる施設で，カドミウム，シアン化合物などの有害物質を出したり，生物化学的酸素要求量などの高い排水を排出する可能性のある施設．具体的には同法施行令に指定され，届出が義務付けられている．

とくていしりょう　特定飼料　feed specified by government order　飼料の安全性確保のため規格が定められた飼料または飼料添加物のこと．家畜に与えたとき，その生産物がヒトの健康を害し，家畜の健康を損なう恐れが特に多いと認められるもので，インドで生産された落花生と落花生油粕（特定飼料），および亜鉛バシトラシンなどの抗菌性物質製剤（特定飼料添加物）が政令で検定の対象になっており，合格証がなければ販売できない．

とくべつぎゅうにゅう　特別牛乳　special milk　乳等省令に定められたもので，特別の許可を受けた酪農家の施設で搾乳から処理まで一貫して行われたもの．無脂乳固形分8.5%以上，乳脂肪分3.3%以上を含む．

どくりつとうたすいじゅんほう　独立淘汰水準法　independent culling level　形質ごとの淘汰水準を定め，他の選抜基準とは関係なく，それ以下の個体を淘汰する方法を独立淘汰という．複数形質の改良を図るときに，それぞれの形質について淘汰水準を設け，すべての水準を満たした個体を選抜する方法を独立淘汰水準法という．選抜の効率は順繰り選抜法よりは優れているが，指数選抜法よりは劣る．

トグルばり　トグル張り　toggling　鉄金網または穴のあいた金属板に湿った革をトグルという固定金具を用いて張り，加温した室で乾燥させる作業．

とこがわ（革）　split, spilit leather　厚い皮革は使用目的によって銀面のついた部分とその下層部分に裏すきして分割する．この下層部分を床皮（革）という．石灰漬け皮あるいはなめし革について行われる．このままでは価値が低いので表面を樹脂加工して塗装仕上げすることが多い．

とさか　鶏冠，鶏頭　comb　ニワトリ頭部で，真皮層が三層に分かれ，表皮に近い層で著しく血管に富み，鶏冠に血液色を帯びた組織で R, r.P, p. 両遺伝子の相互作用（補足遺伝子として）によって，その遺伝が決定する．バラ冠雄（R/R, p/p）と三枚冠雌（r/r, P/P）の交配では F_1 はクルミ冠（R/r, P/p）となり，F_1 同志の交配より得た F_2 ではクルミ冠9（R/−, P/−），バラ冠3（R/−, p/p），三枚冠3（r/r, P/−），単冠1（r/r,p/p）に分離する．それぞれの品種の外貌を決める重要な要因となっている．さらに，鶏冠とは別に頭頂部に密生したやや長い羽を有する品種がおり，毛冠という．
→補足遺伝子，付図7

とさつ　屠殺　slaughter　→屠畜

とさつしけん　屠殺試験　slaughter experiment　動物の各成長ステージごとあるいは一定条件下での試験終了後に屠殺解体し，各部位の組織重量，枝肉重量，成分含量を測定する試験をいう．肉用牛，ブタ，ヒツジ，ブロイラーなどの飼料給与効果を観察する際などに行われる．

どじょうかいりょうざい　土壌改良剤　soil conditioner　土壌の物理性，化学性や微生物の環境を改良するために施用する資材をいうが，草地造成・管理では，わが国は火山灰土壌が多いためにpHの矯正に石灰を，リン酸吸収係数の改善にリン酸肥料を施す．行政用語では土壌改良資材という．緑化工事では，有機質系，無機質系，高分子系などに分ける．土壌改良では腐植としての機能を改善して表土に近い播種床を作ることが肝要である．

どじょうかんきょう　土壌環境　soil environment　土壌中の気層，水層および土層から構成される環境．地温，水分含量，通気条件，無機養分含量，団粒構造，土壌生物などの要因がこれに含まれる．

どじょうじょうかほう　土壌浄化法　soil treatment of waste water　土壌を用いて汚水を浄化する方法．汚水中の有機物は土壌微生

物によって分解され，窒素は微生物による硝化作用と脱窒によって除去され，リンは土壌粒子による吸着・固定によって除去される．しかし，管理条件や投入負荷量が適正でない場合には地下水汚染を招く危険性がある．特に，畜舎汚水のような高濃度汚水に適用するのは難しい．

どじょうしんしょく　土壌侵食　soil erosion　造成直後の傾斜草地では，まだ草生の被覆が十分でないために，降雨，降雪などで土粒が流れ出し溝をつくり（リル侵食），やがてガリ侵食を引きおこす．これが土壌侵食である．これを防ぐために造成の際に十分に鎮圧する．水道（みずみち）になりそうなところへ暗渠などの工事を行う．

どじょうすいぶん　土壌水分　soil moisture　土壌中の水分．土壌物理性を示す場合に，固相，液相，気相に分け，その割合を3相分布という．畑や草地では固相40％（うち腐植4％）液相30％，気相30％程度が作物の生育に適するとされる．孔隙率は50％前後でよい．

どじょうだっしゅうほう　土壌脱臭法　soil filter deodorization method　生物脱臭法の一種で，土壌中に送り込まれた臭気成分を土壌粒子に吸着，または土壌水分などに溶解させ，これを栄養源として無臭な成分に分解する土壌微生物などの働きを利用した脱臭方法．アンモニアでは，アンモニア酸化細菌や硝酸化成菌，脱窒菌などの働きによって無臭化される．

どじょうだんめん　土壌断面　soil profile　作物の根が伸長し，養分を吸収できるようにするには，土の中に空気があり，排水がよく，保水力があることが大切である．土壌の断面は地表から地下に向けて深さごとに記載する．土の色，れき（礫）の割合，土性，腐植の多少，孔隙量，硬さ，透水性および粘着性などを記載して栽培上の参考とする．

どじょうびせいぶつ　土壌微生物　soil microorganism　土壌中にいる微生物．動植物の遺体や排泄物の中の複雑な有機化合物が土壌に還元されると，これを分解して物質循環の中に組み入れてゆくのが微生物の働きの一つであり，さらに微生物自体が生合成によって有機化合物を合成してゆく．微生物は呼吸し，種類によっては空気中の窒素を固定する．草地土壌では肥沃化すると糸状菌が減り，細菌類，放線菌，大腸菌などが増える．

どじょうゆうこうすいぶん　土壌有効水分　available soil moisture　土壌は水分を吸着し，保持する能力をもっている．植物の根に関係するのは毛管水である．それを有効水分という．土壌中の有効水分はpF1.8~3.0の範囲である．3.0以上になると毛管連絡（圃場容水量）が切れて植物の正常な生育が阻害される．

どせい　土性　soil texture　土を少量の水で湿らせ，人さし指と親指でこね合わせ，その感じで砂と粘土の割合を判断する．砂土S，砂壌土SL，壌土L，埴壌土CL，埴土Cなどに分ける．

とそうしあげ　塗装仕上げ　paint finish　革の表面に顔料および合成樹脂を主体とした塗料を塗って仕上げること．

とたい　屠体　carcass　肉用家畜における枝肉と同義．一般獣畜では屠畜，放血後の獣体を指すこともある．→枝肉

とたいじゅう　屠体重　weight of carcass　枝肉重量のこと．これと似た屠殺時体重は，屠殺直前の体重のこと．→枝肉

とたいりつ　屠体率　dressing percentage　肉用家畜の屠畜前の生体重に対する枝肉重量の割合（％）．枝肉歩留まりのこと．平均してブタ，ウシ，ヒツジで生体重のそれぞれ70, 55, 50％である．

とちく　屠畜　slaughter　家畜を食肉に変換する工程．と畜場法では「獣畜をと殺または解体する…」とあり，この場合のと殺とは獣畜をまず失神させてから放血致死させる過程のことであり，現在はと殺といわず屠畜と称している．獣畜を失神させる方法には，打額法，電撃法，二酸化炭素麻酔法などがあ

る．

とちくじょう　屠畜場　slaughter house
家畜（ウシ，ウマ，ブタ，ヤギ，ヒツジ）を食用に供する目的で，屠畜，解体する施設として法によって認められたところ．例外を除いて上記の家畜は屠畜場以外の場所で屠畜，解体することは認められていない．

とちくじょうほう　と畜場法　The Slaughter-House Law　昭和28年8月1日法律第114号として制定，同時に施行された．公衆衛生の立場から「と畜場の経営及び食用に供するために行う獣畜の処理の適正を図るために」制定された法律である．この法律でいう屠畜場には，一般屠畜場と簡易屠畜場の2種類があり，その開設には都道府県知事（政令市では市長）の許可が必要である．この法律で対象となる獣畜の種類はウシ，ウマ，ブタ，ヤギ，ヒツジであり，これらの対象家畜は特に許された例外を除いて屠畜場以外の場所で，食用目的での屠畜解体が禁止されている．

とちじゅんしゅうえき　土地純収益　net returns on land　土地を経済活動に利用した場合にその代償として受け取る報酬．次式によってとらえられる．土地純収益＝粗収益－（家族労働費＋物材費＋資本利子）＝混合所得－（家族労働見積額＋自己資本利子見積額）＝自己有地地代見積額＋企業利潤．一定単位面積当たりの土地純収益は地代負担力を示す指標となると同時に土地価格形成の一つの有力な要因となる．

とちせいさんせい　土地生産性　land productivity　生産効率をとらえる指標の一つ．単位土地面積当たりの生産量であらわされる．この高低は，土地の自然力としての豊沃度と土地改良その他技術的改良による経済的豊沃度の二つによって規定される．生産性は，本来，物量でとらえるのが基本であるが，生産額でとらえる場合もある．農林水産省の「農業経営統計調査」では経営耕地面積当りの純生産額でとらえている．

トッゲンブルグ　Toggenburg　スイスのトッゲンブルグ谷原産で，世界各地に普及している乳用山羊の品種．スイス，イギリス，北米などで多く飼育されている．毛色は褐色またはチョコレート色で，無角．体重は雄60~80 kg，雌45~50 kgとザーネンよりやや小型．泌乳能力はザーネンよりやや劣り，泌乳量は600~700 kg（泌乳期間240~275日）であるが，強健で環境適応性は高い．

とつぜんへんい　突然変異　mutation　その種，品種，系統などの祖先に見られなかった形質が突然出現したり，存在していた形質が消失したりする遺伝子に生じた不連続な変異．自然にも1遺伝座当り1世代当り10^{-5}~10^{-7}程度生じているが，放射線や化学物質など変異原によって人為的に誘発される．生物に有害であれば，劣性ならホモで，優性ならヘテロで致死となり除去される．

トップ　top　原毛を選別し，洗浄し，解きほぐし（カーデング），縦方向にそろえ（ギリング），仕掛けぐしのついたコーマーにかけて短い毛や残存する夾雑物を除き，長い羊毛だけをそろえ（コーミング），それをぐるぐる巻いて篠＜しの＞の形に束ねたものをトップという．この状態で倉庫に保管され，取引される．毛長は5 cm以上で，梳毛の原料となる．

トップアンローダー　top unloader　サイレージ取出し機（silo unloader）の一種で，塔形サイロの上部からサイレージを取出す機械．回転するオーガーでサイレージを削り取って集め，これをサイロ側面に設けたサイロシュートに落とす．サイロ天井から吊り下げられるため，屋根を共通化した連棟式塔形サイロでは，取出し終了後，隣のサイロに移動して使用できる．

トップインクロス　topincross　同一品種の中での近交系雄×非近交系雌により生産されたF_1．

トップクロス　topcross　品種とは関係なく，近交系雄×非近交系雌により生産されたF_1．

トップクロスブレッド　topcrossbred　異なる品種の近交系雄×非近交系雌により生産されたF_1．異品種トップ交雑種ともいう．

とどけででんせんびょう　届出伝染病　notifiable disease　現行の家畜伝染病予防法（平成9年4月一部改正）では家畜伝染病（いわゆる法定伝染病）として26疾病および届出伝染病として70疾病を指定している．これらの疾病は監視伝染病として位置付け，該当疾病の発生があれば都道府県知事（家畜保健衛生所）に届出ることになっている．　→家畜伝染病予防法，法定伝染病

ドナー　donor　→供胚動物

ドナーさいぼう　ドナー細胞　donor cell　核移植の際，除核した卵子へ導入する細胞のこと．ドナー細胞の細胞質を除き，核のみを移植する場合もあるが，多くは細胞ごと移植する．ドナー細胞の種類と細胞周期上の状態によって核移植の効率が変わると考えられている．

どぶがい　どぶ飼い　fluid mash feeding　飼料に水を加えてどろどろの状態にした飼料を給与する飼養法．かつての養豚はこの方式が一般的であったが，最近，再びウエットフィーディングとして水を加える飼養法が普及している．

ドメスチックソーセージ　domestic sausage　ソーセージの分類名称として用いられている．一般に水分含量が多く，長期保存には適さないが，口あたりがよく，最も普及しているソーセージである．フレッシュソーセージ，スモークソーセージ，クックドソーセージなどが含まれる．

とも　hind quarter　牛半丸枝肉の後躯．前躯と後躯とを分割，切断する個所は国によって異なるが，日本でも地方によって異なる．第5～第6（東京，京都），第6～第7（神戸），あるいは第7～第8肋骨間（大阪）で切断したときの後ろの部分．　→付図23

ともずね　hind shank　→付図23

ともばら　beef belly　牛半丸枝肉を分割して得られる部分肉名．ブタではばらに当たる部分である．欧米式の分割法では，半丸枝肉を肋骨の第十～第十一（イギリス）あるいは第十二～第十三番目の間で切断するので，日本式分割で得られるともばらの前半部と後半部とがそれぞれ前躯と後躯とにわかれて含まれてくる．前の部分をプレート，後の部分をフランクと呼んでいる．　→付図23

ドライソーセージ　dry sausage　乾燥して水分を少なくし，保存性を持たせたソーセージ類の分類名称．原料肉を塩せきし，細切・混和してケーシングに詰めた後，加熱しないで乾燥したもので，水分含量35％以下のものをいう．香辛料を多くして燻煙しないサラミ系と，香辛料は少なく燻煙するセルベラート系とに大別することもある．

ドライフィーディング　dry feeding　風乾状の配合飼料や乾草などを与える飼養法をいう．

トライヤー　trier　チーズまたはバターの品質検査に用いる試料採取器．把手のついた長い半円筒状のステンレス製の器具で，これをチーズまたはバターに差し込んで1回転させて引き出すと，細長い円筒形の試料片が得られる．

ドライロット　dry lot　家畜を飼育する草の生えていない場所．舎飼い，放牧などに対して用いられる．フィードロットともいう．

ドライロットフィーディング　dry lot feeding　ドライロットで家畜を飼養すること．この飼養法は主として大規模な肉牛の肥育に用いられている．

トラクター　tractor　耕耘，整地から，各種圃場管理，収穫，調製，運搬に至るまで，農業用作業機の動力源として幅広く用いられる主要機械．プラウ耕など牽引性能を主とした設計のものと，ロータリー耕などPTO軸を介して伝達される動力性能を発揮するように設計されたものに2大別される．形式的には車輪式と装軌式に分類され，車輪式トラクターには2輪の歩行型と3～4輪の乗用型がある．

飼料生産には乗用型の後輪駆動トラクターが主として使用されてきたが，最近では柔軟地や傾斜地での走行性に優れた4輪駆動トラクターの導入が増えている．3輪トラクターはロークロップ（トウモロコシなど，列状に栽培する作物）の管理用に用いられる．

トラップネスト trap nest　産卵のためにニワトリが入ると自身では出られない構造の産卵箱．破卵や食卵癖の防止および産卵能力の個体調査に適している．

とらふ　虎斑 brindle　ウシの毛色の変異で，ノルマンによく生じる褐色地に黒色の縦縞が入ったもの．他にエアシャー，ジャージーにも出現する．

ドラム drum　太鼓＜たいこ＞ともいい，円筒を横にして，その軸を中心として回転できる装置を備えた木製の皮革製造機械．内面に打棒と称する突起があり，皮革は持ち上げられ，落下することが繰り返され，機械的に衝撃をうけ，もまれて化学作用が促進される．水漬け，石灰漬け，脱灰，ベーチング，なめし，染色，加脂などの目的に広く用いられる．

トランスさよういんし　トランス（分子間）作用因子 transacting factor　遺伝子の転写制御で，DNA上に結合する核蛋白質すなわち転写制御因子のこと．ここでいうトランスとは別の分子，あるいは異種分子間のというほどの意味で，シス（同一分子内で）に対立する呼称．

トランスジェニックどうぶつ　トランスジェニック動物 transgenic animal　通常の交配によらずに，外来の遺伝子 transgen をゲノム内に人為的に導入された動物．外来性の遺伝子導入には，微量注入やES細胞の利用など遺伝子工学，発生工学の手法が用いられる．導入された形質が十分発現したり，形質が生殖系を経て次世代に伝えられているものも多く，これらの動物は新しい育種素材，有用物質生産 molecular farming や移植用臓器作出の素材として検討されている．

トランスフェクション transfection　ウイルス由来のDNAやRNA，あるいはプラスミドDNAなどを細胞に感染させること．transformation（形質転換）と infection（感染）からの合成語．

トランスフェクトジェニックどうぶつ　トランスフェクトジェニック動物 transfectgenic animal　外来遺伝子を体細胞へ導入した動物のこと．この場合トランスジェニック動物とは異なり導入された遺伝子は必ずしも染色体上に組込まれていなくともよい．染色体に組込まれていないエピゾーマルな状態の外来遺伝子はやがて細胞内の分解酵素によって消失するため，遺伝子発現は一過性である．

トリコモナスびょう　トリコモナス病 trichomoniasis　トリコモナス・フェータス（*Trichomonas foetus*）の感染によるウシの生殖器病（届出伝染病）．地域的に流行し，交尾により伝播する．雌では不受胎，早産，腟炎，子宮内膜炎などをおこすが，雄の生殖器の炎症は軽度である．わが国での発生はない．

ドリップ drip　厳密には解凍した生肉からの滲出液をいうが，広義には食肉からの滲出液の総称．

トリパノゾーマびょう　トリパノゾーマ病 trypanosomiasis　トリパノゾーマ（*Trypanosoma*）類原虫によるウシおよびウマの原虫病（届出伝染病）．おもに吸血昆虫が媒介し，発熱，貧血，神経障害などの症状を示す．ヨーロッパや中東地域で発生するトリパノゾーマ・エクイペルダム（*T. equiperdum*）による馬媾疫（dourine）など多くの疾病がある．わが国での発生はない．

トリハロメタンせいせいのう　トリハロメタン生成能 trihalomethane formation potential, THMFP　塩素処理するとトリハロメタンを生成する有機物（トリハロメタンの前駆物質）の量．一定条件下で生成した総トリハロメタン濃度で示す．トリハロメタンとは，メタン（CH_4）の4個の水素原子のうち3個がハロゲン原子（塩素，臭素，ヨウ素）で

置き換わった化合物の総称で，発ガン性が確認されている．そのうちクロロホルム，ブロモジクロロメタン，ジブロモクロロメタン，ブロモホルムの4種の化合物の合計量を総トリハロメタンという．

トリミング trimming　皮の頭，足あるいは尾の部分のようになめしに適しない部分を切除したり，皮の縁の部分を形よく切り取って整形する作業．縁（えん）裁ちともいう．

ドリル　すじまき機 drill　穀類や野菜，牧草などの種子をすじ状に一定深さで播種するのに用いる作業機．溝切り，播種，覆土，鎮圧を一行程で行い，施肥装置を備えるものも多い．手押し式の1~4条人力播種機から，ムギなどに用いる12~50条の大型機（grain drill）まで多くの種類がある．草地造成や全面更新時，牧草種子を肥料とともに播種するのに用いるものはグラスシードドリル（grass seed drill）と呼ばれる．

トレーラー trailer　トラクターで牽引して使用する各種農業用資材の運搬用車両の総称．トラクターの油圧ポンプを利用して荷台を後方ないし側方に傾斜させる荷降ろし機構を備えたダンプトレーラー（dump trailer）や荷台全体を上昇させ傾斜させるハイダンプトレーラー，車輪に駆動力を持たせ傾斜地や湿地での利用性を高めた駆動トレーラーなどがある．

トレンチサイロ trench silo　地下式水平サイロの一種．地面を長方形に掘り，ビニールシートなどを敷いて材料を詰め込み，その上をシートで被覆して土を盛り，雨水などが入らないようにしたもの．建設コストが安く，詰め込みや取り出し作業も効率的に行える．取り出し中の変質・廃棄量が比較的多い．

とんコレラ　豚コレラ hog cholera　豚コレラウイルスの感染によるブタの急性熱性伝染病（法定伝染病）．日齢に関係なく感染3~10日後に発病し，高熱，痙攣，後躯麻痺などの症状のほか，末期には全身に紫斑があらわれて死亡する．イギリス，アメリカなどの清浄国ではワクチン接種を禁止し，陽性豚の摘発・淘汰による防疫が実施されている．わが国では予防に生ワクチンが用いられているが，2000年を目途に清浄化事業が実施されている．

とんし　豚脂 lard　ブタの脂肪組織（皮下，腎臓周辺，腹腔内，内臓周辺など）を加熱溶解して製造したもの．常温で白色の固体であり，わずかに特有の味と香りを有し，牛脂や羊脂よりも軟質である．優良品は食用，薬用，化粧品製造用とし，下級品は石鹸，硬化油などの工業用原料とする．

とんしゃ　豚舎 swine building　ブタを飼養する畜舎．発育ステージおよび飼育目的により，交配と妊娠豚の収容のための繁殖豚舎（gestation and breeding building），分娩と哺乳のための分娩豚舎（farrowing building），離乳後から約10週齢までの離乳子豚舎（nursery building），肥育豚舎（growing building），出荷直前の仕上げ豚舎（finishing building），種雄を収容する種雄豚舎（boar building）などに分けられる．

どんせいはつじょう　鈍性発情 silent heat, dull estrus　異常発情の一種である．卵巣では，卵胞発育，排卵，黄体形成と退行などのサイクルが正常に回帰しているにもかかわらず，はっきりとした発情徴候を示さない場合のことをいう．

とんたんどく　豚丹毒 swine erysipelas　豚丹毒菌（*Erysipelothrix rhusiopathiae*）による豚の熱性伝染病（届出伝染病）．ブタの多発疾病の一つで，敗血症型（急性死，高熱，呼吸速迫，振戦など），じん麻疹型（皮膚に暗赤色斑のチアノーゼの出現），心内膜炎型，関節炎型など種々の病型がある．予防はワクチン接種による．

とんちょう　豚腸 hog intestine　ブタの小腸から製造したソーセージのケーシング．

とんぼう　豚房 swine pen　ブタを収容

するペン．収容頭数により，単飼豚房と群飼豚房とに分けられ，また，用途により，交配豚房，種雄豚房，分娩豚房，離乳子豚房，肥育豚房などに分けられる．

[な]

ないいんせい(にょう)ちっそ　内因性(尿)窒素　endogenous (urinary) nitrogen, E(U)N　絶食時または無蛋白質飼料給与時に尿中に排泄される窒素のことで，生命活動の維持のために最低限必要な蛋白質量を示す．絶食時には，体内で分解した蛋白質は本来の蛋白質代謝の他エネルギー供給のためにも消費されるので，無蛋白質飼料給与時に求めた内因性窒素のほうがより正確に維持のための蛋白質量を示している．

ないこうはい　内交配　→近親交配

ないさいぼうかい　内細胞塊　inner cell mass, ICM　哺乳類の発生過程で最初の分化が生じるのは胚盤胞期である．その分化は将来胎子を形成する細胞の集団(細胞塊)と胎盤を形成する栄養外胚葉への分化がみられる．この細胞塊を内細胞塊という．内細胞塊細胞を核移植すると産子が得られることから，少なくとも一部の細胞核は全能性をもっている．内細胞塊は，将来胎子本体を形成する原始外胚葉と胎膜を形成する原始内胚葉とに分化していく．ES細胞はこの内細胞塊由来の全能性を有する分化細胞である．

ないじ　内耳　inner ear　耳の一番奥にある感覚器官で，内耳は膜迷路と骨迷路の二重構造になっている．骨迷路が膜迷路を囲んでいる．膜迷路の内部は内リンパで，それと骨迷路との隙間を外リンパでみたされている．迷路は前庭，三半規管，蝸牛の各部からなる．内耳神経が分布して，蝸牛神経と前庭神経となり，それぞれ聴覚と平衡感覚に関与する．中耳の耳小骨で伝導された音の振動は蝸牛管内のラセン器にある聴覚上皮で受容される．

ないしきゅうこう　内子宮口　internal uterine orifice　→子宮，子宮頚　付図15，付図17

ないすいようらんぱく　内水様卵白　inner thin albumen　卵白は粘度の高い濃厚卵白と粘度の低い水様卵白よりなる．このうち，濃厚卵白は卵黄と卵殻に直接結合して卵黄を鶏卵の中心に保持する役割をしている．水様卵白はむしろ濃厚卵白と卵殻，あるいは濃厚卵白と卵黄の隙間を埋めるように存在し内水様卵白とも呼ぶ．→付図19，付図20

ないぞう　内臓　viscera　体腔内に納まる諸器官の総称．一般には腹腔内の消化器，泌尿生殖器を指すが，胸腔内，口腔内の臓器も含まれる．

ないぞうけんさ　内臓検査　屠畜検査の一部で，屠畜後，病理解剖学に基づき，骨格筋および内臓が人の食用に適するものであるか否かを内臓の病理学的所見から検査すること．生体検査，枝肉検査とあわせて判定する．

ないちょうこつどうみゃく　内腸骨動脈　internal iliac artery　骨盤腔内の臓器および骨盤壁に分布する動脈幹で，それぞれ臓側枝と壁側枝と呼ばれる．臓側枝は内陰部動脈，子宮動脈などに分岐し，尿管，膀胱，生殖器(子宮，膣，精管，前立腺)，外生殖器，直腸などに分布する．壁側枝はおもに骨盤腔を囲む殿筋，大腿二頭筋などの骨格筋に分布する．

ないはいよう　内胚葉　endoderm　胚結節から栄養膜(外胚葉)の内側を裏打ちするように細胞層が伸び，原腸を囲むようになる．この細胞層を内胚葉と呼び，やがて外胚葉との間に中胚葉が発生する．内胚葉から消化管の粘膜上皮が形成され，その分芽として肝臓，膵臓，腸腺，甲状腺，上皮小体などが生じる．さらに耳管，鼓室の上皮，呼吸器系の粘膜上皮，膀胱上皮，尿道上皮なども内胚葉起源である．

ないひとちゅうひ　内皮と中皮　endothelium and mesothelium　中胚葉(特に間葉)

由来の単層扁平上皮である．内皮は外界と交通をもたない器官の内面，すなわち心臓，血管，リンパ管，関節腔，滑液嚢，くも膜下腔，内耳の外リンパ腔，前眼房などの内面を被う．これに対して，体腔（心膜腔，胸膜腔，腹膜腔）の内面を被う上皮は中皮と呼ばれる．

ないぶかんきょう　内部環境　internal environment　家畜生産の立場からは，家畜の生活環境は生産の環境でもある．その意味で家畜の生活になんらかの形で直接影響を与えている環境のうち，家畜をとりまく外囲を外部環境と呼び，これに対して生体内部の体液的状態を内部環境という．内部環境は，生体の生理現象を解明する上で有効な概念である．

ないぶんぴ（つ）　内分泌　endocrine, internal secretion　細胞がその生産物質を導管によらず直接血液中に放出し，その物質が各組織にある特異的な受容体と結合することにより作用を発現するような分泌の一形式．外分泌の対語．

ないぶんぴ（つ）かくらんぶっしつ　内分泌攪乱物質　endocrine disruptor (s)　→環境ホルモン

ないらんかくまく　内卵殻膜　inner shell membrane　卵殻の下面にあって外卵殻膜とともに卵内容物を包む膜．鶏卵の大部分においては外卵殻膜と一緒になっているが，卵の鈍端部では外卵殻膜と分かれて気室を作る．
→付図19，付図20

なかがいにん　仲買人　middleman　卸売と小売の間をつなぐ流通担当者．卸売市場法の規定では，市場開設者の認可を受けて市場において卸売人から買い受けた物品を市場内の売場で分荷販売する者を指している．しかし，一般には同種の業務を行う人を広く仲買人と呼んでいる．　→卸売人

なかぬき　中ぬき　1）食鶏の屠体から内臓の全部，総排泄腔，気管および食道を除去したものを中ぬきⅠ型，さらに頭を除去したものを中ぬきⅡ型，中ぬきⅠ型から頭と足を除去したものを中ぬきⅢ型という．2）ブロイラーを飼育する場合，5~7週齢で成長が遅くなった雌だけを先に出荷することも中抜きという．

ナガハグサ　→ケンタッキーブルーグラス

なごや（しゅ）　名古屋（種）　Nagoya　明治初期に中国原産のバフコーチンに各地の地鶏と外国種を交配して作出したコーチン系の代表的な卵肉兼用種で，昭和のはじめまで実用鶏の主流であった．その後急減したが，近年肉質のよさから復活してきている．羽色は猩々色のコロンビアン型で，単冠，赤耳朶，脚は鉛色，就巣性がある．年150~200個の産卵能力がある．成体重は肉用型が雄 3.5 kg，雌 2.4 kg，卵用型が雄 2.9 kg，雌 2.3 kg 程度である．

ナタネかす　なたね粕　rape seed meal　ナタネからなたね油を採油した残渣である．大豆粕に次いで日本では広く蛋白質飼料として利用されている．以前には甲状腺肥大物質であるグルコシノレートが含まれるために給与量を制限せざるを得なかったが，育種の成果として低またはゼログルコシノレートの品種が開発された．カノーラと呼ばれるなたね粕が広く用いられている．

なつがれ　夏枯れ　summer growth depression, summer killing　わが国でも，夏季には気温，地温が30℃をこえるので，寒地型牧草の多くは生育停滞し，ときには枯死する．この現象を夏枯れと呼び，その程度は低緯度ほど大きい．夏季の高温のほかに乾燥，病虫害など外的要因と，寒地型牧草の生育リズムからくる生育停滞がこれに拍車をかける．秋季には，分げつや分枝発生が旺盛となって地上部の生産を回復する．

ナッパがわ　ナッパ革　nappa leather　本来，子羊や子山羊の皮にみょうばん，食塩，卵黄，小麦粉を混ぜ水を加えて泥状にしたものを塗布してなめしたのち，ガンビアという

植物タンニンで再なめしした手袋用革のことをナッパといい, ガンビアの代わりにクロム塩で再なめしししたものをクロムナッパと呼んでいた. 現在では手袋, 衣料などに用いられる柔軟に仕上げたクロムなめし成牛革のことをいうようになった.

ナツメグ　nutmeg　ニクズク科のニクズク *Myristica fragrans* Houttuyn の種子の種皮を除き乾燥したもので香辛料の一種. ニクズクともいう. ニクズクの実の外皮と種子との間の仮種皮 (子衣) を乾燥したものをメース mace と称し, 香辛料として用いる.

なまチーズ　生チーズ　green cheese
加圧, 加塩の終わった熟成開始前のチーズ, あるいは完熟時の風味やボディーが生じる以前の, 熟成初期段階にあるチーズをいう.
→グリーンチーズ

なみだ　涙　tear, lacrima　結膜, 角膜を潤す涙腺からの分泌液で, 眼球表面から異物を除去し清潔さを保つ. 涙管を通って鼻腔へ流れる. 弱アルカリ性 (pH 7.4) の水溶液で, その成分は大部分 (98%) が水分であるが, アルブミン, グロブリンなどの蛋白質や各種イオン (Na^+, Cl^-, CO_3^{2-} など), リン酸塩, 脂肪も含まれる. リゾチームを含んでおり殺菌作用もある. 結膜, 角膜などの刺激により分泌が促進される.

なめし　tanning, tannage　動物皮になめし剤を作用させて, 皮の繊維を構成する蛋白質コラーゲンの極性基間にそのなめし剤を介した架橋結合を形成させ, その構造を安定化させること. なめし処理によって, 腐敗し難く, 耐水性, 耐熱性, 柔軟性に優れたなめし皮, すなわち革が製造される. なめし法にはクロムなめし, タンニンなめし, 油なめし, アルデヒドなめし, みょうばんなめしなど各種の方法があり, 2 種類以上のなめしを併用するコンビネーションなめしも行われる.

なめしど　なめし度　tanning degree　皮革の皮質分 100 と結合したタンニンの量をなめし度といい, 次の式で算出する. $G = B/H \times 100$　G: なめし度, B: 結合タンニン % = 100% − (水分 % + 不溶性灰分 + 脂肪分 % + 可溶性成分 % + 皮質分 %), H: 皮質分 %

なれ　慣れ　habituation　新しい行動の獲得ではなく, 今までもっていた行動が消失・軽微になる学習. 家畜は新奇な刺激に対して初めは敏感に驚くが, 刺激が繰り返され, しかもそれが自身に直接的な影響を及ぼさない場合, 反応しなくなる. 家畜が新しい環境において, 無駄な行動を取らなくなるということは, きわめて重要な学習である.

なわばり　縄張り　territory　動物がその行動圏の全部または一部を占有して, その中に侵入する同種社会の他個体あるいは他集団を排除する行動を縄張り行動といい, その行動域・占有域のことを縄張りという.

なわばりこうどう　縄張り行動　territorial behavior　元来, 単独行動をとる動物がそれぞれの生活領域を決めて, その空間を占有して生活する行動をいう. 個体空間も一種の縄張りといえる. 群居性のウシにおいてもある年齢に達した雄を比較的広い空間で群飼すると縄張り行動を示す.

なわばりせい　縄張り制　territoriality
縄張り行動に基づく動物の社会体制を縄張り制という.

なんう　軟羽　fluff　→付図 6

なんこついけいせい　軟骨異形成　→軟骨形成不全

なんこつけいせいふぜん　軟骨形成不全 achondroplasia　軟骨異形成 (dyschondroplasia) ともいい, おもに長骨の骨端軟骨の形成不全をともなう遺伝病. ウマ, イヌ, ネコなどにまれに発生し, 長骨の成長が早期にとまるため, 前・後肢の短縮した矮小動物の姿となる.

なんこつそしき　軟骨組織　cartilage tissue
骨とともに骨格系を作り, ある程度の硬さと弾力をもち, 圧力に対して抵抗性を示す支持組織. 軟骨細胞と豊富な基質から構成されているが, 血管, 神経, リンパ管を欠く. 軟骨細

胞は軟骨基質にある軟骨小腔に位置し，軟骨基質は線維成分と無定形のゲル状構造物からなる．線維成分である線維の種類によって硝子軟骨，弾性軟骨および線維軟骨に分けられる．

なんしつチーズ　軟質チーズ　soft cheese　硬さにより分類された一群のチーズ．軟らかく，一般に保存性が低い．熟成されるチーズではカマンベール，ブリーなど，熟成させないチーズではカテージ，ヌーシャテルなどがこの分類に属する．

なんしとん　軟脂豚　soft fat pork　体脂肪が軟性で融点が低く，枝肉の締まりが良くないブタ．軟脂豚は不飽和脂肪酸，特にリノール酸を多く蓄積している傾向があり，脂肪酸組成の不飽和度の高い魚粕，魚油，生ぬかなどを多く配合した飼料の給与により発生しやすくなる．

なんらん　軟卵　soft-shelled egg　軟殻卵ともいう．正常の卵に比較して殻の薄い，軟かい卵．子宮部での滞留時間が短い場合や，夏季の高温時，飼料成分のバランスが悪い場合にできる．子宮部での滞留時間が短くなる原因としては，音，人の出入りなどのストレスが挙げられる．破卵しやすく，汚染の原因となるので，養鶏場で処分される．全く殻がついていないものは無殻卵という．

[に]

にうけかいしゃ　荷受会社　wholesaler　集出荷団体・集出荷業者あるいは生産者から農産物などの販売委託を受け，または買い付けを行い卸売業務を行う会社．同じ業務を個人が行う場合もあり，したがって，卸売市場法では「卸売人」と呼んでいる．　→卸売人

においづけ　匂いづけ　marking　動物のコミュニケーションの一つで，糞や尿，あるいは匂い腺からの分泌物によって匂いづけし，縄張りの主張など互いに情報伝達をしている．

にかわ　glue　→ゼラチン

にくエキス　肉エキス　meat extract　食肉を熱水で抽出し，これを濃縮したもの．各種アミノ酸，ペプチド，クレアチン，クレアチニン，ヒポキサンチン，有機酸などを含み，食肉のうま味成分が多く含まれている．

にくぎゅう　肉牛　beef cattle　肉利用を主目的として改良，維持されているウシ．一般的に前，中，後駆の比が等しく長方形を呈し，体積豊かで枝肉歩留り65％程度．ショートホーン，アバディーンアンガス，シャロレー，ヘレフォード，キアニナ，サンタガートルデイスなど．わが国の黒毛和種，褐毛和種，日本短角種も肉役兼用種であったが，近年は肉専用種に改良が進められている．

にくこっぷん　肉骨粉　meat and bone meal　肉の加工場などからでる骨付き肉や内蔵などの残滓を加圧蒸煮し，脱脂後，乾燥・粉砕したもの．粗蛋白質が50％程度で，カルシウム，リンも多く，鶏用，豚用飼料に多く用いられる．

にくじゅう　肉汁　meat juice　食肉からの滲出液の総称．生肉ではウィープ，解凍した生肉ではドリップ，調理した食肉ではシュリンクという．

にくしゅかんべつ　肉種鑑別　discrimination of meat　食肉の動物種を見分ける方法．主として免疫学的な方法が用いられている．

にくしょくのこてい　肉色の固定　fixation of meat color　食肉に亜硝酸ナトリウムを添加して塩せきすると，亜硝酸イオンが還元されたNOとミオグロビンが反応しニトロソミオグロビン（NOMb）となる（この化学変化の詳細は不明の部分が多い）．NOMbは鮮紅色で化学的に安定であり，加熱することによりニトロソミオクロモーゲンに変化するが肉色は大きく変わることはない．NOMbの形成を肉色の固定といい，食肉製品特有の美しい桃赤色を呈する．

にくしりつ　肉脂率　meat-fat ratio　食

肉における脂肪と赤肉の比．ソーセージ製造の際，原料肉の肉脂率はソーセージの脂肪の含有量を常に一定に保つために重要である．

にくぜん　肉髯　wattle　肉髯は肉垂とも称せられ，性に関係なく雌雄ともに認められる．ニワトリでは下嘴の根部両側から垂れる二重の皮膚ヒダで，品種によってさまざまな大きさと形を示す．ヤギでは下顎直後の喉頭部付近から腹方に垂れる皮膚の突起を肉髯と称するが，個体によって有無はさまざまである．　→付図6

にくとん　肉豚　growing-finishing pig　繁殖豚に対する用語．肉用に育成，肥育して出荷するブタの俗称．純粋種よりも交雑豚が多く，出荷時体重は90~110 kg．

にくひきき　肉挽き機　chopper　→チョッパー

にくふん　肉粉　meat meal, meat scrap　骨のほとんど付着していない肉から，肉骨粉と同様の方法で製造される．ただし，反芻家畜由来の肉粉・肉骨粉は狂牛病発生以来反芻家畜に給与することは禁じられている．蛋白質含量が高いので，蛋白質の給源として飼料に利用される．　→肉骨粉

にくようこうしせいさんあんていとうとくべつそちほう　肉用子牛生産安定等特別措置法　牛肉輸入自由化の肉用子牛価格などへの影響に対処するため，各県肉用子牛価格安定基金協会による補給金の交付などについて規定した法律．1988年に制定された．指定肉用子牛の平均売買価格が，再生産水準である保証基準価格を下回った場合は差の全額を国が補填する．さらに輸入牛肉価格から算定した合理化目標価格をも下回った場合は，合理化目標価格との差の9割を生産者，国，都道府県による積立基金から支払う．国庫負担の原資は牛肉輸入関税．

にくようしゅ　肉用種　beef breed, mutton breed, broiler　ウシの乳用，役用，ヤギ，ヒツジの毛用，乳用，ニワトリの卵用などにそれぞれ対比する用語．それぞれの畜種で肉用に改良され維持，利用されている品種である．

にじしょり　二次処理　secondary treatment　一次処理の次に行う汚水処理工程．本処理ともいい，その汚水処理技術を代表する汚水処理工程．一般的に微生物による本格的な汚水処理工程を意味するが，処理法により微生物処理以外の処理工程を意味することもある．

にじめんえき　二次免疫　secondary immunization　一次免疫により免疫記憶が成立した動物に同じ抗原を再度免疫すること．これにより一次免疫の時より抗原との特異性の高い抗体が急速に大量生産される．この現象を二次免疫応答（既往反応）という．

にじゅうらせん　二重らせん　double helix　B型DNA（ワトソン-クリックモデル）の長い鎖が同一軸を中心にして逆方向にらせん状に走っている状態．二つの鎖は水素結合によって対合している．対合は厳密にアデニンとチミン，グアニンとシトシンの間でおこる．

にちぞうたいりょう　日増体量　daily gain　1日当たり体重の増加量．育成家畜および肉用家畜の発育および肥育の進みぐあいを示す指標として用いられる．ある期間の始めと終わりの体重差をその日数で除した数値が用いられる．1カ月未満など，短い期間の日増体量は消化管内容量の変動に左右されるので指標とはできない．

にっこうしゅう　日光臭　sunlight flavor　牛乳，乳製品の処理工程，貯蔵または配送中に日光や蛍光灯などにより生成する異常風味で，焦げ臭またはキャベツ臭とも呼ばれる．カゼインが分解して生成したメチオニンなどのイオウ化合物が原因と考えられる．

にっしゃびょう　日射病　sun stroke　夏季などの強い直射日光に長時間さらされた時におこる高熱障害．体温の上昇，泡沫性流涎，多呼吸，知覚麻痺，痙攣などのほか，水分と塩類の喪失をともなう血液循環障害をまねく．放射熱の強い畜舎でおこる同様の高熱障害の場合は熱射病と呼ぶ．治療は安静と全身の冷

却のほか，水分と電解質の補給を行う．
→熱射病

にっしゅうせい　日周性　diurnal behavior pattern　放牧家畜が日の出とともに食草を始め，日没後に食草を休止するなど，行動には1日を周期としたパターンが認められる．このような行動の周期性のこと．　→概日リズム

にっぽんざいらいば　日本在来馬　Japanese native pony　奈良時代より前に，朝鮮半島あるいは南方からわが国に持ち込まれたウマを祖先として，各地で飼養されてきたウマで，明治以降には洋種馬の影響の少ない馬群から馴化された一群のウマである．体高から分類して，中型馬の北海道和種（北海道，130~132 cm），木曽馬（長野県木曽地方，132 cm），御崎馬（宮崎県都井御崎，132 cm），そして小型馬のトカラ馬（鹿児島県トカラ列島，115 cm），宮古馬（沖縄県 120 cm），与那国馬（沖縄県，100~120 cm），対州馬（長崎県対馬，125 cm），野間馬（愛媛県今治市，110 cm）の8馬種が登録されている．用途は，駄載用，農耕用，乗用であったが，現在は主に遺伝資源として保存されている．

にっぽんのうりんきかく　日本農林規格　Japanese Agricultural Standard, JAS　農林物資の品質の標準化を図り適正な表示を広めることによって，取引の公正化，消費の合理化に資することを目的として定められている規格．一般に，JASと呼ばれている．「農林物資の規格化及び品質表示の適正化に関する法律」に規定された制度に基づくもの．

にっぽんはくしょくしゅ　日本白色種　Japanese white　わが国でもっとも多く飼育されている毛肉兼用のウサギの品種．明治初期に導入された外国種と在来種の交雑より生じたアルビノが祖先．毛色は純白，体重4~5 kg，毛長2~3 cmで，毛皮の質，毛の多さは優れている．肉質もよく美味．実験動物としても利用．

にべ　glue stock　皮革製造の準備工程の裏打ち作業で，水漬け皮あるいは石灰漬け皮の肉面〔裏面〕から削り取られた不要部分のこと．これは皮下結合組織やそれに付着している脂肪，肉片などからなり，にかわ，油脂，飼料，肥料原料に利用される．

にほんザーネン　日本ザーネン　Japanese Saanen　古くから九州地方に飼われていた肉用在来山羊にザーネンおよびブリティッシュザーネンを累進交配して作出したもので，1949年までは乳用改良種と呼ばれていた．わが国の乳用山羊の大半を占め，各地で飼育されている．毛色は白色，泌乳期間は150~250日で，泌乳量300~500 kg程度のものが多い．現在，沖縄・奄美地方では肉用として利用．

にほんたんかくしゅ　日本短角種　Japanese Shorthorn　わが国在来の南部牛を基にして，ショートホーンを交配して成立した肉用牛．毛色は濃褐色で，額に白斑をもつものもあり，有角．体重・体高は，それぞれ，雌500 kg，128 cm，雄800 kg，140 cm程度．枝肉歩留り約62％．岩手，秋田，青森，北海道で肉生産用に飼育されている．

にゅういんりょう　乳飲料　milk beverage　牛乳を主原料として製造した飲料であって，乳固形分が3％以上含まれるもの．乳・乳製品以外の食品などを加えて作られた飲料．コーヒー乳飲料，フルーツ乳飲料などがある．フレーバーミルクともいう．

にゅうか　乳窩　milk well　乳牛で乳静脈が乳房の基部から皮下を前進し，太い1本にまとまって，剣状軟骨後縁で胸腔に入る．この進入部は外部から触診でき，そこの陥凹部を乳窩あるいは乳静脈孔と呼ぶ．　→付図1

にゅうかせい　乳化性　emulsifying property　水と油脂は互いに混ざり合わないが，両者に親和性を有する物質を加えると，一方が他方に分散し，乳濁液となる．この現象を乳化と呼び，生じた乳濁系あるいは乳化物をエマルジョンという．また，エマルジョン生成のために使われる水と油脂の両者に親和性のある物質を乳化剤といい，乳化剤として

の活性の程度を乳化性という．乳化剤としては種々の物質が知られているが，蛋白質には乳化性の高いものが多い．

にゅう（せん）かん　乳（腺）管　mammary duct, lactiferous duct　乳腺胞より乳汁を導き出す導管．　→付図18

にゅうかんどう　乳管洞　lactiferous sinus　乳管洞はウマと反芻家畜で認められ，乳腺部と乳頭部に分かれる．乳腺部は乳房内に広がり，乳腺の導管である乳管が開口し，乳汁の受け皿となる．乳頭部は乳腺部に連続し，乳頭の内腔を占め，乳頭管で外部に通じる．授乳時の雌では乳汁が充満する．他の家畜では乳管が乳頭先端の乳口に直接連絡し，乳管洞を作らない．

にゅうぎゅう　乳牛　dairy cattle　乳利用を主目的として改良，利用，維持されているウシ．乳のみを目的とする乳用種（ホルスタイン，ジャージーなど）の他に兼用種も含む．

にゅうきょう　乳鏡　milk mirror　乳牛を後正面からみたとき，会陰部から垂れた乳房の後面に毛が渦巻く二つの毛渦が認められ，乳鏡と称する．乳房の皮膚は薄く柔軟で，繊細な毛がやや疎らに生えるので，この部位では光沢のある皮膚が特に露出する．しかし，毛渦の大きさや有無は産乳能力とは関係ない．　→付図1

にゅうさんきん　乳酸菌　lactic acid bacteria　糖から50％以上の収量で乳酸を生成する細菌をいう．乳酸のみを生成するホモ乳酸菌と乳酸以外にアルコール，二酸化炭素などを生成するヘテロ乳酸菌に分類される．

にゅうさんはっこう　乳酸発酵　lactic acid fermentation　糖類を嫌気的に分解して乳酸を生成する発酵をいう．乳酸菌やほとんどの動物組織でこの発酵が行われる．乳酸のみが生成するホモ乳酸発酵と，乳酸以外にアルコール，二酸化炭素，酢酸なども生成するヘテロ乳酸発酵がある．

にゅうし　乳歯　decidual teeth, milk teeth　哺乳類で歯が1回生え代わる二代性歯における，出生後最初に萌出する歯牙で，永久歯と置き換わるため幼若時に脱落する．　→永久歯

にゅうしつ　乳質　milk quality　牛乳の品質のことで，成分組成的な品質と細菌数などの衛生的な品質の二つの意味がある．

にゅうじひ　乳飼比　feed cost to milk receipt ratio　乳代に占める飼料費の割合を示す．酪農経営の診断指標の一つである．通常は自給飼料費は含めず，購入飼料の費用で計算されている．

にゅうしぼう　乳脂肪　milk fat　牛乳中に含まれる脂質をいう．その98％〜99％がトリグリセリドで，脂肪球の形で牛乳中に分散している．構成脂肪酸として低級脂肪酸，特に酪酸が含まれるのが特徴である．

にゅうじゅうはいしゅつ　乳汁排出　milk ejection, milk let-down　乳腺胞および細乳管を囲む筋上皮細胞の収縮により乳腺内圧が顕著に上昇し，乳腺胞腔内の乳汁が乳管や乳槽，また体外に押し出されること．射乳ともいう．筋上皮細胞の収縮は下垂体後葉から分泌されるオキシトシン（OT）により誘起される．OT分泌は，乳頭に対する吸乳あるいは搾乳時の乳房への刺激が脊髄から視床下部に伝えられ，OT産生神経を活性化しておこる（乳汁排出反射）．

にゅうじゅうぶんぴ（つ）　乳汁分泌　milk secretion　乳腺上皮細胞による乳汁の合成と乳腺胞腔への放出過程をいう．乳腺上皮細胞は血中のグルコース，脂肪酸，アミノ酸などから乳糖，乳脂肪，カゼイン，ラクトアルブミン，ラクトグロブリンなどの乳汁に特異的な成分を産生するほか，血中の免疫グロブリンや無機質などを乳汁中へと移送する．乳汁分泌の維持には，吸乳あるいは搾乳による乳汁の乳腺からの除去が重要である．

にゅうじゅうりゅうか　乳汁流下　milk withdrawal　乳槽付近に貯留する乳汁が，重力や外部からの圧力，乳管内陰圧などによ

り受動的に流出することで, 受動的流下 (passive withdrawal) ともいう. 吸 (搾) 乳初期の物理的操作による一部の乳汁の流出はこれによる. 乳汁排出反射とは異なり, 神経内分泌機構を介した乳腺内圧の上昇をともなわないため, 乳腺組織末端に乳汁が貯留したままとなる. →乳汁排出

にゅうじゅくき　乳熟期　milk-ripe stage　飼料作物の子実熟度から判定した生育段階のうち, 種子の内容物を押しつぶすと乳汁様物質が出る未成熟状態の時期. 乳熟, 糊熟, 黄熟, 完熟, 過熟と進行する生育段階の一つ. 例えば, ソルガムでは, この時期にサイレージ調製されたものは乳酸発酵が促進されて良質なサイレージができ, また生育期間によっては再生草の二番草も収穫できる.

にゅうじょうみゃく　乳静脈　milk vein, mammary vein　乳腺静脈ともいう. 乳腺から血液を導出するおもな静脈には外陰部静脈と浅後腹壁静脈があるが, 後者は乳房前部の皮下に肉眼的に観察できるので, 特に乳静脈と呼ばれる. 泌乳能力の高い乳牛では著しく怒張し, よく発達する. 乳房基部にあらわれた数本の乳静脈は, 1本の太い皮下静脈にまとまり, 蛇行しながら前進し, 乳窩に至る. →付図1

にゅうしりつ　乳脂率　milk fat percentage　牛乳に含まれる脂肪の重量%.

にゅうせい　乳清　whey, milk serum　→ホエー

にゅうせいたんぱくしつ　乳清蛋白質　whey protein, milk serum protein　牛乳からカゼインを除いた乳清 (ホエー) 中に存在する蛋白質の総称. β-ラクトグロブリン, α-ラクトアルブミン, 免疫グロブリンなどがおもな種類である.

にゅうせき　乳石　milk stone, milk deposit　牛乳を加熱する際, 装置の加熱部に付着する物質. 牛乳の無機物が加熱により各種の無機塩類や有機酸のカルシウム塩を生成し, これらに蛋白質や脂肪も混合して乳石を形成する.

にゅうせん　乳腺　mammary gland　乳汁を分泌する腺で, 皮膚にみられる腺の一種である. 胎生期に腋窩から鼡径にかけて, 左右対の皮膚の隆起, すなわち乳腺が発達し, その線上のいくつかの部位で表皮細胞がさらに分裂し〔乳腺小丘〕, 粘膜下組織内に陥入して増殖し乳腺となる. しかし, すべての乳腺小丘が発達することはなく, 動物により異なる特定の位置から最終的な乳腺原基となる. 乳腺とその周りの組織とこれを覆う表皮も含め乳腺と称することがある. →付図18

にゅうせんさいぼう　乳腺細胞　mammary glandular cell, alveolar epithelial cell　乳腺を構成する細胞で, 乳の基になる蛋白質・糖・脂肪など, 性質の異なる物質を分泌する. →付図18

にゅうせんじょうみゃく　乳腺静脈　mammary vein　→乳静脈

にゅうせんしょうよう　乳腺小葉　mammary lobule　→付図18

にゅうせんそう　乳腺槽　gland cistern　→乳槽, 付図18

にゅうせんどうみゃく　乳腺動脈　mammary artery　外陰部動脈から続く乳腺動脈は後位乳区で, まず前および後乳腺動脈に分かれる. 後乳腺動脈は後位乳区と後位乳頭に分布する. 前乳腺動脈は後位乳区と乳頭とに枝分かれした後, さらに内側乳腺動脈に分かれて前位乳区と乳頭に分布し, 主流は後腹壁動脈となる.

にゅうせんぼう　乳腺胞　mammary alveolus　乳汁を分泌している乳腺実質組織の最小単位. 乳管系の末端にある胞状の構造で, 1個の乳腺胞は1層の乳腺細胞, その外側をかごのように囲む筋上皮細胞, それらを囲む毛細血管系から構成される. 乳汁の貯留の程度によって拡大あるいは縮小し, 変形する. 妊娠期に生じ, 妊娠も泌乳もしない状態が続けば退化, 消失する. 乳腺胞は多数集合して, 小葉を形成する. →付図18

にゅうせんよう　乳腺葉　mammary lobe
→付図18

にゅうそう　乳槽　mammary cistern　乳頭の基部の内部に大きく広がった，乳汁を一時的に蓄える腔所．乳用家畜では，乳頭内部の腔所である乳頭部または乳頭槽と，それに続く乳管が開く広い乳腺部または乳腺槽に分けられる．　→付図18

にゅうとう　乳糖　lactose, milk sugar　哺乳類の乳汁中に存在する二糖類の1種で，D-グルコースとD-ガラクトース各1分子より構成される糖．α-型，β-型の2種の異性体があり，溶液中においては，分子内転換によって一定の平衡状態を形成している．

にゅうとう　乳頭　teat　乳腺の外部への開口部がある体表面から突起した部分．位置や数，乳頭に開口する乳管数は，種によって相違する．乳頭に加わる吸乳，搾乳刺激にはじまる神経内分泌反射によって乳汁排出がおこる．　→付図1, 付図18

にゅうとうかん　乳頭管　papillary duct, teat canal　有蹄類家畜では，乳頭は内部に広い乳管洞を有し，先端部で乳頭管が皮膚を貫き，乳頭口で開口する．乳牛で乳頭管の長さは約1cmである．乳頭管を囲んで，平滑筋線維がよく発達し，括約筋となる．乳頭管の粘膜は長軸方向に多くの縦ヒダを有し，括約筋の働きにより，授乳時以外に乳汁が漏出しないように乳頭管を塞ぐ．　→付図18

にゅうとうこう　乳頭孔　teat orifice
→付図18

にゅうとうしょうれい　乳等省令　Ministerial Ordinance Concerning Compositional Standards, etc. for Milk and Milk Products　「乳および乳製品の成分規格等に関する省令（厚生省令）」の略．牛乳・乳製品の分類や成分に関する規格とその試験法が定められている．

にゅうとうそう　乳頭槽　teat cistern
→付図18

にゅうとうふたいしょう　乳糖不耐症　lactose intolerance　牛乳を飲んだあと，大腸が刺激されて蠕動運動が活発となり腹痛や鼓腸，下痢などの症状を呈する体質（ヒト）．原因は小腸の乳糖分解酵素が少ないために消化されず，大腸内で乳糖分解菌による異常発酵がおこるためである．

にゅうにくえきさんようとけんようしゅ　乳肉役三用途兼用種　triple purpose breed for milk, beef and raft　乳，肉，役三用途の利用を目的として改良，利用，維持されているウシ．一般的に骨太で頭が短く，前駆が大きい．ブラウンスイス，シンメタールなどスイス山岳地帯で飼育されている品種が多いが，現在は役利用は少ない．

にゅうにくけんようしゅ　乳肉兼用種　dual purpose breed for milk and beef　乳および肉の利用を目的として改良，利用，維持されているウシ．デイリーショートホーン，デキスター，レッドポールなど．

にゅうねつ　乳熱　milk fever　産後の乳牛におこる後躯の麻痺状態など運動麻痺を主徴とする疾病．低カルシウム血症（hypocalcemia）が主原因である．突然に発生し体温の下降，呼吸速迫，神経症状などを呈する．治療にはカルシウム剤を投与し，これに反応しない患畜は産後起立不能症（postparturient paraplegia）である．

ニューハンプシャー　New Hampshire　アメリカのニューハンプシャー州で，ロードアイランドレッドから分離・作出された比較的新しいニワトリの品種．速羽性と早熟性，早肥性が特徴．卵肉兼用種であるが，ロードアイランドレッドより肉用に傾いている．羽色はロードアイランドレッドより淡く，単冠，耳朶は赤く，成体重は雄3.8kg，雌2.9kg程度である．卵重は60g，卵殻は赤褐色，産卵数は年180~200個で，就巣性はない．

にゅうび　乳糜　chyle　腸壁で吸収した脂肪球を含み白濁したリンパをいう．腸管で脂肪が吸収される際に，高級脂肪酸の一部はトリグリセリドに再合成され，リン脂質，コレ

ステロール，リポ蛋白の層で囲まれた乳状脂粒（カイロミクロン）となり，小腸絨毛の中心リンパ管内に吸収される．中心リンパ管を乳糜管と称する．全脂肪量の60％がこの経路で吸収され，胸管を経て，前大静脈から血中に入る．

にゅうぼう　乳房　mamma, udder　乳腺と，その周囲の腺小葉内に侵入する結合組織と脂肪組織で構成され，それぞれ乳頭が付属している乳を貯留する器官である．通常ブタは12～16個，イヌは10個，ウシは4個，ウマ，ヒツジ，ヤギは2個の乳房をもつ．反芻家畜とウマでは乳房全体を集合的にudderと呼ぶ．ウマでは一つの乳房が互いに独立した2～3の乳腺組織（乳区）で構成され，一つの乳頭に開口するが，反芻家畜では一乳頭に一乳区が附属した構造をとる．→付図1，付図5，付図18

にゅうぼうえん　乳房炎　mastitis　細菌感染などによる乳腺やその周辺組織の炎症．発熱や乳房の腫脹，疼痛などをともなう臨床型乳房炎と臨床症状を示さず乳汁中に細胞や細菌が増加する潜在性乳房炎に大別される．乳牛の多発疾病で，乳量減少や異常乳のほか，臨床型のものはしばしば廃用の原因となる経済的被害の大きい疾病である．

にゅうぼうえんにゅう　乳房炎乳　mastitis milk　乳房炎に罹患している乳房から分泌される乳．色調，粘稠性，臭気，pH，細胞数，細菌数などが変化し，凝固物が存在する．

にゅうぼうないあつ　乳房内圧　internal udder pressure, intramammary pressure　乳房内に貯溜している乳が示す圧力．貯溜する乳量の増加とともに漸増し，また，乳汁排出反応がおこれば急に高まって，乳汁の流出を容易にする．約35 mmHg以上になると乳汁分泌が抑制される．

にゅうようしゅ　乳用種　dairy breed　乳利用を目的として改良が進められ，維持・利用されているウシ，ヤギ，ヒツジなどの品種．ウシでは，肉用種と異なり，背や腰角が張り，後駆の発達がよい楔型の体型を示し，乳器の発達もよい．ホルスタインフリージアン，ジャージーなど．

ニューヨークタイストール　New York tie stall　つなぎ飼い式牛舎におけるウシの係留方法はスタンチョンストールとタイストールとに大別されるが，このタイストールの中の一方式．飼槽面より1 m弱の高さに水平に設けられたパイプに固定された鎖と首輪によって係留する．

にゅうりょう　乳量　milk yield　1) 1回の搾乳で得られる乳の量．搾乳量ともいう．これは4分房の搾乳量の合計．搾乳量＝（前回の搾乳後分泌された乳量＋前回の残乳量）．2) 朝夕2回あるいは3回搾乳して得られた1日当たりの乳量合計．泌乳期で最高のときの1日乳量は最高乳量．3) 1泌乳期の乳量の総計は，総乳量，305日乳量，365日乳量．

にゅうりょうけい　乳量計　milk meter, milk scale　乳量を計測する計器の総称．搾乳牛1頭ごとの乳量を計測する方式には，重量式，容積式，分流式，転倒マス式などがある．バケットミルカーやパーラーにおけるレコーダジャー設置の場合には，重量や容積を秤量する．パイプラインミルカーでは，ミルクパイプへ乳を送る途中で，一定割合の乳を測定管に流入させて測定する分流式乳量計が使用されている．

にゅうろう　乳漏　lactorrhea　乳頭管から常に少量の乳汁が漏れ出る状態．乳頭部の外傷や乳房炎により乳頭口括約筋が弛緩または麻痺し，乳頭管の閉鎖機能が不完全になるためにおこる．搾乳牛では搾乳前の乳房への刺激によって乳房内圧が高まり，乳汁を漏らす状態になる場合がある．

ニューロン　neuron (e)　→神経細胞

ニューカッスルびょう　ニューカッスル病　Newcastle disease　ニューカッスル病ウイルスによるニワトリの急性伝染病（法定伝染病）．日齢に関係なく発生し，緑色下痢の排泄，奇声，開口呼吸などの呼吸器症状，脚や翼の麻

痺および頸部捻転などの神経症状，産卵低下などを示す．伝播が速く，死亡率は雛および成鶏とも90％以上である．予防はワクチン接種による．

にょうおすい　尿汚水　animal wastewater　家畜の尿を主体とし，それに若干量のふんと管理水（こぼれ水，洗浄水など）が混合した排水．畜舎から排出される代表的な排水であり，畜舎排水とほぼ同義である．

にょうかん　尿管　ureter　腎門から膀胱まで腹腔～骨盤腔の背側を対をなして走る管．尿を輸送する管で，上皮は移行上皮からなる．　→付図19

にょうさいかん　尿細管　urinariferous tuble　腎臓内で糸球体からこし出された尿を運ぶ複雑に迂曲する細管．糸球体の近くから近位曲尿細管，直尿細管（ネフロンループ下行部，上行部），遠位曲尿細管を経て集合管に連絡する．上皮は立方ないし円柱細胞で刷子縁をもち，原尿の99％がここで吸収される．糸球体，糸球体包，尿細管までを含めて腎単位（ネフロン）と称する．

にょうさんぷき　尿散布機　slurry spreader　尿および液状ふん尿を圃場へ表面散布する機械でスラリースプレッダーとも呼ばれている．バキュームカーやポンプタンカーなどがあり，前者は耐圧タンク内を-40～-70kPaに減圧して汲み上げ，散布時は50～100kPaに加圧して底部の散布管から拡散散布する．後者は，タンク内の尿汚水を遠心ポンプなどで8～12m程度の幅に散布する．

にょうせきしょう　尿石症　urolithiasis　腎盂，尿管，膀胱および尿道に形成された結石により，排尿困難や疼痛などの症状を示す状態．肥育牛に発生しやすく，濃厚飼料多給やビタミンA欠乏飼料などが原因となることが多い．尿石はリン酸マグネシウムを主成分としている．

にょうどう　尿道　urethra　膀胱から出た尿を体外に排出するまでの管状構造．雌では膀胱頸部の内尿道口から尿道となるが短く，腟前庭と腟の境界部にある外尿道口に終わる．雄では膀胱頸部から続く尿道は陰茎内を走り，陰茎先端の亀頭近くで外尿道口に終わり，精液の射出管でもある．　→陰茎，付図14，付図17

にょうどうかいめんたい　尿道海綿体　spongy body of penis　→陰茎

にょうどうきゅうせん　尿道球腺　bulbourethral gland　雄の副生殖腺の一つ．尿道骨盤部背壁で骨盤腔出口近くにみられる左右1対の腺で，カウパー腺とも呼ばれる．多くの家畜では卵円形ないし球形であるが，ブタでは太く長いキュウリ型である．その分泌液は精液の構成要素の一つとなる．　→副生殖腺，付図16

にょうどくしょう　尿毒症　uremia　腎臓の機能不全により尿として排泄されるべき老廃物が血中に蓄積することによる中毒症状．重症の腎臓疾患の末期に現れ，無尿や減尿，呼吸速迫，嘔吐などに続き意識障害がおこり，ついには痙攣し昏睡状態となる．

にょうまく　尿膜　allantois　胎膜の一種である．尿膜は胎子の膀胱とつながり，中に尿膜水を満たしている．羊膜と接して尿膜羊膜を形成し，絨毛膜と接して尿膜絨毛膜を形成する．

にょう（まく）すい　尿（膜）水　allantoic fluid　尿膜腔を満たす液体のことで，胎子の尿と尿膜上皮の分泌液からなる．胎子は羊膜腔内で羊（膜）水中に浮遊するが，尿（膜）水は羊膜の外側を取りまいており，羊（膜）水とともに胎子を保護する役割を果たしている．分娩時には，胎胞を形成して子宮頸管を開大し，破水（第一破水）して産道を潤し，胎子の娩出を容易にする．　→羊（膜）水

にらんせいそうし　二卵性双子　dizygotic twins　単胎動物で，排卵された2個の卵子が同時に受精し発育して生まれた双子．ウシにおける出現率は乳用種で3～5％と高く，肉用種特に黒毛和種では0.2％以下と低い．異性の双子の場合，大部分の雌は不妊症のフ

リーマーチンになる.

にわさきかかく　庭先価格　farm price
生産物や生産資材などの価格はすべて流通段階ごとに形成される.「庭先」とは生産の現場を指す. したがって, 庭先価格は生産の行われる場所での販売・購買価格ということになる. 実際に価格の形成された場所と生産現場との間の運賃, 販売・購買手数料などを加減した価格が庭先価格に等しくなる. →生産者価格

にわさきとりひき　庭先取引　farm transfer
生産の現場で価格を決めて売買する方法. 家畜の生体取引の場合に比較的多く見られる. 特に家畜商が扱う家畜の場合, この方法によることが多い. 古くは家畜に限って「厩先取引」ともいわれていた.

にわとりマイコプラズマびょう　鶏マイコプラズマ病　avian mycoplasmosis　*Mycoplasma gallisepticum* の感染によっておこるニワトリの呼吸器病 (眼下洞炎, 気管支炎, 肺炎, 気嚢炎など) および *M. synoviae* 感染による関節炎 (滑膜炎) の総称 (届出伝染病). 症状は激しくないが, 慢性に経過して産卵率や飼料効率が低下する. *M. gallisepticum* 感染による呼吸器病は慢性呼吸器病 chronic respiratory disease (CRD) とも呼ばれる.

にんかく　妊角　pregnant horn, gravid horn
単胎動物で, 双角子宮 (両分子宮) をもつウシやウマのような動物では, 胚は一般的に排卵した側の子宮角に着床する. 胎子が存在する側の子宮角を妊角という. 胚は, まれに排卵した側とは逆の子宮角に着床することがある.

にんき　妊期　→妊娠期間

にんしん　妊娠　pregnancy, gestation
哺乳類の雌が排卵した卵子を卵管内で受精し, 子宮内で発育させ体外へ娩出するまでの母体の生理的状態. 受精卵は, 卵管を下降して子宮に到達し胚盤胞期にまで発育した時点で子宮内膜に着床する. その後胎盤を形成して発育を続ける. 妊娠の維持には, プロジェステロンが不可欠であり, 動物種によって黄体あるいは胎盤から持続的に分泌され妊娠を維持する. 妊娠中の動物では, 胎子・胎盤・母体が一連となって働き, 胎子の発育を維持する.

にんしんおうたい　妊娠黄体　pregnant corpus luteum, corpus luteum of pregnancy, grovid corpus luteum, corpus luteum graviditalis
妊娠動物の卵巣に存在する黄体. 別名真性黄体. 妊娠黄体はプロジェステロンを分泌して妊娠を維持するが, 妊娠黄体の必要性は動物種によって異なる. ラット, マウス, ハムスター, ウサギ, ヤギなどでは, 妊娠全期間を通じて必要であるが, ヒツジ, イヌ, ネコ, モルモット, サル, ヒトなどでは, 妊娠の途中で胎盤からプロジェステロンが分泌されるため一定期間のみでよい. さらに, 妊娠黄体は, 妊娠の維持や分娩に必要なリラキシンも分泌する.

にんしんきかん　妊娠期間　length of pregnancy, gestation length, duration of gestation, gestation period
哺乳類の雌の体内で, 卵子が受精し, 体外へ娩出されるまでの期間をいう. しかし, 受精の時期を正確に特定することは困難なので, 通常妊娠期間は, 交配または受精日から起算する. 妊娠期間は, ゴールデンハムスターの15日から, ゾウの22ヵ月まで動物種により著しく異なる. また, 同一品種でも各種生理的状態や季節により若干差がみられる. 胚移植の場合の妊娠期間は, 移植される母親の移植直前の排卵日から分娩日までとしている.

にんしんしんだん　妊娠診断　pregnancy diagnosis
母体にあらわれる妊娠徴候により, 妊娠を診断すること. 胚自身の存在の確認と胚の存在によって母体に認められる現象を応用する. 前者としては, 物理的方法 (腹部触診法, 直腸検査法, 超音波ドップラー法, 超音波エコー法, 超音波断層法など) がある. 後者としては, 血中, 乳汁中プロジェステロン濃度測定法, 早期妊娠因子検出法, ウマやヒト

にんしんちゅうどく　妊娠中毒　pregnancy toxemia　ヒツジ，ウシ，イヌなどに発症する．初期症状は，動作が鈍くなり，食欲減退，便秘が続く．1～2日後に起立不能となり，急性では6日以内に死亡する．本症は，胎子の栄養要求に母体が応じられない場合に発症することが多く，血糖値が低下し，高ケトン血症を呈する．治療には，ウシ，ヒツジともにケトーシスと脂肪肝の処置を行う．予防としては，多胎を早期に調べ，給与する飼料中のエネルギーと蛋白質量を増加する．

にんしんちょうこう　妊娠徴候　sign of pregnancy　妊娠の成立によって母体におこる徴候．胎子の存在によって出現する徴候（確徴）と母体側の徴候（不確徴）がある．確徴には，胎子から分泌される物質（早期妊娠因子など）や胎盤が分泌するホルモン（ヒトおよびウマの絨毛性性腺刺激ホルモンなど）や胎動，胎子心音などがある．不確徴には，排卵の停止，腹囲膨大，乳房発育，食欲増進，外陰部の変化などがある．ヒトでは，妊娠初期に妊娠嘔吐（つわり）がみられるが動物では明らかではない．

にんしんはつじょう　妊娠発情　estrus in gestation, estrus during pregnancy　妊娠中にみられる発情．裏発情・中間発情ともいう．ウシ，ウマ，ヒツジで数％に発生する．一般に妊娠初期に出現する．ウシでは，妊娠35日以内が多く，ウマでは，馬絨毛性性腺刺激ホルモン（eCG）が産生され，副黄体が形成される妊娠90日頃までが多い．ヒツジでは，妊娠初期だけでなく妊娠末期にもみられる．発情徴候は一般に弱く，維持時間も短いが，まれに正常発情と区別できず交配や人工授精を行うことがあるので注意を要する．

にんていのうぎょうしゃ　認定農業者　農業基盤強化促進法の規定に基づき，農業の中心的な担い手として市町村が認定する農業者．担い手の確保と規模拡大，地域農業の再編をねらいとしている．認定農業者には税制上の優遇措置や長期低利融資などの特典が与えられる．

にんばけっせいせいせいせんしげきホルモン　妊馬血清性性腺刺激ホルモン　pregnant mare serum gonadotrop(h)in, PMSG　→馬絨毛性性腺刺激ホルモン

にんぷにょうせいせいせんしげきホルモン　妊婦尿性性腺刺激ホルモン　pregnant urine gonadotrop(h)in (PUG), human chorionic gonadotrop(h)in (HCG, hCG)　→人絨毛性性腺刺激ホルモン

[ぬ]

ヌーシャテルチーズ　Neuschatel cheese　フランスが原産地で，牛乳，脱脂乳あるいはクリームを加えた牛乳から作られる軟質チーズ．円筒型で，直径5cm，厚さ6.4cm，重量250g以下．新鮮なまま，あるいは熟成して食べる．熟成する場合は3～4週間程度．表面に白かびが発育する．

ヌードマウス　nude mouse　体毛を欠損すると同時に胸腺も先天的に欠損し，胸腺分化T細胞をもたないマウス．異種動物の組織に対して拒絶反応がおこらないため，免疫学的研究に加え，ヒト腫瘍細胞の研究など広い領域で活用されている．

ぬかるい　ぬか類　bran　穀類の穀粒のうち，デンプンの多い食用の部位の外側にある不食部分を分離したものがヌカである．穀類に比して蛋白質，繊維が多くデンプン含量は少ない．米ぬか，麦ぬか，ふすまがわが国では古くから飼料として用いられてきた．

ヌクレオシド　nucleoside　塩基と糖とがN-グリコシド結合したものの呼称．糖がD-リボースのものがリボヌクレオシドで，糖がD-2'-デオキシリボースのものをデオキシリボヌクレオシドという．

ヌクレオソーム　nucleosome　クロマチン

の基本構造単位である核蛋白質構造体．ヒストン H2A, H2B, H3, H4 のそれぞれ 2 分子ずつからなるヒストン 8 量体であるヒストンコアの周囲に DNA が巻き付いた構造をとっており，ある種のヌクレアーゼで処理することによって生ずるヌクレオソームコア粒子とコア粒子間のリンカーの二つの部分に分けられる．

ヌクレオチド nucleotide　ヌクレオシドの糖部分がリン酸エステルになっているものを指す．天然にはヌクレオチドは核酸合成の前駆体・リン酸供与体やアロステリック効果因子として遊離で存在するほか，いろいろな補酵素または補酵素の構成分になっているものが多い．

ヌクレオヒストン nucleohistone　核蛋白質の一つ．DNA と塩基性蛋白質ヒストンの複合体で，その結合は主としてヒストンの塩基性アミノ酸残基の側鎖と DNA のリン酸基間のイオン結合によると考えられている．

ヌバック nubuck　子牛皮，成牛皮，ときには豚皮をクロムなめし剤でなめしたあと，その銀面をバッフィングしてけば立たせた革．

ヌビアン Nubian　アフリカ東部ヌビア地方の原産で，在来のアイベックスと乳用種との交配で作出された乳用山羊の品種．現在，アフリカ，ヨーロッパ各地で広く飼育されている．毛色は栗毛，白，灰色，黒など多様で，長く大きな垂耳が特徴．乳脂率が高く，粗放な飼育管理に耐え，暖地に適するヤギ．

ぬめかわ 滑革　harness leather　植物タンニンなめし革の一種．単にぬめともいう．通常は牛皮を原料とし，底革の製法と異なって，準備工程で完全に脱灰し，ベーチングを行って皮繊維をほぐし，なめしの度合も弱くして柔軟に仕上げる．ケース，ベルト，靴の裏革，皮手芸用に使われる．なおブタのぬめ革をあめぶたともいう．

[ね]

ネズミムギ　→イタリアンライグラス
ねつかんりゅう 熱貫流　heat transmission　建物の壁・屋根・床などにおける熱移動には，材料自体の熱伝導とその表面の薄い空気層を通して伝わる表面熱伝達とがあり，熱貫流はそれらを総合して建物の熱的性質をあらわす概念である．ある物体を貫いて，内外温度差 1 ℃あたり単位面積・単位時間に流れる熱量を総合してあらわしたものが熱貫流率で，kcal/m^2・時・℃の単位で示される．

ネック neck　A.牛枝肉分割部位　→付図 23, B.原皮裁断部位　→付図 25

ネックタッグ neck tag　家畜の個体を識別するために首につける番号札．プラスチック製，ゴム製などの札に刻印されたものや使用時に専用ペンで番号を記入し，ロープや鎖などで家畜の首にぶらさげる．

ねっしゃびょう 熱射病　heat stroke　換気不良の高温・高湿の畜舎などの飼養条件下で，体温の放出が妨げられておこる高熱障害．日射病と同じ病理発生であり，体温上昇，多呼吸，流涎，知覚麻痺，痙攣のほか，血液循環障害がみられる．治療は安静と全身の冷却，水分補給などを行う．　→日射病

ねっしゅくおんど 熱縮温度　shrinkage temperature　→収縮温度

ねつショックたんぱくしつ 熱ショック蛋白質　heat shock protein, HSP　細菌，変温動物などを高温環境に置くと体内で産生される蛋白質群の総称．蛋白質の立体構造形成の維持，促進および変性蛋白質の処理に関与する，全生物に普遍的な蛋白質である．

ねつせいたこきゅう 熱性多呼吸　thermal polypnea, panting　暑熱環境下において，家畜が体温を一定に保つために体熱の放散を促進する呼吸の形態．家畜は高温になると，はじめは浅くて速い浅速呼吸によって体熱の放出を図るが，体温の上昇にともない数

を減らした努力型のあえぎ呼吸に移行する．汗腺のないニワトリや発汗機能の微弱なブタおよびウシなどは，高温時の放熱を熱性多呼吸に依存する割合が大きい．さらに体温の上昇がつづく場合には蒸散量を増加させるために，深い努力型の呼吸をする．呼吸数は減るが換気量は増加する．しかし，血中の CO_2 を過剰に排出するため，呼吸性アルカローシスをおこす．

ねつてきちゅうせいけん（いき）　熱的中性圏（域）　thermoneutral zone (range)　動物がエネルギー消費をともなう体温調節反応を必要としない環境温度の範囲．すなわち，発汗による蒸発性熱放散の増加や，ふるえ産熱などの熱生産量の増加をおこさずに体温を調節することができる環境状態をいう．熱中性温域ともいう．

ねつでんどう　熱伝導　heat conduction　熱移動の一つの経路で，個体の分子間を熱が伝わること．家畜から床面など体が触れている物体への熱移動はこの経路による．

ねつほうさん　熱放散　heat loss　体外へ熱を放出すること．家畜からの熱放散には対流，伝導，放射および蒸発の4つの経路があり，前3者を顕熱放散，蒸発にともなう放熱を潜熱放散と呼び，区分している．

ねつ（りょう）ぞうか　熱（量）増加　heat increment, HI　動物が飼料摂取後，一時的に熱発生が増加する現象．これは吸収栄養素の代謝にともなう発生熱で，体温を上昇させるが生産には使われず，飼料の咀しゃく，消化液の分泌，飼料の消化管内の移動（蠕動運動），呼吸，排泄などに消費される熱量である．蛋白質は特に高く，尿素の合成，排泄のためという．反芻類では反芻胃内発酵熱も加えられる．飼料養分の体内用途により熱発生量が異なり，飼料の正味エネルギーの一元化を困難にしている．

ねと　slime　食肉や食肉製品の表面に生ずる白色または黄色の乳質のねばねばである．おもな構成は，微生物の集合体か，その微生物の分解産物，ないしはこの両者の合体したものである．ねと構成の微生物はおもに細菌で，外表面の汚染菌が主因であるが，ときに酵母も関与する．

ネピアグラス　napiergrass, elephant grass, *Pennisetum purpureum* Schumach.　熱帯アフリカ原産の暖地型イネ科チカラシバ属の多年生牧草．草丈は2～4m，株型で多数の分げつを叢生し，高温，多湿，多肥のもとでは高い生産性を示す．耐乾性強く，地下茎で増殖するが，耐霜性は高くなく越冬地域は限られている．南九州や沖縄地方では，短年性作物として乾草，サイレージに利用されている．

ネフロン　nephron　腎臓において血液のろ過を行う腎小体とこれに続く尿細管は，集合管に入るまでは合流も分岐もせず1本の管であり，この両者を合わせてネフロンという．ネフロンは腎小体，近位尿細管，ネフロンループ，遠位尿細管より構成される．腎臓の血液ろ過量は糸球体近接装置が制御する尿細管糸球体フィードバック機構によりそれぞれのネフロンごとに調節されており，ネフロンは腎臓の機能的な単位とみなされる．

ねりにく　練り肉　sausage meat　ソーセージを製造する際に，挽き肉をさらにサイレントカッターで細切したもの．欧米ではこのままでも販売して，各家庭でソーセージとするか，料理を作るのに用いる．サイレントカッターで赤肉に氷水，香辛料および脂肪を添加して細切した練り肉は，脂肪が原料肉中に細かく均等に分散しているので，「脂肪が乳化されている」と称し，ミートエマルジョン meat emulsion ともいわれる．

ねんえきせん　粘液腺　mucous gland　分泌物の成分により分類された腺の一種で，ムコ多糖類を含む粘液を分泌する腺の総称．腺は粘液細胞によって構成され，口腔，鼻腔，気道，食道，胃，腸などに分布する．粘液腺には，唾液腺の一つの顎下腺のように漿液腺細胞を含むものもある．このように蛋白質とムコ多糖類を分泌する腺を混合腺という．

ねんしょうだっしゅうほう　燃焼脱臭法　burning deodorization method　脱臭法の一つで臭気成分を650~800℃の温度で燃焼分解させて無臭化する．高温燃焼により脱臭効果が高く臭気濃度が高いガスでも脱臭できるが，燃料の消費量が大きく運転コストが高い．白金やパラジウムなどを触媒とした低温燃焼法では，臭気成分を300~350℃で酸化分解するが触媒が高価である．

ねんまく　粘膜　mucosa　消化器（消化管），呼吸器，泌尿器，生殖器のような管状で，外通性の中腔性器官の内壁をいう．粘膜は粘膜上皮，結合組織性の粘膜固有層，平滑筋性の粘膜筋板および粘膜下組織からなる．

[の]

ノイル　noil　原毛からトップを作るまでの工程中に，切れたり，短くて機械から脱落した羊毛．毛長が5cm未満の短毛で，通常，洗浄羊毛の約15%を占める．紡毛糸，フェルトなどの原料として利用される．　→トップ

のう　脳　brain　脳は頭蓋腔におさまり，大（後頭）孔を通じて，脊柱管にある脊髄に続く．両者を合わせて中枢神経系という．脳は前脳，中脳，菱脳に大別され，前脳は終脳（大脳半球・嗅脳）と間脳（視床脳・視床下部）に，菱脳は後脳（橋・小脳）と髄脳（延髄）に分かれ，中脳には中脳蓋，被蓋，大脳脚が属する．

のうがいしょとく　農外所得　non-agricultural income　農外収入から農外支出を差し引いたものである．農家が自営する林業・水産業・商業等の農業以外から得られる兼業所得と，家族の一員が他家の農林業や工場などで働いて得た給料・労賃および貸付地の小作料や配当利子等の財産利用収入の総計としてあらわされる．

のうかけいざいよじょう　農家経済余剰　surplus of farm-household economy　可処分所得から家計費を差し引いた額．1年間の農業生産活動および農外所得活動の結果から得られる最終的余剰であり，家計費を家族労働費と考えた場合の純収益に相当する．農家経済余剰が黒字であれば，その分だけ財産が増えたことになり，赤字であれば不足分の財産減少を意味する．

のうかしょとく　農家所得　income of farm-household　農業所得と農外所得を総合したもの．農家所得は，所得を形成する経常的な収入・支出に限定しており，そのため財産的な収入・支出，例えば土地や大動物などの固定資産の売却収入，預貯金等の引き出しによる収入，負債に関する借入収入は所得に算入されない．

のうかん　脳幹　brain stem　脳のうち大脳半球と小脳を除いた部分で，間脳，中脳，橋および延髄が含まれる．脳の中軸をなし，生命の維持に重要な根幹的な役割を果たす．

のうぎょうインテグレーション　農業インテグレーション　integration　インテグレーション（統合）には，垂直的統合，水平的統合，循環的統合の三つがあるが，一般には垂直的統合（vertical integration）を指す．ブロイラーにおいて典型的に見られるが，素雛から飼料などの資材供給，飼育管理，処理解体，販売までの生産から流通過程の全体あるいは一部を同一資本が統合すること．飼育管理は直営牧場による場合もあるが，農家に飼育委託料を支払うことで系列化する方式もある．

のうぎょうしょとく　農業所得　agricultural income　農業粗収益から農業経営費を差し引いた額で，農業経営に使用された自家労働力および自己所有の生産手段に対する報酬の合計である．具体的には，家族労働費，自己資本利子，自作地地代および企業利潤が含まれるが，これらのあわさった所得という意味で混合所得とも呼ばれる．農業所得＝粗収益－（物財費＋雇用労賃＋借入資本利子＋借入地地代＋租税公課）　→混合所得

のうぎょうせいさんほうじん　農業生産法

人　農地または採草放牧地の所有権や使用収益権を取得する資格のある農業法人の総称．農地法第2条7項に規定されている．1) 主たる事業が農業であること，2) 農業関係者以外の出資割合が全体の4分の1以下で，1出資者当たり10分の1以下であること，3) 役員の2分の1以上が農業従事者で，そのうち2分の1以上がその法人の農作業に常時従事していること．などを要件に認められる．なお，2000年の法律改正で，農事組合法人・合名会社・合資会社・有限会社のほかに株式譲渡の制限を条件に株式会社も認められることになった．

のうこうしりょう　濃厚飼料　concentrate 容積が小さく，繊維含量が少なく，消化率も高く栄養価の高い飼料の総称．一般的には穀類，油粕類，食品製造粕類などがこの中に入る．粗飼料の対語として用いられることが多い．しかし，成分含量あるいは栄養価の特定値を基準として濃厚飼料，粗飼料を区分しているのではない．慣行的な呼び方である．

のうこうまく　脳硬膜　dura mater　脳を被う最外層の強靭な膜．脳溝には進入せず，脳脊髄液を入れて脳軟膜に包まれた脳を浮かべる．大脳鎌，小脳鎌，小脳テントを形成し，後方で脊髄を被う脊髄硬膜に連続する．

のうこうらんぱく　濃厚卵白　dense albumen, dense egg white, thick albumen　卵白は一様でなく，液状の卵白層（25%）と濃卵白状の層（50~60%）とカラザに分かれる．ゼラチン様の層が濃厚卵白で，内水様卵白と外水様卵白の中間に位置する．卵白繊維の網目から構成され，網目間隙は水様卵白で満たされる．濃厚卵白の量は新鮮卵白中で約60%で，貯蔵中に減少し，みかけ上水様卵白のみになる．この変化は濃厚卵白の水様化現象と呼ばれ，濃厚卵白に含まれるオボムチンという蛋白質の性質が変化することによるものとされている．卵の鮮度が落ちると繊維構造は崩壊し，粘度が減少して，卵白全体が均一な状態で水様化する．　→付図19, 付図20

のうじくみあいほうじん　農事組合法人　農業生産の協業を図り，共同の利益を増進することを目的とした法人．農業協同組合法第72条第3項に規定されている．機械・施設の共同利用または農作業の共同のみを事業内容とするものと，農業の経営あるいはそれに加えて機械・施設の共同利用または共同作業を事業内容とするものの二つがある．規定する条項に基づいて，前者を1号法人，後者を2号法人と呼んでいる．

のうしゅくにゅう　濃縮乳　concentrated milk　牛乳または脱脂乳を1/2~1/4容に濃縮した製品．還元牛乳，アイスクリームなどの原料として使用される．

のうしんけい　脳神経　cranial nerve　中枢神経系と体の諸器官を結ぶ，刺激の通路を末梢神経系といい，求心性の知覚神経と遠心性の運動神経がある．脳に出入りするものを脳神経と総称し，嗅神経（Ⅰ），視神経（Ⅱ），動眼神経（Ⅲ），滑車神経（Ⅳ），三叉神経（Ⅴ），外転神経（Ⅵ），顔面神経（Ⅶ），内耳神経（Ⅷ），舌咽神経（Ⅸ），迷走神経（Ⅹ），副神経（Ⅺ），舌下神経（Ⅻ）の12対の神経がみられる．Ⅰ，ⅡおよびⅧは知覚性，Ⅲ，Ⅳ，ⅥおよびⅫは運動性，残る4つは混合性とされている．

のうせきずいしんけいけい　脳脊髄神経系　cerebrospinal nervous system　脳から出る12対の脳神経および脊髄から出る分節的な脊髄神経をまとめて脳脊髄神経系と呼ぶ．末梢神経系の主要部分を構成する．　→末梢神経系

のうどうめんえき　能動免疫　active immunity　ワクチン接種や感染の場合のように，抗原刺激による体液性または細胞性免疫応答の結果獲得された個体自体の免疫．

のうどうゆそう　能動輸送　active transport　生体膜を通過する物質を，濃度や電圧などの電気化学的ポテンシャルの勾配に逆って低領域から高領域に輸送する現象．エネルギーを要し，多くの場合ATPの加水分解を

ともなう．Na$^+$, K$^+$-ATPase は1分子の ATP を加水分解するごとに 3Na$^+$ を細胞外に，2K$^+$ を細胞内に輸送して細胞膜電位を作りだす．能動輸送の好例である．これに対し受動輸送はエネルギーを消費しない．

のうなんまく　脳軟膜　pia mater　脳の表面に密着して被う薄膜．広義の脳軟膜は外層のクモ膜も含める．脳溝の奥まで入り込む．脳に分布する血管はこの脳軟膜内を走る．脳室内では血管とともに陥凹して脈絡組織を形成する．

のうりょくけんてい　能力検定　performance test　種畜の選抜のために，定められた方法に基づき生産能力について調査を行うこと．能力検定には直接検定と間接検定がある．

のうりょくしすう　能力指数　production index　乳牛では，検定成績は年齢，検定日数，搾乳回数により影響を受けるため，これらを補正して個々の能力を比較できるようにしたもので，わが国のホルスタイン登録協会が開発した．乳脂量指数は基準乳脂量 179.1 kg に対する百分率として，乳量指数は基準乳量 5,268 kg（基準乳脂量の乳脂率 3.4%換算乳量）に対する百分率で示される．

ノーザンハイブリダイゼーション　Northern hybridization　ゲル電気泳動法で分画した RNA をその泳動状態のまま，ジアゾベンジルオキシメチルペーパーあるいはニトロセルロースフィルターに移し，放射性同位元素などで標識した DNA をプローブとしてハイブリダイズを行った後，相補性をもつ RNA を同定する方法．DNA を検出する方法が E. M. Southern によって開発され，サザン（南）ハイブリダイゼーションと命名されたのに対応させて，ノーザン（北）ハイブリダイゼーションと呼ばれるようになった．これにちなんで蛋白質を検出する方法はウエスタン（西）法と呼ばれている．

ノタリウム　癒合胸椎　notarium　→付図

ノックアウトどうぶつ　ノックアウト動物　knock-out animal　体中のすべての細胞からある特定の遺伝子を遺伝子標的法によって完全に両染色体から除去した動物．現在マウス以外では作製されていない．このような動物は遺伝子の機能解析や病気の原因遺伝子の特定，疾患モデルによる治療への応用等の研究に用いられる．

のど（いんこう）　咽喉　throat　→付図 1, 付図 2, 付図 4, 付図 5

ノニウス　Nonius　1813 年ころアングロ・アラブのノニウス号とサラブレッド，アラブ，リピツァナーなどを交配して作出されたハンガリー原産の軽輓用馬．体格はやや太めで，体高 153~162 cm，毛色は鹿毛と青毛のみ．戦前わが国にも導入され，中間種の改良に貢献した．現在は，ハンガリーのホルトバギー公園で生産されている．

のばし　伸ばし　setting out　染色，加脂後に革を伸ばすのに行われる作業．通常は適当に水絞りした革を手または機械で伸ばすことにより，しわ，折れ目が消え，革表面が平滑になる．

ノーフォークトロッター　Norfolk Trotter　→ハクニー

のりかえ　乗換え　crossing-over　相同染色体間，あるいは1本の染色体をそれを相同部分をもつ染色体の部分の間で，対称的な切断を生じ，相互に交換，そして再結合して相対する部分が交換する現象．

のりかえち　乗換値　crossing-over value　二つの連鎖した遺伝子，あるいは遺伝的マーカーの間で乗換えが生じる頻度．調査全個体数中で乗換えを生じた個体の割合であらわすが，この値は両遺伝子間の距離に比例する．

ノルマン　Normande　フランスノルマンディ地方原産の乳肉兼用牛．有角で，毛色は白地に濃褐~黒褐色の斑，斑点を有し，粗飼料耐性を示す．体重，体長は，それぞれ雌 700 kg, 138 cm, 雄 1,100 kg, 155 cm．乳量は 4,300 kg, 乳脂率 4.1%，枝肉歩留り 63%．

ノンリターンりつ　ノンリターン率　non-return rate, NR　交配または人工授精頭数に対する交配後一定期間内に発情が再帰しなかった頭数の割合．発情の再帰を指標とした受胎率である．ウシでは通常，人工授精後 60~90 日で調べられている．

[は]

は　歯　tooth〔*pl.* teeth〕　消化器系の入口にあって食物を機械的に切断，破砕する．哺乳類の歯列は異形歯で，前方から切歯，犬歯，前臼歯，後臼歯があり，それぞれの存否と数は，動物種により異なり，歯式によりあらわされる．

バークシャー　Berkshire　イギリスのバークシャーとウィルトシャー地方の在来種から作出されたレッド・バークシャーをもとに，アジアのブタと，さらに地中海沿岸種を交配し，改良された黒色と六白を特徴とするブタの品種．成体重は雄 250 kg，雌 200 kg 程度で，産子数は平均 8.5 頭とやや少ないが，肉質はよく，精肉に適している．わが国では昭和 30 年代までは主要品種であったが，その後激減した．しかし近年肉質が注目され増加傾向にある．

ハーディ・ワインベルグのほうそく　ハーディ・ワインベルグの法則　Hardy-Weinberg's law　遺伝的に関係の深い個体群からなるメンデル集団においては，遺伝子頻度をかえる選抜，淘汰，移入，および突然変異がなければ遺伝子頻度，遺伝子型頻度は何世代にわたっても一定で平衡状態が保持されるという法則．1908 年に Hardy（イギリスの数学者）と Weinberg（ドイツの医者）がそれぞれ個別に発見した．

ハーフリンガー　Halflinger　オーストリア・チロル地方原産のポニーで乗用，荷役用．体高 133 cm 程度，毛色は黄金色（パロミノ）または褐色でたてがみ，尾は亜麻色．

パームかくかす　パーム核粕　palm kernel meal　油ヤシの果実の核から採油した後に得られるものがパーム核粕である．マレーシア，インドネシアでの生産量が多く，これらの産地からの輸出量が多い．

パールミレット　pearl millet, *Pennisetum typhoides* Stapf et Hubb.　トウジンビエ．暖地型イネ科チカラシバ属の一年生青刈作物．アフリカ，インド，アラビアでは食用作物でもあるが，アメリカ南部やオーストラリアでは夏季の放牧用およびサイレージ用草種として栽培されている．草丈は 3 m 以上に達することもあり，茎葉は細く再生力は旺盛である．

はい　胚　embryo　受精後，卵割をはじめてから器官原基の分化が完了するまでの時期にある個体のこと．一般的には，胚盤胞期までの着床前の初期胚のことをいう．

はい　肺　lung　胸腔内で心臓を取り囲む淡桃色の臓器．胸腔内が陰圧であるため，肺は胸壁一杯に広がっている．左右の葉に大きく分かれ，さらに前葉，中葉，後葉，副葉などに分かれる．気管，気管支を経て流入した空気から酸素を赤血球に渡し，炭酸ガスを受け取って排出する．

はいいしょく　胚移植　embryo transfer, embryo transplantation, ET　供胚動物から採取した胚あるいは体外で作出した胚を，発情時期が同調している受胚動物の生殖器官内に移植して，子を生産すること．畜産分野では，家畜の育種・改良や増産を主な目的として実施されており，効率を向上させるために胚の凍結保存，性判別，切断・分離，体外受精，核移植などの発生工学技術が次々と開発されている．

パイエルばん　パイエル板　Peyer's patch　空腸と回腸に分布する末梢リンパ組織で，数十~数百のリンパ小節のかたまりである．B 細胞，特に IgA 産生前駆細胞が分化する場であることがマウスなどで判明している．

バイオアッセイ　bioassay　生物を用いて生理活性物質の定量を行う方法で，生物学的定量法ともいう．ビタミン，ホルモン，イン

ターロイキンなどきわめて微量で生理機能を有する物質や単離精製が困難な物質の定量に用いられる.

バイオーム biome　生物群系. 生物と環境との相互関係を環境作用と環境形成作用という形で捉え，その立場から見た動物と植物を含む自然界の大きな景観単位. 一定の環境と一定の地域的広がりをもち，特定の生物相を含み，特徴ある生活形を備えたもので，主として植物群集の様相によって識別される.
→生態系

バイオガス biogas　メタンガスのこと. 燃料などに利用する目的から，家畜糞尿などの有機物をメタン発酵して生産する可燃性ガス. 家畜糞尿から生産した場合，純メタン60％，二酸化炭素40％，硫化水素数百ppmを含み，発熱量約6,000 kcal（約25 MJ）/m^3のガスである.

バイオテクノロジー biotechnology　生物のもつ能力を利用して有用物質の生産などを行う技術の総称. 近年の遺伝子工学の進歩と相まって食料，医療などに新しい生物活用技術が次々に考案された. これらを特に古くからある醸造技術などのバイオテクノロジーと対比させてニューバイオテクノロジーと呼ぶこともある.

バイオプシー biopsy　生検（生体検査）ともいう. 生きた動物の体の一部から，小さな組織片を採取し，光顕，電顕，組織化学，免疫染色などの組織学的検査を行い病気の診断や経過，生体内の状態などを観察すること. 細胞培養を行うこともある. バイオプシーの方法は，専用の穿刺針を刺して組織を採取することが多いが，甲状腺，リンパ節などのように麻酔下で切開して採取することもある.

バイオリアクター bioreactor　生化学反応を人工の容器のなかでそっくり再現するシステム技術. 装置のタイプとしては撹拌槽型リアクターと固定層型（あるいはカラム型）リアクターに大別されるが，そのほかの型として流動層型リアクター，移動層型リアクターおよび膜型リアクターなどが利用されている.

はいきぶつのしょりおよびせいそうにかんするほうりつ　廃棄物の処理及び清掃に関する法律 Waste Disposal and Public Cleansing Law　昭和45年，法律第137号. 産業廃棄物の排出を抑制し，及び廃棄物の適正な分別，保管，収集，運搬，再生，処分などの処理をし，並びに生活環境を清潔にすることにより，生活環境の保全及び公衆衛生の向上を図ることを目的とする法律. この中で家畜ふん尿や家畜の死体は産業廃棄物の一つに位置づけられ，適正処理の業務，投棄禁止，使用方法の制限などがうたわれている. 廃掃法または廃棄物処理法と略称される.

はいぐうし　配偶子 gamete　受精に参加する生殖細胞のこと. 哺乳類や鳥類では，精子と卵子である. 配偶子形成過程で減数分裂が行われるため，配偶子の核相はnである.

はいけいそうおん　背景騒音 background noise　→暗騒音

はいごうげんりょう　配合原料 feed ingredient　配合飼料や混合飼料を調製する際の単体飼料を配合原料と呼んでいる. 配合割合の多いものを主原料，配合割合の少ないものを副原料と呼んでいる. 最近では生産性の向上や家畜栄養学の進展にともなって飼料添加物などの副原料の種類が多くなってきている.

はいごうしりょう　配合飼料 formula feed　複数の飼料原料あるいは飼料添加物を配合設計にしたがって一定の割合に混合したもので，養鶏，養豚用配合飼料は必要とするすべての栄養素を必要量含んでいる. 配合飼料には，幼雛育成用，中雛育成用，大雛育成用，成鶏育成用など，家畜種や発育ステージに合わせて用意されている.

ハイサーグラフ hythergraph　それぞれの地域の気候的特徴を，月平均気温を縦軸に，月平均降水量を横軸にとって示したもの. 動物の生活環境や草生状況を予測することがで

ばいさんにん　買参人　designated buyer
卸売市場内で卸売人の行う売買に参加する買い手．仲買人を除く小売業者や大口需要者．

はいじしゃ　配餌車　feeding cart　舎内の給飼通路を走行しながら濃厚飼料，成形飼料，混合飼料，サイレージなどを飼槽，給餌桶に配餌する車両．走行にはエンジンまたは電動モーターなどの動力を使用するものと人力によるものがある．舎外の飼槽への大量配餌用にはトラクター牽引式のものもある．養鶏ではケージ下の床の糞の排除を給餌と同時に行う配餌車もある．

はいじゅんかん　肺循環　pulmonary circulation　小循環ともいう．右心室から肺を経由し左心房に入る血管系を指す．肺動脈は気管分岐部で左右の肺動脈に分かれ気管支の分岐と同調して分枝し，最終的には肺胞を籠状に取巻く毛細血管網となる．ここで血液中の二酸化炭素を放出し酸素を取り入れる．肺静脈は小葉間結合織中を走り，ほぼ肺葉ごとに1本にまとまり，5～8本の肺静脈が左心房に開く．

ばいせい　媒精　insemination　元来，魚類や両生類などの体外受精動物で卵子と精子を出会わせるとの意味であった．近年では，哺乳動物の体外受精において卵子浮遊液に精子を加えたり，精子浮遊液に卵子を導入する操作のことを媒精と呼ぶようになった．授精と同義語であるが，体外受精では媒精のほうが一般的である．

はいせいかんさいぼう　胚性幹細胞　embryonic stem cell　継代培養が可能で，キメラ形成能をもつ初期胚に由来する未分化な細胞であり，ES細胞とも呼ばれる．胚を体外で培養し，増大してきた内細胞塊部分を共培養して細胞株として樹立する．染色体構成が正常で，未分化マーカーを発現し，他の胚と一緒にして受胚動物に移植するとキメラが得られる．ES細胞が樹立されて，操作した遺伝子をもつマウスが作出できるようになった．

はいせいがんしゅさいぼう　胚性癌腫細胞　embryonal carcinoma cell, EC cell　奇形癌腫の細胞のうち未分化な幹細胞のこと．この細胞が初期胚の細胞に類似していることに基づいて胚性癌腫細胞と呼ばれるようになった．胚性癌腫細胞は癌化の研究と哺乳類の初期発生の研究の両面できわめて有用な研究材料．テラトカルチノーマ，EC細胞ともいう．

はいせつこう　排泄腔（クロアカ）　cloaca　鳥類で消化器系，泌尿生殖器系の共通の終末部．体外への出口が排泄口．排泄腔の前方の区域は先方から糞洞，尿洞，肛門洞の3部からなる．尿洞には尿管のほか，雄では精管，雌では卵管が開口する．排泄腔の腹壁には3列のヒダがあり，ニワトリの雄では第二ヒダでは生殖突起を中心に，八字状ヒダ，リンパヒダが左右から囲み，交尾時には交接器となる．

はいせつこうどう　排泄行動　eliminative behavior　家畜が消化管内の不消化物を肛門から糞として，また腎臓から膀胱に集められた余分な水分を尿道から尿として，それぞれ体外へ排出する行動をいう．鳥類においては糞と尿を総排泄腔から同時に排出する．おくびなどの排ガスや発汗も生理的には排泄に含まれるが，行動学的には重要でなく，ほとんど問題にされない．

はいせん　背線　topline　→付図2

バイソン　Bison, Buffalo　野生牛で，ヨーロッパバイソンとアメリカバイソンが知られている．ヨーロッパバイソンは，毛色が黒褐色で，頭，頸，胸部は長毛に被われ，有角．体重・体長は，それぞれ雌450 kg, 150 cm, 雄600 kg, 190 cm程度．その数は著しく減少している．アメリカバイソンは，保護されていて，生息数は増加している．毛色が褐色，頭，頸，胸部は長毛に被われ有角．体重・体長は，それぞれ雌400 kg, 150 cm, 雄850 kg, 180 cm程度．テキサス熱耐性，耐暑性，耐寒性に優れている．両種とも，家畜牛との間に種間雑種が形成されるが雄は不妊である．

バイパスアミノさん　バイパスアミノ酸

by‐pass amino acid　第一胃内での分解をさけ, 第四胃・小腸の下部消化管に到達させるアミノ酸のことをいう. 現在ではメチオニンやリジンなどの必須アミノ酸を種々のコーティング素材で包みこんだカプセル様の製剤を乳牛用に調製したものが用いられている. コーテング素材によってアミノ酸が第一胃で微生物の攻撃から保護され, 下部消化管に移行することを企図した製品である.

バイパスしぼう　バイパス脂肪　by‐pass fat　乳牛の飼料を乳量に併せて高エネルギー化する手段として脂肪の添加給与があるが, 脂肪酸は第一胃微生物の増殖・活動に対して害作用をもつ. そこで, この悪影響をなくすために調製されたものがバイパス脂肪である. バイパス脂肪は第一胃内では不溶で下部消化管で消化・吸収される. 脂肪酸カルシウムが広く用いられている.

バイパスたんぱくしつ　バイパス蛋白質　by‐pass protein　反芻家畜の第一胃で分解されずに第四胃・小腸の下部消化管に移行する蛋白質のことをいう. 飼料蛋白質は第一胃内での分解率によって分解性蛋白質と非分解性蛋白質とに分けれられ, 飼料ごとにその比率が示されているが, 非分解性蛋白質がバイパス蛋白質に相当する.

バイパスでんぷん　バイパスデンプン　by‐pass starch　反芻家畜に給与されたデンプンの中で第一胃での分解を免れ第四胃・小腸の下部消化管に到達するデンプンのことをいう. デンプンのバイパス率は第一胃におけるデンプン分解速度に強く支配され, それは穀類の種類や穀類の加工形態によって大きく異なる.

はいばん　胚盤　germinal disc, blastodisc　鳥卵の卵黄表面にある灰白色の直径約 3 mm の小さな点状の組織をいう. 卵黄膜の直下にあり, 受精は胚盤の卵核でおこり, 胚の発生も胚盤で行われる. 卵子が受精している場合の胚盤を, 特に胚葉という.　→付図20

はいばんほう　胚盤胞　blastocyst　哺乳類の発生過程で最初の分化が生じる初期胚の時期であり, 受精後 4~7 日目に相当する. 将来, 胎子を形成する内細胞塊と胚の外側をとり囲み胎盤を形成するように運命づけられている栄養外胚葉とに, 形態的にも, また遺伝子の発現の面からも分化している. 胚盤胞を形成する時期は, 動物種によって一定である.

パイプラインミルカー　pipeline milking machine　搾乳した牛乳をパイプを使って直接牛乳処理室へ送乳する方式のミルカー. 乳頭から牛乳を搾り出す機構はバケットミルカーと同一であるが, 真空伝達配管が真空の伝達と送乳を兼ね, この配管のほかにもう 1 本パルセーター拍動用の真空パイプがつく. この 2 本の配管に搾乳ユニットを接続して搾乳する.

ハイブリドーマさいぼう　ハイブリドーマ細胞　hybridoma cell　試験管内で生存・増殖しうる癌細胞と, 生体から取り出したばかりのある特定の分化形質をもった初代細胞と融合させて作製した雑種細胞. 分化形質を有したまま試験管内で増殖できる. 代表的なものはリンパ球ハイブリドーマでモノクローナル抗体を産生するものは研究や臨床に広く応用されている.

はいほう　肺胞　pulmonal alveolous　肺で気道末端の袋状の部位. ここでガス交換が行われる. 肺胞の上皮は呼吸上皮で, 肺胞上皮細胞からなり基底膜, 血管内皮細胞を介して血管内腔に接する. 肺胞の集まりが肺胞嚢で, 肺胞嚢をつなぐ部位は肺胞管と呼ばれ, 気管支末端の呼吸性細気管支に続く.

はいらん　排卵　ovulation　卵母細胞に成熟分裂を再開させ, 二次卵母細胞を成熟卵胞から排出させる卵巣の外分泌活動. 卵胞が発育を開始し, 排卵可能な成熟卵胞に発育すると大量のエストロジェンを分泌し発情を誘起すると共に視床下部・下垂体に作用して黄体形成ホルモン (LH) サージを誘発して自らを排卵に導く. LH サージを受けると卵胞では, コラゲナーゼなどの蛋白分解酵素系や線維素溶解系が活性化され, 卵胞は急激に腫脹

し，最終的に卵胞破裂（排卵）に至る．

はいらんか　排卵窩　ovulation fossa, ovulation groove　ウマの卵巣は，他の動物と異なり皮質と髄質が逆転している．一般に，卵巣は表層が皮質で深層が髄質なので皮質全域から排卵する．しかし，ウマの卵巣は，卵巣門から髄質が皮質を取り巻くように存在し，卵巣采の付着部付近で初めて皮質が表面を占める．皮質に発達した卵胞は，やがて大きさを増してこの部分に達し，排卵はこの部位のみでおこる．卵胞の発達が未だ充分でない時期には，この部分は卵巣内に陥没しているので排卵窩と呼ばれる．

はいらんき　排卵期　ovulation phase　発情周期中で排卵がおこる時期．通常発情期と同調する．発情徴候があらわれ，雄と交尾した後に排卵するものもいる．発情と排卵時刻との関係は，例えば，ウマでは発情終了後1～5日，ウシでは8～14時間，ヒツジでは発情開始後18～24時間，ブタでは10～25時間とされている．ヒトでは，月経開始後14日とされる．ラット，マウス，ハムスターでは，発情期の早期に排卵する．完全発情周期を示す動物では，排卵期を境にして卵胞期と黄体期に区別される．

はいらんちえん　排卵遅延　delayed ovulation　正常に発情周期（月経周期）を回帰する動物では，その種に固有の周期で卵胞発育がおこり排卵する．なんらかの原因で卵胞発育が遅れるか，または，排卵のための黄体形成ホルモン（LH）サージがおこらず排卵が予定日におこらない場合があり，これを排卵遅延という．原因は，さまざまであるが，ストレスなどによりLHの分泌量が低下すると卵胞成熟が抑制され十分な量のエストロジェンが分泌されず，結果として排卵遅延に至る個体もある．

ハイランド　Highland　スコットランド高地原産の肉用牛．毛色は赤褐色，または糟毛で，長毛におおわれ有角．体重・体高は，それぞれ雌500 kg, 128 cm, 雄800 kg, 140 cm程度．肉質良好で，枝肉歩留り57%．耐寒性に優れる．

ハウスかんそう　ハウス乾燥　plastic house drying　ビニールまたはプラスチックハウス内のコンクリート製の乾燥床面に家畜糞を10～15cm程度の厚さに広げて堆積し，太陽エネルギーとハウス内を通り抜ける自然の大量の風とでふんの乾燥を図る方法．乾燥床に広げたふんを粉砕・搬送するための撹拌機が走行している．ハウス内の乾燥床面積の蒸発水分量は，夏期で4.5～5.0 ml/m^2・日，冬期で1.5～2.0 ml/m^2・日程度である．

ハウスキーピングいでんし　ハウスキーピング遺伝子　housekeeping gene　家事（housekeeping）が毎日必ずなされなければならないように，細胞の生命維持には常に発現されている必須の遺伝子群の呼称．

バウト　bout　連続する動作の一連のまとまりをいう．例えば，ウシが飼料を口腔内に取り込む一回の単位をバイト（bite）というが，連続するバイトのまとまりである摂食バウトは摂食休止期によりバウトごとに区切られる．

ハウ・ユニット　Haugh unit, HU　鶏卵の品質評価法の一つ．白色レグホンの新鮮卵で86～90．濃厚卵白の高さをh（mm），卵重をG（g）とすると，HU=100 log（h－1.7G$^{0.37}$+7.6）で求める．

バガス　bagasse　サトウキビから糖汁を採るために圧搾した残渣．NDF含量は80%前後で消化率はかなり低く，粗飼料としても低質な部類に属する．通常は製糖工場の燃料などに使用されるが，亜熱帯ならびに熱帯地域における貴重な粗飼料資源として有効な処理法や利用法の開発が期待される．

はぎ　脛　second thigh　→付図2

バキュロウイルスいでんしはつげんベクター　バキュロウイルス遺伝子発現ベクター　baculovirus expression vector　核多角体病ウイルスであるバキュロウイルスの多角体の主要構成蛋白質であるポリヘドリンの構造遺

伝子部分を有用蛋白質遺伝子と置換したベクターで，強力なポリヘドリンプロモーターにより効率よくカイコ体内で発現される．これまでにヒトαインターフェロン，マウスモノクローナル抗体，ヒト成長ホルモンなど多くの有用蛋白質生産が試みられている．

はぐい 羽食い feather pecking, feather pulling ニワトリが，自身あるいは他個体の羽毛を抜いて食べる行動．単純な飼育環境における有害な転嫁行動の一つとされる．

はくしょくきん 白色筋 white muscle 白色筋は白色筋線維を多く含む骨格筋で，一般に体表面に近く分布する傾向がある．敏速な，力強い運動を行うのに適応するが，エネルギーをおもに糖代謝に依存するため，乳酸の蓄積により疲労しやすい．ミオグロビン含量が少なく，白っぽくみえるので，白色筋と呼ばれる．ニワトリのむね肉はほとんど白色筋線維で構成され，家畜ではロース芯の胸最長筋も白色筋である．

はくしょくコーニッシュ 白色コーニッシュ White Cornish イギリスでインドの赤色アシール，オールドイングリッシュゲーム，マレイなどの交配により作出された肉用鶏の品種．当初は暗色でシャモ型であったが，アメリカで日本の大シャモと交配し，ブロイラー用雄系の赤色コーニッシュが作られ，さらに優性白色遺伝子を導入した白色コーニッシュが作られた．現在世界で最も重要な肉用品種である．三枚冠が多く，赤耳朶，皮膚は黄色，成体重は雄 5.5 kg，雌 4 kg 程度，初期発育は早いが，産卵数は少ない．

はくしょくプリマスロック 白色プリマスロック White Plymouth Rock プリマスロックの一内種で，横斑プリマスロックの白色変異型の卵肉兼用の鶏品種であったが，現在は肉用に改良．羽色の白は初め劣性白であったが，その後優性白遺伝子が導入された．成体重は雄 5.0 kg，雌 3.6 kg 程度，産卵数は年 160~200 個，卵殻は赤褐色，就巣性はない．肉用種生産の雌系として広く飼われている．

はくしょくらんおう 白色卵黄 white yolk 胚盤の下からパンダー核という小さな領域からラテブラと呼ばれる卵黄の中心部に伸びる，より白い流動性を帯びた卵黄であり，卵黄の約1%を占めるにすぎない．黄色卵黄と同じように卵黄球，顆粒などの微細粒子を含んでいるが，その一般組成は固形分が少なく，蛋白質の割合が大きいというように黄色卵黄とは著しく異なる．

はくしょくレグホーン 白色レグホーン White Leghorn 地中海沿岸原産のニワトリでイタリアで成立したレグホーンの1内種．アメリカとイギリス両国で改良作出された，世界で最も普及している卵用種．羽色は優性白色遺伝子による白色で，単冠，皮膚と脛色は黄色，羽性は速羽，成体重は雄 3.4 kg，雌 2.5 kg が標準とされているが，現在軽量に改良され，雄 2.8 kg，雌 1.8 kg が実用鶏の標準となっている．実用鶏の初産日齢は 140~150 日前後，産卵数は初年度 250~290 個，卵重は 62~65g．小型系統も作られている．

はくせん 白線 white line →付図3

はくちょう 白徴 white marking ウマの顔の星，流星，脚の白斑など．個体の特徴として記載される．大きな白斑は単純優性形質．

ハクニー Hackney イングランドのノーフォーク地方原産の軽輓用馬でノーフォークトロッターともいう．在来馬にアラブ，サラブレッドを交配して作出し，速歩能力を改良した．体高 155~160 cm，毛色は栗毛，鹿毛が多く，運搬能力は 26~27 km/h．わが国でも輓用馬の改良に貢献した．

はくひ 剥皮 skinning 屠畜場で屠畜解体して枝肉とする際，剥皮刀を使って真皮に沿って皮を除く操作．近年はブタの剥皮に機械（ハイドストリッパー）を用いたり，ウシの剥皮に電動式の剥皮刀を使用している．

バケットミルカー bucket milker 搾った牛乳をいったんバケットに貯える方式のミルカー．畜舎には真空配管を設置し，ホースで

バケットを真空にし，乳を導いて搾乳する．バケットをフロアーに置いて搾乳するフロアー型とバケットをベルトで牛の腹下に吊るすサスペンド型がある．

はこつさいぼう　破骨細胞　osteoclast
骨組織において吸収機能をもつ多核の巨細胞．細胞質には多数のミトコンドリアと小胞が散在し，骨基質側には波状縁と呼ばれる無数の細胞質突起があり，その突起を取り囲むように細胞質からなる均一な無構造の明帯がみられる．骨の吸収はリソソーム酵素の放出と波状縁に局在する H^+, ATPaseによる酸（H^+）の放出によって，酵素による骨基質の溶解と酸による脱Caが行われる．破骨細胞は酸ホスファターゼを多く含み，この酵素は破骨細胞の指標として用いられている．

はすい　破水　rupture of bag　分娩に際し，胎胞が破れて胎水が流出すること．尿膜の破裂による尿膜水の流出を第一破水という．また，産出期に羊膜が破れて羊水が流出するのを第二破水という．同時に破水することもある．破水によって胎水の大部分は産道外に流出するが，一部は子宮内に止まり陣痛ごとに少量ずつ流出して産道を粘滑にし胎子の娩出を容易にする．

パスチャーリノベーター　草地簡易更新機　pasture renovator　草地土壌の表面に爪で傷をつけ，あるいは細い切断溝をつける作業機．造成後の経年使用で硬くなった草地土壌の通気性を向上させ，また株化した牧草の根を切断することができる．さらに最近の機種では同時に施肥や播種を行い，全面更新よりも簡易に生産力を再生させる目的で使用される．有害雑草の除草剤を施用できる機種もある．

バゾトシン　vasotocin, VT　哺乳動物以外の脊椎動物の下垂体後葉に存在するアミノ酸残基9個からなるペプチドホルモンで，抗利尿・血圧上昇作用をもつ．アルギニンバゾトシン（AVT）はオキシトシンとは第8位の，アルギニンバゾプレッシンとは第3位のアミノ酸がそれぞれ異なる．系統発生的にオキシトシンとバゾプレッシンの祖先型と考えられる．AVTは硬骨魚類から鳥類までの動物種で，卵管を収縮させ放卵を促す．

**バソプレッシン　vasopressin　抗利尿ホルモンともいう．下垂体後葉ホルモンの一つ．視床下部の室傍核と視索上核の大細胞系の神経細胞で生成されるアミノ酸残基9個からなるペプチドホルモン．抗利尿作用，すなわち腎臓での水分再吸収の促進，および血圧上昇促進作用をもつ．多くの哺乳動物では第8位のアミノ酸がアルギニンであるアルギニンバゾプレッシン，ブタではリジンであるリジンバゾプレッシンである．

バター　butter　牛乳から分離したクリームを激しくかき混ぜ，またはふり混ぜること（チャーニング）により脂肪を塊状に集め，これをさらに練り上げ（ワーキング），成形したもの．発酵バターと，非発酵バター（甘性クリームバター），加塩バターと無塩バターなどの区別がある．

バターオイル　butter oil　バターを融解し，乳脂肪のみを遠心分離などの方法で集めたもの．ほとんど純粋な乳脂肪であるため保存性が非常によく，常温でも約1年間保存できる．製菓原料，アイスクリーム原料，還元牛乳の原料などに用いられる．

バターカラー　butter color　原料に由来する製品バターの色調変動を避ける目的でクリームに添加する色素．もっとも広く用いられるのはアナットー（annatto）であるが，β-カロチンを主成分とするカロチンカラーも用いられる．

バタースターター　butter starter　発酵バター製造の際，クリームを乳酸発酵させるために用いる純粋培養した乳酸菌をいう．バターカルチャーともいう．*Lactococcus lactis, Lc. cremoris, Leuconostoc citrovorum, Leuc. dextranicum*などの菌を単一または組み合わせて培養したものである．

バターパウダー　butter powder　乳脂肪含量が特に高い（80％以上）粉末クリームを

いう．製菓原料，インスタント食品の原料などに適するが酸化されやすい欠点がある．

バタープリンター butter printer　製造されたバターを種々の包装形態に応じて型付けする器械．小規模には手動式プリンターが用いられるが，普通は自動式プリンターが包装機（ラッパー）と組み合わされて用いられる．

バターミルク butter milk　バター製造の際，チャーニングによりバター粒子が形成された時に残る水相部をいう．組成的には脱脂乳とほとんど変わらない．乾燥した粉末バターミルクは製パン，製菓，アイスクリーム原料などに用いられる．

バタリー battery　ニワトリの立体飼育施設の一つで，金網，竹または木材などでできたかご，または檻を数段積み重ねて作った施設．

はついくちゅうしらん　発育中止卵 growth stopped egg　鳥類の孵卵中の受精卵において，胚の発育途中で，死籠もりとは異なり，さえずりをはじめる前，最終検卵（ニワトリでは孵卵18日目）までの間に，温度，湿度あるいは致死遺伝子など，なんらかの原因で発生が停止したもの．→死籠卵

はつが　発芽 germination　種子は適当な水分と温度条件で根と芽がでる．これを発芽という．イネ科草では，胚の位置の表皮が濡れると胚の組織の中でGA₃が作られ，これが根と幼芽の先端に達して核酸の生成を促し，さらに胚乳のマルターゼなどの酵素の生成を促して発芽のエネルギーを供給する．幼芽が地表に出ることを出芽（emergence）という．

パッカーもの packer hide　アメリカやカナダの肉加工業者の屠畜場で屠殺，剥皮され，塩蔵された原皮．剥皮技術および仕立て方法が優れていて，品質，重量，数量の揃ったものが出荷される．→カントリーハイド

ばっかくびょう　麦角病 ergot　イネ科牧草のライグラス類，フェスク類，ダリスグラスなどの穂に発生する種子伝染性の植物病．ライグラス類では小花に黒い塊（麦角）を作り，ダリスグラスでの特徴は黄色の麦角を生じる．これを多量に摂取したウシは流産や運動神経マヒなどの中毒症状（麦角病）をおこすので，出穂前に放牧するなどして回避することが必要である．

はつがこくもつ　発芽穀物 sprouting grain　大麦やエンバクなどの穀類を水や温水に浸して発芽させた飼料．養分損失や多労ではあるが，風味が良くなって嗜好性が高くなるので，病畜に給与するなど特別な場合に使用される．ビタミンBとCの含量が増加することも認められている．

はつがしけん　発芽試験 germination test　堆肥の腐熟度を判定する方法の一つ．ガラスシャーレにろ紙を敷き，堆肥に10倍量程度の蒸留水を加えて振盪・抽出した液を加え，コマツナなどの種子を播種し，発芽率を調べる方法．未熟堆肥，特に嫌気的状態においた堆肥では発芽率が低いが，十分腐熟した堆肥では発芽率は高くなる．堆肥中の生育阻害物質の有無を知るのに適した方法である．→腐熟度

ばっき　曝気 aeration　空気と液体を接触させて液体に酸素を供給すること．活性汚泥法では曝気槽の中で下部からブロアーで空気を送ったり，表面を撹拌したりして曝気を行う．

ばっきしきラグーン　曝気式ラグーン aerated lagoon　酸化池に曝気装置を設けて処理効率を高めたものを曝気式ラグーンという．低い負荷量で滞留時間を長くとった条件で運転される活性汚泥法である．

ばっきそう　曝気槽 aeration tank　活性汚泥処理施設において，活性汚泥と汚水を混合し曝気を行い汚水を浄化する槽．スラリーなどの液状糞尿を曝気処理する槽も曝気槽と呼ぶ．

バックスキン buckskin　シカ，ヤギ，ヒツジなどの革の銀面をサンドペーパーで削っ

て起毛させ柔らかく仕上げたもの．本来鹿革だけについていうべきであるが，一般には革の裏面を起毛して仕上げたスエード革を混用して呼んでいる．

はづくろい　羽繕い　preening　→毛繕い

はっけっきゅう　白血球　leukocyte, white blood cell　→顆粒白血球，無顆粒白血球

はっけつびょう　白血病　leukemia　造血細胞の系統的腫瘍性増殖を示す疾患の総称．家畜・家禽では，リンパ系細胞性の白血病が多い．

はっこう　発酵　fermentation　本来は，微生物による糖質の嫌気的分解のことであるが，一般的には微生物が有機物を分解し，サイレージ発酵，乳酸発酵，堆肥の発酵のようにヒトにとって有用な物質を作り出すことをいう．

はっこうしりょう　発酵飼料　fermented feed　飼料に細菌，酵母，かびなどの微生物を作用させて発酵をおこさせ，飼料の貯蔵性や風味の増進を目的に行われるのが発酵処理であり，その製品が発酵飼料である．貯蔵性や香味が増すことはあるが発酵によって飼料の消化率や栄養価値が増加することはまれである．

はっこうソーセージ　発酵ソーセージ　fermented sausage　ドライソーセージやセミドライソーセージの中には風味をよくするため培養したスターターを入れて，微生物の発育を促す条件下において発酵させる．こうしてできた製品をいう．欧米ではこのような製品が消費者に好まれている．

はっこうにゅう　発酵乳　fermented milk　乳汁を乳酸発酵させて製造されたもの．酸乳（ヨーグルト，アシドフィラスミルクなど）と乳糖発酵性酵母を用いたアルコール発酵乳（ケフィヤ，クミスなど）がある．

はっこうねつ　発酵熱　heat originated in fermentation　堆肥化などの過程で，原料中の易分解性有機物が好気的条件下で分解される際に発生する熱．堆肥化を適正に管理すれば，堆積物の温度は70~80℃程度まで達し，腐熟が進めば温度は低下する．堆肥の温度推移は管理の適否および腐熟度の指標となる．メタン発酵のような嫌気性発酵の場合には，熱は発生しない．　→腐熟度

はっこうバター　発酵バター　ripened cream butter, sour cream butter　乳酸発酵させたクリームを原料として製造したバター．発酵により生成した特有の芳香を有するが，保存性は劣る．わが国ではあまり製造されない．

はつじょう　発情　estrus, estrum, heat　哺乳類の雌が雄を許容する状態．通常雌は，発情周期の限られた時期にのみ雄を許容し交尾する．自然排卵する動物では，発情は，常に排卵に先行して始まる．したがって，雄と交尾した場合には，精子は卵子よりも前に受精の場に到着することになる．発情は，成熟卵胞から分泌されるエストロジェンによって誘起される．雌が発情すると，それぞれの種に特徴的な発情徴候を示すので外部からも判定が可能である．

はつじょうかいき　発情回帰　return of estrus, recurrence of estrus　種々の生理的状態の下で発情が停止していた雌動物が発情を再び示すことをいう．次のような場合が考えられる．①分娩した場合，②交配が不受胎の場合，③流産した場合，④卵巣静止や卵胞嚢腫で無発情であったものが回復した場合，⑤泌乳あるいは搾乳を中止した場合，⑥季節繁殖動物が繁殖季節に入った場合，あるいは，⑦春機発動期に達した場合，などである．いずれの場合も，回帰した発情時に妊娠しなかった場合には，その種に固有の周期で発情周期を繰り返す．

はつじょうき　発情期　estrus　発情周期のうちで発情徴候を示す時期．通常は排卵期に同調している．各種動物でほぼ決まった時間内で雄を許容し交尾する．内分泌学的には，卵巣に排卵可能な成熟卵胞を有し，分泌さ

れたエストロジェンの作用で発情徴候を示し，排卵のためのLHサージがおこる．ラット，マウス，ハムスターでは，腟スメアでは角化細胞だけが出現するが，排卵は早期におこっており，発情徴候はなく，交尾は前日の夜から早朝に行われるので注意を要する．

はつじょうきゅうしき　発情休止期　diestrus　発情周期中の黄体期に相当する時期．動物により決まった長さの発情休止期を示した後，発情期に移行する．ラット，マウス，ハムスターでは，腟スメアに白血球が主体の像を示す．マウスでは，系統により異なるが発情周期が不規則で発情休止期の長さも一定ではない．ラットとハムスターでは4~5日の発情周期を示すので発情後期の翌日に当たり，発情休止期第二日ともいう．卵巣では，黄体はプロジェステロン分泌を停止し，卵胞発育が続いている．

はつじょうこうき　発情後期　metestrus　発情期に続く時期で黄体期初期を意味する．ラット，マウス，ハムスターでは，腟スメアに白血球が出現し，角化細胞と白血球が混在する．排卵後形成された黄体は，プロジェステロンを分泌するが，この日の夕刻にピークに達した後分泌を停止する．卵巣では，次回排卵のための一群の卵胞の発育が始まっている．発情休止期第一日ともいう．

はつじょうじぞくきかん　発情持続期間　duration of estrus　発情の開始から終了までの期間．発情持続期間は，動物種や個体により異なるが，主な動物の平均時間は，以下のようである．ウシ18時間，ヒツジ32時間，ヤギ38時間，ブタ58時間，ウマ7.5日，イヌ9日，モルモット6~10時間，ハムスターとラット4~5時間．通常発情は，排卵時期に同調しているがブタやイヌのように発情期間中に排卵する動物や，ウシのように発情終了後に排卵する動物があるので，人為的に交配させる場合や人工授精を行う場合には，注意を要する．

はつじょうしゅうき　発情周期　estrous cycle　→性周期

はつじょうしゅうきおうたい　発情周期黄体　corpus luteum of estrous cycle, cyclic corpus luteum　発情周期中に自然排卵によって形成された黄体をいう．霊長類の月経周期黄体に相当する．完全発情周期を示すウシ，ブタ，ヒツジ，サル，ヒトなどでは，発情周期黄体は，14~17日間プロジェステロンを分泌し，黄体期を形成する．不完全発情周期を示すラット，マウス，ハムスターでは，排卵後2日目までに一過性にプロジェステロンを分泌するが持続しない．この様な黄体を超短命黄体（ultra short lived corpus luteum）という．

はつじょうしゅうきのどうきか　発情周期の同期化　estrous cycle synchronization　発情周期を人為的に調節し，短期間の間に一群の雌動物の発情・排卵を集中して誘起すること．発情周期を同期化することにより，1)発情発見や授精等の繁殖業務の省力化，2)分娩時期の同期化による新生子飼育管理の省力化，3)胚移植における受胚雌の排卵後日数の調節などのメリットがある．具体的な方法としては，プロジェステロン投与による黄体期の延長法とプロスタグランジン投与による黄体期の短縮法，あるいは両方法の併用法などが行われている．

はつじょうぜんき　発情前期　proestrus　発情周期の中で，発情休止期から発情期に移行する時期．卵巣では，成熟卵胞が発育の途中であり，発情徴候があらわれはじめるものもあるが，通常まだ雄を許容しない．ラット，マウス，ハムスターでは，腟スメアには，有核上皮細胞が主体の像がみられ，真の意味の発情期である．夕刻発情徴候があらわれて雄を許容し，LHサージが誘起される．排卵は，翌日の発情期早朝におこるので注意を要する．

はつじょうちょうこう　発情徴候　estrous sign, symptom of estrus　雌が雄を許容する発情期には，特徴的な外見上や行動の変化が見られ，これを発情徴候という．外見的には，外陰部の充血，腫大，子宮頸管粘液の増加などが観察される．サルでは，性皮の発赤と腫脹が

特徴的である．行動の変化としては，咆哮，挙動不安，発汗，頻尿，食欲減退，乗駕・被乗駕行動などがみられる．ラットやハムスターでは，跳び回る hopping，耳の振動 (ear wiggling) などを示し，雄に乗駕されると脊柱彎曲 (lordosis) などの特徴的な行動を示す．

はつじょうホルモン　発情ホルモン estrogen　雌動物に発情を誘起するホルモン．成熟卵胞から大量に分泌されるエストロジェンがこれに当たる．エストロジェンは，発情を誘起するとともに，視床下部・下垂体に作用して，黄体形成ホルモンサージ (LHサージ) を誘起し，成熟卵胞を排卵に導く．

はっしょくざい　発色剤 color developing agent　基本的な塩漬剤の一つであり，日本では亜硝酸ナトリウム，硝酸カリウムおよび硝酸ナトリウムの使用が認められている．これらは淡黄色の粉末であるが，添加によって食肉中のヘム色素をニトロソ化し，食肉製品などに特有の美赤色を発現させるので，発色剤という．抗菌作用があるので，欧米では保存料 (preservative) と呼ばれている．

はっせいこうがく　発生工学 developmental biotechnology　哺乳類や鳥類の初期胚に人為的な操作を加えて発生過程を改変し，発生のしくみを明らかにするとともに，有用生理活性物質の生産や有用動物の作出をめざす学問領域のこと．遺伝子組換え技術を用いたトランスジェニック動物の作出や核移植などが含まれる．

バッチばいよう　バッチ培養 batch culture　微生物や動植物の細胞を一定量の培地中で培養する方法．連続培養に対する呼称．バッチ培養で培養された細胞は通常誘導期・対数期・定常期を経て成長する．定常期の細胞を新しい培地に植え継ぐと再び成長のサイクルを繰り返す．培養過程で培地成分や細胞密度が変化して細胞の環境は一定でないという欠点があるが，連続培養に比べ装置や方法が簡便なのでよく用いられる．

バット butt　皮の肩部，腹部を除いた背と尻の部分．厚度があり皮組織が緻密なので皮として最もよい部分である．　→付図 25

バッフィング buffing　革の肉面または銀面にサンドペーパーをかけて平滑にしたり，けば立たせたりする作業．サンドペーパーを貼った回転シリンダーを備えたバッフィングマシンを使用する．元来，手袋用革などの肉面を平滑にしたり，スエード革の肉面をビロード状にけば立たせるために行われてきたが，近年ガラス張り乾燥革の粗雑な銀面を擦り落として，塗装仕上げをしやすくするためにも行われている．

ハト pigeon　わが国ではハトを食する習慣はないが，世界各地でフランス料理や中華料理には用いられている．野生のヤマバトなどは自然保護の規制も厳しく，実用的には養殖した肉用バトが利用されている．養殖肉用バトはカワラバトを起源とする属に分類され，ヤマバトとは属を異にする．当初観賞用，愛玩用として改良された．カルノー，モンデイン，キング，ラントなどの品種がある．

パドック paddock, stock yard　1) 家畜の運動場．畜舎に隣接し，運動・日光浴・休息などの場として利用される．必要に応じて，飼槽や給水装置が設置される．泥濘化しやすいため，コンクリート舗装や火山灰による置換などの防止方法がとられている．2) 放牧場の牧区．

パドル paddle　ハスペル 〔Haspel，ドイツ語〕 ともいう．木製またはコンクリート製の半円筒を横にした形の皮を処理する装置で，上部に回転する羽根を備えている．この中に皮と処理液を入れ，羽根を回転して液を動かし，皮を動揺させて，反応を促進させる．おもに準備工程の水漬け，石灰漬け，脱灰，ベーチングに使用する．機械的作用がドラムに比べてゆるやかなので，毛皮の製造においてはなめしや染色にも使用する．

はな　鼻 nose, nasus, snout　外鼻，鼻腔，副鼻腔に区分し，呼吸器の一部であると同

時に，嗅覚器を納める器官．吸気は鼻腔内で適度に加湿，加温され，塵埃が除かれる．そのために，鼻腔を鼻中隔で左右に分け，腹鼻甲介，中鼻甲介，背鼻甲介で複雑に仕切られ，粘膜は血管が密に分布して，鼻腺の分泌物で湿っている．鼻腔後部の篩骨甲介基部に嗅粘膜があり，嗅覚を司る．副鼻腔は頭蓋骨の骨洞中に延びた鼻腔の憩室である． →付図4

はなかん　鼻環　nose ring　ウシの鼻に取り付ける真鍮，プラスチックまたは竹製の環．穿孔棒または鼻中隔穿孔器でウシの鼻中隔の薄い箇所に孔をあけて通す．鼻環にロープを通して保定や誘導のために使うが，乳牛での取り付けは少なくなっている．

はなぎとうし　鼻木通し　ringing　ウシ，おもに肉牛の鼻に鼻木を取り付けること．鼻木とはウシの制御，保定を容易にするためにウシの鼻につけるリング状の曲木をいうが，最近では同一機能を有する金属性の鼻環が多く用いられる．これらは穿孔棒または鼻中隔穿孔器を用いて鼻中隔軟骨に孔をあけ，その中へ鼻木または鼻環を通す．

はなしがいしきぎゅうしゃ　放し飼い式牛舎　loose housing barn, untied barn　つなぎ飼い式牛舎の反対語で，ウシを係留しないで飼う方式の牛舎．フリーストールバーンやルースバーンがこの方式の牛舎である．

はなねじ　鼻捻　nose squeezer　ウマやブタを保定するときに使う道具．棒の先にロープの輪が付いていて，この輪の中にウマ，ブタの上顎と鼻梁をいれ，棒を捻って輪をつぼめて暴れる家畜を保定する．

バヒアグラス　bahiagrass, *Paspalum notatum* Fluegge．南アフリカ，西インド諸島原産の暖地型イネ科多年生牧草．草丈は30 cm前後で，節間の短く太いほ伏茎によって再生力の旺盛な草地を形成する．土壌を選ばず，耐乾性に優れ，高温多湿のもとで高い生産をあげる．耐霜性や耐寒性もあるので，西日本の低標高暖地では有望な放牧草種である．初期生育が弱いので草地造成には2～3年を要する．

バブコックしけん　バブコック試験　Babcock test　バブコック用乳脂計を用い，牛乳に濃硫酸を加えて蛋白質と乳糖を分解し，エマルジョンを破壊して遊離した脂肪分を遠心分離し，その容量から脂肪率を求める方法．クリーム，脱脂乳の脂肪率も測定できるが，均質化された製品には不適．

パプリカ　paprika　ナス科パプリカの果実より油脂または有機溶剤で抽出したもの．主成分はカロチノイド系のカプサンチンである．卵黄などの色調強化剤として成鶏用飼料に使われる．

バミューダグラス　Bermuda grass, *Cynodon dactylon* (L.) Pers.　ギョウギシバ．インド，パキスタン，あるいは南アフリカあたりが原産とされる，暖地型のイネ科多年生牧草．草丈は30 cm前後で，節間の短く太いほ伏茎によって再生力の旺盛な草地を形成する．土壌を選ばず，酸性土壌にも耐えられ，耐塩性と耐湿性も強い．耐寒性が比較的強いので，西日本の低標高暖地での有望な放牧用草種である．

ハム　ham　1) 本来はブタのももを骨付きのまま，あるいはロース部を塩漬し，燻煙したもの．燻煙後，熟成（乾燥）して，加熱しないで製造したものが生ハムといわれ，骨付きハムやラックスハムがこれに該当する．ボンレスハムは除骨したもも肉を原料とし，燻煙，加熱したものである．また，肩肉で作ったものをピクニックハム，あるいはショルダーハムと称し，わが国ではロース肉で作ったものをロースハムと呼んでいる．2) ブタの枝肉の部位の一つでもも部位を指す．　→付図24

はら　腹　belly　→付図2

バラエティミート　variety meat　ウシやブタの副生物（可食内臓）の総称で，肝臓，胸腺，腎臓，脳，心臓，舌，胃，横隔膜，尾などを含む．

パラカゼイン　paracasein　キモシン作

用を受け，マクロペプチド部分が離脱したカゼイン．カルシウムが存在すると凝固する性質を有する．

ばらかん　バラ冠　rose comb →とさか，付図7

パラミノ　Palomino　北アメリカ原産のウマの品種．毛色は金栗色で，たてがみ，尾は白色．体高141~160cmで乗用，ロディオ競技に使用される．

パラレルパーラー　parallel parlor　ミルキングパーラーの種類の一つで，ストールの配列がピットに対して直角となっており，ウシは尻をピットに向けて並ぶ．このためタンデムパーラーよりも作業者の移動距離は著しく短い．

はらん　破卵　cracked egg　卵殻にひび割れや穴の開いた卵．卵殻の強度と密接な関係がある．卵殻強度はニワトリの品種，給与飼料，季節などの要因によって異なるので，破卵の少ないニワトリの育種や飼養法が工夫されている．

バリうし　バリ牛　Bali cattle　バンテンを家畜化したインドネシアのバリ島原産の半野生役用牛．毛色は，雌黄褐~赤褐色，雄黒褐色で，四肢下部は白色．有角．体重・体高は，それぞれ雌280~320 kg, 111~115 cm, 雄410~430 kg, 127~130 cm程度．耐暑性，粗飼料耐性に優れ，インドネシア各地で飼育されている．

バリケン　Muscovy Duck　カモ類に含まれる8つのグループの一つとしてバリケン類がある．野生のバリケンは，中南米に広く分布している．家禽化の場所はペルーのアンデス高地とされ，15世紀にスペイン人がヨーロッパに持ち帰り，その後世界に広がった．成体重は雄4.6~6.4 kg, 雌2.3~3.2 kg, 産卵数は年120~150個，肉は美味で，耐暑性が強い．東南アジアで広く飼われている．

バルキング　bulking　膨化ともいい，活性汚泥法において最終沈殿槽で汚泥が沈降しにくくなり，上澄水が得にくくなる異常現象．

バルククーラー　bulk cooler, bulk milk tank　搾った牛乳を冷却し，集乳まで低温で貯蔵するための冷凍機と牛乳撹拌機を備えたステンレス製の貯乳タンク．冷凍機の冷却部がタンクの底部から側面にかけて密着している直膨式と冷凍機であらかじめ氷を作り，この氷を利用して冷却する製氷式がある．バルククーラーには細部にわたり細かい規格がある．冷凍能力は，1回分の牛乳を投入して最初の1時間以内に10℃に，次の1時間以内に4℃まで下がり，また，前回搾った牛乳が入っているタンクに新しい牛乳を投入した時の合乳温度は，10℃を越えないことなどとなっている．

バルクしゅうにゅう　バルク集乳　bulk milk collection　ミルクタンクローリーなどを用いた大口集乳の方法．牛乳缶をトラックに積んで集乳する小口集乳に対応する方法．

パルセーター　pulsator　乳頭に取り付けるティートカップの拍動室内を一定の周期で陰圧と常圧に交互に切り替えて，吸引期と休止期を作り出して乳の流出を支配する装置．陰圧と常圧の切り替えは，パルセーター内の作動弁を空気や液体の圧力を用いて動かす方式と電気的に電磁弁で動かす方式のものがある．前2本の乳頭より後2本の乳頭からの乳量が多いため，後の乳頭に対する吸引期を長くして4本の搾乳がほぼ同時に終了するようにした前後変率パルセーターが普及している．

パルメザンチーズ　Parmesan cheese　イタリア原産の超硬質チーズで粉末チーズの原料になる．円筒形で，直径30~46 cm, 高さ15~24 cm, 重量15~35 kg.

はれつらんぽう　破裂卵胞　ruptured follicle →付図19

ハロー　砕土整地機　harrow　プラウによって耕起された土壌を砕土整地する作業機械．プラウ耕直後の粗い砕土には，切り込み性能の高いディスクハロー（disk harrow）がよく用いられる．この後，砕土と均平性能の高い，ツースハロー（tooth harrow）やロータ

リーハロー（rotary harrow）が使われ，畑地の土壌表層面は平坦かつ膨軟な状態にされる．

ハロセンテスト halothane test　ハロセン $CF_3CHBrCl$ の短時間吸入麻酔を行い，ブタのストレス症候群（PSS）に罹りやすい個体（ストレス感受性豚）あるいは屠畜後PSE豚肉になりやすい個体を検出する検査法．検査には移動式吸入麻酔機を用い，6〜15週齢のブタに4〜6%のハロセンを含む空気を毎分2.5〜3.0 l で3〜5分間マスクを用いて吸入させる．陰性個体は吸入開始後1分以内に全身の骨格筋が完全に弛緩し，意識を失った状態となるが，陽性個体では吸入開始後1分前後から典型的な進行性の骨格筋の硬直がおこり，後肢の極端な伸展を示す．この反応はハロセン麻酔がストレッサーとなってPSSを誘起したことを示し，ストレス感受性豚が単純劣性のハロセン感受性遺伝子をホモにもっているためにおこる．なお，ハロセン感受性遺伝子はブタの血液型Hシステムおよび赤血球のホスフォヘキソーズイソメラーゼ（PHI）の遺伝子と連鎖しており，両者を標識遺伝子としてハロセンテストの補完が可能である．

はんいんよう　**半陰陽**　hermaphrodite　同一個体で雌雄両性の生殖器をもつこと．精巣と卵巣をもつもの，卵精巣をもつものなどがある．一般に繁殖能力を欠いている．

ばんうせい　**晩羽性**　late feathering　これは，卵肉兼用種（プリマスロック，ロードアイランドレット，ワイアンドットなど）にみられる伴性優性遺伝形質 K で，翼と尾羽の成長が早羽性の白色レグホーンに比較して，孵化時より遅れる．白色レグホーン雄と兼用種雌の交配からえた雛の雄はすべて晩羽性，雌はすべて早羽性となるので，雌雄鑑別に利用される．→早羽性

バンカーサイロ　bunker silo　コンクリート舗装した地面に相対する壁を設け，その間に刈取った飼料作物を詰めて上面をビニールシートで密封してサイレージ貯蔵を行う水平サイロ（horizontal silo）の一種．小容積では表面積が大きく気密保持が困難な欠点をもつが，簡単な構造で詰込み作業が容易であり，取出しもフロントローダーなどで省力的に行えることから，大容積の大型サイロとして採用されている．平坦な用地を確保できる農場で広く用いられている．

パン・かしせいぞうふくさんぶつ　**パン・菓子製造副産物**　bakery by-product　パンや菓子の製造場で生ずるパン屑や菓子屑などの副産物．製品の原材料によって成分も異なるが，消化性も高く，エネルギー価も高いので穀類の代わりにすべての家畜・家禽の飼料として利用できる．

はんきょうだい　**半きょうだい**　half-sib　父または母が共通なきょうだい．家畜では，父が共通な半きょうだいのこと．父と母に血縁関係がなければ，半きょうだい間の血縁係数は25%である．

はんきょうだいそうかん　**半きょうだい相関**　half-sib correlation　半きょうだい間の似通いの程度を級内相関により推定したもの．父による一元分類分散分析による父親成分あるいは父と母の枝分かれ分散分析における父親成分と母親成分をそれぞれ用いて推定した半きょうだい相関の4倍が遺伝率の推定値となる．

バンクフィーダー　bunk feeder　飼料の貯蔵庫やサイロから配合飼料やサイレージを長い飼槽に自動的に配餌し，一時に多くの家畜に給与する装置．コンベアーフィーダー，オーガーフィーダー，パドルフィーダーなど多くの形式がある．最近では，飼槽上部にベルトコンベアーを懸架したベルトコンベアーフィーダーに飼料撹拌機を連結した自動給餌装置が多く使われている．

バンクライフ　bunk life　→サイレージの好気的変敗

バーンクリーナー　barn cleaner　つなぎ飼い式牛舎の糞尿溝に排出された糞尿と汚れた敷料を舎外に搬出する除糞装置．バーンクリーナーにはチェーン式とシャトルストロー

ク式があるが，わが国ではチェーン式が多く使用されている．糞尿溝の底部にエンドレスのチェーンを通し，チェーンの 40~50 cm 間隔にスクレーパー（鉄製Lアングル）を取付け，チェーン駆動装置によって 4~8 m/分の速度で一定の方向に回転して糞尿を搬出する．チェーンはコーナーホイル，リバースガイドによって 90~180 度まで曲げることができる．

はんけつしゅ　半血種　half-bred　ウマの血統上の分類用語．一般に純血種（サラブレッド，アラブ，アングロ・アラブ）で改良されたもの．まれにメンヨウなどその他の家畜においても，純粋種同士の交配で得られた雑種第一代（F_1）を半血種という場合がある．

はんこうしつチーズ　半硬質チーズ　semi-hard cheese　チーズを硬さにより分類したときに，硬質チーズと軟質チーズの中間に位置する種類のチーズ．水分は 38~45%．

はんさい　半截（裁）　side leather　→サイド

ばんじょうたいばん　盤状胎盤　discoidal placenta　哺乳類でみられる胎盤の一形態である．マウス，ラット，ウサギなどのほか，ヒトやサルなどでみられる．絨毛が胎胞の一部分に円盤状に限定され，子宮内膜に付着する．→胎盤

はんしょく　繁殖　reproduction, breeding　生物が子孫を残すための現象．哺乳類の場合は，配偶子の生産，交尾，妊娠，分娩，哺育を，鳥類の場合は孵卵を含めた諸現象を総括して繁殖または生殖と呼んでいる．

はんしょくきせつ　繁殖季節　breeding season　性行為を行う季節のこと．動物の中には，1 年中繁殖活動を営むものもあるが，一定の季節に限って性行為を営むものもある．前者を周年繁殖動物といい，ウシ，ブタ，ニワトリなどがこれに属する．後者は季節繁殖動物といい，多くの野生動物やウマ，ヒツジ，ヤギなどが含まれる．北半球ではウマは春から夏にかけて，ヒツジ，ヤギは秋から冬にかけてが繁殖季節である．

はんしょくけいえい　繁殖経営　子畜の生産を主目的として家畜を飼育する経営．肉用牛では，子牛の生産を目的とする繁殖経営が 80% 強を占める．ブタでは，繁殖雌豚から生産した子豚を肥育して出荷する繁殖肥育一貫経営が中心である．

はんしょくしゅうき　繁殖周期　reproductive cycle, sexual cycle　繁殖活動の周期を総称して繁殖周期という．→生殖周期，性周期

はんしょくじゅみょう　繁殖寿命　breeding longevity　繁殖を開始してから，老齢のために繁殖活動ができなくなるまでの期間のこと．寿命より短く，一般に雄に比べて雌の方が短い．経済動物である家畜の場合は，経営上の問題などから繁殖寿命をまっとうする場合は少ない．

はんしょくしょうがい　繁殖障害　breeding disorder, reproductive difficulty, reproductive failure　雄および雌の繁殖が一時的または持続的に停止あるいは障害されている状態のこと．雌では，卵胞発育障害，黄体形成不全，子宮内膜炎，流産などがあり，雄では精巣発育不全，精巣炎，前立腺炎をはじめとする多くの種類の繁殖障害がみられる．

はんしょくてきれい　繁殖適齢　breeding age　繁殖に使用するのに適した月齢または年齢のこと．繁殖供用開始適齢期ともいわれている．動物が性成熟期に達すると繁殖に用いることができるが，この時期の個体はまだ成長期にあるため，身体の発育をまって実際には繁殖に用いている．飼育環境や品種によって異なるが，雌牛では生後 13~15 カ月，雄ウシでは 14~22 カ月，ブタでは雌雄ともに 8~10 カ月とされている．

はんしょくのうりょく　繁殖能力　reproductive activity, reproductive ability　繁殖できる能力の総称．雌では，発情，排卵，交尾，受胎，妊娠，哺育などができる能力のこと．雄では，受精能力のある精子の生産，交尾，射精などができる能力のこと．1 頭（羽）

の雌が一生のうちに，または一定期間に生むことのできる最大産子数（卵数）を意味する場合もある．

はんしょくりつ　繁殖率　breeding efficiency　繁殖に用いた雌の数に対する生産された子の数の割合のこと．繁殖効率ともいう．受胎率，早期胚死亡率，流産率や分娩時の異常などが繁殖率に影響する．繁殖率を向上させるための手段として，人工授精や受精卵（胚）移植関連の多くの技術が開発されてきている．

はんすう　反芻　rumination　反芻胃内容物を口腔へ吐き戻し，再咀嚼して唾液と混和し，内容物をより微粒子化し，再嚥下すること．吐き戻しは第二胃内容が第二胃の特別の収縮で噴門部に移動し，胸腔内圧の低下と噴門の弛緩，声門の閉鎖により食道内に流入し，その逆蠕動によって口腔に戻っておきる．反芻には通常，1日の1/3を費やすが，粗い飼料の増加によって時間が長くなる．反芻中枢は網様体にあり大脳皮質からも支配される．

はんすうい　反芻胃　ruminoreticulum　反芻動物は胃が4部に分かれた複胃になっており，食道側から第一胃，第二胃，第三胃，第四胃とされる．第一胃（ルーメン）と第二胃を合わせて反芻胃と呼ぶ．第一胃から第三胃までの内面面は食道と同様の重層扁平上皮に被われる．第一胃には舌状の突起が無数あるが，第二胃では蜂の巣状を呈する．反芻胃内の微生物により消化の困難な繊維を分解し，栄養素として利用している．

はんすうたい　半数体　haploid　高等動物の染色体は，通常常染色体相同対，性染色体対よりなる2倍体（2n）diploidであるが，その半数（n）の染色体をもつ細胞（配偶子），または個体（ミツバチの雄）．

はんすうどうぶつ　反芻動物　ruminant　第一胃から第四胃まで分かれた胃をもつ動物群（亜目）．反芻する習性があり，消化には微生物が重要な役割を果たす．

バーンスクレーパー　barn scraper　フリーストール牛舎などの幅1.5~3.5mの広い通路に排泄された糞尿をスクレーパ（かき出し機）で一方向へ押し，舎外やバンクリーナ溝まで搬出する除糞装置．チェーンに取り付けた2本1組のスクレーパーを交互に反対方向に往復させ，一方のスクレーパが通路の糞尿を集め，他方は糞を掻かないで戻る機構で通路内の糞尿を同一方向に搬出する．スクレーパーが中央で二つに折れる構造のデルタ型スクレーパーもある．

はんせいいでん　伴性遺伝　sex-linked inheritance　ホモ配偶子型の性染色体（哺乳類のX，鳥類のZ染色体）上に位置する遺伝子により伝えられる遺伝．例えば，ニワトリの横斑遺伝子BはZ染色体上に位置するので，雌（ZW）を横斑（B/-），雄（ZZ）を正常（b/b）の個体と交配すると雄の子は横斑（B/b），雌の子は正常（b/b）となるので雌雄鑑別に利用できる．

パンダーかく　パンダー核　Pander's nucleus　→付図20

はんたいばん　半胎盤　semiplacenta　無脱落膜胎盤ともいう．真胎盤（脱落膜胎盤）と異なり，胎子の絨毛膜だけでつくられる胎盤である．胎子の絨毛上皮と子宮内膜上皮との間にいくらかの間隙がある．子宮内膜固有層には大きな変化はない．出産時には絨毛が子宮内膜の窪みから抜け出すので母体の子宮内膜の損傷は少なく，出血も少ない．家畜ではウマ，ウシ，ヒツジ，ヤギ，ブタが半胎盤をつくる．　→胎盤，真胎盤

バンタム　Bantam　小型の愛玩用鶏品種で，ゴールデン・シーブライト・バンタムが純粋のバンタムとして有名．この品種の親系は，金色・銀色ポーランド，黒色・白色バラ冠バンタム，南京バンタムとされている．雌雄とも丸羽の羽装で，羽色に金色と銀色の覆輪を持つ二つの内種が作られている．冠はバラ冠で，成体重は雄650g，雌600g程度，美しいので愛玩用として飼われている．

はんちしいでんし　半致死遺伝子　semi-lethal gene　完全致死遺伝子をもった動物は，胎児期までに死亡するが，致死効果が不完全で繁殖年齢に達するまでに死亡する動物は半致死遺伝子をもった動物という．ウシの多蹄，ブタの口蓋裂，ニワトリの先天性振盪症など．

ばんて　番手　count, quality number, yarn number　糸の太さをあらわす単位の総称．重さを基準としてその長さをあらわす方式と，長さを基準としてその重さをあらわす方式がある．前者に綿番手，メートル番手，後者にデニールがある．

バンテン　Banteng　ミャンマー，タイ，インドネシア，マレーシアに生息，分布する野生牛．毛色は，黄褐～赤褐色で黒の背線をもつが，性成熟にともなって雄は黒褐～黒色になる．四肢下部は白色，臀部に大きな白斑をもつ．有角．体重・体高は，それぞれ雌270 kg，125 cm，雄360 kg，140 cm程度．インドネシアを中心に東南アジア地域の家畜牛の成立に寄与．

はんてんしようけんほう　反転飼養試験法　double-reversal feeding experiment　2群（または2頭）の動物の一方を対照群，他方を試験群として，一定期間飼養試験を行った後，対照群を試験群に試験群を対照群に反転し，同じ期間試験を行い，両群の成績の比較から，処置の効果を求める方法．ただ本法では，前処理の影響が反転後残っていないことが必要である．供試する動物数や飼育施設が限られている時に有用な試験法．

はんのうさ　反応鎖　reaction chains　性行動が完了するためには雄と雌のいくつもの動作が順々におこらなければならず，各動作はその前の動作が信号刺激となって発現する．このように，行動が一連の刺激系，一連の動作系として反応していることを反応鎖という．

ばんば　輓馬　draft horse　田畑の耕作，荷物運搬など牽引作業に適した役用馬．体量豊かで，厚頸，長躯，胸筋充実し，力量に富む中間種と重種が利用される．現在わが国では，北海道でそりを曳く輓用競馬に使用されているのみである．

パンパ　pampa　温帯地域に発達した長草型草原の一つで，アルゼンチンに広がる草原の名称．

はんぷくはいれつ　反復配列（DNAの）repetitive sequence　真核生物のDNAには遺伝子などの特異的な塩基配列のほかに，一定の単位の塩基配列が反復して存在する領域が存在し，これを反復配列と呼んでいる．反復配列は高度反復配列，中程度反復配列，逆向き反復配列に大別される．高度反復配列は2～10塩基対の配列が直列につらなっており，おもにサテライトDNAとして知られている．中程度反復配列は5～10キロ塩基対の長い反復単位をもつゲノム全体に散在するものと，100～300塩基対の反復単位をもつゲノム全体に散在するもので最も良く知られているものにAlu配列がある．逆向き配列にはDNAの変性状態でヘアピン構造をつくる回転対称の塩基配列をいう．

はんぷくりつ　反復率　repeatability　ウシの産乳量やブタの産子数などのように同一個体で何度も測定できる形質について，同一個体の測定記録間の似通いの程度を示したもので，0～1の値をとる．表型値からその個体の能力を判断する場合の正確度の指標となり，広義の遺伝率の上限を示す．また，より一般には，推定値の統計学的な信頼性を示す値であり，育種価推定値の信頼度を示す値としても用いられる．

ハンプシャー　Hampshire　アメリカのマサチューセッツ州，ケンタッキー州原産のブタの品種で，19世紀初めにイギリスのハンプシャーから輸入された黒地に白帯があり背脂肪と皮膚の薄いブタが基になっている．1904年に品種名がハンプシャーと統一された．成体重は雄300 kg，雌250 kg程度，産子数は平均10頭で，アメリカのほかカナダやヨーロッパなどで普及し，わが国にも昭和40

年代に輸入され普及したが，現在はほとんど飼われていない．

はんぞんてきふくせい　半保存的複製（DNAの）semiconservative replication　DNA複製の際，二本鎖のそれぞれの一本鎖がもとになった鋳型となり，それぞれに相補的な前駆体モノヌクレオチドが対合した後，重合され，二重らせん二本がそれぞれの一本鎖に対応して形成される．新しいモノヌクレオチドが鋳型の上に並ぶとき，その並び方は相補性によって一義的に決定される．子の分子はお互い同士の間でも，親の分子との間でも，塩基配列の順序はまったく同じである．このようにして，親とまったく同じ遺伝情報をもった子の分子が2倍に自己増殖される．このとき生じた子の二重らせん分子は，一方の鎖は親からそっくり受け継ぎ，相手の一本鎖だけ新しく合成されたわけで，これを半保存的複製と呼ぶようになった．

はんまる　半丸　side　枝肉を脊椎骨の中央線に沿って正中断したもの．

はんもんいでんし　斑紋遺伝子　spotted gene　家畜の毛皮に斑紋を生じる遺伝子．優性のものは，ヘレフォードの白色斑，ホルスタインのそけい部白斑，ウマに見られる腹部に白斑をもつ脚部白色などが知られている．ブタのバークシャーやポーランドチャイナの六白は不完全劣性，ハンプシャーの白帯は2種の遺伝子が関与する優性形質といわれる．

はんりょどうぶつ　伴侶動物　companion animal　人間活動の心理的，情緒的な面で人間と共存関係にある動物で，イヌ（盲導犬，介助犬など），ネコ，カナリア，インコ，ウマ（動物介在療法に利用）など．

[ひ]

ピーいんし　P因子（遺伝子の）　P element　原核生物のトランスポゾンと同様の染色体上を転移するDNA単位で，ショウジョウバエで見いだされている可動遺伝子因子．ショウジョウバエでのP因子ではこのような染色体上の転移機構を利用し，ベクターとして利用する技術がすでに開発されている．

ピーエスイーぶたにく　PSE豚肉　pale, soft and exudative pork, PSE pork　肉色が白く変色し，締まりが悪く弾性に欠け，組織が脆弱となり筋漿が異常に多く浸出する豚肉をいう．原因はストレス感受性の高いブタが屠殺前に強いストレスを受けた場合に発生すると考えられている．発生部位は胸最長筋，半腱様筋に最も多く，他の骨格筋でも発生．ウォータリーポーク，むれ肉，ふけ肉は同意語であるが，類語の水豚（みずぶた）は軟脂豚を意味する．　→豚ストレス症候群

ピーエスエー　BSA　bovine serum albumin　ウシの血清中に含まれる主要蛋白質，血清アルブミンの略号．標準蛋白質として，蛋白質の定量，免疫実験における対照区用の抗原として多用されるほか，その膠質浸透圧作用のため，培養液への添加物として用いられる．

ピーエスエス　PSS, porcine stress syndrome　→豚ストレス症候群

ピー・エフ　pF　水分が土壌粒子に吸引保持されている強さをその吸引圧に相当する水中の高さ（cm）の対数であらわした値をいう．

→どじょうすいぶん

ピーオーディー　BOD　biochemical oxygen demand　生物化学的酸素要求量．水の有機物による汚濁の代表的な指標の一つ．20℃において，水中の有機性汚濁物質が生物化学的に酸化されるとき，5日間で消費される酸素量をmg/lであらわす．特に微生物によって分解されやすい有機物の量の指標となる．

ピーオーディーおでいてんかんりつ　BOD汚泥転換率　BOD gross yield coefficient of sludge　曝気槽において，除去されたBOD当たりの汚泥発生量を％であらわしたもの．SS汚泥転換率とともに余剰汚泥量算出の基礎となる数値である．

ピーオーディーおでいふか　BOD汚泥負荷

BOD sludge loading, BOD-SS loading　曝気槽内の単位（MLSS）当たり，1日に流入するBOD．単位はBOD-kg/MLSS-kg・日．活性汚泥の微生物量に対するBODの量をあらわすもので，曝気槽の設計および運転管理の指標に用いられる．

　ビーオーディーようせきふか　BOD容積負荷　BOD volumetric loading　曝気槽の単位容積当たり1日に流入するBODの量．単位はBOD-kg/m^3・日．汚水処理施設の設計では，曝気槽必要容積の算出に用いられる重要な数値である．

　ビーがたディーエヌエー　B型（構造）DNA　B-form DNA　DNAの5種類の構造状態，すなわちA，B，C，D，およびZ型のうちの一つ．B型の構造は湿度90%以上（溶液状態）に相当し，二重らせん分子の太さは直径2 nmで，ワトソン－クリックのモデルに該当するもっともよく知られた構造状態．

　ひいくけいたい　肥育形態　type of fattening　素畜の品種・性・年齢，生産する枝肉の質などによって区分される肥育の種類区分．多様な形態が見られる肉用牛肥育で使われる用語．肉用種では去勢若齢肥育・雌牛普通肥育・雌牛理想肥育・廃用牛肥育，乳用種では去勢若齢肥育・一貫肥育・成牛肥育などがある．近年，肉用種の肥育形態は単純化してきており，雌牛普通肥育が単に成雌牛肥育，去勢若齢肥育が去勢肥育と呼ばれるように変わってきている．

　ひいくさえき　肥育差益　肉畜の庭先販売価額から素畜費と飼料費を控除した差額．一般には，飼料費に占める濃厚飼料費の割合が高く，粗飼料も購入に依存する場合が多いので，肥育差益＝肉畜庭先販売価額－（素畜費＋購入飼料費）として算出される場合が多い．素畜費と飼料費で労働費を除く生産コストの90%近くを占めるため，収益水準把握の目安として使われる．

　ひいくしゃ　肥育舎　ブタ：fattening piggery；ウシ：fattening barn　食肉生産の各ステージの中で，肥らせるステージ（期間）に用いる畜舎．

　ビーさいぼう　B細胞　B cell　リンパ球の一種であり，哺乳類では骨髄（bone marrow）由来で，一方，鳥類ではファブリキウス嚢（bursa of Fabricius）由来であるため，英名の頭文字をとりB細胞と呼ばれる．抗原刺激を受けると幼若化して，その抗原に特異的な免疫グロブリンを産生する形質細胞の前駆細胞のこと．→形質細胞

　ピーシーアールほう　PCR法　polymerase chain reaction　DNA鎖の特定の配列のみを増幅する方法で，複製連鎖反応ないしポリメラーゼ連鎖反応ともいう．増幅反応のプライマーとして増幅部両端の塩基配列を含むオリゴヌクレオチドを用い，熱変性，ハイブリダイゼーション，DNA伸長反応のサイクルを繰り返すことによって行う．この方法により微量のDNAの検出が可能になった．また逆転写酵素を用いることによりRNAからのDNA増幅も行える．現在ではこの技術は遺伝子診断，親子鑑定など広く応用されている．

　ピータン　皮蛋　pidan　卵に草木灰，炭酸ソーダ，生石灰，食塩などより作ったアルカリ性の泥状物を塗布するか，あるいはその中に漬け込んで数ヵ月おいて作る．アルカリの作用で卵白は黒褐色のジェリー状となり，卵黄も黒褐色の固体となる．本来アヒルの卵を用いるが，鶏卵でも類似品が作られる．

　ピーティーオーじく　PTO軸　power take-off shaft　トラクター後部に飛び出している数条の縦溝を施した動力取出し軸．トラクターに直装ないし牽引される各種作業機の動源として使用される．国際的な規格が定まっており，トラクター用作業機はこの規格に合わせて動力伝達系の設計を行っている．

　ヒートダメージ　heat damage　加熱あるいは高温発酵によって飼料成分の変質がおこり蛋白質や炭水化物の消化率が低下して栄養価が減少することをいう．大型の梱包乾草あ

るいは低水分梱包サイレージ（ロールベール）を調製する際に高温発酵をおこし，この現象を呈することがある．

ビートトップ beet top　砂糖ダイコン（テンサイ）の地上部．根部収穫時に地上部を刈取り，おもにサイレージにする．サイレージの水分はかなり変動するが，乾物当たりのTDNはサイレージでは64.7％（日本飼養標準），生草では71.9％で栄養価の高い農業副産物である．しかし，シュウ酸含量が高いので給与には注意を要する．

ビートパルプ beet pulp　テンサイから砂糖を製造する際に副生する残渣である．成分的にはその約70％が繊維であるが，その反芻家畜による消化性は非常に高い．北海道の畑作地帯からの供給もあるが，アメリカ，カナダ，中国などからの輸入品の使用量が多く，乳牛の日常的な飼料として利用されている．

ビーファロー Beefalo　アメリカのカリフォルニア州で作出された肉用牛．アメリカバイソン3/8，ヘレフォード1/8，アバディーンアンガス1/8，シャロレー3/8の血液割合をもつ．毛色は，黒色，赤褐色，それらの糟毛で，無角．赤肉が多く，脂肪は少ないが，筋線維は粗く，枝肉歩留り66％．飼料効率，テキサス熱抵抗性に優れる．

ビーフマスター Beefmaster　アメリカテキサス州ラスター牧場原産の肉用牛．ブラーマン1/2，ヘレフォード1/4，ショートホーン1/4の血液割合をもつ．毛色は，白色，黄色，赤褐色，黒色，それらの糟毛，斑紋など多彩である．肩峰は中程度，有角．体重・体高は，それぞれ雌600 kg，132 cm，雄900 kg，140 cm程度．肉質は良好．テキサス熱，ピンクアイに抵抗性を持つ．

ビールかす　ビール粕 brewers grain　ビールは乾燥麦芽にデンプン源を加え，加水，保温して糖化を行い，糖液を分離し，次に酵母を加えてアルコール発酵を行わせて作られる．この過程で糖液を分離した残渣をビール粕としている．ビール粕には高水分のものと乾燥品の両方がある．おもに乳牛と肉用牛の飼料として利用されている．

ひいれ　火入れ burning　山林や原野を草地に改良する場合に，樹木を伐採・搬出する．潅木，小枝，枯草の処理法としてこれに火を付ける．これを火入れという．傾斜地の草に火入れをするときは山の上から麓にむけて火をつけると地際までよく焼ける．燃えた後の灰は肥料としての効果がある．

ひいんこうどう　庇蔭行動 shelter seeking　護身行動の代表的なものであり，酷暑や厳寒，強風などの悪天候から身を守るため，建物や木立などの物陰に身を寄せる行動をいう．このような施設が放牧地にない場合には，ウシやウマは体の向きを変え，風雨の向きと逆方向に定位する．

ひいんりん　庇蔭林 shelter woods　家畜や草に日陰を与えるための牧野樹林．前者は家畜庇蔭林，後者は草生庇蔭林と呼ばれるが，一般には庇蔭林といえば前者を指すことが多い．

びう　尾羽 tail feathers　鳥類で，尾椎の末端から通常扇状に生ずる一群の羽．ニワトリの尾羽は主尾羽と副尾羽からなり，後者はさらに謡羽，小謡羽，覆尾羽に区分される．主尾羽では謡羽，小謡羽の内側で直進する大型の羽が列をなし，雄鶏で謡羽は湾曲した最長の二枚の羽で，小謡羽とは謡羽の下で主尾羽の両側に並ぶ湾曲した長い数枚の羽を指す．さらに覆尾羽が謡羽列の前位で湾曲した羽列を示すが，これらの謡羽は前方で次第に小さくなる．→付図6

ひえ　稗 Japanese millet, *Echinochloa flumentacea* Link.　イネ科ヒエ属の一年生作物．冷害，湿害，干害などの不良環境に強い．飼料用としていくつかの品種が市販されている．水田の転換作物として重要である．

ピェトレン Pietrain　ベルギーのブラバント地方ピェトレン村周辺原産のブタ品種で，その起源については不明な部分が多いが，フランスの品種バイユーに由来するといわ

れ, 1955年に認定された新しい品種. 毛色は灰白色と暗色の斑紋で, 成体重は雄280 kg, 雌240 kg位で, 最大の特徴は筋肉質で赤肉の割合が高く, 皮下脂肪が薄いことである. この品種では, PSE (むれ肉) の発生率が高い.

ピエモンテーゼ Piemontese イタリア北東部ピエモント地方原産の乳肉役三用途兼用牛. 有角で毛色は白～淡褐色で黒ぼかし, 眼の周辺, 鼻鏡, 蹄は黒色. 体重, 体長は, それぞれ雌580 kg, 138 cm, 雄800 kg, 145 cm程度, 乳量は1,700 kg, 乳脂率3.9%, 枝肉歩留り57%.

ひかく 皮革 hide, leather 動物の生皮＜なまかわ＞とこれをなめした革の両方を意味する用語. 一般には革そのものを指すことが多い. 皮をなめすことにより腐敗し難く, 柔軟性, 多孔性, 耐水性, 耐熱性に優れた革になる. クロムなめし革, 植物タンニンなめし革, 油なめし革, みょうばんなめし革など多くの種類があるが, それぞれ特有の性質をもっている. →なめし

ひかくしんさ 比較審査 comparative judging 家畜の体型審査において, 群内で個体間の優劣を比較して序列をつけること. まず, 最初に審査で幾組かに階級分けし, 次に各階級内で比較してより細かく階級を分けることを繰り返し, 最終的に序列を決定する.

ひかくゆうりせい 比較有利性 comparative advantage 作目間比較における経営内部から見た有利性. 農業経営における自然的・経済的・社会的条件, 個人的事情の下での作目決定では, その経営にもっとも有利なものが選ばれる. 他の経営あるいは他の地域より劣るものであっても, 与えられた条件の下では最適作目なのであり, その作目がもつそのような性格を指している.

ひかねつしょくにくせいひん 非加熱食肉製品 原料肉を塩せきし, 燻煙または乾燥したもので, 63℃, 30分間またはこれと同等以上の効力を有する加熱殺菌工程を行わないものをいう. 加熱殺菌工程がないので, 製造に当っては, 衛生面に十分な配慮が必要で, その成分規格, 製造方法および保存方法の規格基準が食品衛生法に基づききめ細かく定められている.

ひきさきつよさ 引き裂き強さ tear strength 革の試験片の中心線に切り込みを入れ, 切り込み部の両端を引張り試験機にとりつけ, 引き裂いて切断するまでの最大荷重を読み, 引き裂き強さを算出する. JIS K6550革試験方法に規定されている.

ひきにく 挽き肉 ground meat 肉挽き機で挽いた食肉. 肉挽き機のプレートの穴の直径によって挽き肉の大きさが決められる.

びきょう 鼻鏡 muzzle 家畜では上唇と鼻尖の間に明らかな境界がなく連続し, 反芻類, ブタでは鼻唇平面を作る. 鼻唇平面には被毛がほとんどなく, 皮下に鼻唇腺が発達し, 分泌物で常に湿されて光沢を有するので, 鼻鏡と呼ばれる. 皮膚小稜と皮膚小溝による独特の紋様が認められ, 鼻鏡に墨を塗って紙に紋様を写したものを鼻紋プリントという. ウシでは鼻紋として個体識別に使用される. →付図1

ピクニック picnic 豚半丸枝肉の部分肉名で, かたの下半分. またはこの部分を塩漬けし, 燻煙した食肉製品. →付図24

びこう 鼻孔 nostril →付図1, 付図2, 付図5, 付図6

ひこつ 腓骨 fibula 脛骨とともに下腿骨格を構成するが, 退化しかかっているものも多い. ブタでは全長にわたって独立し, 脛骨と関節結合するが, ウマでは上半のみ独立し, 下半は細長く, 脛骨に癒合結合する. ウシでは最も退化し, わずかに小突起として残る. →付図22

びこん 尾根 tail setting, tail head〔ウシ〕, dock〔ウマ〕 →付図1, 付図2

ひざ (まえひざ) 膝 (前膝) knee →付図2

びざこつ 尾坐骨 pygostyle 尾端骨ともいう. 鳥類の脊柱の末端にあり, 数個の尾椎

の癒合により生じた骨で，これに尾羽がつく．→付図22

ひじ　肘　elbow →付図2

ひしつぶん　皮質分　hide substance 皮革のコラーゲン含有量．皮革中の窒素の％を皮質％に換算するには窒素量に5.62（100/17.8）を掛ける．

びじゃくはつじょう　微弱発情　feeble estrus 発情徴候が微弱で，持続時間も短い発情をいう．また，発情期にあるにもかかわらず，それが外見的に明瞭でない場合を鈍性発情と呼ぶが，微弱発情と鈍性発情を同義に用いることもある．経産のものでは，分娩後，再び卵巣が活発に活動するまでの移行期にみられる．未経産では性成熟前後に微弱発情を数回繰り返し，その後排卵をともなう発情があらわれる．

ひせつ　飛節　hock 足根関節のことで，足根部を造る複雑な関節をいう．足根骨近位列と下腿骨との間を連結する足根下腿関節，足根骨間を関節する足根間関節および足根骨遠位列と中足骨を結ぶ足根中足関節が含まれる．→付図1，付図2，付図4，付図5

びせん　尾腺　uropygial gland, preen gland 尾の付け根の尾坐骨の背側にある鳥類特有の脂腺で，俗に油つぼといわれる．複合管状腺で，ポロクリン型の分泌様式で油脂状物を分泌する．分泌された油脂状物は嘴で羽毛に塗り付けて羽毛が湿るのを防ぐ．

ひぞう　脾臓　spleen 腹腔内で胃の大湾の左側に沿って存在する暗赤色の臓器．血管系に介在するリンパ系器官で，実質はリンパ組織である白脾髄と赤血球を貯留する赤脾髄に大別される．血流に運ばれてくる病原菌や異物を補足し，抗体を産生する他，自身の老朽赤血球を破壊する．

ひそうじこうはい　非相似交配 →表型非相似交配

ひたい　額　forehead →付図1，付図2，付図5

ビタミンきょうかぎゅうにゅう　ビタミン強化牛乳　vitamin fortified milk ビタミン強化は主としてビタミンDについて行われ，その他A，B_1について強化されることもある．わが国では乳へのビタミンの添加は認められていない．添加した場合は乳飲料に分類される．

ひたん　飛端　point of hock →付図2

ひたんぱくたいちっそかごうぶつ　非蛋白態窒素化合物　non-protein nitrogen compounds 生物体あるいは飼料などの物質において蛋白質以外の窒素化合物を総称して非蛋白態窒素化合物と呼んでいる．特に飼料の分野で用いられることが多く，この中にはアンモニア，尿素，遊離アミノ酸，アマイドなどが含まれる．

びつい　尾椎　caudal vertebrae, caudal coccygeal vertebrae 脊柱の最後位にみられ，椎骨の形態は備えているが，棘突起や横突起が退化し，後位の椎骨ほど小さくなる．椎骨の数はウマ15~19個，ウシ18~20個，ブタ20~23個と動物種によって異なり，また同じ動物でも個体差がある．→付図21

ピッカー　picker 食鶏の羽毛を抜く装置で，屠殺後回転する多数のゴム製の弾力ある棒で湯漬けした鶏体をたたいて羽毛を抜く．

ビッグミール　big meal 放牧地などでウシを連続放牧すると，ウシは比較的明瞭な摂食行動のパターンを示す．一般に日の出・日没時に盛んに摂食する時間帯があり，これをビッグミールあるいはビッグモーニングミールと呼ぶ．

ピックリング　pickling 脱灰，ベーチングを終えた皮を酸と塩化ナトリウムの混合溶液で処理して，皮の膨潤を抑制しながらなめしに適した酸性のpHに調節する作業．これはクロムなめしでは特に重要な作業になっているが，植物タンニンなめしの場合では一般に行われない．このピックリングは皮の貯蔵法としても行われている．

ピックル　pickle 食肉加工におけるピックルは，塩漬剤を水に溶かした溶液のこと．

ブライン brine ともいう．

ひっすアミノさん　必須アミノ酸　essential amino acids（EAA）　動物体内で合成できないか，合成速度が遅くてその要求量が満たせないため，飼料として与える必要のあるアミノ酸を指す．　→不可欠アミノ酸

ひっすアミノさんしすう　必須アミノ酸指数　essential amino acid index　必須アミノ酸の含量を基準にして，蛋白質の栄養価を示す単位．全卵蛋白中の必須アミノ酸含量と目的とする飼料中の必須アミノ酸含量との比をとり，すべての必須アミノ酸について幾何平均したもの．

ひっすしぼうさん　必須脂肪酸　essential fatty acids　家畜・家禽の栄養に必須の脂肪酸で，一種のビタミンと考えられている．高度不飽和脂肪酸であるリノール酸やリノレン酸がこれに属する．

ひっぱりつよさ　引張り強さ　tensile strength　革の試験片を引張り試験機で引張り，切断までの最大荷重を読み，これを試験片の断面積で割って，引張り強さ〔$kg \cdot mm^{-2}$〕を算出する．JIS K6550革試験方法に規定されている．

ひづめ　蹄　hoof, ungula　蹄は有蹄類家畜で発達し，厚く硬く発達した角質層が函形に指先を包み，蹄鞘と呼ばれる．ウマでは後部が角質化した蹄球となり，蹄底に楔形に突出し，蹄叉をつくる．蹄鞘は蹄壁で囲まれ，近位で皮膚への移行部が蹄冠縁，着地部が蹄底縁となる．反芻家畜では第三，四指が主蹄となり，後部に副蹄を備えるが骨格的基礎を有しない．一方，ブタでは主蹄と同様に，副蹄にも骨格的基礎が存在する．　→付図3

びどう　鼻道　nasal meatus　背鼻甲介と腹鼻甲介によって，外側は背鼻道，中鼻道，腹鼻道という三つの通路に分けられる空気の通路．内側では区別はなく，総鼻道という．背鼻道は嗅粘膜への，中鼻道は副鼻腔への通路ともなり，腹鼻道は後鼻孔へ直通する．

びどういでんし　微動遺伝子　minor gene　ポリジーンを構成し，量的形質を支配する遺伝子（群）．メンデル遺伝の法則性に従わないことが多い．　→主働遺伝子，量的形質ポリジーン

ひとじゅうもうせいせいせんしげきホルモン　人絨毛性性腺刺激ホルモン　human chorionic gonadotrop（h）in HCG　ヒトの合胞体性栄養膜細胞（syncytiotrophoblast）から分泌される性腺刺激ホルモン．別名妊婦尿性性腺刺激ホルモン．妊娠2～3ヵ月の婦人血中および尿中に大量に出現する．分子量39,000の糖蛋白質で，α鎖とβ鎖からなり，α鎖は，人卵胞刺激ホルモン，黄体形成ホルモン（LH），甲状腺ホルモンと同一構造である．hCGは，LHの受容体と高い親和性で結合することから，雌では，卵胞発育・排卵惹起，雄では，精巣機能亢進の目的で広く使用される．

ひとはらご　一腹子　littermate, litter　→同腹子

ひとはらしぼり　一腹搾り　外部から購入した経産牛を一腹（1乳期）のみ搾乳しながら肥育し，搾乳終了後肉牛として出荷する経営形態．自家育成は行わず，粕類の利用を取り入れた都市近郊に立地する経営に見られる．牛肉輸入自由化後の乳廃牛価格の下落によって，有利性は低下している．また，糞尿の処理が問題となる場合がある．

ひなんしゃ（ひなんごや）　避難舎（避難小屋）　shelter　放牧中の家畜が，夏の直射日光，冬の風，雪，あるいは暴風雨から避難するために設置される施設．入牧当初，ウシを慣らすために避難舎で飼料や水を与えることもある．避難小屋ともいう．

ひにゅう　泌乳　lactation　哺乳動物の雌が乳腺で乳汁を合成・分泌し，排出することをいう．適切なホルモン処置により，非妊娠動物でも泌乳を誘起することができる（誘起泌乳）．泌乳は，乳汁分泌と乳汁排出の二つの相からなる．泌乳を維持するためには，定期的な吸乳（搾乳）刺激によってプロラクチンなど乳汁分泌維持ホルモンの分泌を保持し，貯

ひにゅうおうたい　泌乳黄体　corpus luteum of lactation　マウスやラットでは，分娩後の排卵によってできた黄体が泌乳期間中，発達し機能する．このような黄体を泌乳黄体と呼ぶ．吸乳刺激によって分泌されるプロラクチンの黄体刺激作用により，黄体が発達，維持される．

ひにゅうきかん　泌乳期間　lactation period, milking period　泌乳開始後，泌乳終了までの期間．普通，分娩により泌乳を開始し，搾乳または哺乳の継続により泌乳を持続し，乾乳または離乳により泌乳を終了する．乳牛の搾乳の場合の泌乳期間は約10カ月，和牛の自然哺乳の場合の泌乳期間は約6カ月である．

ひにゅうきょくせん　泌乳曲線　lactation curve　泌乳期間中の毎日の泌乳量の変化の過程を示す曲線．日々の乳量は，環境温度，給与飼料の質と量，食欲や疾病および体調などの影響を受けるため滑らかな線ではないが，乳牛の場合はおおむね，分娩後，次第に日乳量が増加し，1~2カ月ころに最高に達し，その後徐々に減少する曲線を描く．

ひにゅうじぞくせい　泌乳持続性　persistency of lactation　乳用家畜の泌乳能力の指標の一つで，泌乳の最高期以降に，泌乳量を維持する能力のこと．一般に，最高期以降，泌乳減退期における泌乳量の減少率であらわされる．泌乳持続性をあらわす指標として，前期100日間，後期100日間の乳量の比，$P_{2:1} = M_{200-100}/M_{100}$ [P=持続性，M=乳量] であらわしたり，泌乳量が最高時の半分となる日を求め，それを分娩後の日数であらわす方法などがある．

ひにゅうのうりょく　泌乳能力　lactational performance, dairy performance, milk producing ability　ある個体が乳汁を生産する能力のことをいう．泌乳量や乳質に加え，産乳飼料効率，搾乳性なども泌乳能力を示す要素となる．一般に，泌乳量は1泌乳期間の総乳量，最高日乳量，平均日乳量などであらわし，乳質は乳脂肪，蛋白質，乳糖，無脂固形分，全固形分の含量を，百分率あるいは各成分量として表示する．

ひにょうき　泌尿器　urinary organs, uropoietic organ　家畜の泌尿器は腎臓，尿管，膀胱，尿道からなる．ニワトリは腎臓と尿管だけからなる．家畜では蛋白質の最終分解物である尿素やナトリウム，リン酸などのイオンを尿として排出する．腎臓は尿の排出だけでなく，カルシウム代謝，造血機能（エリスロポエチン分泌），血圧上昇機能（レニン分泌）も営む．家畜の腎臓でつくられた尿は尿管を通って膀胱に入り，一時貯えられた後，尿道を通り体外に排出される．家禽は膀胱を欠き，尿管が直接クロアカに開口する．

ひにんかく　非妊角　non-gravid horn　単胎動物で，双角子宮角（両分子宮）をもつウシやウマのような動物では，受精した胚は一般に排卵した側の子宮に着床する．着床側の子宮角を妊角，反対側の胎子の存在しない子宮角を非妊角という．不妊角とも呼ばれる．→妊角

ひはっこうバター　非発酵バター　sweet cream butter　発酵させないクリームを原料として製造したバター．発酵バターに比べ，芳香は少ないが，新鮮で温和な風味を有し，保存性がよい．わが国のバターはほとんど非発酵バターである．→甘性バター

ひばら（けん）　膁　flank　→付図1，付図2，付図4，付図5

ひはんしょくきせつ　非繁殖季節　non-breeding season　繁殖季節をもつ動物で，卵巣機能が休止状態となり，繁殖できなくなる時期のこと．ヒツジやヤギのような短日繁殖動物では北半球の場合春夏が，ウマのような長日繁殖動物では秋冬がこの時期に当たる．→繁殖季節

ひひっすアミノさん　非必須アミノ酸　nonessential amino acids　体内で合成でき，体外からそのものとして摂取する必要がない

アミノ酸をいう．ただし，それらを合成するため，蛋白質の形で一定量を摂取する必要がある．可欠アミノ酸 (dispensable amino acids) ともいう．

　　ひふ　皮膚　skin　皮膚は動物体の全表面を覆って，内部の保護や体温の調節をし，外部からの刺激を知覚する．表皮，真皮，皮下組織からなる．表皮は重層扁平上皮からなるが，層の部位による細胞の違いがみられ，表層近くでは角化する．真皮は緻密結合組織からなり，その表面に作られる乳頭の形，数，分布は皮の銀面の紋様形成に密に関係する．皮膚の厚さは表皮と真皮の合計で表され，部位，種，品種により異なるが，表皮の厚さはすべての家畜でほぼ同じで，およそ $100\,\mu$m である．皮下組織は疎性結合組織からなる．神経線維は皮下組織で終末小体に終るものと真皮に入り神経叢を作った後，表皮，毛包，筋，腺，血管に分布するものがある．血管は表皮には入らない．付属腺として脂腺と汗腺がある．

　　ビフィズスいんし　ビフィズス因子　bifidus factor　母乳栄養児の腸管内にはビフィズス菌が多く見出されるのに対し，人工栄養児では少ないことから，ビフィズス菌の生育因子として，人乳中に含まれるオリゴ糖類が重要であることが知られてこの名称がついた．その後，ペプチド類も含めて，ヒトの消化管では難消化性で，下部消化管においてビフィズス菌の栄養源と成りうるオリゴ糖やペプチド類とまとめられている．　→オリゴ糖

　　ビフィズスきん　ビフィズス菌　bifidobacteria　グラム陽性の多形状桿菌で，偏性嫌気性である．ヒトや動物の腸管などに生息し，乳酸と酢酸を 1:1.5 の割合に作る．生成した酸によって腸内 pH が酸性域に傾き，有害な菌の生育を抑制するので，腸内での有用菌の一つと考えられており，プロバイオティクスの代表菌である．

　　ひふるえさんねつ　非ふるえ産熱　non-shivering thermogenesis　体内の種々の機構で産生される，ふるえをともなわない産熱をいうが，寒冷条件下での体温調節性産熱を指すことが多い．この場合サイロキシン分泌を増大させて基礎代謝率を増大させ，また脂肪に対するカテコールアミンの熱産生効果を増大させるなどで熱産生を増加させる．小動物や幼動物では肩甲骨間などに特殊な血管をもちミトコンドリアに富んだ褐色脂肪があり，非ふるえ産熱の源となる．

　　ひふん　皮粉　hide powder　植物タンニンのタンニン含有量を測定する試薬として使われる精製された皮の粉末．

　　びぼう　尾房　tassel〔ブタ〕, switch〔ウシ〕　→付図1, 付図4

　　ヒマワリかす　ひまわり粕　sunflower meal　ヒマワリの種実より採油した後に得られるものである．品種，溶剤抽出か圧搾かの採油法，脱核か皮付きかの前処理法によって飼料の性質が異なる．

　　ひまんさいぼう　肥満細胞　mast cell　結合組織中，特に血管周辺に多く散在する細胞で，塩基性アニリン色素でメタクロマジーをおこす顆粒をもっている．この顆粒にはヒスタミン，ヘパリン，プロテアーゼ，エステラーゼなどが含まれている．肥満細胞は傷，炎症の部位，腫瘍などの周りに多く集まる傾向を示し，成長期の動物でも多いので，結合組織の基質であるムコ多糖類の供給者であると考えられている．

　　ヒメジョオン　annual fleabane, *Erigeron annuus* L.　キク科一年草．北米原産の帰化植物．牧草地でも裸地に先駆的に侵入する雑草である．

　　ヒメスイバ　red sorrel, sheep's sorrel, *Rumex acetosella* L.　雌雄異株のタデ科ほふく型の多年生雑草．酸性土壌の荒廃した牧草に蔓延する．特効薬としての除草剤はまだない．

　　びもん　鼻紋　muzzle pattern　→鼻鏡

　　びもんぷりんと　鼻紋プリント　muzzle print　→鼻紋

　　ひようかかく　費用価格　cost price　生

産物単位量を生産するために消費した原価の計．これに平均利潤を加えると生産価格になる．資本制経営の生産物価格は生産価格を基準として形成されるのに対して，家族経営が一般的な状況の下では費用価格が基準となって価格が形成される．　→生産価格

　ひようかけいさん　**費用価計算**　costing
自家生産物であって市価のないものを，それを生産するために実際に費消した価値（材料費，労働費，その他）で評価する方法．費用価法あるいは原価評価法ともいう．またこの方法を用いて評価する考え方を費用価主義という．

　ひょうけいか　**表型価**　phenotypic value
家畜の外貌，能力など，量的形質の表現型について測定された値．表現型値，表型値ともいう．量的形質について，表型価（P）は遺伝子型値（G）と環境効果（E）によって構成されており，P=G+E となる．

　ひょうけいそうかん　**表型相関**　phenotypic correlation　二つの形質の表型価間の相関．表型相関は遺伝相関，環境相関と遺伝率によって構成される．

　ひょうけいそうじこうはい　**表型相似交配**　assortative mating　表型価の似通ったもの同士の交配，つまり，表型価の高い雄に表型価の高い雌，低い雄には低い雌を組み合わせる交配方法．相似交配では，無作為交配に比べて子畜の能力のばらつきが大きくなり，選抜差をわずかに大きくすることができる．表型的同類交配ともいう．

　ひょうけいひそうじこうはい　**表型非相似交配**　disassortative mating　相似交配の逆で，表型価の高い雄には低い雌を，表型価の低い雄には高い雌を交配する方法．子畜のばらつきが小さくなると期待されるため，系統造成の仕上げの段階で用いると有効である．表型的異類交配ともいう．

　ひょうけいぶんさん　**表型分散**　phenotypic variance　表型価の変異によって生じた分散で，測定値の分散として求めた値である．表現型分散ともいう．表型分散は遺伝分散と環境分散に分割される．

　ひょうげんがた　**表現型**　phenotype　遺伝子型に基づいて発現した形質を表現型という．家畜の特性として観察できるものは表現型である．　→遺伝子型

　ひょうじゅんかっせいおでいほう　**標準活性汚泥法**　conventional activated sludge process　→活性汚泥法

　ひょうじゅんかんてんへいばんきんすう　**標準寒天平板菌数**　standard plate count
希釈した試料の一定量をペトリ皿を用いて標準寒天培地に混和，凝固させ，30~37℃で一定時間培養して，そこに発生したコロニー数により測定した生菌数．標準寒天培地はペプトン 0.5%，酵母エキス 0.25%，グルコース 0.1%，寒天 1.5% を含む（pH7.0 ± 0.1）．乳および乳製品の場合の培養条件は 32~35℃，48 ± 3 時間と法令で定められている．食肉および肉製品では通常 35 ± 1℃で培養を行う．

　ひょうじゅんせんばつさ　**標準選抜差**　standardized selection differential　選抜差を標準偏差で除して基準化した値であり，選抜率から理論的に求めることができる．選抜強度と同義．　→選抜強度

　ひょうじゅんたいけい　**標準体型**　standard type　品種ごとに改良の目標となる体型で，体型審査の基準となる．理想体型（true type, ideal type）ともいう．

　ひょうじゅんでんたつのうりょく　**標準伝達能力**　standardized transmitting ability, STA
予測伝達能力について当該種畜の値と集団平均値との差を標準偏差で除して標準化した値．異なる形質について，当該種畜の遺伝的能力を相対的に比較するのに適している．

　ひょうじゅんひかくほう　**標準比較法**
経営診断における経営成績に関する分析・評価方法の一つ．基準値比較法ともいう．研究機関における試験成績，専門家の意見などを集約して作成した標準値などを基準として分析・評価する方法．比較基準が絶対的なもの

であるため分析・評価が容易であるが，その反面多様な経営に適用可能な標準数値の作成が難しいことと，ややもすれば機械的な判断に陥りかねない弱点をもっている． →経営間比較法，時系列比較法

ひようせき　比容積　specific volume　1 kg の乾燥空気，ならびにそれと共存する X kg の水蒸気とからなる湿り空気の容積で m^3/kg であらわす．湿り空気線図を用いると容易に求められる．密度の逆数と等しく，比体積あるいは比容ともいう．

ひょうてきいでんしくみかえ　標的遺伝子組換え　gene targeting　体細胞における DNA 相同配列間の組換えを利用して，遺伝子工学的技術を使って作成した DNA ベクターを目的の遺伝子に標的導入する方法のこと．ES 細胞が樹立されて以来，neo 遺伝子を導入して標的とする遺伝子を破壊したり，操作した遺伝子と置換した後個体へ発生させることによって，多数の疾患モデルマウスが作られている．

ひょうめんねつでんたつ　表面熱伝達　surface heat transfer　固体表面と流体との間に，対流と放射によっておこる熱移動のこと．その大きさは，表面の粗滑状態，表面と流体との温度差，表面にあたる流速などにより変化する．

ひょうめんりゅうきょ　表面流去　surface runoff, overland flow　土壌粒子や有機物，養分などが水の動きによって地表面を流れて流出すること．多量の降雨があった場合，雨水は地下に浸透するだけでなく地表面を流れるため，家畜糞尿を野積みにしたり農地に過剰施用していると，表面流去による河川等の汚染が生じる危険性がある．

ひらうちロープ　平打ちロープ　flat-braided rope used for restraint　平たく編んだ麻製のロープ．枠場にウシを保定し，削蹄や治療を行う際に牛体や脚を保定するために使用する．普通のロープより滑りにくく保定しやすい．

ひらがいけいしゃ　平飼い鶏舎　floor rearing poultry house　平面飼育を行う鶏舎．ケージやバタリーなどによる立体的な飼育をする鶏舎に相対する用語．多羽数を省力的に飼うことができることから，ブロイラーの飼育に用いられる．

びりょう　鼻梁　nose　→付図 2，付図 5

ひりょうとりしまりほう　肥料取締法　Fertilizer Control Law　肥料の品質を保全し，その公正な取引を確保するため，肥料の規格の公定，肥料の登録および肥料の検査を行い，それにより農業生産力の維持増進に寄与することを目的として制定された法律．肥料を普通肥料と特殊肥料に大別し，家畜糞堆肥などの有機物資材は特殊肥料に含められる．平成 11 年に，堆肥など特殊肥料について品質表示が義務づけられるなど，一部改正が行われた．　→特殊肥料

ひりょうのりようりつ　肥料の利用率　efficiency of fertilizer　施用された肥料成分が作物によって利用される比率．養分吸収率ともいう．施肥された作物中の養分吸収量から無施肥で栽培された作物中の養分吸収量を差し引き，その差（施肥による吸収の増大量）を施用量で除して求められる．

ヒレ　tender loin, fillet　ウシ，ブタの腰椎の腹面から骨盤腹面にある腰筋．肉畜の骨格筋のうち最も軟らかい．　→付図 23，24

ひんしつしはらい　品質支払い　quality payment　牛乳の成分基準規格を定め，それ以上の品質のものにはプレミアムを，以下のものには罰金を課す方式で乳価を支払うこと．欧米では脂肪率のほか，蛋白質含量，無脂乳固形分含量，細菌数などが支払いの基礎となる場合がある．

ひんしゅ　品種　race, breed　動物分類学上の種以下の分類単位．同一種に属する家畜であるが，形態（外貌），生態，能力，習性などが他と区別できる遺伝的特徴をもつ集団をいう．

ひんしゅかいりょう　品種改良　breed improvement　選抜育種と同義語で，家畜の遺伝的能力を一定目標に向かって高めていくこと．遺伝的能力の改良は，一般に品種内で能力を向上，あるいは新しい品種を構築することにより行うので，品種改良といわれる．

ひんしゅかんこうはい　品種間交配　inter-breed crossing　異なる品種間の交配のことで，生産された後代は F_1 と呼ばれる．品種間交配の F_1 は完全な生殖能力をもち，両品種の特性を継承するとともに，両親の平均能力を上回るいわゆる雑種強勢を示すこともある．生産システムとして実用性の高い交配方法である．

ピンツガウエル　Pinzgauer　オーストリアのザルツブルグ地方原産の乳肉兼用牛．有角で，毛色は濃赤褐色，尻が白色で，背，肢，腿に白い横線有．粗放管理耐性が高く，受胎率も高く連産性大．体重，体高は，それぞれ雌 650 kg, 130 cm，雄 1,100 kg, 143 cm 程度．乳量約 3,900 kg, 乳脂率 4.0％，枝肉歩留り 61％.

[ふ]

ファームワゴン　farm wagon　トラクターで牽引して使用する農業用資材の汎用運搬車両．床面がコンベアとなっており，荷台後方にアタッチメントを装着して，堆肥散布作業，石灰散布作業から，牧乾草の荷受・運搬，荷降ろし作業などに利用できる．わが国ではこれら作業をそれぞれ専用機で行う傾向がある．

ファブリキウスのう　ファブリキウス嚢　bursa of Fabricius　鳥類に特有の一次リンパ器官で，総排泄腔の背側に位置する袋状のリンパ組織．上皮細胞が陥入してひだを作り，壁はリンパ球で満たされ，小葉をなし，皮質と髄質に分かれる．骨髄から放出された B 細胞はここで抗原刺激による抗体産生能を有するまでに成熟する．ニワトリでは生後 3〜4 ヵ月くらいまでは大きくなるが，それ以後萎縮し，生後 1 年でほとんど消失する．

ファヨウミ　Fayoumi　エジプト原産で小型のニワトリの品種．羽色は黒の横斑紋，雄は頸羽が白色，単冠で耳朶は赤色，脚は鉛色，成体重は雄 2〜3 kg, 雌 2 kg 程度．卵殻は褐色で，繁殖性が劣り，就巣性がない．高蛋白飼料の給与で，尿酸代謝の異常による痛風が多発すのが特徴で，ヒト痛風研究の疾患モデルとして利用．一般の飼養は少ない．

ファラベラ　Falabella　アルゼンチン原産のウマで，シェトランドポニーを基にして作出された世界最小のポニー．体高 71〜76 cm で愛玩用．長寿で妊娠期間も長い（13 ヵ月）．

ブイエフエイ　VFA　→揮発性脂肪酸

ブイ・スコア　Ｖスコア　V score　サイレージの発酵品質を化学的に評価する方法の一つで，酢酸と酪酸および全窒素含量に対する揮発性塩基態窒素含量の比率によって配点評価する方法である．この方法では，プロピオン酸添加などでサイレージ発酵を抑制して調製されたものも適切に評価できる．　→フリーク評点

フィターゼ　phytase　有機リン化合物であるフィチンの構成成分のフィチン酸を加水分解して無機リンを遊離する反応を触媒する酵素である．微生物由来のフィターゼ酵素は飼料添加物に指定されている．　→フィチン

フィチン　phytin　フィチン酸（イノシトールの 6 リン酸エステル）のカルシウムおよびマグネシウム塩で，植物組織におけるリン酸の貯蔵形態．特にぬか類に多い．フィチンリンはニワトリやブタなどでは利用性が劣るので，排泄物中のリン含量が増加し，河川や湖沼の富栄養化の原因となっている．そのため微生物由来のフィターゼを飼料に添加して消化管内でフィチンから無機リンを生成しリンの利用性を高め排泄量を減少させるようにしている．フィチンは消化管内で鉄や亜鉛と結合しやすいためこれらの金属の吸収を阻害する．反芻家畜ではルーメンに棲息する微生物が高いフィターゼ活性をもっているのでフ

ィチン態のリンでもよく利用される.

フィッシュソルブル fish soluble　魚類の採油, 魚粉製造加工の際に排出する液分を濃縮したものがフィッシュソルブルであり, 水分は50%前後である. わが国ではこれをふすまなどに吸着させたフィッシュソルブル吸着飼料の製造に利用している.

フィードロット feed lot　→ドライロット

フィンガープリントほう　フィンガープリント法（ペプチドの）finger printing　蛋白質のプロテアーゼ分解物中に含まれる多種類のペプチド分析法の一つ. 通常ろ紙クロマトグラフィーとろ紙電気泳動とを組み合わせた二次元展開により行われる. しばしば特定の蛋白質と類似蛋白質との異同鑑別の目的で実施され, 個人の鑑別に指紋（フィンガープリント）が用いられることからこの名称がつけられた.

ふうかんぶつ　風乾物 air dry matter　試料を大気中に放置すれば, 次第に水分が蒸発または吸収して, 安定した水分含量に達する. この状態にある試料をいう. 極端に湿潤または乾燥した大気を避ければ, 風乾物の水分含量はほぼ安定に保たれ, わが国では通常10~15%の範囲に入ることが多い.

ふうみ　風味 flavor　食品の風味は非常に複雑な感覚であって, 嗅覚, 味覚, 触覚で感じるものの総合である. このうち特に効果が大きいものは匂いまたは香りであるが, 一般に鼻孔のみを経て感知される香気（アロマ）とは違って, 風味は食品を口に含んでから味覚や触覚とともに口腔を経て, または呼気と共に鼻孔から感じられるものである.

ブームスプレーヤー boom sprayer　作物の病害虫や雑草の防除を能率的に行うため, 多数のノズルを取付けた長尺のブーム（棒状の噴出部）を用いて液剤を噴霧する作業機. トラクターの3点支持装置に薬液タンク, 動力噴霧器とともに装着され, 動力を利用して液剤を加圧散布する. 移動時にはブームが折りたたまれる. 大型専用機ではブームの地上高さを一定に保ち, 噴霧むらを防ぐ機種もある.

ふえいようか　富栄養化 eutrophication　湖沼や内湾などの閉鎖系水域で貧栄養から富栄養の状態に変化する現象. 窒素やリンなどの栄養素が閉鎖系水域に流入して富栄養になると, 生物生産性が増大し, 藻類の大量繁殖とそれによる水質の悪化, 悪臭の発生, 魚貝類が死ぬなどの問題が生じる. 家畜ふん尿には窒素やリンが多量に含まれているため, 糞尿の流入を防ぎ, 富栄養化を生じさせないために, 適正な管理が必要である.

フェーズフィーディング phase feeding　期別給餌ともいう. 産卵鶏の飼養において, 主として産卵率によって産卵期を3期に分けて, それぞれの産卵期に最も適した養分含量の飼料を給与することをいう. 産卵期は初産開始後, 産卵がピークになるまでの第一期, その後比較的高産卵が維持される第二期, その後産卵率が60%程度まで低下するまでの第三期に分けることが多い. 乳牛の場合も, 泌乳量に応じて同様に飼養する.

フェザーミール feather meal　家禽の羽毛を高圧処理し乾燥したもの. 乾物中の粗蛋白質含量が91%と高く, アミノ酸ではシスチン含量が高いがリジンおよびメチオニンが不足している. 配合飼料原料として活用されている.

フェルト felt　獣毛の縮充性を利用して作った製品. 接着剤を用いない不織布の一種といえる. 原料毛としてヒツジ, ヤギ, ウサギなどが, 利用される. フェルトにはフェルト帽子とフェルト地がある. フェルト地は特定の成型をせず, 平面的な布状の製品に仕上げたもので, 織フェルト, ニードルフェルト, 圧縮フェルトがある. 履物, 敷物, 断熱材, 吸音材, パッキング材など各種の用途をもつ.

フェロモン pheromone　動物体で生産される揮発性化学物質で, 同種個体間の情報伝達に使われているものをフェロモンとい

う．元来は昆虫の匂いによる情報伝達物質について詳しく研究されたが，近年は哺乳動物においてもフェロモンの働きが明らかになり，例えば反芻家畜の雄からのフェロモンが，雌のホルモン分泌あるいは性周期に影響を与えることなどが知られている．

フォーレージ forage　茎葉飼料．粗飼料のうち，茎葉の多い良質粗飼料を指す．わら類のような低品質粗飼料は含まれない．

フォーレージハーベスター forage harvester　牧草などの飼料作物の収穫用作業機械．牧草専用のフレール型と飼料作物に応じて刈取り部ないし拾上げ部を装着できるユニット型がある．飼料作物は本機で刈取り細断されて吹上げられ，伴走するトラック，トレーラー，フォーレージワゴンの荷台に積込まれ，圃場外に搬出してただちにサイロに詰込まれる．

フォーレージブロワ forage blower　フォーレージハーベスターで細断された飼料作物を塔形サイロに詰込むのに用いる機械．サイロ上部まで垂直に伸びた吹上げパイプに接続して使用する．飼料作物の供給量が一定しないと，パイプの途中で詰まりを生じるため，投入部には定量供給設備が必要となる．均一な詰込みを行うためサイロ投下部には，資材を分散落下させるディストリビュータが装備される．

フォーレージワゴン forage wagon　トラクターで牽引して使用する粗飼料収穫時の専用運搬車両．圃場でフォーレージハーベスターに伴走し，収穫細断された牧草や飼料用トウモロコシを荷受してサイロまで運搬する．さらに定量排出機構を備えているため，塔形サイロへの詰込み作業に適している．

フォゲッジ foggage　青立ち状態の牧草類を被霜させたもので，飼料養分の溶脱が少なく，嗜好性や栄養価の優れた立毛状態のもの．晩夏から施肥管理を施して，冬季の放牧用に調製するもので，放牧期間延長のための草地管理技術の一つである．アメリカでは，マイロ（ソルガム穀実）を被霜させて機械収穫できる硬さにして収穫するので，この残茎に対しても同様の呼び方をする．

フォトンイメージング photon imaging　一定時間内での任意の面上への単光子の集積をその強度によって色分けし，画像イメージとしてあらわす方法．特に細胞などの極微小な生物あるいは化学発光を高感度カメラと増幅装置によってとらえる比較的新しいタイプのイメージ分析．

フォトンけいそく　フォトン計測 photon counting　生物あるいは化学発光強度を検出ウインドウを通じ単光子数を計測することによって測定する方法．外来レポーター遺伝子発現強度の簡便な測定法として多用されている．

フォレージテスト forage test　粗飼料分析と一般的には呼ばれる．農家（おもに酪農家）が生産あるいは購入し給与する乾草・サイレージを飼料分析センターに持参あるいは送付し化学成分含量と栄養価を測定してもらう仕組みである．飼料分析センターは公立試験研究機関，農業団体，飼料メーカーなど民間会社が開設している．

ふか　孵化 hatching　卵生あるいは卵胎生動物の胚が発育し卵膜（卵殻）を破って外界にでること．就巣性を有する鳥類では母鳥（鶏）孵化が可能であるが，採卵鶏など就巣性を失っている場合は人工孵化が必須である．人工孵化では大量の種卵を全自動方式の孵卵機で孵化させる．温度，湿度，換気，消毒などに注意すること．孵卵期間は，ニワトリ：20～22日，アヒル：26～28日，ガチョウ：30～33日，シチメンチョウ，ホロホロチョウ：26～28日，ニホンウズラ，食用鳩：16～18日である．→就巣

ふかかち　付加価値 added value　生産過程で新たに生み出された価値．純生産額と同義．付加価値＝粗収益－物材費＝労働費＋資本利子＋地代＋企業利潤＋租税公課（収益課税を除く固定資産税・車両税・組合費など）

→純生産額

ふかけつアミノさん　不可欠アミノ酸　indispensable amino acids　→必須アミノ酸

ふかじょうふくさんぶつ　孵化場副産物　hatchery by-product　孵化場ででる無精卵，不良な雛，抜き雄などの副産物を，蒸煮，破砕または粉砕して家畜・家禽の飼料にする．蛋白質やミネラルが多く，良質の動物蛋白質源である．

ふかりつ　孵化率　hatchability　入卵した種卵の数あるいは受精卵数に対する孵化雛数の百分率．

ふかん（せい）じょうせつ　不感（性）蒸泄　insensible perspiration　発汗とは別に，皮膚下層から表層へ移動した水分の気化熱放散機構．高温時に皮膚表面へ水分が浸出し皮膚表面水蒸気圧が増大することにより，ブタのような汗腺組織の貧弱な動物でも皮膚表面からの放熱が高温時に増加する．このような表層への水分浸出をいう．

ふかんぜんこうたい　不完全抗体　incomplete antibody　細胞性抗原に結合しても通常の条件下の凝集反応では凝集しない抗体．血液型抗体などに多い．従来は1価抗体であると考えられたが，抗原の分子環境，分布状態，細胞膜電位などとの関連が指摘されている．

ふくおうたい　副黄体　accessory corpus luteum　妊娠黄体の機能を補足する黄体のこと．ウマでみられる．ウシ，ヒツジ，ブタなどでは，受精成立後形成される妊娠黄体が妊娠期間中持続し，妊娠の維持に大きな役割をする．ウマでは，妊娠黄体は早期に退行し，妊娠40～120日目に卵巣内に複数の副黄体が形成されて妊娠の維持に働くが，妊娠120～150日目にかけて退行する．

ふくけいろ　副経路（補体系の）　alternative pathway　第二経路あるいは代替経路とも呼ばれる．補体の第3成分（C3）から始まる活性化経路で，第1成分（C1）からはじまる第一経路である古典的経路あるいは標準経路に対応する呼称．この副経路は抗体の存在を前提としないので，進化学的には第一経路よりも先行したものと考えられている．

ふくこう　副溝（DNA二重らせん構造の）　minor groove　B型DNAが2重らせん構造をとる際に広い溝とせまい溝ができる．このせまい部分の溝をいう．広い部分の溝の主溝に対応する呼称．

ふくごうけいえい　複合経営　農業経営方式の一つ．耕種・園芸・畜産・養蚕などいくつかの部門を複合・補完関係を軸にして有機的に結びつけた経営をいう．土地その他生産手段の共用，茎葉・厩肥など各部門の副産物の循環利用，作況，価格変動によって生ずる危険分散などに利点があるとされている．
→混合経営，多角経営

ふくごうせんこつ　複合仙骨　synsacrum　家禽の最後位胸椎，腰椎，仙椎および前位数個の尾椎が結合したものをいう．さらに寛骨が両側から加わって癒合したものを腰仙骨という．　→付図22

ふくさんぶつ　副産物　by-product　生産過程で副次的に生産されるもの．採卵経営における廃鶏，鶏糞．酪農経営における牛糞など．

ふくしきぼき　複式簿記　double entry book-keeping　すべての会計取引，すなわち財産，資本に影響を及ぼす一切の出来事を取り引きの二重性の原理に基づいて記録，記帳し，財産の在高を調査するとともに，一定期間に発生する収益と費用とから損益を計算する記帳方式．財産の増減内容，資本の増減内容，損益の発生原因，内容を正確に把握・計算できるので単式簿記に対して完全簿記といわれる．

ふくしきゅう　複子宮　→重複子宮

ふくしざい　副資材　bulking agent, amendment　家畜糞など水分の高い資材を堆肥化する場合，水分調整と通気性改善の目的で添加する資材のこと．一般的には，水分調整材とも呼ばれるが，単に堆肥化材料の水分

を低下させるだけでなく，空隙率を増加させることによって通気性を改善し，あわせて成分組成を調整する効果もあることから，副資材と呼ばれる．オガクズ，バーク，モミガラ，藁稈類などが一般的に用いられる．　→堆肥化

ふくじん　副腎　adrenal gland　副腎は胸腰接合部で脊柱の腹側に位置し，腎臓前端の内側部に認められる．外側の皮質と中心部の髄質の二つの組織で構成され，前者はさらに外側から順に球状帯，束状帯，網状帯に区分される．ニワトリの副腎は層を成さず，皮質と髄質が複雑に錯綜する．皮質からは電解質コルチコイド，糖質コルチコイドなどのホルモンが，髄質からはアドレナリン，ノルアドレリンが分泌される．

ふくじんひしつしげきホルモン　副腎皮質刺激ホルモン　adrenocorticotrop (h) ic hormone, corticotrop (h) in, ACTH　おもに下垂体前葉ACTH産生細胞において生産・放出されるアミノ酸残基39個からなるペプチドホルモン．分子量は約4,500．副腎皮質の発育を促進し，その正常な機能を維持し，糖質コルチコイドの生産・分泌を促す．ACTHは前駆体であるプロオピオメラノコルチン（POMC）のプロセシングにより生成される．その産生・分泌はCRHにより刺激され，糖質コルチコイドの負のフィードバックにより抑制される．

ふくじんひしつしげきホルモンほうしゅつホルモン　副腎皮質刺激ホルモン放出ホルモン　corticotrop (h) in releasing hormone, CRH　視床下部で生産され，下垂体前葉でのACTHの合成・分泌を促進するアミノ酸残基41個からなるペプチドホルモン．ACTHと共通の前駆体（プロオピオメラノコルチン，POMC）をもつβ-エンドルフィンやβ-リポトロピンの産生・放出をも促進する．おもに視床下部室傍核の小型細胞領域で生産され，下垂体門脈により，下垂体前葉に到達する．CRHの産生・放出はストレスにより促進される．

ふくじんひしつホルモン　副腎皮質ホルモン　adrenocortical hormone, corticoid　副腎皮質において合成・分泌されるステロイドホルモンの総称．副腎皮質ホルモンは，糖質コルチコイド（グルココルチコイド，GC）と電解質（鉱質）コルチコイド（ミネラルコルチコイド，MC）に大別される．おもなGCは，ヒトや多くの家畜ではコルチゾール，ラットなどのげっ歯類ではコルチコステロン．おもな作用は肝臓での糖新生，末梢での蛋白異化，脂肪組織での脂肪分解促進などで，炎症反応抑制効果ももつ．MCはおもにアルドステロンで，腎臓の遠位尿細管でのNa^+の再吸収，K^+とH^+の排泄促進により電解質バランスと血圧の恒常性を維持する．GCは，ACTHによりその分泌が促進され，視床下部-下垂体前葉に対して負のフィードバック作用を持ち，POMC遺伝子の発現を抑制する．MCの分泌はレニン-アンギオテンシン系と血中K^+濃度の増加により促進される．

ふくせい　複製（DNAの）　replication　特に遺伝物質の自己複製の意味で用いられている．遺伝物質としてのDNAやRNAは高分子化合物であり，それらの生細胞中における合成は一連の生化学反応によって達成されるが，遺伝物質の生合成に限って複製と呼ぶわけは，1個の親の分子が鋳型となり，それと全く同じ構造と機能をもつ子の分子2個がつくりだされるからである．しかも遺伝子物質の自己増殖はすべて半保存的複製により達成される．

ふくせいエラー　複製エラー　replication error　DNAが自己複製を行う過程に生ずる誤りで，原因はさまざまであるが，結果は突然変異となってあらわれる場合がある．

ふくせいかいしてん　複製開始点（DNAの）　replicator　レプリコン説で想定されるDNAの構造部分で，複製の開始地点．自律的複製の単位をレプリコンと呼び，大腸菌染色体DNA，エピゾームプラスミドなどはレプリコンである．核レプリコンに複製開始点と

イニシエーターと呼ばれる細胞質性物質を生成する遺伝子が想定されている．

ふくせいしょくせん　副生殖腺　accessory reproductive gland, accessory sexual gland, sexual accessory gland　精巣と卵巣を除いた生殖腺の総称．雄では膨大腺，精嚢腺，前立腺，尿道球腺があり，雌では子宮腺，大前庭腺，小前庭腺がある．雄の副生殖腺分泌液は精漿をなし，雌の分泌液は子宮乳や発情時の粘液となる．

ふくせん　腹線　under line　→付図2

ふくたいばん　副胎盤　accessory placenta, succenturiate placenta, supernumerary placenta　代理胎盤ともいう．妊娠の進行にともない，しばしば主胎盤の他に小形の胎盤があらわれる．これを副胎盤と呼ぶ．反芻家畜では子宮小丘に胎盤が形成されるが，副胎盤は子宮小宮以外のところにできる．ウシをはじめ反芻類に多くみられ，若齢牛より老齢牛に多い．子宮小宮の数が減少し主胎盤数が少なくなった時に生じるといわれている．

ふくたいりついでんし　複対立遺伝子　multiple allele　一つの遺伝子座に三つ以上の遺伝子が存在する場合をいい，血液型には多くの複対立遺伝子が知られている．

ふくついらん　腹墜卵　egg in peritoneal cavity　ニワトリの体内で成育中の卵が腹腔内に脱落することを卵墜といい，脱落した卵を腹墜卵という．ニワトリは排卵時に卵巣から出た卵が卵管のロート部に入るが，驚きなどで騒いだ時，卵管炎や腫瘍などの疾病の時に，ロート部に入らずに腹腔内に脱落する．

ふくてい　副蹄　dewclaw　→付図1, 付図3, 付図4

ふくど　覆土　covering with soil　不耕起造成の時は播種後覆土をしないが一般の草地造成では施肥播種の後チェーンハローやカルチパッカーなどを用いて覆土と鎮圧を行い種子と土壌粒子が密着，発芽しやすいようにする．これを覆土という．

ふくにゅうとう　副乳頭　accessory teat, supernumerary teat　乳腺は，はじめ腺として発生し，やがて寸断され乳点となる．乳点は一つの乳房になるものであるが，家畜によって特定の位置のものが発達する．副乳頭は過剰乳頭とも呼ばれ，本来消失するはずの乳点がある程度発達したものである．副乳頭は乳腺組織をともなう場合もあり，そのとき副乳と呼ばれる．ウシでは後位乳頭の後方に出現することが多く，前後乳頭間にも認められる．

ふくにんしん　複妊娠　superfetation　重複妊娠ともいう．著しく日齢の異なる複数の胎子を同時に妊娠している異期複妊娠と異系統や異品種の複数の胎子を妊娠している同期複妊娠がある．前者はすでに妊娠している動物が排卵し，受胎した場合に，後者は2個以上排卵し，異なった雄の精子により，それぞれが受精し受胎した場合にみられる．　→異期複妊娠, 同期複妊娠

ふくびう　覆尾羽　tail-coverts　→尾羽, 付図6

ふくびう　副尾羽　tail hangers　雄鳥の後部より垂れ下がっている湾曲した羽で，謡羽（うたいばね）の下方にある小謡羽（こうたいばね），覆尾羽（ふくびう），蓑毛（みのげ）などの総称．

ふくまく　腹膜　peritoneum　中胚葉起源の中皮で，腹腔を裏打ちする単層扁平上皮である．壁側腹膜と臓側腹膜を区別するが，前者は胃間膜，腸間膜として二重のヒダを作り，後者に移行する．胃は発生の段階で屈曲捻転し，胃間膜は網膜となる．背胃間膜は大網となり，腹側の大湾に終止し，腹胃間膜は小網と呼ばれ，背側の小湾に終わるようになる．特に，大網は広く大きく発達し，他の内臓も包む．

ふくよくう　副翼羽　secondaries　→付図6

ふくよくう　覆翼羽　wing coverts　→付図6

ふけ　estrus　発情を指す地域的な言葉

で，ふけ以外にもさかりという呼び方がある．
→発情

ふこうきそうちぞうせい　不耕起草地造成　oversowing　地表を耕起・反転することなく，放牧や掃除刈りなどで前植生を抑圧して徐々に牧草地化してゆく造成法で，地力保持と環境保全の点からよいとされる．

ふしか　不死化（細胞の）　immortalization　細胞に永久分裂能を与えること．癌遺伝子のなかにはこのような機能を有するものが知られており，myc，E1Aなどはその代表的なものである．癌遺伝子にはこの不死化作用をもつものの他に，形質転換作用（悪性腫瘍に導く）をもつものがあるといわれている．

ふじゅくど　腐熟度　degree of maturity, degree of stability　家畜糞などの有機物を施用する場合，あらかじめ堆肥化し，施用しても土壌や作物に悪影響を及ぼすことがなくなるまで腐朽・熟成することを腐熟という．その到達目標に達したときが完熟であり，この目標に達するまでのさまざまな程度を腐熟度という．腐熟度の判定法として，温度測定，ジフェニルアミンテスト，コマツナ種子を用いた発芽試験などが用いられている．

ふしょく　腐植　humus　土壌の中で生化学的変化や微生物の分解をこれ以上受けなくて残存した土壌中の暗色非晶質の有機物をいう．

ふしょくかはんち　不食過繁地　rejected pasture area, neglected patch, fouled patch　放牧草地で，同一種類の家畜が排糞したところや草が老化したり出穂して，家畜が食べないエリア．一度食べ残された部分は次回の放牧のときも食べ残されることが多く，他のエリアに比べて草高が高くなる．不食過繁地の牧草は家畜に利用されずにリター化して無駄になるし，不良雑草や灌木の発生源ともなるので，一時的に放牧強度を強めたり，機械で掃除刈りをして新しい牧草の再生を促す．混牧も効果がある．

ふすま　wheat bran　コムギは胚乳部分，糊粉層，果皮，種皮からなるが，デンプンに富む胚乳部分をふるいわけした部分がふすまである．胚乳部と糊粉層・果皮・種皮の比率を歩留まりという．ふすまには2種類の製品が流通しているが，歩留まりが22%のものを一般ふすま，40%以上のものを専増産ふすまと呼んでいる．

ふせいしきゅうしゅっけつ　不正子宮出血
→子宮出血

ふぜん　付蟬　chestnut, callosity　ウマの前腕内側の3分の1，および足根の内側にみられる長卵円形の角質物で，手根球と足根球に当たる．第1指の遺残物ともいう説もある．軽種では小さくて痕跡的，重種では大きい．
→付図2

ふたご（そうし）　双子　twins　単胎動物が1回の分娩で生産する2頭の産子のこと．一つの胚から発育してくる一卵性双子と二つの胚から発育してくる二卵性双子とがある．最近では，発生工学的手法を用いて人為的に作出した胚から一卵性双子が得られているが，異なった受胚動物に移植して生まれた場合でも一卵性双子と呼ばれている．

ぶたすいよくじょう　豚水浴場　pig wallow　ブタの水浴に供するため，豚舎の運動場に設置される浅い水槽．シャワーを用いることもある．成豚は特に高温環境においては，泥水に体を浸すなどして体熱放散を図る．水浴場を設けることにより，衛生的に短時間で体温や呼吸数を下降させることができる．

ぶたストレスしょうこうぐん　豚ストレス症候群　porcine stress syndrome　PSSともいい，ストレス感受性の遺伝的要因をもつブタが強度の非特異的ストレスに曝露された時に示す筋肉の震え，呼吸困難，皮膚の蒼白白斑や赤斑発生，体温の急上昇，アシドーシス，意識消失，筋肉硬直，そして死亡する一連の症状．この素因をもつ個体は，PSE筋肉（むれ肉，ふけ肉）になりやすく，ハロセンテストにより判別できる．第六染色体q腕に位置する劣性RYRI（リアノジン受容体1）遺伝子ホモ

で発生しやすく，そのホモ，ヘテロはDNA検査により診断できる．ヒトの悪性高熱（MH, malignant hyper thermia）の疾患モデルである． →PSE豚肉

ぶたはんしょく・こきゅうしょうがいしょうこうぐん　豚繁殖・呼吸障害症候群　porcine reproductive and repiratory syndrome, PRRS　　PRRSウイルスの感染により母豚では早産や流死産，子豚では肺炎による呼吸困難をおこす伝染病（届出伝染病）．わが国では1990年代以降に全国的に流行するようになった新興疾病の一つで，予防にはワクチンを用いる．

ふだんきゅうじ　不断給餌　ad libitum feeding　→自由給餌

ブチロメーター　butyrometer　　ゲルベル法またはバブコック法による牛乳脂肪定量に用いられる乳脂計．牛乳のエマルジョンを壊して分離した脂肪層を目盛りで読み取れるようになっている．全乳用のほか，脱脂乳用，クリーム用などがある．

フットプリントほう　フットプリント法　foot printing　　DNAに蛋白質が結合すると，結合した領域がDNA分解酵素による作用や，化学修飾作用を受けにくくなることを利用して，蛋白質と相互作用するDNA部位を解析する方法．フィンガープリント法に対比して作られた名称で，DNA上に記される足跡（フットプリント）を解析するという意味でこのように呼ばれている．

ぶつりてきちょうせつ　物理的調節　physical regulation　　環境温度の変化に対して生体が，体内の物質を燃焼させて（化学的調節）体温を調節するのではなく，皮膚への血流量，発汗量，呼吸数などを加減して，放射・対流・伝導・蒸散により放熱を調節することで体温を維持すること．物理的体温調節ともいう．

ふとうきゅうすいき　不凍給水器　non-freezing waterer　　冬期の凍結防止対策が施された給水器．加温装置のないボールタップ方式と給水管やバルブに電熱ヒーターを被覆して凍結を防止する加温式とがある．

ふにんかく　不妊角　non-gravid horn →非妊角

ふにんこうび　不妊交尾　infertile copulation　　交尾を行ったが妊娠しなかった場合の交尾のこと．マウスやラットなどの黄体期を欠く動物で受精卵（胚）を移植する場合，精管結紮雄と不妊交尾させた偽妊娠雌を受胚動物として一般に使用する．

ふにん（しょう）　不妊（症）　sterility　　繁殖障害のうち，生殖器に異常のみられるものや疾患によるものをいう．先天性不妊症，後天性不妊症，雌性不妊症，雄性不妊症，一度も妊娠したことのない原発性不妊症などの区分がある．また，妊娠している胎子が発育できない場合を不育症と呼ぶことがある．

ふにんはんしょくしゅうき　不妊繁殖周期　infertile reproductive cycle　　哺乳類の雌が妊娠すると，卵胞の発育，交尾，排卵，黄体形成，胚の着床，妊娠，分娩，哺育といった一連の周期的変化がおこるが，これを完全繁殖（生殖）周期という．これに対して，妊娠しなかった場合の周期的変化を不妊繁殖周期または不完全繁殖（生殖）周期という．

ふのせいぎょエレメント　負の（転写）制御エレメント　negative regulatory element　　特定の制御蛋白質が結合することによって遺伝子の発現が阻害されるような場合，その制御蛋白質が結合するDNA上の特定の領域のこと．原核生物にみられるオペレーターや真核生物におけるサイレンサーなどが例としてあげられる．

ぶぶんにく　部分肉　cut meat　　ウシ，ブタの半丸枝肉を卸売用に分割したもの．ウシについては大分割部分肉（まえ，ロイン，ともばら，もも）と小分割部分肉（ネック，うで，かたロース，かたばら，ヒレ，リブロース，サーロイン，ともばら，うちもも，しんたま，らんいち，そともも，すね）とがある．ブタでは，ヒレ，ロース，もも，かた，ばらの5部分とし，かたを細分した場合は，かたロースと，う

でに分けた細分肉とする．

ふみおとし　ウシを歩行させた場合に，後肢が前肢の蹄跡に達しないことの俗称．

ふみこし　ウシを歩行させた場合に，後肢が前肢の蹄跡を越して歩くことの俗称．

ふみこみしきちくしゃ　踏み込み式畜舎　bedded pack livestock building　十分な敷料を敷いておき，泥ねい化しないように敷料を徐々に加えながら家畜を飼う方式の畜舎．1年に数回堆積したふん尿と敷料を搬出する．

ふみこみばん　踏み込み盤　foot dipping bath　靴底やタイヤを消毒するための消毒液を入れた槽．畜舎および畜舎エリアの出入口に消毒剤を満たした踏み込み盤を設けて，靴底やタイヤなどを消毒して病原菌の侵入を防ぐ．

ふゆうぶっしつ　浮遊物質　→SS

ブラーマ　Brahma　インドでマレーとコーチンの交雑から作出されたと考えられているニワトリの品種．1953年にインドからイギリスに入り，肉用種として利用されてきた．体型はコーチンに似て大型（成体重は雄5.4 kg，雌4.3 kg）で，三枚冠で耳朶は赤く，脚毛を有する．産卵数は年100~120個と少なく，就巣性がある．肉は柔らかく美味であるが，若齢時の成長速度が遅いので，実用的にはあまり飼われていない．

ブラーマン　Brahman　アメリカ南西部で，ギル，クリシュナ・バレー，バグーリ，ネロールなどのゼブ牛を交雑して作出した熱帯，亜熱帯地域に適する肉用牛．毛色は，銀灰色，赤褐色で，肩，頸，四肢に黒ぼかしがあり，有角．肩峰は大きく，垂皮，垂耳．体重・体高は，それぞれ雌500 kg，130 cm，雄800 kg，140 cm程度．耐暑性，耐寒性，抗病性，粗飼料耐性があり，アメリカ国内の他熱帯地方の肉牛生産に利用．

プライマー（DNA, RNAの）　primer　核酸の合成反応にあたりポリヌクレオチド鎖が伸びていく出発点として働くポリヌクレオチド鎖のことで，合成はプライマーの3'-OHにヌクレオチドがジエステル結合する形で進行する．したがってプライマーの3'-OHは遊離であることが必要．

フライヤー　fryer　アメリカでは食鶏の規格をロースター（大型），フライヤー（中型），ブロイラー（小型）の3種類に分類し，それぞれ料理法別に名を付している．フライヤーは名のとおり，フライに適するもので生体重1.8 kgから2.3 kgまでのものをいう．

ブラインキュアリング　brine curing　1) 皮革原料として生皮を濃厚塩化ナトリウム溶液に浸漬処理して保存に耐えるようにする方法．剥皮された生皮を水洗し，フレッシング後，水切りし約95%飽和塩化ナトリウム溶液に12~24時間浸漬する．塩水は絶えず循環撹拌される．浸漬処理後，皮は浴液を切り，内面に施塩（安全塩）して2日間程度積み上げ貯蔵してから出荷する．2) 食肉加工や一部のチーズの加塩にも本法が用いられる場合がある．→塩せき

プラウ　洋すき（犁）　plow（米），plough（英）　トラクターの3点支持装置あるいは牽引棹に取付けて，土壌を切削，破砕，反転する耕起用作業機．日本独自のものは，和すき（Japanese plough）と呼ばれ，主に水田を対象に発展したが，最近はロータリー耕を採用する農家が多い．欧米のものは単にプラウと呼ばれ，畑地での利用を主に発展した．犁体（りたい）の形状によって，撥土板プラウと円板プラウに大別されるが，わが国では前者を用いることが多い．

ブラウザー　browser　低木や潅木の葉などを含む多汁質の養分量の多い草類や，果実，芽，花などを選択的に採食する草食動物をいう．キリン，シカ，ウサギなどが含まれる．これらの動物のうち，反芻動物ではルーメンは比較的小さく，繊維素分解菌やプロトゾアの数も少ない．ブラウザーとグレイザーとの中間にはヤギ，トナカイなどがいる．冬期はブラウザーであるが，夏期にはグレイザーになる動物（例：アカシカ）もいる．

ブラウジング browsing　家畜が木の葉や小枝，樹皮などをかじりとる行動をいい，食草とは区別される．

ブラウンスイス Brown Swiss　スイス原産の乳肉役兼用種であるが，役利用は少ない．毛色は，灰褐色で，体下部，四肢の内側は淡色で有角．ヨーロッパ，アメリカで広く飼育されている．体格は各国で変異があり，体重・体高は，それぞれ雌 500～600 kg，125～132 cm，雄 750～1,000 kg，140～150 cm．乳量 4,000～4,800 kg，乳脂量 4.0%，枝肉歩留り 60%．耐寒性があり高冷地放牧適性がある．明治時代にわが国にも導入され，兵庫，鳥取地方の黒毛和種の改良に寄与．

プラスミド plasmid　細胞内で世代を通じて安定に子孫に維持伝達されるにもかかわらず，染色体とは別個に存在して自律的に増殖する遺伝因子の総称．プラスミドをもつ細胞の子孫には低頻度でこれを失ったものが現れることがある．プラスミドのうちで宿主染色体の上に付随した状態に変化したものを特にエピゾームと呼ぶ．

ブラッドソーセージ blood sausage　ブタの血液を加えて作るソーセージの総称．湯煮を行うクックドソーセージの一種．

ブラップほう　BLUP法 best linear unbiased prediction, BLUP　最良線形不偏予測法ともいい，環境の効果，血縁関係などを同時に補正して，個体の育種価を推定する C.R. Henderson により開発された方法．群，年次，季節などの環境の効果を母数効果に，遺伝の効果などを変量効果とする混合モデル方程式をたて，その方程式を解いて遺伝効果の最良線形不偏予測値を求め，同時に母数効果の最良線形不偏推定値も求めることができる．サイアモデル，MGSモデル，アニマルモデルなどがある．BLUP法の開発によりフィールドデータを用いた育種価の推定が容易になった．

ふらんき　孵卵器 incubator　種卵を入卵して雛を孵化させる器具．孵卵器には平面孵卵器と立体孵卵器がある．平面孵卵器は一般に 100～500 個程度入卵する小型のものが多い．立体孵卵器は 1,000 個程度の小型のものから数万個入卵する大型のものまである．孵卵器内は棚状に卵を並べる卵座，温度調節器，水盤，空気撹拌器および孵化用発生座などがあり，大型のものは自動制御装置で温度，湿度を一定に保ち，1 日に 6～10 回卵座を動かして転卵する．孵卵の後半には種卵を卵座から孵化用発生座に移して孵化をさせる．

フランク flank　牛半丸枝肉をイギリス式およびアメリカ式に分割したときの部分肉名．日本の規格でいう，ともばらの一部に当たる．　→付図 23

フランクフルトソーセージ Frankfurter sausage　牛肉と豚肉を原料として塩せきし，塩せき肉を挽き肉にしてからサイレントカッターで細切して，豚腸あるいはこれと同じサイズのケーシングに充填して燻煙・加熱したクックドソーセージ．

プランター　点播機 planter　一定間隔で一定粒数の種子を播種する作業機．種子ホッパから間欠的に種子を繰り出すために，一定間隔に穴のあいた傾斜目皿やベルト，ロールが用いられ，これの回転速度や穴径を変えることで点播間隔や落下種子数を調整できる．トウモロコシの種子を播種する点播機をコーンプランター（corn planter）と呼ぶ．真空や空気圧を利用して正確に一粒ずつ播種できるものもある．

ブランベルレポート Brambell report　1964 年にイギリス議会はノースウェールズ大学の Brambell 教授を委員長とする「集約的飼育システムにおける家畜の福祉に関する専門委員会」を作り，畜産における虐待性の検討を諮問した．翌年，急性的虐待の禁止に加え，慢性的虐待の禁止をも含めた内容の報告書が答申され，これを通称ブランベルレポートという．欧州の家畜福祉関連法規の基礎となった．

フリークひょうてん　フリーク評点

Flieg's score　サイレージの発酵品質を化学的に評価する方法で，生成された総有機酸量に対する乳酸，酢酸，酪酸の構成割合（モル比）に応じた配点で点数評価する．乳酸値には 0~25 点，酢酸値には 0~25 点，酪酸には -10~50 点を与え，その総点数によって 5 段階の等級（優，良，可，中，下）がある．

フリース　fleece　羊体上の羊毛は鱗片でからみあっているので，これを剪毛するとき，腹部で左右に切り開いた毛皮のような形で刈り採れる．このようにして刈り採った 1 頭分の羊毛を 1 枚として取り扱い，これをフリースと呼んでいる．毛の長さ，細さ，脂や雑物の混入程度などの品質によって仕分けしたフリースを 1 枚ずつ巻きこみ，40~50 頭分まとめて一つの袋に詰めて包装する．

フリーストールぎゅうしゃ　フリーストール牛舎　free stall barn　放し飼い式牛舎の一つで，1 頭用ずつに仕切られたストール（牛床）が配置されており，ウシの行動は規制されることはなく，自由にストールに寝たり通路を移動したりすることのできる牛舎．搾乳は，別に仕切られた，または，別棟のミルキングパーラー（搾乳室）で行う．多数のウシを群として管理するのに適した牛舎であるが，ウシの斉一性が求められる．

ブリーチーズ　Brie cheese　フランス原産の軟質白かびチーズ．直径 14~40 cm，厚さ 3.2~4.3 cm，重量 0.5~3 kg．牛乳，脱脂乳，または部分脱脂乳から製造され，独特の鋭い味とアンモニア性の香りを有する．カマンベールに似ている．

フリーマーチンしょうこうぐん　フリーマーチン症候群　free martin syndrome　ウシの異性双胎，あるいは多胎において，雌胎子が正常な性分化を阻害され，生殖腺，内外生殖器に異常を生じ，90% 以上は不妊となる現象．発症原因は十分に解明されていないが，多くの症例では，細胞遺伝学的に雄型の細胞がいろいろの頻度で混在するので，同腹異性胎子間に血液の交換が生じ，生殖腺の分化が先行する雄の影響をうけたのではないかと考えられている．ウシで，胚移植による多子生産で考慮すべき問題である．

ブリックチーズ　Brick cheese　アメリカ原産の半硬質チーズ．長方形（25 cm × 13 cm × 8cm）で重量は約 2.3 kg．弾力性があり，多数のホールを有し，やや刺激的で甘い風味を持つ．名称は，形状が煉瓦（ブリック）に似ていることと，圧搾に煉瓦を用いることに由来する．

ブリティッシュ・アルパイン　British Alpine　イギリスでアルパイン系のヤギから改良された乳用山羊品種で，1926 年に品種として公認された．毛色は黒色で白色のスイスマーキングを持ち，優美な乳用体型を有し，泌乳期間 365 日で泌乳量は 1,000~1,500 kg．

ブリティッシュ・ザーネン　British Saanen　イギリスで在来種にザーネンを累進交配して作出し，1925 年に成立した乳用山羊の品種．体格はザーネンより大きく，毛色はより白く，泌乳期間は 365 日で乳量は 1,000~2,000 kg と多い．欧米やわが国などに輸出され，乳用山羊の改良に貢献した．

ブリティッシュ・トッゲンブルグ　British Toggenburg　1920 年代に，イギリスの在来山羊にトッゲンブルグを交配して作出された乳用山羊の品種．体格はトッゲンブルグより大きく，毛色や外貌はトッゲンブルグと似る．泌乳能力はトッゲンブルグより向上しており，乳量は 1,000~1,500 kg，泌乳期間は 365 日．

ブリティッシュ・フリージアン　British Friesian　オランダ北部原産の黒白斑牛ホルスタインは，ヨーロッパ各地で広く利用されており，各地で別々の品種名で呼ばれてきたが，それらの中で，イギリスで改良され，固定された乳用牛が本品種である．毛色は，黒白斑で，体重・体高は，それぞれ雌 650 kg, 132 cm，雄 1,100 kg, 150 cm 程度の中型種．乳量 5,000 kg 程度，乳脂率 3.9%，枝肉歩留り 57~58%．粗飼料利用性に優れ，肉利用にも適する．わが国にも導入されている．

ブリテッシュ・サドルバック　British Suddleback　イギリスのドーセットシャーとエセックスシャーが原産地のブタの品種で，この地方に半野生状態で飼われていたブタをもとに改良したエセックスとウェセックス・サドルバックを統合して1967年に成立した．毛色は黒色で，体型はベーコン用型，成体重は雄350 kg，雌270 kg程度．産子数は平均10.3頭で，不良環境への適応性が高い．

プリパッケージ　prepackage　食品を販売するに先だって包装すること．特に透明または不透明な合成樹脂系のフィルムで包装すること．

ブルーチーズ　blue cheese　牛乳から作られるロックフォール型チーズ．*Penicillium roqueforti* を用い，切断面に青い斑紋を示す．アメリカ，カナダ，北欧諸国などで多く生産される．

ブルーミング　blooming　食肉の表面がオキシミオグロビンの鮮紅色によって美しい外観を呈した状態．暗赤色の牛肉などを空気に暴露するとおこる現象．

ふるえさんねつ　ふるえ産熱　shivering thermogenesis　ふるえることによっておこる代謝性産熱．ふるえでは拮抗筋群が同時に収縮するため仕事はしないが，このときの化学的エネルギーは熱としてあらわれる．ふるえ産熱は，皮膚あるいは内臓の温度感受性受容器からのシグナルを視床下部の視索前野が感知することによって現れる最も急速な熱産生反応である．

プルキンエせんい　プルキンエ線維　Purkinje fiber　→刺激伝導系

フルクタン　fructan　フルクトース分子を構成単位とする多糖類の総称．構成単位相互の結合の仕方により，レバン，イヌリン，その他に分類される．レバンは牧草フラクタンの別名で，寒地型イネ科牧草の地下部に貯蔵物質として多く含まれ，刈取り後の再生のための養分として利用される．なお，暖地型牧草とマメ科草の地下部貯蔵養分はデンプンである．

ブルーダー　brooder　子豚や雛の保温のために上部からおもにガスを燃料として給温する装置．典型的のものとして平飼い育成における傘型育雛器がある．

ブルドーザー　bulldozer　開畑，草地造成，圃場整備，土地改良などに用いられる装軌式の重車両．接地圧が小さいため，柔軟地も地面を傷めずに大きな推進力や牽引力を発生できる．前部に装着した排土板によって，掘削や整地を行い，また排土板をレーキに替えることによって，抜根，石礫除去の作業を行うこともできる．

ブルトン　Breton　フランスブルターニュ地方原産の輓馬．管囲太く，関節も大きく，歩行は軽快な農耕馬で，郵便馬車にも利用された．毛色は栗色で体高155 cm程度．

プレート　plate　牛半丸枝肉のアメリカ式カットによる部分肉名．わが国の規格ともばらの一部．イギリス，オーストラリア式の分割ではナーベルエンドブリスケット（brisket navel end）に当たる．　→付図23

フレーバー　flavor　→風味

フレーバーミルク　flavored milk　牛乳・乳製品に甘味料，果汁香料，コーヒー抽出液などを添加して製造した一種の嗜好飲料．

フレーメン　flehmen, lip-curling　雄の性的探査行動の一つ．雄が雌に近づき，雌の陰部や尿を嗅いだり舐めたりした後で，顎を伸ばし頭を上げて上唇を反転するように上げる．不揮発性のフェロモンを鋤鼻器へ送り込む動作と解釈されている．ウシ，ウマ，ヒツジ，ヤギなどでは繁殖期に頻繁に見られるが，ブタは口唇や鼻の構造上，明確なフレーメンは観察されにくい．

プレーリー　prairie　温帯地域に発達した長草型草原の一つで，ミシシッピー川流域の中部および北部に広がる草原の名称．年間降水量は300~700 mmで，腐植に富んだ肥沃な土壌を形成している．今日，かん漑農業によって，アメリカの第一の穀倉地帯としてコム

ギ，トウモロコシ，綿花栽培が行われている．

プレスハム press ham 小肉塊を塩せきし，つなぎの練り肉を加えたものに，調味料・香辛料を加えて混合し，ケーシングに詰めたのち，燻煙し，加熱したもの．ハムとソーセージの中間的な食肉製品といえるもので，わが国で工夫された独特な製品である．

フレッシュソーセージ fresh sausage 練り肉をケーシングに詰めただけのもので，食べる時に焼いたり，湯煮して加熱する．発色剤の添加は行っていない．わが国では生鮮肉として取扱っている．

フレッシュチーズ fresh cheese 熟成せずに販売，消費されるチーズの総称．カテージチーズ，クワルク，クリームチーズなど．

フレッシング fleshing 皮革製造の準備工程中の一作業．水漬けあるいは石灰漬けのあと，皮の肉面の皮下結合組織やそこに付着している脂肪や肉片を削り取って，以後の作業で薬品の作用が均一に進行するようにする作業．剥皮直後に行うこともある．通常，フレッシングマシン（裏打ち機）が用いられているが，かまぼこ台とせん刀を用いて手作業で行うこともある．

プレミックス premix ビタミン，抗生物質など微量の物質を飼料に混合するとき，均一に飼料に混合されるように，あらかじめ適当な媒体飼料に混合して希釈増量したもので，それを添加することにより，不足している微量な栄養素を十分に供給できるようにする．その他，糖蜜，フィッシュソリュブル，タローのように拡散しにくい飼料原料を配合する場合にも同様に処理することがあるが，これも広義のプレミックスと呼んでいる．

フレームシフトとつぜんへんい フレームシフト突然変異 frameshift mutation 遺伝子DNA上で3の倍数でない少数個の塩基が挿入または欠失することにより，その情報が蛋白質のアミノ酸配列として読みとられるとき，読み枠にずれを生ずるような突然変異のこと．その結果，塩基の挿入あるいは欠失点が境として正常とはまったく異なったアミノ酸配列を生じ，生成する蛋白質の活性は低下または消失する．

ブロイラー broiler 食用に供する肉用若鶏の総称で，一般的な出荷時期である8週齢の体重は，現在雄3.1 kg，雌2.5 kg以上になっている．現在のブロイラー用の品種は，父鶏として白色コーニッシュ，母鶏として白色プリマスロックを用いたその交雑種が一般的である．ブロイラーの特徴は，成長速度，肉付き，飼料効率に優れ，羽色，羽装，皮膚の色が良好で，屠体の仕上がりがよいことである．

ブロイラーしゃ ブロイラー舎 broiler house 食鶏肉生産用の鶏舎．平飼い方式が一般的で，数百〜数千羽単位で一斉導入・一斉出荷（オールイン・オールアウト）が行われている．

ブロードキャスター broadcaster 粒状の肥料や種子を圃場に全面散布するのに用いる作業機の一種．ステンレスまたはプラスチック製の円（角）錐型ホッパ下部に，回転羽根円板ないし揺動円筒の散布装置が取付けられており，これを回転ないし揺動させて，ホッパから落下した資材を振り撒いて作業を行う．資材粒径によって飛距離が異なることから，混合資材では，散布むらが発生することがある．

プロオピオメラノコルチン proopiomelanocortin, POMC 下垂体前葉および中間葉の細胞で生産され，副腎皮質刺激ホルモン，β-リポトロピン，β-エンドルフィン，メラニン細胞刺激ホルモンなどの前駆体となる．→副腎皮質刺激ホルモン，副腎皮質刺激ホルモン放出ホルモン

プロジェスチン progestin 子宮内膜に着床性増殖を誘起するホルモンの総称．別名ジェスタージェン（gestagen），プロジェスタージェン（progestagen）．生理作用としては，着床性作用，妊娠維持作用があり，黄体相あるいは妊娠初期相の副生殖器にみられる形態的変化をもたらす．また，視床下部・下垂体

にフィードバックして黄体形成ホルモン（LH）と卵胞刺激ホルモン（FSH）分泌を抑制する．特にLH分泌抑制作用が顕著である．発情周期中は黄体から，妊娠中は黄体と胎盤から分泌される．

プロジェステロン progesterone　黄体や胎盤から分泌されるジェスタージェン（プロジェスチン）活性をもつ天然のホルモン（pregn-4-ene-3,20-dione）．生理作用としては，エストロジェンにより増殖肥厚した子宮内膜を分泌期の構造へ変化させ，受精卵の着床や胎子への栄養供給に好都合な条件を整える．子宮筋層では，オキシトシンに対する感受性を低下させ，自動的な運動を抑制して妊娠を維持する．また，エストロジェンと協同で乳腺の発育を促進する．　→プロジェスチン

プロスタグランジン prostaglandin, PG　プロスタン酸を基本とするシクロペンタン核を含む炭素数20の多価不飽和化合物．5員環における酸素原子と二重結合の含まれ方により，A～J群に，また二重結合により1~3のタイプに分ける．PGの生物活性は，多様であり，平滑筋の収縮，アレルギー反応，血液凝固，発熱などに関与する．生殖機能においては，雌では子宮からの黄体退行因子として作用する他，排卵，卵の輸送，着床，分娩に関与する．雄では，射精や精子輸送に関与する．

プロセスチーズ processed cheese　種類，熟成度の異なるナチュラルチーズを粉砕し，乳化剤を加え，加熱融解して，成型包装したもの．広義のプロセスチージにはチーズフード，チーズスプレッド，その他のチーズ加工品が含まれる．

プロセッシング processing　RNAや蛋白質がそれぞれ遺伝子の転写やmRNAの翻訳によってできる第一次産物の前駆体分子から，酵素的に構造変換をうけて，機能をもつ分子に成熟する過程．RNAの場合には遺伝子転写産物の末端領域やスペーサーなどが，切断・除去される反応や，RNA中のイントロンに対応するヌクレオチド配列がスプライシングによって除去される過程，分子の5'末端にヌクレオチドを付加する反応，ヌクレオシドを修飾する反応などがしられている．蛋白質の場合にはポリペプチドが種々の蛋白質分解酵素によってより小さな分子に変換されることやメチル基付加，リン酸基付加，糖鎖付加，S-S架橋形成などが知られている．

フロック floc　水中の懸濁物質，コロイド粒子，微生物菌体などが付着・集合して塊状となったもの．例えば，懸濁している活性汚泥が静置状態におかれると活性汚泥自身の凝集力によりフロックを形成し，沈降する．

ブロックローテーション block rotation　田畑輪換を1区域全体がまとまって行うことで，水管理が容易になり，畑作物の栽培が体系化される．わが国では1970年代から始まった水田利用再編対策で効果をあげてきた．

プロトゾア protozoa　原生動物（原虫）のこと．反芻動物の第一胃内にはプロトゾアとして多数の繊毛虫と少数の鞭毛虫が生息している．プロトゾアは炭水化物を発酵し，蛋白質を分解する機能をもち，反芻動物の微生物社会において一定の役割を果たしている．
→ルーメン微生物

プロトプラストゆうごう　プロトプラスト融合（法） protoplast fusion　細胞壁を除いた全細胞内容をプロトプラストと呼び，細胞壁を有しない動物細胞では細胞とプロトプラストは区別されない．このプロトプラストを用いた細胞融合現象を利用して遺伝子導入を行う方法のこと．

プロバイオティクス probiotics　ヒトや動物などの宿主の腸内菌叢のバランスを改善することにより宿主にとって有益な作用をもたらし得る生きた微生物と定義されている．プロバイオテイクスとして用いられる細菌は*Lactobacillus*，*Bifidobacterium*，*Enterococcus*などの腸内生育性のある乳酸菌群が中心となっており，その中でも，ビフィズス菌，アシドフィルス菌，カゼイ菌などがおもなものであ

る．生きた微生物飼料添加物もこれに属する．
→腸内細菌

プロボロンチーズ Provolone cheese　イタリア原産の硬質チーズで，プラスチックカードチーズともいわれる．形は洋梨形，円筒形，ソーセージ形など多種多様である．

プロモーター（遺伝子の） promoter　RNAポリメラーゼが特異的に結合して転写をはじめるDNA上の領域．基本的な大きさは数十塩基対で，真核生物のRNAポリメラーゼのプロモーターでは30番目を中心にTA-TAAAAという配列が多く出現しTATAボックスと呼ばれている．これらの配列がRNAポリメラーゼによる転写開始に重要な役割を果たしていることが知られている．

プロラクチン prolactin, PRL　下垂体前葉から分泌される単純蛋白質ホルモン．成長ホルモンと胎盤性ラクトジェンはPRL遺伝子ファミリーに属する．PRLは，魚類では浸透圧の調節，両生類では変態，水や電解質の代謝，鳥類では就巣，抱卵，渡り行動を促進する．哺乳類では乳腺の発育，乳汁分泌，哺育に重要である．PRLの分泌は，視床下部から分泌される放出因子と抑制因子によって調節される．一般に，哺乳類では，吸乳刺激，交尾刺激，ストレスなどで分泌が促進する．

プロラクチンほうしゅついんし　プロラクチン放出因子 prolactin releasing factor, PRF　視床下部で生産され下垂体前葉からのプロラクチンの分泌を促進する物質．未だPRFを単離した報告はない．現在，in vitroとin vivoの両方で，プロラクチン分泌を促進する物質として甲状腺刺激ホルモン（TRH）とvasoactive intestinal polypeptide（VIP）がPRFの候補とされている．

プロラクチンほうしゅつよくせいいんし　プロラクチン放出抑制因子 prolactin inhibiting factor, PIF　視床下部で生産され，下垂体前葉からのプロラクチン分泌を抑制する物質．現在，ドパミンがPIFとして最も有力である．オピオイドペプチドの一種であるβ-エンドルフィンは，ドパミンの生成を抑制することによりプロラクチン分泌を促進する．また，ドパミンアゴニストであるブロモクリプチン（CB-154）は，プロラクチン分泌を抑制することから，ヒトの高プロラクチン血症の治療に用いられている．

ブロンズ Bronze　北アメリカ東部にいた野生シチメンチョウとヨーロッパからアメリカに輸入して家禽化されたシチメンチョウが交配され，現在ブロンズと呼ばれている品種の祖先となった．現在のブロンズは，体格が大きく成体重は雄16 kg，雌9 kg程度で，産卵数はあまり多くない．アメリカでは大量に飼育されている．

ブロンドダキテーヌ Blonde d'Aquitaine　フランス西南部原産の肉用牛．ガロンヌとケルシーの交雑から作出され，毛色は黄色〜黄褐色で短毛，有角．体重・体高は，それぞれ雌1,000 kg，145 cm，雄1,250 kg，155 cm程度．枝肉歩留り63％．世界各地で肉生産用に飼育されている．

フロントローダー front loader　トラクターの前部に装着される荷役用作業装置．油圧力によってアームが上下動し，先端部にフォークやバケット，ブレードなどのアタッチメントを取付けて作業を行う．堆肥の積込みや切返し，各種飼料の飼料混合機への積込み，乾草やベールの積込みなど，各種資材の垂直運搬に利用される．牛舎内での糞尿搬出作業に利用する農家もある．

ふん　糞 feces　動物によって消化管から最終的に排泄されるもの．主として飼料の不消化物であるが，代謝性糞産物である消化液，消化管粘膜，微生物なども含まれている．ニワトリでは通常の糞（腸糞）のほかに，べっ甲色をした盲腸糞を排泄する．ウサギは，昼間は乾いた糞（ハードフィーシズ）を，夜間には柔らかくやや鮮やかな光沢をもち粘膜に包まれたソフトフィーシズを排泄する．後者はウサギに食べられビタミンなどの栄養素の補給に役立っている．　→食糞性

ぶんか　分化　differentiation　発生中の生物の細胞が，形態的・機能的に判別されるようになっていく過程のこと．それにともなって，核の全能性は次第に限定され，失われていく．また，細胞に特異的な遺伝子が発現したり，未分化細胞で発現している遺伝子が発現しなくなる．

ぶんかつ　分割　cleavage　→卵割

ぶんげつ　分げつ　tiller　イネ科草は，初期生育の段階から主茎の基部の葉腋に若い茎が順に発生し，やがて主茎と同じように葉をもち，さらに孫の茎を着生して茎と葉をふやしてゆく．この一つ一つを分げつという．分げつは草体を形成する命の単位とみることができる．多回刈りに耐えうるのはこうした分げつの旺盛な生育のためである．

ふんじ　粉餌　meal, mash　家畜，家禽に給与する粉状の飼料．単一のものを粉末にしたものにはミール，二種以上のものを混合し粉末にしたものはマッシュと呼ばれることがある．均一に混合された斉一な飼料を給与できる利点があるが，飼料の飛散などによる無駄，ブタの胃炎の惹起などの問題点もある．

ぶんしけつえんけいすうぎょうれつ　分子血縁係数行列　numerator relationship matrix　BLUP法により育種価を推定するために混合モデル方程式を構築する時に用いる評価する個体間の遺伝的関連性を表す行列．育種価を求める個体間の近縁係数 coancestry 行列の2倍，すなわち，個体の近交係数 +1 を対角要素とし，Wright の血縁係数を求める式の分子を非対角要素とする行列．BLUP法では，この行列の逆行列に分散比を乗じたものを混合モデルの該当する変量効果の部分に加える．

ふんじん　粉塵　dust　空気中に浮遊する粒子状の物質．ヒトの健康を損うので，国の環境基準では，10 μm 以下の粒子の質量濃度が1日平均の1時間値で 0.20 mg/m^3 以下と規定されている．濃厚飼料，糞，および敷料に由来する場合が多く，ブロイラーで大量に発生する．

ふんにゅう　粉乳　milk powder, dried milk　牛乳特有の性状をできるだけ変えないように，水分を除いて粉末状にしたもの．全脂粉乳，脱脂粉乳，調製粉乳などがある．

ふんにょうこう　糞尿溝　gutter　家畜の排泄物が落下する場所に位置し，搬出しやすいように溝をつけたもの．つなぎ飼い牛舎では約 45 cm 幅の糞尿溝を牛床の端に設ける．糞と尿とを分離させるために溝の底部に鉄板製の目皿を置き，その上にバーンクリーナーを設置して，糞を機械的に搬出する方法が一般的である．

ふんにょうだめ　糞尿溜　manure tank　糞尿をためておく貯留槽．

ぶんぴつかりゅう　分泌顆粒　secretary granule　細胞内の膜に包まれた構造物で，細胞内で生成された物質を含む．活発な外分泌腺，内分泌腺の細胞では無数の分泌顆粒がみられるが，含有する物質と状態により形態的に多様である．

ぶんべん　分娩　parturition, labor, delivery, calving（ウシ），foaling（ウマ），farrowing（ブタ），lambing（ヒツジ），kidding（ヤギ）　出産ともいう．妊娠している雌が胎子ならびにその付属物を排出すること．早産，死産や帝王切開による場合も含む．自然分娩で，頭部から出産するものを正常分娩という．胎子の副腎から副腎皮質ホルモンが分泌されることによって分娩がはじまる．　→分娩期

ぶんべんかんかく　分娩間隔　delivery interval　前回の分娩から次回の分娩までの期間のこと．妊娠期間は種によって一定しているので，空胎期間の長さが分娩間隔を決める．乳牛の場合，分娩間隔が長くなると搾乳量が減少するので，経済的損失が大きくなる．1年1産が目標であるが，現在の乳牛における分娩間隔は13ヵ月前後である．

ぶんべんき　分娩期　stage of labor　陣痛開始から後産が排出されるまでの期間のこと．通常3期に区分する．第1期は準備期であり，規則正しい陣痛の開始から羊膜に包まれ

た胎子が子宮頸管に押しでてくるまで．第2期は娩出期であり，第1破水から胎子の娩出が終了するまで．第3期は後産期で，胎子の娩出から後産の排出が終了するまでのことをそれぞれいう．

ぶんべんごはつじょう　分娩後発情　postpartum estrus, foaling heat（ウマ）　分娩後にみられる発情のこと．ウシでは，分娩後40日までに最初の発情がみられるが，初回発情で授精すると子宮の修復が不完全なため受胎率は低い．1年1産を可能にするためには，子宮の修復が完了する40日以後にみられる1ないし2回目の発情で授精し，妊娠させることが必要である．ウマでは，分娩後5～18日で初回発情が多くみられる．ブタでは離乳後4～5日で発情が再帰する．

ぶんべんさく　分娩柵　farrowing pen, guard rail, farrowing crate　産子数の多いブタで，授乳母豚による子豚の圧死を防ぐ目的で分娩用豚房の中に設けられた棒柵のこと．分娩柵のスペースは，妊娠豚の体型に合わせて調整する．子豚は柵の下段の開放部から自由に出入りできる構造となっている．分娩前2～5日前から分娩後5～7日間，場合によっては子豚を離乳するまで母豚を収容して哺乳させる．

ぶんべんしゃ　分娩舎　ブタ：farrowing piggery, farrowing building；ウシ：calving barn　分娩と哺乳のために用いられる畜舎．

ぶんべんぼう　分娩房　calving pen（ウシ），foaling box（ウマ），farrowing pen（ブタ）　分娩の近い妊娠家畜を収容し，生まれた子畜を一定期間，母畜と一緒に哺育するための囲い．

ぶんべんりつ　分娩率　delivering rate　交配または人工授精した雌畜のうち，分娩した母畜の割合のことをいう．死産の場合も含むが，生存子のみを対象とした分娩率は生産率とよんで区別している．

ぶんぼう　分房　quarters　乳房を構成する組織の単位．ウシの乳房は前後，左右の4分房に分かれ，各分房に1個の乳頭が付着する．　→付図18

ぶんぽう　分封（分蜂）　swarming　蜜蜂の増殖において女王蜂が増えた場合に，女王蜂を中心に別の集団を形成して移動すること．分蜂は蜂群の維持管理上不利となるため，王台や余分な貯蜜の除去により空巣房が常に存在するようにして防止する．

ふんまつホエー　粉末ホエー　whey powder, dried whey　ホエーを乾燥して粉末状にしたもの．微細な粉末でわずかに甘味がある．製パン，製菓，スープ，チーズスプレッド，飼料などに用いられる．

ふんむかんそうき　噴霧乾燥機　spray drier　濃縮された牛乳などを高圧ノズルや回転円板などにより微粒化し，表面積を大きくして，熱風にあて瞬間的に水分を蒸発させる乾燥装置．噴霧乾燥においては水分の蒸発が大変速いため，熱風の温度が高いにもかかわらず，乾燥の際，噴霧粒子が実際に受ける熱は比較的低く，製品の品質低下が少ない．

ふんもん　噴門　cardia　胃の入口で食道との境界をなす部位．幽門のようなくびれはなく，食道から胃へは内腔が広がった形で移行し，明瞭な境界はない．胃内の食物塊も食道への逆流が容易で，反芻家畜などでは意識的に食塊を逆流して咬み戻しを行う．噴門括約筋はウマで発達するが，他ではみられない．　→付図11，付図12

[へ]

ヘイウェファー　hay wafer　乾草をそのまま，または切断してから圧縮し，ウェファーのように薄くして成形したもの．

ヘイエレベーター　hay elevator　乾草を上方の貯蔵場所に運び上げるための荷役機械．主として梱包乾草（コンパクトベール）を畜舎の2階の乾草貯蔵庫に運び上げるためのコンベアを指すが，本機は比較的地上高さの低い塔形サイロへの飼料作物投入にも用い

られる.

へいかつきん　平滑筋　smooth muscle
体を構成している筋肉の一種. 主として内臓諸器官, 血管, 消化管, 呼吸道, 泌尿生殖道など管状の器官を取り囲む筋組織を形成するほか, 眼の虹彩や毛様体, また, しばしば結合組織中にも分散して存在する. 骨格筋と異なり意志により収縮させられない不随意筋であり自律神経の支配を受ける. 平滑筋線維（平滑筋細胞）は骨格筋細胞よりはるかに細くて短く, 長さ30~200 μm の紡錘形である.

ヘイキューバー　hay cubing equipment
アルファルファなどの高蛋白含有粗飼料を乾燥し, 圧縮成型して固形粗飼料を製造する機械. わが国にも一時導入されたが, 製造コストがかかり定着しなかった. 製品であるヘイキューブ (hay cube, hay cob) はアメリカなどより大量に輸入され, 貯蔵や飼料給与の取り扱いが容易な粗飼料として利用されている.

ヘイキューブ　hay cube　牧草を刈取り, 自然乾燥した後, ヘイキューバーで集草, 同時に小型の直方体（キューブ）に圧縮成形したもの. マメ科牧草のアルファルファをおもに材料とし, 飼料価値も高く長期保存が可能.

へいきんいでんしこうか　平均遺伝子効果　average gene effect　→相加的遺伝子効果

へいきんさくにゅうそくど　平均搾乳速度　average milking rate, average rate of milk flow
機械搾乳において, ティートカップを装着してから取り外すまでの時間で搾乳量を除した数値で, 乳汁流出の遅速を示す指標の一つ.

へいけいきせいせんしげきホルモン　閉経期性腺刺激ホルモン　human menopausal gonadotrop (h) in, hMG　閉経期の婦人尿に出現する性腺刺激ホルモン. 婦人は, 閉経期になると, 加齢により卵巣機能が低下し, 卵巣からのホルモン分泌が減少して, 視床下部・下垂体への負のフィードバック作用が弱まることにより下垂体からの黄体形成ホルモン (LH) と卵胞刺激ホルモン (FSH) の両方の作用を有する性腺刺激ホルモン (hMG) を大量に尿中へ排泄する. hMGは, FSH様作用が強いことから, 人絨毛性性腺刺激ホルモン (hCG) とともにヒトの不妊症患者の排卵誘発に広く用いられる.

へいさおうたい　閉鎖黄体　atretic corpus luteum, corpus luteum atreticum　発育した卵胞が排卵せず, 黄体化したものをいう. 初めに卵胞膜内膜から黄体化が始まる. 中心部に液を含んだ腔を残留しているものを黄体嚢腫 (luteal cyst) という. いずれもプロジェステロンを分泌する. ウマでは, 妊娠初期に, 多数の卵胞が発育し, 大部分は排卵せずに黄体化し, 副黄体を形成して妊娠を維持するためのプロジェステロンを分泌する.

へいさがたちくしゃ　閉鎖型畜舎　closed type livestock building　壁面に開口部が少ない畜舎. 換気は換気扇を用いて行うことが多い.

へいさぐんいくしゅ　閉鎖群育種　closed herd breeding　育種目標に基づき種畜を収集して基礎集団を構築し, その後は集団内で繁殖, 検定, 選抜, 更新をくりかえすことにより, 集団の遺伝的能力を改良するとともに集団内の遺伝的斉一性を高める育種法. 種畜集団の遺伝的能力を改良する基本的な手法である. ブタやニワトリの系統造成に用いられている.

へいさしゅうだん　閉鎖集団　closed herd (population)　外部から遺伝子の導入がない閉鎖的な集団. 外部から遺伝子の流入がある集団は開放集団 (open herd) という.

へいさらんぽう　閉鎖卵胞　atretic follicle　→卵胞閉鎖

へいちりん　平地林　coppice　肥料・燃料用の落葉を集めるために農家の近くにある樹林地. 関東地方に多くナラ, クヌギなどを主とする.

ヘイテッダー　転草機　hay tedder　刈り倒した牧草列 (swath) を, 圃場全体に広げるとともに, 地面に接していた部分に風があたるように反転する作業機械. 牧草を効率的

に均一に乾燥し，良質の乾草を作るのに用いられる．代表的形式には縦軸回転式（gyro type rotary tedder）とベルト・チェーン式があり，回転部やベルトに取付けられたバネ爪（tine）によって，前者は後方に後者は側方に牧草を放り投げて反転する．両者はヘイレーキとして利用することもできる．

ヘイレーキ　集草機　hay rake　圃場全体に広げられた刈取り牧草を，集草列（windrow）にする作業機械．集草作業は拾上げ準備と乾燥した牧草が圃場で夜間に濡れるのを防ぐために行われる．ヘイテッダーと兼用できる縦軸回転式がよく用いられるが，横軸回転式（side delivery rake），トラクターのPTO軸動力を必要としない回転輪式（finger-wheel rake）などがある．

ヘイレージ　haylage　乾草と高水分サイレージとの中間という意味で，この名がある．正確にはスチール気密サイロに調製された低水分サイレージに対する名称で，養分損失量が少なく家畜の嗜好性が高いことや，ヘイレージ単一の自動式給与法の導入など有利性がある．現在は低水分サイレージの同義語として使用されている．　→低水分サイレージ

ベーコン　bacon　ブタのばら肉の部分の意味であるが，一般的にはブタのばら肉を塩せきし，燻煙して作った食肉製品を指し，スモークドベーコン（smoked bacon）ともいう．

ベーコンタイプ　bacon type　→加工用タイプ

ベータガラクトシダーゼ　β-galactosidase　糖のβガラクトシド結合を切る酵素の総称．牛乳中の乳糖（ラクトース）はこの酵素によって，ガラクトースとグルコースに分解されて吸収される．　→ラクターゼ

ベータシートこうぞう　βシート構造（蛋白質の）　β-sheet structure　蛋白質やポリペプチド鎖のとる二次構造の一種で，αヘリックスに対する呼称．βシートはのびたポリペプチド鎖構造を意味する．鎖間が水素結合をすることによってシート状になり，それにひだが生じた構造をとるモデルが提唱されている．

ベータ-ラクトグロブリン　β-lactoglobulin　牛乳のホエー蛋白質の一種．常乳に約0.4%含まれる．分子量約18,000で，レチノールを結合する性質をもつ．ペプシンで消化されにくいため，牛乳アレルギーの主因物質となっている．人乳中には含まれていない．

ベーチング　bating　皮革製造の準備工程中の一作業．柔軟で伸びがあり，銀面が平滑できれいな革とするために，石灰漬け，脱毛を終えた裸皮を蛋白質分解酵素で処理する作業．通常，脱灰と同時に行われる．ブタやウシの膵臓から得られるパンクレアチン，あるいは細菌や糸状菌の蛋白分解酵素を主成分とし，脱灰剤などを混合して調製したベーチング剤が用いられている．

ベーラー　梱包機　baler　集草列に集められた牧草やワラなどを拾上げ，圧縮・成形して梱包する粗飼料収穫用作業機械．梱包の形状や大きさによって，タイトベーラー（tight baler），ロールベーラー，角形ビッグベーラー（high-density big rectangular baler）の3種類がある．タイトベーラーはコンパクトベーラーとも呼ばれ，1個20~30 kg前後の直方体に圧縮梱包するもので広く利用されてきた．しかし乾草専用機であり収納や給与時に人力ハンドリングをともなうことが多いことから，サイレージ化が可能なロールベーラーの普及とともにわが国での利用は少なくなっている．角型ビッグベーラーは0.5~4.0 m^{3}の直方体に圧縮梱包するもので，ロールベーラーより作業能率が高く収納性がよいことからサイレージ化を含めて導入検討が進められている．

ベールかいたいき　ベール解体機　bale cutter　ロールベールを解体して細断し，飼料給与作業を省力化する作業機械．トラクターの油圧動力を利用しナイフでベールを上

方から切断して解体する方式と，ベールを回転させながら外周表面からほぐし取る方式，ベール底面から削り取る方式がある．後2方式では解体した飼料を飼槽や飼料混合機に投入する定量排出装置を備える機種もある．

ベールハンドラー bale handler　人力による拾上げと積込みの作業が不可能なロールベールの普及とともに，導入された荷役用作業装置．フロントローダーのアタッチメントとして開発され，ロールベールを上方よりつかむグリップ式 (bale gripper) と下方よりすくい上げるリフト式がある．前者はロールベールを縦方向に積むことができる．

ベールラッパー bale wrapper　ロールベールに延伸性のあるプラスチックフィルム (stretch film) を巻きつけて密封する作業機械．密封されたベールはサイレージに調製される．運搬作業を切り離して行えるため，天候にあまり左右されずに収穫調製作業が行え，サイロも必要としないことから，ロールベーラーと本機の導入が急速に進み，現在では牧草収穫の基幹体系の一つになっている．

ベールワゴン bale wagon　ベーラーで梱包されたベールの拾上げ，積込み，荷降ろしの機能を有した運搬用車両．タイトベールワゴンとロールベールワゴンの2種類がある．わが国での普及台数は少ない．

ペキンダック Beijing Duck　中国黄河流域で300年以上も飼育されていた肉用アヒルで，世界的に有名な品種である．羽色は白（劣性白）で，成長速く，肉は美味で柔らかく，産肉量，皮下脂肪とも多い．体重は7週齢で2.5〜3.0 kg，初産は5ヵ月齢，産卵数は年約200個，卵重は約90g，就巣性はない．日本でも改良大阪種の作出に利用されるなど，世界の養鴨業に大きく貢献してきており，現在も世界で広く飼われている．

ベクター vector　組換えDNA実験において制限酵素などにより切断した供与体DNAの小片をつないで増殖させるために用いる小型の自律的増殖能力をもつDNA分子をいう．DNAのクローニングに用いるのでクローニングベクターとも呼ばれる．ベクターの条件としては (1) 生細胞内にDNAとして効率よく注入される，(2) 細胞に注入されたDNAの存在を形質の変化として知るためのマーカー遺伝子をもつ，(3) 供与体DNAの小片をつなぐ適当な部位（制限酵素切断点）をもつなどである．大腸菌K12株で用いられるベクターにはプラスミド系統のpBR322やシャロンファージなど多くのベクターが開発されている．また大腸菌と酵母，あるいは大腸菌とサルの細胞で増殖しうるようなこれらのベクターは2種の宿主間を行き来することからシャトルベクターと呼ばれている．

ペクチン pectin　植物の非木質化組織に特有の酸性多糖類で，ウロン酸とそのメチルエステルを構成単位とする．細胞壁および細胞間物質に一部 Ca, Mg塩の形で，他の中性多糖類と密着混合して存在し，組織の保水性を維持する．これらの混合物をペクチン質と呼ぶが，ミカン類の果皮，リンゴ，ビートパルプなどに多く含まれる．熱水，熱シュウ酸アンモニウム溶液などにより，可溶性のペクチンとして抽出される．飼料成分としては，動物の消化酵素で分解されないが，ルーメン細菌のよい栄養源で，容易に発酵し利用される．

ペッカリー peccary　メキシコ，ブラジル，アルゼンチンおよび中米諸国に原産する偶蹄目ペッカリー科のブタに似た野生動物．この皮の銀面は繊細で，手袋用，衣類用の革として利用される．

ヘッド head　原皮裁断部位の名称で，頭部から頚部を指す．

ヘッドチーズ head cheese　原料のブタの皮，鼻，耳，唇，舌，心臓などはよく煮て，適当な大きさに切断し，ゼラチンと混合してケーシング（豚胃や牛大腸）に詰め，加熱し，ときに燻煙して作ったソーセージの一種．

ヘテローシス heterosis　→雑種強勢

ヘテロかくアールエヌエー　ヘテロ核RNA hnRNA　真核生物の細胞核中に存在

し，代謝的に不安定で不均一な大きさの一群の高分子 RNA の総称．細胞の全 RNA の数パーセントを占め，核内ではおもに核小体の外側に存在する．hnRNA の多くは mRNA の前駆体と考えられ，これらの hnRNA はプロセッシングを受けた後，細胞質へ移行して mRNA として機能する．大部分の hnRNA は核内で種々の特異的な蛋白質と複合体を形成して存在する．

ペプシン pepsin 胃で分泌される蛋白質分解酵素の一種である．ペプシンを用いる人工消化試験法が広く普及しており，動物性蛋白質飼料についてペプシン消化率として適用されている．

ペプチドけつごう ペプチド結合 peptide bond 同種あるいは異種アミノ酸同士において，一方のカルボキシル基と他方のアミノ基とから脱水縮合して生じた一種の酸アミド結合で，生成物 $NH_2CH(R')CONHCH(R'')COOH$ 中の $-CO-NH-$ 結合をいう．酸・アルカリ・酵素などで分解すればもとの構成アミノ酸類が再生する．蛋白質構造の主要な結合様式である．

ペプチドてんい ペプチド転移（反応） transpeptidation ペプチドの一部が他のペプチドの一部またはアミノ酸と交換される転移反応．ペプチド結合のアミン成分が他のアミンによって置換されるカルボキシル転移反応と，カルボキシル成分が置換されるアミン転移反応とが考えられる．特にアミン転移反応は多くのプロテアーゼにおいて見いだされている．

ヘマトクリット hematocrit, Ht, packed cell volume, PCV 血液中に占める血球の容積比（%）．凝固阻止した血液を遠心分離して血球を沈降させ，血球と血漿との容積比をみる．白血球は赤血球の数百分の一に満たないため，おもに赤血球容積に含まれるが，白血球層の異常な増減をチェックすることも可能である．

ヘミセルロース hemicellulose 植物の細胞壁を構成する成分の一つである．セルロースとともに存在する．キシロースなどの重合体でアラビノースなど，他の糖からなる側鎖をもっている．植物細胞壁でセルロース，リグニンと共存し植物の骨格を形成する．牧草・飼料作物に多く含まれるが反芻動物の第1胃内で消化される．消化の程度はリグニンの含量と構造に支配される．

ヘヤースリップ hair slip 皮が腐敗して毛が抜けやすくなっていること．あまりひどくなければ革とすることができる．原皮の品質を判定する方法の一つ．

へらがけ へら掛け staking →ステーキング

ベリー belly 動物の腹の部分をいう．この部分を革とした場合，皮の繊維構造がゆるく伸びやすいので他の部位より劣る．

ヘリックスターンヘリックスこうぞう ヘリックスターンヘリックス構造 helix-turn-helix structure 核内転写因子にみられる α ヘリックス，β-ターン（折り返し），α ヘリックスの順で連結されている代表的な構造で，ある種のリプレッサー蛋白質の DNA 結合部位と考えられている．

ヘリングボーンパーラー herringbone parlor ミルキングパーラーの種類の一つで，ストールの配列がピットに対して斜めとなっているパーラーであり，ピットの両側にニシンの骨のように並ぶことから付けられた名前である．最も普及しているタイプである．通り抜け式と一斉退出式とがある．

ベルグマンのじょうそく ベルグマンの常則 Bergman's rule 恒温動物において，一般に同種内では，寒冷な地方に生活する個体は温暖な地方に生活する個体より体重が大きく，近縁な異種の動物間ではより大型の種が寒冷な地方に住むという現象がみられる．この現象は発見者 C. Bergman (1847) にちなんでベルグマンの常則と呼ばれるが，これに当てはまらない例も多い．

ベルジアン Belgian 1) ベルギー原産

の重輓馬．毛色は栗色，糟毛で体高160~170 cm，従順，頑丈であるが，動作は鈍い．2) ベルギー原産のウサギの品種．毛色は赤味をおびた野兎色．イギリス，アメリカで改良され，体重は3~4 kg．早熟多産で肉質はよいが，毛皮の質はよくない．

ペルシュロン Perchron フランスペルシュ地方原産の輓馬．頸は短く前躯が力強く，関節も太く，速歩，持久力に優れた農耕用馬．毛色は連銭芦毛，青色が多く，体高152~170 cm．わが国の農耕馬の改良に寄与した．

ベルツビル・スモール・ホワイト Beltsville Small White アメリカで小型のシチメンチョウの需要に応えるため，1羽のナラガンセット，6羽の白色オランダ，1羽の白色オーストリア，3羽のヤセイシチメンチョウから成る合成品種として，1951年に作られた．羽色は白く，成体重は雄10 kg，雌6 kg程度で，点灯飼育で年100~160個の産卵があり，家庭用のローストターキーなどに適するが，現在飼育羽数は減っている．

ベルトがわ ベルト革 belting leather 機械用ベルトあるいは腰ベルトに使用する革．前者は植物タンニンなめし革で広く使用されたが，現在は合成物に変わった．後者はクロムなめし革も使用される．

ヘルパーせいど ヘルパー制度 agricultural relief system 酪農家の休日確保などのため，農家の搾乳作業などを代替する仕組み．全国で約400のヘルパー組合や会社があり，約2,500人のヘルパー（うち専任は約1,100人）が従事している．最近は搾乳や給飼作業ばかりでなく，削蹄や人工授精，飼料作などの多様な作業を行ったり，肉牛や養豚経営をも対象とする組合もあらわれている．またヘルパー経験者が新規就農するケースも増加していることから，新規就農希望者の受け皿としても期待されている．

ペレットしゅし ペレット種子 pellet seeds 土壌，炭酸カルシウムなどを基剤とし，種子，養生剤，肥料を混合して10~20 mm 前後の大きさのペレットにして乾燥し草地や畑に播くとよい結果が得られる場合がある．草地の簡易更新などに用いられる．

ペレットたいひ ペレット堆肥 pellet compost ペレット状に成型された堆肥．最近，取扱い性の観点から粒状の堆肥が望まれることが多い．特殊な装置を用いず堆肥化の過程で粒状化させる方式もあるが，粒径を揃えることは困難である．ペレット化は，発酵が終了した堆肥を成型機を用いてペレット状にするものであり，品質が安定し粒径の揃ったペレット堆肥を製造することができる．
→成型機

ペレニアルライグラス perennial ryegrass, Lolium perenne L. 南ヨーロッパ，北アフリカ，西南アジア原産の寒地型イネ科ホソムギ属（ライグラス類）の多年生牧草．出穂期の草丈は1 m前後となるが，分げつが多く叢状を示し，下繁草タイプである．乾草用や放牧用の品種が多数あり，肥沃な土壌では生産力は高いが，乾燥，高温に弱いのでわが国の関東以南では夏枯れが著しい．イネ科牧草のなかでも嗜好性と栄養性に優れた草種で，日本型超集約放牧草地（スーパー放牧）の最適草種でもある．

ヘレフォード Hereford イングランドヘレフォード地方原産の肉用牛．毛色は，赤褐色で，優性の白頭遺伝子のため顔面は白色．下腹部，四肢先端，前胸，尾房に白斑．体重，体高は，それぞれ雌650 kg, 130 cm，雄1,200 kg, 137 cm程度で四肢は短く，体積がある．環境適応性，粗飼料耐性に優れている．アメリカで無角の突然変異が生じ，無角ヘレフォード（Polled Hereford）として区別されている．東北，北海道で飼育されている．

ベロアがわ ベロア革 velour leather 成牛皮のクロムなめし革の肉面をサンドペーパーで起毛してビロード状に柔らかく仕上げた革．スエード革より毛足が長く粗い．靴用甲革，衣料用革，バック用革に用いられる．床革＜とこがわ＞を原料としたものを床ベロア

(split velour) という.

へんこういでんし　変更遺伝子　modifier gene　他の座位にある遺伝子が，ある座位の遺伝子の形質発現に影響する場合，前者を変更遺伝子という．ニワトリの逆毛 (F) 遺伝子の発現に変更遺伝子 mf が知られている．遺伝子型 F/F, F/f では，羽毛が逆毛となり巻き上るが mf/mf を同時に保有すると症状は軽減され，正常と区別できない程度の逆毛となる．

べんしゅつ　娩出　expulsion　胎子がその付属物とともに子宮から外界に排出されることをいう．分娩と同義語．娩出は，陣痛の開始にはじまり，後産の排出で終了する．娩出の経過は，次の3期に区分される．第一期（開口期）：規則正しい陣痛の始まりから，子宮頚管が拡張して子宮から腟まで境界が無く移行する時期．第二期（産出期）：子宮外口の全開から胎子の娩出までの期間．第三期（後産期）：胎子の娩出から後産の排出までの期間．→分娩

ベンズ　bend　皮のバット部〔肩部，腹部を除いた背と尻の部分〕を背の中心から2分したもの．

へんそうおでい　返送汚泥　return sludge　連続式活性汚泥法において，曝気槽内の MLSS 濃度を一定水準に維持するために，沈殿槽から引き抜いて曝気槽に返送し循環利用する活性汚泥のこと．

ベンチレーター　ventilator　畜舎および各種室内の換気を行うために，屋根の棟上部や壁面に設置する換気装置．室内の温まった空気や汚れた空気を室外に排出するために行う．室内の温度や空気の汚れを検知して，自動的に換気扇が稼働する方法もある．

へんとう　扁桃　tonsil　口腔内のリンパ小節の集合体．存在する部位により口蓋扁桃，咽頭扁桃，舌扁桃がある．被覆上皮に被われた下層にリンパ球の集積があり，リンパ小節には胚中心が形成される．呼吸器系，消化器系の入口にあって鼻や口から入る病原菌などに対する生体防御の前線となっている．

へんどうひ　変動費　variable cost　一定の生産設備のもとで，操業度，生産量の変化につれて，その大きさが変化する費用要素．畜産においては，飼料費，医薬品費，臨時雇用労賃，諸材料費，賃料および料金がこれに相当する．変動費は操業度の程度いかんとは無関係に発生する固定費と対比される．売上高から変動費を差し引いたものを限界利益という．

べんべつがくしゅう　弁別学習　discrimination learning　2個以上の異なるものを同時に動物に提示し，それらの中から特定のものを選択すると報酬が得られるようにした学習方法．感覚能力や，個体の識別能力の研究によく使われる．

ヘンレけいてい　ヘンレ係蹄　loop of Henle　ネフロンループのこと．腎臓のネフロンの一部．近位尿細管直部の太い管に続く部分で，細管となり髄質へ向かって直行し，深部で反転して皮質へ向かい，再び太くなって遠位尿細管へと続く．ヘンレ係蹄の細管は扁平な上皮細胞で，ほとんどミトコンドリアや膜のヒダが無く，能動輸送は行われない．ヘンレ係蹄の下行脚では浸透圧の高くなる髄質に向かって水分が再吸収される．逆に上行脚では皮質へ向かって Na^+ が再吸収される．このような対向流機序により受動的に尿は濃縮されていく．

[ほ]

ホイッピングクリーム　whipping cream　脂肪率 40~50% のホイップ用クリーム．あるいはクリームを撹拌して微細な気泡をクリーム中に吹き込み泡立たせたクリームの総称．

ほうけつ　放血　bleeding　家畜の屠畜は儀式用を除いては，失神させた後，ウシ，ヒツジでは頸動脈と頸静脈を，ブタでは前大動脈を切断して血液を流出させる．これを放血という．

ぼうこう　膀胱　urinary bladder　尿を

一時的に貯留する臓器で，骨盤腔内にあり尾側に向かって細くなった袋状の形状をしている．貯留する尿容量により膀胱のサイズは変わる．粘膜上皮は移行上皮からなる．尿は尿管により搬入され，尿道を経て体外に排出される． →付図14, 付図15, 付図17

ぼうしつけっせつ　房室結節　atrioventricular node　→刺激伝導系

ぼうしゅうざい　防臭剤　→脱臭剤

ぼうしゅく　防縮　shrink control　洗濯などによって織物類が収縮するのをあらかじめ防止すること．防縮処理（または防縮加工）には物理的処理と化学的処理がある．前者として，スチーミングと湯のし法が毛織物に，サンホライジング法が木綿とスフに用いられる．化学的処理法としては塩素処理と樹脂加工が代表的な方法である．

ほうしゅついんし　放出因子　releasing factor, RF　→放出ホルモン

ほうしゅつホルモン　放出ホルモン　releasing hormone, RH　視床下部の神経細胞において生産され，下垂体前葉および中葉でのホルモン産生・分泌を促進するホルモンの総称．正中隆起に投射する神経細胞終末から下垂体門脈中に放出され，下垂体前・中葉に到達し作用を発現する．かつて放出因子と呼ばれた未知の物質が単離され，そのアミノ酸配列が明らかにされたことにより放出ホルモンと呼ばれるようになった．これまで同定された放出ホルモンとして CRH，GnRH，GHRH，TRH などがあり，これらはいずれもペプチドホルモンである．

ぼうしょくせんい　紡織繊維　textile fiber　紡織すなわち紡績と機織によってわれわれの被服や服飾などの用に供する繊維をいう．紡織繊維の共通の特性は長さが直径よりはるかに大きいことである．天然繊維は比較的短い繊維長をもち，人造繊維の大半は連続フィラメントを構成する．

ぼうじんそうち　防塵装置　dustproof system　畜舎や堆肥化・乾燥施設などで発生する塵埃を抑制する装置．臭気物質は塵埃にも吸着されており，塵埃の発生を抑制することによって畜舎内などの臭気の発生も抑制することができる．

ぼうだいぶ　膨大部　magnum　→卵管膨大部, 付図19

ほうはい　胞胚　blastula　胚の初期発生過程で，桑実期に続く発育段階にある胚．別名胚盤胞（blastocyst）．桑実胚の内部に腔所が生じ，それが次第に大きくなって胚は一層の細胞層で囲まれた球形の胚盤胞となる．外側を取り囲む栄養芽層と内側の1箇所に局在する内部細胞塊に外胚葉と内胚葉が形成され，次いでその両胚葉の中間に中胚葉が出現し，これらの三つの胚葉から体の各器官が形成される． →胚盤胞

ほうひ　包皮　prepuce　陰茎の先端を包む皮膚の鞘．陰茎の出口を包皮口という．ウマ，ヤギでは包皮の内側に包皮腺があり，包皮垢を分泌する．ブタでは包皮内の背側に鶏卵大のくぼみ，包皮憩室があり，その内腔に尿が残って不快な刺激臭を放つ． →付図16

ほうひけいしつ　包皮憩室　preputial diverticulum　→包皮, 付図16

ほうひこう　包皮口　preputial orifice　→包皮, 付図16

ほうぼく　放牧　grazing, pasturing　人工草地，野草地あるいは混牧林などに草食家畜を放して直接草を採食利用させること．刈り取り利用のできない傾斜地も利用することができ，土―草―家畜の有機的結合による草地利用の本来的な姿である．草地と家畜との間に各種の生態的なかかわり合いが生じ，舎飼いのときにはみられない選択採食や，草に対する蹄傷や排泄糞尿による不食過繁地の形成などの問題が生ずる．放牧地の生産性は一次生産である単位土地面積当たりの産草量（乾物量や飼料養分量）でみるだけでなく，二次生産としての牧養力（家畜生産量）でとらえるほうが望ましい．

ほうぼくいくせい　放牧育成　heifer rearing on pasture　公共牧場などで農家から6ヵ月齢以上の乳用育成牛の預託を受けて夏期間, 放牧育成する制度が日本では発達している. 放牧場で人工授精などにより受胎させてから農家に返す場合が多い. 放牧育成された乳用育成牛は強健で粗飼料の食い込みがよく, 生涯生産性が高いことが示されている.

ほうぼくかんかく　放牧間隔　rest period　輪換放牧において, 草地の一つの牧区で, 前回に放牧し転牧してから, 次にその牧区に回ってくるまでの日数. この期間その牧区の草は採食されずに再生長を続けることになる. 集約的な放牧では, 季節によって放牧間隔を変えることが重要な点となる.

ほうぼくシステム　放牧システム　grazing system　放牧利用方式として土地条件, 家畜の種類, 放牧利用の目的などによってさまざまな放牧方式がある. 平地で行われる刈取り・放牧兼用利用方式と傾斜地での放牧専用利用方式, 集約度の違いによる, 連続放牧, 大牧区放牧, 輪換放牧, さらにストリップ放牧, 栄養要求量や採食特性の異なる家畜群を組み合わせた混合放牧や先行後追い放牧, 一日の放牧時間による昼夜放牧と時間放牧などの分類がある.

ほうぼくしせつ　放牧施設　pasture facilities　家畜の放牧管理上, 必要な施設類. 牧柵, 飲水場, 牧道, 家畜集合柵, 監視舎などがある. 放牧される家畜の種類, 放牧管理方法の集約度によって施設の形態が異なる.

ほうぼくち　放牧地　pasture, range　放牧に利用する草地, 野草地, 林地あるいは耕地.

ほうぼくみつど　放牧密度　stocking rate　放牧シーズンを通しての単位面積当たり放牧頭数.

ほうもう　紡毛　clothing wool　ノイルやぼろ布から回収した再生羊毛を方向をそろえずに紡毛機にかけたもの. この紡毛を紡績してえられる紡毛糸 (woolen yarn) は繊維の配列が乱れているので, けばが多く, 手触りが柔らかく, 梳毛糸に比べて太いのが特長である. フランネル, ホームスパン, 毛布などの厚物地に仕立てられる.

ほうらん　放卵　oviposition　卵殻腺 (子宮) 部にある卵を体外に放出する現象. 卵殻腺部の収縮による腟部への卵の移動と, 腟部の蠕動運動および腹筋の収縮運動による卵の体外への放出の二つの過程からなる.

ほうらん(せい)　抱卵(性)　nesting　鳥類が孵卵のために卵を抱くこと. ニワトリの場合一度に 11〜15 卵抱卵する. ホワイトレグホンなどの採卵鶏は抱卵性 (就巣性) を喪失している. プリマスロック, ロードアイランドレッド, ワイアンドット, 地鶏などの品種はよい母鶏になる. 抱卵用には少し暗く, 隔離された静かな場所に, 柔らかい茎葉を敷いた箱を用意する. 母鶏を清潔に保ち, 粒餌, 飲水を与え, 安静に保つ. →就巣

ほうろほうさいぼう　傍ろ胞細胞　parafollicular cell　C 細胞とも呼ばれる. 甲状腺から分泌されるカルシウム代謝調節ホルモンであるカルシトニンを産生する細胞. 甲状腺ホルモンを産生するろ胞細胞に対しろ胞の外側に散在している. 血中のカルシウム濃度が高まるとカルシトニン分泌が増大し, 骨から細胞外液へのカルシウムの移動が抑制されると同時に, 腎臓でのカルシウム排出が促進される.

ホエー　whey　牛乳または脱脂乳にレンネットまたは酸を加えて, 生成するカードを除いた残りの, 透明で蛍光を帯びた黄緑色の液体. その固形分は 6〜7% で, 主成分は乳糖である. そのほかに少量の蛋白質 (ホエー蛋白質), 灰分, 脂肪, 水溶性ビタミン類も含まれる. 乳清ともいう.

ホエーチーズ　whey cheese　チーズ製造の副産物として得られるホエーを利用して作られる熟成させないチーズ. ホエー全体を濃縮して作る種類 (ミゾースト, プリモスト) と, ホエーを煮沸して凝固するホエー蛋白質を集めて加塩型詰するアルブミンチーズ (リ

コッタ，ツイガー）がある．

ホエーパウダー whey powder →粉末ホエー

ほお　類 cheek〔ウシ，ウマ〕, jowl〔ブタ〕→付図1，付図2，付図4

ポークソーセージ pork sausage　原料肉に豚肉のみを使用して，通常，豚腸ケーシングに詰めて製造したソーセージ．

ボーダー・レスター Border Leicester　イングランドとスコットランドの境界地帯が原産地で，18世紀の後半チェビオットにレスターを交配して，改良作出された長毛の肉用のヒツジの品種．体重は雄100 kg，雌80 kg程度．雌雄とも無角，産子率は100％ぐらい．本種の特徴は早熟性で，産毛・産肉能力はレスターより高い．本種は種々の品種の作出に貢献しており，イギリス原産種の中で重要なヒツジである．

ホーヘンハイムほうしき　ホーヘンハイム方式 Hohenheim grazing system　集約的輪換放牧方式の一つ．放牧地を多くの小牧区にわけ，多量の肥料，特に窒素肥料を施してこれらの小牧区間で家畜を短期間に順次輪換的に移動させる．第一次大戦当時の濃厚飼料不足に対処するため，ドイツのホーヘンハイム農科大学の研究から始まったものである．

ポーランド・チャイナ Poland China　アメリカのオハイオ州原産のブタの品種で，この地方に飼われていたブタにロシアや中国の品種が順次交雑され利用されていたが，19世紀後半にバークシャーなどを導入し改良された．毛色は黒色で六白，成体重は雄250 kg，雌200 kg程度．産子数は7〜8頭と少なく，アメリカでの飼養頭数は近年減少し，純粋種の約2％である．

ホールクロップサイレージ whole crop silage　トウモロコシやソルガムなど，子実収穫性の高い飼料作物を，子実を十分に登熟させ地上部全体をサイレージ調製したもので，エネルギー価の高い粗飼料を目的としている．発酵品質は良好で高い嗜好性も得られるが，子実の成熟にともなう茎葉部の乾物損失や栄養価低下によってTDN収量を損ねないようにする．従来の茎葉重視のサイレージと区別される．

ほおんばこ　保温箱 nursing box　寒さから分娩直後の子豚を保護するための熱源を備えた箱状の囲い．子豚の出入口を1箇所設け内部に保温のための赤外線電球や保温マットなどを設置する．

ほかんてきこうはい　補完的交配 supplementary crossing　系統間あるいは個体間で交配組み合わせを決める時に，一方の遺伝的特性を基に後代に付与すべき形質や改良量の実現を意図して交配相手を選択すること．

ぼくかんそう　牧乾草 hay, grass hay　野草でなく栽培した牧草から作った乾草．

ぼくさく　牧柵 fence　家畜を一定のエリアから外に出さないための隔障物．通常は木製，鉄製，コンクリート製などの支柱と有刺鉄線，高張力鋼線，木材などの横材からなる．その他，海外では土塁，石塁，有刺植物を使った生け垣なども用いられる．集約放牧では電気牧柵を用いる．

ぼくそう　牧草 forage grasses　家畜の飼料として栽培され，刈取り利用，または放牧利用される草本植物で，永続性，収量性などについて育種改良されたもの．短年生牧草，多年生牧草，イネ科牧草，マメ科牧草などに分類される．

ぼくそうかんそうき　牧草乾燥機 hay dryer　良質な乾草を作るために，天日乾燥を補完して仕上げ乾燥を人工的に行うための乾燥機．常温通風が一般的で圧送式と吸引式がある．ヘイタワー（hay tower）は搭状に積上げた牧草に中央部風路から風を圧送する形式である．ビニールハウス内で暖めた空気を吸引して乾燥する装置などもある．わが国の高湿度環境下では効率が悪く，いずれも普及を見るに至らなかった．

ぼくようりょく　牧養力 grazing capacity, carrying capacity　草地を荒廃させずに，単

位期間, 単位面積当たりに飼養しうる最大の家畜頭数 (家畜単位) をあらわす. 草地の生産力をあらわす用語.

ぼしこうどう　母子行動　mother-infant behavior　分娩前の巣作りから始まり, 分娩, 母子間のきずなの形成, 母親による養育ならびに安全の確保を目的として, 直接, 子に向けられる行動および子が母親に対して示す行動をいう. 吸乳は子どもにとっては摂取行動であるが, 母親の授乳行動と一体のものであるので, 行動学的には母子行動に含める.

ほじさっきん　保持殺菌　holding pasteurization　牛乳を62~63℃に30分間保持して殺菌する方法. 低温殺菌ともいう. 熱による乳成分の変化が少なく, 加熱臭の発生が少ないことで好まれ, 小規模に用いられている.

ほじめっきん　保持滅菌　holding sterilization　牛乳を瓶詰にしてから滅菌する方法で, 瓶詰滅菌ともいわれる. 115~120℃で15~20分間加熱し, 細菌を完全に死滅させる.

ぼしめんえき　母子免疫　maternal immunity　哺乳類では胎盤経由または初乳摂取により, 一方, 鳥類では卵黄を経由して, 母体が経験した種々の病原体に対する抗体を新生子に伝達する. 一種の受動免疫. 母体にワクチンを接種して胎子あるいは産子に抗体を移行させることも含む.

ほじゅうしょくそう　補充食草　supplementing　放牧群の大半が食草を終え, 休息に入っているときに, なお少数の個体が食草を続けている状態を補充食草と呼ぶ. これは, 集団の動きによって個体の食欲の充足が制限された場合に見られる.

ほしょうしゅし　保証種子　certified seed　牧草, 飼料作物の多くは輸入種子を用いているが, いずれも日本飼料作物種子検定協会の検定を受けた後に市販される. 検定書には草種名, 品種名, 採種年月, 発芽率, 発芽検定年月日, 種子の純度などが記載されている.

ほしょうしゅゆうぎゅう　保証種雄牛　proved bull, proven bull　→検定済種雄牛

ほしょうしゅゆうちく　保証種雄畜　proved sire, proven sire　能力検定により証明された育種価の優れた種雄畜. 能力検定において一定水準以上の優れた能力を認められた雄畜に対して保証種雄畜としての公式の証明が与えられる.

ほすいりょく　保水力　water holding capacity　1) 土: 土壌粒子の中には水分を保つ力がある. これを保水力という. 草地の造成にあたって心土の保水性が低い場合には完熟堆肥などを大量に投入して保水性を高める. 2) 肉: 食肉中に含まれている水分量が, 加熱あるいは加圧した際, どれだけ食肉中に保持されるかを対水分比であらわしたもの. 食肉の保水力は, 蛋白質の水和性と密接に関連しており, 食肉の利用性, 食肉製品の品質とも関係が深い. 家畜の種類, 年齢, 屠畜後の経過時間, 食肉のpH, 屠体部位, 食肉の処理条件などによって異なってくる.

ポスト・ハーベスト　post harvest　穀物の貯蔵・輸送中における害虫やカビの発生を防ぐため, 収穫後に農薬を散布すること. 日本における検査体制の不備もあって輸入農産物の安全性が問題視されている.

ボストンバット　Boston butt　豚枝肉のアメリカ式カットによる部分肉名. 日本式分割による肩ロースにあたる.　→付図24

ホスビチン　phosvitin　卵黄の主要蛋白質の一つで, 卵黄顆粒中に存在し, 約10%のリンを含むリン蛋白質. ホスビチンは種々の金属と結合するが, 特に鉄との結合性が高い. しかも, ホスビチンと鉄の結合物はきわめて安定であり, 一度結合した鉄は110℃, 40分加熱しても遊離しない. このため, 卵の摂取が食事中に存在する鉄の利用性を減少させる可能性が示されている.

ホスファターゼしけん　ホスファターゼ試験　phosphatase test　牛乳のアルカリ性ホスファターゼは62.8℃, 30分または71~75℃, 15~30秒の加熱により破壊される. したがって, 殺菌が適正に行われたかどうかの判

定にホスファターゼの酵素活性の有無が検査される．

ぼせいこうか　母性効果　maternal effect　表現型値に及ぼす母体の影響のことで，母体効果ともいう．生時体重は母の胎内環境の影響を受け，離乳時体重は母の泌乳能力の影響を強く受けており，これらの影響は離乳後もしばらく続いている．母性効果の中でも泌乳能力など遺伝する効果を母性遺伝効果といい，同じ一腹が共通に受ける環境効果を母性環境効果あるいは共通環境効果という．

ぼせいこうどう　母性行動　maternal behavior　母子行動のうち，特に母親の行動をいう．したがって，妊娠から母子の分離までにおける母畜の行動を母性行動として取り扱うことが多い．エストロジェン，プロジェステロン，プロラクチンなどのホルモンが母性行動の発現に関与している．

ぼせいのうりょく　母性能力　maternal performance, mothering ability　母性効果として発現する能力のこと，および子に対する対応など母親として子供を育てる総合的な能力．

ほそく　捕捉　prehension　家畜が口腔内に飼料や水を取り入れる採餌法のこと．口唇，舌，歯がおもに関与する．ウマは門歯で草を噛み取り，または口唇で飼料を掴み口内に入れる．ウシやヒツジは，おもに舌で草をからめ，門歯で取り入れる．ブタは鼻で掘り，口唇で口内に運ぶ．肉食動物は犬歯や門歯で噛み切り，舌と頭を動かして口に入れる．飲水方法は，イヌ，ネコは舌の先で汲み取る．草食動物は口内に陰圧を作り，吸い上げる．ニワトリは頭を上げて流し込む．

ほそくいでんし　補足遺伝子　complementary gene　二対以上の対立遺伝子が相互に相補的に作用して表現型を支配する場合に，それらの遺伝子群のことをいう．ニワトリのとさか（鶏冠）の遺伝は 1 例．→とさか（鶏冠）

ほそくせいし　補足精子　supplementary sperm　哺乳類における正常な受精は，1 個の精子が 1 個の卵子に進入して生じる．複数の精子が進入するのを防ぐ機構には，1 個の精子が進入後他の精子が透明帯を通過するのを阻止する透明帯反応と，透明帯を通過後卵細胞膜で阻止する反応とがある．透明帯を通過後，囲卵腔にみられる受精に関与しない精子のことを補足精子という．この現象は，ウサギやブタで多くみられる．

ほたい　補体　complement　抗原抗体複合体，細菌壁糖鎖などに対する非特異的な結合を引き金に活性化される酵素様物質群．正常血漿成分で主要成分の C_1~C_9 を含め約 20 の成分からなる．初期成分は連鎖的に働く蛋白質分解酵素であり，分解産物の一部は異物に結合してオプソニンとして働き，また一部は白血球に対する活性化因子や走化性因子として働く．一方，後期成分は標的細胞に穴を開け，これを破壊する複合体を形成する．

ほたいけつごうはんのう　補体結合反応　complement fixation test　抗原抗体複合体が補体を活性化して消費することを利用して，抗原あるいは抗体の存在を確認する方法．反応（一次反応）後の溶液に，感作赤血球を加えて溶血反応（二次反応）がおこらなければ一次反応において抗原抗体反応により補体が消費されたことになり，逆に溶血反応がおこれば抗原あるいは抗体が存在しなかったことになる．ワッセルマン反応が有名である．

ほたいせいぎょいんし　補体制御因子　complement regulatory factor　補体制御因子血清中の抗菌因子として発見された抗体はそれのみでは細菌などを不活化するには不十分で，この抗体の作用を補って働く別の血清成分が必要である．感染，炎症反応，免疫反応などに動員されて種々の生物学的活性を発現する体液成分である補体の活性化は三つの補体制御因子によってコントロールされている．それらは medecay accelerating factor, membrane cofactor protein, homologous restriction factor 20 と呼ばれ，それぞれ補体系活性

化の C3 あるいは C9 地点に作用し，活性化を抑制するといわれている．

ホタルルシフェラーゼいでんし　ホタルルシフェラーゼ遺伝子　firefly luciferase gene　外来遺伝子を生細胞へ導入する際，きちんと導入が行われているかどうかを判定するため頻繁に用いられる代表的なレポーター遺伝子．この遺伝子発現産物は通常動物細胞には存在せず，生物発光によって簡便に測定できることが特徴である．

ボックスしあげ　ボックス仕上げ　box finish　クロムなめしの革の銀面を内側に折り畳むようにもんで表面に細かいしわができるように仕上げた革．現在は銀面を削って塗装して仕上げた革についてもいう．クロムなめしで得られる柔軟性，充実性，銀面および手ざわりのよさなどの典型的な性質が付与される．原料によりボックスカーフ（小牛皮），ボックスサイド（成牛皮）などがある．
→しぼ付け

ボディー　body　身体の外に食品では物体の固さ，強さ，緻密さ，あるいは粘性に関する特性の総合的な表現．バター，チーズ，アイスクリームなどの官能的品質評価における重要な特性項目である．

ボディコンディションスコア　body condition score　ブタ，乳牛および肉用牛における体脂肪蓄積の程度を表現する指標である．肉付きなど，外観で判断するためのスコアリングシステムが採用されている．乳牛の場合にはスコアー1（極度にやせた牛）からスコアー5（過肥牛）に区分される．おもに分娩前後の栄養管理の診断材料に利用されている．

ボトムアンローダー　bottom unloader　サイレージ取出し機（silo unloader）の一種で，塔形気密サイロの底面からサイレージを取出す機械．下部から取出しを行うので，飼料作物の追い詰めを行いながら，サイレージを連続的に利用することができる．低水分サイレージに有効であるが，わが国では高水分で細断不良の飼料作物を投入して利用したた

め，本機に負荷がかかりすぎ，故障や保守が問題となっている．

ボトムクロス　bottom cross　非近交系雄×近交系雌により生産された F_1（交雑種）．

ポニー　Pony　小格馬の総称で，イギリスでは体高148 cm以下のウマを指す．シェトランドポニー，ファラベラなど．

ほにゅう　哺乳　nursing　本来，哺乳動物の雌が，分娩後母乳を飲ませて子を育てることをいう．母親が実子を哺乳する場合，乳母が里子を哺乳する場合，分娩後間もなく離乳した乳子を人工乳などで人工哺乳する場合とがある．

ほねつきハム　骨付ハム　regular ham　ブタのももを骨の付いたまま塩せき，燻煙した製品で，今日の食肉製品の基本をなすものである．整形の方法によってロングカットハム，ショートカットハムなどがある．

ホミニーフイード　hominy feed　食用トウモロコシ粉あるいはトウモロコシの挽き割りが作られる際に胚芽，皮などが分離される．また細粉になったデンプン部分も分離される．このような胚芽，皮，デンプンの混合部分をホミニーフイードという．

ホメオスタシス　homeostasis　細胞が正常機能を営むためには一定の物理的，化学的環境が必要であるので，動物は外部環境あるいは内部環境の変化に反応して，これを補償するように働き，常に生体内部の環境を一定に保っている．この生体の恒常状態をホメオスタシスという．例えば外界の気温の変化に反応し，発汗による放熱やふるえによる産熱などをおこし，体温は一定に保たれる．また血液などの化学組成は摂取する餌の組成に直接影響されず一定の範囲内に保たれている．ホメオスタシスの維持には自律神経系や内分泌系が重要な役割を果たす．

ホメオボックス　homeo box　発生途上での形態形成のうちの体軸の決定，体節化および各体節の決定のなかで，各体節の決定にかかわる遺伝子のエクソン中にはホメオボッ

クスと呼ばれる多くの種に共通な塩基配列が存在する．ホメオボックス領域は塩基性アミノ酸，特にアルギニンとリジンを多く含み，しかもαヘリックスを二つ作りうる．ホメオボックスの塩基配列は昆虫，両生類，鳥類，哺乳類等のゲノム中にも保存されており，種を超えて発生における形態形成を司る遺伝子に共通して存在すると考えられている．

ホメオレーシス homeorhesis　動物は長期間にわたる生体環境の変化に対応して生理的状態を保つための神経・内分泌系の合目的的調節機構をもっており，これをホメオレーシスという．体の成長にともない各組織の栄養要求度が変化していく現象，妊娠中における妊娠維持のための代謝調節，泌乳期の脂肪組織における脂質代謝調節などはホメオレーシスのよい例である．

ポリA（付加）シグナル（DNAの） poly A (addition) signal　真核細胞のmRNAはその3'末端に，約200塩基ほどのポリ（A）鎖を有する．このポリ（A）部分は鋳型であるDNA上にはコードされておらず，RNAポリメラーゼによる転写によって生じた核内の前駆体RNAから成熟RNAへのプロセッシングの過程で付加される．このポリ（A）部位の約10～30塩基上流にAAUAAAなる塩基配列が多くのmRNAにみられ，この配列がポリ（A）部位を決定するのに重要と考えられた．このAAUAAA配列あるいは相当DNA配列をポリA（付加）シグナルと呼ぶ．

ポリゴンパーラー polygon parlor　ミルキングパーラーの種類の一つで，牛群列の配置を多角形にしたパーラーである．1列の頭数を減らすことにより，ウシの斉一性に対する要求が多少緩和されるという長所をもつが，最近はほとんど使われていない．

ポリジーン polygene　ある形質の発現に，多数の遺伝子が関与していて，特定の遺伝子の作用と決められない場合にポリジーンによる遺伝子効果という．体重，産卵数，泌乳量などの量的形質の遺伝に見られ，統計遺伝学的方法によって解析される．→微動遺伝子

ポリペプチドさかいしいんし　ポリペプチド鎖開始因子 polypeptide chain initiation factor　蛋白質合成の開始の過程に関与する蛋白質因子．真核細胞の開始因子は eIF-1, eIF-2, eIF-3, FeIF-4A, 4B, 4C, 4D, およびeIF-5の8種類からなる．

ポリペプチドさしゅうしいんし　ポリペプチド鎖終止因子 polypeptide chain termination factor　蛋白質生合成の終止に関与する蛋白質因子．リボソーム上で完成したばかりのポリペプチド鎖をtRNAより切断して遊離させる因子であり，R因子とも呼ばれている．

ポリペプチドさしんちょういんし　ポリペプチド鎖伸長因子 polypeptide chain elongarion factor　蛋白質の生合成においてポリペプチド鎖伸長の過程に関与する蛋白質因子．真核細胞の伸長因子は EF-1 と EF-2 であり，EF-1は三つのサブユニットからなることが知られている．

ホルスタイン Holstein　オランダ原産の乳用牛で，ヨーロッパ各地に飼育されている代表的な乳用牛．毛色は，黒白斑で，䏶脛部の白斑は優性遺伝する．体下部，四肢下部，尾房先端は白色．広く世界各国で飼育されており，体格は国によって変異が大きい．わが国のホルスタインの体重・体高は，それぞれ雌550～600 kg, 135 cm, 雄1,100 kg, 165 cm程度で有角．乳量約 6,500 kg, 乳脂率 3.5％．わが国の乳用牛のほとんどは本種で，年間乳量20,000 kgを越すスーパーカウもみられる．

ホルモン hormone　生体内の内分泌細胞や神経分泌細胞で生産され，血液で別の組織や細胞に運ばれ，その形態や機能に対しごく微量で影響を及ぼす特殊な有機物質．その作用は標的細胞での特異的受容体との結合により発現する．化学的にはペプチド・蛋白質系（下垂体前葉ホルモンや同放出ホルモンなど），アミン系（アドレナリン，メラトニンなど），脂質系（各種ステロイドホルモン，プロ

スタグランジンなど）に大別される．

ぼろうひかくほう　母娘比較法　dam-daughter comparison　乳牛の後代検定の初期に利用されていた方法で，娘牛の平均値の2倍から母牛の平均値を引いて種雄牛の能力を推定するもの．母と娘の環境の違いの補正が行われてなくて正確な種雄牛評価ができないため，現在は使われていない．

ボロニアソーセージ　Bologna sausage　ドメスチックソーセージの代表的製品．燻煙加熱して作る比較的大型のソーセージで，牛腸あるいはそれと同じサイズのケーシングに詰めたもの．畜肉以外の畜産副生物を加えて作る場合もある．

ホロホロちょう　ホロホロ鳥　Guinea Fowl　キジ目ホロホロ鳥科の一種で，野生ホロホロチョウはサハラ砂漠以南のアフリカに分布しており，現在も原住民の貴重な蛋白質源になっている．家禽のホロホロ鳥は，アフリカ中南部で最初に家禽化され，中世の終り頃ポルトガル人によってヨーロッパに輸入され，白色ホロホロ鳥などが作出された．現在フランスを始めヨーロッパで広く食鳥として飼育されている．

ほんやくごのしゅうしょく　翻訳後の修飾　post-translational modification　生合成されたポリペプチド鎖はさらに生体内で加工されることがある．このことを翻訳後の修飾という．ヒドロキシプロリンやピログルタミン酸など遺伝暗号表にないアミノ酸はこのようにして生ずる．リン酸化，メチル化，アセチル化，ポリADPリボシル化，脂質や糖鎖付加などが知られている．

ボンレスハム　boneless ham　ブタのももを除骨して整形し，塩せきし，ケーシングなどで包装したのち，燻煙・加熱して作ったハム．

[ま]

マーガリン　margarine　精製した動植物油およびこれらの硬化油を混合乳化して製造したバター様脂肪食品．最近は，リノール酸などの不飽和脂肪酸に富んだ植物性油脂を用いたソフト型が普及している．

マーセルか　マーセル化　mercerization　綿糸，羊毛およびその織物を緊張しながら水酸化ナトリウム溶液に浸して処理する加工，仕上げ法．マーセル化処理によって光沢，強度，染色性が増大する．羊毛のマーセル化は38％〔比重1.410〕以上の水酸化ナトリウム溶液に15～20℃で5分間浸してから，1％塩酸溶液で中和する．この処理を施した羊毛をマーセル化羊毛という．

マイ　marker assisted introgression, MAI　量的形質に対する選抜で，ある品種・系統に別の品種・系統の一部の遺伝子を導入するとき，それに関与する遺伝子（QTLs）と連鎖する遺伝的マーカーの情報を用いる選抜法の一つ．目的とするQTLs遺伝子と連鎖する遺伝的マーカーをチェックしながら，戻し交配を繰り返して，遺伝子を固定していく．

マイクロインジェクション（法）　microinjection　微細なガラスピペットを用いてDNA，RNAあるいは蛋白質などの高分子物質を細胞の核あるいは細胞質に機械的に直接注入する方法．外来遺伝子を導入したトランスジェニック動物作出に頻繁に用いられている．

マイクロキャリアー　microcarrier　動物細胞を培養する際に用いる細胞付着用の微小な粒子．このマイクロキャリアーを用いると接着性細胞も見掛け上は浮遊状態で培養が可能で少ない容積で培養表面積を拡大することができるため，細胞密度の上昇と大量培養が容易となる．

マイクロマニピュレーター　micromanipulator　顕微鏡に設置して細い針やガラス管の微動操作によって細胞を操作できるようにした装置．数ミクロンの範囲で任意の運動を行わせることができる．操作としては1) 単細胞分離，2) 微小解剖，3) 微小注射な

どがあげられる．哺乳類における発生工学研究では，マイクロマニプレーターを用いて行われる．通常，倒立顕微鏡に左右2台セットし，左側には卵子や初期胚を保定するピペットを，右側にはDNAの注入，核移植などのためのインジェクションピペットをとりつけて用いられる．

マイトジェン mitogen 細胞の分裂を誘導する物質．細胞遺伝学，免疫学の研究で末梢リンパ球を培養する際に，フィトヘムアグルチニン（PHA），ポークウィードマイトジェン（PWM），コンカナバリンAなどが利用される．

マイロ milo コウリャン．モロコシの一種でトウモロコシとならぶ主要な飼料用穀物，または穀実を生産するグレインソルガム．穀実の主成分はデンプンで，全粒では消化性が悪いので粉砕して使用する必要があるが，トウモロコシとほぼ同程度の飼料価値を有する．カロチン含量が低い．苦味や渋味成分でもあるタンニン含量が高く嗜好性が低いものもあるので，その給与利用にあたっては注意を要する．

まえ fore quarter 牛半丸枝肉を2分割したときの前駆．頸，肩，胸部前肢を含んだ部位．→付図23

まえがみ 前髪 forelock →付図2

まえしぶんたい 前四分体 fore quarter →四分体，付図23

まえしぼりにゅう 前搾り乳 fore milk 搾り始めに乳頭から出る乳．搾乳時に細菌数が多い乳頭内の乳を分離するために，最初の2~3搾りを他の容器に搾り分けることを前搾りといい，搾られた乳を前搾り乳という．なお機械搾乳の場合は乳の通りをよくする働きもある．前搾りはストリップカップなどを用い検乳を兼ねて行うことが推奨されている．

まえずね fore shank →付図23

まえわき 前わき（前脇） flank →脇（わき）

まき 牧 grassland, range ウシ，ウマの飼養のために，山林原野の一定地域に設定された放牧地の古称．馬城．奈良時代にはすでに国営の牧がおかれ，ウシ，ウマの群構成，放牧期間，火入れなどの管理規定が定められていた．

まきウシ 蒔き牛 free breeding on range, pasture breeding 放牧中の雌牛群の中に雄を混牧し，自由に交配させる種付方法．省力的に比較的高い受胎率が得られる．

まくしょうがいふくごうたい 膜障害複合体 membrane attack complex 補体反応経路で終末段階として補体成分群が重合し形成する円筒状の複合体の呼称．機能としては脂質二重層を破壊して侵入微生物等を死滅させる働きをもつ．

まくしょり 膜処理 membrane filtration 物質により透過性が異なる膜を用いて溶液や混合気体の成分を分離する膜分離を，汚水処理に応用した方法が膜処理である．電気透析膜，精密ろ過膜（懸濁物質 0.1~150 μm），限界ろ過膜（コロイド領域 2 nm~5 μm），逆浸透膜（イオン・低分子領域 0.3~5 nm）などを利用する処理方法がある．

まくようたいばん 膜様胎盤 membraneous placenta ヒトでみられる胎盤の1形態．霊長類では通常単一円盤状に発育する盤状胎盤を形成するが，ブタやウマでみられるような散在性胎盤と類似した形状を示す場合がある．このような胎盤のことをいう．

マクロファージ macrophage 大食細胞ともいう．末梢血中の単球が，肺胞，脾臓，肝臓などの結合組織で成熟した細胞で，固定性のものと，遊走性のものとがある．おもに異物，異常細胞を食作用，飲作用により貪食し，リンパ球への抗原提示をつかさどる．正常時，結合組織内では線維芽細胞に類似した形態を示す．細胞質には豊富なライソゾームを含み，取り込んだ異物を酵素分解する．無顆粒および顆粒白血球の共通の祖先細胞に近い．

マザースターター mother starter 発酵乳製品の製造に，乳酸菌などをスターターと

して使用する時，保存用のシードカルチャー（種菌培養）から徐々に増量しながら2～3段階の培養を行う．このうち，実際に原料乳に添加するバルクスターターの前の段階をマザースターターという．

マジョニアしけんき　マジョニア試験器
Mojonnier tester　牛乳，乳製品の脂肪および全固形分（または水分）の定量装置で，熱プレート，真空乾燥器，天秤などを備え，多数の試料を迅速に分析できる．

マージン　margin　商取引としては，販売価格と売上原価との差額すなわち売上総利益をいう．社会的流通からみるならば，生産者価格と消費者価格の差額，つまり流通費用をいい，各流通段階では，卸売マージン，小売マージンなどがある．　→売上総利益

マス　MAS　marker assisted selection　量的形質に対して選抜を行う時，その形質に関与する遺伝子（QTLs）と連鎖する遺伝的マーカーの情報を用いる選抜法の一つ．純粋種あるいは交雑種集団において量的形質に関与する遺伝子と連鎖する遺伝的マーカーが判明しているとき，遺伝的マーカーの型やマーカー情報を用いた育種価に基づき選抜を行うこと．

マスキングこうか　マスキング効果
masking effect　臭気や騒音などに対して，それとは別のある種の香りや音を加えると感覚的に不快感が軽減する現象．

マスキングざい　マスキング剤　masking agent　クロムなめし液にアルカリを加えてpHを上昇させると，クロム錯塩の大きさが増大して膠質化し，陽電荷が増加して皮への吸着力は増大するが，皮の内部への浸透性が悪くなる．このような錯塩の膠質化を抑制し，なめし作用を緩和し，皮中への浸透をよくするためになめし液に添加する化合物を指す．

マスキングほう　マスキング法　masking method　芳香成分を臭気ガスに混ぜ，人の嗅覚では芳香を感じさせるようにする脱臭方法．

まっきにゅう　末期乳　late lactation milk　泌乳末期に生産される牛乳．泌乳末期には乳量が減少し，乳成分組成も変化して，脂肪，蛋白質，ミネラルなどの含量が常乳よりも高くなる．

マッシュ　mash　→粉餌

まっしょうしんけいけい　末梢神経系
peripheral nervous system　神経系のうち脳脊髄を除く，神経線維および神経節．中枢神経系へ感覚器からの情報を伝える求心性の感覚神経と中枢神経から筋や腺へ情報を伝える遠心性の運動神経が含まれる．

まっしょうリンパそしき　末梢リンパ組織
peripheral lymphoid tissue　末梢リンパ節，脾臓，パイエル板，扁桃など異物（抗原）に反応して体液性および細胞性免疫反応に関与する場．

まっせつこつ　末節骨　distal phalanx　→指（趾）骨・蹄骨，付図21

マットメーカー　forage mat maker　機械収穫への適応性が低いアルファルファなどのマメ科牧草を対象に考え出された調製用作業機械．硬く乾燥の遅い茎部と柔らかく乾燥の速い葉部を，収穫直後の高水分時に回転速度の異なるロール間に挟んで，圧砕して絡み合わせ，マット状に成形する．これにより乾燥速度の均一化が図られ，転草や集草作業を省略でき落葉損失が少なくなる効果が示されている．

マトン　mutton　→緬羊肉

マニュアスプレッダー　manure spreader　堆きゅう肥や比較的水分の少ない生糞などを圃場散布する機械．車体，堆肥箱，散布部からなり，積込まれた堆肥は堆肥箱底部にあるスラットコンベヤで徐々に後方に送られ，ビータで打ちほぐされながらビータの回転遠心力により散布される．トラクタ牽引式のものや自走式のハーフトラックタイプのものもある．

マメかそう　マメ科草　legume　マメ科草は飼料資源として蛋白含量が高くイネ科草

との混播で地力の維持・向上に役立つとして重用される．特にアカクローバは短期輪作に組み込まれて北海道の地力向上に果たした役割は大きい．放牧地で家畜がクローバ類を多く採食すると鼓脹症にかかることがある．消泡剤の投与で治療する．

まめかん　豆冠　pea comb　→三枚冠，付図7

マヨネーズ　mayonnaise　鶏卵の乳化力を利用した水中油滴型のエマルジョンの半固体状ドレッシングの一種．マヨネーズは製造法からフレンチ型と米国型の2種類に分類される．フレンチ型は乳化剤として卵黄のみを用い，米国型は全卵に食用乳化剤を加えて製造される．米国型の場合には色が淡くなるので，カロチンなどの色素を補う必要がある．

マレーグレー　Murray Grey　オーストラリアのマレー地方で，ショートホーンとアバディーンアンガスの交雑により作出された肉用牛．毛色は，灰褐色で，体下部，四肢内側は淡色で，無角．体重・体高は，それぞれ雌500 kg，125 cm，雄800 kg，135 cm程度．枝肉歩留りは約64%で，肉質良好．粗飼料耐性あり．わが国でも飼育されている．

マンガリッツァ　Mangalitsa　ハンガリー原産の脂肪用型のブタの品種で，セルビア産のスマディジャより，18世紀末から19世紀初めにかけて作出された．毛色は黄白色が主体で，脂肪の蓄積が早く，早肥性を有するのが特徴である．また，1腹産子数は6~7頭と少ないが，耐寒性が強い．原産地ハンガリーを初め，ルーマニア，ブルガリアなど東ヨーロッパに多く飼育されている．

マンサードやね　マンサード屋根　mansard roof　屋根形式の一つで，棟付近では勾配が緩く，屋根の中間で勾配が変わって軒まで急斜面となるタイプ．腰折れ屋根とも呼ばれている．

まんせいこきゅうきびょう　慢性呼吸器病　→鶏マイコプラズマ病

[み]

ミートスポット　meat spot　肉斑ともいわれる．卵黄の表面に付着した生肉色を帯びた斑点．卵白やカラザに存在することもある．かつては，血斑の変化したものと考えられていたが，その後血斑と肉斑は全く違うものであることが示されている．肉斑の生成については鶏腹腔内で卵子の表面膜(卵黄内膜)が集まったものともいわれている．
→血斑

ミートボーンミール　→肉骨粉

ミートローフ　meat loaf　ソーセージの一種．牛肉や豚肉をおもに，内臓や穀類，粉ミルク，でん粉，ゼリー，ゼラチン，野菜などと混ぜ，香辛料で風味を付け，細切して金属製の型(モールド)に入れてオーブンで焼いたり，蒸したりして作る食肉製品．

ミイラへんせい　ミイラ変性　mummification　妊娠の途中で死亡した胎子が，体外に排出されずに水分が吸収されて乾燥し，ミイラ化すること．このような状態の胎子を，ミイラ変性胎子という．遺伝的要因のほか，ウシではアカバネウイルス，ブタでは日本脳炎ウイルス，オーエスキーウイルスなどによる感染によって生じることがある．

ミイラへんせいたいじ　ミイラ変性胎子　mummified fetus　→ミイラ変性

ミオグロビン　myoglobin　食肉および食肉製品の色調を決定する重要な色素蛋白質で，プロトヘムと蛋白質グロビンから成る複合蛋白質である．骨格筋の筋線維の細胞液(筋漿)に溶存しており，生体時には酸素の貯蔵にあずかっている．ミオグロビンは種々の誘導体を形成し，それに応じて色調が変化する．食肉では条件によって，還元型ミオグロビン(暗赤色)，酸素化ミオグロビン(鮮赤色)およびメトミオグロビン(褐色)として存在する．非加熱食肉製品ではニトロソミオグロビン(紅色)，加熱食肉製品ではニトロソミオ

クロモーゲン（桃紅色）である．

　ミオシン　myosin　筋原線維の太いフィラメントに局在し，筋原線維の全蛋白質量の約43%を占める．イオン強度0.25以上では単分子，それ以下では約300分子が集合した太いフィラメントとして存在する．ミオシンの分子量は48万で，分子量20万の重鎖2本と2〜3種類の分子量2万前後の軽鎖4本から構成されている．ミオシン自身あるいはアクチンと結合したアクトミオシンは，食肉の結着性および保水性に大きな役割を担っている．

　みかくにんせいちょういんし　**未確認成長因子**　unidentified growth factor, UGF
→未知成長因子

　みかけのしょうかりつ　**見かけの消化率**　apparent digestibility　摂取飼料成分量から同成分の糞中排泄量を差し引いた量の摂取飼料成分量に対する割合のこと．通常消化率といえばこの見かけの消化率を指す．　→真の消化率

　みかわ（しゅ）　**三河（種）**　Mikawa (shu)　愛知県三河地方で，バフ・レグホンの雄とバフ・プリマスロックの雌とを交配して，1904年頃に作出されたニワトリの品種．さらに名古屋種を交配して現在の三河種が作られた．全身バフ色で，単冠，白耳朶，皮膚と脚は黄色，体型はレグホンに近い．卵は淡褐色で少し小さいが，産卵数は名古屋種より多い．成体重は雄2.8 kg，雌2.3 kg程度．戦後激減したが，愛知県ではその維持に努めている．

　ミクロファージ　microphage　小食細胞ともいう．顆粒白血球のこと．

　みけいさん　**未経産**　nulliparity, nullipara　性成熟に達した雌が，分娩を経験していない状態のこと．交尾や授精した経験がある場合でも，また受胎していても分娩した経験がなければ未経産といわれる．

　みけいさんぎゅう　**未経産牛**　heifer　分娩を経験していない若い雌牛のこと．妊娠の確認された雌育成牛を指す場合がある．

　みしまうし　**見島牛**　Mishima cattle　山口県見島で古くから飼育されており，ヨーロッパ系の血液で影響をうけていない日本在来牛で天然記念物に指定されている．役用，肉用に利用されている．毛色は黒褐色で，体下部，四肢内側は淡色．小型で，体重・体高は，それぞれ雌250 kg，115 cm，雄320 kg，122 cm程度で，前躯が重い．肉質は良好で，枝肉歩留り約61.4%．飼養頭数は減少している．

　みじゅくらんはいらん　**未熟卵排卵**　premature ovulation　性腺刺激ホルモンの分泌異常などで，未成熟な卵子が排卵される現象．ニワトリや過排卵処理を行った哺乳類でみられる場合があるといわれている．

　みじゅせいらん　**未受精卵**　unfertilized egg (ovum)　受精する前の卵子のこと．哺乳類では，排卵後受精可能な状態の卵子をさす場合と，受精能力を失った状態の卵子をさす場合の両方がある．ウシでは過排卵処理後人工授精して7日目あるいは8日目に子宮灌流すると，桑実胚や胚盤胞と一緒に1細胞期状の卵子が回収される場合もあるが，このような卵子も一般に未受精卵と呼ばれている．

　みずづけ　**水漬け**　soaking　原皮に付着している汚物，血液，貯蔵のために施されている塩や皮中の可溶性蛋白質などを除去あるいは溶出させ，吸水軟化させて生皮の状態に戻す作業．ドラムまたはパドルを使用し，水を交換し15〜20℃で浸漬する．乾皮の場合は吸水軟化を促進するためアルカリ，界面活性剤などを添加する．皮が腐敗せぬよう特に注意する．

　みずびき　**水引き**　肉畜が屠畜，解体され枝肉になる過程で洗浄される．その時に枝肉に水分が余分に含まれたままで取引されるために，その水分量を差し引く意味で水引きと称する．その重量割合を水引き率という．温屠体取引きでは約2〜4%である．

　みずぶた　**水豚**　soft fat pork　→軟脂豚

　みちせいちょういんし　**未知成長因子**　unknown growth factor, UGF　未確認成長因子（unidentified growth factor）ともいう．

幼動物の成長を促進する働きがあるが，その本体が未知，未確認である物質のこと．それらの物質も次第に明らかにされ，現在では精製飼料で無菌動物も正常に飼育することができるようになったが，フィッシュソリュブル，乾燥ホエー，醸造酵母，その他発酵副産物中には未知成長因子の存在が示唆されている．

みづくろいこうどう　身繕い行動　body care behavior　家畜が口や脚で体表を掻く，あるいは物に体をすり付けることによって痒みを制限させる行動，および，尾や身震いなどによって有害昆虫を追い払ったり，皮膚や被毛についた寄生虫や汚れを取り除く行動，または，体毛を整えるために体表面を手入れする行動．家畜自身を快適に保つ，あるいは不快な状態を脱する機能を有し，安楽行動あるいは慰安行動とも呼ばれる．

みつばち　蜜蜂　honey bee　1匹の女王蜂（王蜂）を中心に巣を形成し，働き蜂（雌）が分業により育児，清掃，造巣，集蜜を行っている社会性昆虫．森林，山野，耕地で訪花性を利用して，花蜜，花粉の収集と果樹，作物の花粉媒介（近年はハウス栽培のポリネーターとしても利用）に利用している．セイヨウミツバチ Apis mellifera とニホンミツバチ A. carana japonica が養蜂に使われ，蜂蜜，王乳（ローヤルゼリー），花粉，蜜蝋，蜂の子を生産．

みっぺいたてがたはっこうそう　密閉縦型発酵槽　fermentation tank of vertical kiln type　密閉円筒状の縦型発酵槽の中心部に撹拌軸があり，これに撹拌羽根が取り付けられておりギヤモータ（または油圧シリンダー）によって発酵槽内部の材料を撹拌する．発酵槽の内部は多段のものもあるが通常2段が多い．高圧の送風機で強制通気し，発酵槽上部から投入した排泄物は3~7日程度で排出される．施設面積は小さい．

みっぺいよこがたはっこうそう　密閉横型発酵槽　fermentation tank of horizontal rotary kiln type　断熱材で被覆されたスチール製の密閉円筒状の横型発酵槽を材料の取出口に向けて多少傾斜させて回転用架台に乗せ，駆動用モータで回転（30~40回/時）させる．発酵槽内面に取り付けられたかき上げ羽根によって材料を撹拌し，通気によって発酵促進を図り，材料投入から3~7日後に排出する．

ミトコンドリア　mitochondria　細胞小器官の一つの膜状構造物．二重膜からなり，内部に向かって櫛状の突起であるクリステを出す．内膜には基本粒子が付着している．細胞の呼吸エネルギー生成器官．クエン酸回路と電子伝達系および両者に共役する酸化的リン酸化系の主要酵素をもち，好気条件下でエネルギーを産生する．ミトコンドリアは独自のDNAをもち，細胞核に由来するものとは異なり，父の影響を受けず，母性遺伝する．

ミニマム・アクセス　minimum access　ウルグアイ・ラウンドの最終合意の中で，関税化猶予の特例措置への代償措置として決められた最低輸入義務．当該農産物の基準年における消費量の初年度4%，その後均等に増やして6年後8%に相当する数量を需給状況のいかんにかかわらず輸入するというもの．1999年3月までの日本のコメがこの対象になっていた．　→ウルグアイ・ラウンド農業合意

ミネソタいちごう　ミネソタ1号　Minnesota No.1　アメリカのミネソタ大学のWinters教授が，ランドレースとタムワースを交配して選抜し作出した近交系のブタの品種．毛色は全身赤毛で，成体重は雄300 kg，雌230 kg程度，1腹産子数は平均10.9頭．屠体は長く，赤肉率が高く，肉量・肉質が優れ，母豚の哺育能力もよい．わが国には戦後輸入され，雑種生産に利用されたことがある．

ミネラル　mineral　無機質ともいう．無機元素（有機物を構成するC, H, O, N以外の元素）のうち，栄養上必要なものを一括した総称で，五大栄養素の一つである．必要量の比較的多い元素を主要ミネラルといい，Ca, Mg, P, K, Na, S, Clがこれに含まれ，比較的少ない元素を微量ミネラルといい，Fe, Cu, Mn,

I, Co, Zn などがある．動物体内では，陽イオン，陰イオン，または有機物とのエステルなどの形で存在し，体構成物質として，体液の浸透圧の調節因子として，酵素の成分として，筋収縮や神経伝達などで，それぞれの元素の固有の生理機能を果たしている．

ミネラルすいとう　ミネラル出納　mineral balance　動物体で摂取したミネラルと生産物や排泄物として体から除かれるミネラルの量的な出納関係のこと．動物の要求量や利用性を求めるために，カルシウムやリンについて調べることが多い．

みのげ　蓑毛　lower saddle feathers　ニワトリの鞍部の左右に垂れる細長い羽毛をいう．→付図6

ミノルカ　Minorca　スペイン領ミノルカ島原産のニワトリの品種．1830年に赤面スパニッシュとしてイギリスに入った．地中海沿岸種の中で最も体重が大きく，成体重は雄 3.2～3.6 kg，雌 2.7～3.6 kg 程度．大きな単冠で，バラ冠も存在し，大きな白耳朶，顔面は赤色，羽色は黒が主体である．卵重は 65 g，産卵数は年 130～140 個，卵殻色は白で，就巣性はなく，実用鶏というより観賞用である．

みみ　耳　ear　耳は聴覚と平衡感覚に関与する器官で，外耳，中耳，内耳に区分される．家畜の耳では耳介が大きく，ろう斗状の集音器として，耳介筋によって自由に種々の方向に動かし，危険を察知する．耳介は皮膚と軟骨で構成され，内側の皮膚には長い被毛が密生して入口を保護し，皮膚腺もよく発達する．→付図1，付図2，付図4，付図5，付図6

みゃくかんほうたたい　脈管豊多体　vascular body　ニワトリの交尾器付近にみられる血管分布の豊富な，リンパを生産する赤色の小体．前後陰茎後引筋が交わるところで，後陰茎後引筋に沿って位置する．中心が血洞となり，その周囲にリンパ洞が発達する．交尾の際，リンパの浸出により生殖突起を中心にしてひだを勃起させ，また射精の際，リンパがにじみ出て精液に加わる．

みょうばんなめし　alum tanning　なめし剤としてみょうばん（アルミニウム塩）を用いるなめし法．毛皮や白革なめし，ときにはクロムなめしの前なめしに行われる．このみょうばんは皮蛋白質との結合が弱く，水洗すると溶脱して生皮の状態に戻る難点がある．

みらい　味蕾　taste bud　舌において味覚を感じる組織．舌には3種の味蕾乳頭があるが，乳頭の側壁に感覚細胞である味細胞，支持細胞および基底細胞で構成された味蕾が存在する．

ミルカー　搾乳機　milking machine　陰圧（部分真空）を利用して搾乳する機械．真空ポンプを動かし，発生した陰圧をパイプで搾乳ユニットに導き，ティートカップを乳頭に装着して吸引・搾乳する．ミルカーは大きく分けると，搾った牛乳をバケットに溜めるバケットミルカーと，搾乳した牛乳をパイプで直接牛乳処理室まで送って貯蔵するパイプラインミルカーの2種類がある．

ミルキングパーラー　milking parlor　搾乳専用の施設．牛乳処理室・機械室をも含めてミルキングセンターとも呼ばれる．通常はフリーストール牛舎などの放し飼い式牛舎内部または隣接して設けられる．ミルキングパーラーは，ストールの配列，作業者との高低差（ピット式，フラット式），入退出方法（通り抜け式，側面出入り式，後退式および一斉退出式）などにより分類される．

ミルクアレルギー　milk allergy　2歳以下の，ことに過敏性の幼児におきる，発作性呼吸困難（ぜんそく）や，嘔吐，下痢などを主症状とする牛乳によるアレルギー性疾患．

ミルクプラント　milk plant　牛乳の殺菌処理，加工，乳製品製造などを行う工場．

ミルコテスター　Milko-tester　デンマークで開発された牛乳脂肪の迅速測定機で，測定能力は1時間当たり約80試料である．EDTA，苛性ソーダ，ツイーン20を含む試薬

で蛋白質を透明化したのち，500 nm の波長で脂肪を測定する．

[む]

ムートン mouton　ヒツジの毛皮．熱収縮温度 90℃ 程度のクロムなめし後，加脂・染色を施したもの．毛皮製品として安価なこととウサギと異なり脱毛のおそれが少ないため，インテリア用，クッション，カーシート，スリッパなど広い用途をもつ．

むえんバター　無塩バター unsalted butter　食塩を添加しないで製造したバター．主として調理，製菓，還元牛乳製造に利用されるほか，医療食にも用いられる．

むかくわしゅ　無角和種 Japanese Polled-cattle　山口県の在来牛にアバディーンアンガスを交雑して作出された肉用牛．毛色は黒色で無角．体重・体高は，それぞれ雌 450 kg, 122 cm, 雄 800 kg, 137 cm 程度と小型で四肢が短い．早熟で飼料利用性，増体性に優れている．肉質は黒毛和種よりは劣る．枝肉歩留りは 61~64%．

むかりゅうきゅう　無顆粒球 agranulocyte　→無顆粒白血球

むかりゅうはっけっきゅう　無顆粒白血球 agranular leucocyte, agranulocytes　細胞質に顆粒を含まない白血球で，リンパ球と単球がこれに属する．リンパ球には小リンパ球と大リンパ球がある．単球は白血球の中で最も大きな細胞で，核が偏在することが多く，卵円型，腎臓型，ハート型，馬蹄型などを示し，不規則である．単球は骨髄に由来し，血液中に入るが，まもなく組織中に移動して，組織大食細胞に分化する．

むかん　無冠 breda　オランダ原産のニワトリ Breda 種の雌は無冠，雄は痕跡程度のとさかをもつので，無冠といわれる．常染色体劣性遺伝子 bd による．

むガンマーグロブリンけっしょう　無ガンマーグロブリン血症 agammaglobulinemia　血清中の免疫グロブリンがきわめて低い場合をいう．多くは先天性である．細菌に対する抵抗力が低い．ヒトでは血清中免疫グロブリン濃度が正常時の半分以下の場合を低ガンマーグロブリン血症 (hypogammaglobulinemia) という．家畜でも，特定のクラスのガンマーグロブリンの欠損ならびに低ガンマーグロブリン血症が報告されている．

むききょうしゅうざい　無機凝集剤 inorganic coagulant　→凝集剤

むきしつ　無機質　→ミネラル

むきしつしりょう　無機質飼料 mineral feed　カルシウム，リンなど各種ミネラルを豊富に含む飼料のこと．貝殻，貝化石，石灰岩，骨粉など．

むきんじゅうてん　無菌充填 aseptic filling　滅菌した食品を無菌的に，紙容器，瓶，または缶に充填し，密封すること．超高温加熱した牛乳を無菌充填すると長期保存が可能になる．これがいわゆる LL 牛乳（ロングライフミルク）である．

むきんどうぶつ　無菌動物 germ free animal　体表，消化管も含めて体のどの部位からも検出可能な微生物，寄生虫をもたない動物のこと．哺乳動物では無菌的な帝王切開により胎子を取り出し無菌飼育することで得られる．

むけっせいばいち　無血清培地 serum-free culture medium　動物細胞の培地として血清のかわりにホルモン，上皮成長因子，線維芽細胞成長因子，神経成長因子，各種ステロイドホルモン，結合蛋白質，細胞接着因子などを添加し，細胞の生存や増殖を良好にする培地．すべて既知物質から成っているので，細胞の栄養要求の解明，選択的培養，生理活性物質の精製などに有用である．

むさくいこうはい　無作為交配 random mating　繁殖集団の中で交配相手を無作為に決めて交配を行うこと．選抜実験の対照群や系統の維持において用いられる．

むしかぶつ　無市価物 non-price goods

利用価値はあっても市場性がなく売買が行われないために取引価格が形成されないもの．例えば，家畜の糞尿や野菜屑などの農場副産物の一部などがあてはまる．

むしこけいぶん　無脂固形分　solids not fat, SNF　牛乳の全固形物から脂肪分を差し引いた残りの成分．　→エスエヌエフ

むせいえきしょう　無精液症　aspermia　性欲，陰茎勃起能力に異常はなく，交尾も可能であるが，精液を射出できない場合をいう．原因は先天的な精管閉鎖や副生殖腺の発育不全，後天的には副生殖腺の極度の萎縮や炎症，腫瘍などである．

むせいししょう　無精子症　azoospermia　性欲，勃起能力，射精能力などに異常はないが，射出精液中に精子がまったく認められない場合をいう．精巣における造精機能の廃絶と精巣上体や精管の閉鎖が原因である．先天的なものとして精巣の欠如や発育不全，潜伏精巣などがあり，後天的なものとして精巣炎，高い発熱，栄養障害，放射線障害，内分泌異常，極度の夏季不妊症などがある．

むせいらん　無精卵　unfertilized egg　家禽の分野で用いられる用語で，受精していない卵をいう．孵卵開始数日後の検卵で胚の発育の認められない卵を無精卵として扱う．哺乳動物では受精していない卵子を未受精卵子というのが普通である．

むそうちくしゃ　無窓畜舎　windowless barn　窓のない，照明時間および温湿度などの調節が可能な畜舎．ニワトリでは光線管理を主目的として使用する．その他の家畜でも温度管理に用いることもあるが，この畜舎は外壁が閉鎖されているため，家畜の鳴き声や臭気などの公害を遮断できるので，その目的で使用する場合もある．

むとうれんにゅう　無糖練乳　evaporated milk　牛乳を真空で約 2.0~2.5 倍に濃縮し，しょ糖を加えないで缶詰にして滅菌した製品．乳固形分 18.5% 以上．エバミルクともいう．育児用，喫茶用として使用される．

むなまえ　胸前（むなまえ）　breast　→付図 4

むね　胸　breast　→付図 5，付図 6

むねはば　胸幅　→きょうふく

むはいらんはつじょう　無排卵発情　anovulatory estrus　異常発情の一つで，発情徴候，発情持続期間などは正常であるにもかかわらず，卵胞が排卵することなく閉鎖退行するような発情のことをいう．偽発情ともいう．

むはつじょうはいらん　無発情排卵　quiet ovulation　発情徴候を示すことなく排卵する現象．　→鈍性発情

ムラー　Murrah　インド北部パンジャップ州ハリアナ地方原産の乳用河川スイギュウ．角は後方に反転し内側に螺旋状に巻いており，毛色は黒色．耐暑性は低く，動作が緩慢．体重，体高は，それぞれ雌 450 kg，133 cm．雄 540 kg，151 cm 程度．乳量は 1,400~2,000 kg．

むらがり　群がり　crowding, huddling　寒冷環境において，家畜の群が体熱の放散を防ぐために，個体同士が寄り添い，ときには重なり合うこと．特に子豚において典型的に見られる．

ムラサキウマゴヤシ　→アルファルファ

むれにく　むれ肉　→ PSE 豚肉

むれぶた　むれ豚　→ PSE 豚肉

[め]

め　眼　eye　視覚器で，眼球と副眼器（眼瞼，涙器，眼筋）で構成される．眼瞼には上，下眼瞼に加え，第三眼瞼が内眼角に認められ，瞬膜とも呼ばれる．瞬膜はニワトリでよく発達し，角膜全面を被うことができる．涙腺は眼球の背外側に位置し，上結膜円蓋に開口し，絶えず分泌液で角膜表面を潤す．眼筋は眼球の運動に関与し，正確に外界の像を捉えるために，微細に調節された動きを行うことができる．　→付図 1，付図 2，付図 4，付図

めいかん　鳴管　syrinx　ニワトリの発声器は気管分岐部にあり，側方から潰されたような扁平な形をとる．鳴管または後喉頭と呼ばれている．気管分岐部で数個の軟骨輪が密に接触して特殊化し，鼓室を形成する．左右の気管支分岐部の正中矢状面にカンヌキ骨があり，これを基礎にして気管支内壁に内鼓状膜が発達し，向かい合う外側壁にも外鼓状膜がせり出し，声帯ヒダ，声門裂に相当する器官を作る．

めいしゃんとん　梅山豚　Meishan Pig　中国江蘇省の太湖の東方から北方にかけて飼われている太湖豚の1内種．早熟で1回の平均産子数が15~16頭，多産である．その多産性に着目して，フランス，日本，アメリカなど多くの国が導入し，欧米種との間で交雑利用試験が試みられている．現在わが国に導入されている中国豚の主体をなしている．

メイズ　maize　→トウモロコシ

めいろがくしゅう　迷路学習　maze learning　多くの迷路と，報酬のある正解の通路とからなる機具があり，その中で動物が試行し，次第に正解の通路を通り，報酬を得るようになる学習方法．

メタボリックボディサイズ　metabolic body size　代謝体重ともいう．体重を3/4（鳥類では0.744）乗して得られる値．動物の基礎代謝量は，体表面積に比例するという経験則から出発し，その後，体表面積よりむしろ代謝体重に比例することが明らかにされ，成熟哺乳動物は，基礎代謝量（kcal/日）=70（体重 kg）$^{3/4}$の式により，鳥類は，基礎代謝量（kcal/日）=73.4（体重 kg）$^{0.744}$の式により，求められる．

メタンガス　methane gas　嫌気性条件下でメタン細菌の有機物分解（メタン発酵）によって生ずる可燃性ガス．家畜糞尿から採取するメタンガスや，ルーメン発酵によるメタンガスの発生などの例がある．前者はバイオガス（biogas）とも呼ばれる．

メタンはっこうしせつ　メタン発酵施設　methane fermentation facilities　メタン発酵によって汚水中の有機物を分解し浄化する処理施設．同時に燃料となるメタンガスを生産することができる．

メチレンブルーかんげんしけん　メチレンブルー還元試験　methylene blue reduction test　原料乳などの微生物学的品質を判定する色素還元試験法の1種．微生物の代謝と増殖により，メチレンブルーの青色が還元されて無色になることを利用する．

めっきん　滅菌　sterilization　微生物を，胞子をも含めて，完全に死滅させて無菌状態にすることで，有害菌のみの死滅を目的とする殺菌と区別されることが多い．

めっきんにゅう　滅菌乳　sterilized milk　牛乳中のすべての微生物を完全に死滅させた牛乳．牛乳を瓶に充填し，115~120℃で15~20分加熱した瓶装滅菌乳や，超高温加熱した後，無菌充填した牛乳がある．後者は，風味も栄養価も殺菌牛乳とほとんど変わらない．→殺菌

メッセンジャーアールエヌエー　メッセンジャーRNA　messenger RNA, mRNA　遺伝子の情報が蛋白質として発現される過程で，情報の担体として合成されるRNA．伝令RNAともいう．ゲノム上の遺伝情報は一定の単位でRNAに転写される．真核生物のmRNAは一般に遺伝子の転写産物はそのままmRNAとして翻訳されることはなく，DNAがRNAポリメラーゼによって転写されて合成されるhnRNAは，種々のプロセッシングをうけた後，核から細胞質へ移動し，はじめてmRNAとしての機能を果たす．子のプロセッシングの過程にはRNAの断片化，5'末端におけるキャップ構造形成，3'末端へのポリA配列の付加，スプライシングなどが含まれる．

メドウフェスク　meadow fescue, *Festuca elatior* L.　ヒロハノウシノケグサ．ヨーロッパ，アジア温帯地域が原産の寒地型イネ科ウシノケグサ属（フェスク類）の多年生牧草.

深根性で湿潤な土壌でも生育し，かつ乾燥にも強い．トールフェスクよりも茎が細く嗜好性が勝り，ペレニアルライグラスの不向きな放牧草地で主要な草種となる．このほかのフェスク類ではレッドフェスク（*F. rubra* L. オオウシノケグサ，寒地放牧地向き），シープフェスク（*F. ovina* L. ウシノケグサ，砂地不良土壌の放牧地向き）などがある．

めひしば crabgrass, *Digitaria adscendens* (H.B.K.) Henr. 夏型の一年生イネ科雑草で高窒素性で夏季の牧草を庇圧する．また，種子を多量に拡散する．その予防としては春の発芽期に植生を密にし，裸地を作らないことが大切である．

メラトニン melatonin 松果体で合成・分泌されるホルモン．インドールアミンの一種でセロトニンより合成される．分子量232．鳥類では網膜でも大量につくられる．その合成と分泌は暗期に高く，明期に低い明瞭なリズムを示し，季節繁殖動物において日長による性腺活動の変化を仲介する．例えば，ヒツジ（短日繁殖動物）の松果体除去により季節繁殖性を消失させた場合，長日型を模したメラトニン投与は性腺刺激ホルモン分泌を抑制するが，短日型動物への投与はこれを促進する．一方，長日繁殖動物ではメラトニンの効果はまったく逆となる．

めんえき **免疫** immunity, immunization 1) 特定の病原体に対する動物の抵抗性．体液性免疫と細胞性免疫とに分けられ，先天性，後天性免疫などがある．
2) 抗原を非経口的に体内に投与し，抗体産生，リンパ球の感作を促すこと．

めんえきアジュバント **免疫アジュバント** immunological adjuvant 免疫応答の調節（促進，抑制）活性を有する物質のこと．抗原刺激の持続と免疫応答の促進を目的として，抗原を投与する際にアラセルA油と流動パラフィンとの混合物（フロイント不完全アジュバント），あるいはこれに結核死菌を添加したフロイント完全アジュバント，アルミナクリームなどが汎用される．

めんえきかんよう **免疫寛容** immunological tolerance 普通ならば免疫応答を誘発する抗原に対して免疫系が特異的に無応答になっている状態．胎生期および新生子期に接触した抗原，あるいは成熟動物でも長期にわたり大量に接触した抗原に特異的に応答するリンパ球が除去されたり，免疫応答を抑制するリンパ球が産生されることにより生じると考えられる．

めんえきグロブリン **免疫グロブリン** immunoglobulin, Ig 形質細胞が産生する蛋白質で，電気泳動において，おもにガンマーグロブリン分画に含まれる．抗原決定基との特異的な結合部位を含む可変部と，抗原との結合後，抗原処理反応に関わる不変部位とから構成される．基本単位は，相同な2本の重鎖（H鎖）と相同な2本の軽鎖（L鎖）とからなる．IgA, IgM, IgG（T:ウマ；Y:ニワトリ），IgD, IgEに分類される．

めんえきていりょうほう **免疫定量法** immunoassay →イムノアッセイ

めんじつ **綿実** cottonseed 綿を採取した残りの実である．以前には食用油の採取に利用されることが多かったが1980年ころより飼料としての供給も多くなっている．おもに乳牛向けに利用されている．綿実には乾物中20%程度の脂肪が含まれるが，綿実の給与はこの脂肪による飼料のエネルギー含量の増加が期待されてのものである．

めんじつかす **綿実粕** cottonseed meal 綿実から綿毛や殻を除き，採油した残渣である．乾物中の粗蛋白質含量は約40%と高いがウシでの可消化養分含量は乾物中58%と高くはない．ゴシポールやシクロプロペノイドといった動物に炎症を引きおこしたり，鳥類の繁殖能力を低下させる物質が含まれるために給与量が制限される．

メンデルいでん **メンデル遺伝** Mendelian inheritance, Mendelism オーストリア（現在チェコのブルノ）のメンデルが

1865年に発見した遺伝の法則 Mendelian laws of heredity によって親の形質が子孫に伝えられることを説明できる現象. メンデルは, エンドウを材料として7つの形質について交配実験を行い, 1) 各形質は遺伝子によって子孫に伝えられ, 2) 雑種第1代 F_1 では優性の形質が現れ (優劣の法則), 3) F_1 同士から得た雑種第2代 F_2 では優性3:劣性1の割合で両形質が現れ (分離の法則), さらに, 4) 各形質は同様の形式で, それぞれ独立に伝えられる (独立の法則) ことを発見したが, 当時は受け入れられず, 1900年コレンス, ドフリース, チェルマックにより再発見され, 今日の遺伝学の基になった.

メンデルしゅうだん　メンデル集団 Mendelian population　集団遺伝学の対象となる個体群で, 個体相互間で任意に交配でき, 健康な子孫を残し, 世代と共に自由にメンデル遺伝によって遺伝子の交換可能な有性繁殖を行う集団である.

めんもう　緬毛 wool　羊毛, カシミア毛, アルパカ毛などのように柔かい毛を総称して緬毛と呼ぶことがある.　→羊毛

めんようにく　緬羊肉 mutton　生後1ヵ年以上経過した成緬羊の羊肉をマトンと呼び, 生後1ヵ年未満の子羊肉をラムと呼んで区別する. しかし, 国によって多少分類が異なり, オーストラリアでは15ヵ月未満のものをラム, 離乳直後のものをミルクラムと呼び, 最も美味である. マトンには特有の臭気があるので, 精肉用にはあまり適さないが, 安価であるので日本ではジンギスカン料理やソーセージ原料として使われている.

[も]

もうかん　毛冠 crest, top knot　ニワトリの中には鶏冠 (肉冠) よりも頭頂部の羽が長く高く伸びたものがいて, 独特の外貌を示す. このような頭頂部に密生した羽束を毛冠と称する. Poland, Houdan, Silkie などの品種で毛冠が認められる.　→付図7

もうこうし　蒙古牛 Mongolian Cattle　蒙古の在来牛で, ゼブ牛とヨーロッパ系のウシの交雑により成立した. 役肉兼用種. 毛色は褐色で有角. 体重・体高は, それぞれ雌270 kg, 117 cm, 雄330 kg, 125 cm程度で耐久力に優れ, 役用に利用されている.

もうこよう　蒙古羊 Mongol Sheep　中国の内蒙古, 新彊, 東北, 河北, 陝西各省の乾燥した草地で周年放牧されており, その数は中国のヒツジの中で最も多い. 毛色は白色で頭・頸部には黒・褐色の斑があり, 雄は有角, 雌は無角の脂尾羊. 毛質は粗いが, 毛, 皮, 肉の兼用種として利用されており, 肉質は柔らかく, 脂肪交雑も優れている.

もうさいけっかん　毛細血管 blood capillary　動脈と静脈の間をつなぐ細い血管を毛細血管という. 管壁は一層の内皮細胞とその周囲のきわめて薄い膠原線維からなる. 組織と血液の間の主要な物質交換部位であり, 毛細血管の構造は組織, 器官の機能的要求度と密接な関係を示して異なる. 通常, 連続型の毛細血管が認められるが, 内分泌腺や腎臓では有窓型のものがあり, 肝臓の洞様毛細血管は不連続型になる.

もうさいけっかんもう　毛細血管網 capillary network　→付図18

もうしょうひ　毛小皮 (クチクラ) hair cuticle　毛の体表面に露出した部分を毛幹と称し, 完全に角化した上皮細胞が束になり, 硬くなったものである. 毛幹は毛髄質, 毛皮質および毛小皮で構成される. 毛小皮は最外層の扁平な細胞層で, 太い毛では数層の細胞層が認められる. その細胞は鱗状, 屋根瓦状の薄いもので, 動物の種類によって, かなり特徴的な形態を示す.　→鱗片

もうしょく　毛色 coat color, hair color　哺乳動物の毛色 (原毛色) で, 畜種によりいろいろの変異があるが, 黒, 灰, 白色の系列と黄褐～赤褐色の系列にまとめられ, 一般的には野生色が優性である. ウマでは, 青毛 (black,

黒色），芦毛（grey, 白の差毛），鹿毛（bay, 茶褐色で四肢端および長毛は黒色），栗毛（chestnut, 黄褐～茶色），河原毛（fallow, 黄褐色），月毛（isabel, 茶白色）などが区別されており，さらにそれぞれに変異が見られる．

もうずいしつ　毛髄質　hair medulla　毛の中心部に存在する空隙の多い組織．髄質の形態は不連続型，中間型，連続型，断片型などに分類され，動物毛の同定に利用される．羊毛や細い毛は髄質を欠き，毛皮質からなる．

もうそく　毛束　staple　ヒツジの個々の毛群．ヒツジでは1個の毛穴に多数の毛包をもつため，1個の毛穴から10～20本の羊毛を出現させ，それぞれが羊毛特有のクリンプと皮脂腺からの分泌の羊毛脂によって，絡み合いつつ固着して毛束を形成する．毛束の長さを測定したものを自然毛長と呼ぶ．羊毛の毛束長はヒツジの強く遺伝される形質の一つとみなされている．

もうちょう　盲腸　intestinal cecum, cecum　回腸に続く大腸の起始部で盲端に終わる腸管．組織構造は結腸など他の大腸と大差はない．草食動物でよく発達し，特に反芻胃をもたない草食動物では微生物による繊維分解が行われている．ニワトリでは一対ある．
→付図11, 付図12, 付図13

もうちょうふん　盲腸糞　cecal feces
→糞

もうのう　毛嚢　hair follicle　皮膚表面にほぼ一定間隔で表皮が陥入して，原則的に1本の毛の毛根部を包んで形成される組織．羊毛では1個の陥入表皮すなわち毛穴に，多数の毛嚢が二次的に生成される．哺乳類の毛嚢は休止期と活性期の二つの形態をもち，毛が不連続して成長する原因をなしている．毛嚢からは血液により供給された栄養分を分泌して毛に栄養を与える．毛嚢の付属器官である皮脂腺からは毛嚢内に脂肪を分泌して毛を被覆する．

もうひしつ　毛皮質　hair cortex　毛の本体ともいうべき組織．繊維軸に沿って細長い紡錘状の皮質細胞が縦に密に集合して皮質を構成する．化学的な主成分はケラチン蛋白質である．羊毛の皮質には，オルソコルテックス，パラコルテックスと呼ぶ化学的に性質を異にする2種の組織が存在し，クリンプを形成する．クリンプは羊毛の紡織繊維としての各種の物理的特性に深いかかわり合いをもつ．→クリンプ

もうひどうぶつ　毛皮動物　fur animals　毛皮を利用する目的で飼養，あるいは改良されてきた動物で，肉食性または雑食性が多い．ミンク，イタチ，キツネ，タヌキ，チンチラ，ウサギ，ヒツジなど．

もうひようしゅ　毛皮用種　fur breed　毛皮の生産を目的としたウサギ，ヒツジの品種．

もうまく　網膜　retina　視覚器，眼球の内膜を構成する膜で，光刺激を受容して神経興奮に変換する．網膜視部と網膜盲部（網膜網様体部，網膜虹彩部）に区分される．眼球後極に近い網膜部位で物を最もよくみることができ，家畜では網膜中心野と呼ばれ，中心窩が認められる．網膜の光感覚層に明暗を鋭敏に感じる桿状体視細胞，色彩を受容する錐状体視細胞が分布する．家畜では錐状体視細胞はきわめて少ない．

モエットいくしゅけいかく　MOET育種計画　MOET breeding plan　ウシの育種において，過排卵処理 multipie ovulation と胚移植 embryo transfer を組み合わせて，多数の全きょうだい産子を作出し，遺伝的改良量を高める計画のこと．開放型MOETでは優秀な雌牛から確実に候補種雄牛や後継牛を生産することを目的とし，閉鎖型MOETではきょうだい検定により世代間隔を短縮することを目的とする．

モーア　mower　牧草の刈り倒し用作業機．刈り倒し部形式の違いによりナイフが往復動を行うレシプロモーア（reciprocating knife mower）と回転運動を行うロータリーモーア（rotary mower）の二つに大別される．

レシプロモーアは，固定の受け刃上を切断刃が往復動する方式（pitman-drive mower）が一般的であるが，刈取り性能を高めるために両方とも往復動する方式（double knife mower）もある．ロータリーモーアには，円盤外周にナイフを取付けるディスクモーア（disk mower）とドラム下部外周にナイフを取付けるドラムモーア（drum mower），水平の回転軸にフレール刃を取付け牧草を上方に引き切るフレールモーア（flail mower）の3種類がある．わが国では取り扱いの容易なディスクモーアがよく利用される．

モーアコンディショナー mower conditioner　刈り倒した牧草の乾燥速度を高めて良質の乾草を生産するために，モーア後方にコンディショニング機構を取付けた刈取り調製用作業機．コンディショニング機構には，2軸ロール間に牧草を挟んで圧砕するロール式と1軸ロータに爪をつけ，牧草をたたいて傷をつけるロータ式がある．牧草に亀裂や折れ目ができることにより茎部分の乾燥遅れを少なくできるが，マメ科牧草では葉部の脱落が発生しやすくなる危険性がある．

もぎとうそう　模擬闘争 mock fighting　群内の個体間で，特に幼齢個体においてみられる遊戯行動としての闘争行動．成長後の社会行動を健全に発現させる機能を有すると考えられている．

もくさくえき　木酢液 wood vinegar　木材の乾留時に得られる副産物で酢酸，プロピオン酸，酪酸などの有機酸に富む．タールなどを分離し，精製したものを木酢液 pyrolignous acid という．家畜糞尿の悪臭防止などに利用される場合がある．木酢酸ともいう．

モザイク mosaic　遺伝子型が異なる二種以上の細胞からなる個体のこと．キメラの場合は二以上の親に由来するが，モザイクの場合は一対の親に由来する点で異なる．モザイクが生じる原因として，受精時の異常や個体発生の過程で生じる体細胞突然変異などが考えられる．

もどしこうざつ　戻し交雑 back cross　雑種第一代（F_1）とその作出に用いたもう一方の親品種・系統とを交配すること．少ない品種でヘテロシス効果を利用することができる．

もどしたいひ　戻し堆肥　家畜糞などを堆肥化する場合，オガクズやモミガラなどを用いず，腐熟して水分が低下した堆肥の一部を戻し，原料家畜糞と混合して堆肥化する方式がある．このように副資材として用いる堆肥を戻し堆肥という．近年，オガクズなどが入手困難になってきたことから，戻し堆肥方式で堆肥化する事例が多くなった．この方式では養分が濃縮されるため，肥料成分含量の高い堆肥となる．

もとちく　素畜 feeder stock　肥育を目的とした肥育開始前の家畜の総称．

モニターやね　モニター屋根 monitor roof　屋根形式の一つで，棟部に一段高く小屋根を設け，その両側面から採光や換気を行うタイプのもの．

モネンシン monensin　ポリエーテル系の抗生物質である．ニワトリの抗コクシジウム剤として世界的に広く用いられている．日本でもモネンシンナトリウムが飼料添加物として指定されている．肉牛の肥育において飼料効率の改善にも効果のあることも知られている．

モヘア mohair　アンゴラ山羊から採った毛．長さ12〜30 cm，直径0.03〜0.05 mmぐらい，純白または銀白色で，光沢と弾力性が優れているが，クリンプが少なく，縮充性に乏しい．1頭からの産毛量は2.5 kg，春季換毛の直前に剪毛する．おもに薄地の夏服地，高級ビロード，ロシア毛布，肩掛けなどの原料に用いられる．

もも　腿（ウシ，ブタ），**股**（ウマ）　A.家畜外観 thigh（ウシ，ウマ），ham（ブタ）→付図1，付図2，付図4，B.枝肉部位　→付図23，付図24

モルタデラソーセージ Mortadella sausage

イタリア北部ボロニア地方が起源のソーセージ．豚肉および牛肉に，湯を通した角切りの脂肪を加え，ウシの盲腸や膀胱に詰めて，燻煙・加熱して作る．

もろこし sorghum →ソルガム

モンベリエール Montbeliarde フランスのメコン地方原産の乳肉兼用牛．シンメンタールに近縁．有角で毛色は濃褐色に白斑，白面斑をもつ．体重，体高は，それぞれ雌 750 kg，140 cm，雄 1,200 kg，155 cm 程度．乳量約 4,000 kg，乳脂率 3.7％，枝肉歩留り 58％．

もんみゃく 門脈 portal vein 毛細血管を流れた血液が，組織構造が静脈と同じ1ないし数本の血管を通り，再び毛細血管に入ることがある．この両毛細血管床に介在する脈管系を門脈系と呼び，その静脈が門脈である．肝門脈系では，血液が腹部内臓の毛細血管網を通り，門脈によって肝臓に注ぎ，洞様毛細血管網に分流する．ほかに下垂体門脈系がある．

[や]

やかんそう 野乾草 wild grass hay 野草から調製された乾草である．野草の採草利用は，早春の火入れとともに植生遷移を人為的に制御して，わが国の草原維持にとって重要な営みでもある．なお，北日本では早春の火入れを行わない．

やきいん 焼き印 brand ウシ，ウマなどの所有権を示すために臀部や肩部などにしるされた焼きごてによるマーク．入れ墨などによるマークもある．

やぎにく 山羊肉 goat meat, chevon 山羊肉には特有な臭気があるため，本土における消費量は多くない．沖縄では山羊肉料理が盛んであり，本土から年間 7,000 頭，ニュージーランドから 160 t 輸入されている．沖縄の食文化である．

やぎにゅう 山羊乳 goat milk 牛乳よりもカゼインが少なく，ホエー蛋白質に富み，脂肪量が多く，脂肪球は細かい．人乳に似て消化しやすく，栄養価も高い．バター，チーズを製造することができる．

ヤク Yak 海抜 4,000~6,000m のカシミール，チベット，中国に生息する野生牛で，体重・体長は，それぞれ雌 325~360 kg，150~160 cm，雄は 800~1,000 kg，180~200 cm で有角．角はたて琴状．高地への適応性，抗病性大．家畜化され，カシミール，チベット，中国の高地で乳肉役三用途兼用，毛皮用（防寒用衣料）に利用され各地で品種分化がすすめられている．毛色は，褐~黒色，またはそれらの粕毛で長毛（50~60 cm）．体重・体高は，それぞれ雌 260 kg，100 cm，雄 450~1,000 kg，117 cm 程度．乳量は 400 kg，乳脂率 8％，枝肉歩留りは 49％．家畜牛との交配による乳量の改良がすすめられているが，雄は不妊である．

やくえきせんじょうほう 薬液洗浄法 medical fluid washing method 洗浄塔で薬液を散布または混合させて臭気を除去する方法．原理的には，化学反応による酸化・中和などと，有機溶剤などによる吸収とがある．悪臭物質のアンモニアは酸性溶液，例えば硫酸と化学反応をおこさせ，硫酸アンモニウムの形で水溶液中に保持される．この方法では新たな薬液と交換した時の廃液を別途処理しなければならない．

やくざいたいせいいでんし 薬剤耐性遺伝子 drug resistance gene 抗菌物質に対する耐性を宿主に賦与する遺伝子．通常 R プラスミド上にあり，2, 3の例外を除き，抗菌物質の不活性化酵素の構造遺伝子である．薬剤耐性遺伝子の多くはトランスポゾン上にあって，レプリコン間を転位し，拡散と多剤耐性化を引きおこす．

やくざいてんかしりょう 薬剤添加飼料 medicated feed 動物の疾病を予防または治療する目的で，薬剤を添加した飼料．アメリカでは法的に規制されている．わが国にはこの制度はない．わが国では飼料安全法で指定される飼料添加物と薬事法による動物薬の

飼料添加剤との両者により，詳細に規制されている．添加剤については，獣医師の処方を必要とし，生産物出荷前には休薬期間を設定しなければならない．

やくよくしせつ（そう）　薬浴施設（槽）　foot bath, dipping pool, dipping vat, swim-through vat　家畜に付着するダニなどの害虫防除や皮膚病の予防などを行う施設．薬液の入った細長いプールを通過させて薬を付着させるが，噴霧のみで済ませる場合もある．コラール（囲いさく）に付属させる場合が多い．

やけい　野鶏　wild fowl　野鶏には赤色野鶏，セイロン野鶏，緑襟野鶏および灰色野鶏の4種類が存在しており，家鶏の祖先は，家鶏との間に容易に生殖力のある雑種を作る赤色野鶏であるとする説が有力である．赤色野鶏の分布域は，インド，東南アジア，中国に及んでいるが，近年その数は減少している．羽装は赤笹型，脚は鉛色，皮膚は白色，単冠，耳朶色は赤と白があり，体重は雄で700〜900 g，産卵数は飼育条件下で年20数個．

やしかす　ヤシ粕　coconut meal　ココヤシの核肉を乾燥したコプラから採油した残渣．主要成分は乾物中，粗蛋白質約26％，単・少糖類16％，総繊維48％．総繊維の消化率が高くおもに乳牛の飼料として利用される．

やそう　野草　wild grasses　わが国在来の草本植物の総称である．

やそうち　野草地　native grassland　日本の野草地は，何らかの形で人為的な干渉を受けて維持されてきた．優占する草種の名をとってシバ草地，ススキ草地，チガヤ草地，ササ草地，ハギ草地，ワラビ草地などという．1920〜1940年代には日本の野草地は300万haあったとされるが，戦後入会組織の崩壊，牧野改良などで激減した．

やまちらくのう　山地酪農　highland dairy farming　戦後の酪農の導入に当たって地代の高い水田地帯での酪農経営の限界を考慮して里山などを再開発し土地基盤の拡大を図り経営を安定する計画がなされた．

[ゆ]

ゆういど　優位度　dominance index, dominance value　多くの家畜において群の中で各個体間の優劣の関係から順位ができる．各個体の優位度は，群の大きさと自身の地位，すなわち自分より下位の個体数との比であらわされる．また，各個体の敵対行動の勝敗を記録して，その勝率を開平した後，角変換し，一種の力価であらわす方法もある．

ユーエッチテイーかねつ　UHT加熱　UHT（ultra-high temperature）heating　→超高温加熱

ユーエッチテイーめっきんにゅう　UHT滅菌乳　UHT sterilized milk　→ロングライフミルク

ユーエフまく　UF膜　→限外ろ過膜

ゆうかい　融解　thawing　凍結精液や凍結胚をとかすことを意味する用語．解凍と同義語であるが，融解の方が一般的である．

ゆうがいぶっしつ　有害物質　hazard substance, toxic substance　水質汚濁防止法においては，カドミウム，シアン，有機リン，鉛，六価クロム，ヒ素，水銀およびアルキル水銀，PCBが有害物質として規定されている．廃棄物の処理および清掃に関する法律においてもほぼ同様に規定されている．大気汚染防止法においては，カドミウムおよびその化合物，塩素および塩化水素，フッ素，フッ化水素およびフッ化ケイ素，鉛およびその化合物，窒素酸化物が有害物質として規定されている．

ゆうきぎょうしゅうざい　有機凝集剤　organic coagulant　→凝集剤

ゆうぎこうどう　遊戯行動　play behavior　家畜が，おもに幼齢期において，明確な脈絡や欲求に一定の順序を欠き，その機能も直接的には明らかでなく発現させる一連の行動をいう．単独で行うものを個体遊戯行動，他個体とともに行うものを社会的遊戯行動という．遊

びを通じて環境を学習し，適応的に発達していくと考えられる．

ゆうきたたい　誘起多胎　induced multiple pregnancy　人工的処置により単胎動物に複数の胎子をはらませること．ホルモン剤投与により複数の排卵を誘起し，その後の種付けにより多胎を誘起する方法で，肉牛の増産などに利用される．排卵数の制御が難しいことや，フリーマーチン雌牛の発生などの問題が残されている．　→フリーマーチン

ゆうきはいらん　誘起排卵　induced ovulation　人為的処置によって排卵をおこさせること．日長処理による方法，性腺刺激ホルモン投与やプロスタグランジン $F_{2\alpha}$ 投与による方法がある．ウサギ，ネコなどの交尾排卵動物では，交尾刺激のかわりに子宮頸管を機械的または電気的に刺激することにより排卵を誘起することができる．　→交尾排卵

ゆうきひにゅう　誘起泌乳　artificially induced lactation　妊娠，分娩を経ずに人為的処置により泌乳を開始させること．未経産牛や不妊の乾乳牛にホルモンなどを投与して泌乳を開始させ，搾乳を継続すると長期間の泌乳が可能となる．

ゆうこう（かしょうか）アミノさん　有効（可消化）アミノ酸　available (digestible) amino acids　飼料中のアミノ酸のうち，消化吸収可能なアミノ酸をいう．ブタでは回腸末端でアミノ酸の消化率を測定して有効性を評価する．ニワトリではアミノ酸の真の消化率が有効率になる．

ゆうこうせんばつさ　有効選抜差　effective selection differential　選抜の程度は選抜差により評価されるが，選抜個体により繁殖率に差があるため，単純な選抜差（期待選抜差）では繁殖率の差による偏りが生ずることがある．そこで，選抜個体の表型価に子の数により重み付けをして加重平均値を求め，選抜差を計算したのが有効選抜差である．しかし，通常，有効選抜差と期待選抜差との間に大きな違いは見られない．

ゆうこうたいひょうめんせき　有効体表面積　effective surface area　動物の体表面のうち，熱交換に関係する外界にさらされている体表の面積．

ゆうこうなしゅうだんのおおきさ　有効な集団の大きさ　effective population size　集団の有効な大きさともいい，Ne とあらわす．集団遺伝学の理論は理想的なメンデル集団を基に展開されているが，実際の家畜集団は理想的な集団とは異なる．現実の家畜の繁殖集団を理想的なメンデル集団と比較した時，その集団がどの程度の大きさの理想集団と同一の遺伝的効果をもっているかに換算したもの．例えば，雄と雌の頭数が異なりそれぞれ Nm と Nf とすると，有効な集団の大きさは $Ne = 4NmNf/(Nm+Nf)$ により与えられる．

ゆうしぶんれつ　有糸分裂　mitosis　これには体細胞分裂と減数分裂があり，後者は生殖細胞の分裂でおこる．有糸分裂では核分裂と細胞体分裂の二つの段階がある．体細胞分裂では DNA が自己複製され，中心子および紡錘体（紡錘糸）の働きにより，それぞれの娘細胞は同数の染色体を得て二倍体のままである．減数分裂では DNA の複製がなく，分裂後の細胞は一倍体となるが，精子と卵子が合体して二倍体を回復する．

ゆうせいいでんし　優性遺伝子　dominant gene　メンデル遺伝で，異型接合体でも表現型に形質が発現する遺伝子．家畜では，ウシの無角，ニワトリのバラ冠，豆冠などで，畜産業の中で利用される．

ゆうせいせいぎょりょういき　優性制御領域　dominant control region　特定の外来遺伝子を細胞に導入し，染色体上に組込んだ際，その遺伝子発現は通常組込み分子数（コピー数）に比例しないことが多い．しかしながらその外来遺伝子の 5'，3' または両末端に特定の配列を連結すると組込まれたコピー数に依存的な発現がみられるようになる．このような染色体上の組込み部位に関係なしで，かつコピー数依存性発現を可能とさせるような

DNA領域の呼称で，代表的な例としてヒトβグロビン遺伝子の構造領域の数十キロ塩基対上流にこのような機能をもつ領域の存在が同定されている．

ゆうせいせいしょく　雄性生殖　androgenesis　雌性核が受精後何らかの理由で排除され，あるいは受精前に失活して発生に参加せず，雄性前核のみで発生する現象のこと．雄性発生ともいう．前核期の受精卵子から顕微操作により雌性前核を除去したり，受精前の卵子に紫外線を照射することによって生じる．哺乳動物では雄性発生胚からの完全な個体の形成はおこらないとみられている．

ゆうせいぶんさん　優性分散　dominance variance　量的形質の遺伝子型値が育種価よりずれることがあるが，これはヘテロ接合体の遺伝子型値が両ホモ接合体の遺伝子型値の平均と等しくないため生じたもので，この差を優性偏差 dominance deviation という．全遺伝分散において優性偏差によって生じた分散を優性分散という．雑種強勢が生じやすい形質では全遺伝分散に優性分散が占める割合が高い．

ゆうせいホルモン　雄性ホルモン　male hormone, androgen　→アンドロジェン

ゆうせんしゅ　優占種　dominant species　植物群落の種類構成からみて量的に主要な種をいう．

ゆうせんもうちゅうどうぶつ　有繊毛虫動物　faunated animal　反芻動物の第一胃内の微生物群に繊毛虫類がいる．繊毛虫のいる有繊毛虫動物では第一胃内のセルロース消化率や蛋白質の分解，アンモニアの生成量などが増える．メタンの生成も増加する．一方，第一胃内細菌数は繊毛虫に捕食され，減少する．繊毛虫を除去した除繊毛虫動物，または無繊毛虫動物と有繊毛虫動物とを比較することで繊毛虫の意義を知ることができる．

ゆうそうさいぼう　遊走細胞　wandering cell　組織内をアメーバ運動によって自由に移動する細胞の総称．毛細血管から遊走した白血球（リンパ球，単球，好中球，好酸球，好塩基球）および結合組織の自由細胞（組織球，形質細胞，肥満細胞など）はアメーバ運動によって結合組織内を自由に移動するほか，上皮細胞間を通過して粘膜表面や腺腔，管腔にも出現する．炎症や感染などの場合，これらの細胞運動は活発化する．→細網細胞

ゆうちくのうぎょう　有畜農業　farming with livestock　耕種部門と畜産部門が有機的に組み合わされた農業で，家畜の飼養により土地の利用度や地力を高め労働力や機械の効率的利用を促し，農場生産物や経営内残滓物などをより有効に利用することを意図した方式．西欧において形成された輪栽式農法が代表例．

ゆうているい　有蹄類（目）　Ungulata　動物分類学上の一つの目で，哺乳類動物綱に属し，偶蹄類（亜目）と奇蹄類（亜目）とに区別される．

ゆうどくしょくぶつ　有毒植物　poisonous herbs, noxious weeds　人畜に中毒をおこす成分を含有する野生または栽培の草本類．極度に劣悪な草生状態では，放牧家畜の中毒死事故の発生がしばしばみられる．（例）ハシリドコロ，チョウセンアサガオ，ドクセリ，タケニグサ，トリカブト，ウマノアシガタ，バイケイソウ，イヌホオヅキ，スズラン，ドクムギ，トクサ，ワラビ．

ゆうへき　熊癖　weaving　ウマに見られる常同行動の一つで，体を際限なくリズミカルに左右に揺らす行動．激しくなるとあたかもステップを踏むかのように前肢を交互にあげるようになる．

ゆうもん　幽門　pylorus　胃の出口で，十二指腸との境界をなす部位．外表面からはくびれが，内側面からは粘膜襞があり明瞭な境界となっている．ここには括約筋が発達しており，幽門を閉じて胃内での処理が終わるまで食物は胃内に留められる．→付図11，付図12，付図13

ゆうれつじゅんい　優劣順位　dominance-

submissive order →順位

ゆかめんきゅうおん 床面給温 floor heating 主としてブタおよびニワトリの初生畜の暖房に用いる給温方法の一つ．床に電熱線や温水管を埋設するが，小規模，断続的に使用する場合は前者が，大規模，連続的に使用する場合は後者が適する．

ゆかめんきゅうじ 床面給餌 floor feeding, on-floor feeding 畜舎の床面に飼料をばらまいて給与する給餌法．

ゆしゅつリンパかん 輸出リンパ管 efferent lymphatic vessel リンパ節の髄質部から出るリンパ管．　→リンパ節

ゆそうねつ 輸送熱 shipping fever 家畜が長途の輸送により生体にストレスを受けて発熱すること．ウイルスや細菌などの慢性経過時に発症することが多い．

ユッカ yucca ユリ科のユッカシデゲラなどの樹木を乾燥し粉末にしたもの，あるいは熱湯で抽出して製造した液状品．脱臭効果があることから肉豚用飼料に使用される．

ゆづけ 湯漬け scalding ブタまたは食鶏の枝肉生産工程で，屠体を温湯中に浸漬して毛や羽毛を脱落しやすくする作業．65~70℃の温湯に数分間浸漬すると，屠体の毛根が開いて剝毛や脱羽がしやすくなるが，高熱や長時間の浸漬ではかえって抜けにくくなり，屠体に好ましくない影響を与える．

ゆに 湯煮 cooking 食肉製品を製造する過程で加熱する工程．湯の温度70~80℃で，製品の中心温度60~70℃で終了するのが普通である．

ユニットがたクーラー ユニット型クーラー unit cooler 乳缶を浸ける水槽の水温を下げる方式の牛乳冷却機．コンクリート製の水槽の水をポンプで循環させながら冷凍機で冷却し，この中に乳缶を浸けて牛乳を冷却する．最近はバルククーラーの普及によって使用が少なくなっている．

ゆにゅうリンパかん 輸入リンパ管 afferent lymphatic vessel リンパ節に入るリンパ管．　→リンパ節

ゆはぎ 湯剝ぎ dehairing, scalding ブタの枝肉生産において，屠畜，放血後，屠体を温湯中に浸漬して脱毛しやすくした上で，脱毛機で脱毛する作業．湯剝ぎで脱毛しても一部に残った毛は手作業で毛剃りを行ったり，強力なバーナーで毛焼きをして残毛を取り除くことがある．食鶏の処理でも屠体を湯に漬けて脱羽（scalding）後，毛焼き作業を行う．

[よ]

よういんじっけん 要因実験 factorial experiment 統計的方法でデータにばらつきをもたらす構成要素を要因といい，これには各因子単独の効果（主効果），二つ以上の因子を組合わせた交互作用効果，反復測定区間の誤差分散などがある．これらのすべての要因について検討できる実験計画を要因実験という．

ようかいせいぶっしつ 溶解性物質 dissolved solids →蒸発残留物

ようかく 腰角 hip bone →付図1，付図2，付図4

ようかくはば 腰角幅 hip width ウシの体尺測定部位の一つ．左右腰角間の距離．→付図8

ようけつはんのう 溶血反応 hemolytic reaction 赤血球が破壊されたり，膜に穴が開いて血球内より血色素（ヘモグロビン）が漏出すること．補体活性の測定および血液型の判定などに汎用される．抗原と結合した抗体（溶血素）の不変部により活性化される補体による抗原特異的反応（血清学的反応）と物理化学的あるいは生物学的要因による非特異的な反応とに大別される．

ようじゃくか 幼若化 blast formation 芽球化，脱分化ともいう．抗原やマイトジェンの刺激を受けたリンパ球が形態的に芽細胞様の特徴を示すようになること．

ようすいりょう 要水量 water requirement　栽培学の用語である．植物は茎・葉の乾物1gを生産するために大量の水を必要とする．これを要水量という．この値は作物の種類によって異なる．

ようすいりょう　用水量　水田などで一枚の田圃に必要な水の量．

ようすうようしりょう　幼雛用飼料　chick feed　餌付け時から4週齢までの雛に給与する飼料．この時期は成長が早いので，栄養水準は高く，粗蛋白質は19%，代謝エネルギーは2,900 kcal/kgである．餌付から1週間はこれよりさらに栄養価の高い飼料を給与することもある．　→大雛用，中雛用，成鶏用飼料

ようせつ　腰接　coupling　→付図2

ようせんこつ　腰仙骨　pelvic girdle　ニワトリでは最後胸椎，腰椎，仙椎，前位数個の尾椎が癒合して，複合仙骨を作り，さらに両側に寛骨が付着して，堅牢な腰仙骨となる．寛骨は後肢帯骨であり，家畜の場合と同様に腸骨，恥骨，坐骨がある．卵生であるニワトリでは骨盤（恥骨，坐骨）結合を認めず，腹側が広く開き，開放性骨盤と呼ばれる．産卵鶏で特に広くなる．

ようぞんさんそ　溶存酸素　→DO

ようだつ　溶脱　leaching　土壌中を浸透する水が可溶性成分を溶解し，表層から下層へ移動することをいう．湿潤な地域では，易溶性塩類は浸透水に溶解し，土壌から溶脱されやすい．特に，硝酸態窒素等の陰イオンは土壌中に保持されにくいので，溶脱を受けやすく，地下水汚染を生じやすい．

ようちょう　羊腸　sheep intestine　ヒツジの小腸をいう．これから作られるウィンナーソーセージ用のケーシングを指す語でもある．

ようつい　腰椎　lumbar vertebrae　脊柱の腰部に位置し，横突起が翼状によく発達した椎骨からなる．椎骨の数は多くの家畜で6～7個である．　→付図21

ようふく　腰幅　hip width　ウマの体尺測定部位の一つ．左右腸骨外角下端間の距離．　→付図9

ようぶんしょようりょう　養分所要量　nutrient allowance　家畜が必要とする養分について，安全率を見積もって給与量を示したのが養分所要量である．　→養分要求量

ようぶんようきゅうりょう　養分要求量　nutrient requirement　家畜や家禽に給与すべき養分量について，安全率を見積もらないで最小量（実質量）を示したもの．

よう（まく）すい　羊（膜）水　amnion liquid, amniotic fluid　羊膜腔を満たす液で，主として羊膜上皮からの分泌液と母体と胎子の血管からの浸出液で構成される．胎子は羊水中に浮遊して発育する．羊水は胎子のゆがみのない三次元の発達を可能にするとともに，外部からの圧迫や衝撃から保護する役割を果たす．分娩時には胎胞を形成して子宮頚管の拡張を促し，また第二破水となって産道を潤し，胎子の娩出を助ける．　→胎膜，破水

ようめんせきしすう　葉面積指数　leaf area index, LAI　一定の面積の土地に生育している植物の葉の面積の合計を土地の面積で除した値を葉面積指数といい，群落の中の葉の繁茂の程度を示す．マメ科草のように葉を平らに広げるとLAIは高くなるが下の葉はその残光で暮らすことになり，群落としては能率がわるい．イネ科草は細い葉を斜め方向に伸ばすので受光体制がよく，相互の遮蔽がすくない．

ようもう　羊毛　wool　ヒツジから刈り取られ，利用される動物性繊維原料．羊毛には多くの種類があり，原料羊毛の品質，性状が羊毛製品に及ぼす影響は大きい．ヒツジは三つのタイプの毛，羊毛（wool），粗毛（hair），ケンプ（kemp）を生産する．ケンプは直径70 μm以上，格子状の大きな髄質を有し，羊毛は直径15～40 μmで，細い毛では髄質を欠く．粗毛は中間の直径で断続的な髄質を有す．第一次毛包には脂腺，汗腺，立毛筋が付属し，こ

の毛包は粗毛をつくる．第二次毛包は脂腺のみを付属し，羊毛をつくる．第一次毛包と第二次毛包の割合は品種によって異なり，また毛包の密度も品種で異なる．羊毛採取を目的として改良された品種は第一次，第二次毛包とも細い毛を生産するので，均一な細い羊毛が得られる．　→クリンプ

ようもうし　羊毛脂　wool grease　皮脂腺から分泌され，羊毛に粘着している脂肪．原毛を有機溶剤で処理して羊毛脂を抽出し，溶剤を除去すると，精製グリースが得られる．精製グリースはラノリン（lanoline）と呼ばれ，軟膏やクリームなど化粧品の基材として利用される．

ようろく　養鹿　deer farmimg　鹿肉（venison），鹿茸（角）（velvet），鹿皮を生産する目的で野生動物のシカを馴致，飼育し，繁殖させる事業．ニュージーランド，カナダ，中国などで盛んで，アカシカ，ニホンシカ，ワピチ，トナカイなどが利用されている．わが国でも，ニホンシカの他に国外より導入したアカシカなどを利用した事業が各地で進められている．

よかん　予乾　wilting　牧草のサイレージ調製の際に，あらかじめ水分含量を60~70%程度に調整すること．牧草類の水分含量は刈取った直後は80%前後もあるので，ダイレクトカットサイレージでは高水分サイレージとなって発酵品質の劣るものが調製されることもある．酪酸発酵を招くクロストリジウムは，低いpHにも強いので，材料の水分含量を低めるために有効である．

ヨーク　yolk　脂付き羊毛〔原毛〕に付着している羊毛脂（ウールグリース）とスイントが一緒になっているものの総称．ヨークは原毛重量の約30%に達することがあり，ヨークの多い原毛ほど洗浄羊毛の歩留りが低くなる．回収された羊毛脂とスイントはそれぞれ副生物として利用されている．　→羊毛脂，スイント

ヨークシャー　Yorkshire　→大ヨークシャー，中ヨークシャー

ヨーグルト　yoghurt　牛乳または脱脂乳に乳酸菌を接種して一定温度に保持し，乳酸発酵によりプリン状に固まらせた製品．プレーンヨーグルトの他に，甘味料，香料，フルーツなどを添加することも多い．爽快な酸味と特有の風味をもつ嗜好食品である．発酵後カードを砕いて液状としたものはドリンクヨーグルトと呼ばれる．

よくう　翼羽　wing feathers　翼羽は第一翼羽（主翼羽），第二翼羽（副翼羽）および第三翼羽に区分される．第一翼羽は遠位の中手および指部に付着する10枚ほどの幅広い硬直した羽を指し，翼をたたむと第二翼羽の下に隠れる．第二翼羽は前腕部後縁にみられる十数枚の幅広く長い羽を指し，第三翼羽はさらに近位部にある数枚の羽で，前者よりやや短くなる．これらの翼羽は覆主翼羽ならびに覆翼羽で前方から一部被われる．

よくせい　抑制（転写の）　repression　DNA上の転写開始領域からRNAポリメラーゼによって開始される転写を抑制的に調節する機構．狭義にはリプレッサーとオペレーターの相互作用による負の調節をさすが，一旦開始された転写反応が，オペロン内部の特定の領域でほとんど停止し，それ以後の領域の転写量を減少させる転写減衰，あるいは転写誘導を抑えるサイレンシング機構などの抑制的調節を含めることもある．

よくたい　翼帯　wing band　ニワトリの個体識別をするために育雛時に翼の伸張筋に付けるアルミ製の番号や記号が刻印された帯．成鶏時には翼に合成樹脂製の番号札を取り付けて個体識別をする．

よじょうおでい　余剰汚泥　excess sludge　活性汚泥法において，増殖生成した活性汚泥の一部は返送汚泥として曝気槽に返送して再利用されるが，残りは不用の増加分として引き抜く必要がある．これを余剰汚泥と呼ぶ．

よそくいでんてきでんたつのうりょく　予測遺伝的伝達能力　predicted transmitting

ability, PTA　後代検定に基づく個体の能力表示法の一つ．アメリカではBLUP法アニマルモデルにより評価が行われるようになってから，従来の予測能力差（predicted differential, PD）から予測遺伝的伝達能力として表示されるようになった．ともに育種価の1/2の評価値である．

よそくでんたつのうりょく　予測伝達能力 estimated transmitting ability, ETA　アニマルモデルで個体の育種価を推定し，能力表示を行うときの評価値のあらわし方の一つで，個体の育種価の1/2である．種雄牛については期待後代差 EPD，雌牛については予測伝達能力と使い分けることもあり，両者を足して後代の育種価を予測できる．

よそくのうりょくさ　予測能力差　→予測遺伝的伝達能力

よみとりわく　読み取り枠　open reading frame　mRNA上の塩基の配列が遺伝情報として蛋白質に翻訳される際に読みとられていく区切りのこと．3個ずつに区切って読まれ，普通区切りは一つの塩基も飛ばしたり，または重複することもないことが知られている．

よんげんこうざつ　四元交雑　four way cross　交雑法の一つで，4つの品種・系統を用い2種類のF$_1$を父母として，F$_1$間の交雑により子畜を生産すること．4つの品種・系統の特性を生かすとともに父と母の両方に雑種強勢が期待できる．ニワトリやブタのコマーシャル生産に利用されている．

よんぶんたい　四分体　quarter　ブタ，ウシの枝肉の4分割体．ウシの半丸枝肉をさらに脊椎骨と直角の方向に肋骨間で切って，前部のまえ（fore quarter）と後部のとも（hind quarter）とに分け，躯をさらに「ロイン」と「ともばら」（ブタでは「ロース」と「ばら」）に分けた部分の呼称．肋骨間で切る部位は地方によって異なる．

[ら]

ラ（騾）　mule　雄ロバと雌ウマの種間雑種で，母ウマの選択でいろいろな体型，体格のものが生産される．雑種強勢で，強健，粗飼料耐性を示し，中国，西アジア，地中海沿岸，北アメリカで役用としてウマよりも活用されている．雄，雌ともに生殖力を欠くが，雌ではまれに受胎することもある．

ラージブラック　Large Black　イギリスのコーンウォールシャー原産のブタの品種．19世紀中ごろに黒色の在来豚から選抜によって作出されたイギリスの最も古い品種の一つ．毛色は黒色で，頑丈な体格の大型のブタで，成体重は雄380 kg，雌300 kg程度．産子数は平均10.3頭．赤肉率が高く，ベーコン用として高い評価を受けており，哺育能力も優れ，ドイツではコーンウォールの名で飼われている．

ラージホワイト　Large White　1) 1950年以降に成立したシチメンチョウの品種．ブロードブレステッドブロンズに白色オランダを交配したものと，このブロンズの白色の突然変異を利用したものなど成立過程は種々である．羽色は白で，アメリカではブロンズの次に多く飼われており，体重は食用として市販される26週齢で雄12～14 kg，雌6 kgと大きく，繁殖は人工授精で行われている．
2) イギリスのヨークシャー地方の在来種と中国産の広東豚との交雑種を改良したブタの品種．大ヨークシャーと呼ばれる．

ラード　lard　→豚脂

ラードタイプ　lard type　脂肪を食用，薬用，化粧品，工業原料などに利用するために改良され，飼育されてきたブタのタイプ．脂肪用型という．

ライオンかせつ　ライオン仮説　Lyon hypothesis　→遺伝子量補償

ライソーム　lysosome　ライソゾーム，リソソームとも呼ばれる．細胞小器官の一

つで，水解小体とも呼ばれる．単位膜に囲まれた構造で，一群の加水分解酵素を含み消化作用を営む．細胞外から取り込まれた病原菌や異物のほか，細胞自身の構造物で不要になったものの細胞内消化を行う．一次ライソソームは均質な基質をもつが，二次ライソソームは複雑なミエリン様構造をもつ．細胞自体を破壊することもあり，自殺小胞ともいわれる．

ライディヒさいぼう　ライディヒ細胞　Leydig cell　→間質細胞

ライトニング　lightning　雌ウマの発情徴候の一つで，発情期の雌に雄ウマを近づけると，雌は腰をかがめ，尾をあげ，陰唇を開閉して，少しずつ排尿する．この陰唇を開閉する動作がライトニングである．また，ウィンキング (winking) ともいう．　→発情徴候

ライむぎ　ライ麦　rye, *Secale cereale* L. イネ科一年生の子実作物．オオムギやエンバクよりも耐寒性に優れ，また肥沃でない土地や酸性土壌でも栽培可能である．青刈りしてサイレージ利用されるが，出穂期のものは家畜の嗜好性が低いので調製時期や給与法に注意を要する．子実はコムギのそれと同等の飼料価値を有し，ひき割りにして与えると有効である．

ライムソワー　lime sower　石灰散布機．石灰などの粉状肥料資材を圃場に全面散布するのに用いる作業機．粉状資材は風の影響で散布むらが発生しやすく，また吸湿や圧縮によってホッパー内で固まりやすい．そのため本機は樋状の浅いホッパーが用いられる．またホッパ底部の落下穴上部には攪拌繰り出しを行うアジテータが装備される．これにより繰り出し穴の地上高さを低くして落下後の飛散，固まりによる詰まりを防止するとともに散布幅を確保している．

らくいん　烙印　brand　→焼き印

ラクターゼ　lactase　→β-ガラクトシダーゼ

ラクトアイス　アイスクリーム類の一種で，乳固形分 3% 以上，1g 当たりの細菌数 5 万以下，大腸菌群陰性と規定される．

ラクトフェリン　lactoferrin　牛乳のホエー蛋白質の一種で，常乳中に約 0.01% 含まれる．人乳中には約 0.3% 含まれており，唾液や涙などの体液中にも含まれる．分子量は約 78,000 で，1 分子当たり 2 原子の鉄と結合し，鉄要求性の高い微生物の生育に必要な鉄を奪うことにより抗菌作用を示す．また，細胞増殖作用，免疫系や炎症系の調節作用などの多機能成分であることが見出されてきている．

らくのうおよびにくようぎゅうせいさんのしんこうにかんするほうりつ　酪農および肉牛生産の振興に関する法律　1983 年に酪農振興法を改定して制定．酪農・肉用牛生産の近代化を総合的計画的に推進するための措置，集約酪農地域の指定による濃密生産団地の形成，生乳等の取引の公正化，学校給食への国産牛乳・乳製品の供用促進などによる牛乳・乳製品消費増進，肉牛子牛価格の安定，牛肉流通の合理化などについて規定した法律．「酪農及び肉用牛生産の近代化を図るための基本方針」を定めることになっているが，2010 年を目標年次とした新基本方針が 2000 年に公表された．

ラコム　Lacombe　カナダのアルバータ州のラコム国立農業試験場で，大ヨークシャーとの交雑利用を目的に，ランドレース，チェスター・ホワイト，バークシャーを交雑した閉鎖群から，1958 年に作出された豚の品種．毛色は白色で，体型はランドレースに似て，成体重は雄 350 kg，雌 300 kg，産子数は 10 頭程度．現在はアルバータ州を中心に，カナダの登録豚の約 3% が飼われているのみである．

ラジオイムノアッセイ　radioimmunoassay, RIA　放射性同位元素標識免疫測定法．放射性同位体を用いるイムノアッセイ法．感度は ng (10^{-9} g) ～pg (10^{-12} g) ときわめて高く微量成分の特異検出に用いられる．標識用ラジオアイソトープ (RI) としては ^{125}I，^{131}I，^{3}H がもっともよく使用される．取り扱いやすさ，感

度などの面でエンザイム，蛍光，発光イムノアッセイの普及にともない利用度が減少している．　→イムノアッセイ

ラジノクローバー　ladino clover, *Trifolium repens* L. var. *giganteum* Lag.-Foss.　ヨーロッパ，中央アジア，アフリカを原産とする寒地型のマメ科多年生牧草．草高は 20 cm 前後で，長いほ伏型で繁殖し，イネ科牧草と混播栽培される温帯地域の重要なマメ科草種の一つである．シロクローバーのなかのラジノ型に属し，小葉の大きさが 33 mm 以上のものをいう．シロクローバのなかでは，生育は早く，個体は大きく強健多収である．

ラッカセイかす　落花生粕　peanut meal　ラッカセイの採油によって得られる油粕をいう．乾物中に粗蛋白質を約 49％含むがメチオニン，リジンの含量が少ない．ラッカセイ粕を長期間，特に高温多湿下に貯蔵するとアフラトキシンのような有毒物質が生成する危険性がある．

ラックスハム　lacks ham　ブタのロース肉を塩漬し，燻煙した生ハムの一種．JAS ではラックスハムは，ブタのかた，ロースおよびもも肉を原料とすると定められている．

ラップサイレージ　wrapped silage　ロールベールされた予乾牧草（水分含量 60～70％）をストレッチフィルムで速やかに密封して調製したサイレージ．サイロ内は数時間のうちに嫌気的状態になり，通常は 1～2 週間でサイレージ発酵が終了する．サイレージ品質はストレッチフィルムの材質の性能に依存するが，ロールベールサイレージと同じような調製過程や飼養管理の利点を有する．
→ロールベールサイレージ

ラテブラ　latebra　→付図 20

らひ　裸皮　pelt　石灰漬けして脱毛した皮．

ラフストークブルーグラス　roughstalked bluegrass　→ケンタッキーブルーグラス

ラミネートフィルム　laminated film　2 種類以上の包装材を積層した包装材．ポリエロはその一例．

らんえき　卵液　liquid egg　→液卵

らんおう　卵黄　egg yolk　殻付卵の中心部にカラザで支持されて存在する黄色球状部分．一般に黄身（きみ）と呼ばれる．50％以上は固形分で，蛋白質と脂質の比がおよそ 1:2 であり，脂質のほとんどはリポ蛋白質として存在する．薄い卵黄膜で覆われ，上部に直径 2～3 mm の胚盤がある．胚盤から中心部まではラテブラと呼ばれ，白色卵黄からなるが，他の大部分は黄色卵黄からなる．　→付図 19，付図 20

らんおうかんしょうえき　卵黄緩衝液　egg-yolk buffered solution　鶏卵の卵黄と種々の緩衝液を主剤とする精液希釈保存液の総称である．よく用いられる緩衝液は，リン酸緩衝液，クエン酸ナトリウム液，トリス緩衝液などである．液状低温保存で精子の生存時間を著しく延長すること，低温衝撃や凍害から精子を保護する効果があることなどが知られており，家畜人工授精において広く使用されている．

らんおうけいすう　卵黄係数　yolk index　平板上に割卵した卵内容物について，卵黄の高さを卵黄の直径で割った値．鶏卵の鮮度を示す値として広く用いられる．主として卵黄膜の劣化に関係した値で，新鮮卵では 0.36～0.44 であり，貯蔵中に減少する．

らんおうまく　卵黄膜　vitelline membrane　卵黄を包む半透明の膜で，内外二層の膜より構成され，内層と外層の比はおよそ 1:2 である．卵黄膜の成分は蛋白質が主であり，内層と外層ではその成分蛋白質に大きな差が認められる．新鮮卵の卵黄膜は比較的強靭であるが，貯蔵中に脆弱化して破れやすくなる．卵黄膜の劣化の状態は卵黄係数の低下として示すことができ，鶏卵の鮮度変化の尺度に用いられる．　→付図 20

らんかく　卵殻　egg shell　家禽の卵の最外層にあり，内容物を保護し水分の蒸発を阻止する．主成分は骨髄骨に由来するカルシウ

ムで,卵管子宮部で形成される.外層のクチクラ層,中間の海綿層,内層の乳頭層の3層からなる.98%が無機質で,炭酸カルシウム,炭酸マグネシウム,リン酸カルシウムなどを含む.卵殻には多数の細孔(気孔)があり,通気性と通水性をもつ. →付図19,付図20

らんかくきょうど 卵殻強度 egg shell strength 卵殻の壊れにくさをいう.卵殻の厚さとの相関が高いが,卵殻の厚さは種々の要因によって変化するので,卵殻強度もそれに応じて変化する.特にリン,カルシウムの給与量,遺伝,環境温度などによって影響をうける.普通,卵の短径の方向に力を加え,卵が壊れる時の圧力を kg/cm^2 であらわすことが多い.

らんかくせんぶ 卵殻腺部 shell gland, egg shell formation portion →卵管子宮部

らんかくまく 卵殻膜 shell membrane 卵殻の内側で卵白を包む厚さ約70μmの薄膜.卵殻膜は厚い外卵殻膜(約50μm)と薄い内卵殻膜(20~20μm)の2層からなるが,卵の鈍端では2層が分かれ気室を作る.卵殻膜は卵管峡部で形成され,卵白のついた卵の一部が卵管峡部に入ると内卵殻膜が形成され,卵全体が峡部に入ると外卵殻膜ができる.水分を20%含み,蛋白質と多糖類からなる.→付図19

らんかつ 卵割 cleavage 受精卵の細胞分裂のことで,哺乳類では一般に胚盤胞期までの細胞分裂をいう.卵割によって生じる細胞は割球といい,通常の細胞分裂の場合と異なって細胞質は増大しないので,卵割をくり返すごとに割球の大きさは半減する.卵割の様式は,哺乳類では全割であるが,鳥類では胚盤の部分でのみ生じる盤割である.

らんかん 卵管 oviduct, Fallopian tube, uterine tube, salpinx 卵巣と子宮を結ぶ迂曲した管で,卵管采,卵管ろう斗部,卵管膨大部,卵管峡部からなる.全長はウマ25~30 cm,ウシ20~25 cm,ブタ15~30 cmである.精子,未受精卵,受精卵の移送にかかわり,膨大部では受精が行われる.卵管上皮の分泌活動は卵巣ホルモンに支配され,その分泌液は精子の受精能獲得にも関与する. →付図14,付図15,付図17,付図19

らんかんきょうぶ 卵管峡部 isthmus of oviduct, isthmus of uterine tube, isthmus of Fallopian tube 1)哺乳類:卵管膨大部と子宮に挟まれた部分を指し,卵管膨大部に比べて細く硬い.卵管の子宮側末端部は,反芻類やブタでは再び少し太くなり,明らかな境界なしに子宮角にろう斗状に開くが,ウマやイヌでは卵管が細いまま子宮角内に小乳頭状に突出し,先端の細い卵管子宮口が子宮内腔に開く.2)鳥類:卵管の卵白分泌部と卵殻腺部との間に位置し,卵殻膜形成の機能をもつ.粘膜の色調によって肉眼的に近位部と遠位部に区別できる.近位部の粘膜は白色を呈しており,卵殻膜の形成を行う.遠位部の粘膜は茶褐色で卵殻腺部と類似しており,峡卵殻腺結合部ともよばれ,卵殻形成の一部を担っている. →付図14,付図15,付図17,付図19

らんかんさい 卵管采 fimbria of oviduct, fimbria of uterine tube 卵管ろう斗部の周縁をなす薄い膜.排卵の際,破裂する卵胞を取り囲むように動き,卵子を捕捉する. →付図14,付図15,付図17

らんかんしきゅうぶ 卵管子宮部 uterus 鳥類卵管の峡部と腟部の間に位置し,卵殻形成を営む.壁が著しく厚く,内腔は広く,粘膜は多数のヒダをもつ.固有層には卵殻形成に必要なCaを分泌する管状腺をもつことから卵殻腺部ともいう.卵殻色素も分泌される.→付図19

らんかんちつぶ 卵管腟部 vagina 鳥類卵管の子宮部に続き後端に位置し,卵殻表面の小皮(クチクラ)を造る.筋層が発達していて壁が厚く,排泄腔に直接開口する.→付図19

らんかんぼうだいぶ 卵管膨大部 ampulla of oviduct, ampulla of uterine tube, magnum

1) 哺乳類：卵管ろう斗部と峡部にはさまれた比較的太い部分を指す．ここで受精がおきる．粘膜には複雑なヒダがあり，上皮は線毛細胞と分泌細胞からなる．　→付図14，付図15，付図17

2) 鳥類：卵管のろう斗部と峡部の間に位置し，卵白（アルブメン）の大部分を分泌することから卵白分泌部ともいう．卵管中最も長く，しかも壁が厚く，粘膜ひだが発達する．固有層には卵白を造る分枝管状腺が著しく発達している．　→付図19

らんかんろうとぶ　卵管ろう斗部
1) infundibulum of oviduct, infundibulum of uterine tube　　卵管ろう斗あるいは卵管ロート（部）とも表現する．卵管が卵巣に向けてろう斗状に開く部分を指し，その周縁部を卵管采と呼ぶ．排卵された卵子の捕捉を行う．→付図14，付図15，付図17.
2) infundibulum　　鳥類卵管の前端にあって卵巣に接し，排卵に近い卵胞を包み，排卵と同時に壁が薄いラッパ状に開いた裂隙状の卵管腹腔口から卵子を卵管に収容する．　→付図19

らんきゅう　卵丘　cumulus oophorus, germ hill　　胞状卵胞や成熟卵胞（グラーフ卵胞）では卵母細胞は卵胞の一方へ押しやられ，数層の顆粒膜細胞で覆われ卵胞腔に突出する．これを卵丘という．卵丘を構成する顆粒膜細胞を卵丘細胞という．　→成熟卵胞

らんし　卵子　ovum, egg　　卵巣でつくられる配偶子で，受精し新しい個体をつくるために特殊化した細胞である．哺乳類卵子の直径は70~130 μm で，その体積は体細胞の200~1,000倍である．卵子細胞膜や卵子を取り囲む透明帯に精子受容体を発現し，同種の精子とのみ受精が成立するようになっている．最初の精子が侵入すると，表層粒が崩壊し，多精子侵入を拒否する．

らんしけいせい　卵子形成　oogenesis, ovogenesis　　卵原（粗）細胞から成熟卵が形成されるまでを卵子形成という．この間に減数分裂を行うとともに透明帯に包まれた卵子特有の構造に分化する．生殖隆起に到達した始原生殖細胞が卵原細胞に分化し，その後減数分裂を開始し，卵母細胞となる．卵母細胞への分化にともない周辺を扁平な卵胞細胞が取り囲み原始卵胞が形成される．卵胞に取り囲まれた卵母細胞はその後急速に発育し，種に特有の大きさになる．発育を終えると成熟し，受精可能な卵子となる．卵母細胞を取り囲む顆粒層細胞が立方状へと変化するころに透明帯が出現する．卵母細胞の多くは死滅し，排卵に至る卵子は出生時に観察される卵母細胞の数の 0.01~0.1% 以下である．

らんしちゃくしょう　卵子着床　ovo-implantation, implantation, nidation, imbedding　　受精卵が，卵割しながら卵管を下降して子宮に入り，胚盤胞の外細胞層（栄養膜）が子宮壁に接着し，胚と子宮の間に連絡ができることをいう．着床は，中心着床（有蹄類，食肉類，ウサギなど），偏心着床（げっ歯類など），壁内着床（ヒトなど）に分類される．

ランシッドしゅう　ランシッド臭　rancid flavor　　油脂あるいは油脂を多く含む食品を長期間貯蔵すると，しだいに遊離脂肪酸が増加し，風味が劣化する．このとき生ずる不快臭をランシッド臭という．牛乳，乳製品のランシッド臭は，牛乳自体あるいは汚染微生物由来のリパーゼによって乳脂肪が分解されて発現する．

らんしはっせい　卵子発生　oogenesis, ovogenesis　→卵子形成

らんじゅう　卵重　egg weight　　鶏卵の重さは50gから60gのものが多いが，小は30g台から大は80g台まである．これはニワトリの品種，月齢，産卵の季節，個体差，飼料の質などによって異なる．鶏卵の大きさは商品価値にも影響するので，一般家庭向けにはあまり大きいものや小さいものは敬遠される．日本の鶏卵取引規格では LL70~76 g，L64~70 g，M58~64 g，MS52~58 g，S46~52 g，SS40~46 g と 6g刻みの6段階に分けられている．需要は

Mサイズが最も多い.

らんせいじゅくそくしんいんし　卵成熟促進因子 maturation promoting factor, MPF
卵成熟誘起物質の作用によって卵細胞質内に生成される因子で,卵核胞の崩壊にはじまる卵成熟過程を実現させる.MPF活性は分裂期にある哺乳類の細胞株や,カエルやヒトデの割球にも認められるので,広く細胞分裂の開始にとって重要な因子であると考えられている.

らんそう　卵巣 ovary　雌の生殖巣（性腺）を指し,雌の生殖細胞である卵子を生産する.卵巣は皮質と髄質からなり,皮質にはさまざまな発育段階にある多数の卵胞があり,その中で卵子を発育,成熟させ,これを排卵する.排卵した後に黄体をつくる.卵胞や黄体からエストロジェン,プロジェステロン,インヒビンなどの内分泌物質を分泌し,性周期の発現,着床の準備,妊娠の維持などに関わる.　→付図14,付図15,付図17,付図19

らんそういしゅく　卵巣萎縮 ovarian atrophy　性成熟後の動物において非繁殖季節および分娩後の生理的空胎期間以外の時期に卵胞発育,排卵および黄体の形成がまったく認められないものをいう.卵巣には弾力がなく,萎縮し,無発情であり,副生殖器も萎縮する.栄養不足,微生物疾患,全身性衰弱によりおこる.飼養管理の改善やホルモン製剤の投与により治療する.

らんそうきのうげんたい　卵巣機能減退 hypoovaria, ovarian subfunction　卵巣機能障害と同義.卵巣における卵胞の発育,成熟,排卵および黄体の形成,維持,退行,またはホルモン産生,分泌など卵巣の機能が障害されておこる卵巣機能の異常を総称していう.卵巣機能減退を示す動物では正常な性周期や発情の発現はみられない.卵巣発育不全,卵巣休止,卵巣萎縮,黄体形成不全などを含む.下垂体前葉からの性腺刺激ホルモンの分泌低下が原因とされている.

らんそうにんしん　卵巣妊娠 ovarian pregnancy　子宮外妊娠の一つで,受精卵が卵巣に着床して発育すること.この場合,胎子への栄養供給が不足するので,胎子は早期に死滅する.　→子宮外妊娠

らんそうのうしゅ　卵巣嚢腫 ovarian cyst　卵巣内に嚢胞をもつものをいい,卵胞嚢腫と黄体嚢腫がある.卵胞が成熟卵胞の大きさを越えて発育し,排卵することなく長く存続するものを卵胞嚢腫,卵胞嚢腫の卵胞壁がある程度黄体化したものを黄体嚢腫という.不受胎の原因となる卵巣疾患の一つで,特にウシに頻発する.

らんそうはついくふぜん　卵巣発育不全 ovarian hypoplasia　未経産の動物において,性成熟になる齢が過ぎても,卵巣が異常に小形で卵胞発育がみられないか,あっても成熟するに至らず,閉鎖退行を繰り返す卵巣を指す.両側に発症する場合が多く,遺伝的要因や極端な慢性的低栄養の場合にみられる.副生殖器の発達も悪く,無発情である.経産動物に発生するものを卵巣休止,性成熟に達した後に萎縮したものを卵巣萎縮と呼び,本症と区別する.

ランチョンミート luncheon meat　ソーセージ用の練り肉を,缶詰製品にしたもの.

ランドレース Landrace　デンマーク原産で加工用型の白色ブタの品種で毛色は白.19世紀から20世紀の初めにかけて,在来種と大ヨークシャーの交雑群を基礎にして作出され,1906年にデンマーク・ランドレースとして登録された.その後デンマークはこの品種の繁殖豚の輸出を禁止したが,スウェーデン,オランダ,ノルウェーでそれ以前に輸入したブタをもとにそれぞれのランドレースを品種として成立させた.成体重は雄300 kg,雌270 kg,平均産子数11.7頭で,繁殖能力も高く,日本も含め世界中に普及している.

らんにくけんようしゅ　卵肉兼用種 dual purpose breed for egg and chicken　産卵性は卵用種に劣らず,食卓鶏肉用に適する美味な肉質を有する鶏種を指す.品種としては,ア

メリカで作出された横斑プリマスロック，白色プリマスロック，ロードアイランドレッド，ニューハンプシャーなどが有名である．重厚で，全体に丸くずんぐりしており，背が水平である体型的な特徴をもっている．

らんぱく　卵白　albumen, egg white　卵の白身（しろみ）のこと．卵黄の周囲に存在し，外水様卵白，濃厚卵白，内水様卵白およびカラザよりなる．濃厚卵白はそれ自身袋状の組織を形成し，一端は卵黄膜へ，他端は卵殻膜に付着し，その中に卵黄を包み込んで安定化している．鶏卵内での卵白の機能は，こわれやすく腐敗しやすい卵黄の保護にある．ほとんどの卵白蛋白質はなんらかの形で微生物の増殖を抑える作用をもっている．　→付図 19, 付図 20

らんぱくけいすう　卵白係数　albumen index　卵白を平板上に割卵して，濃厚卵白の高さを濃厚卵白の最長径と最短径の平均値で割った値．鶏卵の鮮度表示に用いられる．新鮮卵の卵白係数は 0.14～0.17 であり，貯蔵中に濃厚卵白が水様化するにつれて減少する．

らんぱくぶんぴぶ　卵白分泌部　albumen secreting portion　→卵管膨大部，付図 19

ランプ　rump　イギリス式牛枝肉の分割法による部分肉名で，日本の規格でいううらんいちに該当する．

ランブイエメリノー　Rambouillet Merino　18世紀の終りにフランスはスペインからスパニッシュ・メリノーを輸入し，飼養したのが起源となる毛用のヒツジの品種．体格はメリノー種中最大で，雄 100～110 kg, 雌 75～80 kg で，雄は有角，雌は無角．産子率は 120～150% で双子も多く，産肉性は毛用種中最高で，肉質もよい．

らんぽう　卵胞　ovarian follicle　雌の卵巣皮質に存在し，雌性生殖細胞である卵細胞に栄養を供給して成熟させる部分．発育程度により，原始卵胞，一次卵胞，二次卵胞，胞状卵胞（グラーフ卵胞）に分類される．卵胞発育は，原始卵胞から始まり，二次卵胞初期には，顆粒層細胞の外側に卵胞膜細胞が出現し，二次卵胞後期には，卵胞腔が形成され胞状卵胞へと発育する．卵胞の発育は，下垂体前葉から分泌される卵胞刺激ホルモンと黄体形成ホルモンの協同作用により促進される．

らんぽうき　卵胞期　follicular phase　正常に性周期を回帰する雌の卵巣で，卵胞が発育し，排卵するまでの時期を卵胞期という．排卵後は黄体期に移行する．卵胞期には，それぞれの種に決まった数の卵胞が発育しインヒビンとエストロジェンを分泌する．エストロジェンの作用により，副生殖器は卵胞期に特有の変化をおこす．すなわち，卵管運動促進，子宮内膜の増殖，肥厚，充血，子宮筋層の増殖肥大，自動運動の促進，子宮頚管の弛緩，子宮頚管粘液の分泌増加などが見られる．

らんぽうしげきホルモン　卵胞刺激ホルモン　follicle-stimulating hormone, FSH　下垂体前葉から分泌される性腺刺激ホルモン．別名ろ胞刺激ホルモン．分子量 25,000～41,000 の糖蛋白質で，視床下部から分泌される性腺刺激ホルモン放出ホルモンにより分泌が促進される．性腺から分泌されるインヒビンは，FSH 分泌を選択的に抑制する．卵巣では，卵胞発育を促進し，発育卵胞数を増加する．精巣では，精細管の発育と精子形成，セルトリ細胞からインヒビンやアンドロジェン結合蛋白質の分泌を促進する．

らんぽうしげきホルモンほうしゅついんし　卵胞刺激ホルモン放出因子　follicle-stimulating hormone releasing factor, FSHRF　下垂体前葉からの卵胞刺激ホルモン（FSH）の分泌を特異的に促進する物質として想定されていたが，現在までその実体は明らかにされていない．現在 FSH の分泌に関しては，視床下部ホルモンである性腺刺激ホルモン放出ホルモン（GnRH）によって黄体形成ホルモンとともに促進されること，インヒビンが FSH 分泌を選択的に抑制すること，並びに，GnRH の放出様式によっては，FSH のみが大量に分泌されるなどの事実から説明されている．

らんぽうのうしゅ　卵胞嚢腫　follicular cyst　卵胞が，成熟卵胞の大きさを超えて発育し，長期間卵巣に在続するものをいう．卵胞嚢腫は，顆粒層細胞からエストロジェンやインヒビンを多量に分泌する内分泌活性型から，卵子の死滅，顆粒層細胞の変性消失をともなう内分泌機能喪失型まで各種変性段階のものがある．症状も思牡狂を示すものから無発情型までさまざまである．ウシ，ブタ，ヒツジ，ヤギ，イヌ，ネコで発生が認められる．各種原因による黄体形成ホルモンの分泌異常が発症の原因と考えられている．

らんぽうへいさ　卵胞閉鎖　follicle atresia　卵胞が成熟過程で変性退縮すること．変性退縮した卵胞を閉鎖卵胞という．卵胞閉鎖は卵胞発育のどの過程でもおこり，顆粒層細胞の核濃縮，内外卵胞膜の早期黄体化，卵細胞の減数分裂の開始などが観察される．この様な変化は，アポトーシスによることが明らかにされている．出生時の卵巣には，動物種によりほぼ一定数の卵胞細胞が存在するが，動物が一生の間に排卵するものはわずかであり，その90%以上は卵胞閉鎖に陥り退行する．

らんぽうホルモン　卵胞ホルモン　follicular hormone　エストロジェンとインヒビンが主要な卵胞ホルモンである．いずれも卵胞顆粒層細胞から分泌されるが，インヒビンは各種発育ステージの卵胞から分泌され発育卵胞数の指標として下垂体へ伝達され，卵胞刺激ホルモン分泌を抑制的に調節する．一方，エストロジェンは，主として成熟卵胞から大量に分泌され，卵胞の成熟度を示す指標として，視床下部・下垂体へ伝達され，黄体形成ホルモンサージを誘起して成熟卵胞を排卵へ導く．

らんぽうまく　卵胞膜　theca folliculi　卵胞の発育は，原始卵胞に始まり，一次卵胞，二次卵胞，胞状卵胞と進むが，二次卵胞初期に卵胞膜が形成される．卵胞膜は，卵胞の発育とともに変化し，上皮様細胞からなり血管がよく発達した内卵胞膜（卵胞膜内膜）と，線維芽細胞と膠原線維からなる外卵胞膜（卵胞膜外膜）に区別されるようになる．内卵胞膜は，黄体形成ホルモンの刺激によりアンドロジェンを産生し，顆粒層細胞では，これをエストロジェンに変換して血中へ分泌する．

らんようしゅ　卵用種　egg breed　卵を利用するために飼育するニワトリの品種の総称で，体型は比較的小型で，体後部の発達がよい特徴をもっている．品種としては，白色レグホーンが代表的なもので，その他褐色レグホーン，黒色ミノルカなどが有名である．産卵能力は著しく改良されており，種々の品種を交雑して作出した近交系雑種もある．

［り］

リーダーせい　リーダー制　social leadership　動物の集団において，一頭または数頭の決まった個体がリーダーとして振る舞い，餌場への移動や捕食者からの逃避などの際に，群全体の行動を導く体制．動物の社会体制の一つ．

リーダーはいれつ　リーダー配列　leader sequence　転写がアテニュエーションによって調節されている場合の遺伝子のプロモーターからアテニュエーターまでのDNA領域の呼称．ここでコードされる低分子量のペプチドをリーダーペプチドという．

リードカナリーグラス　reed canarygrass, *Phalaris arundinacea* L.　クサヨシ．寒地型イネ科クサヨシ属の多年生牧草．草丈は1.5 m前後で上繁草に属するが，短い地下茎を拡げ，倒伏に強く，土壌水分の高いところで良好な生育をする多収草種である．茎葉は粗剛ながら，高嗜好性品種も育種されているので，サイレージ用などに広く用いられる期待が高まっている．なお，土壌保全の目的でも使用される．

リードフィーディング　lead feeding　濃厚飼料多給の高泌乳牛の飼養方式である．分娩後にできるだけ多量の養分摂取を可能に

するために妊娠末期から濃厚飼料増給する方法である．この方式の利点は分娩後の濃厚飼料の増給に第一胃発酵を順応させるところにある．

リオナソーセージ Lyoner sausage　フランスのリヨン地方が起源のソーセージ．塩せきした豚肉を挽き肉にし，サイレントカッターで細切した豚脂肪とグリーンピースなどのたね物を加え，牛小腸またはそれと同じサイズのケーシングに詰め，燻煙し，湯煮して製造する．

リガーゼ（DNA の） ligase　隣接した DNA 鎖の 3'-OH 末端と 5'-リン酸末端をリン酸ジエステル結合で連結する酵素．DNA の複製，修復，組換えなどに不可欠な酵素として細胞内で重要な役割を果たしている．大腸菌から精製された酵素は相補的な一本鎖を連結するのに対し，T4 ファージから精製された酵素は相補的な一本鎖のみならず平滑末端も連結できるといった特徴がある．

リキッドフィーディング liquid feeding　飼料に水を加えて流動状にした液状飼料を給与する飼養法をいう．パイプラインによる自動給餌化が可能である．

りじゅん　利潤 profit　資本制経営，いわゆる企業経営における投下資本の増殖額をいう．利潤＝粗収益－（物材費＋労働費＋支払利子＋支払地代＋租税公課）としてとらえられる．利潤からさらに自己資本利子の見積り額と自己有地地代の見積り額を差し引いたものを企業利潤という．利潤はわが国の企業会計原則に基づく経常利益に相当する．
→経常利益

リソソーム lysosome　→ライソソーム

リゾチーム lysozyme　ムラミダーゼとも呼ばれる酵素．動物の組織，体液，植物，微生物など天然物中に広く分布しているが，卵白中の含量が最も高く約 0.3%．ある種のグラム陽性菌の細胞壁を分解して溶菌する．リゾチームの利用面は広く，治療面では抗ウイルス作用，抗生物質の効力増強作用，抗炎症作用，血液凝固および止血作用など多方面での効果が知られている．

リッキング licking　ウシ，ウマ，ヒツジ，ヤギの母畜は，分娩直後に，胎水で濡れている新生子の体表をさかんに舐める．これをリッキングといい，このときの匂いを記憶して自身の子を識別する．ブタはリッキングをしない．なお，ソシアル・リッキングは，家畜が互いの体を舐め合う親和行動の一つ．

リッターサイズ litter size　同腹子の頭数．一腹産子数のこと．ブタの繁殖能力として重要である．

リトマスぎゅうにゅう　リトマス牛乳 litmus milk　リトマスを加えて滅菌した牛乳培地．細菌の酸あるいはアルカリ生産性を検査するのに用いられる．

りにゅう　離乳 weaning　自然哺乳の場合は母乳を離れること．人工哺乳の場合は，子畜は出生後一定期間，全乳，代用乳など液状飼料を供給されているが，これを止めて固形飼料のみの給与に切り換えること．

リパーゼ lipase　トリグリセリド（脂肪）をグリセリンと脂肪酸に加水分解する反応を触媒する酵素で，脂肪分解酵素ともいう．膵液，胃液などに存在する．

リピートブリーダー repeat breeder　性周期，発情徴候，臨床検査において異常が認められないにもかかわらず，ウシで 3 回以上，ブタで 2 回以上の自然交配または人工授精を行っても受胎しないものを指す．原因は多様であるが，おもなものとして微生物感染，受精障害，着床障害，胚の早期死滅などが挙げられる．

リピッツァーナ Lipizzaner　オーストリア（現スロバキア）のリピッツァ原産の乗用馬．北欧系の在来馬とアンダルシアンの交配に由来し，体高 151~162 cm，毛色は芦毛である．ウィーンのスペイン乗馬学校の古典馬術用乗馬として有名．

リビドーテスト libido test　雄の性的能力を調査する方法．雄を小さなペンで 4~5

頭の発情中の雌と一緒にして，20分間の乗駕回数と射精回数を観察する．成績のよい雄はフィールドでも実力ありと判定される．ただし，行動だけから判定する方法なので，生理的に十分に発達した（完全に性成熟に達した）雄に対して用いられる．

リプレッサー repressor　抑制物質ともいい，ある種の調節遺伝子の産物．ポリマー性のアロステリック蛋白質であることが多い．リプレッサーはその系に特異的なオペレーターを認識し，これに結合することによってオペロンの発現を抑制するような負の調節を行う．

リブロース rib loin　牛枝肉を細かく分割して得られるロイン（ロース）を切断したときの前の部分．　→付図23

リボソーム ribosome　動物細胞の粗面小胞体に付着する直径15~20ミクロン程度のRNA-蛋白質複合体小粒子のこと．リボソームには粗面小胞体に付着したものの他に，細胞質内に遊離の状態で存在するものもある．両者ともに蛋白質の生合成に関与するが，各々で合成される蛋白質は質的に異なっている．

リボソームRNA ribosomal RNA, rRNA　リボソームを構成するRNAで，細胞の全RNAの80％を占める．真核細胞のリボソーム60Sサブユニットは3種類のRNA，すなわち28S, 7Sおよび5S-RNAを各1分子含んでいる．40Sサブユニットはこれに対し18S-RNA1分子のみを含んでいる．

リポフェクション lipofection　リポソーム（脂質人工膜）とトランスフェクションからなる合成語で，非ウイルス性DNAトランスフェクション法の一つ．DNAを脂質二重膜内部に閉じこめたり，陽電荷脂質と結合させたりして細胞培養液などに加えると，細胞膜は負に荷電しているため，リポソームと電気的に結合しその結果，DNAを細胞内部に送り込む方法．

リムーザン Limousin　フランスのリモージュ地方原産の肉用牛．古くからの在来役用牛を改良したもので，毛色は赤褐色，有角．体重・体高は，それぞれ雌600 kg, 128 cm，雄900 kg, 145 cm程度で，四肢が短く，中型．枝肉歩留り62％．わが国にも近年導入されている．

りゅうざん 流産 abortion　胎子が生活能力を備える以前に妊娠が途絶し，娩出されることをいう．その後，妊娠満期までの間に娩出されることを早産と呼んで区別する．流産のうち妊娠が自然に途絶したものを自然流産，人工的に途絶されたものを人工流産という．自然流産は原因によって非感染性流産と感染性流産に分けられ，前者は散発性流産と習慣性流産，後者は細菌性流産，ウイルス性流産および原虫性流産に分けられる．

りゅうざんりつ 流産率 rate of abortion　妊娠した頭数に対する流産した頭数の割合．乳牛で約5％，肉牛で2~3％，ウマでは約10％，ブタではきわめて低い．

りゅうじ 粒餌 grain　粗挽きした穀物もしくは全粒の穀物よりなる飼料．ニワトリにまれに用いられる．粉砕経費の節減になるが，選び食いによって栄養摂取に偏りがでる恐れがあるので，注意が必要．

りゅうつうしりょう 流通飼料 commercial feed　市場を通して売買される飼料をいう．

りゅうどうしさん 流動資産 current assets　1年以内あるいは営業の正常な循環期間内に現金化または売却ないし消費される資産．流動資産は現金，預貯金，売掛金などの現金およびただちに現金化し得る当座資産とそれ以外の原材料，仕掛品，製品，肥育畜などの棚卸資産とに区分される．

りゅうどうしほん 流動資本 floating capital　1生産期間内に回収され循環する資本．会計上，流動資産としてとらえられるもの．現金・預金，売掛金，未収金，飼料その他の諸材料，育成・肥育畜などに形態を変えている資本．　→固定資本

りゅうどうふさい　流動負債　current liability　貸借対照表作成日より起算して1年以内に返済しなければならない債務，あるいは正常な営業循環期間内に属する負債．これに含まれるものに買掛金，未払金，支払手形，前受金，短期借入金などがある．

りょうてきけいしつ　量的形質　quantitative character　肉畜の増体量，産肉量，乳用牛の泌乳量，卵用鶏の産卵数などを家畜群について調べた測定値は連続変異をする遺伝形質である．このような形質を単純な遺伝子支配による質的形質と区別して量的形質という．その遺伝には，微小な効果を表す多数の遺伝子，すなわちポリジーンが関与しており，その分析には統計遺伝学的手法が用いられる．

りょうぶんしきゅう　両分子宮　bipartite uterus　子宮はその形態によって4基本型に分類されるがその一つの型を指し，ウシの子宮が該当する．ウシの子宮角は中央部より尾方にかけて間膜により接着し，一見大きな子宮体をつくっているようにみえるが，実際には合体部が中隔となっており，子宮体は小さい．双角子宮の一様式と考えられる．
→子宮

りょうめんかちこうどう　両面価値行動　ambivalent behavior　例えば，新奇な飼槽で給餌された動物が，腰を引きながら頭だけを飼槽のほうに伸ばす，というような，二つの行動の意図行動（ある行動の初期動作の繰り返し）が同時におこる行動．

りょくじ　緑餌　green feed　家禽やブタに給与するときの，緑色をした青草類またはその乾草やサイレージのこと．食欲の増進，繊維質，ミネラル，ビタミンなどの補給になる．給与量は，ニワトリでは，風乾物で濃厚飼料の5%以下を目安とする．

りょくしょくけいこうたんぱくしつ　緑色蛍光蛋白質　green fluorescent protein, GFP　オワンクラゲの体内で生成される蛋白質で，紫外線をあてるとそれ自身が緑色の蛍光を発するためこのように呼ばれている．さまざまな変異蛋白質が組換えDNAの手法で作製され，市販されている．検出が簡便なためこの遺伝子を導入された細胞の増殖，分化過程の生体内での追跡などにレポーターとして多用されている．最近この遺伝子をもったトランスジェニックマウスも作製された．

リラキシン　relaxin　黄体から分泌されるペプチドホルモンで，妊娠中期から後期に分泌が増加する．分子量は，約6,000で動物種により異なる．構造は，A鎖とB鎖からなり，インシュリンに似ている．主な生理作用は，1) 子宮頚管の膨張性と拡張性の増加，2) 恥骨結合を弛緩させ，分娩時の骨盤口の開大を容易にする，3) 子宮筋の収縮抑制，4) 乳管の発育促進などである．ウマ，ヒツジ，イヌ，ネコ，ウサギでは胎盤から，モルモットでは子宮からの分泌が確認されている．

リンカーン　Lincoln　イングランド中東部のリンカーン州原産のヒツジ．在来のオールド・リンカーンをレスターによって改良した長毛の肉用種．イギリス原産種中最大の品種で，体重は雄130~140 kg，雌100~110 kgで，肥育性，早熟性で，肉量は多いが，肉質は良好といいがたい．本種はメリノーとの交配で兼用種の作出に貢献しており，現在アルゼンチン，イギリス，ニュージーランドで多く飼育されている．

りんかいおんど　臨界温度　critical temperature　恒温動物は外界温度が変化しても，ある温度範囲では物理的調節だけで体温を一定に維持できる．そのような温度域を熱的中性圏といい，その上限および下限を臨界温度と呼ぶ．上限は上臨界温度，下限は下臨界温度として区別されるが，単に臨界温度という場合は下臨界温度を指すことが多い．

りんかんほうぼくほう　輪換放牧法　rotational grazing system　放牧地の内部をいくつかに区分し，この区画（牧区）を順次まわらせて放牧する方法．生産された草の利用率が高く，家畜が平均して放牧地の草を利用できる

が，輪換の周期が短いと労力，経費がかかる．

りんさく　輪作　crop rotation　一つの作物を栽培し，次には別の作物をつくるやり方．地力の低下を防止しようとする農法の一つである．ヨーロッパでは3圃式，ノーフォーク式などがあるが，わが国ではまだ体系化されてない．

リンさんか　リン酸化（蛋白質の）　phosphorylation　リン酸基が普通OHのHを置換して入ること．NHにリン酸化することもある．生物的にはATPからのリン酸基転移反応で行われることが多い．特に蛋白質のリン酸化，脱リン酸化によって遺伝子転写，翻訳などを含めた生化学反応の調節が行われる．

リンさんカルシウムきょうちんでん　リン酸カルシウム共沈殿　calcium phospate co-precipitation　DNAを動物細胞内へ導入する非ウイルス性遺伝子導入法の一つ．DNAとリン酸を含む溶液に塩化カルシウムを加え，リン酸カルシウムとDNAの沈殿をつくり，このDNA-リン酸カルシウム複合体を細胞の食作用を利用して核内へと送り込む方法で，この方法によって初めてヒト腫瘍細胞のDNAをマウス細胞株に導入し，この細胞のガン化からヒト発ガン遺伝子の検索と同定が可能となった．

リンさんきゅうしゅうけいすう　リン酸吸収係数　phosphate absorption coefficient　土壌によるリン酸の吸収・固定力を乾土100gあたりに吸収されたリン酸をmgで示したもの．火山灰土壌では著しく高い．

リンパかん　リンパ管　lymphatic vessel　血管系とともに体の循環系を構成する管である．末梢体組織中で盲端で始まり（毛細リンパ管），毛細血管から組織へ滲出したリンパ液を集める．求心性の経路の途中でリンパ節を通り，最終的には胸管または右リンパ本幹にまとまり前大静脈に開く．壁は静脈に似るがより薄く，太い管の内腔には随所に弁がある．リンパ管はリンパ球や小腸で吸収された脂肪を血液に運ぶ．

リンパきゅう　リンパ球　lymphocyte　リンパ球は家畜では好中球よりも多く，白血球の約半数を占める種がいる．骨髄で作られたリンパ球の一部は胸腺でTリンパ球となり，胸腺を経由しないBリンパ球から区別される．鳥類ではBリンパ球はファブリキウス嚢で分化する．Tリンパ球は細胞傷害性リンパ球と記憶細胞となり細胞免疫に，Bリンパ球は抗原特異性抗体を産生する細胞となり，体液性免疫に関与する．T細胞，B細胞ともにそれらの一部は記憶T細胞，記憶B細胞となり，長期間にわたって生存し，二次抗原刺激時に記憶T細胞はすみやかに大量のエフェクター細胞を誘導し，記憶B細胞はリンパ組織の胚中心へ移行し，強力な二次免疫反応が発動される．

リンパせつ　リンパ節　lymph node　リンパ管系の途中に存在する卵円形褐色の免疫系器官で内部はリンパ球を蓄える細網組織よりなる．皮質にあるリンパ小節はB細胞の集団であり，その中心（胚中心）ではB細胞の分裂が活発に行われる．傍皮質にはT細胞と抗原提示細胞が多く含まれる．髄質はT，B細胞（形質細胞），マクロファージなどを含む．リンパ管に入った抗原がリンパ節に運ばれここで免疫応答がおこり抗体産生を開始する．

リンパどう　リンパ洞　lymphatic sinus　リンパ節内の特殊なリンパ管である．細網細胞とその細網線維が立体的な網を作り，リンパ球，形質細胞，大食細胞が満たす．輸入リンパ管は凸面側被膜下で辺縁洞に開き，放射状に髄質に向かう中間洞を経て，髄質の髄洞に達し，リンパ節門から出る輸出リンパ管に連なる．その間，大食細胞が異物を除去し，抗原刺激で皮質細胞や髄索の細胞が免疫反応をおこす．

リンブルガーチーズ　Limburger cheese　ベルギーのリンブルグ地方が原産であるが，現在はドイツで多く作られている軟質チーズ．8cm立方あるいは角型（8cm×15cm×15cm）で重量は0.5kg~1kg．表面には*Brevi-*

bacterium linens の生育により粘質物を生じて独特の強烈な風味を有する.

りんぺん　鱗片　scale, serration　毛の最外層は毛表皮または毛小皮（hair cuticle）と呼ばれる細胞層からなり，その細胞は遊離縁がうろこ状や屋根瓦状に重なり合っているので，これを鱗片またはスケールと呼んでいる．鱗片の重なりの程度や形態は動物の種類によって異なり，動物の同定に利用される．鱗片の形状は毛の吸湿性に関係があり，羊毛の縮充性もこれに依存している．

[る]

るいえき　涙液　tear　→涙
るいしんこうはい　累進交配　grading　在来種など現在飼育している品種が他の品種に比べて著しく劣っている場合，他の品種を繰り返し交配することにより，集団の能力を改良する交配方法．このようにして作出された家畜を累進交配種（grade）という．

ルーアン　Rouen　フランスでマガモを家禽化したアヒルで，羽色はマガモと同じ．雄は青首（緑），雌は褐色で黒点が入っている．肉用として利用され，成体重は雄4.5 kg，雌4.1 kgである．

ルーサン　lucerne　→アルファルファ
ルースバーン　loose barn　放し飼い式牛舎の一つで，フリーストール牛舎では1頭用ずつに仕切られたストール（牛床）が配置されているのに対し，ルースバーンではそれがなく，そのかわりに多量の敷料を敷いて，ウシがどこでも寝ることができるようにしている．敷料の量や家畜の収容密度を適正に保つことができれば，堆肥処理の手間をはぶくことができる．

ルーティング　rooting　ブタに特有の探査行動で，放牧したり，土の運動場で放飼すると，鼻先を土中にもぐり込ませて，上へ突き上げるようにして掘り返す行動．コンクリートの床でも鼻をすり付けて掘るような動作をしながら移動することがみられる．

ルーメン　rumen　→第一胃
ルーメンはっこう　ルーメン醗酵　rumen fermentation　反芻動物のルーメン（第一胃）内には，多数の微生物（細菌，原生動物，真菌など）が生息しており，摂取された飼料を嫌気醗酵し，種々の産物を生成している．炭水化物からは揮発性脂肪酸（VFA）が生成され，主要なエネルギー源となる．また蛋白質を含む窒素化合物はそれぞれ特有の変化を受ける．ルーメン醗酵の良否は反芻動物の栄養ならびに生産性に大きな影響を与えることが知られている．

ルーメンバイパスほう　ルーメンバイパス法　→第二胃溝反射
ルーメンびせいぶつ　ルーメン微生物　rumen microbes　ルーメン内は嫌気性であり，そこには細菌（$10^{9\sim11}$/g），原生動物（$10^{5\sim6}$/g）および真菌（かびの類）が生息しているが，これらを総称した呼び方である．摂取飼料の醗酵，または物質の合成にそれぞれの役割を演じている．微生物同士は互いに相利共生関係にあり，また宿主（反芻動物）とも共生している．微生物は宿主の蛋白源となっている．ルーメン微生物のルーメン内構成や活性は宿主の生産性に大きく影響する．

ルーメンひぶんかいせいたんぱくしつ　ルーメン非分解性蛋白質　undegraded intake protein　摂取された蛋白質の中でルーメン内で分解されない蛋白質部分をいう．トウモロコシ，魚粉，加熱大豆などの蛋白質ではこの区分の割合が高く，オオムギ，ダイズカスなどの蛋白質ではこの部分の比率が低い．おもに乳牛の蛋白質給与の指標として用いられている．

ルミノメーター　luminometer　生物発光あるいは化学発光は，高温による放射とは区別して冷光とも呼ばれる．その発光強度を測定する機器．非常に感度がよく，かつ測定が簡便なので，細胞の発光レポーター遺伝子の遺伝子発現などに常用される．

[れ]

れいぞう　冷蔵　cold storage　食肉を1~4℃で保存すること．凍結‐解凍のような氷結晶形成による滲出液はないが，微生物の増殖は完全に抑制されるわけではないから，条件のよい時（微生物の汚染の少ない時）で6週間位，普通は1~4週間の保存が可能である．この間に食肉の熟成が進む．

れいとう　冷凍　freezing　食肉を氷結点以下の温度に冷却すること．食肉の細胞（筋線維）の内外に氷の結晶ができるが，冷凍速度が速ければ速いほど氷の結晶が小さいので解凍の時，細胞膜が破壊されて出るドリップの量が少ない．しかし産業的には冷凍速度を速くすることは困難であって，解凍の時のドリップは避けられない．→凍結肉

れいにく　冷肉　cold meat　オーブンで蒸し焼きにしてから冷却した食肉．そのまま食べる．

レイン‐エイノンほう　レイン‐エイノン法　Lane‐Eynon method　糖定量法の一種．一定量のフェーリング液を還元するのに要する供試液の量から供試液中の糖量を求める方法．

レインジ　range　1）アメリカの自然草地に用いられる語．極相が草原であるところだけでなく，人為的に作られた野草地も含まれる．森林レインジも含まれるが，大部分は短草型草原か砂漠に近く，植生の稀薄で生産力が低い．おもに，粗放な放牧地として使用されている．2）範囲，幅などの意．

レーゼゴットリーブほう　レーゼゴットリーブ法　Roese‐Gottlieb method　牛乳やクリームの脂肪定量の1方法．レーリッヒ管またはマジョニア管を用い，試料に強アンモニア水を加えて脂肪球皮膜を溶かしたのち，アルコール，石油エーテル，エーテルを用いて脂肪を抽出し，溶媒を蒸発して除き，脂肪を秤量する．

レーヤー　layer　1）植物タンニンなめしの製造の一工程．槽にタンニン液を入れ，その上にロッカーを終わった皮を1枚ずつ広げて皮の間にワットルパーク〔タンニン剤〕をまきながら重ねる．途中，液の更新と手返しを行う．2）産卵鶏をいう．

レクチン　lectin　特定の糖構造を認識してこれと結合し，細胞を凝集したり，沈降反応をおこす蛋白質で生物界に広く分布する．マイトジェン活性をもつものも多い．ただし抗体や酵素は含まない．

レサズリンかんげんしけん　レサズリン還元試験　resazurin reduction test　原料乳などの微生物学的品質を判定する色素還元試験法の一種．レサズリンは牛乳を青く染めるが，微生物の代謝と増殖により還元されると紫赤色から淡紅色になり，最後には退色する．退色時間の長短により微生物学的品質を判定する．

レシチン　lecithin　代表的なグリセロリン脂質の一つ．別名ホスファチジルコリン．真菌，植物，動物に広く分布し，哺乳動物では全リン脂質の50%前後を占め，生体膜の重要な構成成分．低密度リポ蛋白質の構成成分として卵黄中に多量に存在する．レシチンは消化可能な天然界面活性剤として多くの食品に含まれるばかりでなく，リポゾームの主成分として生体膜の研究にも利用される．また，医薬品のほか，皮膚の湿潤剤，保護剤，栄養剤，浸透剤としても使われる．

レシピエント　recipient　→受胚動物

レシピエントさいぼう　レシピエント細胞　recipient cell　細菌では遺伝物質を受け入れる側の細胞をいう．これに対して動物細胞では核移植の際，遺伝物質（核）を受け入れる細胞（通常は除核卵子）を指す．ドナー細胞に対する呼称．

レスター　Leicester　イングランド中央部レスター州原種のヒツジで，この地方の古い在来羊オールド・レスターから18世紀中ごろに作出された長毛の肉用種．体格が大きく，

体重は雄100~110 kg, 雌80~90 kgで, 雌雄とも無角種羊として評価が高い. 雄をダウンに交配すると優れた子羊を生産する. 産肉性は早熟・早肥であるが, 肉質はあまりよくない.

レセプター →受容体, 受容器

レセプターばいかいいでんしどうにゅうほう　レセプター媒介遺伝子導入法 receptor mediated gene transfer　作用物質 (DNA－蛋白質複合体) が細胞膜レセプターに結合し, 複合体として細胞内に取り込まれる現象を利用した遺伝子導入法. 肝臓へのレセプター媒介遺伝子導入法が代表的である.

れっせいいでんし　劣性遺伝子 recessive gene　メンデル遺伝のヘテロ接合体では, 隠されていて表現型にあらわれない方の対立遺伝子. 集団中に劣性遺伝子が存在すると, その繁殖集団には劣性の遺伝子が増加する傾向がある.

れっせいとつぜんへんい　劣性突然変異 recessive mutation　遺伝子突然変異の中で, ヘテロ接合体では, 表現型にあらわれないがホモ接合体では先天異常, 致死などの不良形質が発現することがある. それをいう.

レッドクローバー →アカクローバー

レッド・シンディ Red Sindhi　パキスタン南東部シンド地方原産の乳用のゼブ牛. シンド (Sind) ともいう. 毛色は濃赤色で, 体下部, 四肢の内側は淡色. 体重・体高は, それぞれ雌300 kg, 115 cm, 雄400 kg, 125 cm程度. 雄は肩峰が発達し, 垂耳. 乳量680~2,268 kg, 乳脂率5%. インド, パキスタン, 東南アジア, 中近東, アフリカ, 南米で飼育されている.

レッド・デーニッシュ Red Danish　赤色デンマークの在来牛を改良したウシの品種. 毛色は濃赤褐色. 体格は中型. 乳肉用比率は6:4. 産乳量4,500 kg. 強健で連産性に富む.

レッドトップ red top, *Agrostis alba* L. コヌカグサ. ヨーロッパ原産の寒地型イネ科ヌカボ属の多年性牧草. 草丈は約30~60 cmで, 耐寒性がきわめて強く, 強酸性土壌, 重粘の湿地, やせ地にもよく耐える. 嗜好性や飼料価値は低いが, 地下茎と地上ほふく茎で広がり, 不良条件での放牧用草種として重要である. ベントグラス (西洋芝) も, 同じヌカボ属の草種である.

レッドフェスク red fescue →メドウフェスク

レッドポール Red Poll　イングランドサフォーク地方原産の乳肉兼用牛. 無角で毛色は, 濃赤色. 乳質, 肉質ともに優れ, 強健で耐寒性有. 体重, 体高は, それぞれ雌520 kg, 127 cm, 雄750 kg, 138 cm程度. 乳量3,800 kg, 乳脂率3.5%, 枝肉歩留り61%.

レトルトパウチしょくひん　レトルトパウチ食品 retort pouch food　プラスチックフィルムもしくは金属箔またはこれらを多層に合わせて成形した容器 (pouch) に, 調製した食品を詰め, 熱溶融により密封し, 加圧加熱殺菌したもの. 缶詰や瓶詰めよりも軽量, 安価で, 常温で長期保存ができる利点がある. レトルトハンバーグなどがある.

レトロウイルス retrovirus　RNA型腫瘍ウイルスのことで遺伝子RNAをDNAに変換する逆転写酵素を有する. この酵素に対する遺伝子はウイルスゲノム上に存在する. 大きくA, B, C, Dに分けられ, 細胞膜と同じ脂質2重膜を外側にもつ球形ウイルスである.

レバーソーセージ liver sausage　豚肉や牛肉を挽き肉にして細切した肝臓を混合し, 湯煮して作ったクックドソーセージの一種.

レプチン leptin　脂肪細胞で合成・分泌され, 摂食や代謝に関与する蛋白ホルモン. 肥満マウス (ob/ob) のob遺伝子の異常から発見されたため, ob蛋白質とも呼ばれる. ob/obマウスでは活性型レプチンの欠損, 糖尿病マウス (db/db) ではレプチン受容体の欠損のため過食となり肥満となる. 受容体は脳内の脈絡叢, 弓状核などにある. レプチンはニューロペプチドY (NPY) の合成・分泌を抑制することなどにより, 摂食を抑制する.

レプリコン　replicon　　DNAの複製を制御する最小機能複製単位．複製のイニシエーターの生産を決定する構造遺伝子，および複製起点のレプリケーターが含まれる．

レムルほう　REML法　restricted maximum likelihood, REML　　制限付き最尤法（さいゆうほう）ともいい，混合モデルを用いた分散成分の推定法の一つで，遺伝分散・共分散と遺伝率・遺伝相関を推定するのに用いられる．アニマルモデルなどの混合モデル方程式を反復して解くのが一般的であるが，計算量が膨大になるため，さまざまな計算法が工夫されている．

れんさ　連鎖　linkage　　二つ以上の遺伝子が同一染色体上に位置するため，子孫には行動をともにして伝えられる現象で，連関ともいわれ，メンデル遺伝の独立の法則に従わない．一対の相同染色体上に存在する遺伝子群は，同一連鎖群（linkage group）に属し，配偶子形成時には常に行動を共にする．連鎖群は，各生物種の半数体の数だけあり，各連鎖群上のそれぞれの遺伝子の配列，位置関係を図示したものが連鎖地図（linkage map）である．

れんぞくしきアイスクリームフリーザー　連続式アイスクリームフリーザー　continuous ice cream freezer　　連続的に運転されるアイスクリームフリーザー．冷凍用シリンダーの一端からアイスクリームミックスと空気が定量ポンプで送り込まれ，シリンダー内を通過する間にダッシャーで撹拌され，冷凍されて，シリンダーの他端から押し出される．バッチ式に比べ，処理能力が高く，オーバーランの程度や製品の硬さを正確に制御できる．

れんぞくしきチーズせいぞうほう　連続式チーズ製造法　continuous cheese making　　チーズ製造の単位操作を機械化し，それらを流れ作業式に組み合わせて行う方法．チェダーチーズやゴーダチーズなど，特定のチーズの製造装置がある．

れんぞくしきバターせいぞうほう　連続式バター製造法　continuous butter making　　バター製造を自動的かつ連続的に行う方法．原理的には，チャーニングとワーキングを迅速に行うフリッツ法と，脂肪率80％の濃縮クリームを急速にバターへ相転換させるアルファ法，チェリーバレル法，クリマリーパッケージ法などの二通りがある．

れんぞくしょり　連続処理　continuous treatment system　　糞尿処理において，原料を連続的に投入し，製品，処理物を連続的に排出する処理．回分処理に対する語．例えば，連続式活性汚泥法は，汚水の投入と処理水の排出を連続的に行う活性汚泥法である．曝気槽に沈殿槽を併設し，汚水投入と曝気を曝気槽で，活性汚泥の沈殿と上澄液の排出を沈殿槽で行うとともに，返送汚泥を曝気槽に返送しながら連続処理する方法である．

れんぞくばいよう　連続培養　continuous culture　　連続発酵ともいう．ある培養において培養槽に連続的に培地を流出入し，定常状態を保ちながら長時間培養する方法．

れんぞくはつじょう　連続発情　persistent estrus　　→持続性発情

れんぞくほうぼくほう　連続放牧法　continuous grazing system, set stocking　　広い放牧地に外柵だけをめぐらし，内部区画を作らずに年間同じところに放牧する方式をいう．労力，費用がかからないが，草地の採食にむらができやすく，土地や季節による生産力の偏りができやすい．

レンダリング　rendering　　動物脂肪組織から脂肪を分離するのに，加熱して脂肪を溶出させる方法．単に加熱のみで行う乾式溶出法（煎取法　dry rendering）と，水の存在下に加熱する湿式溶出法（煮取法　water rendering）がある．脂肪を分け取った残さは肉粉として利用する．

れんどうスタンチョン　連動スタンチョン　couple stanchion, interlocking stanchion　　1カ所で複数個の開閉が行えるスタンチョン．スタンチョンの上部に開閉装置をつけ，これ

を遠距離から操作して数～数十個のスタンチョンの開閉をして一斉に牛の捕捉と開放を行う．類似品にウシが入ると自動的にスタンチョンが閉鎖し，開放は1個所で操作できるオートロック式の連動スタンチョンもある．

れんにゅう　練乳　condensed milk, evaporated milk　→加糖練乳，無糖練乳

レンニン　rennin　→キモシン

レンネット　rennet　哺乳中の子牛の第四胃から抽出されるキモシンを含んだ凝乳酵素剤で，液体，粉状または錠剤に調製される．古くからチーズ製造の際の凝乳剤として用いられている．

レンネットカゼイン　rennet casein　脱脂乳にレンネットを加えて凝固沈殿させたカゼイン．カゼインはパラカゼインに変化し，カルシウムと結合している．プラスチック製造の原料になる．

[ろ]

ろ　驢　ass, donkey　アフリカ，アジアに分布するアフリカノロバ *Equus africanus*，アジアノロバ *E. hemionus*，ならびにそれらの家畜化したしたものの総称．現在家畜として使われているロバは6000年前にエジプトで家畜化したアフリカのロバで，強健，従順で不良環境にも適応するので軛用，駄載用としてアジア，アフリカ，地中海沿岸などで利用されている．体高150 cm，毛色は灰白色，褐色．ウマ属 *Equus* に入るが，①耳が長い，②額毛を欠き，尾は下半分のみ長毛，③眼，口の周囲，下腹部，四肢の内側は白，④肩，四肢にゼブラ線，背線に鰻線，⑤前肢にのみ附蝉をもつ点がウマとの相違点である．

ロイン　loin　ブタ，ウシの半丸枝肉を分割して得られる部分肉名で，わが国ではロース．ウシの場合，これをさらに2分割した時，前の部分をリブロース，後ろの部分をサーロインと呼んでいる．
→付図23

ろうかせいし　老化精子　aged sperm　運動，代謝，受精などの能力の衰えた精子を指す．精巣上体に長い間滞留した精子は老化するが，このような老化精子の多くは精巣上体尾部で吸収される．雌の生殖器道内で受精能保持時間を過ぎた精子は老化を始める．老化精子が受精すると染色体異常胚が生まれる場合があるが，そのまま発生を続けて奇形子が出産されることはないようである．体外での老化の速度は温度に左右される．−196℃の液体窒素中では保存期間にともなう受胎率の変化はみられず，老化は抑えられていると考えられる．

ろうからんし　老化卵子　aged ovum　卵胞や卵管の中で老化（退行変性）した卵子を指す．老化が進むと卵子は多精子侵入をおこしやすくなり，さらに進むと受精能を失う．卵子の老化は排卵が遅延したり，排卵しても受精がおこらなかった場合にみられる．このような老化とは異なり，母体の加齢にともなっても卵子の受精・発生能力は劣化するが，これも卵子の老化と呼ぶ．

ろうからんそう　老化卵巣　senile ovary, senescent ovary　個体が老齢化し，卵胞発育・排卵が停止した卵巣を指す．卵巣の老化は加齢とともに進行するが，生殖年齢の終わりに近づくと，次第に発情周期が不規則となり，やがて排卵が停止する．老化卵巣ではステロイドホルモン分泌が低下して視床下部・下垂体系に対するネガティブフィードバック作用が弱まり，視床下部からLHRHが持続的に分泌され，これを受けた下垂体前葉からLHとFSHの分泌が増加する．

ろうどうしょとく　労働所得　labor income　投下した労働の代償として得られる所得．労働報酬と同義語．混合所得から自己資本利子と自己所有地の地代を差し引いた残額としてとらえられる．したがって，労働所得＝家族労働費見積額＋企業利潤．

ろうどうせいさんせい　労働生産性　labor productivity　労働の生産効率．労働単位量

当りの生産量でとらえられ，技術水準，生産力水準を示す基本指標となる．物量でとらえるのが基本であるが，便宜上，生産額で示すことが多い．農林水産省の「農業経営統計調査」では，労働1時間当たりの純生産額で示している．畜産の場合は，労働生産性＝労働単位当たり飼養頭数×家畜1頭当たり生産量．

ろうどうのうりょく　労働能力　labor force　物を生産する場合の人間の肉体的精神的諸能力の総和．労働能力と労働力は同義であり，労働能力の発揮される状態が労働である．労働は生産のもっとも基本的な要素となる．

ろうどうはいぶん　労働配分　allocation of labor　各作目に対する労働時間の割り当て．家族経営では労働力が限られるため，労働ピークを崩し遊閑期をなくして年間の労働配分を均等化し，就業率を高めることが要求される．そのため，それを可能にするような作目の選択，作目の組み合わせが重要になる．

ろうどうほうしゅう　労働報酬　labour income　→労働所得

ロース　loin　豚枝肉の部分肉名で，わが国特有の呼称．牛枝肉のロインに当たる部位．→付図23

ローズグラス　rhodesgrass, Chloris gayana Kunth.　オオヒゲシバ．南アフリカ原産の暖地型イネ科の多年生牧草．熱帯から温帯まで広く栽培されており，わが国では一年生牧草ながら，関東以西の夏の重要な乾草用牧草の一つである．草高は0.5～2mで，ほ伏型，多葉性で再生も優れている．重粘土や強酸性土壌でなければ，土壌を選ばず，また耐湿性や耐乾性もある．

ロースしん　ロース芯　rib eye　ロース肉の部分のうち，胸最長筋の部分．ロース部の切断面で明瞭に観察され，肉質判定の重要な資料となる．

ロースしんめんせき　ロース芯面積　rib eye area　ロース部の断面に現われる胸最長筋の断面の面積．脂肪部の面積と比較して赤肉の量の判定の材料とする．ブタの場合，第4～第5胸椎間で背線に直角に切断した部位のロース断面積をスリガラスに写し，面積を測定する．

ロースター　roaster　12～20週齢の食鶏のこと．乾熱であぶり焼く（roast）調理に適しているのでロースターといわれ，ブロイラーよりも大きく脂肪が多い．

ロースト　roast　軟らかい食肉に適用される調理法の一つ．蓋のないロースト用の鉄板の上で脂肪を添加せず，オーブン中で乾熱調理する．食肉の風味が向上する．

ロースハム　loin roll　ブタのロース肉を整形し，塩せきし，ケーシングなどで包装した後，燻煙し，加熱したもの．わが国独特の製品である．JAS品目の一つ．

ロースベーコン　loin bacon　豚のロース肉（骨付のものを含む）を整形し，塩せきし，燻煙したもの．骨付のものはカスラー（Kassler），骨抜きのものはカナディアンベーコン（Canadian bacon）と呼ばれる．ばらで作ったベーコンに比べて脂肪が少ないことも特徴である．

ロータリーこううんき　ロータリー耕耘機　rotary tiller　多数の耕耘爪が回転して，土壌を耕起するとともに砕土も一工程で行うことができる駆動式の耕耘機械．これを歩行形トラクターに取付けた動力耕耘機（rotary power tiller）が普及したが，最近では乗用トラクターの3点支持装置に装着する形式がよく利用される．一般的に耕耘爪がトラクター車輪と同一の回転方向で作土を切削するが，これを逆方向に回転させることで砕土性をより高めた装置もある．

ロータリーしきかくはんき　ロータリー式撹拌機　agitator of rotary type　ハウス乾燥装置や堆肥化装置において，家畜糞を撹拌爪，スクリュー，棒，羽根などを回転させ撹拌・粉砕・搬送する機能をもつ撹拌機．スクリューは縦軸，撹拌爪，棒，羽根などは横軸の回転で材料を撹拌する．このタイプは，材料の堆積

層が1m程度以下である．

ロータリーパーラー rotary parlor　ミルキングパーラーの種類の一つで，牛を載せた円盤を回転させ，1回転する間に搾乳を終了させるパーラー．ヒトはティートカップを装着するだけとなり，省力が可能であるが，建設費は高い．

ロードアイランドレッド Rhode Island Red　アメリカのロードアイランドレッド州の農場で，コーチン，マレー，ジャバ型のアジア種などを用いて作出され，1905年に公認された卵肉兼用のニワトリの品種．羽色はやや濃い赤褐色，冠はバラ冠か単冠，耳朶は赤く，皮膚は黄色，成体重は雄3.8 kg，雌2.9 kg程度．卵重は60 g，卵殻は赤褐色で，改良系統の産卵数は年220~250個で，速羽性で体重も軽くなっている．

ローラープレス roller press　糞尿処理において，ドラム型のスクリーンを回転させ，その上部に設けたホッパーから糞尿をスクリーン表面に流し，それをローラーで圧搾する形式の固液分離機である．固形分はドラムスクリーンの表面に付着するためかき落し板で取り除くが，液分はドラムスクリーンの内部底部に溜まり吐出口から排出される．ローラーの加圧方法としてコイルバネや空気圧を利用するものなどがある．

ロールがけ　ロール掛け rolling　底革のような厚い植物タンニン革の銀面に，滑らかな真ちゅうもしくは砲金製のローラーをかけて，表面を平滑にするとともに皮繊維をしめて固くする作業．

ロールベーラー round baler　牧草やワラの集草列を拾い上げて，円柱状に圧縮梱包する粗飼料収穫用作業機械．定径型と可変径型がある．当初は含水率20%以下の乾草や麦ワラなどを梱包するのに用いられロール径の大きい機種が導入された．天候の関係から乾草調製の困難なわが国では，サイレージ化を前提として含水率50%以上の予乾牧草を梱包する比較的小径の機種が広く普及している．拾上げ時に牧草を切断して梱包密度を高め，かつ解体を容易にしたカッティングロールベーラーもある．

ロールベールサイレージ round baled silage　予乾牧草など（水分含量60~70%）をロールベールして，バックサイロ，チューブサイロ，あるいはストレッチフィルムで密封して調製したサイレージ．詰め込み遅れなどによる不良発酵を回避できるほか，調製作業の省力化，サイレージの流通化，固定サイロ建設の費用軽減，収穫時の乾物損失や二次発酵の低減，サイロガスによる人身事故の未然防止など利点が多い．　→ラップサイレージ

ろく　肋 rib　→付図1, 付図2, 付図4, 付図5

ろくなんこつ　肋軟骨 costal cartilage　→肋骨，付図21

ロゾク　→サトウモロコシ

ロッカー rocker　植物タンニンなめしの一工程で，木枠に吊した皮をタンニン槽に浸し，その枠を静かに上下運動させながらなめす．6~8個のタンニン槽が1組となり，皮は濃度の薄いタンニン液から順次より濃いタンニン液へ移動させてなめす．

ロックウールだっしゅうしせつ　ロックウール脱臭施設 deodorant apparatus using rockwool　生物脱臭法の一つで，親水性のロックウールに有機物などを混合し，微生物活性を高めて脱臭材料とした脱臭施設である．おもにアンモニアを含んだ臭気を微生物の働きで酸化・還元・脱窒によって無臭化する．通気抵抗が小さいため，土壌脱臭施設に比べ施設面積が1/4~1/5程度小さくすることができる．

ロックフォールチーズ Roquefort cheese　フランス原産の著名な半硬質青かびチーズ．羊乳から製造され，*Penicillium roqueforti*が熟成に関与する．円筒形で，直径約19 cm，厚さ8~10 cm，重量2~3 kg．白色のカード内に青緑色のかびが脈状に広がり，切断面は特徴ある斑紋を示す．鋭い刺激臭のある独特の風味

を有する.

　ろっこつ　肋骨　ribs　体節ごとに各筋板間にできた棒状で,湾曲して胸郭を形づくる有対の軟骨性骨で,胸椎の横突起に関節する.全長の 3/4 が硬い骨からなる肋硬骨,残りが軟骨組織を主とする肋軟骨からできている.肋骨の前位を占めて直接胸骨に連結する真肋(胸肋骨)と真肋の後位にみられ,肋軟骨の遠位端がまとまって胸骨に向かって弓状に曲がる肋骨弓を造る仮肋に区別される.肋骨の数は,ウマでは真肋 8 と仮肋 10,ウシでは真肋 8 と仮肋 5,ブタでは真肋 7 と仮肋 7 で,動物種によって異なる.　→付図 21

　ロット　lot　限られた一定の土地や,あるいは生産の最小単位を示すのに用いる.

　ろてんおんど　露点温度　dew-point temperature　空気中で物体を徐々に冷却していく際に,水蒸気が飽和状態になって物体表面に結露しはじめるときの表面温度.

　ロボットさくにゅうき　ロボット搾乳機　milking robot,または **AMS (automatic milking system)**　乳房,乳頭の位置を自動的に検知して乳頭の清拭,ティートカップの装着,搾乳,離脱およびミルカーの洗浄処理までの搾乳に関する作業のすべてをコンピューターにより自動制御する搾乳機.放し飼い方式の牛舎の一角のストールにロボット搾乳機を設置し,乳牛がストールに入ると個体が識別され,ロボット搾乳機が作動し,搾乳が終了すると自動的に出て行って次の乳牛がストールに入る.搾乳作業の省力化の目玉として開発・普及が進められ,実用化の段階に入っている.

　ロマニョーラ　Romagnola　イタリア中部ロマニア地方原産の肉用牛.在来牛とキアニナの交雑から作出された.毛色は灰白色,雄の肩,頸に黒ぼかし,有角.体重・体高は,それぞれ雌 640 kg, 144 cm, 雄 1,050 kg, 158 cm 程度.枝肉歩留り 57%. 耐暑性である.

　ロマノチーズ　Romano cheese　イタリアで作られる非常に硬いチーズ.本来は羊乳を原料としたが,牛乳,山羊乳からも作られる.円盤形で,直径 25 cm, 重量 7~9 kg, 1 年以上熟成したものは粉末チーズの原料になる.

　ロマノフスキー　Romanovski　19 世紀に旧ソ連のヤロスラスキー地方で育成された毛皮用のヒツジの品種.現在もロシア共和国で飼育され,フランスやカナダをはじめ,わが国にも導入されている.体格は小さく,体重は雄 65~75 kg, 雌 48~55 kg であるが,産子率が 230~250% と高いのが特徴で,世界的に注目されている.肉質もよく,毛皮・肉兼用種として利用.

　ロムニーマーシュ　Romney Marsh　イギリスのケント州で在来羊にレスター種やリンカーンを交配して肉用に改良作出した長毛のヒツジの品種.現在ニュージーランドの主要品種として飼育されている.体重は雄 100~115 kg, 雌 75~85 kg, 雌雄とも無角で,産子率は 110% ぐらい.肉量は多いが,肉質はあまり良くない.内部寄生虫や腐蹄症に対する抵抗性が強く,ニュージーランドでは種雄羊として用いられている.

　ロングエッグ　long egg　エッグロールともいう.卵黄の芯を卵白で包んでゆでた円筒状加工卵.近年,惣菜店,飲食店などの業務関係で広く利用されている.末端からスライスした時に,通常のゆで卵の中央をスライスしたものと似た形になり,同じ直径の卵黄,卵白のゆで卵が得られる便利さがある.

　ロングカットハム　long cut ham　ショートカットハムに対して,長く分割した骨付ハムで,一般に仙骨の一部を含めて切断し,飛節の下で切断する.

　ロングライフミルク　long life milk　超高温殺菌法と無菌充填法を組み合わせることによって製造された無菌状態の牛乳.常温で数ヵ月の保存が可能である. LL 牛乳と略称される.　→滅菌乳

[わ]

　ワーキング　working　水洗を終わった

バター粒子を滑らかな状態に練り上げる工程をいい，この間に過剰な水分があれば排出し，不足であれば加水して混入させる．加塩バターの場合は食塩を完全に溶かしこみ，一様に分布させる効果をともなう．ワーキングを行う装置をワーカーという．

ワイアンドット Wyandotte アメリカで作出され，1868年に成立した卵肉兼用のニワトリの品種．改良の過程でコーチンが交配されている．羽色は多様で，銀色覆輪，金色覆輪，白色，バフ，黒色などの内種がある．バラ冠が主体で，耳朶は赤く，皮膚は黄色，成体重は雄 3.6~4.1 kg，雌 3.2 kg 程度．産卵数は年150個程度，卵殻は赤褐色である．内種のうち白色ワイアンドットが最も有名である．

わいせい 矮性 dwarfism 大きくならない性質をいう．劣性遺伝子によるもので，ホモ接合体の表現型は小となり，マウスでは繁殖能力に影響が生じてくる．

ワイせんしょくたい Y染色体 Y-chromosome 雄ヘテロ配偶子型の性決定に関与する性染色体である．X染色体と組んで雄XYとなる．先端のPAR部位に接してSRY遺伝子が位置している．

わき 脇 flank →付図4, 付図5
わきばら 脇腹 side →付図4
わぎゅう 和牛 Wagyu わが国の在来牛とヨーロッパ系の品種の交雑種から作出した役肉兼用，さらに近年は肉専用に改良を進めているウシ．明治初期にヨーロッパ系の品種を導入して在来牛の改良を始めたが，期待した改良効果が得られなかったので，交雑種を各地で選抜，純粋繁殖して固定した4品種，すなわち，黒毛和種，褐毛和種，無角和種，日本短角種を作出した．

わくば 枠場 treatment stall 治療，手入れ，種付けなどのために，ウシやウマを閉じこめて動かないようにする枠組．

ワラビ 蕨 bracken, fern, *Pteridium equilinum* L. Kuhn. ウラボシ科の雑草．粗放な利用をした放牧地などによく優占化する．家畜が多量に採食すると，ウシではアノイリナーゼでビタミン B_1 が破壊されて出血性はんこつずいろうやウマの旋回病（staggers）の原因となる．アシュラムなどの殺草剤が有効である．乾草にして給与すると上記の中毒症状はなくなる．

わらるい わら類 straw イネ，ムギ完熟したものから子実を収穫した残りの部分．敷わらとして利用されるほか，粗飼料の一部として家畜に給与利用される． →稲わら

ワルチング waltzing 雄鶏が一方の翼を下げてすり足で声を上げながら雌の側方に近づく求愛行動．交尾前によく見られる．

ワンウエーようき ワンウエー容器 one-way package 使用後には捨て，繰り返し使わないことを特徴とする容器．非回収容器ともいう．牛乳，乳飲料，発酵乳などでは紙容器あるいはプラスチック容器が使用される．

わんもう わん毛 curl 獣毛を湿潤状態においてなわ状に巻き，乾燥後解いて縮れた状態にしたもの．美容上のカールとは無関係．獣毛は熱の不導体で弾力をもつので，わん毛はふとんやカーシートなどの充填剤に利用される．わん毛の原料として優れているのはブタの剛毛やウシの尾毛である．

［ん］

ンダーマ N'Dama 西アフリカギニア原産の役肉兼用の在来牛．角は側前上方にのび，45~50 cm に達する長大なたて琴状．無角もある．毛色は，黄，褐，淡赤，黒色でぼかしのあるものが多い．肉質はよく，抗病性のうちピロプラズマ，黄熱病，トリパノゾーマなどには強いが，牛疫に弱い．体重，体長は，それぞれ雌 280 kg, 100 cm, 雄 320 kg, 110 cm 程度で小型．乳量は 400 kg，乳脂率 6.5%，枝肉歩留り 48%．

付図・付表

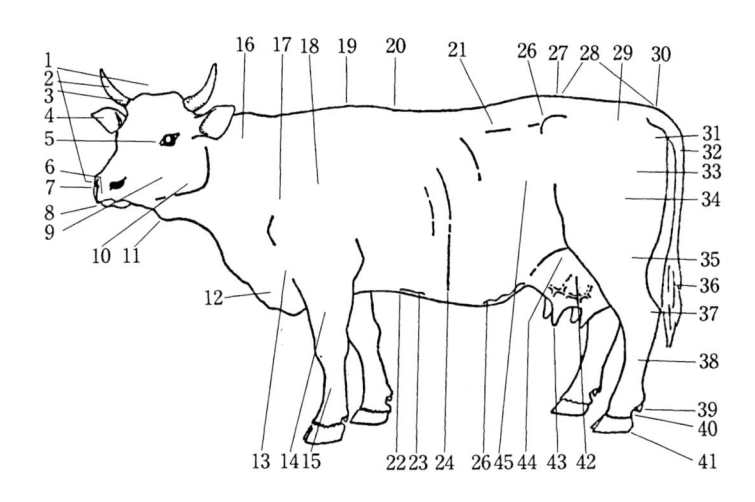

1	頭 head	17	肩 shoulder	31	坐骨 ischium
2	角〈つの〉horn	18	肩後〈けんご〉crops	32	尾 tail
3	額〈ひたい〉forehead	19	鬐〈き〉甲 withers	33	腿〈もも〉thigh
4	耳 ear	20	背 back	34	乳鏡 milk mirror
5	眼 eye	21	腰 loin	35	脛〈すね〉second thigh
6	鼻鏡 muzzle	22	胸底〈きょうてい〉under breast	36	尾房〈びぼう〉switch
7	鼻孔 nostril			37	飛節 hock joint
8	口 mouth	23	乳窩〈にゅうか〉milk well	38	後管〈こうかん〉hind shank
9	頬〈ほお〉cheek			39	副蹄 dewclaw
10	顎〈あご〉jaw	24	肋〈ろく〉rib	40	繋〈つなぎ〉pastern
11	のど throat	25	乳静脈 mammary vein	41	蹄〈てい〉hoof
12	胸垂〈きょうすい〉dewlap	26	腰角〈ようかく〉hip bone	42	乳房 udder
13	前胸〈ぜんきょう〉breast	27	十字部 hip cross	43	乳頭 teat
14	前膊〈ぜんばく〉forearm	28	尻〈しり〉rump	44	後膝〈あとひざ〉stifle
15	前管〈ぜんかん〉fore shank	29	寛〈かん〉thurl	45	膁〈けん〉flank
16	頚〈くび〉neck	30	尾根 tail head		

付図1 ウシの外貌名称

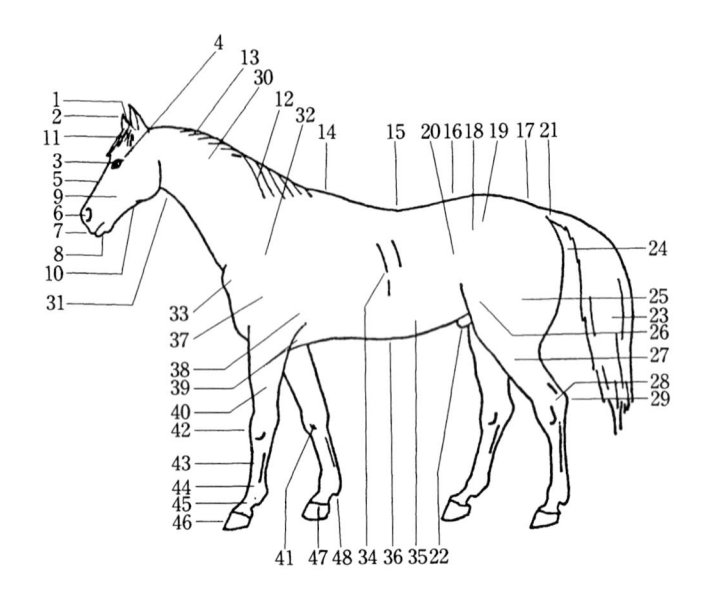

#	日本語	English	#	日本語	English	#	日本語	English
1	項〈うなじ〉	poll	19	腰角〈ようかく〉	hip bone	34	肋〈ろく, あばら〉	rib
2	耳	ear	20	髁〈けん, ひばら〉	flank	35	腹	belly
3	額〈ひたい〉	forehead	21	尾根	dock	36	腹線	under line
4	眼	eye	22	陰茎	penis	37	上腕	arm, upper arm
5	鼻梁〈びりょう〉	nose	23	尾	tail	38	肘〈ひじ〉	elbow
6	鼻孔〈びこう〉	nostril	24	臀端〈でんたん〉	point of buttock	39	帯径〈おびみち〉	girth
7	口	mouth	25	股〈もも〉	thigh	40	前腕	forearm
8	おとがいくぼ	curve groove	26	後膝〈あとひざ〉	stifle	41	付蝉〈ふぜん〉	chestnut
9	頬〈ほお〉	cheek	27	脛〈はぎ〉	second thigh	42	膝〈ひざ〉(前膝〈まえひざ〉)	knee
10	顎〈あご〉	jaw	28	飛節	hock joint	43	管〈くだ〉	cannon
11	まえがみ	forelock	29	飛端	point of hock	44	球節〈きゅうせつ〉	fetlock
12	たてがみ	mane	30	頸〈くび〉	neck	45	繋〈つなぎ〉	pastern
13	頸櫛〈けいしつ〉	crest	31	のど	throat	46	蹄〈てい〉	hoof
14	髻〈き〉甲	withers	32	肩	shoulder	47	蹄冠	coronet
15	背線〈はいせん〉	topline	33	肩端〈けんたん〉	point of shoulder	48	距〈きょ〉	ergot
16	腰	loin						
17	尻〈しり〉	croup						
18	腰接〈ようせつ〉	coupling						

付図2　ウマの外貌名称

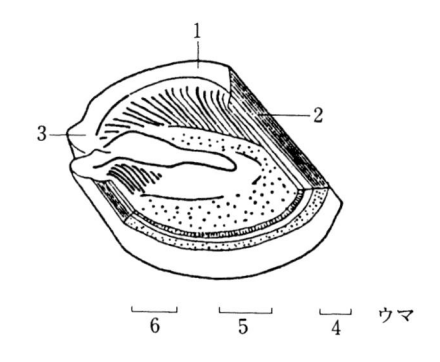

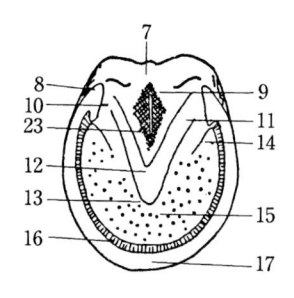

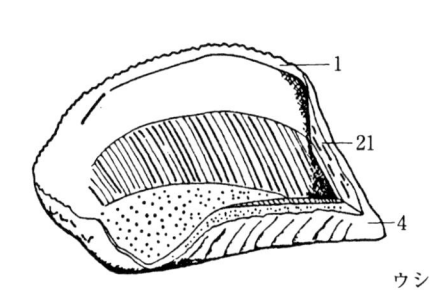

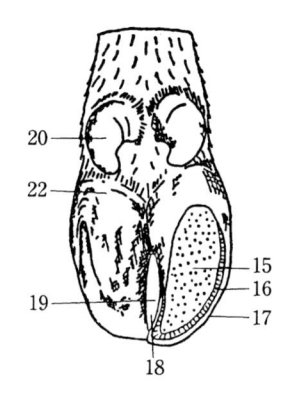

1	蹄冠 coronet	13	蹄叉尖 apex of frog
2	蹄壁 wall	14	蹄支〈ていし〉 bar
3	蹄冠帯 coronary band	15	蹄底 sole
4	蹄尖 toe	16	白線 white line
5	蹄側 quarter	17	蹄負面 bearing surface
6	蹄踵〈ていしょう〉 heel	18	趾間裂〈しかんれつ〉 interdigital fissure
7	基底	19	趾間面 interdigital surface
8	蹄支角 angle of wall	20	副蹄 dewclaw
9	蹄叉中溝〈ていさちゅうこう〉 central sulcus	21	接壁〈せつへき〉
10	蹄叉側溝 collateral sulcus	22	蹄球 bulb
11	蹄叉支〈ていさし〉	23	蹄叉 frog
12	蹄叉体		

付図3 蹄各部の名称

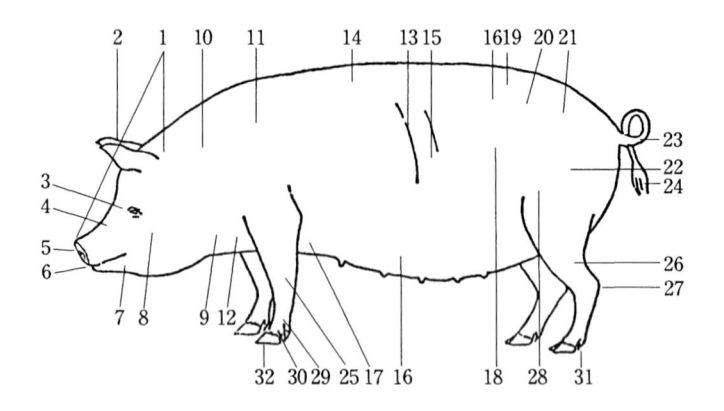

1	頭 head	17	脇〈わき〉(前わき) flank
2	耳 ear	18	臁〈けん〉(後〈あと〉わき) flank
3	眼 eye	19	腰 loin
4	顔 face	20	腰角〈ようかく〉 hip bone
5	鼻 snout	21	尻 rump
6	口 mouth	22	腿〈もも〉 ham
7	顎〈あご〉 jaw	23	尾 tail
8	頬〈ほお〉 jowl	24	尾房〈びぼう〉 tassel
9	のど throat	25	前肢 fore leg
10	頚〈くび〉 neck	26	後肢 hind leg
11	肩 shoulder	27	飛節 hock joint
12	胸前〈むなまえ〉 breast	28	後膝〈あとひざ〉 stifle
13	肋〈ろく〉 rib	29	管〈くだ〉 shank
14	背 back	30	繋〈つなぎ〉 pastern
15	脇〈わき〉腹 side	31	副蹄 dewclaw
16	下腹 belly	32	蹄〈てい〉 hoof

付図4　ブタの外貌名称

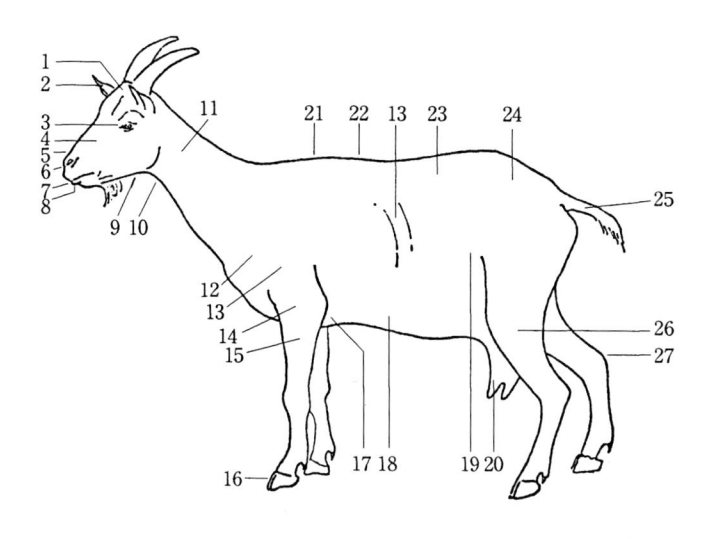

1	額〈ひたい〉forehead	15	前腕 forearm
2	耳 ear	16	蹄〈てい〉hoof
3	眼 eye	17	脇〈わき〉(前わき) flank
4	顔 face	18	下腹 belly
5	鼻梁〈びりょう〉nose	19	膁〈けん, ひばら〉flank
6	鼻孔 nostril	20	乳房 udder
7	口 mouth	21	鬐〈き〉甲 withers
8	口唇 lip	22	背 back
9	顎〈あご〉jaw	23	腰 loin
10	のど throat	24	尻〈しり〉rump
11	頸〈くび〉neck	25	尾 tail
12	胸 breast	26	脛〈すね〉second thigh
13	肋〈ろく〉rib	27	飛節 hock joint
14	上腕 arm		

付図5 ヤギの外貌名称

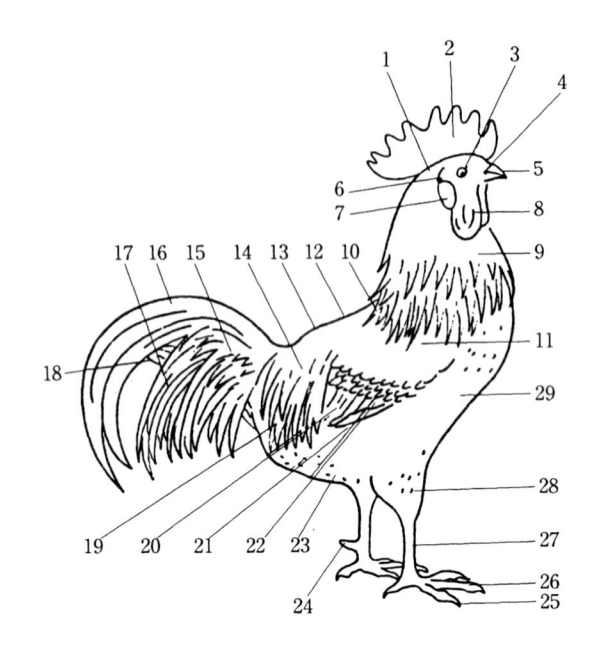

1	頭 head	16	謡羽 sickles
2	冠 comb	17	小謡羽 lesser sickles
3	眼 eye	18	主尾羽 main tail feathers
4	鼻孔 nostril	19	蓑羽〈みのげ〉 lower saddle feathers
5	嘴〈くちばし〉 beak	20	副翼羽 secondaries
6	耳 ear	21	主翼羽* primaries
7	耳朶〈じだ〉 ear lobe	22	覆翼羽 wing coverts
8	肉髯〈ぜん〉 wattle	23	軟羽 fluff
9	頚羽 hackle	24	距〈けづめ〉 spur
10	岬〈こう〉羽 cape	25	爪 claw
11	肩 shoulder	26	趾〈あしゆび〉 toe
12	背 back	27	中足 shank
13	鞍〈あん〉部 saddle	28	下腿〈かたい〉 thigh
14	鞍羽 saddle feathers	29	胸 breast
15	覆尾羽 tail-coverts		* 図では大部分が隠れて見えない

付図6　ニワトリの外貌名称

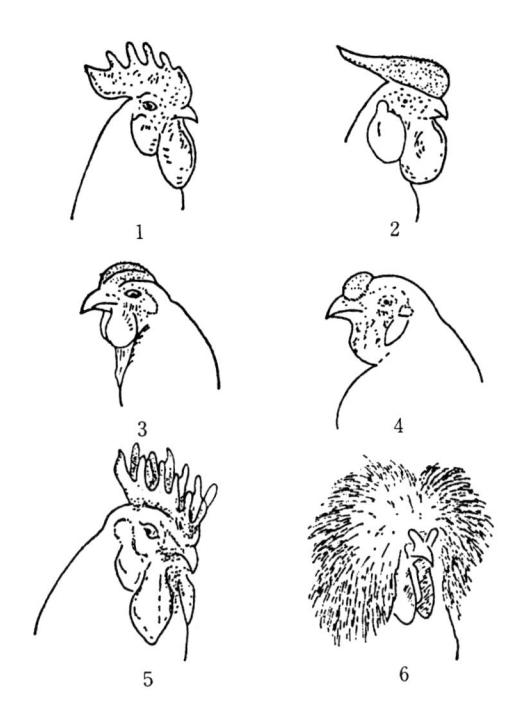

1 単冠 single comb
2 バラ冠 rose comb
3 三枚〈さんまい〉冠（豆〈まめ〉冠）pea comb
4 クルミ冠 walnut comb
5 花状〈かじょう〉冠 buttercup comb
6 毛〈もう〉冠 crest

付図7 とさかの種類

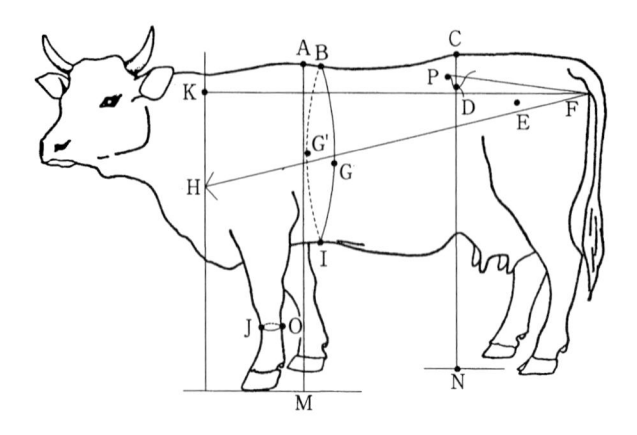

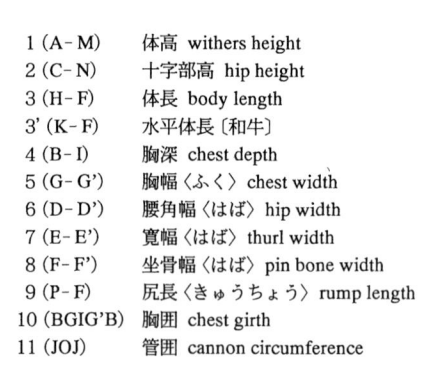

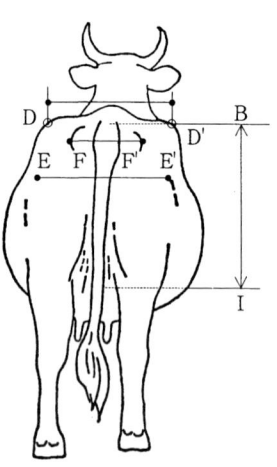

1 (A-M)	体高	withers height
2 (C-N)	十字部高	hip height
3 (H-F)	体長	body length
3' (K-F)	水平体長	〔和牛〕
4 (B-I)	胸深	chest depth
5 (G-G')	胸幅〈ふく〉	chest width
6 (D-D')	腰角幅〈はば〉	hip width
7 (E-E')	寛幅〈はば〉	thurl width
8 (F-F')	坐骨幅〈はば〉	pin bone width
9 (P-F)	尻長〈きゅうちょう〉	rump length
10 (BGIG'B)	胸囲	chest girth
11 (JOJ)	管囲	cannon circumference

付図8　ウシの体尺測定部位

1	体高 withers height	7	尻幅〈しりはば〉croup width
2	尻高〈しりだか〉croup height	8	肩長〈けんちょう〉shoulder length
3	体長 body length	9	尻長〈きゅうちょう〉croup length
4	胸深 chest depth	10	胸囲 chest girth
5	胸幅 chest width	11	管囲 cannon circumference
6	腰幅 hip width		

付図9 ウマの体尺測定部位

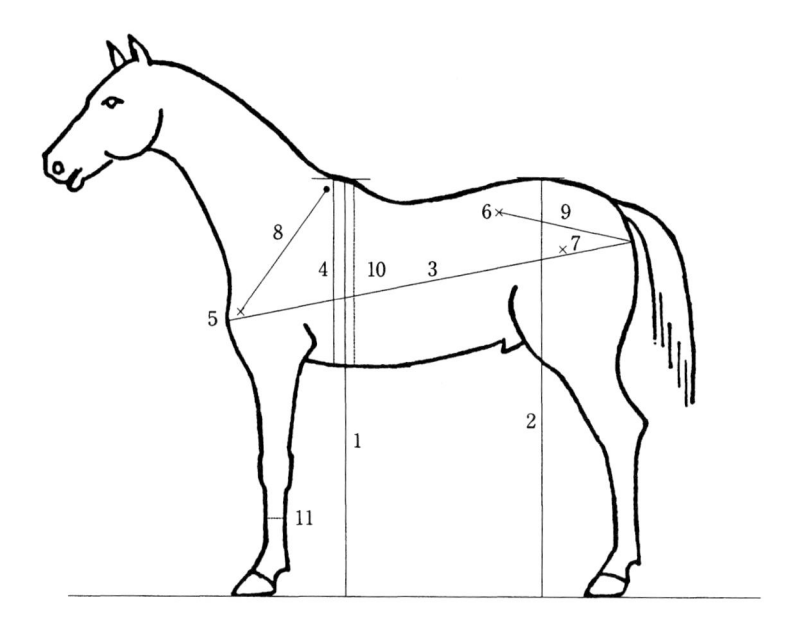

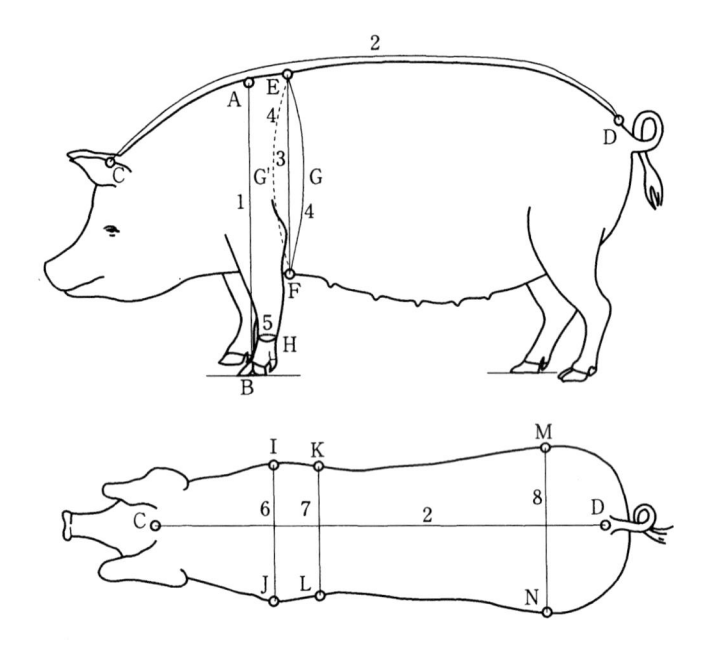

1 (A-B)	体高 withers height		5 (H-H)	管囲 cannon circumference
2 (C-D)	体長 body length		6 (I-J)	前幅〈まえはば〉
3 (E-F)	胸深 chest depth		7 (K-L)	胸幅 chest width
4 (EGFG'E)	胸囲 heart girth		8 (M-N)	後幅〈あとはば〉

付図 10　ブタの体尺測定部位

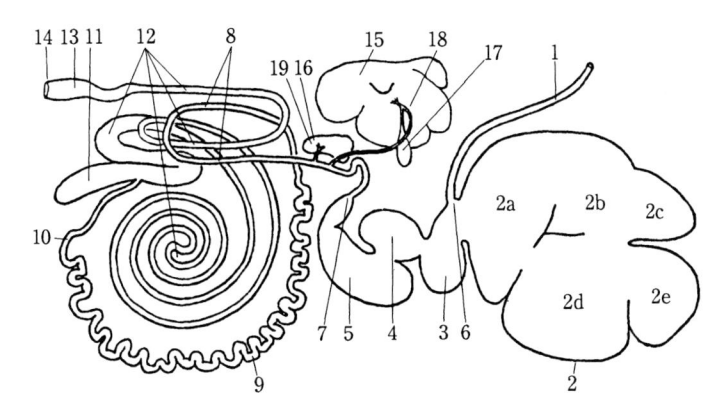

1	食道 esophagus	9	空腸 jejunum
2*	第一胃 rumen	10	回腸 ileum
2a	第一胃前房 atrium of rumen	11	盲腸 cecum
	(前嚢 cranial sac)	12	結腸 colon
2b	背嚢 dorsal sac	13	直腸 rectum
2c	後背盲嚢 caudodorsal blind sac	14	肛門 anus
2d	腹嚢 ventral sac	15	肝臓 liver
2e	後腹盲嚢 caudoventral blind sac	16	膵臓 pancreas
3*	第二胃 reticulum	17	胆嚢 gallbladder
4	第三胃 omasum	18	総胆管 common bile duct
5	第四胃 abomasum	19	膵管 pancreatic duct
6	噴門 cardia	*	第一胃と第二胃のみは180°
7	幽門 pylorus		回転し左側より見た図
8	十二指腸 duodenum		

付図11 ウシの消化管

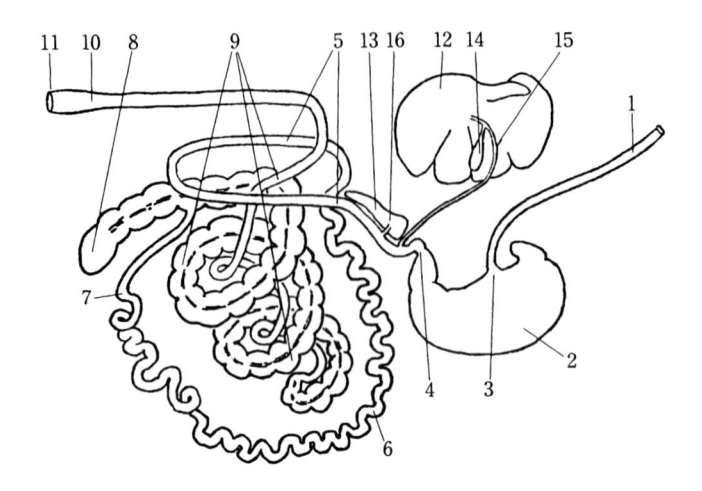

[382]

1	食道 esophagus	9	結腸 colon
2	胃 stomach	10	直腸 rectum
3	噴門 cardia	11	肛門 anus
4	幽門 pylorus	12	肝臓 liver
5	十二指腸 duodenum	13	膵臓 pancreas
6	空腸 jejunum	14	胆嚢 gallbladder
7	回腸 ileum	15	総胆管 common bile duct
8	盲腸 cecum	16	膵管 pancreatic duct

付図 12　ブタの消化管

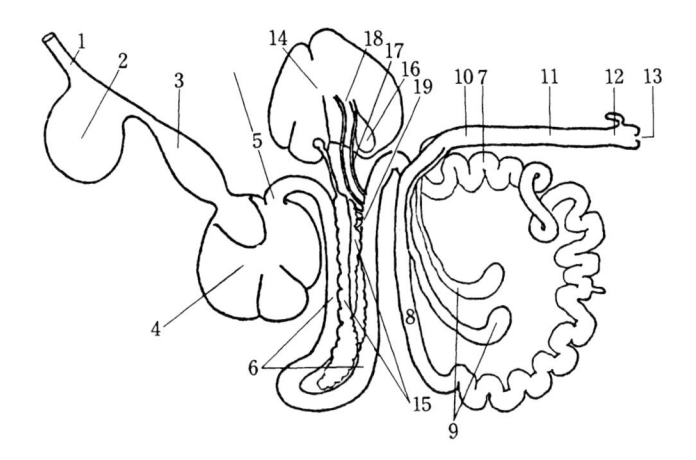

1 食道 esophagus
2 嗉嚢 crop
3 腺胃 grandular stomach
 （前胃 proventriculus)
4 筋胃 muscular stomach
 （砂嚢 gizzard)
5 幽門 pylorus
6 十二指腸 duodenum
7 空腸 jejunum
8 回腸 ileum
9 盲腸 cecum
10 結腸 colon
11 直腸 rectum
12 総排泄腔 cloaca
13 排泄口 vent
14 肝臓 liver
15 膵臓 pancreas
16 胆嚢 gallbladder
17 総胆管 common bile duct
18 肝腸管 hepatoenteric duct
19 膵管 pancreatic duct

付図13　ニワトリの消化管

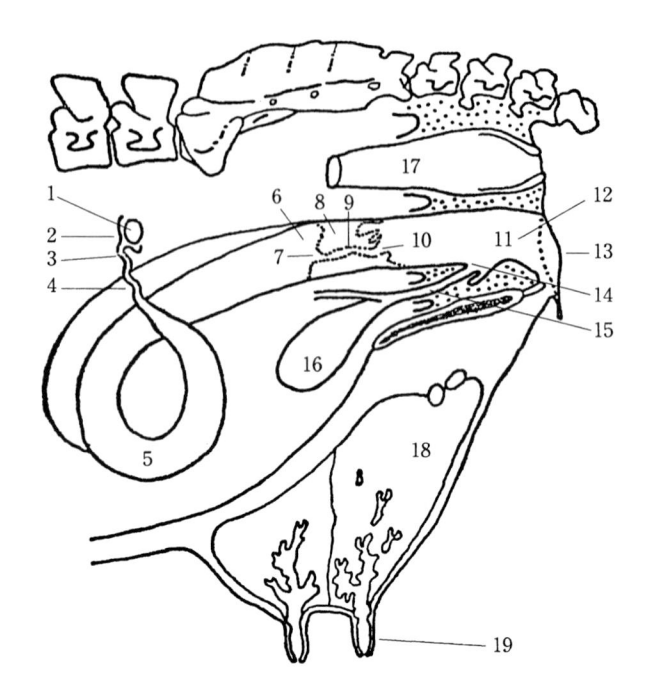

1 卵巣 ovary
2 卵管采〈さい〉 fimbria of uterine tube
3 卵管膨大部 ampulla of uterine tube
4 卵管峡部 isthmus of uterine tube
5 子宮角 uterine horn
6 子宮体 uterine body
7 内子宮口 internal uterine orifice
8 子宮頚 uterine cervix
9 子宮頚管 uterine cervical canal
10 外子宮口 external uterine orifice
11 膣 vagina
12 膣前庭 vaginal vestibule
13 外陰部 external genitalia
14 外尿道口 external urethral orifice
15 尿道 urethra
16 膀胱 urinary bladder
17 直腸 rectum
18 乳房 udder
19 乳頭 teat
20 子宮間膜 mesometrium
21 子宮小丘 caruncle
22 陰唇 pudendal lip
23 陰核 clitoris

付図14 ウシの雌性生殖器（その1）

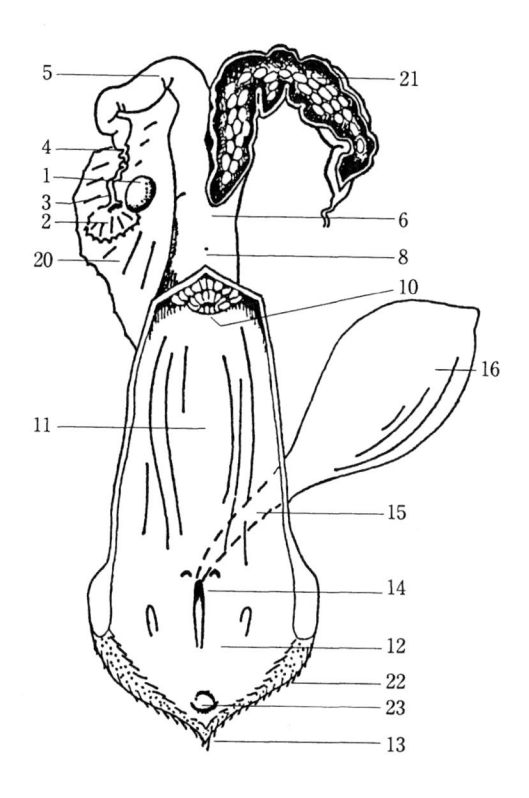

付図 14　同　前（その 2）

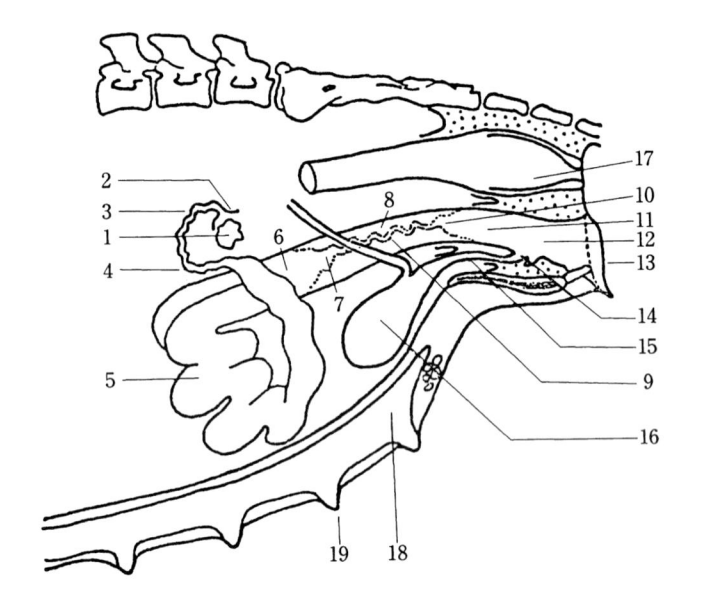

1　卵巣　ovary
2　卵管采〈さい〉　fimbria of uterine tube
3　卵管膨大部　ampulla of uterine tube
4　卵管峡部　isthmus of uterine tube
5　子宮角　uterine horn
6　子宮体　uterine body
7　内子宮口　internal uterine orifice
8　子宮頚　uterine cervix
9　子宮頚管　uterine cervical canal
10　外子宮口　external uterine orifice
11　腟　vagina
12　腟前庭　vaginal vestibule
13　外陰部　external genitalia
14　外尿道口　external urethral orifice
15　尿道　urethra
16　膀胱　urinary bladder
17　直腸　rectum
18　乳房　udder
19　乳頭　teat
20　子宮間膜　mesometrium
21　陰唇　pudendal lip
22　陰核　clitoris

付図15　ブタの雌性生殖器（その1）

[387]

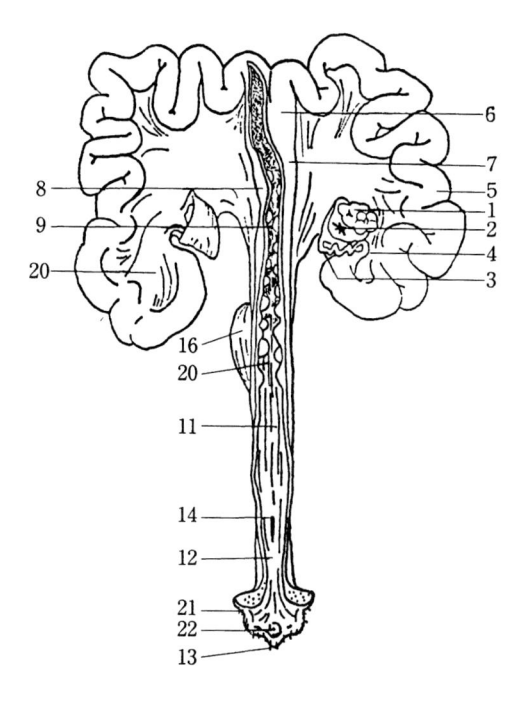

付図 15　同　前（その 2）

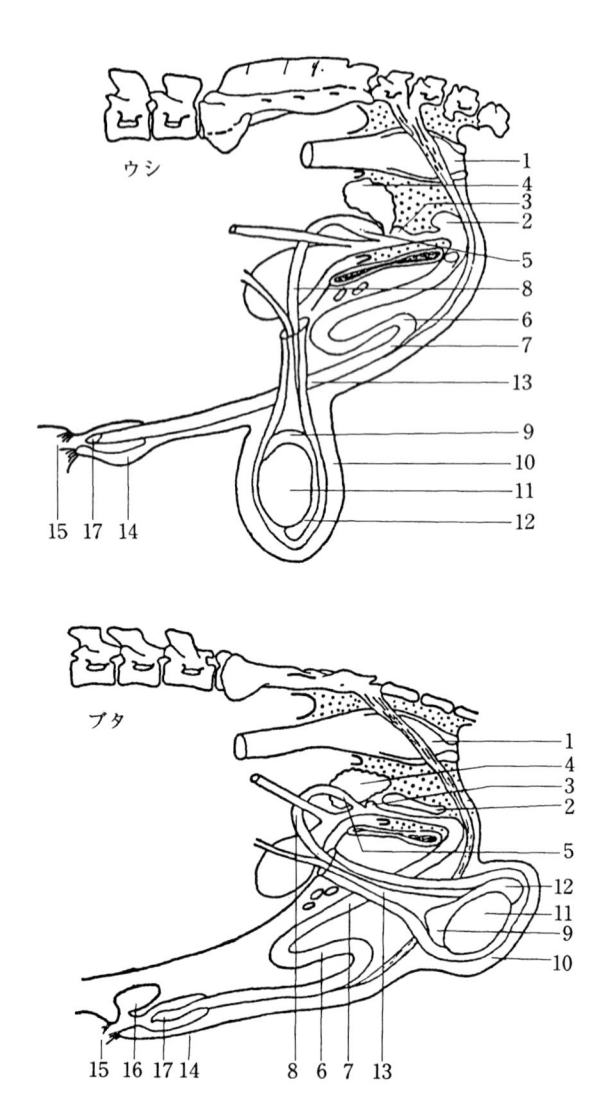

付図16 ウシ，ブタ，ウマの雄性生殖器（その1）

ウマ

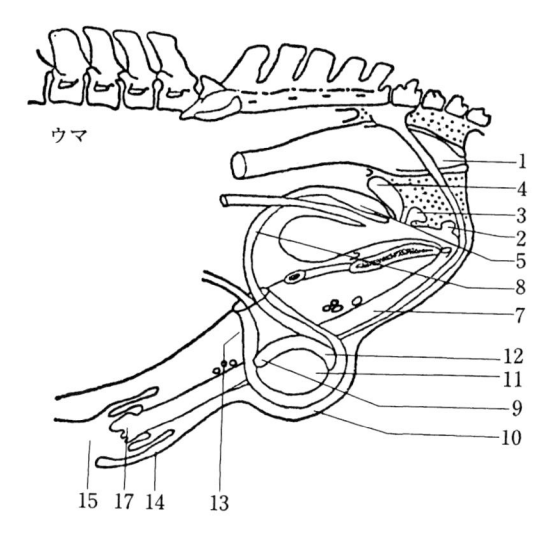

1 直腸　rectum
2 尿道球腺　bulbourethral gland
3 前立腺　prostate
4 精嚢（腺）　seminal vesicle
5 精管膨大部　ampulla of deferent duct
6 陰茎S状曲　sigmoid flexure of penis
7 陰茎　penis
8 精管　deferent duct
9 　精巣上体頭部　head of epididymis
10 陰嚢　scrotum
11 精巣　testis
12 精巣上体尾部　tail of epididymis
13 精索　spermatic cord
14 包皮　prepuce
15 包皮口　preputial orifice
16 包皮憩室　preputial diverticulum
17 亀頭　glans penis

付図 16　同　前（その 2）

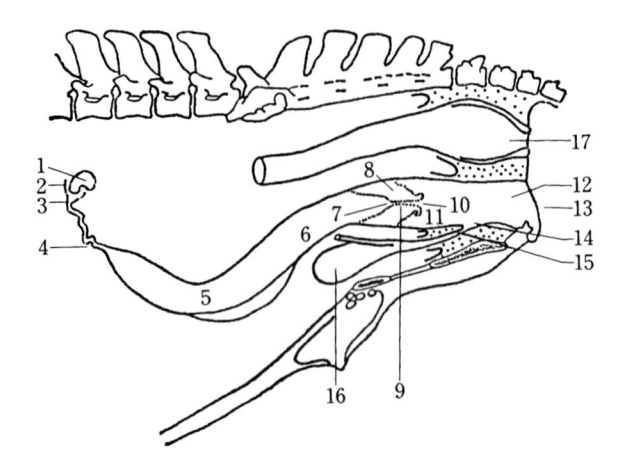

1 卵巣　ovary
2 卵管采〈さい〉　fimbria of uterine tube
3 卵管膨大部　ampulla of uterine tube
4 卵管峡部　isthmus of uterine tube
5 子宮角　uterine horn
6 子宮体　uterine body
7 内子宮口　internal uterine orifice
8 子宮頚　uterine cervix
9 子宮頚管　uterine cervical canal
10 外子宮口　external uterine orifice
11 膣　vagina
12 膣前庭　vaginal vestibule
13 外陰部　external genitalia
14 外尿道口　external urethral orifice
15 尿道　urethra
16 膀胱　urinary bladder
17 直腸　rectum

付図 17　ウマの雌性生殖器

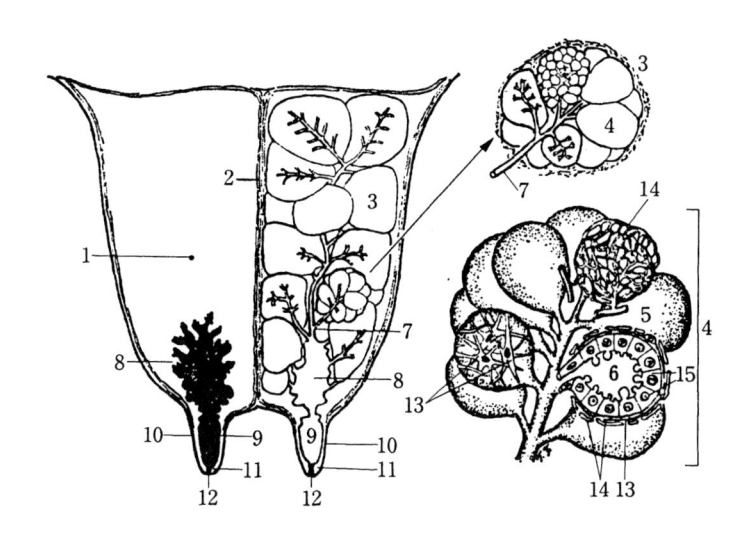

1 分房 quarter
2 中央支持靭帯 median suspensory ligament
3 乳腺葉 mammary lobe
4 乳腺小葉 mammary lobule
5 乳腺胞 mammary alveolus
6 乳胞腔 alveolar lumen
7 乳(腺)管 mammary duct
8 乳腺槽 gland cistern
9 乳頭槽 teat cistern
8 + 9 乳槽 mammary cistern
10 乳頭 teat
11 乳頭管 teat canal
12 乳頭孔 teat orifice
13 筋上皮細胞 myoepithelial cell
14 毛細血管網 capillary network
15 乳腺細胞 mammary glandular cell

付図 18 乳房断面

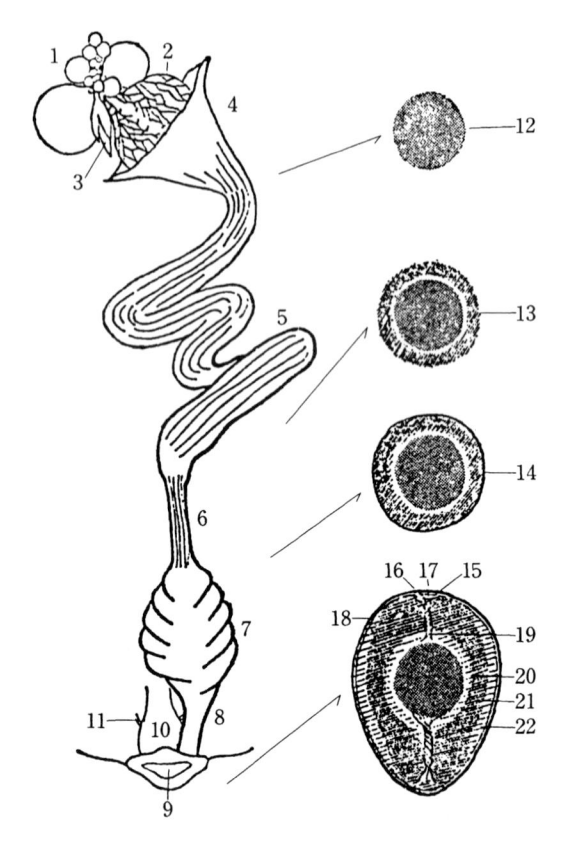

1 卵巣 ovary	11 尿管 ureter
2 成熟卵 mature ovum	12 卵黄 yolk
3 破裂卵胞 ruptured follicle	13 卵白 albumen
4 卵管ろう斗部 infundibulum of oviduct	14 卵殻膜 shell membrane
5 卵管膨大部 magnum of oviduct	15 外卵殻膜 outer shell membrane
（卵白分泌部 albumen secreting portion）	16 内卵殻膜 inner shell membrane
6 卵管峡部 isthmus of oviduct	17 気室 air chamber
7 卵管子宮部 uterus of oviduct	18 卵殻 egg shell
（卵殻腺部 shell gland）	19 カラザ chalazae
8 卵管膣部 vagina of oviduct	20 内水様卵白 inner thin albumen
9 排泄腔 cloaca	21 濃厚卵白 thick albumen
10 直腸 rectum	22 外水様卵白 outer thin albumen

付図19　ニワトリの雌性生殖器と鶏卵形成過程

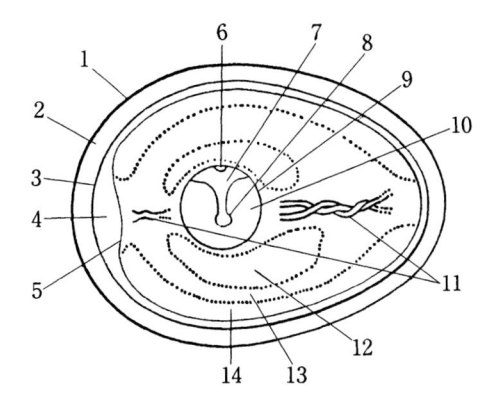

1 クチクラ cuticle	8 ラテブラ latebra
2 卵殻 egg shell	9 卵黄膜 vitelline membrane
3 外卵殻膜 outer shell membrane	10 卵黄 yolk
4 気室 air chamber	11 カラザ chalazae
5 内卵殻膜 inner shell membrane	12 内水様卵白 inner thin albumen
6 胚盤 germinal disc	13 濃厚卵白 thick albumen
7 パンダー核 Pander's nucleus	14 外水様卵白 outer thin albumen

付図 20 鶏卵(放卵後)の構造

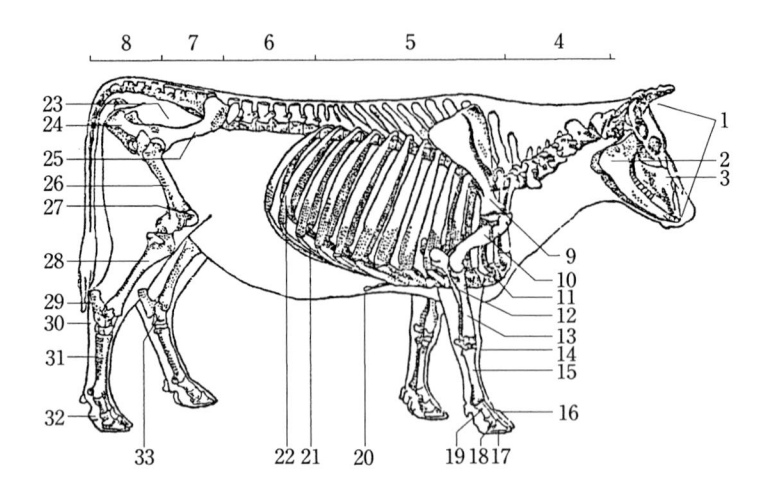

1	頭蓋骨〈とうがいこつ〉cranial bones	18	中節骨 middle phalanx
2	下顎骨 mandible	19	基節骨 proximal phalanx
3	上顎骨 maxilla	20	剣状突起 xiphoid process
4	頚椎 cervical vertebrae	21	肋軟骨 costal cartilage
5	胸椎 thoracic vertebrae	22	肋骨 rib
6	腰椎 lumbar vertebrae	23	寛骨 hip bone
7	仙骨 sacrum	24	坐骨 ischium
8	尾椎 coccygeal・vertebrae	25	腸骨 ilium
9	肩甲骨 scapula	26	大腿骨 femur
10	上腕骨 humerus	27	膝蓋骨 patella
11	胸骨 sternum	28	脛骨 tibia
12	尺骨 ulna	29	踵骨〈しようこつ〉fibular tarsal bone
13	橈骨〈とうこつ〉radius	30	足根骨 tarsal bones
14	手根骨 carpal bones	31	中足骨 metatarsal bone
15	中手骨 metacarpal bone	32	趾骨〈しこつ〉phalanges
16	指骨 phalanges	33	距骨〈きょこつ〉tibial tarsal bone
17	末節骨 distal phalanx		

付図 21　ウシの骨格

[395]

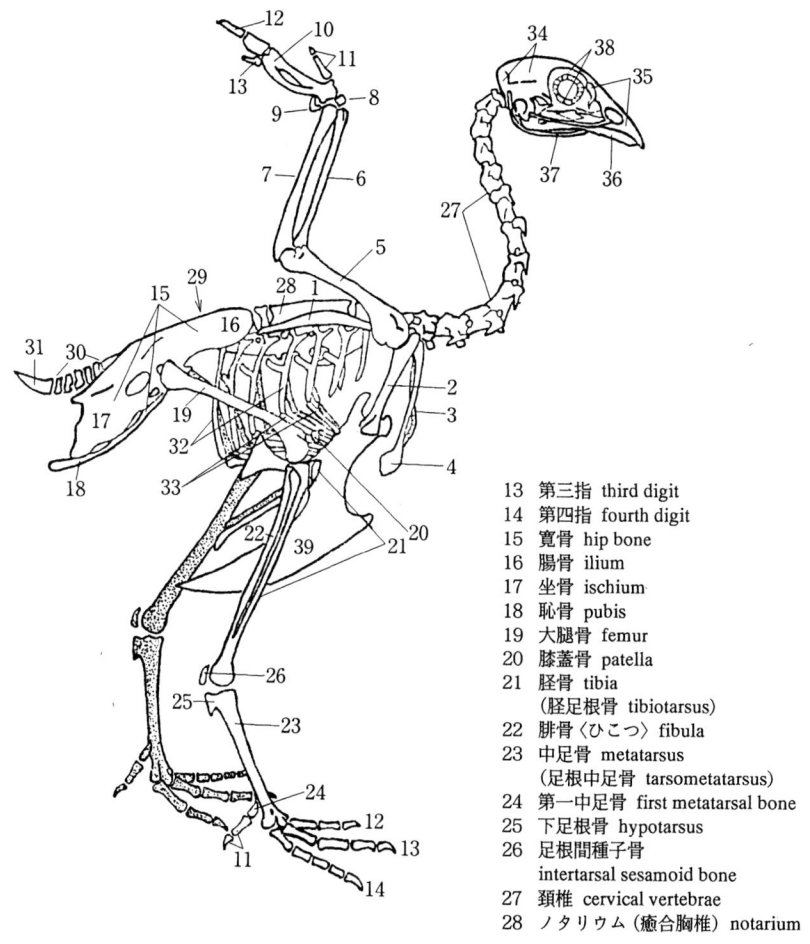

13 第三指 third digit
14 第四指 fourth digit
15 寛骨 hip bone
16 腸骨 ilium
17 坐骨 ischium
18 恥骨 pubis
19 大腿骨 femur
20 膝蓋骨 patella
21 脛骨 tibia
　　（脛足根骨 tibiotarsus）
22 腓骨〈ひこつ〉 fibula
23 中足骨 metatarsus
　　（足根中足骨 tarsometatarsus）
24 第一中足骨 first metatarsal bone
25 下足根骨 hypotarsus
26 足根間種子骨
　　intertarsal sesamoid bone
27 頚椎 cervical vertebrae
28 ノタリウム（癒合胸椎）notarium

1 肩甲骨 scapula
2 烏口骨〈うこうこつ〉 coracoid
3 鎖骨 clavicle
4 鎖骨下結節 hypocleideum
5 上腕骨 humerus
6 橈骨〈とうこつ〉 radius
7 尺骨 ulna
8 橈側手根骨 radial carpal bone
9 尺側手根骨 ulnar carpal bone
10 手根中手骨 carpometacarpus
11 第一指 first digit
12 第二指 second digit

29 複合仙骨 synsacrum
30 尾椎 caudal coccygeal vertebrae
31 尾坐骨 pygostyle
32 椎肋骨 vertebral costae
33 胸肋骨 sternal costae
34 頭蓋骨 cranial bones
35 顔面骨 facial bone
36 下顎骨 mandible
37 舌骨 hyoid bone
38 強膜骨 sclerotic bone
39 胸骨 sternum

付図 22　ニワトリの骨格

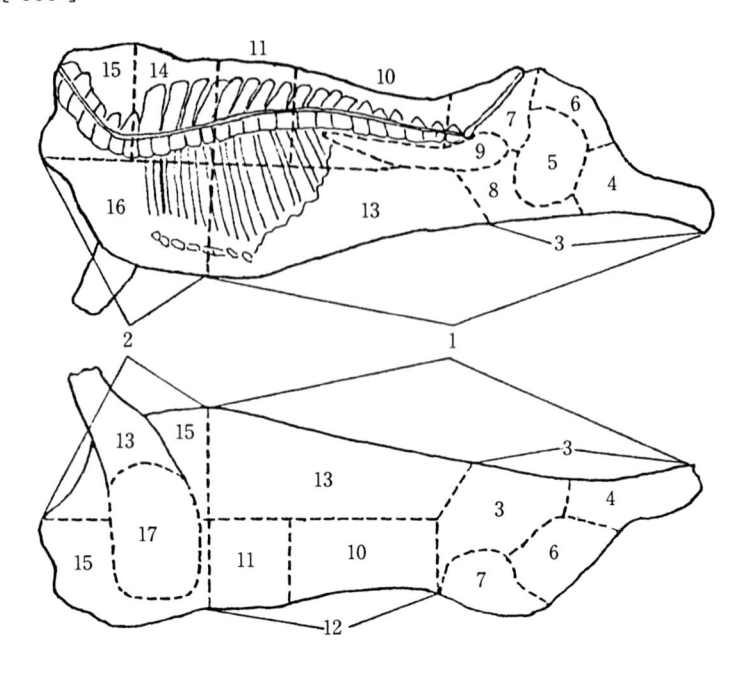

1 とも hind quarter	10 サーロイン loin end
2 まえ fore quarter	11 リブロース rib loin
3 もも round	12 ロイン loin
4 ともずね hind shank	13 ともばら beef belly
5 うちもも top side	14 かたロース chuck loin
6 そともも silver side	15 ネック neck
7 らんいち rump	16 かたばら brisket
8 しんたま thick flank	17 うで shoulder clod
9 ヒレ tender loin	18 まえずね fore shank

付図 23 牛枝肉の分割部位名称 (その 1) 日本式カット

	アメリカ	日 本	西ドイツ	
1	hind quarter	後四分体	Hinterviertel	
2	fore quarter	前四分体	Vorderviertel	
3	round	もも	Keule	
4	hind shank	ともずね	Hinterhesse	
5	tender loin	ヒレ	Rinderfilet	
6	sirloin butt	らんいち	Roastbeef	
7	short loin	サーロイン		
8	flank	⎫ ともばら ⎧	Fleischdünnung	⎫ Lappen
9	plate	⎭ ⎩	Knochendünnung	⎭
10	rib loin	リブロース	Hochrippe	
11	chuck	かたロース	Fehlrippe	
12	brisket	かたばら ⎰	Rinderbrust	
13		⎱	Spannrippe	
14	shoulder clod	うで	Bug	
15	fore shank	まえずね	Vorderhesse	
16	neck	ネック	Kamm	

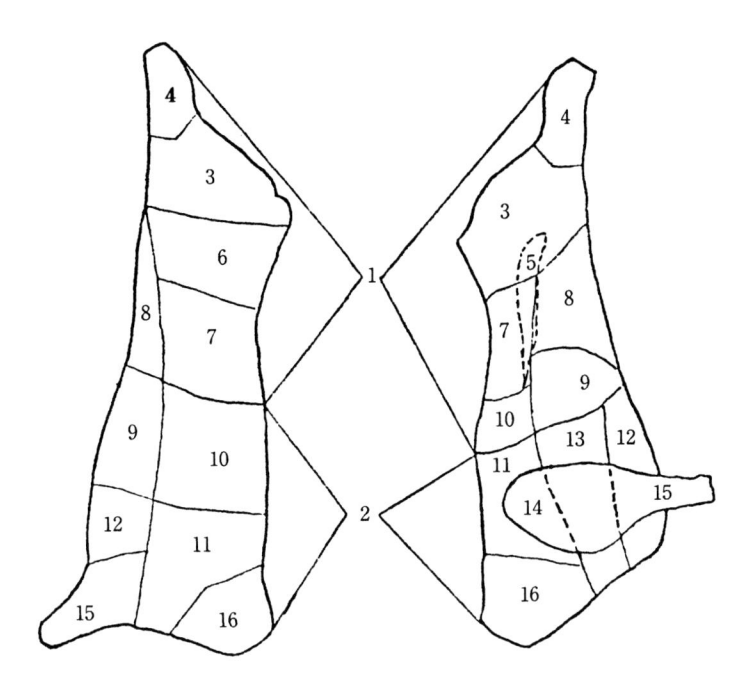

付図23 同 前（その2）米・日・独式カット

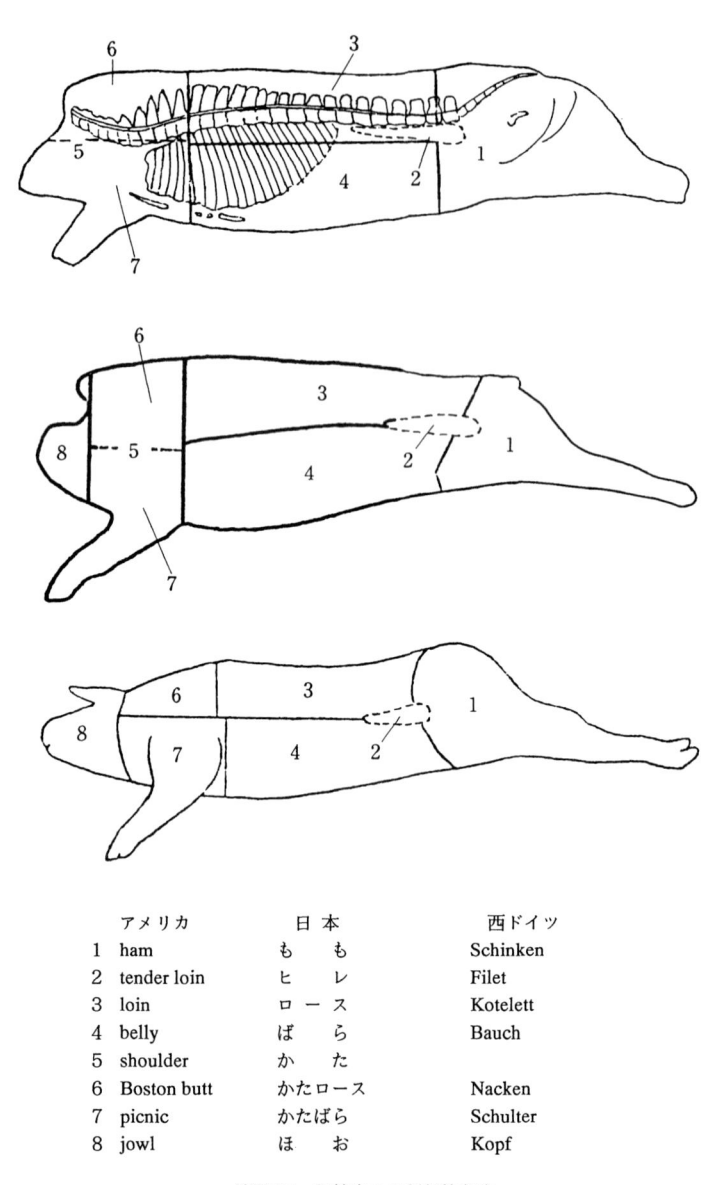

	アメリカ	日本	西ドイツ
1	ham	もも	Schinken
2	tender loin	ヒレ	Filet
3	loin	ロース	Kotelett
4	belly	ばら	Bauch
5	shoulder	かた	
6	Boston butt	かたロース	Nacken
7	picnic	かたばら	Schulter
8	jowl	ほお	Kopf

付図 24　豚枝肉の分割部位名称

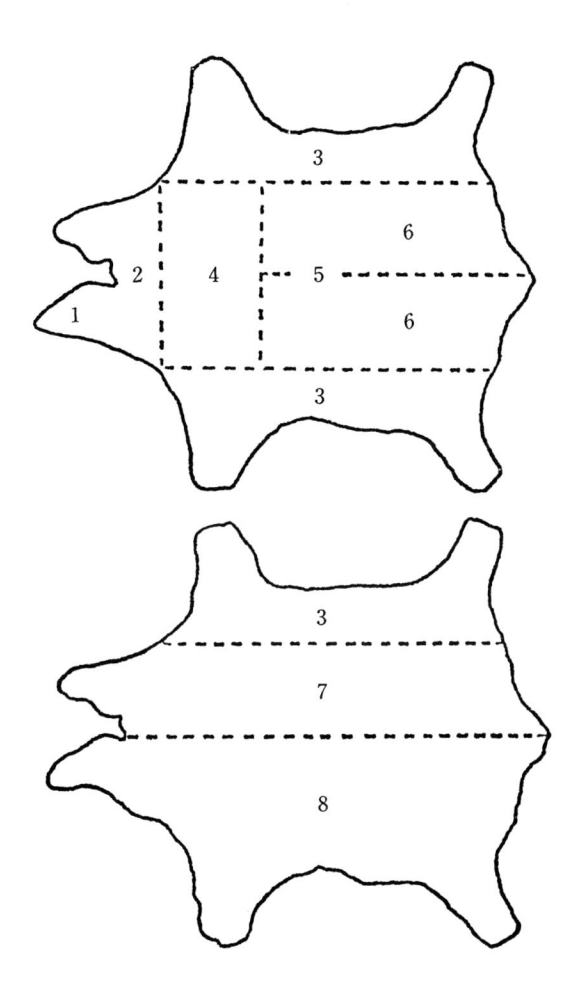

1 ヘッド head	5 バット butt
2 ネック neck	6 ベンズ bend
3 ベリー belly	7 クロップ crop
4 ショルダー shoulder	8 サイド side

付図 25　皮革の裁断部位と名称

付表1 家畜の年齢, 状態などによる英語の呼称 (FAO)

家畜名	総称	成畜	子畜
ウシ〔牛〕	cattle bovine	雄：bull 経産雌：cow 未経産雌（初子の離乳まで）：heifer, quey	1年未満の総称：calf 雄子：bull calf 雌子：cow calf, heifer calf, quey calf
ウマ〔馬〕	horse	雄：stallion 雌（3才以上）：mare	1年未満の総称：foal 雄子（1〜3才）：colt foal, colt male 雄子（1〜2才）：yearling colt 雄子（候補種雄, 睾丸下降以前）：rig, ridgling, cryptorchid 雌子（1〜3才）：filly foal, filly 雌子（1〜2才）：yearling filly
ロ〔驢〕	donkey ass	雄：jack, donkey stallion, he-ass 雌：jenny ass, jenny, she-ass	donkey foal
ラ〔騾〕	雄驢×雌馬：mule 雄馬×雌驢：mule, hinny, jennet	雄：male mule 雌：female mule	mule foal
ブタ〔豚〕	pig, fog, swine	雄：boar, bran 雄（繁殖雄）：stock boar, service boar 雌：sow 雌（繁殖雌）：brood sow 雌（処女豚）：clean pig, maiden gilt	総称：pigling, piglet, sucking pig 総称（離乳前）：farrow 総称（離乳から12週齢未満）：weaner 雄子：boar pigling 雌子：gilt, yelt, yilt, hilt
ヒツジ〔羊〕	sheep	雄：ram, tup 雌：ewe	総称（離乳前）：lamb 総称（離乳から第1回剪毛まで）：hogg, teg 雄子：tup lamb, ram lamb, wedder lamb, pur lamb, heeder 雄子（離乳から第1回剪毛まで）：hoggerel, hogget, tup teg, lamb hogg, tup hogg 雌子：ewe lamb, gimmer lamb, chilver 雌子（離乳から第1回剪毛まで）：gimmer hogg, ewe hogg, ewe teg, sheeder ewe
ヤギ〔山羊〕	goat	雄：buck, billy stud goat, he-goat 雌：she-goat, female goat	1年未満の総称：kid 雄子：male kid 雄子（1〜2年）：buckling 雌子：female kid 雌子（1〜2年, 未経産）：goatling

Vocabularium, Animal Husbandry 1959 に準拠)

去勢畜	用途，状態
去勢雄：bullock 〃（成畜で去勢）：stag 〃（6～24ヵ月齢で去勢）：steer, stot 去勢雌：spayed cow	乳牛（搾乳牛）：dairy cow, milk cow 肉牛：beef cattle 肉牛（BW200 lb まで）：veal calf 肉牛（BW700～800 lb）：baby beef 肉牛（BW900～1,100 lb）：beefling, yearling 肉牛（BW1,100～1,500 lb）：prime bullock 肥育牛：fattening cattle, feeding cattle 肥育牛（若齢，脂肪沈着前）：store cattle 肥育用素牛：feeder cattle 役牛：draught ox 妊娠牛：in-calf cow 妊娠牛（初産次）：cow-heifer 空胎牛：empty cow 乾乳牛：dry cow 泌乳末期牛：stale cow
去勢雄：gelding	乗馬：riding horse 輓馬：draught horse 小格馬：pony 乗輓兼用馬：cob 在来馬：native horse 妊娠馬：in-foal mare 空始馬：barren mare
去勢雄（成畜で去勢）：stag, brawner, steg, seg 〃（若齢去勢）：hog, clean pig 去勢雌：spayed sow	妊娠豚：in-pig sow 妊娠豚（初産次）：in-pig gilt 空胎豚：empty sow 哺乳豚：suckling sow, nursing sow 12週齢からのBW130 lbの豚：store pig, store, shote
去勢雄：wether 〃（離乳から第1回剪毛まで）：hogg lamb, wether hogg, he-teg	第1回剪毛から第2回剪毛まで，総称：shearling, shearing 〃（雄）：shearing ram, shear hogg, diamond ram, one-shear tup 〃（雌）：shearing ewe, shearing gimmer, theave, double toothed ewe, double toothed gimmer, two-toothed ewe, fall yearling 第2回剪毛から第3回剪毛まで（雄）：two-shear ram, two-shear tup, 〃（雌）：two-shear ewe 第3回剪毛から第4回剪毛まで（雄）：three-shear ram, three-shear tup 〃（雌）：three-shear ewe, winter ewe 第4回剪毛以降（雄）：aged ram, aged tup 〃（雌）：aged ewe, three winter ewe 種雄：stud ram

付表2 牛乳, 乳製品

種類	乳固形分 %	無脂乳固形分 %	乳脂肪分 %	糖分 %	水分 %	比重 (15℃)
生乳	−	−	−	−	−	1.028〜1.034 ジャージー 1.028〜1.036
牛乳	−	8.0以上	3.0以上	−	−	1.028〜1.034 ジャージー 1.028〜1.036
特別牛乳	−	8.5以上	3.3以上	−	−	1.028〜1.034 ジャージー 1.028〜1.036
成分調整牛乳	−	8.0以上	−	−	−	−
低脂肪牛乳	−	8.0以上	0.5以上 1.5以下	−	−	1.030〜1.036
無脂肪牛乳	−	8.0以上	0.5未満	−	−	1.032〜1.038
加工乳	−	8.0以上	−	−	−	−
クリーム	−	−	18.0以上	−	−	−
バター	−	−	80.0以上	−	17.0以上	−
バターオイル	−	−	99.3以上	−	0.5以下	−
プロセスチーズ	40.0以上	−	−	−	−	−
濃縮ホエイ	25.0以上	−	−	−	−	−
アイスクリーム	15.0以上	−	8.0以上	−	−	−
アイスミルク	10.0以上	−	3.0以上	−	−	−
ラクトアイス	3.0以上	−	−	−	−	−
濃縮乳	25.5以上	−	7.0以上	−	−	−
脱脂濃縮乳	18.5以上	−	−	−	−	−
無糖練乳	25.0以上	−	7.5以上	−	−	−
無糖脱脂練乳	18.5以上	−	−	−	−	−
加糖練乳	28.0以上	−	8.0以上	58.0以下 乳糖を含む	27.0以下	−
加糖脱脂練乳	25.0以上	−	−	58.0以下 乳糖を含む	29.0以下	−

の 成 分 規格（乳等省令による）

酸度 乳酸%	細菌数 1ml中または1g中	大腸菌群	殺菌 ℃	保存基準 ℃	備考
0.18以下 ジャージー 0.20以下	直接個体鏡検法 400万以下	−	−	−	牛乳，特別牛乳，乳製品原料用.
0.18以下 ジャージー 0.20以下	標準平板培養法 5万以下	陰性	63　30分	10以下	殺菌温度は63℃，30分とするか，またはこれと同等以上の殺菌効果を有する方法で加熱殺菌．常温保存可能品は，常温を超えない温度で保存.
0.17以下 ジャージー 0.19以下	培養 3万以下	陰性	無殺菌または 63〜65　30分	10以下	特別牛乳搾取処理業の許可を要する.
0.18以下 0.18以下	培養 5万以下 培養 5万以下	陰性 陰性	63　30分 63　30分	− −	殺菌温度は牛乳に準ずる. 同上
0.18以下 0.18以下	培養 5万以下 培養 5万以下	陰性 陰性	63　30分 62〜65　30分	− 10以下	同上 原料は殺菌前に混合する．殺菌温度は牛乳に準ずる.
0.20以下	培養 10万以下	陰性	62〜65　30分	10以下	保存基準は保存性のある容器に入れ殺菌したものには適用されない.
− − − −	− − − −	陰性 陰性 陰性 陰性	− − − −	− − − −	
−	培養 10万以下	陰性	原料は68℃，30分殺菌，使用水は飲用適の水とする.	−	原料は混和後，68℃，30分またはこれと同等以上の殺菌効果を有する方法で加熱殺菌する.
− −	培養 5万以下 培養 5万以下	陰性 陰性	同上 同上	− −	同上 同上
− − −	培養 10万以下 培養 10万以下 培養 0	− − −	− − 容器に入れた後に115℃以上で15分以上加熱殺菌	10以下 10以下 −	
− −	培養 0 培養 5万以下	− 陰性	同上 −	− −	
−	培養 5万以下	陰性	−	−	

（次頁につづく）

付表2 同　前　　　　　　　　　　　　　　　　（つづき）

種類	乳固形分 %	無脂乳固形分 %	乳脂肪分 %	糖分 %	水分 %	比重 (15℃)
全粉乳	95.0以上	－	25.0以上	－	6.0以下	－
脱脂粉乳	95.0以上	－	－	－	5.0以下	－
クリームパウダー	95.0以上	－	50.0以上	－	5.0以下	－
ホエイパウダー	95.0以上	－	－	－	5.0以下	－
蛋白質濃縮ホエイパウダー	95.0以上	蛋白質（乾燥状態において）15.0以上 80.0以下	－	－	5.0以下	－
バターミルクパウダー	95.0以上	－	－	－	5.0以下	－
加糖粉乳	70.0以上	－	18.0以上	25.0以下乳糖を除く	5.0以下	－
調製粉乳	50.0以上	－	－	－	5.0以下	－
発酵乳	－	8.0以上	－	－	－	－
乳酸菌飲料（乳製品）	－	3.0以上	－	－	－	－
乳酸菌飲料 乳飲料	－	3.0未満 －	－	－	－	－

酸度 乳酸%	細菌数 1ml中または 1g中	大腸菌群	殺菌 ℃	保存基準 ℃	備考
-	培養 5万以下	陰性	-	-	
-	培養 5万以下	陰性	-	-	
-	培養 5万以下	陰性	-	-	
-	培養 5万以下	陰性	-	-	
-	培養 5万以下	陰性			
-	培養 5万以下	陰性	-	-	栄養素添加は厚生大臣の承認を要する.
-	培養 5万以下	陰性	-	-	
-	培養 5万以下	陰性	-	-	
-	※1000万以上	陰性	原水は飲用適の水とする. 原料は62℃で30分またはこれと同等以上の加熱殺菌をする.	-	※乳酸菌数（1ml当り）.
-	※1000万以上	陰性	同上 原液の希釈水は使用直前に5分間以上煮沸するか, またはこれと同等以上の殺菌をする.	-	
-	※100万以上	陰性	同　上	-	保存性のある容器で120℃, 4分殺菌したものは10℃でなくてよい. 殺菌温度は牛乳に準ずる.
-	培養 3万以下	陰性	原料は62℃, 30分またはこれと同等以上の殺菌をする.	10以下	

付表2-2 常温保存可能品

	牛乳	部分脱脂乳	脱脂乳	加工乳	乳飲料
アルコール試験（30±1℃14日または55±1℃7日保存の前後において）	陰性	陰性	陰性	陰性	－
酸度（乳酸%）（30±1℃14日または55±1℃7日保存の前後の差）	0.02％以内	0.02％以内	0.02％以内	0.02％以内	－
細菌数（30±1℃14日または55±1℃で7日保存した後）（1 m*l* 当たり）	0（標準平板培養法）	0（標準平板培養法）	0（標準平板培養法）	0（標準平板培養法）	0（標準平板培養法）

付表3 牛原皮の重量選別区分（米国大手食肉加工業者による選別区分）

種　　別			原皮重量（ポンド）
Steer Hide (去勢雄牛皮)	Native Steer	Heavy	＞59
		Light	49〜59
		Extreme	30〜49
	Colorado Steer Butt Branded Steer Toxas Steer	Heavy	＞59
		Light	48〜58
Bull Hide (雄牛皮)	Native Bull		＞30
	Branded Bull		＞30
Cow Hide (雌牛皮)	Native Cow	Heavy	＞54
		Light	30〜54
	Branded Cow		＞30
Kip Skin (中牛皮)	Over Weight		25〜30
	Kip		15〜25
Calf Skin (小牛皮)	Heavy		9.5〜15
	Light		＜9.5

註　Native：焼印のないもの，Branded：焼印のあるもの
　　Colorado：横腹に焼印のあるもの，Butt Branded Steer：尻部に焼印のあるもの
　　Texas：焼印があって小判

英名索引

索　引

17β-hydroxy-4-androsten-3-one ····· 238
3β-hydroxysteroid dehydrogenase ······· 63
α-helix ······························· 9
α-lactalbumin ························· 9
β-apo-8-carotenoic acid ethylester ····· 131
β-galactosidase of *Escherichia coli* ····· 210
β-galactosidase ······················ 317
β-lactoglobulin ······················ 317
β-[N-(3-hydroxy-4-pyridone)]-α-
　aminopropionic acid ················ 81
β-sheet structure ···················· 317

A

Aberdeen Angus ······················· 6
abomasal displacement ················ 213
abnormal behavior ···················· 14
abnormal egg ························ 15
abnormal estrus (heat) ················ 14
abnormal milk ······················· 14
abnormal ovum ······················ 15
abnormal spermatozoon ················ 68
abomasum ·························· 213
abortion ··························· 359
abreast parlor ························ 7
absorption ·························· 74
Acacia ···························· 124
accessory corpus luteum ·············· 302
accessory placenta ··················· 304
accessory reproductive gland ··········· 304
accessory sexual gland ··············· 304
accessory teat ······················ 304
acclimatization ······················ 69
accommodation ····················· 154
accommodative adaptation ············· 145
accounts payable ···················· 42
accounts receivable ·················· 25
accumulated temperature ············· 189
accumulation of capital ··············· 142

acetone body ························· 4
achondroplasia ····················· 256
acid casein ························ 126
acid detergent fiber ············· 127, 238
acidity ···························· 128
acidophile ························· 101
acidophilus milk····················· 4
acidosis ························ 4, 126
acquired immunity ··················· 48
acquisition cost ···················· 152
acrosome··························· 194
acrosome reaction ·················· 195
ACTH ····························· 303
actin ······························· 4
activated carbon adsorption method······· 56
activated sludge ···················· 56
activated sludge process ·············· 56
active immunity ··················· 270
active transport···················· 270
activity ··························· 104
acute dilatation of the rumen ·········· 205
adaptation ···················· 154, 237
adaptative behavior ················· 237
added value ······················ 301
additive gene effect ················· 198
additive genetic variance············· 198
adeno-associated virus ················ 5
adenohypophysis ··················· 194
adenosine tri-phosphate··············· 27
adenovirus ·························· 5
ad libitum feeding ··········· 145, 146, 306
administrative expenses ·············· 17
adopted pig (lamb, etc) ············· 124
adoptive immunity·················· 152
adrenal gland ····················· 303
adrenaline ·························· 5
adrenergic nerver fiber (s) ············ 6
adrenocortical hormone·············· 303

adrenocorticotrop (h) ic hormone ········ 303
advanced depreciation ················· 5
advanced registration (registry) ·········· 104
advokaat ························· 30
aerated lagoon ······················ 279
aeration ······················ 26, 279
aeration tank ··················· 26, 279
aerobic bacteria ····················· 99
aerobic treatment ···················· 99
afferent lymphatic vessel ··············· 347
affiliative behavior··················· 172
African swine fever ···················· 7
afterbirth··························· 5
after-discharge ····················· 64
aftermath ························ 116
aftermath grazing···················· 59
after pain························· 102
agammaglobulinemia ················· 336
agarose gel electrophoresis ·············· 66
age at first egg ····················· 163
aged ovum ······················· 366
aged sperm ······················· 366
agglutination reaction ················· 77
aggregate genotype (breeding value) ····· 199
aggression························ 100
aggressive behavior ·················· 100
aging ························ 28, 149
agitator of rotary type ················ 367
agitator of scoop type ················ 174
agonistic behavior ··················· 237
agranular leucocyte ·················· 336
agranulocyte······················· 336
agranulocytes ····················· 336
Agreement of World Trade Organ ········ 216
agricultural income ·················· 269
agricultural relief system ··············· 320
Agriculture Research Council············ 26
Agrostis alba L. ···················· 364
ahemeral rhythm ···················· 7
AI-bull··························· 169
Aigamo ··························· 1

air chamber························ 69
air dry matter ····················· 300
air sac ··························· 71
air-tight silo ······················ 71
AI technician ····················· 169
A.I.V. solution ····················· 26
Akabane disease····················· 3
albino ···························· 9
albumen ························ 356
albumen secreting portion ············· 356
albumin-globulin ratio ··············· 26
alcohol by-products feed ··············· 8
alcoholic fermented milk ··············· 8
alcohol test ························ 8
alfalfa ···························· 9
alfalfa meal························· 9
alkali-treated straw··················· 8
alkali treatment ····················· 8
alkalosis ··························· 8
allantoic fluid ····················· 264
allantois ························· 264
allele ··························· 213
allelomorph ······················ 213
allergen ··························· 9
allergy···························· 9
alleropathy ························ 9
all in one silage ···················· 38
all mash ························· 38
allocation of labor ·················· 367
alloimmunization··················· 244
all or none trait ···················· 139
allotriophagy ······················ 13
allotype··························· 9
allspice ·························· 38
Alpine ···························· 9
alsike clover ······················· 8
alternative pathway ················· 302
albumen index ···················· 356
albuminuria ······················ 220
alum tanning······················ 335
alveolar epithelial cell ··············· 261

alveolar lumen · 197	animal waste pollution problems · · · · · · · · · 223
amendment · 302	animal quarantine · 245
American Standardbred · · · · · · · · · · · · · · · · 176	animal unit · 55
American Torotter · 176	animal waste management · · · · · · · · · · · · · · 55
amino acid imbalance · · · · · · · · · · · · · · · · · · · 7	animal wastewater · 264
amino acid feed additives · · · · · · · · · · · · · · · · 7	animal welfare · 55, 245
amino-terminal · 7	annatto · 278
ammonia nitrogen · 12	annual breeder · 147
ammoniation · 12	annual delivery · 147
ammonia treatment · 12	annual fleabane · 296
ammonification · 11	annual grass · 16
amnion liquid · 348	Anoa · 172
amniotic fluid · 348	animal model · 6
ampulla of deferent duct · · · · · · · · · · · · · · · 180	anomalous behavior · 14
ampulla of oviduct · 353	anovulatory estrus · 337
ampulla of uterine tube · · · · · · · · · · · · · · · · 353	ante-mortem inspection · · · · · · · · · · · · · · · 186
AMS · 369	antenna-shop · 11
amylase · 7	anterior pituitary hormone · · · · · · · · · · · · · · 51
anaerobic bacteria · 96	anthrax · 219
anaerobic treatment · 96	antibiotic feed additives · · · · · · · · · · · · · · · 103
Anaplasma · 6	antibody · 103
Anaplasma centrale · 6	anticodon · 11
Anaplasma marginale · · · · · · · · · · · · · · · · · · · 6	antidiuretic hormone · · · · · · · · · · · · · · · · · · 106
anaplasmosis · 6	antifertilizin · 101
ambivalent behavior · · · · · · · · · · · · · · · · · · · 360	antigen · 100
Andalusian · 10	antihormone · 11
androgen · 11, 219, 346	antiserum · 100
androgenesis · 346	anus · 106
Andropogoneae · 124	apex of frog · 235
androstendione · 11	apotosis · 7
androstenediol · 11	Appaloosa · 6
angel cake test · 33	apparent digestibility · · · · · · · · · · · · · · · · · · 333
angle of wall · 236	appetitive behavior · 57
Anglo-Arab · 10	Arab · 8
Anglo-Norman · 10	Araucanas · 9
Anglo Nubian · 10	ARC feeding standard · · · · · · · · · · · · · · · · · · 26
Angora · 10	arch of the aorta · 210
aniline finish · 6	arm · 160
animal assisted therapy · · · · · · · · · · · · · · · · · 245	Arni · 172
animal bioreactor · 245	artery · 245
animal cell culture · 245	articulation · 64

artificial abortion	170
artificial anus	168
artificial brooding	168
aritificial casing	168
artificial chromosome	169
artificial climatic chamber	168
artificial culling	167
artificial hatch	170
artificial insemination bull	169
artificially induced lactation	345
artificial nursing	170
artificial organ	169
artificial pregnancy	170
artificial selection	167
artificial insemination	169
artificial sucker	170
artificial suckling	170
artificial vagina	169
artificial-vagina method	169
artificial conception	169
artiodactyla	82
ascariasis	43
Ascaridida	43
aseptic filling	336
aspermia	337
ass	366
assets	135
assortative mating	80, 297
asthenospermia	183, 184
astrakhan	59
atavism	194
atlas	66
atretic corpus luteum	316
atretic follicle	316
atrioventricular node	322
atrophic rhinitis	14
attenuation	240
auction	192
auditory threshold	56
Aujeszky's disease	37
Australian Merino	37
Australorp	37
autoimmunity	135
autoimmunization	135
autolysis	135
automatic feeder	140
automatic identification feeder	108
automatic locked stanchion	37
automatic milking system	369
automatic teatcup remover	236
automatic waterer	140
autosomal inheritance	158
autosome	158
autumn saved pasture	26
autumn saving of pasture	26
available amino acid	345
available soil moisture	249
Avena sativa L.	34
average gene effect	316
average milking rate	316
average rate of milk flow	316
avian mycoplasmosis	265
aviary	27
avidin	6
sweet acidophilus milk	4
axillary artery	28
Ayrshire	26
azoospermia	337

B

Babcock test	283
baby chick	163
Bacillus anthracis	219
Bacillus stearothermophilus	99
back	178
back cross	342
back fat	189
background noise	10, 273
bacon	317
bacon type	49, 317
bactofugation	33
baculovirus expression vector	276

bagasse	276	bearing surface	237
bahiagrass	283	bedded pack livestock building	307
bakery by-product	285	Beefalo	291
bale cutter	317	beef and raft	262
baled hay	114	beef belly	251
bale gripper	318	beef breed	258
bale handler	318	beef cattle	257
baler	317	Beefmaster	291
bale wagon	318	beef tallow	74, 217
bale wrapper	318	beet pulp	291
Bali cattle	284	beet top	291
balling gun	67	behavioral model	104
Bantam	287	behavioral needs	104
Banteng	288	behavioral pattern	104
bar	236	Beijing Duck	318
barley	38	belching	1
barn	223	Belgian	319
barn cleaner	285	belly	58, 283, 319
barn scraper	287	belt conveyer type barn cleaner	114
barnyard manure	75	belting leather	320
Barred Plymouth Rock	37	Beltsville Small White	320
Barr's body	180	bend	321
basal cover	67	Bergman's rule	319
basal diet	70	Berkshire	272
basal ration	70	Bermuda grass	283
base	32	best linear unbiased prediction	308
base pair	32	B-form DNA	290
base population	70	bicornuate uterus	198
basic fertilizer	232	bi-directional dominance relationship	200
basicity	33	bifidobacteria	296
basidiomycetes treatment	218	*Bifidobacterium*	312
basophil (e)	99	bifidus factor	296
Beta vulgaris L. var. *rapa* Dumort.	166	big meal	293
batch culture	282	binding quality	93
batch treatment system	44	bioassay	272
bating	317	biochanin A	162
battery	279	biochemical oxygen demand	289
bay	49, 341	biofilm process	188
B cell	290	biogas	273, 338
beak	83	biological adaptation	188
beamhouse process	154	biological clock	188

biological deodorization	188	blood spot	94
biological treatment	188	blood sugar	94
biological value	188	blooming	310
biome	273	blower	12
biopsy	273	blue cheese	310
bioreactor	273	blue leather	3
biotechnology	273	BLUP	308
bipartite uterus	360	boar building	152, 253
birth weight	183	boarding	141
Bison	274	BOD gross yield coefficient of sludge	289
bite	276	BOD sludge loading	290
black	3, 340	BOD−SS loading	290
blast cell	50	BOD volumetric loading	290
blastocyst	275, 322	body	327
blast duct apparatus	214	body care behavior	12, 334
blast formation	47, 347	body condtion score	327
blastodisc	275	body fluid	205
blastomere	56	body length	173, 210
blastula	322	body measurement	208
bleeding	321	body weight at first egg	163
blending	114	body weighting scale	208
blend spinning	114	boiling test	144
bloat	108	Bologna sausage	329
block rotation	312	boneless ham	329
blood glucose	94	bone marrow−derived cell	109
Blonde d'Aquitaine	313	bone marrow	109, 290
blood coagulation	92	bone meal	110
blood capillary	340	bone oil	110
blood cell (s)	93	bone tissue	109
blood clot	95	boom sprayer	300
blood follicle	152	Border Leicester	324
blood group	92	*Bordetella bronchiseptica*	14
blood group antigen	92	borrowed capital	216
blood group incompatibility	92	Boston butt	54, 325
blood group substance	92	botanical composition	162
blood group system	92	bottle washer	196
blood island	94	bottom cross	327
bloodletting	143	bottom grass	58
blood meal	95	bottom unloader	327
blood plasma	93	bout	276
blood sausage	308	bovine ephemeral fever	24

bovine serum albumin	23, 289
box finish	327
bracken	370
Brahma	307
Brahman	307
brain	269
brain stem	269
Brambell report	308
bran	266
brand	343, 351
Brassica rapa L.	165
Brazillian lucerne	175
break-even point	205
breast	193, 337
breda	336
breeding value	13
breed	298
breed (ers') association	246
breed improvement	298
breeding	286
breeding age	286
breeding by introducing	245
breeding by selection	196
breeding cock	149
breeding disorder	286
breeding efficiency	287
breeding farm	151
breeding for disease resistance	105
breeding goal	45
breeding longevity	286
breeding objective	45
breeding season	286
breeding stock	151
breeding plan	13
breeding strategy	13
Breton	310
Brevibacterium linens	361
brewers grain	291
Brick cheese	309
Brie cheese	309
brindle	252
brine	294
brine curing	139, 307
brisket	54
brisket navel end	310
bristle	106
British Alpine	309
British Friesian	309
British Saanen	309
British Suddleback	310
British Toggenburg	309
broadcaster	311
broad leaved dock	30
broad ligament of uterus	132
broiler	258, 311
broiler house	90, 311
boiler of poultry manure burning type	91
broken wool	93
Bromus inermis Leyss.	178
Bronze	313
brooder	310
broodiness	146
brooding	13
brooding house	90
brown-colored silage	57
Brown Leghorn	56
Brown Swiss	308
browser	307
browsing	308
bucket milker	277
buckskin	279
Buffalo	274
buffalo	172
buffalo's milk	172
buffing	282
bulb	235
bulbourethral gland	264
bulk cooler	284
bulking	284
bulking agent	302
bulk milk collection	284
bulk milk tank	284

bulldozer ·············· 310
bunker silo ·············· 285
bunk feeder ·············· 285
bunk life ·············· 285
bunt order ·············· 233
burning ·············· 291
burning deodorization method ·········· 269
bursa of Fabricius ············ 289, 299
business analysis ············ 89
business management ············ 89
business planning ············ 89
butt ·············· 282
butter ·············· 278
butter color ·············· 278
buttercup comb ············ 51, 147
butter milk ·············· 279
butter oil ·············· 278
butter powder ·············· 278
butter printer ·············· 279
butter starter ·············· 278
butyrometer ·············· 306
by-pass amino acid ············ 275
by-pass fat ·············· 275
by-pass protein ············ 275
by-pass starch ············ 275
by-product ·············· 302

C

C_3 plant ·············· 130
C_4 plant ·············· 130
cage ·············· 92
cage system poultry house ············ 91
cage system swine building ············ 92
calcitonin ·············· 60
calcium carbonate ············ 218
calcium phospate co-precipitation ······ 361
calf barn ·············· 74
calf hutch ·············· 41
calf meat ·············· 101
calf pen ·············· 42
calf skin ·············· 41

calf stall ·············· 41
California mastitis test ············ 60
callosity ·············· 305
Calvin ·············· 65
calving ·············· 314
calving barn ············ 74, 315
calving pen ·············· 315
Campbell ·············· 41
Camembert cheese ············ 58
Canadian bacon ············ 57, 367
Canavalia ensiformis ············ 113
candidate (preproved) bull (sire) ········ 106
cane top ·············· 92
canine teeth ·············· 97
cannibalism ·············· 66
cannon ·············· 83
cannon circumference ············ 61
canthaxanthin ·············· 131
capacitation ·············· 150
cape ·············· 99
capillary network ············ 340
capital ·············· 142
capital expenditure ············ 142
capital interest ············ 143
capital labor ratio ············ 142
capital productivity ············ 142
capital recovery method ············ 142
cap structure ·············· 72
carbohydrate ·············· 219
carboxyl-terminal ············ 60
carcass ·············· 249
carcass grading ·············· 30
carcass inspection ············ 30
carcass transaction standards ············ 30
cardia ·············· 315
cardiac muscle ············ 167
caressing ·············· 2
carotene ·············· 61
carotenoid fortifier ············ 131
carpal bones ·············· 150
carpometacarpus ············ 150

carrying capacity	324	cellulose	192
cartilage tissue	256	cellulose casing	192
carton	60	cell wall substances	119
caruncle	132	c(o)elom	207
casein	53	central filtering	227
casein micelle	53	central nervous system	227
casein number	53	central sulcus	235
caseino-glicopeptide	52	central wholesale market	226
casein phosphopeptide	53	centriole	227
Cashmere	50	centromere	195
Cashmere wool	50	cerebellum	159
casing	92	cerebrospinal nervous system	270
castration	79	cerebrum	211
catalase test	54	certified seed	325
catarrh	54	cervical canal	132
catecholamine (s)	57	cervical forceps method	89
cation-anion balance	54	cervical vertebrae	90
Cattalo	72	cesarean section	235
cattle barn	74	Chabo	226
cattle scale	73	chain conveyor	222
Caucasians	106	chalazae	59
caudal coccygeal vertebrae	293	challenge feeding	226
caudal vertebrae	293	chamois leather	189
cavernous body of penis	20	Charolais	144
cDNA	130	Charon	144
cDNA library	130	charon-phage vector	144
cecal feces	341	Cheddar cheese	222
cecum	341	cheek	324
cell	117	cheese	221
cell cycle	118	cheese cloth	221
cell death	118	cheese eye	222
cell division	118	cheese food	222
cell fusion	119	cheese hoop	222
cell line	117	cheese mold	222
cell-mediated (cellular) immunity	118	cheese press	222
cell membrane plasmalemma	119	cheese spread	221
cell organelle	118	cheese starter	221
cellular contents	118	cheese vat	222
cellular junction	117	cheesy flavor	221
cellular oncogene	119	chemical castration	46
cellulase	192	chemical oxygen demand	129

chemical regulation	46	chyle	262
chemical score	95	chymosin	72
chemical treatment	46	cilium	197
chemotaxis	46, 198	*Cinnamomum cassia* Blune	140
Cheshire cheese	222	*Cinnamomum loureirii* Nees	140
chest depth	77	*Cinnamomum zeilaricum* Nees	140
Chester White	222	cinnamon	140
chest girth	76	circadian rhythm	115
chestnut	85, 305, 341	circling	45
chest width	78	circular fluctuation of price	46
Cheviot	222	cis-acting sequence	137
chevon	343	citrus pulp	117
Chianina	67	city milk	140
chick feed	348	classical conditioning	111
chick guard	224	classical pathway	111
childbed	127	clavicle	123
chilled meat	232	claw	47, 233
chimera	71	cleaning in place	236
chimera protein	72	cleavage	314, 353
China	140	Cleveland Bay	85
Chinese pigs	226	climax	78
chloramphenicol acetyltransferase gene	129	climograph	84
Chlorella	88	clitoris	19
chlorination	34	cloaca	86, 201, 274
Chloris gayana Kunth.	367	clockmeter	87
cholesterol	112	clomiphene	11
chopper	231, 258	clone	87
chorionic gonadotrop (h) in	148	cloned animal	87
chorion	148	cloned gene	88
chromatin	194	cloning	86
chrome tanning	87	closed herd (population)	316
chromic oxide	126	closed herd breeding	91, 316
chromosome	194	closed type livestock building	316
chromosome aberration	194	*Clostridium thermocellum*	99
chronic respiratory disease	265	clothing wool	323
chloramine-T method	87	clotty wool	93
chloride-lactose number	32	clutch	84, 129
chuck	226	C/N ratio	129, 219
chuck roll	226	coagulant	77
churn	225	coancestry	80, 314
churning	225	coarse-cut sausage	8

coat color ········· 340	community ········· 88
Cochin ········· 106	compact bone ········· 225
cochlear duct ········· 47	companion animal ········· 289
cooking ········· 347	companion grazing ········· 114
cocksfoot ········· 37	comparative advantage ········· 292
coconut meal ········· 344	comparative judging ········· 292
coefficiency of heat tolerance ········· 209	compensatory growth ········· 208
coefficient of kinship ········· 80	competent cell ········· 114
coefficient of relationship ········· 92	competition ········· 76
cold barn ········· 107	competitive feeding trial ········· 138, 166
cold injury ········· 61	complement ········· 326
cold meat ········· 363	complementary DNA ········· 201
cold resistance ········· 206	complementary gene ········· 326
cold shock ········· 235	complement fixation test ········· 326
cold storage ········· 363	complement regulatory factor ········· 326
coleoptosis ········· 225	composite (synthetic) breed ········· 103
cholinergic nerve fiber ········· 112	composite (synthetic) strain ········· 91
collagen ········· 112	compost ········· 115, 211
collagen casing ········· 112	compost barn ········· 212
collagenous fiber ········· 100	compost depot ········· 212
collateral sulcus ········· 235	composting ········· 212
colon ········· 94	composting equipment ········· 212
color developing agent ········· 282	compressed hay ········· 180
colored guineagrass ········· 58	compromise behavior ········· 191
color fan ········· 59	computer controlled feeder ········· 114
colostrum ········· 164	cumulus oophorus ········· 354
colpitis ········· 224	ConA ········· 113
colposcope ········· 224	concanavalin A ········· 113
comb ········· 61, 248	concentrate ········· 270
combination tanning ········· 114	concentrated milk ········· 270
combining ability ········· 83	conception ········· 151
comfort stall ········· 114	conception rate ········· 151
commercial ········· 151	conceptus ········· 151
commercial feed ········· 359	concordant ········· 14
common ········· 19	condensed milk ········· 366
commonage ········· 19	conditional gene ········· 156
common bile duct ········· 200	conditioned reflex ········· 157
common environmental effect ········· 62	conditioned sound ········· 156
common integument ········· 44	conditioned stimulus ········· 156
common vetch ········· 111	conditioning ········· 4
communicable disease ········· 240	condominant ········· 213

confinement	127	cordvan	106
conflict behavior	57	corn	107, 246
comfort behavior	12	cornea	49
congelation	244	corned beef	107
congenital abnormality	195	corn harvester	107
congress	77	cornification	47
conjunctiva	95	cornified organ	48
connective tissue	93	corn planter	308
consolidation	232	corn stover	246
constitution ratio of total capital	142	cornu	233
contact aeration process	190	coronary artery	63
contact inhibition	190	coronary band	235
contagious equine metritis	24	coronet	235
contemporary comparison	242	corpus luteum	35
continued estrus	138	corpus luteum atreticum	316
continuous breeder	147	corpus luteum graviditalis	265
continuous butter making	365	corpus luteum of estrous cycle	281
continuous cheese making	365	corpus luteum of lactation	295
continuous culture	365	corpus luteum of pregnancy	265
continuous grazing system	365	corral	55, 112
continuous ice cream freezer	365	correlated response	64
continuous treatment system	365	Corriedale	112
contract farming	91	corticoid	112, 303
controlled feeding	181	corticotrop(h)in	303
controlled stocking	67	corticotrop(h)in releasing hormone	303
conventional activated sludge process	297	costal cartilage	368
conventional pack curing	125	costing	297
combined churn	114	cost of depreciation	96
cooked flavor	57	cost of goods sold	25
cooked meat products	58	cost price	296
cooked sausage	83	cottege cheese	57
cooking	83	cottonseed	339
cool-season grass	65	cottonseed meal	339
Coombs' anti-globulin antibody	82	cotyledonary placenta	202
Coombs'test	82	coumestrol	162
co-operative farm	202	count	288
coppice	316	countercurrent heat exchange	207
copulatory plug	225	counter-slope barn	46
copy number	15	country hide	66
copy number dependent expression	111	couple stanchion	365
coracoid bone	23	coupling	348

courtship behavior	73	crossbred	101
covering gene	156	cross breeding	101
covering with soil	304	crossing-over	271
cow brassiere	46	crossing-over value	271
cow day	45	croup	164
cow keeper	45	croup length	75
cow mat	46	crowd gate	84
cow trainer	45	crowding	337
crabgrass	339	crown coverage	67
cracked egg	284	crown rust	63
crackle	84	crude fat	203
cranial bones	242	crude fiber	203
cranial nerve	270	crude protein	203
cranium	242	crumble	84
cream	85	crushing death	5
cream cheese	85	crust leather	84
creaming	85	cryoprotectant	210
cream line	85	cryoprotective agent	210
cream separator	85	cryptorchidism	20, 196
creeper	82	*Cryptosporidium*	86
creep feed	31	*Cryptosporidium parvum*	86
creep feeding	31, 85	crystallization	158
creep fence	85	cube	76
creeping up	84, 192	curve groove	39
creep ration	31	culling	244
crest	90, 340	culti-packer	60
CRH	303	cultivator	60
cribbing	123	curd	41
crimp	86, 97	curd knife	41
cript of Liberkuhn	228	curd tension	41
criss-crossing	148	curing	33, 73, 139
criss-cross inheritance	148	curl	370
critical leaf area index	96	current assets	359
critical temperature	360	current liability	359
crop	204	cuticle	83
crop growth rate	108	cut meat	306
cropping system	122	cutter blower	56
crop rotation	360	cutting frequency	59
crops	97	cutting interval	59
cross (ing)	101	cyanide poisoning	182
cross adaptation	101	cyclic AMP	115

cyclic corpus luteum ·················· 281
Cynodon dactylon (L.) Pers. ············ 283
cytoplasm ························· 118
cytoplasmic inclusion body············· 118
cytoplasmic inheritance················ 118
cytotoxic factor ····················· 118

D

Dactylis glomerata L. ················· 37
daily gain ······················ 200, 258
dairy barn ························· 74
dairy breed ························ 263
dairy cattle ························ 260
dairy farming upon paddy field ········· 173
dairy herd performance test ············ 73
dairy performance ··················· 295
Dairy Shorthorn ···················· 237
dam - daughter comparison ············ 329
Danbo cheese ······················ 221
Danish type swine building············ 241
dark cutting beef ··················· 205
day - old chick ····················· 163
day - old (baby, new born) chicken sexing · 163
dead in pipped egg·················· 135
dead - in - shell embryo··············· 135
debeaker ························· 218
debeaking ························· 218
deboning ························· 163
decidua ·························· 215
decidual teeth ······················ 260
decimal reduction value ··············· 237
decision coefficient ··················· 94
deep pit poultry house ················ 101
deer farmimg ······················ 349
defatted rice bran ··················· 215
defaunated animal ··················· 163
defect wool························· 93
deferent duct······················· 180
differentiation······················ 314
defibrinated blood ··················· 215
deformity ·························· 68

defrosting ························· 44
degeneracy ························ 149
degraded grassland ·················· 105
degree of maturity ·················· 305
degree of stability ·················· 305
dehairing ························· 347
dehorner ·························· 161
dehorning ························· 161
dehoninng tool ····················· 161
dehydrated alfalfa meal ················· 9
dehydrated hay ···················· 168
dehydroepiandrosterone ················ 11
dehydrotestosterone··················· 11
delayed birth······················· 228
delayed implantation ················· 226
delayed ovulation···················· 276
deliming ·························· 214
delivered cow······················· 90
delivering rate ····················· 315
delivery ··························· 314
delivery interval ···················· 314
dendrite ··························· 150
denitrification······················ 215
dense albumen ····················· 270
dense egg white ···················· 270
deodorant ························· 215
deodorant appartus by sawdust ·········· 38
deodorant system ··················· 215
deodorization by ozone ················ 39
deodorant apparatus using rockwool ······ 368
depreciation rate ···················· 156
descent of testis ···················· 186
designated buyer ··················· 274
Desmodium intortum (Mill.) Urb. ········· 85
despotism ························· 247
desulfurization ····················· 216
detector for end of milking ············ 123
detector tube························ 97
detergent analysis ··················· 238
developmental biotechnology ············ 282
Devon ··························· 238

dewclaw	304
dewlap	77
dew-point temperature	369
Dexter	237
dextran	237
diabetes mellitus	245
diallel cross(ing) (mating)	198
diaphragm	35
diaphysis	109
dideoxy	234
diestrus	281
dietary fiber	163
differential cost	96
differential display	117
diffuse placenta	126
digester	156
digestibility	156
digestible amino acids	345
digestible crude protein	51
digestible energy	50
digestible nutrients	51
digestible true protein	51
digestive juice	155
digestion	155
digestive enzyme	155
digit	4
digital phalanges	135
Digitaria adscendens (H.B.K.) Henr.	339
diluent	179
dilution shock	69
dominance deviation	346
dip dyeing	170
diphenylamine test	141
diploid	287
dipping pool	344
dipping vat	344
direct heating method	230
direct microscopic count method	230
direct repeat	154
direct solar radiation	231
direct test	230
disaccharide	219
disassortative mating	32, 297
disbudding	161
disk harrow	284
discoidal placenta	286
discordant	14
discrimination learning	321
discrimination of meat	257
disease resistance	105
disk mower	342
dispensable amino acids	49, 296
displacement behavior	238
dissolved oxygen	235
dissolved solids	347
distal phalanx	331
distal uriniferous tubule	32
distance of nearest neighbor	115
disturbed behavior	139
diurnal behavior pattern	259
diversified management	213
dizygotic twins	264
DNA binding domain	234
DNA dependent RNA polymerase	233
DNA-DNA hybridization	234
DNA gyrase	234
DNA ligase	235
DNA polymerase	234
DNA repair	234
DNA replication origin	234
DNA sequencing	234
DNA topoisomerase	234
DNA transformant	234
dock	69, 292
docking	221
dog-sitting	97
cold tolerance	206
Domestic Animal Infectious Disease Control Law	55
Domestic Animal Improvement Law	54
domestic animals	54
domestic sausage	251

dominance index · 344	drip · 252
dominance order · 143, 153	drive · 241
dominance-submissive order · 346	drive over gate · 177
dominance value · 344	drug resistance gene · 343
dominance variance · 346	drum · 207, 252
dominant control region · 345	drum mower · 342
dominant gene · 345	drum stick · 180
dominant species · 346	dry barn · 74
donkey · 366	dry cow · 66
donor · 15, 78, 251	dry curing · 61
donor cell · 251	dry feed · 65
dormance · 76	dry feeding · 251
dormant seed · 76	drying by drafting · 201
Dorset Horn · 246	dry lot · 251
double comb · 147	dry lot feeding · 251
double entry book-keeping · 302	dry matter · 66
double helix · 258	dry matter yield · 66
double immuno-diffusion in one dimension method · 15	dry off · 66
	dry rendering · 365
double knife mower · 342	dry salted hide (skin) · 32
double-reversal feeding experiment · 288	dry sausage · 251
dough ripe stage · 107	dry strength · 65
dourine · 252	dry up · 66
draft animals · 28	dry up cow · 66
draft horse · 288	dual purpose breed · 98
drawn grain · 80	dual purpose breed for egg and chicken · 355
dressed carcass · 30	dual purpose breed for milk and beef · 262
dressing · 92	ductus deferens · 180
dressing of carcass · 43	dull estrus · 253
dressing percentage · 249	dummy · 69, 71
dried egg white · 65	dump trailer · 253
dried egg yolk · 65	duodenum · 147
dried hide (skin) · 66	duplex comb · 147
dried meat · 65	duplex uterus · 230
dried milk · 314	durable years · 213
dried skim milk · 215	dura mater · 270
dried whey · 315	duration of estrus · 281
dried whole egg · 65	duration of gestation · 265
drill · 253	Duroc · 238
drill seeding · 175	dust · 314
drinking behavior · 20	dust-bathing · 177

E [425]

dustproof system	322	egg collection	120
dwarfism	370	egg eating	163
dyeing	194	egg gatherer	149
dyschondroplasia	256	egg grader	197
dysplasia	13	egg in peritoneal cavity	304

E

		egg laying	128
		egg laying performance	129
ear	335	egg-laying test	129
ear lobe	139	egg-nog	30
early feathering	198	egg products	50
early flowering (blooming)	42	egg production index	129
early heading stage	152	egg shell	352
early learning	161	egg shell formation portion	353
early weaning	198	egg shell strength	353
ear notcher	135	egg tester	99
ear tag	19, 140	egg turning	241
ear wiggling	282	egg weight	354
eating for leisure	4	egg weight at first egg	163
eating of feces	163	egg white	356
eating rate	116	egg yolk	352
Echinochloa flumentacea Link.	291	egg-yolk buffered solution	352
economically viable farm	164	ejaculation	144
ecosystem	186	elastic cartilage	219
ectoderm	44	elastic fiber	219
ectopic gestation	131	elbow	293
ectopic pregnancy	131	electrical stimulation	239
Edam cheese	30	electrical stunning method	239
effective population size	345	electric conductivity	12, 239
effective selection differential	345	electric fences	239
effective surface area	345	electro-ejaculation	239
effective temperature	139, 206	electrophoresis	239
efferent lymphatic vessel	347	electro-poration	32
efficiency of selection	196	elephant grass	268
efficiency of fertilizer	298	elevated floor poultry house	101
efficiency of grazing	116	eliminative behavior	274
egg	354	elite bull	32
egg breaking machine	57	elite cow	32
egg breed	357	Embden	32
egg candler	99, 244	embossing	53
egg cleaner	197	embryo	272
egg collecter	149	embryo collection	117

embryonal carcinoma cell ············· 274
embryonal germ cell ················· 14
embryonic stem cell················ 87, 274
embryo transfer ···················· 341
embryo transfer ···················· 272
embryo transplantation ················ 272
emergence ························ 279
Emme ····························· 32
Emmenthal cheese ····················· 32
E. M. Southern ··················· 123, 271
emulsifying property ················· 259
enamelled leather···················· 31
embryo recovery ···················· 117
end bud ··························· 149
endocrine ·························· 255
endocrine disrupting chemicals ············ 62
endocrine disruptor (s) ··············· 62, 255
endoderm ·························· 254
end of grazing ······················ 147
endogenous (urinary) nitrogen··········· 254
endometrial cup ····················· 133
endometritis ······················· 133
endometrium ······················· 133
endomysium························ 81
endonuclease ······················· 34
endophyte ························· 34
endoplasmic reticulum ················ 160
endothelium and mesothelium ··········· 254
enhancer ··························· 34
ensilage···························· 33
Enterococcus ······················· 312
enterohemorrhagic *Escherichia coli* O157 · 228
enterprise ·························· 68
environmental correlation ··············· 62
environmental hormones ··············· 62
environmental resistance················ 62
enzyme immunoassay ················· 33
eosinophil (e)······················· 101
ependyma ························· 155
epididymis ························· 186
epididymitis ······················· 186

epiphyseal cartilage ·················· 109
episome···························· 31
epistasis ··························· 156
epistatic deviation ···················· 155
epistatic variance ···················· 155
epithelium·························· 159
equine chorionic gonadotrop (h) in ········ 24
equine infectious anemia················ 25
equine paratyphoid ··················· 25
equipment for air blast to animal body ···· 224
Equus africanus ···················· 366
Equus hemionus ···················· 366
Eragrostoideae····················· 124
ergot ··························· 76, 279
Erigeron annuus L. ·················· 296
eructated gas························· 1
eructation ··························· 1
eructation reflex······················· 1
Erysipelothrix rhusiopathiae ············ 253
erythrocyte ························ 190
escape behavior ····················· 245
esophagus ························· 162
essential amino acid index ············· 294
essential amino acids·················· 294
essential fatty acids ·················· 294
establishment ······················ 236
estimated transmitting ability ··········· 350
estradiol ·························· 29
estriol ···························· 29
estrogen ······················· 29, 282
estrone ··························· 29
estrous cycle······················· 184
estrous cycle synchronization ··········· 281
estrous sign························ 281
estrum ···························· 280
estrus····························· 280, 304
estrous cycle······················· 281
estrus during pregnancy················ 266
estrus in gestation ··················· 266
Eucalyptus ························ 124
eukaryote ························· 167

eutrophication 300	Falabella 299
evaluation of semen qualities 179	Fallopian tube 353
evaporated milk 337, 366	fallow 61, 341
evaporative heat loss 159	fallowing 73
examination of semen properties 179	false mount 59
examination of embryo 151	family farm 53
examination of fertilized egg (ovum) 151	family index 49
excess drinking 213	family selection 49
excess sludge 349	farm animals 54
exocrine 45	farming with livestock 346
exon 29	farm price 265
exonuclease 28	farm size 89
expanded reproduction 48	farm transfer 265
expanding 28	farm wagon 299
expected progeny difference 70	farmyard manure 75
expected selection differential 70	farrowing crate 315
experimental animals 139	farrowing 314
exploratory behavior 218	farrowing building 253, 315
expulsion 321	farrowing pen 315
extended aeration process 229	farrowing piggery 315
extender 179	*Fasciola* 66
external ear 42	*Fasciola gigantica* 66
external iliac artery 43	*Fasciola hepatica* 66
external pudendal artery 42	fascioliasis 66
external pudendal vein 42	fat corrected milk 141
external secretion 45	fat cow syndrome 23
external urethral orifice 44	fat globule 141
external uterine orifice 43	fat globule membrane 141
extrauterine pregnancy 131	fat liquoring 50
extruding 29	fat soluble vitamin 158
eye 337	fattening barn 74, 290
eyeball 62	fattening piggery 290
	faulty wool 93
F	faunated animal 346
face 46	Fayoumi 299
face in type barn 210	F-body 31
face out type barn 206	feather 25
facial bone 67	feather meal 300
facilitated diffusion 202	feather pecking 277
factor 92	feather pulling 277
factorial experiment 347	feces 313

F

fecundation	151	fermented sausage	280
feeble estrus	293	fermented tank of straight type	230
feed	164	fermentation tank of horizontal rotary kiln type	334
feed additives	166		
feed and stall alley	217	fern	370
feed bunk	138	fertile activity (ability)	151
feed cost to milk receipt ratio	260	fertility	151
feed composition	166	fertilization	150
feed conversion	167	fertilization ability	151
feed cutter	166	fertilization membrane	151
feed efficiency	165	fertilization rate	151
feeder	74	fertilized egg	151
feeder stock	342	fertilized ovum	151
feed former	166	Fertilizer Control Law	298
feed grinder	166	fertilizing ability	151
feeding	73	*Festuca arundinacea* Schreb.	247
feeding behavior	190	*Festuca elatior* L.	338
feeding cart	274	*Festuca ovina* L.	339
feeding fence	74	*Festuca rubra* L.	339
feeding panel	74	fetal membrane	212
feed ingredient	219, 273	fetal placenta	207
feeding standard	159	fetlock	74
feeding trial	157	fetus	207
feeding trough	74	F_1 fattening	31
feeding value	165	fibroblast	192
feed intake	116	fibrocartilage	192
feed intake per minute	116	fibula	292
feed lot	300	fibular tarsal bone	157
feed mixing machine	164	field testing	98
feed specified by government order	248	fighting	244
feed unit	166	fighting cock	242
feed yeast	165	fillet	298
felt	300	fimbria of oviduct	353
felting	149	financial management	119
femur	209	fimbria of uterine tube	353
fence	324	fineness	195
fermentation	280	finger printing	300
fermentation tank of round type	34	finger-wheel rake	317
fermentation tank of vertical kiln type	334	finishing barn	74
fermented feed	280	finishing building	253
fermented milk	280	finishing process	129

firefly luciferase gene	327
firmness	143
first crop	16
first cross hybrid	16
first cutting	16
first digit	205
first harvest	16
first metatarsal bone	205
fish meal	79
fish soluble	300
fishy egg	79
fixation of meat color	257
fixed assets	110
fixed assets turnover	110
fixed capital	110
fixed costs	17, 110
fixed liability	110
flail mower	342
flaking	5
flank	6, 96, 295, 308, 370
flat-braided rope used for restraint	298
flat floor poultry house	236
flavor	300, 310
flavored milk	310
fleece	309
flehmen	310
fleshing	25, 192, 311
fleshing blade	195
flexibility	217
flexing endurance test	206
Flieg's score	309
floating capital	359
floc	312
floor feeding	347
floor heating	347
floor rearing poultry house	298
flowering (blooming) stage	42
fluff	256
fluid egg white	173
fluid mash feeding	251
fluorescent antibody	89
fluorescent body	31
foaling	314
foaling box	315
foaling heat	315
foaming property	10
fodder beet	166
fodder and nitrogen-fixing tree	141
fodder turnip	165
foggage	301
follicle atresia	357
follicle-stimulating hormone	356
follicle-stimulating hormone releasing factor	356
follicular cyst	356
follicular hormone	357
follicular phase	356
food competition test	138, 166
food tampering	4
foot bath	344
foot dipping bath	307
foot printing	306
forage	301
forage blower	301
forage crop	165
forage grasses	324
forage harvester	301
forage mat maker	331
forage test	301
forage wagon	301
forced feeding	77
forced molting	77
forearm	196, 197
forehead	293
fore leg	193
forelock	330
fore milk	330
fore quarter	330, 350
fore shank	193, 330
forestomach	192
forewarming	8
form of the leg attitude	137

formula feed	273	full flowering (blooming)	42
formulation of feed	166	full heading stage	152
forward dealing	121	full ripe stage	63
forward genetics	154	full sib	193
foster mother	59	full sib mating	193
foster nursing	24	full sister and brother	193
fosterpig (lamb, etc) ~	124	full-time farm household	193
fouled patch	305	fultamide	11
foundation stock	70	functional environment	71
fourth digit	213	functional luteal stage	35
four way cross	350	fungi	167
fowl cholera	47	fur	92
fowl pest	47	fur animals	341
foxtail millet	10	fur breed	341
frameshift mutation	311	*Fusobacterium necrophorum*	66
Frankfurter sausage	308		
free breeding on range	330	**G**	
free feeding	145	gable roof	79
free martin syndrome	309	Gains	141
free stall barn	309	gallbladder	220
freeze-dried meat	242	gallop	125
freeze-dried milk	242	Galloway	73
freezing	363	gamete	273
freezing resistance	210	gamma (γ) globulin	67
freezing tolerance	210	gap junction	73
fresh cheese	311	gas absorbent	52
fresh forage	185	gastric gland	15
fresh sausage	311	gastrointestinal hormone	156
fresh yield	186	Gaur	46
freezability	243	Gayal	58
frog	235	GC box	130
front loader	313	gelatin	191
frostbite	244	gene	17
frozen concentrated milk	243	gene dosage compensation	18
frozen egg	243	gene frequency	18
frozen embryo	243	gene gun	17
frozen meat	243	gene map	17
frozen semen	243	gene mapping	194
frozen-thawed embryo	243	general combining ability	83
fructan	310	generation	190
FSHRF	356	generation interval	190

genestin	162	glomerulus	132
gene targeting	18, 298	glove	121
gene therapy	17	glucagon	86
genetic adaptation	188	gluconeogenesis	244
genetic base	18	glucose tolerance	210
genetic correlation	18	glue	257
genetic (gene) engineering	17	glue stock	259
genetic gain	18	gluten feed	86
genetic variance	18	glycerol equilibration	85
gene transfer	17	glycolysis	44
gene walking	18	gly (u) cosuria	245
genome	95	glycosylation	243
genotype	17	goat meat	343
gestagen	311	goat milk	343
gentle handling	2	Golgic complex	112
Gerber test	95	Golgi apparatus	112
German Improved Landrace	241	Golgi complex	112
germ cell	181, 184	gonad	185
germ free animal	336	gonadotrop (h) ic hormone	185
germ hill	354	gonadotrop (h) in	185
germinal disc	275	gonochorite dioecism	144
germination	279	Gorgonzola cheese	112
germination test	279	Gouda cheese	106
gestation	265	grading	48, 362
gestation and breeding building	253	grading and packaging center	197
gestation length	265	graft-versus-host reaction	15
gestation period	265	grain	82
GFP	360	grain	359
ghee	67	grain cracking test	82
Gir	79	grain drill	253
girth	39	grain side	82
gizzard	79, 124	grain sorghum	86
gland	192	grand parents	97
gland cistern	261	granular leucocyte	60
gland of Liberkuhn	230	granule	84
glandular stomach	192	granulocyte	60
glans penis	70	grass hay	324
glazing	233	grass height	82, 199
global warming effect	223	grassland	200, 330
globe thermometer	87	grassland diagnosis	200
Gloger's rule	87	grassland drill	84

grassland establishment	201
grassland farming	201
grassland improvement	200
grassland improvement by oversowing	61
grassland management	200
grassland productivity	201
grass seed drill	253
grass silage	84
grass tetany	84
gravid horn	265
gravity flow channel	138
grazer	86
grazing	322
grazing behavior	161
grazing capacity	324
grazing forest	115
grazing system	323
grease	84
greasy wool	98
green cheese	85, 256
green feed	360
green fluorescent protein	360
green fodder	2
green forage	185
greenhouse effect gas	41
greenleaf desmodium	85
green panic	85
green yield	186
greenhouse gas	41
grey	4, 341
Griffith	90
grit	86
grit chamber	232
grooming	93
gross energy	198
gross margin	204
gross profit on sales	25
gross protein value	220
gross return	203
ground meat	292
ground rent	224
ground substance	69
group battery	88
group farming	146
group feeding	88
group pen	88
grovid corpus luteum	265
growing building	253
growing feed	209, 227
growing-finishing pig	258
growing piggery	13
growth	187
growth analysis	187
growth curve	187
growth form	179
growth hormone	187
growth hormone inhibiting factor	187
growth hormone releasing hormone	187
growth stopped egg	279
growth rate	187
grubs	24, 84
Gruyere cheese	86
fryer	307
guarding	41
guard rail	315
Guernsey	42
guidance policy finance	187
guideline for quality of composts	212
Guinea Fowl	329
guineagrass	70
gutter	314
gynogenesis	137
gyro type rotary tedder	317

H

habitat segregation	178
habitual abortion	144
habituation	256
hackle	88
Hackney	277
hair	88, 204, 348
hair color	340

hair cortex	341
hair cuticle	340, 362
hair follicle	341
hair medulla	341
hair slip	319
half-bred	286
Halflinger	272
half-sib	285
half-sib correlation	285
halothane test	285
halter	246
halving	192
ham	283, 342
Hampshire	288
hand milking	238
hand-pressure method	144
hang drying	59
hanging tender	174
Han Sheep	67
haploid	287
hard cheese	101
hardened egg	99
hard palate	100
hard salami	204
hard seed	101
Hardy	272
Hardy-Weinberg's law	272
harness leather	214, 267
harrow	284
Haspel	282
hatchability	302
hatchery by-product	302
hatch-failed egg	135
hatching	301
H^+-ATPase	278
Haugh unit	276
hay	64, 324
hay barn	65
hay cob	316
hay cube	316
hay cubing equipment	316
hay dryer	324
hay elevator	315
hay grade	64
haylage	317
hay making	65
hay rack	198, 317
hay tedder	316
hay tower	324
hay value	64
hay wafer	315
hazard substance	344
head	5, 318
head cheese	318
heading stage	152
heart	171
heart girth	76
heat	280
heat conduction	268
heat damage	290
heat-damaged silage	57
heated air drier	60
heat increment	268
heat loss	268
heat originated in fermentation	280
heat production	128
heat resistance	209
heat shock protein	267
heat stroke	267
heat tolerance	209
heat transmission	267
heaving	244
heavy draft horse	146
heavy horse	146
heavy leather	5
Hedigar	108
heel	236
Hegari	86
heifer	333
heifer rearing on pasture	322
helix-turn-helix structure	319
hematocrit	319

H

hematopoietic stem cell	199
hemicellulose	319
hemolytic reaction	347
hemorrhagic follicle	152
hepatoenteric duct	65
hepatic abscess	66
herbable intake	116
herbage intake	162
herbage mass	116
herbage meter	202
herbage type	82
herbicide	124
herbivore	199
herbivorous animal	199
Hereford	320
heritability	18
hermaphrodite	147, 285
hermaphroditism	147
herringbone parlor	319
heteropycnosis	18
heteroantibody	14
hetero-immunity	14
heterosis	123, 318
heterozygote	13
heterozygosis	13
hide	292
hide powder	296
hide substance	293
high-density big rectangular baler	317
Highland	276
highland dairy farming	344
high molecular coagulant	106
high-moisture silage	102
high-rate composting	74
high-temperature short-time pasteurization	99
hill sowing	178
hindbrain	105
hind leg	101
hind quarter	5, 251, 350
hind shank	99, 251
hinny	94
hip bone	63, 347
hip cross	146
hip height	146
hippomanes	212
hip width	347, 348
histiocyte	202
histocompatibility-Y antigen	27
histocompatibility gene	203
Histoplasma farciminosum	52
hnRNA	318
hock	293
hog cholera	253
hog intestine	253
Hogness box	233
Hohenheim grazing system	324
holding area	206
holding pasteurization	325
holding sterilization	325
Holstein	328
homeo box	327
homeorhesis	328
homeostasis	186, 327
homeothermy	99
homeotic gene	209
hominy feed	327
homogenized milk	80
homologous recombination	201
homologous restriction factor	20, 326
homologous chromosome	201
homozygosis	242
homozygote	13
honey bee	334
hoof	233, 294
hoof cultivation	235
hoof cutting	122
hoof dressing	237
hoof triming	122
hoof trimming nipper	122
hook order	233
hopping	282
horizontal silo	285

horizontal silo unloader	120
hormone	328
hormone of the pars intermedia	52
horn	233
horse shoe	236
horsing up	24
Houdan	340
house	223
housekeeping	276
housekeeping gene	276
hover type brooder	50
Ht	319
HTST pasteurization	31
hyaline cartilage	59
huddling	337
human chorionic gonadotrop (h) in	266, 294
human menopausal gonadotrop (h) in	316
humerus	160
humoral immunity	206
humped cattle	191
humus	305
hungry wool	93
Hu sheep	112
Huxrley	104
H-Y antigen	27
hybrid	123
hybridoma cell	275
hybrid vigour	123
hydatidiform mole	70
hyoid bone	190
hyperacute rejection	228
hyperglycemia	49
hypersensitivity	58
hypertely	51
hypocalcemia	235, 262
hypocleideum	123
Hypoderma bovis	84
Hypoderma lineata	84
hypogammaglobulinemia	336
hypomagnesemia	237
hypoovaria	355

hypophyseal portal vein	52
hypophysis	51
hypotarsus	53
hypothalamus	136
hyppocampus	44
hythergraph	273

I

Ibaraki disease	19
ice cream	1
ice cream freezer	2
ice cream mix	2
ice milk	2
icterus	36
ideal protein	2
ideal type	297
identical twins	16
Ig	339
ileal amino acid digestibility	43
ileum	43
ilium	229
imbedding	354
imitation milk	19
immature birth	199
immobilization	110
immortalization	305
immunity	339
immunization	339
immunoassay	19, 339
immunofluorescence	89
immunogen	100
immunoglobulin	339
immunoglobulin A	1
immunoglobulin G	1
immunoglobulin M	1
immunological adjuvant	339
immunological tolerance	339
implantation	354
imprinting	178
improved grassland	45
impulse-conducting system	134

I

inbred line ················· 80	infertile reproductive cycle ········ 306
inbred strain ················ 80	influenza ····················· 22
inbreeding ·················· 81	infrared ray lamp ············· 189
inbreeding coefficient ········ 80	infundibulum ················ 354
inbreeding depression ········ 80	infundibulum of oviduct ······ 354
incineration equipment ······ 156	infundibulum of uterine tube ··· 354
incisor teeth ················ 190	ingestive behavior ············ 190
income elasticity of demand ··· 164	inguinal canal ················ 202
income of farm-household ···· 269	inhibin ······················ 22
incomplete antibody ·········· 302	initiation codon ··············· 43
incross ······················ 19	innate releasing mechanism ···· 158
incrossbred ·················· 19	inner cell mass ··············· 254
incubator ···················· 308	inner ear ···················· 254
independent culling level ···· 248	inner shell membrane ········· 255
index method ················ 136	inner thin albumen ··········· 254
index selection ··············· 137	inorganic coagulant ··········· 336
Indian buffalo ················ 21	insemination ········· 150, 179, 274
Indian cattle ················· 21	insensible perspiration ········· 302
Indian runner ················ 21	inserted mutation ············· 201
indicator method ············· 136	inside round ············· 20, 24
indirect heating method ······· 64	inside skirt ·················· 174
indirect performance test ······ 64	insight learning ·············· 243
indirect selection ············· 64	*in situ* ····················· 20
indispensable amino acids ····· 302	*in situ* analysis ············· 20
individual behavior ··········· 108	*in situ* hybridization ········· 20
individual farm ··············· 111	inspection of breeding male stock ··· 151
individual feeding ············ 218	instant milk powder ··········· 20
individual milk ··············· 111	instinctive behavior ··········· 158
individual pen ················ 218	instruments for AI ············ 169
individual selection ··········· 108	insulation ···················· 220
induced multiple pregnancy ··· 345	insulin ······················ 20
induced ovulation ············· 345	insulin-like growth factor (s) ··· 21
industrial waste water ········ 126	integrated grazing and conservation ··· 98
inedible egg ·················· 163	integration ··················· 269
infection ···················· 252	intensity ···················· 148
infectious abortion ············ 240	intensity of selection ·········· 196
infectios bovine keratocon-junctivitis ··· 240	intensive grazing ············· 148
infectious bovine rhinotrachei ····· 23	intensive livestock farming ···· 148
infectious bronchitis ··········· 240	intensive rotational grazing system ··· 148
infectious laryngotracheitis ···· 240	interactive habitat segregation ··· 178
infertile copulation ············ 306	inter-breed crossing ·········· 299

interdigital fissure	130
interdigital surface	130
interferon	21
intergeneric crossing	202
interleukin	21
interlocking stanchion	365
intermediate host	226
intermediate products	226
intermittent lighting	62
internal environment	255
internal fertilization	210
internal iliac artery	254
internal secretion	255
internal udder pressure	263
internal uterine orifice	254
intersex	63
interspecific hybrid	149
interstitial cell	63
interstitial cell stimulating hormone	63
intertarsal sesamoid bone	202
intervening sequence	21
intestinal bacteria	230
intestinal cecum	341
intestinal cript	228
intestinal gland	230
intestinal microorganisms	230
intestinal nerve	229
intestinal villi	229
intestine	228
intra-class correlation	75
intramammary pressure	263
intramuscular connective tissue	81
intron	21
inventory assets	216
inverted repeat	72
investigative behavior	218
in vitro	21
in vitro culture	203
in vitro embryo culture	206
in vitro fertilization	206
in vivo	22

in vivo culture	203
in vivo fertilization	210
in vivo gene transfer	186
Ipomea batatas Lam.	63
iris	100
ironing	2
irrigation	61
isabel	341
ischium	123
isoenzyme	2
isolation pen	49
isotype	2
isozyme	2
isthmus	78
isthmus of Fallopian tube	353
isthmus of oviduct	353
isthmus of uterine tube	353
Italian millet	10
Italian ryegrass	15
Italians	15

J

Japanese Agricultural Standard	259
Japanese Bantam	226
Japanese Black Cattle	87
Japanese Brown Cattle	3
Japanese Brown-Kouchi	3
Japanese Brown-Kumamoto	3
Japanese Game	144
Japanese long-tailed fowl	39
Japanese Mallard duck	3
Japanese millet	291
Japanese native pony	259
Japanese old style native fowl	140
Japanese plough	307
Japanese Polledcattle	336
Japanese quail	24
Japanese Saanen	259
Japanese Shorthorn	259
Japanese white	259
Japanese white leather	167

K

jaundice	36	Koestler number	32
jaw	4	Korean Cattle	62
jejunum	82	koumiss	8, 84
Jersey	143	Kuchinoshima Cattle	83
Jinhua pig	80	kudzu-vine	83
joint	64	Kuri	84
joint product	93	Kurishna Valley	85
jowl	324	kuzu	83
judging	170		
juxtaglomerular apparatus	133		

K

Kabulabula grass	59
Kafir	86
Kankrei	62
kapok meal	58
Karakul	59
karyotype	47
karyotype analysis	48
Kassler	367
Kata thermometer	53
kefir	8, 95
Kellner	241
kemp	98, 348
Kentucky bluegrass	97
keratin	95
keratinization	47
Kerry	95
keton body (bodies)	95
ketosis	95
key stimulus	46
Khaki Cambell	41
kid	70
kidding	314
kidney	171
killing	79
kip skin	70
knee	292
knocking	213
knock-out animal	271
knuckle	171

L

labor	314,
laboratory animals	139
labor force	367
labor pains	171
labor productivity	366
labor income	366, 367
lacks ham	352
Lacombe	351
lacrima	256
lactase	351
lactation	294
lactational performance	295
lactation curve	295
lactation period	295
lactic acid bacteria	260
lactic acid fermentation	260
lactiferous duct	260
lactiferous sinus	260
Lactobacillus	312
Lactobacillus acidophilus	4
Lactococcus cremoris	221, 278
Lactococcus lactis	221, 278
lactoferrin	351
lactogen	117
lactogenic hormone	117
lactometer	75
lactorrhea	263
lactose	262
lactose intolerance	262
ladino clover	352
La Fleche comb	147

L [439]

lagging strand	193, 224	learning	48
lagoon	126	leather	292
LAI	348	lecithin	363
lambing	314	lectin	363
laminated film	352	legume	331
laminitis	237	Leicester	363
land productivity	250	length of pregnancy	265
Landrace	355	leptin	364
Lane-Eynon method	363	lesser sickles	103
lanoline	349	lethal gene	224
lard	253, 350	leucaena	81
lard type	50, 350	*Leucaena leucoephala* Lam.	81
Large Black	350	leukocyte	280
large colon	206	*Leuconostoc citrovorum*	278
large intestine	210	*Leuconostoc dextranicum*	278
Large White	213, 350	leukemia	280
Large Yorkshire	213	Leydig cell	63, 238, 351
larynx	104	(LH) surge	32
latebra	352	libido test	358
late feathering	285	licking	358
late lactation milk	331	life cycle	180
latent heat	195	life form	179
latent learning	193	lifetime record	155
lateral lying	35	ligament	171
laurel forest	160	ligament of femoral head	209
Law concerning the Appropriate Treatment and Promotion of Utilization of Livestock manure	55	ligase	358
		light horse	90
		lighting control system	103
law of diminishing returns	149	light leather	24
laxatives	62	lightning	351
layer	128, 363	light period	101
laying hen	128	light rhythm	101
laying house	90, 120	linkage group	365
laying under artificial lightiing	240	Limburger cheese	361
leaching	348	lime sower	351
leader sequence	357	lime stone	218
lead feeding	357	lime treated straw	190
leading strand	193, 224	liming	190
leaf area index	348	limiting amino acids	180
leaf-stem ratio	91	Limousin	359
learned behavior	147	Lincoln	360

line	90	living space	143, 180
linear classification	193	loading chute	233
linear measure	82	local breed	225
line breeding	91	localized gene transfer	78
line cross	91	local wholesale market	225
lingual papilla	191	lochia	40
lining leather	25	locked spice powder	28
linkage	365	locus	213
linkage map	17, 365	locus control region	116
linseed meal	7	loin	107, 366
lip	102	loin bacon	367
lipase	358	loin roll	367
lip-curling	310	*Lolium multiflorum* Lam.	15
lipid	136	*Lolium perenne* L.	320
Lipizzaner	358	long cut ham	369
lipofection	359	long-day breeder	229
liquid compost	28	long life milk	32, 369
liquid egg	28, 29, 352	long rotational grassland	229
liquid feeding	358	long-term debt	228
liquid fertilizer	29	long egg	369
liquid manure	28	loop of Henle	321
liquid milk	28	loose barn	362
liquid spice	28	loose housing barn	283
liquid whole egg	197	lordosis	282
litmus milk	358	Lorentz	44, 172, 178
litter	294	lot	369
littermate	245, 294	low acedity second class milk	236
litter size	126, 358	lower saddle feathers	335
live body weight	186	low fertility	236
liver	64	low moisture silage	236
liver fluke	66	low temperature pasteurization	235
liver sausage	364	lucerne	9, 362
livestock	54	lumbar vertebrae	348
livestock building	223	luminometer	362
livestock dealer	55	luncheon meat	355
livestock farming consultation	223	lung	272
Livestock Hygiene Service Center	55	Lyoner sausage	358
Livestock Improvement Association of Japan	54	luteal cyst	316
livestock insurance	55	luteal hormone	36
livestock market	55	luteal phase	35
livestock unit	55	luteinizing hormone	32, 35, 36

luteinizing hormone releasing hormone ····· 36
luteolysis ······························ 36
luteolytic factor ························ 36
luteotrop (h) ic hormone ················ 36
luteotrop (h) in ························ 36
lymphatic sinus ······················· 361
lymphatic vessel ······················ 361
lymph node ··························· 361
lymphocyte ··························· 361
Lyon hypothesis ··················· 18, 350
Lyonisation ···························· 18
lysosome ························ 350, 358
lysozyme ···························· 358

M

mace ································ 256
machine milking ······················· 68
macrophage ·························· 330
macro phagocyte ····················· 209
Macroptilium atropurpureum (DC.) Urb. ·· 120
mad cow disease ····················· 240
magnum ························ 322, 353
MAI ································ 329
main tail feathers ···················· 152
maintenance behavior ·················· 14
maintenance of feeding system ·········· 165
maintenance ration ···················· 14
maiting building ····················· 105
maize ·························· 246, 338
major gene ·························· 152
major groove ························ 150
major histocompatibility antigen ········· 153
Makarikari grass ······················ 59
male effect ··························· 39
male hormone ··················· 219, 346
malignant hyper thermia ··············· 306
malnutrition ························· 27
mamma ····························· 263
mammary alveolus ··················· 261
mammary artery ····················· 261
mammary duct ······················ 260

mammary gland ····················· 261
mammary glandular cell ··············· 261
mammary lobe ······················· 262
mammary lobule ····················· 261
mammary vein ······················· 261
mammary cistern ···················· 262
mammotrop (h) ic hormone ············ 117
management consultant ················ 89
management consulting ················ 89
mandible ···························· 46
mane ······························· 216
Mangalitsa ·························· 332
manger ····························· 138
mangold ···························· 166
mansard roof ······················· 332
manure ····························· 75
manure spreader ····················· 331
manure tank ························ 314
marbling ···························· 143
margarine ··························· 329
margin ····························· 331
marginal cost ························ 96
marginal investment ················· 243
marker assisted introgression ··········· 329
marker assisted selection ·············· 331
market milk ························ 140
market share ························ 137
marking ···························· 257
mash ·························· 314, 331
masking agent ······················ 331
masking effect ······················ 331
masking method ····················· 331
mass selection ·················· 108, 147
mast cell ··························· 296
mastitis ···························· 263
mastitis milk ······················· 263
maternal behavior ··················· 326
maternal effect ······················ 326
maternal grandsire model ··············· 31
maternal immunity ·················· 325
maternal performance ················ 326

mating ·························· 105, 216
matrix ····························· 69
maturation ························ 184
maturation promoting factor ············ 355
mature ovarian follicle ················ 184
mature ovum ······················ 184
maturing stage ····················· 149
maturity ·························· 184
Maxam-Gilber ····················· 234
maxilla ··························· 155
mayonnaise························ 332
maze learning······················ 338
meadow ····················· 116, 200
meadow fescue····················· 338
meal ···························· 314
measuring ························ 233
meat ···························· 162
meat and bone meal·················· 257
meat emulsion ····················· 268
meat extract ······················ 257
meat-fat ratio ····················· 257
meat hygiene ······················ 162
meat inspection center················ 162
meat juice························· 257
meat loaf·························· 332
meat meal ························ 258
meat scrap ······················· 258
meat spot ························ 332
meat type ····················· 49, 187
meat wholesale market ················ 162
meconium························· 212
medecay accelerating factor ············ 326
median eminence ··················· 186
median suspensory ligament ············ 226
Medicago sativa L. ··················· 9
medical fluid washing method ··········· 343
medicated feed ···················· 343
medula oblongata··················· 33
medullary bone ···················· 109
Meishan Pig ······················ 338
melanocyte stimulating hormone ·········· 52

melatonin ························ 339
membrane attack complex ············· 330
membrane cofactor protein ············· 326
membrane filtration ·················· 330
membraneous placenta ················ 330
memory cell ······················· 68
Mendelian inheritance ················ 339
Mendelian laws of heredity ············· 340
Mendelian population ················ 340
Mendelism ························ 339
meninx ·························· 173
mercerization ····················· 329
mesencephalon····················· 227
mesentery························· 228
mesoderm························· 228
mesometrium ····················· 131
messenger RNA ···················· 338
metabolic fecal products ··············· 208
metabolic body size ················· 338
metabolic fecal nitrogen ··············· 208
metabolic protein ··················· 208
metabolism························ 207
metabolism cage ··················· 208
metabolism stall···················· 208
metabolism test ···················· 208
metabolizability ···················· 208
metabolizable energy················· 207
metacyesis························ 131
metaestrual breeding ················· 105
metaplasia························· 52
metatarsal bones ··················· 227
meteorism························ 108
meteorological elements ··············· 69
metestrus························· 281
methane fermentation facilities ·········· 338
methane gas······················· 338
method of semen collection ············ 179
method of weight difference ············ 208
methylene blue reduction test ··········· 338
MGS model ······················· 31
MH ···························· 306

microcarrier	329
microfiltration membrane	31, 189
microinjection	329
microinsemination	98
micromanipulator	329
microphage	333
micro phagocyte	158
midbrain	227
middle ear	226
middleman	255
middle phalanx	227
Middle White	228
Middle Yorkshire	228
Mikawa (shu)	333
milk agitator	75
milk allergy	335
milk beverage	259
milk can	75
milk clotting enzyme	78
milk cooler	75
milk deposit	261
milk ejection	260
milk fat	260
milk fat percentage	261
milk fever	262
milk filter	75
milking	122
milking bucket	122
milking cow	122
milking curve	122
milking interval	122
milking machine	122, 335
milking parlor	123, 335
milking period	295
milking robot	369
milking stimulus	122
milking time	122
milk let-down	224, 260
milk meter	263
milk mirror	260
Milko-tester	335
milk plant	335
milk powder	314
milk producing ability	295
milk quality	260
milk replacer	213
milk-ripe stage	261
milk room	75
milk scale	263
milk secretion	260
milk serum	261
milk serum protein	261
milk stone	261
milk storage tank	231
milk sugar	262
milk teeth	260
milk vein	261
milk well	259
milk withdrawal	260
milk yield	263
milo	86, 330
mineral	334
mineral balance	335
mineral feed	336
mineral tanning	105
minimum inhibitory concentration	116
minimum access	334
Ministerial Ordinance Concerning Compositional Standards, etc. for Milk and Milk Products	262
Minnesota No.1	334
Minorca	335
minor gene	294
minor groove	150, 302
Miscanthus-type grassland	175
miscellaneous feed	247
Mishima cattle	333
mist sprayer	79
mitochondria	164, 334
mitogen	330
mitosis	345
mixed agricultural income	113

mixed breed	123	mosaic	342
mixed farming	113, 114	mother-infant behavior	325
mixed feed	113	mothering ability	326
mixed grazing	114	mother starter	330
mixed liquor suspended solid	31	motility index of spermatozoa	183
mixed liquor volatile suspended solid	31	motility of sperm	183
mixed model	113	motivation	242
mixed press ham	113	motor endplate	25
mixed sausage	113	mounting	155
mix-seeding	114	mouth	83
mix spinning	114	mouton	336
mixture sowing	114	mower	341
mob stocking	235	mower conditioner	342
mock fighting	342	metacarpal bones	227
modified environment barn	61	mucosa	269
modified milk powder	229	mucous gland	268
modifier gene	321	mule	350
MOET breeding plan	341	mulformation	68
mohair	10, 342	multiple allele	92, 304
moisture	173	multiple ovulation	341
moisture adjusting material	173	multiplex placenta	214
moisture regain	173	mummification	332
Mojonnier tester	331	mummified fetus	332
molar teeth	100	Murrah	53, 337
mole	70	Murray	106
molecular farming	245, 252	Murray Grey	332
molting	61	muscle fiber	81
monensin	342	muscle spindle	81
Mongolian Cattle	340	muscle tissue	81
Mongol Sheep	340	Muscovy Duck	284
monitor roof	342	muscular stomach	79
monoestrous animal	221	mutation	250
monogastric animal	217	mutton	331, 340
monosaccharide	219	mutton breed	258
monotocous	219	mutton tallow	217
monozygotic twins	16	muzzle	292
Montbeliarde	343	muzzle pattern	296
Moraxella bovis	240	muzzle print	296
morning milk	4	*Mycoplasma gallisepticum*	265
Mortadella sausage	342	*Mycoplasma synoviae*	265
morula	199	myelin sheath	172

myoepithelial cell ⋯⋯⋯⋯⋯⋯⋯⋯ 81	net protein ratio ⋯⋯⋯⋯⋯⋯⋯⋯ 160
myoepithelium ⋯⋯⋯⋯⋯⋯⋯⋯⋯ 81	net protein utilization ⋯⋯⋯⋯⋯⋯ 160
myofiber ⋯⋯⋯⋯⋯⋯⋯⋯⋯⋯⋯ 81	net protein value ⋯⋯⋯⋯⋯⋯⋯⋯ 160
myofibril ⋯⋯⋯⋯⋯⋯⋯⋯⋯⋯⋯ 80	net returns on land ⋯⋯⋯⋯⋯⋯⋯ 250
myoglobin ⋯⋯⋯⋯⋯⋯⋯⋯⋯⋯⋯ 332	neuroglia ⋯⋯⋯⋯⋯⋯⋯⋯⋯⋯⋯ 168
myoplasma ⋯⋯⋯⋯⋯⋯⋯⋯⋯⋯⋯ 81	neurohypophyseal hormone ⋯⋯⋯⋯ 51
myosin ⋯⋯⋯⋯⋯⋯⋯⋯⋯⋯⋯⋯ 333	neuron (e) ⋯⋯⋯⋯⋯⋯⋯⋯⋯ 168, 263
Myristica fragrans Houttuyn ⋯⋯⋯⋯ 256	neurosecretion ⋯⋯⋯⋯⋯⋯⋯⋯⋯ 168
N	Neuschatel cheese ⋯⋯⋯⋯⋯⋯⋯⋯ 266
	neutral detergent fiber ⋯⋯⋯⋯ 200, 238
Nagoya ⋯⋯⋯⋯⋯⋯⋯⋯⋯⋯⋯⋯ 255	neural tube ⋯⋯⋯⋯⋯⋯⋯⋯⋯⋯ 168
nail ⋯⋯⋯⋯⋯⋯⋯⋯⋯⋯⋯⋯⋯ 233	neutrophil (e) ⋯⋯⋯⋯⋯⋯⋯⋯⋯ 103
name plate for a cow ⋯⋯⋯⋯⋯⋯⋯ 76	newborn ⋯⋯⋯⋯⋯⋯⋯⋯⋯⋯⋯ 170
nappa leather ⋯⋯⋯⋯⋯⋯⋯⋯⋯ 255	newborn chick ⋯⋯⋯⋯⋯⋯⋯⋯⋯ 163
nasal meatus ⋯⋯⋯⋯⋯⋯⋯⋯⋯⋯ 294	Newcastle disease ⋯⋯⋯⋯⋯⋯⋯⋯ 263
nasus ⋯⋯⋯⋯⋯⋯⋯⋯⋯⋯⋯⋯⋯ 282	New Hampshire ⋯⋯⋯⋯⋯⋯⋯⋯ 262
National Research Council ⋯⋯⋯⋯⋯ 31	New York tie stall ⋯⋯⋯⋯⋯⋯⋯⋯ 263
native domestic animals ⋯⋯⋯⋯⋯⋯ 120	nexus ⋯⋯⋯⋯⋯⋯⋯⋯⋯⋯⋯⋯⋯ 73
native grassland ⋯⋯⋯⋯⋯⋯⋯⋯⋯ 344	nidation ⋯⋯⋯⋯⋯⋯⋯⋯⋯⋯⋯⋯ 354
natural casing ⋯⋯⋯⋯⋯⋯⋯⋯⋯ 241	Nilli-Ravi ⋯⋯⋯⋯⋯⋯⋯⋯⋯⋯⋯ 53
naturalized weed ⋯⋯⋯⋯⋯⋯⋯⋯ 68	Nippon total profit index ⋯⋯⋯⋯⋯ 199
natural length ⋯⋯⋯⋯⋯⋯⋯⋯⋯ 138	nitrate nitrogen ⋯⋯⋯⋯⋯⋯⋯⋯⋯ 157
natural reseeding ⋯⋯⋯⋯⋯⋯⋯⋯ 137	nitrate poisoning ⋯⋯⋯⋯⋯⋯⋯⋯ 157
natural selection ⋯⋯⋯⋯⋯⋯⋯ 137, 167	nitrification ⋯⋯⋯⋯⋯⋯⋯⋯⋯ 155, 157
N'Dama ⋯⋯⋯⋯⋯⋯⋯⋯⋯⋯⋯ 370	nitrifying bacteria ⋯⋯⋯⋯⋯⋯⋯⋯ 155
neck ⋯⋯⋯⋯⋯⋯⋯⋯⋯⋯⋯⋯ 83, 267	nitrite bacteria ⋯⋯⋯⋯⋯⋯⋯⋯⋯⋯ 4
neck tag ⋯⋯⋯⋯⋯⋯⋯⋯⋯⋯⋯ 267	nitrite nitrogen ⋯⋯⋯⋯⋯⋯⋯⋯⋯⋯ 4
negative regulatory element ⋯⋯⋯⋯ 306	nitrogen balance ⋯⋯⋯⋯⋯⋯⋯⋯ 225
neglected patch ⋯⋯⋯⋯⋯⋯⋯⋯⋯ 305	nitrogen balance test ⋯⋯⋯⋯⋯⋯⋯ 225
negotiated transaction ⋯⋯⋯⋯⋯⋯⋯ 2	nitrogen free extracts ⋯⋯⋯⋯⋯⋯⋯ 58
Nellore ⋯⋯⋯⋯⋯⋯⋯⋯⋯⋯⋯⋯ 41	nitrogen retention ⋯⋯⋯⋯⋯⋯⋯⋯ 225
neonate ⋯⋯⋯⋯⋯⋯⋯⋯⋯⋯⋯⋯ 170	*Nitrosococcus* ⋯⋯⋯⋯⋯⋯⋯⋯⋯⋯ 4
nephron ⋯⋯⋯⋯⋯⋯⋯⋯⋯⋯⋯⋯ 268	*Nitrosomonas* ⋯⋯⋯⋯⋯⋯⋯⋯⋯⋯ 4
napiergrass ⋯⋯⋯⋯⋯⋯⋯⋯⋯⋯ 268	*Nitrosospira* ⋯⋯⋯⋯⋯⋯⋯⋯⋯⋯⋯ 4
nerve cell ⋯⋯⋯⋯⋯⋯⋯⋯⋯⋯⋯ 168	no grazing area ⋯⋯⋯⋯⋯⋯⋯⋯⋯ 82
nerve fiber ⋯⋯⋯⋯⋯⋯⋯⋯⋯⋯ 168	noil ⋯⋯⋯⋯⋯⋯⋯⋯⋯⋯⋯⋯⋯ 269
nesting ⋯⋯⋯⋯⋯⋯⋯⋯⋯⋯ 146, 323	noily wool ⋯⋯⋯⋯⋯⋯⋯⋯⋯⋯⋯ 93
nest sowing ⋯⋯⋯⋯⋯⋯⋯⋯⋯⋯ 178	non-agricultural income ⋯⋯⋯⋯⋯ 269
net assimilation rate ⋯⋯⋯⋯⋯⋯⋯ 154	non-breeding season ⋯⋯⋯⋯⋯⋯⋯ 295
net profit ⋯⋯⋯⋯⋯⋯⋯⋯⋯⋯⋯ 154	nonessential amino acids ⋯⋯⋯⋯⋯ 295
net profit to net worth ratio ⋯⋯⋯⋯ 135	non-fat dry milk ⋯⋯⋯⋯⋯⋯⋯⋯ 215

non-fat milk	215
nonfreezing waterer	306
non-gravid horn	295, 306
Nonius	271
non-pregnant condition	3, 82
non-price goods	336
non-protein nitrogen compounds	293
non-random mating	121
non-return rate	272
nonseasonal breeder	147
non-shivering thermogenesis	296
non-volatile solids	78
Norfolk Trotter	271
normal milk	159
Normande	271
nose	282, 298
nose squeezer	283
nose ring	283
nostril	292
notarium	271
notching clipper	135
notifiable disease	251
Northern hybridization	271
noxious weeds	346
NRC feeding standard	31
nubuck	267
Nubian	267
nuclear membrane	48
nuclear polyhedrosis virus	48
nuclear pore	49
nuclear reprogramming	48
nuclear transfer	47
nuclear transplantation	47
nucleic acid	48
nucleohistone	267
nucleolus	48
nucleoprotein	48
nucleoside	266
nucleosome	266
nucleotide	267
nucleus	47

nude mouse	266
nullipara	333
nulliparity	333
numerator relationship matrix	314
nuptial coloration	113
nuptial plumage	113
nursed pig (lamb, etc.)	124
nursery building	253
nursing	327
nursing box	324
nutmeg	256
nutrient	27
nutrient allowance	348
nutrient requirement	348
nutrient requirement	27
nutritive value	27
nutritional disorder	27
nutritive ratio	28
nutritive value of D- and L-amino acid isomers	7
nymphomania	146

O

oats	34, 37
odor	145
odor concentration	145
odor hedonics	145
odor index	145
odor intensity	145
offal	83
Offensive Odor Control Law	3
offensive odor substance	3
offensive odor substances	247
off flavour	39
official specification of feed	165
Ohne	228
oiling	50
oil meal	6
oil tanning	6
Okazaki fragment	38
oleo oil	40

O

oleoresin	28, 40
oleo stearine	40
oleo stock	40
olfactory bulb	73
olfactory threshold	73
oligosaccharide	40, 219
oligospermia	183
omasum	207
Onagadori	39
oncogene	61, 119
one-way package	370
on-floor feeding	347
Ongole	41
oogenesis	354
open faced	67
open herd	316
open reading frame	350
open ridge	38
open type livestock building	45
operant conditioning	40
operating rate	198
operating profit	26
operative temperature	125
opioid peptide(s)	39
opportunity cost	68
opsonin	39
optimum farm size	237
optimum leaf area index	116
optimum stage of cutting	60
optimum temperature	140
optimum time of insemination	150
optimum time of mating	105
oral gland	100
orchardgrass	37
orchitis	185
ordinary profit	90
organelle	118
organic cell wall	200
organic coagulant	344
ORP	125
Orpington	38
Osaka Duck	37
ossification	108
ossification center	109
osteoblast	109
osteoclast	278
ostrich	214
outbred	13
outbreeding	13
outer shell membrane	45
outer thin albumen	43
outside round	2, 203
outside skirt	174
ovarian atrophy	355
ovarian cyst	355
ovarian follicle	356
ovarian hypoplasia	355
ovarian pregnancy	355
ovarian subfunction	355
ovary	355
overdominance	230
overdoninance theory	230
overgrazing	58
overland flow	298
overlaying loss	5
over milking	141
overrun	38
oversowing	305
oviduct	353
oviposition	323
ovogenesis	354
ovo-implantation	354
ovomucin	40
ovomucoid	40
ovotransferrin	40
ovulation	275
ovulation fossa	276
ovulation groove	276
ovulation phase	276
ovum	354
ovum recovery	120
owned capital	135

oxidation ditch process	126	parent	97
oxidation pond	126	parentage test	40
oxidation-reduction potential	125	parity	126
oxidized flavor	126	Parmesan cheese	284
oxygen demand	127	parotid gland	130
oxygen utilization rate	127	parthenogenesis	217
oxytocin	38	partition	134
		part-time farm household	97
P		parturition	314
packed cell volume	319	*Paspalum notatum* Fluegge.	283
packer hide	279	passive immunity	152
paddle	282	passive transport	152
paddock	282	passive withdrawal	261
paint finish	249	paste drying	59
palatability	134	pastern	232
pale	289	*Pasteurella multocida*	14, 47
palindrome	44	pasteurization	123
pallium	44	pasture	200, 323
palm kernel meal	272	pasture breeding	330
Palomino	284	pasture facilities	323
pampa	288	pasture renovation	200
pancreas	172	pasture renovator	278
pancreatic duct	172	pasturing	322
pancreatic islet	173	patella	139
Pander's nucleus	287	path	91
Panicoideae	124	path coefficient	91
Panicum	59	pause day	73
Panicum coloratum L.	58	Pavlov	111
Panicum maximum Jacq. var. *maximum*	70	PCV	319
Panicum maximum var. *trichoglume* Eyles.	85	pea comb	128, 332
panting	267	peanut meal	352
papillary duct	262	peccary	318
paprika	283	peck-dominance	200
paracasein	283	peck order	232
parafollicular cell	323	peck-right	191
parallel parlor	284	pectin	318
parallel positioning	41	pedal phalanges	135
palatability test	134	pedigree	94
parathormone	159	pedigree hatching	91
parathyroid glands	159	pedigree index	94
parathyroid hormone	159	pedigree registration (registry)	94

pedigree selection · 94	persistency · 138
P element · 289	persistency of lactation · · · · · · · · · · · · · · · · 295
pellet compost · 320	persistent corpus luteum · · · · · · · · · · · · · · · · 26
pellet freezing · 157	persistent estrus · 138
pellet seeds · 320	personal distance · · · · · · · · · · · · · · · · · · 108, 115
pelletting machine · 180	personal space · 108
pelt · 352	pearl millet · 272
pelvic girdle · 348	pet breed · 1
pelvic symphysis · 109	Peyer's patch · 272
pelvis · 109	PG · 312
pen barn · 76	phagocyte · 161
Penicillium camemberti · · · · · · · · · · · · · 58, 221	phagocytosis · 161
Penicillium glaucum · · · · · · · · · · · · · · · · · · 112	*Phalaris arundinacea* L. · · · · · · · · · · · · · · · · 357
Penicillium roqueforti · · · · · · · · · 112, 221, 368	pharynx · 21
penis · 19	phase feeding · 300
Pennisetum alopeculoides · · · · · · · · · · · · · · 223	phenotype · 297
Pennisetum purpureum Schumach. · · · · · · · 268	phenotypic value · 297
Pennisetum typhoides Stapf et Hubb. · · · · · · 272	phenotypic correlation · · · · · · · · · · · · · · · · · 297
pepper · 107	phenotypic variance · · · · · · · · · · · · · · · · · · · 297
Pepper nigrum L. · 107	pheromone · 300
pepsin · 319	*Phleum pratense* L. · · · · · · · · · · · · · · · · · · · 225
peptide bond · 319	phosphatase test · 325
Perchron · 320	phosphate absorption coefficient · · · · · · · · 361
predicted differential · · · · · · · · · · · · · · · · · · 350	phosphorylation · 361
perennial herb (grass) · · · · · · · · · · · · · · · · · · 216	phosvitin · 325
perennial ryegrass · 320	photon counting · 301
perfect liner hierarchy · · · · · · · · · · · · · · · · · 231	photon imaging · 301
performance of meat production · · · · · · · · · 128	photoperiodic response · · · · · · · · · · · · · · · · 101
performance test · 271	physical map · 17
perfusion culture · 67	physical regulation · 306
perimysium · 80	physiological non-pregnant condition · · · · 189
perineal artery · 28	phytase · 299
peripheral nervous system · · · · · · · · · · · · · · 331	phytin · 299
periosteum · 110	phytohemagglutinin · · · · · · · · · · · · · · · · · · · 162
peripheral lymphoid tissue · · · · · · · · · · · · · 331	phytomer · 113
Perissodactyla · 70	phytotoxic substance · · · · · · · · · · · · · · · · · · 178
peristalsis · 195	pia mater · 271
peritoneum · 304	pica · 13
permanent pasture · 27	picker · 214, 293
permanent teeth · 26	pickle · 293
percentage of selection · · · · · · · · · · · · · · · · 196	pickle curing · 139

pickle injection method	33	polypeptide chain termination factor	328
pickling	170, 293	polyspermy	214
picnic	292	pneumatic bone	62
pidan	290	pneumatic drying	201
Piemontese	292	poaching	236
Pietrain	291	*Poa pratensis* L.	97
PIF	313	point mutation	241
pigeon	282	point of buttock	240
pigment cell	131	point of hock	293
pig wallow	305	point of shoulder	97
pimento	38	poisoning	227
Pimenta offcinalis L.	38	poisonous herbs	346
pineal body	156	Poland	340
pineal gland	156	Poland China	324
pink eye	240	polar body	78
pinocytosis	20	poll	24
Pinzgauer	299	polled	213
pipeline milking machine	275	Polled Hereford	320
pitman-drive mower	342	pollutant load	39
pituitary gland	51	pollution load	39
pituitary gonadotrop(h)in	51	poly A (addition) signal	328
placenta	211	polydipsia	213
placentomatosa	202	polyestrous animal	216
placentophagy	211	polygene	328
planter	308	polygon parlor	328
plant estrogen	162	poly-hybrid	210
plant estrogenic substance	162	polymerase chain reaction	290
plant indicator	141	polymer coagulant	106
plant succession	161	polymorphism	2
plasma cell	90	polymorphonuclear leukocyte	214
plasma membrane	90	polypeptide chain elongarion factor	328
plasmid	308	polypeptide chain initiation factor	328
plastic house drying	276	polysaccharide	219
plate	310	polyvalent antiserum	214
plateau	196	POMC	311
platelet	93	Pony	327
platform inspection	23	porcine reproductive and repiratory syndrome	306
play behavior	344		
pleura	78	porcine stress syndrome	289, 305
plough	307	pore	49
plow	307	pork sausage	324

portal vein	343	prepuce	322
position	207	preputial diverticulum	322
position effect	15	preputial orifice	322
position independent expression	16	presentation	205
positive regulatory element	188	preservative	282
post-coital ovulation	105	press ham	311
post-copulatory ovulation	105	PRF	313
posterior pituitary hormone	51	price elasticity of demand	46
posterior vena cava	103	price of production	181
postganglionic fiber	190	primaries	153
post harvest	325	primary culture	164
postpartum estrus	315	primary immunization	16
postparturient paraplegia	262	primary treatment	15
potential environment	71	primer	307
pouch	364	primipara	163
poultry by-product meal	47	primordial germ cell	14, 134
poultry house	90, 120	prion	240
poultry	47	prion disease	240
power take-off shaft	290	PRL	313
prairie	310	probiotics	312
precipitation reaction	232	processed cheese	312
precursor cell	193	processing	312
predicted transmitting ability	349	producer's price	182
preen gland	293	production cost	182
preening	280	production disease	182
preganglionic fiber	190	production index	271
pregn-4-ene-3, 20-dione	312	production management	182
pregnancy	265	production quota	182
pregnancy diagnosis	265	proestrus	281
pregnancy toxemia	266	profit	358
pregnant corpus luteum	265	profit and loss	205
pregnant horn	265	profit of enterprise	68
pregnant urine gonadotrop (h) in	266	progeny test (ing)	103
prehension	326	progestagen	311
premature birth	199	progestational proliferation	226
premature delivery	199	progesterone	312
premature ovulation	333	progestin	311
premature separation of placenta	211	prokaryote	96
premix	311	prolactin	313
premolar teeth	193	prolactin inhibiting factor	313
prepackage	310	prolactin releasing factor	313

prolificacy · 214	*Pueraria thunbergiana* Benth. · · · · · · · · · · · · 83
prolonged estrus · 138	puerperal fever · 127
prolonged gestation · · · · · · · · · · · · · · · · · 228	puerperium · 127
promoter · 313	pulmage · 24
pronucleus · 192	pulmonal alveolous · · · · · · · · · · · · · · · · · · 275
proopiomelanocortin · · · · · · · · · · · · · · · 52, 311	pulmonary circulation · · · · · · · · · · · · · · · · · 274
Prosopis · 124	pulsator · 284
prostaglandin · 312	pump with cutter · 56
prostate · 197	purchased feed · 104
prostate gland · 197	pure bred · 154
prostatic gland · 197	pure breeding · 154
prostrate type · 82	pure line · 154
protected paddock · · · · · · · · · · · · · · · · · · · 82	purified diet · 185
protein · 220	Purkinje fiber · 310
protein efficiency ratio · · · · · · · · · · · · · · · 220	pygostyle · 292
protein equivalent · · · · · · · · · · · · · · · · · · · 220	pylorus · 346
proteinurea · 220	pyometra · 133
proto-oncogene · 119	pyrolignous acid · 342
protoplast fusion · 312	

Q

protozoa · 312	
proved (proven) bull · · · · · · · · · · · · · · · 97, 325	quadrat · 111
proved sire · 325	qualitative character · · · · · · · · · · · · · · · · · 139
proven sire · 325	quality number · 288
proventriculus · 192	quality payment · 298
Provolone cheese · 313	quantitative character · · · · · · · · · · · · · · · · 360
proximal phalanx · 69	quantitative trait loci · · · · · · · · · · · · · · · · · 75
proximal uriniferous tubule · · · · · · · · · · · · · 79	quarantine · 96
proximate analysis · · · · · · · · · · · · · · · · · · · 17	Quarg · 88
PRRS · 306	quarter · 141, 350
protein polymorphisms · · · · · · · · · · · · · · · 220	quarter · 236
pseudoglanders · 52	Quarter horse · 82
pseudohermaphrodite · · · · · · · · · · · · · · · · 52	quarters · 315
pseudopregnancy · 70	queen bee · 155
post-translational modification · · · · · · · · · 329	quick assets · 243
psycho-hydraulic model · · · · · · · · · · · · · · 172	quick freezing · 74
PTA · 350	quiet ovulation · 337
Pteridium equilinum L. Kuhn. · · · · · · · · · · 370	

R

puberty · 154	
pubis · 224	race · 298
public pasture · 100	race horse · 77
pudendal lip · 20	radial carpal bone · · · · · · · · · · · · · · · · · · · 244

radioimmunoassay	351
radius	243
raising	13, 72
raising ration	13
Rambouillet Merino	356
rancid flavor	354
random genetic drift	68
random mating	336
range	323, 330, 363
range of production environment	182
rape seed meal	255
rapid-exit parlor	17
rapid freezing	74
ratio of profit to total capital	89
rate of abortion	359
rate of culling	244
rate of income	164
rate of raising	13
ration of production	182
ratio of profit to total capital	199
ratio of sales quantity to production	160
raw hide	98
raw milk	188
raw wool	98
reaction chains	288
reaction momentum	64
realized genetic correlation	139
realized heritability	139
rearing	13
rearing barn	13, 74
rearing in cold environment	67
receptor	153
receptor mediated gene transfer	364
recessive gene	364
recessive mutation	364
recipient	15, 152, 363
recipient cell	363
reciprocal crossing	72, 180
reciprocal recurrent selection	201
reciprocating knife mower	341
recovery (collection) of fertilized egg	

(evum)	151
recombinant DNA experiment	84
recombination	83
recombination value	84
recombined milk	62
reconstituted milk	62, 63
rectal palpation	231
rectal temperature	231
rectovaginal method	231
rectum	231
recurrence of estrus	280
Red and White Holstein	3
red blood cell	190
red clover	3
Red Danish	364
Red Danish	189
red fescue	364
redirected behavior	239
red muscle	189
Red Poll	364
Red Sindhi	364
red sorrel	296
red top	364
reed canarygrass	357
registration	246
registry	246
regrowth	116
regular ham	327
regulative adaptation	230
Reid	107
rejected pasture area	305
relaxin	360
releaser	44
releasing factor	322
releasing hormone	322
REML	365
renal calyx	171
renal corpuscle	170
renal pelvis	171
renal portal system	172
rendering	365

rendering plant	52
rennet	366
rennet casein	366
rennin	366
renovate	232
renovation	232
rental system of livestock	56
repairing agent	147
repeatability	288
repeat breeder	358
repetitive sequence	288
replacement stock	102
replication	303
replication error	303
replicator	303
replicon	365
repression	349
repressor	359
reproduction	184, 286
reproduction test	126
reproductive ability	286
reproductive activity	286
reproductive behavior	184
reproductive cell	184
reproductive cycle	184, 286
reproductive difficulty	286
reproductive efficiency	182
reproductive failure	286
reproductive form	179
resazurin reduction test	363
rescuegrass	19
reseeding	232
reserve substance	231
residual milk	128
residual value	127
resin tanning	150
respiration	107
respiratory organ	107
respondent conditioning	111
response element	36
resting behavior	74
rest period	323
restricted feeding	181
restricted maximum likelihood	365
restriction enzyme	181
restriction fragment length polymorphism	181
retained corpus luteum	26
retanning	117
retention of placenta	5, 211
retention period	213
retention time	213
reticular cell	119
reticular fiber	119
reticular groove reflexion	211
reticular tissue	119
reticuloendothelial system	119
reticulum	211
retina	341
retort pouch food	364
retrovirus	364
return of estrus	280
return sludge	321
revenue expenditure	144
reverse genetics	72
reverse osmosis	72
reverse osmosis membrane	1, 72
reverse transcriptase	72
rheology	238
Rhizobium radicicola	115
rhizome	222, 223
rhodesgrass	367
Rhode Island Red	368
RIA	351
rib	368
rib eye	367
rib eye area	367
rib loin	359
ribosomal RNA	359
ribosome	359
ribs	368
rice bran	111
rice straw	19

riding therapy	245
rigidity	113
rigor mortis	135
ringing	283
ripened cream butter	280
ripening	149
ritualization	104
river buffalo	53
roan	52
roast	367
roaster	367
Roche	59
rocker	368
Roese-Gottlieb method	363
roller press	368
rolling	368
Romagnola	369
Romano cheese	369
Romanovski	369
Romney Marsh	369
root crops	114
rooting	362
root nodule bacteria	115
root system	113
Roquefort cheese	368
rose comb	284
rotary cultivator	60
rotary harrow	285
rotary mower	341
rotary parlor	368
rotary power tiller	367
rotary screen	43
rotary tiller	367
rotating biological contactor	43
rotating of animals	241
rotational cross	153
rotational grazing system	360
Rouen	362
roughage	203
roughage value index	203
rough endoplasmic reticulum	204
roughstalked bluegrass	352
round-about production	23
round baled silage	368
round baler	368
row seeding	175
rRNA	359
rumen	205, 362
rumen fermentation	362
rumen microbes	362
Rumex acetosella L.	296
Rumex japonicus Houtt.	69
Rumex obtusifolius	30, 69
ruminal impaction	205
ruminal parakeratosis	205
ruminant	287
ruminating time/grazing time ratio	1
rumination	287
ruminoreticulum	287
rump	164, 356
rump length	75
ruptured follicle	284
rupture of bag	278
rye	351

S

S1 nuclease mapping	30
Saanen	115
Saccharomyces	53
sacral vertebrae (sacrum)	195
sacrum	193
saddle	11
saddle feathers	10
saddle leather	124
safety cab	10
safety frame	10
safflower meal	125
Sahiwal	124
salami sausage	125
Salmonella	25
Salmonella abortusuequi	25
salpinx	353

salt curing 125
salted butter 46
salt stain 34, 130
Samsoe cheese 125
sand basin 232
sand-bathing 177
sandiness 123
sandy soil 124
Sanger 234
Santa Gertrudis 127
sarcoplasma 81
sasa-type grassland 123
sausage 199, 200
sausage meat 268
savanna (h) 124
scabies 43
scalding 347
scale 362
scale merit 71
scale of points 170
scales 72
Scandinavian feed unit 174
scapula 97
Schwann's cell (sheath) 153
sclerotic bone 78
scouring 197
scraper 175, 215
scraper paddle 215
screw conveyer 175
screw press 175
scrotum 21
scrubber 174
scudding 3
scudding machine 3
scum 174
seasonal breeder 70
seasonal breeding 69
seasonal production 69
sebaceous gland 137
Secale cereale L. 351
secondaries 304

secondary immunization 258
secondary treatment 258
second digit 211
second thigh 177, 276
secretary granule 314
sediment test 189
seed 150
seed production 116
seed testing 150
swine erysipelas 253
selection 196
selection by truncation 191
selection differential 196
selection index 196
selection intensity 196
selection limit 196
selection pressure 244
selection response 196
selective breeding 196
selective grazing 195
selenodont 93
self incompatibility 130
self-maintenance behavior 108
self-protective behavior 107
self purification 137
self sufficient feed 132
Selle Francais 10
semen 179
semen dilutor 179
semen injection 179
semen volume 179
semiconservative replication 289
semi-dry sausage 191
semi-hard cheese 286
semi-lethal gene 288
semi-monitor roof 191
seminal plasma 184, 185
seminal vesicle 188
seminiferous tubule 181
semiplacenta 287
senescent ovary 366

S [457]

senile ovary	366
seniority	193
sensible heat (radiation)	98
sensible heat loss	98
sensible temperature	206
sensory evaluation	66
Serenium enriched yeast	192
serous gland	155
serration	362
Sertoli cell	136, 192
serum	93
serum albumin	93
serum antibody	93
serum-free culture medium	336
serum reaction	93
service	105, 216
sesame meal	111
Setaria italica Beauv.	10
set stocking	365
setting out	33, 271
sex abnormality	179
sex cell	181
sex chromatin	180
sex chromosome	185
sex control	183
sex-controlled inheritance	146
sex determination	180
sexed chick	67
sex gland	185
sex hormone	189
sexing	144, 147
sex-linked inheritance	287
sex ratio	188
sex sorting	144, 147
sexual accessory gland	304
sexual behavior	181
sexual character	187
sexual cycle	184, 286
sexual hormone	189
sexual maturity	185
shallow pit poultry house	236
sham chewing	70
Shamo	144
shank	83, 227
share milking system	130
share tenancy in livestock keeping	54
shaving	25, 130
shearing	197
shed	223
sheep intestine	348
sheep dog	112
shelf life	160
shell egg	59
shell gland	353
shell membrane	353
shell pore	68
shelter	294
shelter seeking	291
shelter woods	291
sherbet	143
Shetland Pony	130
Shiba Goat	140
shiendan	65
shifting	241
shipping fever	347
Shire	143
shivering thermogenesis	310
Shokoku	157
short chain fatty acid	218
short cut ham	161
shortening	161
short grass	219
Shorthorn	161
short loin	161
short-term debt	218
short wave radiation	221
shoulder	53, 164
shoulder bacon	164
shoulder clod	24
show	77
sheep's sorrel	296
shrinkage temperature	146, 267

shrink control	322	sire (bull) index	152
Shropshire	153	sire model	115
shuttle	144	sire summary	115
shuttle vector	144	sirloin	115
sib test	78	sirloin tip	171
sickles	24	site effect	15
side	117, 289, 370	size of livestock keeping	156
side delivery rake	317	skeletal muscle	109
side leather	286	skeleton of leg	53
side-opening parlor	202	skeleton of forearm	197
sigmoid flexure of penis	20	skimmilk	215
signal peptide	134	skimmilk cheese	215
signal transduction	160	skimmilk powder	215
sign of pregnancy	266	skin	296
silage	120	Skinner box	174
silage additive	120	skinning	277
silage aerobic deterioration	120	skirt	174
silage buffering effect	120	skirt plate	174
silage cutter	120	skull	242
silage fermentation	121	slaughter	248, 249
silage secondary fermentation	121	slaughter house	250
silencer	121	slaughter experiment	248
silent cutter	121	slicer	178
silent heat	253	slime	268
Silkie	340	slotted floor barn	177
silkworm excreta	128	sludge	39, 178
silky	23	sludge volume	29
Silky fowl	23	sludge volume index	29, 39
silo crane	121	slurry	178
silo unloader	250, 327	slurry injector	178
silver side	203	slurry spreader	264
Simmental	171	slurry store	178
simple reproduction	218	slury spreader	178
simplex uterus	218	small intestine	158
single cell protein	218	small nuclear RNA	48
single comb	217	smell	145
single entry bookkeeping	218	smoked bacon	317
single immunodiffusion in one dimension method	15	smoked cheese	178
		smoked egg	88
sinoatrial node	245	smoked meat	88
siratro	120	smokehouse	88

smoking	88
smooth bromegrass	178
smooth endoplasmic reticulum	57
smooth muscle	316
SNF	337
snout	282
snRNA	48
soaking	333
social behavior	143
social distance	143
social hierarchy	153
social leadership	357
social order	143, 153
social rank (ing)	143, 153
sod-bound	203
soft and exudative pork	289
soft cheese	257
soft curd milk	204
soft fat pork	257
soft ice cream	204
soft leather	204
soft salami	204
soft-shelled egg	257
soil conditioner	248
soil eating	162
soil environment	248
soil erosion	249
soil filter deodorization method	249
soiling crop	2
soil microorganism	249
soil moisture	249
soil profile	249
soil texture	249
soil treatment of waste water	248
sole	236
sole leather	202
solid	66
solid feed	107
solid liquid separator	106
solid not fat	29, 337
solids-corrected milk	107
split	248
somatic cell	207
somatomedin	204
somatostatin	204
somatotrop (h) ic hormone	187
somatotrop (h) in	187
scrapie	240
sorghum	204
Sorghum	86
Sorghum bicolor (L.) Moench	204
Sorghum bicolor Moench var. *dulciusculum* Ohwi	124
Sorghum sudanense (Piper) Stapf	174
sorgo	205
sour cream butter	280
sour milk	128
sour milk beverage	128
Southdown	121
Southern hybridization	123
sow productive index	126
social facilitation	143
soybean chaff	209
soybean hull	209
soybean meal	209
soybean straw	209
spacial pattern	82, 143
spacing (or spacial) behavior	82, 143
spareribs	177
special fertilizer	247
specialized farming	217
special milk	248
specific combining ability	83
specific pathogen free animal	29
specific volume	298
specified facility	247
sperm	182
spermatic cord	181
spermatid	181
spermatocytogenesis	183
spermatogenesis	183
spermatogenic cell	181

spermatogenic function	199	standardized transmitting ability	297
spermatozoon	182	standard moisture regain	104
sperm injection	98	standard of excellence	170
spermiogenesis	183	standard plate count	297
sperm motility	183	standard quotation	216
sperm motility index	183	standard type	297
spice	102	standing estrus	176
spice oil	28	standing heat	176
spinal cord	189	staple	176, 341
Spirulina	177	staple length	138
spleen	293	staple wool	204
splicing	177	starch	241
splitting	25	starch pulp	241
split velour	321	starch value	241
sponge cake test	178	starter	170, 175
spongy body of penis	264	station test (ing)	145
spongy bone	45	steak	176
spontaneous delivery	137	steamed bone meal	110
spontaneous lactation	138	steam-explosion treatment	157
Spot	177	steam treated wood for feed	158
spotted gene	289	steer hide	176
spray drier	315	stem cell	63
spring flush	177	steppe	176
spilit leather	248	stereotype	176
sprouting grain	279	stereotyped behavior	158
spur	95	stereotypy	158
SS	307	sterility	306
stabilization pond	126	sterilization	338
stable gene expression	100	sterilized milk	338
stack silo	175	sternal costae	78
stage of labor	314	sternam lying	35
stained wool	93	sternum	77
staking	176, 319	steroid hormone (s)	176
stall	74, 176	stifle	5
stall barn	232	stillbirth	136
stamp smear	176	stock guard	177
stanchion stall	176	stocking rate	323
stand	199	stock yard	55, 282
Standardbred	175	stolon	223
standard egg laying test	129	stomach	12
standardized selection differential	297	stone picker	176

straight line order type ·················· 231	sun-cured alfalfa meal ·················· 9
strain ······························ 90	sun-cured hay ··················· 137, 241
strain cross ······················ 91, 245	subestrus ··························· 221
strain development ······················ 91	sunflower meal ························ 296
straw ······························· 370	sub heel ····························· 125
straw freezing ························ 177	sunlight flavor ························ 258
straw method ························ 177	sun stroke ···························· 258
strengthened wool ····················· 76	syntan ······························· 102
stretched length ······················ 231	super calf hutch ······················ 174
stretch film ·························· 318	supercontraction ······················ 229
striated muscle ························ 37	super cow ···························· 174
strip cup ···························· 177	superfecundation ················· 57, 242
strip grazing system ··············· 39, 177	superfetation ······················ 12, 304
striping ······························ 5	supernumerary placenta ················ 304
strip loin ···························· 177	supernumerary teat ···················· 304
structural carbohydrates ················ 103	superovulation ························ 58
structural gene ······················· 103	supplement ··························· 125
structure on feed utilization ············ 165	supplementary crossing ················ 324
stuffer ······························ 175	supplementary sperm ·················· 326
stuffing ······························ 50	supplementing ························ 325
stylo ································ 175	supporting cell ························ 136
Stylosanthes gracilis H.B.K. ············· 175	surface active agent ···················· 45
subculture ···························· 90	surface heat transfer ··················· 298
subfertility ·························· 236	surface law ··························· 212
sublingual gland ······················ 190	surface runoff ························ 298
substrate ····························· 69	surfactant ···························· 45
succenturiate placenta ················· 304	surplus of farm-household economy ····· 269
sudangrass ·························· 174	Surti ································ 53
suede leather ························· 174	survival rate ·························· 186
surveying vegetation ··················· 161	suspended solids ······················ 29
Suffolk ······························ 124	Sussex ······························· 123
sugar sorghum ······················· 124	swamp buffalo ························ 158
suint ································ 173	swarming ···························· 315
sulfur amino acids ····················· 67	swath ································ 316
summed dominance ratio ·············· 189	sweat ································ 4
summer growth depression ············· 255	sweat gland ··························· 64
summer killing ······················· 255	Swedish clover ························ 8
summer sausage ······················ 125	sweet cream ·························· 172
summer slump ························ 125	sweet cream butter ················ 64, 295
summer sterility ······················· 47	sweetened condensed milk ·············· 57
summer survival ······················· 30	sweet potato ·························· 63

sweet sorghum	124	target concerning improvement and increased production of livestock	54
swimthrough vat	344	targeting vector	214
swine building	253	tariff equivalent	63
swine pen	253	tariffication	63
swine with yellow fat	71	tarsal bones	202
Swiss cheese	172	tarsometatarsus	227
switch	296	tassel	296
symptom of estrus	281	taste bud	335
syncytiotrophoblast	294	TATA box	233
syngamy	146	*Taylorella equigenitalis*	24
synsacrum	302	T cell	235
synthetic estrogenic substance	103	TDN	51
synthetic milk	170	tear	256, 362
synthetic tannin	102	tear strength	292
syrinx	338	teaser	5, 136
systemic gene transfer	194	teasing	136
Szostak	106	teat	262

T

		teat canal	262
tail	34	teat cannula	245
tail biting	38	teat cistern	262
tail-coverts	304	teatcup	236
tail feathers	291	teat order	224
tail hangers	304	teat orifice	262
tail head	292	telegony	196
tail setting	292	telomere	238
tal	32	temperate grass	65
tall fescue	247	tempering	141
tallow	217	tender loin	298
Tamarao	172	tender wool	93
Tamworth	216	tendon	96
tandem parlor	219	tendon spindle	98
tandem selection	154	tensile strength	294
tannage	256	termination codon	145
tannin	219	terminator	216
tanning	256	territorial behavior	256
tanning degree	256	territoriality	256
Taoyuan pig	242	territory	256
tape for presumption of body weight	208	tertiary treatment	126
Tarantaise	217	test for color fastness to rubbing	194
Taraparkar	217	testicular hormone	186

T [463]

testis	185
testis hormone	186
testosterone	11, 238
tether grazing	91
tethering	91
textile fiber	322
texture	71, 238
thawing	44, 344
theca folliculi	357
The Law Concerning Safety Assurance and Quality Improvement of Feed	166
therapeutic riding	245
thermal polypnea	267
thermoneutral zone (range)	268
thermophilic bacteria	99
thermoregulatory behavior	206
The Slaughter-House Law	250
thick albumen	270
thick flank	171
thick skirt	174
thigh	53, 342
thin albumen	71, 173
thin skirt	174
thin white	71
third digit	207
thoracic and lumbar longissimus muscle	76
thoracic duct	76
thoracic vertebrae	78
thorax	76
Thoroughbred	125
three point linkage	128
three way cross	126
threshold character	12
throat	271
thrombocyte	93
thrush	235
thurl	61
thurl width	66
thymic hormone	77
thymus	77
thymus-derived cell	77
thyroid stimulating hormone	102
thyrotrop(h)in	102
thyroglobulin	121
thyroid gland	101
thyroid hormone(s)	102
thyroid stimulating hormone releasing hormone	102
thyrotrop(h)in releasing hormone	102
tibia	90
tibial cartilage	90
tibial tarsal bone	79
tibiotarsus	90
tie stall	209
tight baler	317
tiller	314
Tilsit cheese	231
time-specific gene expression	131
timothy	225
tine	317
tissue culture	203
tissue-specific gene expression	203
Totenko	244
TMR (total mixed ration) mixer	235
toe	4, 236
Toggenburg	250
toggling	7, 248
Tokara Goat	247
tongue	138, 217
tongue playing	139
tongue rolling	139
tongue sausage	218
tonsil	321
tooth	272
tooth harrow	284
top	250
topcross	250
topcrossbred	251
topdressing	232
top grass	159
topincross	250
top knot	340

topline	274	transpeptidation	319
topping	199	transpiration equipment	157
top side	24	transplantation gene	15
top unloader	250	transplanted organ	15
total cropping acreage	121	trap nest	252
total digestible nutrients	51	treading	236
total fiber	200	treatment stall	370
total mixed ration	235	TRH	313
total nitrogen	195	trial and error method	134
total performance index	199	triangle odor bag method	128
total solid	193	*Trichomonas foetus*	252
total solids	159	trichomoniasis	252
totipotency	195	trickling filter process	127
Toulouse	232	trier	251
tower silo	217, 242	*Trifolium hybridum* L.	8
toxicosis	227	*Trifolium pratense* L.	3
toxic substance	344	*Trifolium repens* L. var. *giganteum* Lag. – Foss.	
Toxoplasma gondii	247		352
toxoplasmosis	247	*Trifolium repens* L.	167
trachea	68	trihalomethane formation potential	252
tractor	251	trimming	34
trailer	253	trimming	253
training	229	triple purpose breed for milk	262
trampling	236	tripleX	180
transacting factor	252	trench silo	253
transcription	239	trommel sieve	43
transcriptional control	240	trough	138
transcription factor	239	true digestibility	171
transcription factor binding site	239	true metabolizable energy	208
transfectgenic animal	252	true protein	154
transfection	252	true type	297
transfer (transplantation) of fertilized egg		truncational selection	191
(ovum)	151	*Trypanosoma*	252
transferring antibody	13	*Trypanosoma equiperdum*	252
transfer RNA	238	trypanosomiasis	252
transformation	90, 252	turf grassland	140
transgen	252	turnover rate of capital	142
transgenic animal	18, 252	tussock type	82
transmissible gastroenteritis	240	twins	305
transmissible spongiform encephalitis	240	tympanic membrane	111
transparency	244	type of fattening	290

Tyrrell ··· 107

U

udder ··· 263
UGF ··· 333
UHT heating ··· 229
UHT sterilized milk ··· 344
ulna ··· 143
ulnar carpal bone ··· 143
ultimobranchial body ··· 116
ultrafiltration ··· 96
ultrafiltration membrane ··· 96
ultra-high temperature heating ··· 229, 344
ultra short lived corpus luteum ··· 281
umbilical cord ··· 116
undegraded intake protein ··· 362
under breast ··· 78
undergroud square pit silo ··· 223
under line ··· 304
unfaunated animal ··· 164
unfertilized egg (ovum) ··· 333, 337
ungula ··· 294
Ungulata ··· 346
unhairing ··· 215
unhairing blade ··· 195
unidentified growth factor ··· 333
unidirectional dominance relationship ··· 191
uniferous tuble ··· 264
unit cooler ··· 347
untied barn ··· 283
unknown growth factor ··· 333
unloading box ··· 12
unsalted butter ··· 336
upholstery leather ··· 49
upper arm ··· 160
upper leather ··· 99
uremia ··· 264
ureter ··· 264
urethra ··· 264
urinariferous tuble ··· 264
urinary bladder ··· 321

urinary organs ··· 295
uropoietic organ ··· 295
urolithiasis ··· 264
uropygial gland ··· 293
uterine artery ··· 133
uterine bleeding ··· 132
uterine body ··· 132
uterine cervix ··· 131
uterine douche ··· 132
uterine flushing ··· 132
uterine horn ··· 131
uterine irrigation ··· 132
uterine milk ··· 133
uterine tube ··· 353
uterus ··· 131, 134, 353

V

vacuum activity ··· 167
vacuum drying ··· 167
vacuum package ··· 167
vagina ··· 224, 225, 353
vaginal plug ··· 225
vaginal smear ··· 224
vaginal smear method ··· 224
vaginal speculum ··· 224
vaginitis ··· 224
vaginocele ··· 225
vaginoscope ··· 224
variable cost ··· 321
variety meat ··· 283
vascular body ··· 335
vasoactive intestinal polypeptide ··· 313
vasopressin ··· 106, 278
vasotocin ··· 278
veal ··· 101
vector ··· 318
vegetable tanning ··· 141, 162
vegetative tiller ··· 27
vegetation ··· 199
vein ··· 160
velour leather ··· 320

velvet	349	wandering cell	346
venison	349	warbles	24
vent	106	warm barn	23
ventilating trunk	62	warm-season grass	219
ventilation	61	warmth index	41
ventilator	321	Waste Disposal and Public Cleansing Law	273
veracious placenta	171	water activity	173
vermiform appendix	227	water buffalo	172
Vero toxin	228	water cup	23
vertebra	232	waterer	20
vertebral arch	232	water holding capacity	325
vertebral column	189	watering equipment	20
vertebral costae	232	watering point	20
vertical integration	269	Water Pollution Control Law	172
vestibule of vagina	225	water rendering	365
viability	186	water requirement	347
viable cell count	180	water soluble carbohydrates	173
vibrating sieve	171	water soluble vitamin	173
Vienna sausage	22	water vapor permeability test	244
VIP	313	wattle	258
viral disease	22	W-chromosome	216
viscera	254	weaning	358
Vicia sativa L.	111	weaving	346
vitamin fortified milk	293	Weber-Fechner's law	22
vitelline membrane	352	wedge wire screen	22
viviparous environment	209	weed	124
volatile fatty acid	71	weighing scales	73
volatile solids	78	weigh scale house	73
volatilization of ammonia	11	weight gain	200
voluntary intake	146	weighting	50
vomanes	212	weight of carcass	249
V score	299	weight of warm carcass	41
vulva	42	weight variation methods	208
vegetation type	161	Weinberg	272
		Welsh	23
W		Western hybridization	22
Wagyu	370	wet blue stock	23
walk through parlor	246	wet feeder	22
wall	237	wet feeding	23
walnut comb	86	wet salted hide (skin)	33
waltzing	370	wet strength	139

wheat bran	305
whey	261, 323
whey cheese	323
whey powder	315, 324
whey protein	261
whippability	10
whipping cream	321
white blood cell	280
white body	145
white clover	167
White Cornish	277
White Leghorn	277
white line	277
white marking	277
white muscle	277
White Plymouth Rock	277
white yolk	277
whole cheese	193
whole crop silage	324
whole egg powder	197
whole milk	195
whole milk powder	193
wholesale cut	41
wholesaler	40, 257
wild animals in captivity	239
wild fowl	344
wild grasses	344
wild grass hay	343
William Coon	38
Wilson's rule	22
wilting	349
windowless barn	337
wind-row	317
wind suckling	123
wing	233
wing band	349
wing coverts	304
wing feathers	349
winking	22, 351
winter survival	31
withers	68
withers height	207
within family selection	49
worsted fabric	204
wood vinegar	342
wool	340, 348,
woolen yarn	323
wool grease	349
working	370
working capital	25
World Trade Organization	216
worsted yarn	204
wrapped silage	352
WTO	216
Wyandotte	370

X

X-chromosome	30
xenografting	14
xenotrans-plantation	14
X-gal(5-chloro-4-bromo-3-indolyl-β-D-galactoside)	30
X-gal staining	30
xiphoid process	97

Y

Yak	343
yarn number	288
Y-chromosome	370
yeast artificial chromosome	106
yeast grown on hydrocarbon	217
Yellow Cattle	99
yellowing	34
yellow ripe stage	35
yellow yolk	35
yield point	105
yoghurt	349
yolk	349
yolk index	352
Yorkshire	349
young stock barn	13, 74
yucca	347

Z

Z-chromosome ························ 191	Z-form DNA ························ 191
Zea mays L. ························ 246	zona pellucida ························ 246
Zebu ························ 191	zonary placenta ························ 208
	zone of thermal adaptation ············ 237
	zoonosis ························ 171, 177

補 遺

いでんしくみかえさくもつ　遺伝子組み換え作物 GMO genetically modified organisms　有用遺伝子を導入して作出された有用な形質を持った新しい作物のことをいう．例えば除草剤（グリホサート）耐性遺伝子の導入による除草剤耐性植物の作出，BT殺虫性タンパク質遺伝子導入による害虫抵抗性植物の育種などがある．環境に対する安全性の評価，食品としての安全性の評価，飼料としての安全性の評価がなされ，人間の健康への安全性が確認されれば植物の生産性をあげ，生産コストの削減に大変有効な技術である．

きそたいしゃ　基礎代謝 basal metabolism　熱的中世圏（→ p. 268）の環境下にいる絶食安静時の動物の代謝状態をいい，エネルギーは生命維持のためにだけ最少量用いられる．このときの発生熱量を基礎代謝率といい，絶食後飼料の消化，吸収の影響がなくなった状態（吸収後の状態，post-absorptive state）のとき，一般には安全をとって，絶食後，反芻動物では7～10日，単胃動物では3～4日，ニワトリでは1～2日に測定される．

きのうせいしょくひん　機能性食品 functional foods　食品は栄養素の供給源であるが，そのほかに生体の防御作用の強化，疾病の予防と回復，生体リズムの調整などの機能性が十分に発揮されるように加工された食品のことである．機能性食品の中で，厚生労働省の認可を受けた食品は特定保健用食品として分類される．畜産分野では，このような機能が発揮されるように配合された飼料は機能性飼料ともいう．

こうていえき　口蹄疫 FMD, foot-and-mouth disease　口蹄疫ウイルスの感染による偶蹄類の急性熱性伝染病（法定伝染病）．国際獣疫事務局（OIC）のリストA疾病で，伝染力が強く，国際的な重要伝染病である．ウシやブタの口や蹄に水疱を形成し，幼畜の死亡率が50%を超えることがある．成畜では発育障害や泌乳障害をきたす．2000年に国内のウシに発生したが，病畜の摘発，淘汰により清浄化された．

こきゅうしょう　呼吸商（RQ）, respiratory quotient, RQ　呼気中に排出された二酸化炭素容量を，消費された酸素容量で割った値のことをいい，次式で求められる．RQ＝（二酸化炭素発生容量）/（消費酸素容量）．RQを求めることにより体内で燃焼（酸化）した栄養素を知ることができる．炭水化物，タンパク質，脂肪の場合，RQはそれぞれ1.0, 0.80～0.83, 0.70である．

さんらんりつ　産卵率 egg production ratio　通常ヘンデー産卵率のことをいい，これは（一定期間の産卵個数）/（一定期間の延べ羽数）の百分率で示す．関連する用語としてヘンハウス産卵個数があり，これは（一定期間の産卵個数）/（当初の成鶏羽数）で求められる．

しょうみえねるぎー　正味エネルギー net energy　飼料のエネルギー価を示す単位の一つで，飼料の持っているエネルギーのうち生産物になったエネルギー及び基礎代謝のエネルギーを正味エネルギーといい，前者を生産の正味エネルギー，後者を維持の正味エネルギーと区別する．これは飼料の代謝エネルギー（→ p. 207）から熱増加（→ p. 268）を差し引いて求められる．

しょくひんあんぜんきほんほう　食品安全基本法 food safety basic law　新規農薬や飼料・食品添加物の開発，食のグローバル化，O-157やプリオンなどの新しい危害の判明，加工乳による大規模食中毒やBSE（ウシ海綿状脳症）の発生，輸入野菜の残留農薬など食品に関する危害の多様化，複雑化に対応し，食品の安全性の確保に関する施策を総合的に推進することを目的に，平成15年5月に成立した法律．リスク管理を行う機関とは別に，この法に基づいて内閣府に食品安全委員会が設置され食品健康影響評価（リスク評価）を行うことになった．

しりょういね　飼料イネ fodder paddy rice, forage paddy rice　食用の場合と同様

に収穫後, 子実を利用する場合 (飼料米) と子実に茎葉を含めて利用する場合 (稲発酵粗飼料, イネホールクロップサイレージ) に区分される. 飼料米は濃厚飼料として利用できる. 稲発酵粗飼料は飼料イネを糊熟期から黄熟期にかけて収穫し, 大家畜向けの粗飼料としてサイレージ化するもので, 乾田での収穫・調製は一般牧草類のロールベール・ラップサイレージ調製体系が応用できる. また, 湿田でも収穫調製が可能な稲発酵粗飼料専用機が開発されている.

ティーエムアール TMR total mixed ration かんぜんこんごうしりょう 完全混合飼料 粗飼料, 濃厚飼料, ビタミン, ミネラルなどを混合し, 家畜が必要とする養分バランスを満たすよう均一に混合した飼料のことで, これを不断給餌する. 群管理や多頭数への省力的給与に適しており, 第一胃発酵の恒常性維持, 採食量および乳量の増加, 乳成分の安定, 代謝病の低減などが期待できる. 混合機などの機械・設備にコストがかかるが, TMRを共同で調製したり, 企業的に調製・販売するTMRセンターなどの方式もある.

とくいどうてきさよう 特異動的作用 specific dynamic action 熱増加 (→ p. 268) のうち生産のための仕事エネルギーを除いたエネルギーで, 体温維持のためのエネルギー, 維持のための筋肉運動エネルギー, 飼料摂取時発熱エネルギーの総計を特異動的作用 (特異動的効果) と呼んでいる. これとは別に, 飼料摂取にともなう栄養素の代謝熱すべてをまとめて飼料誘導性熱産生 (diet-induced thermogenesis) と呼ぶこともある.

とりインフルエンザ 鳥インフルエンザ avian influenza インフルエンザウイルス (AIウイルス) の感染による家禽類を含む鳥類の疾病で, ニワトリでは病勢から低病原性 (弱毒) 型と高病原性 (強毒) 型の2つの型に分類される. 低病原性型はニワトリに対して低死亡率であるが, 高病原性型は高死亡率で家禽ペスト (fowl plague) と呼ばれ, 家畜法定伝染病に指定されており, 日本国内の発生は79年ぶりに2004年1月に確認された. 症状として眼瞼腫脹, 鶏冠の出血, 脚鱗の紫変, 沈うつ, 食欲減退, 緑色下痢, 神経症状が観察される. →家禽ペスト

トレーサビリティ traceability 食品の生産, 加工, 流通などの各段階で原材料の出所や食品の製造元, 販売先などの記録を記帳・保管し, 食品とその情報とを追跡できるようにすることである. 食品の安全性に関して, 予期せぬ問題が生じた際の原因究明や問題食品の追跡・回収を容易にするとともに,「食卓から農場まで」の過程を明らかにすることで, 食品の安全性や品質, 表示に対する消費者の信頼確保に資するものである. 畜産分野ではウシの個体識別に用いられている.

ハサップほうしき HACCP system きがいぶんせきじゅうようかんりてん 危害分析重要管理点 hazard analysis and critical control point 一般にHACCP方式と呼ばれ, 1960年代に米国が月旅行を行なうアポロ計画を進める中で, 宇宙食の高度の安全性確保のために開発された衛生管理方式. 食品の安全性を確保するため, 食品の製造過程において危害となる要因を排除することを目的として生産現場で進められている管理方式である. 畜産では飼料や環境を計画管理することにより, 衛生的で健康な家畜を育成する仕組みである.

ビーエスイー BSE bovine spongiform encephalopathies うしかいめんじょうのうしょう 牛海綿状脳症 →伝染性海綿状脳症

プロビタミン pro-vitamin ビタミンの前駆体のことで, プロビタミンAとしてはカロチノイド, クリプトキサンチン, キサントフィル, リコピンなどが, プロビタミンDとしてエルゴカルシフェロールや7-デヒドロコレステロールなどがある. プロビタミンAは植物体に存在し, 動物体内でビタミンAに転換されその効力を発揮する. その転換効率は動物によって異なり, 最もビタミンA効力の高いβカロチンからビタミンAへの転換効率はニワトリで1/2, ブタで1/6程度である.

本用語辞典についてのインフォメーションに関しては、
下記のホームページをご覧ください。
http://www.jsas-org.jp/

2010 新 編 畜産用語辞典	2001年5月30日　新編第1版第1刷発行 2010年8月10日　　　OD版第1版第1刷発行	
学会との申 し合せによ り検印省略	編 著 者	(公社)日本畜産学会
ⓒ著作権所有	発 行 者 代 表 者	株式会社　養 賢 堂 及 川　清
定価(本体5400円＋税)	印 刷 者 責 任 者	株式会社　真 興 社 福田真太郎

発 行 所　株式会社 養賢堂
〒113-0033 東京都文京区本郷5丁目30番15号
TEL 東京(03)3814-0911 振替00120
FAX 東京(03)3812-2615 7-25700
URL http://www.yokendo.com/
ISBN978-4-8425-0082-9　C3061

PRINTED IN JAPAN　　　製本所　株式会社真興社